山地复杂构造高精度地震成像技术

李亚林 著

石油工业出版社

内 容 提 要

山地复杂构造是油气勘探最重要的领域之一。山地复杂构造高精度地震成像技术是油气勘探的关键核心技术，不仅具有技术的高难度，而且具有不可或缺性。本书系统论述山地复杂构造高精度地震成像技术，内容包括山地复杂构造高精度地震成像难点与对策、地震资料高精度采集、高精度近地表速度建模、地震资料高精度噪声衰减、高精度偏移参数场构建、高精度叠前偏移成像和区带整体高精度地震成像等。

本书适合油气勘探等相关领域的高校师生、研究人员、工程技术人员、技术管理人员阅读参考。

图书在版编目（CIP）数据

山地复杂构造高精度地震成像技术 / 李亚林著 .
北京：石油工业出版社, 2024. 12. -- ISBN 978-7
-5183-5262-3

Ⅰ . P631.4

中国国家版本馆 CIP 数据核字第 2024F4M682 号

出版发行：石油工业出版社
　　　　　（北京市朝阳区安华里二区 1 号楼　100011）
　　网　　址：www.petropub.com
　　编辑部：（010）64523693
　　图书营销中心：（010）64523633
经　　销：全国新华书店
印　　刷：北京中石油彩色印刷有限责任公司

2024 年 12 月第 1 版　2024 年 12 月第 1 次印刷
787×1092 毫米　开本：1/16　印张：22.25
字数：554 千字

定价：200.00 元
（如发现印装质量问题，我社图书营销中心负责调换）
版权所有，翻印必究

前言

PREFACE

随着我国国民经济与社会的快速发展，石油、天然气对外依存度逐年上升，据不完全统计，至2022年已分别达到71.2%和40.2%。而我国剩余油气资源大部分聚集在山地复杂构造中，约占陆上常规剩余油气资源的61%。及时发现并高效探明山地复杂构造油气资源迫在眉睫，事关保障国家能源供给和能源安全。而油气资源深埋在地下数千米的构造和储层中，且分布不均，发现和探明十分困难。1921年，J.C.卡彻在美国俄克拉何马州开展反射地震法实际试验，首次在地面得到地下岩层清晰的人工地震反射波记录（即在地面人工激发地震波传播到地下，经岩层等波阻抗界面反射再传回到地面而被接收的记录），并于1927年用该方法成功发现该地区的毛德油田，从此反射地震波方法一直是发现和探明地下油气资源的主要物探技术手段。将反射地震波方法用于山地复杂构造油气资源的发现和探明也是迄今为止最主要、最有效的物探技术手段，被业界称为山地地震技术。

用山地地震技术勘探山地复杂构造油气资源，最关键的环节是对山地复杂构造高精度地震成像，让地下可能储存油气的圈闭（甚至油气藏）透明化，但山地复杂构造区具有"双复杂"的地震地质条件，即地表近地表结构复杂（地表起伏剧烈、表层结构复杂多变）、地下构造复杂（地下地层陡倾、构造复杂、油气层分布复杂）。应用已有的山地地震技术来对山地复杂构造高精度地震成像尚存在地震探测有阴影、资料信噪比低、速度高精度建模难、偏移归位精度低等高难度关键技术问题。山地复杂构造高精度地震成像被业界公认为世界级技术难题。山地复杂构造高精度地震成像技术难题的攻克和技术工业化应用是加快我国山地复杂构造区油气资源的发现和探明、推动油气地震技术进步的重大需求。

笔者有幸从1986年开始，先后在四川盆地、塔里木盆地山前带、鄂尔多斯盆地西缘、准噶尔盆地南缘、松辽盆地东部外围等中国内陆七大盆地和缅甸、也门、巴布亚新几内亚等12个国家从事山地地震技术研究和应用工作，在山地复杂构造地震成像技术上进行了系统性的研究和大量工程应用实践，特别是自2004年起作为中国石油集团四川石油管理局地球物理勘探公司（后更名为川庆物探公司、东方物探西南分公司）的主要技术负责人（2004.5—2018.3）和中国石油塔里木油田公司的物探业务及技术负责人（2018.4—2022.12），带领物探技术攻关与应用团队在山地复杂构造的高精度地震成像技术上取得了一批重要创新性技术成果（成果有幸获得了2015年国家技术发明奖二等奖和一系列省部级科技奖），应用创新技术在中国西部特别是在四川盆地和塔里木盆地支撑取得了山地复杂构造油气勘探一系列重大发现和突破，如支撑发现和探明了中国山地最大的海相碳酸盐岩单体油气藏——四川安岳龙王庙气田和两万亿立方米储量规模的克拉苏构造带（克深—大北—博孜）山地复杂构造气田群，支撑建成了中国首个产量百亿立方米级的山地页岩气大气田（四川盆地川南气田）。这些成果不仅是20年来笔者及所带领团队的共同努力，也是众多学者和合作方的辛勤付出。同时，笔者认为这些技术成果和应用经验对中国乃至世界山地复杂构造区油气的地震勘探具有十分重要的价值，加之山地复杂构造高精度地震成像技术对非山地复杂构造的地震成像问题解决更是游刃有余。为此，笔者前后历时8年，边总结、边研究、边实践、边完善，将自己及所在团队20年来在山地复杂构造高精度地震成像上取得的技术成果和应用经验进行总结，写成了本书。本书既有较系统的理论阐述，又有具体的应用实践呈现，希望能对山地复杂构造的油气勘探和从事油气地震工作的工程技术人员、科研人员和高校师生有支撑、借鉴、参考作用。

为了技术的系统性和阅读的简明性，把一般性的地震勘探原理作为本书编写和阅读的基础（相关大学教材等），重点聚焦山地复杂构造高精度地震成像技术。为此，本书做了共7章的编写安排。

第一章概要介绍山地复杂构造高精确度地震成像问题与对策，系统性地回顾山地地震勘探成像面临的难题，阐述解决难题的思路与方法。第二章主要介绍针对山地复杂构造的地震资料的高精度采集，内容包括基于山地复杂构造高精度地震成像的观测系统设计、优选、优化和地震采集激发接收技术，主要解决山地复杂构造地震资料的高精度采集问题，保证地震探测无阴影、原始资料尽可能有高信噪比，为高精度地震成像提供无"基因"缺陷的原始地震资料。第三章主要介绍山地复杂构造区的控制点（线）表层速度调查、高精度地震单炮资料初至拾取、井约束初至层析反演、近地表速度各向异性建模等技术，主要解决低速层厚度变化大、速度纵横向变化剧烈的近地表速度等高精度参数场的建立问题，确保高精度地震成像有高精度近地表速度场基础。第四章主要介绍山地复杂构造区地震资料常存在的近炮道强噪声衰减、规则干扰压制、随机噪声衰减等去噪方法，主要解决山地复杂构造区地震资料信噪比低的问题，确保高精度地震成像有高信噪比的偏前地震资料。第五章主要介绍起伏地表全深度偏移速度模型构建、各向异性偏移速度建模、全深度空变 Q 场构建等技术，解决山地复杂构造区地下介质速度等参数场的高精度构建问题，确保高精度地震成像有高精度的深度偏移速度场。第六章主要介绍偏前地震数据规则化、起伏地表与双基准面偏移成像、各向同性叠前偏移、各向异性叠前深度偏移、积分法叠前深度 Q 偏移等技术，解决山地复杂构造高精度成像问题，确保高精度成像有高精度的偏前数据和高精度的深度偏移方法。第七章主要介绍区带整体地震采集设计、区带地震连片成像处理设计、区带连片全深度速度建模与成像、区带连片三维成果集成等技术，解决区带成果碎片化、制约区带统一成像、制约区带整体研究的问题，确保区带分期多块三维地震整体深度偏移成像的高精度。上述内容构成了山地复杂构造高精度地震成像的整体技术架构和内容体系。

  本书得到了中国石油集团东方地球物理勘探有限责任公司何光明教授级高级工程师的多次精心、细致修改，特别是在成稿过程中与他进行了深入的讨论，得到他很多贡献；得到了中国石油集团东方地球物理勘探有限责任公司和中国石油塔里木油田公司巫芙蓉、段文胜、彭更新、肖又军、李大军、刘鸿、方兵、邹文、罗文山、万学娟、李幸运的大力支持和帮助；在此一并向他们表示诚挚的谢意。同时，衷心感谢在本书形成过程中给予大力支持和帮助的川庆钻探工程公司、塔里木油田公司、东方物探公司、相关油气田、有关研究机构的领导、专家和学者。

  衷心感谢本书所引用参考文献的所有作者和相关学者。

  由于笔者水平有限，书中难免存在不足，希望广大读者批评指正。

目录

第一章　山地复杂构造高精度地震成像难点与对策 … 1
- 第一节　山地复杂构造及高精度地震成像 … 1
- 第二节　山地复杂构造区地震地质条件 … 6
- 第三节　山地复杂构造高精度地震成像面临的挑战 … 11
- 第四节　山地复杂构造高精度地震成像技术思路与对策 … 18

第二章　山地复杂构造地震资料高精度采集 … 23
- 第一节　山地复杂构造地震采集观测系统设计 … 23
- 第二节　基于遥感信息的复杂山地区地震激发接收分区设计 … 61
- 第三节　山地复杂构造增能降噪（高信噪比）激发 … 71
- 第四节　山地复杂构造高精度地震接收 … 90
- 第五节　山地复杂构造区的地震混采方法 … 97

第三章　山地复杂构造区高精度近地表速度建模 … 102
- 第一节　控制点（线）表层速度调查 … 102
- 第二节　高精度地震单炮初至拾取 … 109
- 第三节　井约束初至层析反演 … 122
- 第四节　近地表速度各向异性建模 … 146

第四章　山地复杂构造区地震资料高精度噪声衰减 … 152
- 第一节　山地复杂构造地震资料的噪声类型特点及衰减对策 … 152
- 第二节　表层散射干扰衰减 … 156
- 第三节　规则干扰压制 … 159
- 第四节　随机噪声衰减 … 188

第五章　山地复杂构造高精度偏移参数场构建 … 211
- 第一节　起伏地表全深度偏移速度模型构建 … 211
- 第二节　起伏地表各向异性偏移速度建模 … 226
- 第三节　起伏地表全深度空变 Q 场构建 … 232
- 第四节　山地复杂构造高精度偏移参数场构建应用实例 … 241

第六章　山地复杂构造高精度叠前偏移成像 … 247
- 第一节　地震数据规则化 … 247

第二节	起伏地表与双基准面偏移成像		254
第三节	各向同性叠前偏移		257
第四节	各向异性叠前深度偏移		284
第五节	积分法叠前深度 Q 偏移		300
第六节	叠前深度偏移高性能计算		302

第七章　山地复杂构造区带整体高精度地震成像　310

第一节	区带整体地震采集工程设计		310
第二节	区带地震连片成像处理		313
第三节	区带连片全深度速度建模		318
第四节	区带三维地震成像成果组装连片		324

参考文献　336

第一章　山地复杂构造高精度地震成像难点与对策

本章主要从山地复杂构造的基本地质内涵及其与油气资源的关系出发，介绍山地复杂构造高精度地震成像；从地震成像的基本原理和山地复杂构造的地震地质条件出发，分析山地复杂构造高精度地震成像存在的难点和挑战；最后系统地提出一套山地复杂构造高精度地震成像的技术思路和对策。

第一节　山地复杂构造及高精度地震成像

本节主要介绍山地复杂构造的基本地质内涵及其与油气资源的关系、高精度地震成像的原理和重要性。

一、山地、地质构造与山地复杂构造

根据地质学定义，山地是指海拔 500m 以上，相对高差 200m 以上，地形起伏大，坡度大，由许多山岭、山谷连绵交错组合而成的地区。在油气地震勘探领域内，可把山地定义为：在海平面上，一个地震排列长度或一个地震排列片面积内地面高差达到或超过一个地震波长的地区。

地质构造是指岩层沉积时形成的沉积建造（如层面、纹理）及地壳运动引起的地壳和岩层的变形变位（如褶皱、断层、节理/裂缝）的总和。从油气地震技术的应用层面，也可以把地质构造简单理解为岩层及其空间展布关系的总和。地质构造不仅是地壳运动性质、方式、强度的一种体现和地壳发展历史的一种载体，也是很多矿床（如油气）的贮藏或富集体。

山地复杂构造是指地表为山地、地下为复杂地质构造的一类构造类型。这种构造一般经历多期地壳运动，地上地形起伏剧烈，地下地质构造因地层多期变形和剥蚀造成地层产状陡倾多变、地层接触关系复杂、断层发育等，构造特征十分复杂（图 1.1.1）。

多期地壳运动，如加里东运动、海西运动、印支运动、燕山运动和喜马拉雅运动等，造就了一批山地复杂构造分布区，如中国八大山前带（塔里木盆地库车、塔里木盆地西南缘、准噶尔盆地西北缘、准噶尔盆地南缘、柴达木盆地西缘、柴达木盆地北缘、川西北、川东北）、海外五大山前带（阿尔卑斯山前带、西北非山前带、中亚—南里海山前带、扎格罗斯山前带、南美西部山前带）。

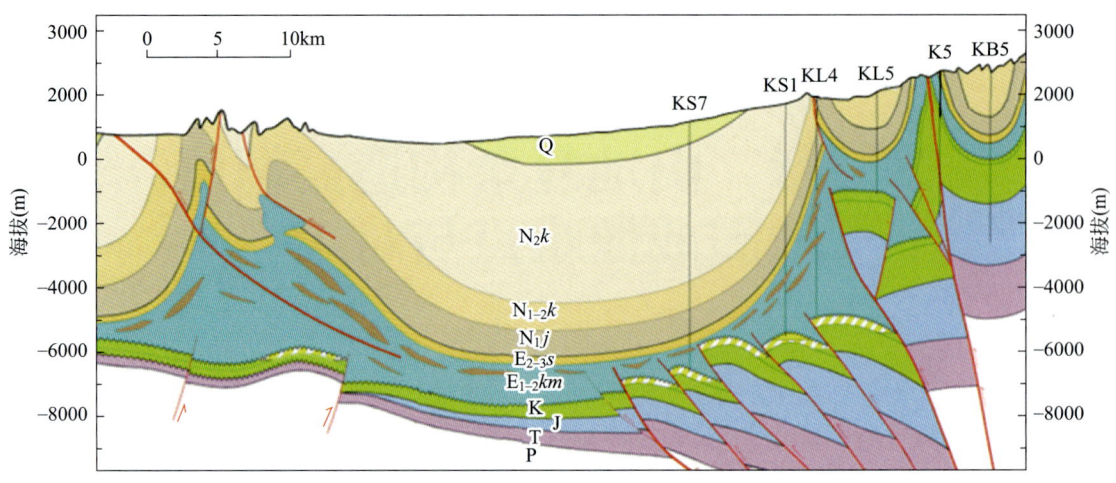

图 1.1.1　塔里木盆地天山山前山地复杂构造剖面示意图

二、山地复杂构造与油气资源

油气勘探的实践表明，在山地复杂构造中已经发现和探明了一批油气储量，建成了一批重要油气田。例如，在四川盆地，由于盆地经历了震旦纪—中三叠世被动大陆边缘构造演化阶段和晚三叠世—始新世前陆盆地及坳陷演化阶段两大构造沉积旋回，是一个典型的多期构造叠合盆地（图1.1.2），不仅导致盆地富含天然气（图1.1.3），总资源量达到 $40×10^{12}m^3$（据"十三五"全国油气资源评价成果），而且山地复杂构造多层系普遍存在油气。据不完全统计，仅中国石油矿权内，在山地复杂构造中就发现了122个油气田，探明天然气储量约 $4×10^{12}m^3$，截至2021年实现总产量约 $230×10^8m^3$。

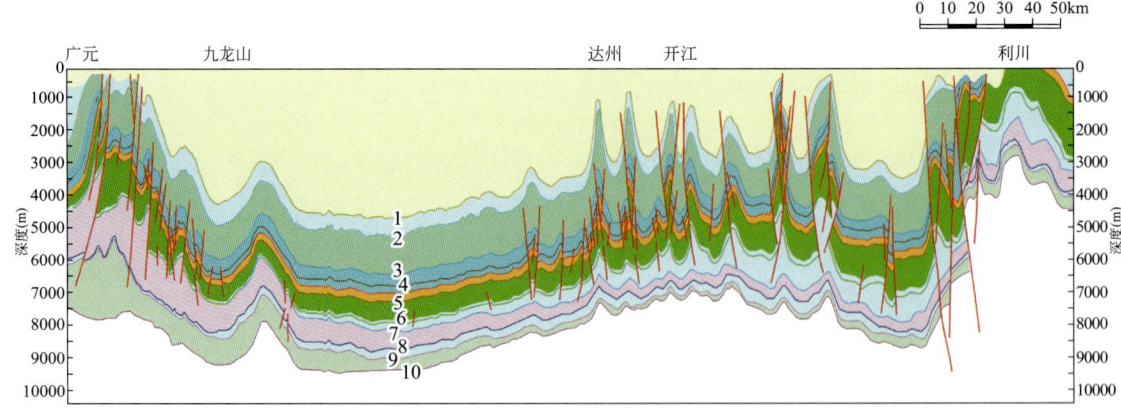

图 1.1.2　四川盆地东西向地质格架剖面图
1—沙溪庙组底；2—须家河组底；3—飞四段底；4—阳新统顶；5—阳新统底；6—奥陶系底；
7—龙王庙组底；8—寒武系底；9—灯三段底；10—灯影组底

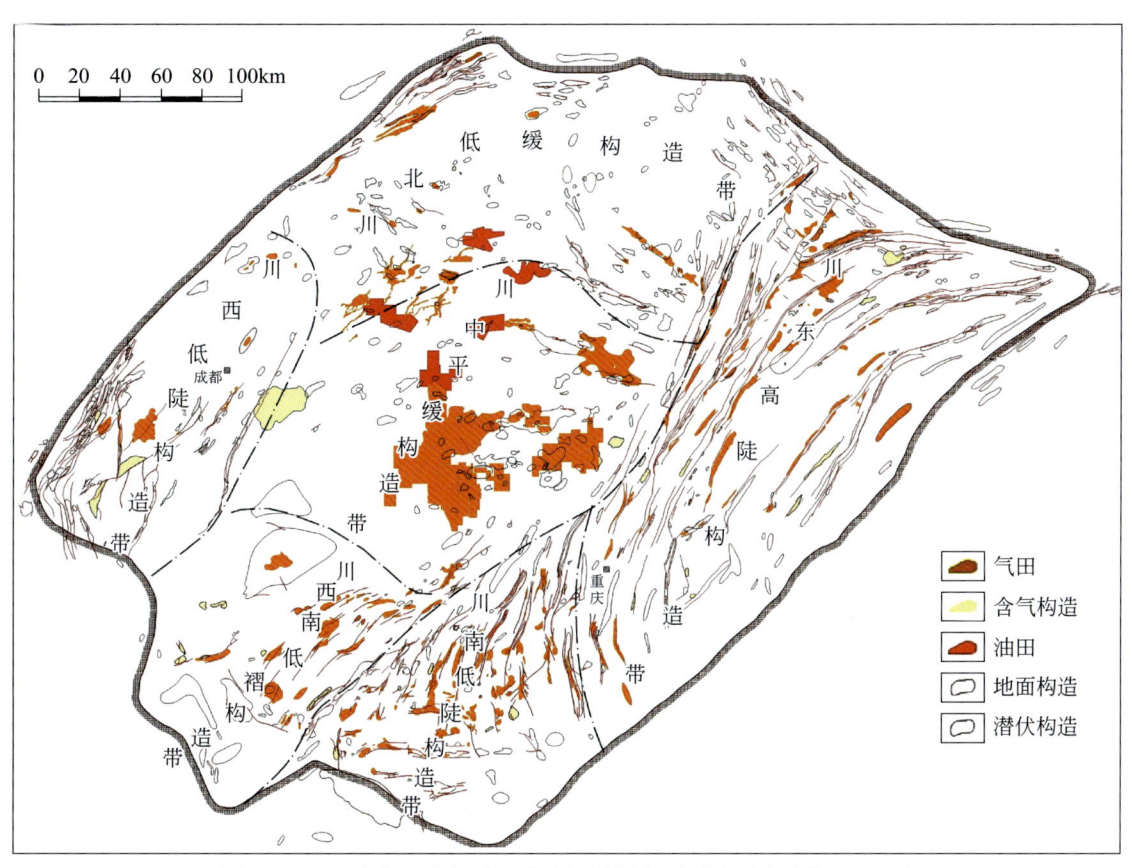

图 1.1.3 四川盆地油气平面分布图（据中国石油西南油气田公司）

在塔里木盆地周缘，多期次构造叠加形成了主要由山地复杂构造构成的山前带（图 1.1.1），石油地质条件非常优越，山地复杂构造区常规油气资源量约 $66×10^8$t（其中天然气资源量 $6.9×10^8m^3$），占全盆地常规油气资源量的 37.2%，已经成为塔里木盆地油气勘探的主战场，发现探明了 69 个油气藏，如克拉 2、克深 2、博孜 1、阿克莫木等（图 1.1.4），至 2021 年底实现油气产量当量 $2300×10^4$t，其中天然气 $279×10^8m^3$，是"西气东输"工程的主力气源区之一。

据不完全统计，中国陆上剩余常规油气资源有 61% 聚集在山地复杂构造中，主要分布在中国八大山前带中（油气当量约有 $178×10^8$t），是中国常规油气最重要的勘探领域之一，也可能是非常规油气勘探的潜在区域。

海外的山地复杂构造中也有十分丰富的油气资源，主要分布在五大山前带。据不完全统计，其中的剩余可采油气当量约 $1400×10^8$t，是海外油气勘探的重要领域。

三、山地复杂构造油气资源勘探与高精度地震成像

勘探油气资源的方法有地质法、地球物理方法、地球化学方法。

地质法是勘探油气的基本工作方法，主要基于地面露头区的岩性、地层、构造和钻测录井资料，对地下岩层的构造模式、物性、含油气性等进行研究。它既是地球物理方法、地球化学方法成果解释的基础，也需要地球物理成果、地球化学成果的支撑。

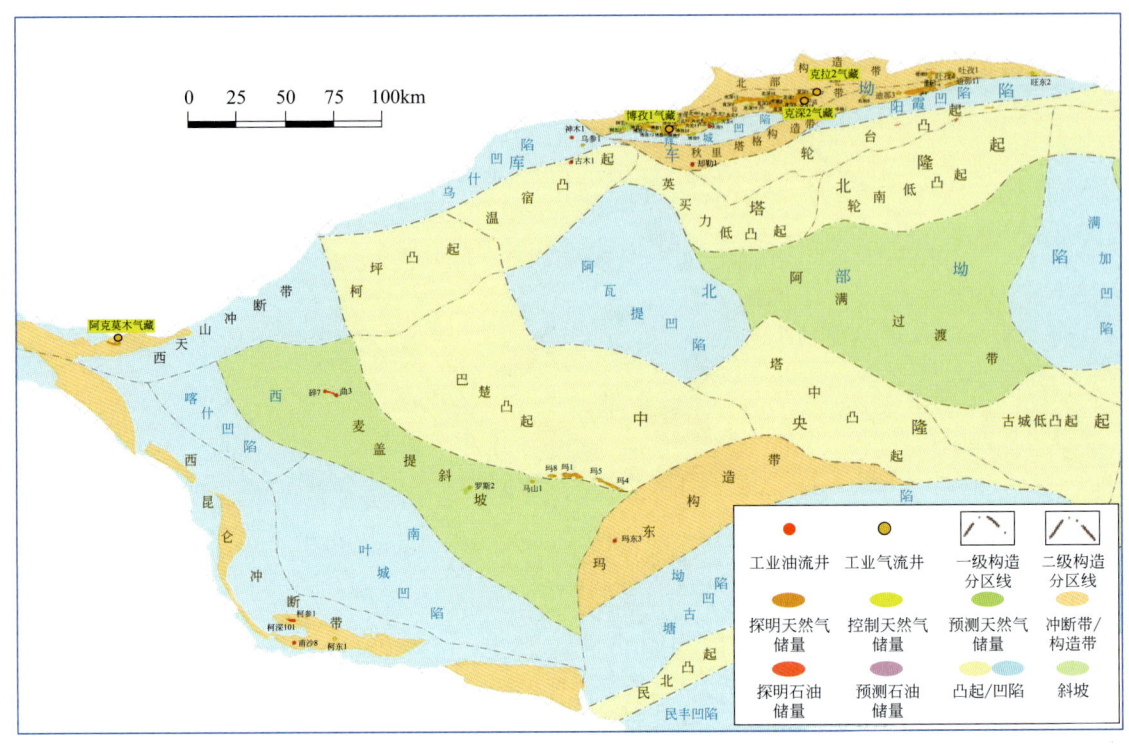

图 1.1.4 塔里木盆地周缘山地油气平面分布图

地球物理方法基于地下不同岩层介质（含流体）在密度、弹性、导电性、磁性、放射性及导热性等方面存在差异，且这些差异将引起相应的地球物理场变化。通过测量这些地球物理场的分布和变化特征，结合已知地质资料进行分析研究，可以推断出地下不同岩层介质的空间展布，从而发现和找到油气分布。地球物理方法又可分为重力法、磁法、电法、地震方法等。

地球化学方法基于地下油气藏的上方可能存在着烃类扩散造成的"蚀变晕"，用化学的方法对地表（浅层）岩层、土壤、气体和水中的各种成分进行分析，测定出地下油气扩散所引起的各种化学变化，分析地下油气的存在与分布情况，从而发现油气田。

由于山地复杂构造油气藏主要深埋在地下数千米深层，地下油气藏烃类的扩散绝大部分可能不足以引起地表（浅层）的明显地球化学异常，同时烃类扩散到浅层后的位置随埋深变化存在极大的空间位置漂移，地球化学方法用于勘探山地复杂构造油气藏时存在明显缺陷或不足。而在地球物理方法中，重磁电法主要用于金属等固体矿藏勘探，且由于其探测的精度和分辨能力随深度增加而降低，难以满足山地复杂构造的油气勘探需求。目前勘探山地复杂构造油气资源最有效、应用最广泛的地球物理方法仍然是地震方法。

地震方法：由人工震源（如浅井中炸药爆炸、地面可控震源震动等）激发地震波，传播到地下岩层中经透射和反射再传播回地表，通过地面或井下的检波器接收，得到地震波的传播波场，这个过程称为地震资料采集，如图 1.1.5 所示；把接收到的地震波场进行噪声衰减和波场偏移聚焦归位，得到地下岩层介质的影像，帮助发现地下岩层中可能存在的油气富集，这个过程称为地震资料成像处理，如图 1.1.6 所示。显然，地震资料采集是地震方法的基础资料来源，地震资料成像处理是地震方法的核心成果输出，二者密切相关、不可分割，是一个系统工程。换言之，用地震方法勘探山地复杂构造油气资源，关键在于地震成像的质量，即关键在于山地复杂构造的高精度地震成像。

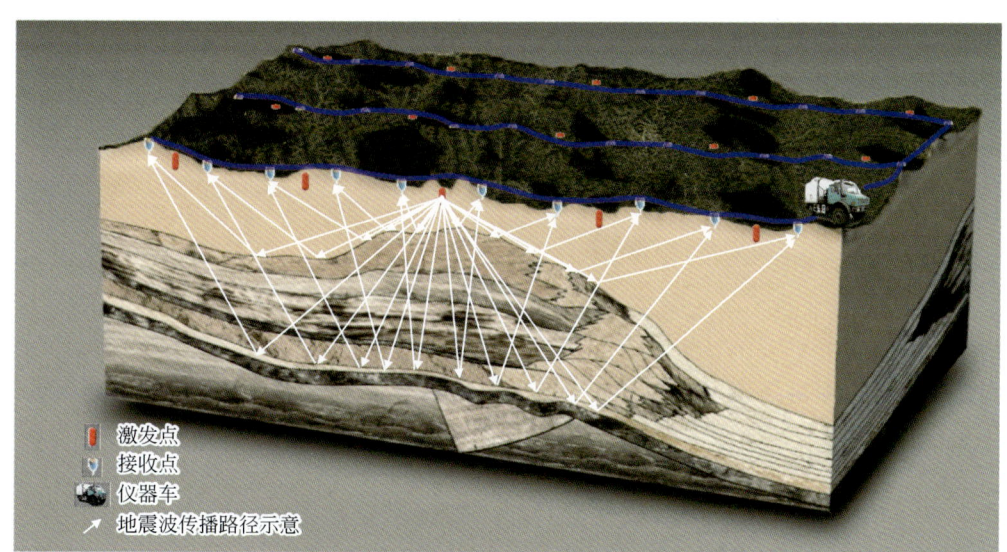

图 1.1.5　地震资料采集过程示意图

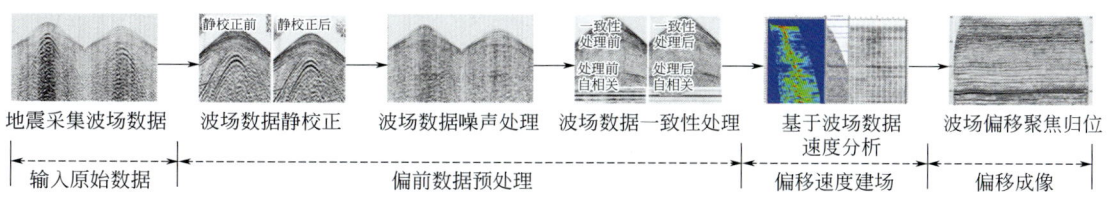

图 1.1.6　地震资料成像处理流程示意图

要实现高精度地震成像，至少需要以下五个基本条件：

一是激发接收到高信噪比的地震信号，保证地震原始（单炮）资料有尽可能高的信噪比。

二是激发接收到的信号是地面规则充分采样、地下目标均匀照明的信号，保证地震探测无阴影、波场被完整保真记录。

三是噪声能被高精度衰减，保证用于偏移聚焦归位的有效波场具有高信噪比。

四是全深度（浅中深层）整体速度模型能高精度建立，保证用于波场偏移聚焦归位的速度场具有高精度。

五是地下地层反射地震波场能高精度地偏移聚焦归位，保证地下复杂构造地震成像的高精度。

由于山地复杂构造区地震地质条件的特殊性和复杂性，用常规的地震采集和地震成像处理方法，难以满足上述五个条件，导致山地复杂构造的地震成像存在不同程度的不成像或成像不清晰、不准确问题，发现不了地下油气勘探目标。山地复杂构造高精度地震成像是山地复杂构造地震技术创新进步和油气勘探的重大需求。

第二节　山地复杂构造区地震地质条件

山地复杂构造区地震地质条件既是山地复杂构造难以高精度地震成像的原因所在，也是实现山地复杂构造高精度地震成像的出发点。

受多期构造运动、多期沉积与剥蚀作用的影响，山地复杂构造区具有地表（近地表）结构复杂和地下构造复杂的"双复杂"地震地质条件。

一、地表（近地表）结构复杂

1. 地表条件复杂

一是地形起伏剧烈。由于强烈的构造运动和长期的风化剥蚀，山地复杂构造区既有众多高大起伏的山体，又有无数切割严重的冲沟，地表峭壁林立，断崖陡坎众多，沟壑纵横，高差大（最大相对高差可达 1000m 左右）。图 1.2.1 是塔里木盆地库车山地复杂山地地貌。图 1.2.2 是四川盆地龙门山山前带的地形地貌。

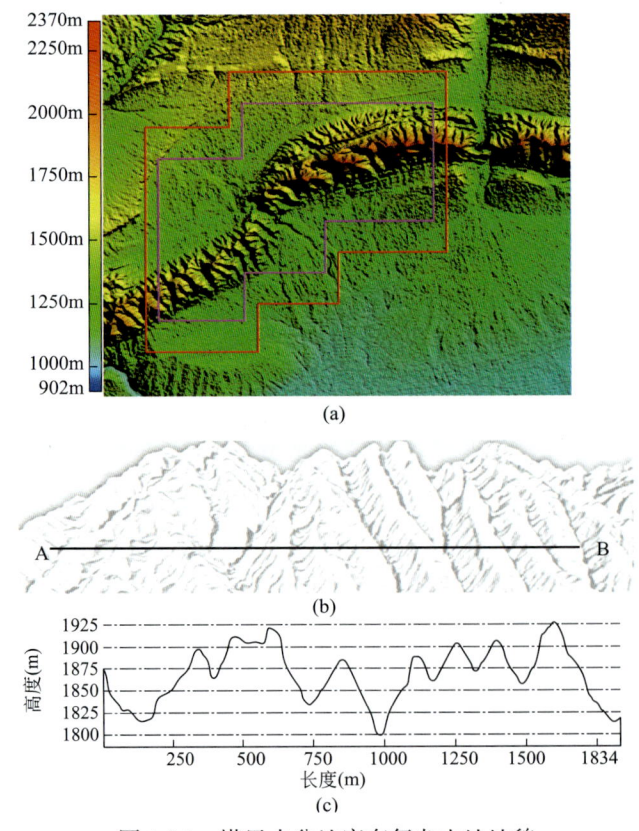

图 1.2.1　塔里木盆地库车复杂山地地貌
（a）三维部署图；（b）地面主山体局部地貌；（c）沿地面主山体 AB 段的高程剖面

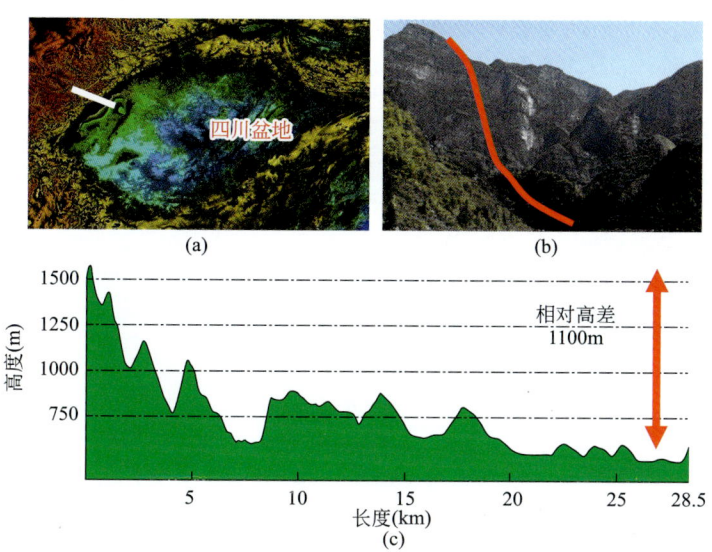

图 1.2.2　四川盆地西部龙门山山前带地形高差实例图
（a）四川盆地卫片及测线位置（白线）；（b）测线局部地貌；（c）测线高程剖面

二是地表出露岩性变化大，既有构造运动造成的地下岩石露头区，且在露头区存在因多期构造运动造成的不同时代、不同岩性地层相互交错分布，横向变化大，又有风化剥蚀与充填作用造成的第四纪砾石堆积和松散黄土与洪积物堆积等。如图 1.2.3 所示，出露地层多，岩性复杂（既有陆相碎屑岩又有海相碳酸盐岩）且断层发育，岩层破碎，堆积垮塌物较多。

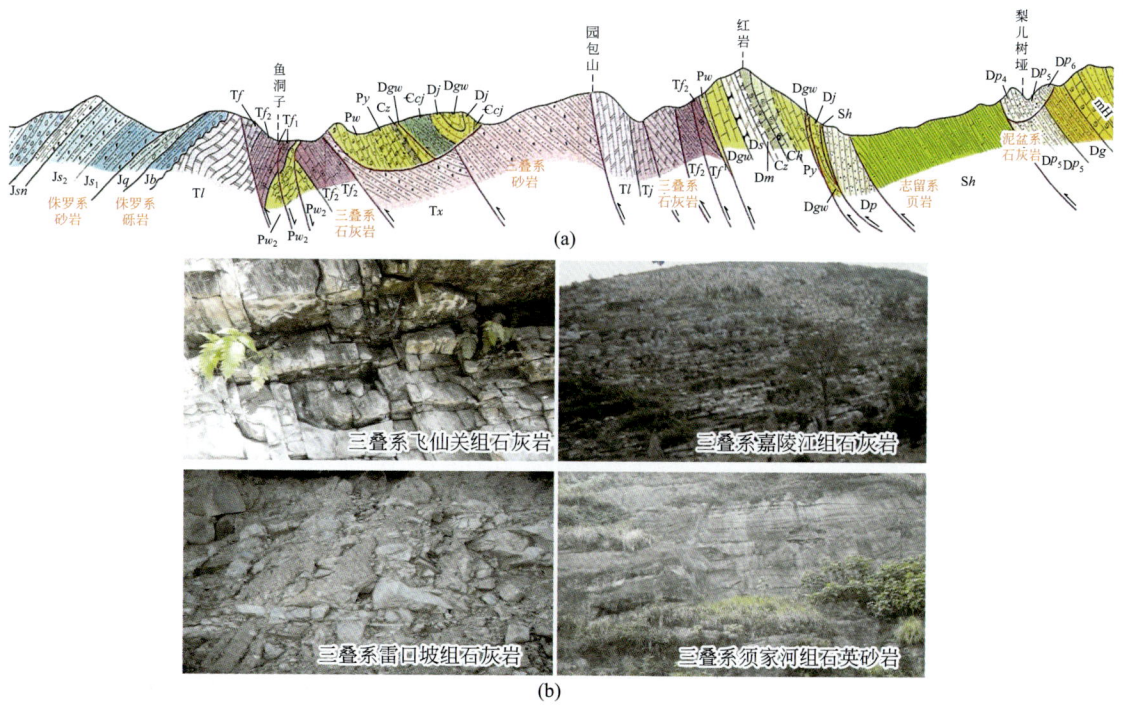

图 1.2.3　四川盆地西部龙门山山前带地表出露岩性剖面（a）及部分露头照片（b）

三是人文环境多样，既有农田、经济作物种植区、城镇居民区、厂矿分布，又有铁路、高速公路、水库、河流水网、林木等分布，如图1.2.4所示。

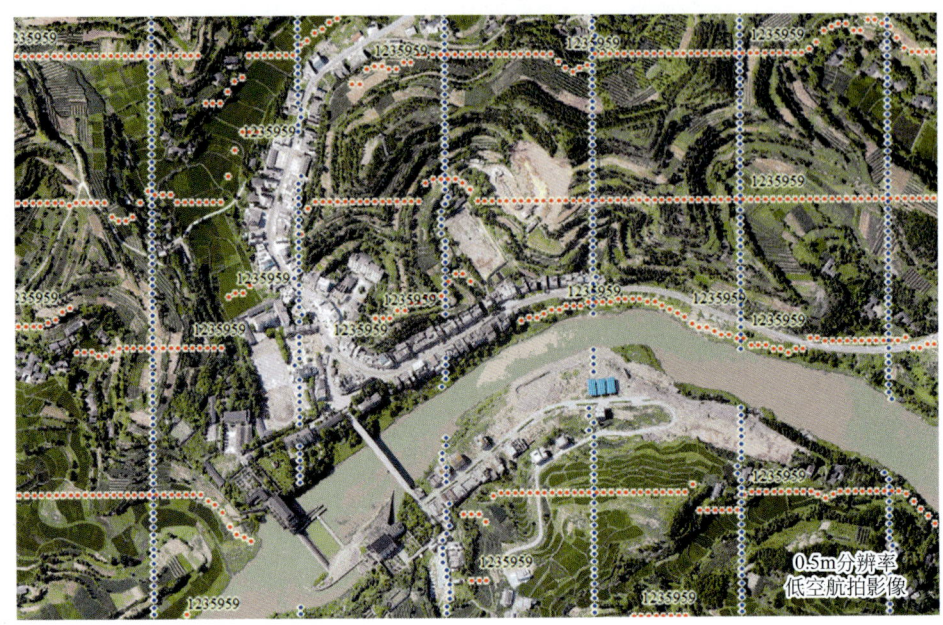

图1.2.4　场镇、大桥、水坝、公路等人文环境分布图
红圈点为地震激发点，蓝圈点为地震接收点

2. 近地表结构复杂

表层出露岩性横向变化大。山地复杂构造区近地表结构复杂多变，在同一工区有的地段地表风化严重，表层结构疏松，有的地段风化剥蚀严重，老地层大面积出露，地面地层产状变化剧烈，溶洞和裂缝发育。

一是近地表纵向上岩性叠置复杂，纵向速度变化大。山地近地表既有松散堆积物，如干燥砂砾石或黄土等，又有含水或不含水、厚度不一的岩层，其复杂性与构造运动、风化剥蚀充填作用的期次和强度有关，每层的速度不同且变化大。图1.2.5是塔里木盆地西南缘柯东地区一个典型的露头剖面表层，纵向上可分为三层结构，从上到下由黄土、砾石、砂岩三层岩性叠置构成，三层速度分别为黄土层300~800m/s、砾石层700~1600m/s、砂岩层2000m/s以上。

二是近地表岩性层横向分布复杂，近地表速度横向变化大。近地表岩性层横向厚度和物性变化大，组合关系复杂。图1.2.6是塔里木盆地昆仑山山前带的一个表层结构调查结果，可看出岩性的横向变化大。

三是近地表速度各向异性明显。山地复杂构造区特别是山前带构造运动强烈，岩层倾斜且产状变化大，裂缝发育，加之地表多期次洪积扇叠合发育等，造成近地表速度具有明显的（视）各向异性特征。如宁宏晓等（2017）在中国西部祁连山山前带做表层调查时发现：山前带垂直扇体方向的速度明显低于平行扇体方向的速度，最大速度差异达到395m/s。

图 1.2.5 塔里木盆地西南缘柯东地区露头剖面

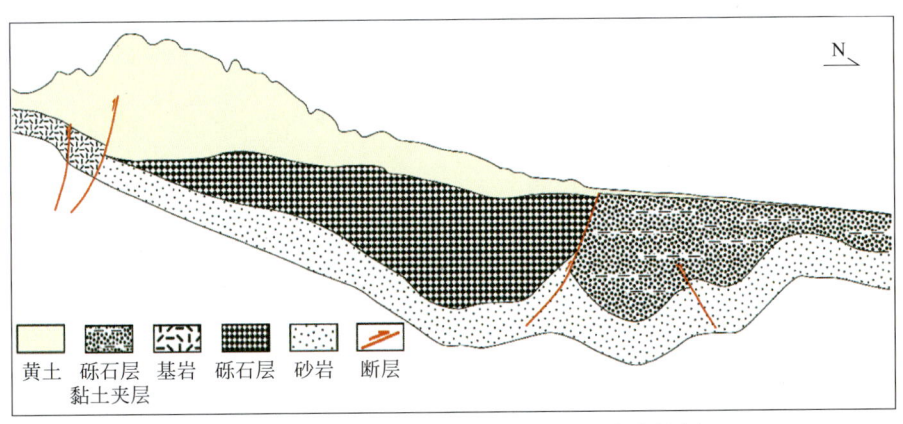

图 1.2.6 塔里木盆地昆仑山山前带近地表岩性剖面

二、地下构造复杂

由于多期次强烈的构造运动，山地复杂构造区地下地层褶皱强烈，地层陡倾、破碎，产状变化大，断层发育，多为复杂的逆掩推覆构造或断背斜构造，地下构造十分复杂。

如图 1.2.7 所示，受基底卷入冲断→基底滑脱→叠瓦冲断→挤压盐收缩构造变形→张性变形强烈造山运动挤压作用影响，构造变形具有整体挤压、分层变形、垂向叠置、联动递进变形特征，盐上地层高陡，地层倾角可达 30°~45°，盐下大型逆掩断层发育，构造逆冲叠瓦，形成了一系列复杂的断背斜构造。

如图 1.2.8 所示，由于受多期构造运动影响，地下构造样式复杂，普遍存在逆冲、扭断和反转等构造类型。

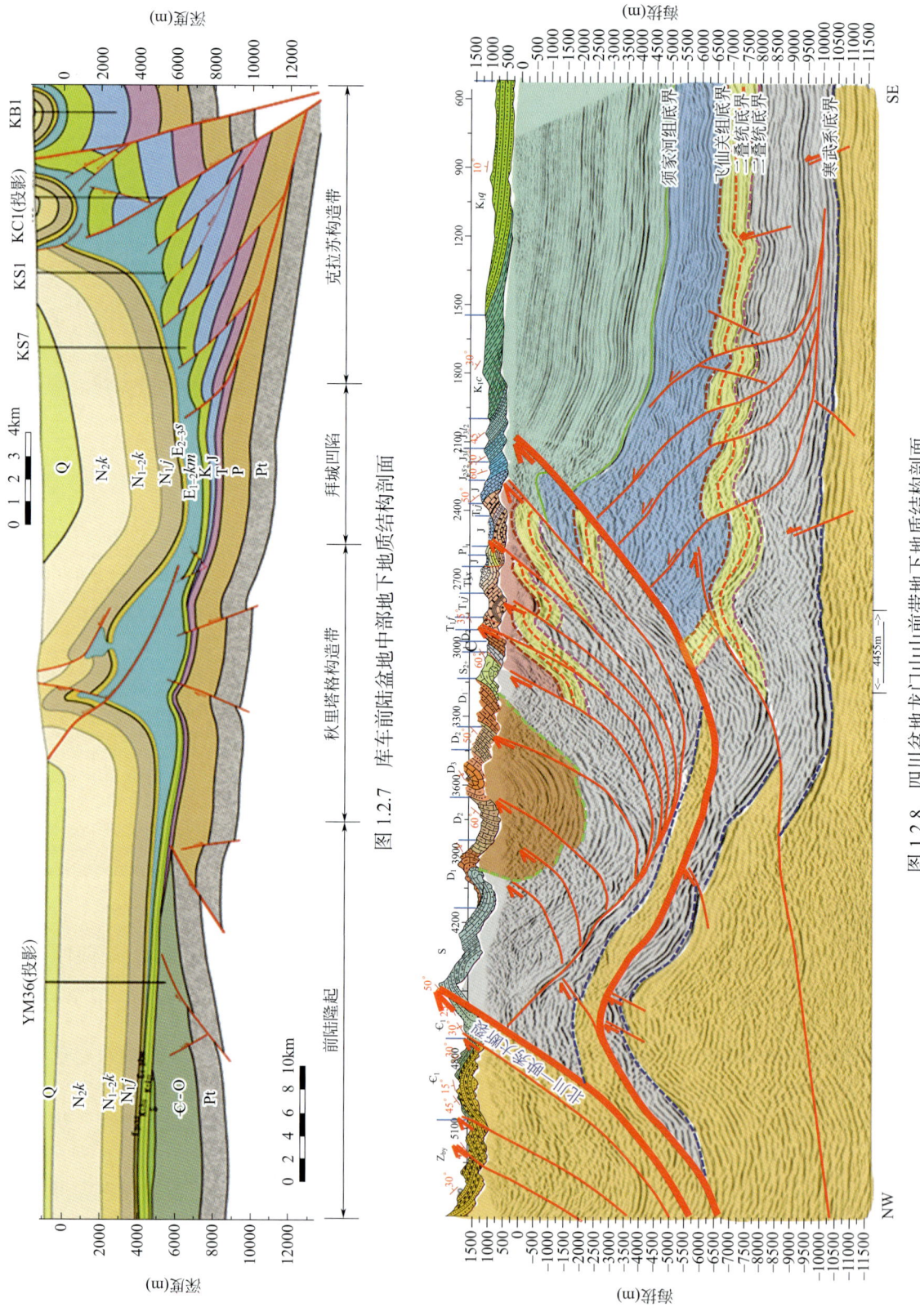

图 1.2.7 库车前陆盆地中部地下地质结构剖面

图 1.2.8 四川盆地龙门山山前带地下地质结构剖面

山地复杂构造区"双复杂"地震地质条件给高精度地震成像带来一系列的挑战,详见本章第三节。

第三节　山地复杂构造高精度地震成像面临的挑战

山地复杂构造区"双复杂"地震地质条件造成了地震激发、接收点的空间分布不规则(采样不规则),地震波对地下目标照明不均匀,地震激发、接收条件差,地震波吸收衰减严重,面波、散射等干扰波强,高精度偏移速度建模难,地震波场关系异常复杂,地震波场聚焦归位难,同一区带多期、分块采集、分块成像处理的地震资料成像(深度、振幅、频率、相位)差异大等一系列问题,给山地复杂构造高精度地震成像带来挑战。

一、高精度地震资料采集难

"双复杂"地震地质条件,造成地震激发、接收点在地表分布不规则,特别是炮域的地面检波点(道)记录采样不规则,地下目标地层照明不均匀,地面激发出高信噪比的地震信号和信号被高精度接收均不易。实现地面规则地震采样、地下目标均匀照明地震采样、激发高信噪比地震信号和对地震信号高精度接收等十分困难。

1. 地面二维观测成像难

由于山地复杂构造区近地表结构和地下构造均复杂多变,地震波在地下传播异常复杂,如果用地面二维地震观测方法,因为反射大部分来自侧面而非测线正下方(图1.3.1),因此不仅无法或没有对测线下方的地层反射信号充分采样,而且难以(甚至无法)对地下复杂构造的目的层高精度成像。

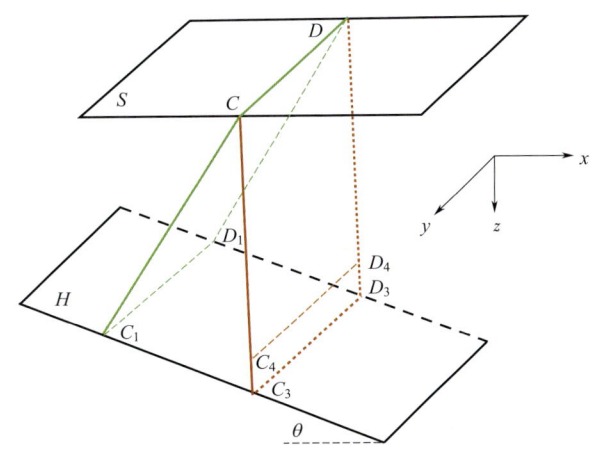

图1.3.1　三维地质体二维地震观测示意图

S是水平地表面,H是倾角为θ的地层;二维地震测线CD不能接收其正下方C_3D_3段反射,而是接收C_1D_1段侧面反射,其成像在C_4D_4段,偏离其真实位置

2. 地面规则地震信号采样难

山地复杂构造区,地形起伏剧烈,沟壑纵横,山体陡峭,地表地层耸立,山高沟深,交通运输困难,激发点钻井和接收点检波器埋置十分困难。实际施工的激发点和接收点位置偏离设计位置不可避免,甚至出现没有激发点或检波点分布的空洞,地震信号的地面采样不规则。

在地震采集施工区还常常存在工厂、水域网和其他敏感区,激发点、检波点被迫避让,也造成地震信号的地面采样不规则。

3. 地下目标均匀照明地震采样难

事实上,即使在地震采集设计和施工中实现了地震信号的地面规则采样,但由于山地复杂构造区地表起伏剧烈、近地表结构和地下构造复杂多变、地下速度场的纵横向剧烈变化等,地震波在地下传播异常复杂,地下目的层成像面(线)元的覆盖次数、炮检距分布、方位覆盖、照明强度等属性也变得不均匀，甚至地下部分区域存在地震探测能量阴影区（低照明区）（图1.3.2）。况且，在实际采集施工中，可能还存在地面不规则地震采样造成的空洞区，进一步加剧了地下目标层成像面（线）元属性的不均匀程度。

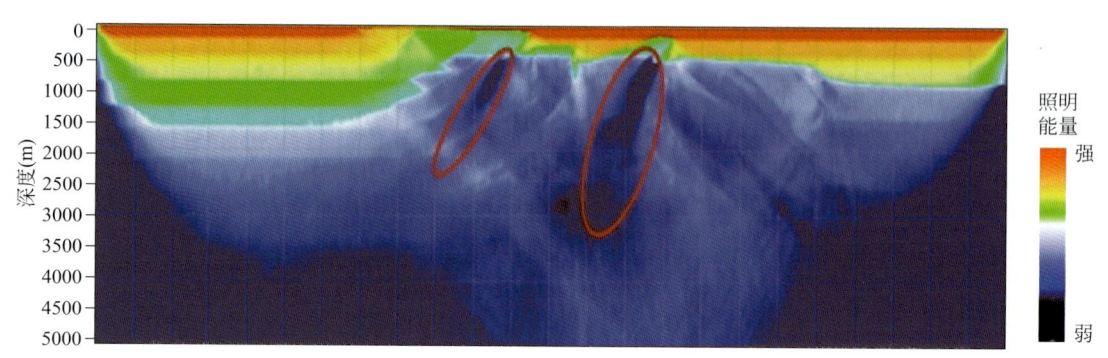

图1.3.2　地震探测能量强度示意图

暖色代表强照明，冷色代表弱照明，椭圆圈标注区域是照明阴影区

4. 激发高信噪比的地震信号难

长期以来，山地复杂构造区的地震激发以井炮（炸药震源）为主。同时，因复杂的表层结构，要激发出更多的有效下传地震波能量难，如在山地石灰岩出露区，不仅地震激发井钻井困难，而且激发能量散失严重、下传少，散射干扰严重；在黄土覆盖区，巨厚黄土吸收衰减严重，黄土与黄土底面形成强反射，不仅激发能量下传弱，而且干扰波场严重、信噪比低。

5. 信号的高精度接收难

一方面，组合检波接收是一种压制随机干扰和地面传播噪声的有效手段，但由于山地地形起伏大，检波器组合高差大，组合接收不能保证反射波的同相叠加。同时，因地表的复杂性，干扰波也被复杂化，如线性干扰被非线性化，常规的组合检波技术存在不适应性，用组合检波实现高精度接收难。

另一方面，由于信号能量弱且与干扰波能量差异大，对弱信号的接收和保护就十分重要。但因复杂地表接收条件差，如岩石和黄土区检波器埋置不易耦合，对检波器的灵敏度、动态范围和埋置耦合的改善有更高的要求。

这些因素造成信号的高精度接收难。

二、高精度近地表建模难

近地表的高精度速度建模，不仅能提高静校正精度、改善地震信号同相性、改进噪声衰减处理的效果，更是建立全深度高精度偏移速度场、山地复杂构造高精度地震成像的必要基础条件，且因近地表速度通常较深层低，其速度误差对成像深度和波场收敛，较深层速度误差影响更大，搞准近地表速度对山地复杂构造精确成像十分关键。

1. 表层调查控制点布设与调查难

野外表层调查常用的单井微测井、双井微测井、小折射等调查方法，不仅施工难，而且适应性变差、表层控制点的选择难度大，且山前带近地表速度各向异性的调查尚需探索突破。

2. 海量低信噪比地震炮记录初至拾取难

复杂的地表条件使地震单炮资料初至波信噪比低、炮内与炮间的信号一致性差、炮内与炮间的初至变化大，初至波拾取不了、拾取不准、拾取率不高，直接影响近地表速度反演的精度和深度，且海量地震数据的初至拾取工作量越来越大，耗费大量人力和时间。

3. 表层反演方法难

近地表速度建模方法众多，如折射法、潜行波层析、约束层析等。这些方法适应性各不相同。表层建模反演方法选择和反演策略、流程、参数的使用，存在不小的难度。

三、高精度地震信噪分离难

地震资料的较高信噪比不仅是山地复杂构造叠前偏移速度等参数场准确建立的需要，更是山地复杂构造叠前高精度成像的需要。"双复杂"地震地质条件造成地震噪声发育且强而不规则，信号吸收衰减严重且弱而不一致，高精度信噪分离十分困难。

1. 地震噪声发育且不规则、衰减难

因山地复杂构造区复杂的地表（近地表）条件，地震激发可产生面波、声波、鸣震、散射、多次折射等强近源干扰，在地震炮记录上形成能量差异巨大、线性关系不突出、规律性差的黑三角区（图1.3.3），地震记录近道有效信号基本被强噪声淹没。

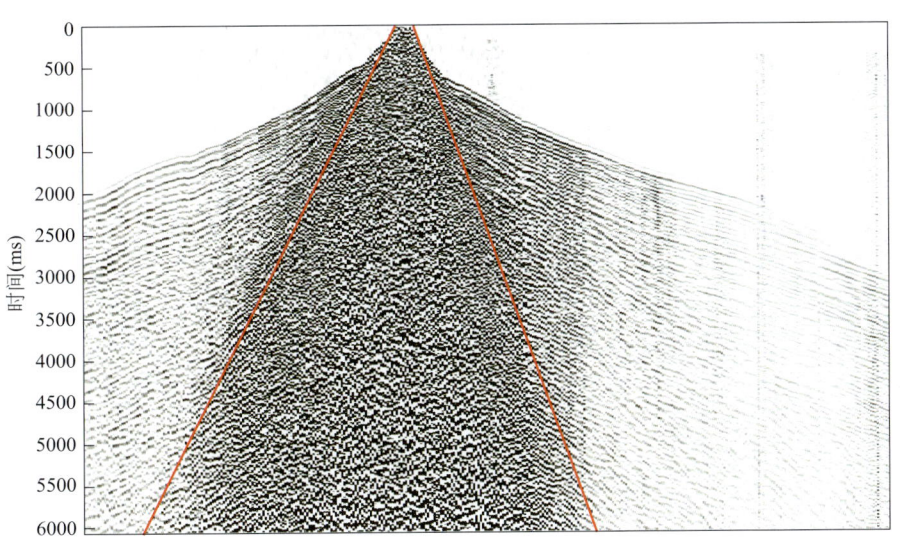

图1.3.3 地震单炮记录上的黑三角强干扰

在山地复杂构造区，因观测参数的不合理将产生干扰，如接收道距过大，接收道间时差较大，扭曲了波场旅行时特征，高陡构造反射波呈非双曲线特征，地震记录存在严重的假频。接收线距过大，三维滚动距离过大，在最终成像数据体切片上产生条带状的采集脚

印，如图 1.3.4 所示。

采石场及水泥厂等厂矿机械振动、火车汽车高速高频次运行、输电高压线、农田村庄区等人文活动，都将产生较强的外源干扰和随机噪声。

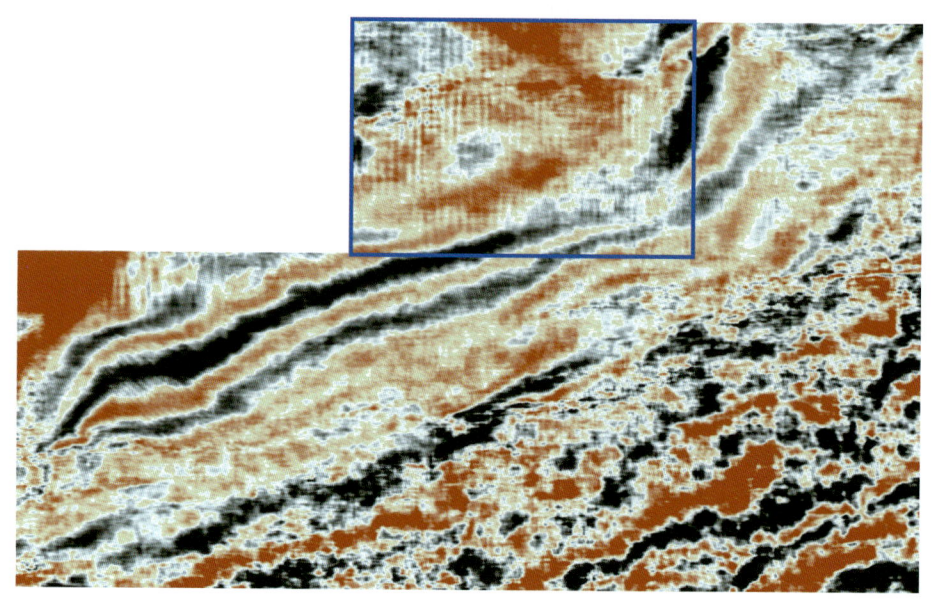

图 1.3.4　三维成像数据体等时切片

蓝色方框标注部分存在明显的与观测系统相关的条带状采集脚印

这些噪声不仅能量强、频带与有效波重叠，而且有的规则噪声被复杂地表（近地表）条件复杂化而变得不规则，有的噪声本身就随机而无规律，所以，不仅地震原始单炮记录上各种干扰波发育、信噪比低是山地复杂构造区地震资料的基本特征（图 1.3.5），而且噪声的高精度衰减十分困难。

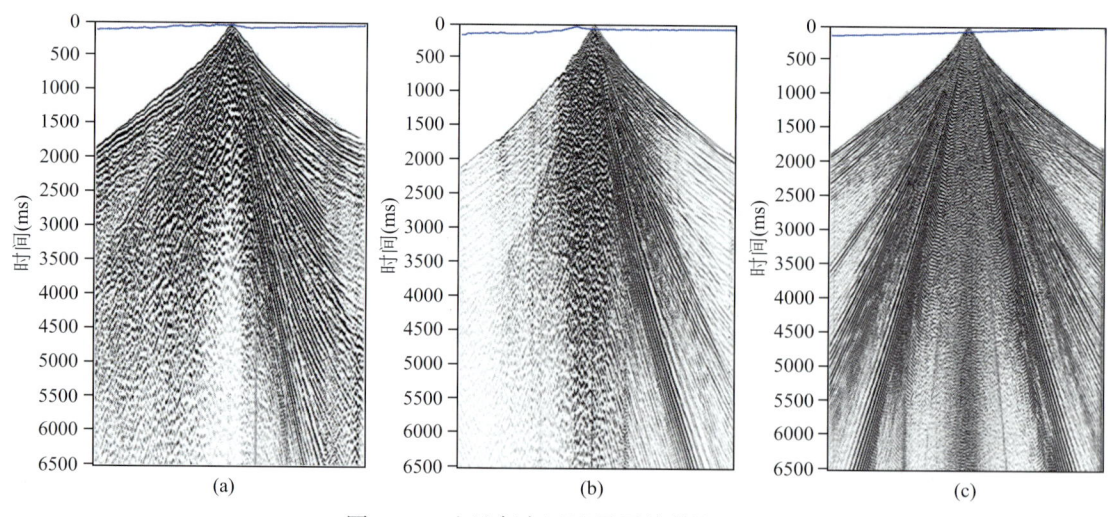

图 1.3.5　山地复杂区地震原始单炮记录

（a）砾石山地区单炮记录；（b）戈壁区单炮记录；（c）农田区单炮记录

2. 地震有效波吸收衰减严重且不一致、补偿难

山地复杂构造区的地震资料不仅存在正常的球面扩散衰减，而且存在"双复杂"地震地质条件造成的严重吸收衰减和激发接收差异引起的信号变化。

山地近地表结构复杂，特别是岩性变化大，地表风化严重，地层破碎、厚度变化大，不仅激发的信号子波不一致、差异大（图1.3.6），而且地震波吸收衰减严重、程度不均衡，加之地震检波器埋置条件差异大、耦合效果差异大、道间信号不一致、存在明显差异（图1.3.7），从而导致资料信噪比不高，信号特征变化大。

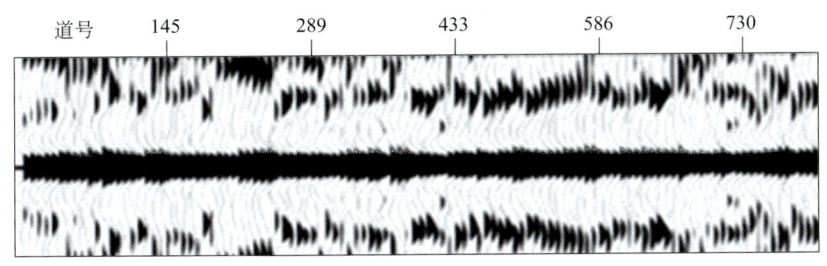

图1.3.6　激发的信号子波不一致、差异大（同一接收点记录的自相关）

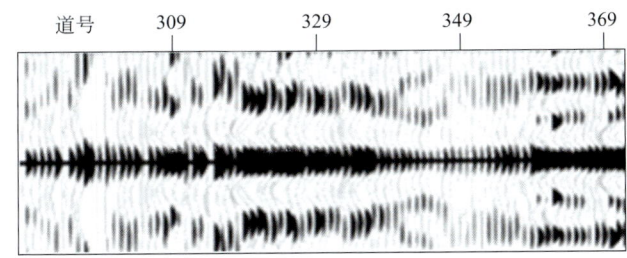

图1.3.7　道间信号不一致、存在明显差异（同一炮点记录的自相关）

山地复杂构造区的地震波不仅经历近地表的严重吸收衰减，而且山地复杂构造的目的层主要在深层甚至超深层，其传播路径更长、更复杂，地震波吸收衰减量进一步加大，目的层反射能量更弱。

这些特点造成了信号弱且不一致（变化大），高精度的信号补偿难。

四、高精度地震偏移速度建模难

高精度地震偏移速度建模是山地复杂构造高精度成像的关键。然而由于山地复杂构造区地表条件和近地表结构复杂、地下构造复杂、地震资料信噪比低等，高精度速度建模十分困难。

1. 近地表速度模型探测深度有限、分辨率低

用于高精度地震成像的偏移速度建模一定要是全层系、全深度的建模。近地表速度建模也是偏移速度模型的一部分，由于它仅用了初至波走时，初至波探测深度有限，速度建模的深度有限，分辨率也有待提升，中深层的速度建模需要用反射波信息来构建才行。

2. 速度更新的偏移方法精度要求高

地下复杂构造必然带来复杂的速度结构（包括强烈的各向异性）和复杂的波场，用反

射波偏移成像道集进行速度更新时，存在偏移算法的适应性和剩余延迟分析的复杂性，难以实现快速迭代收敛，有时甚至不收敛，影响偏移速度更新的精度。

3. 低信噪比资料速度更新难

由于山地复杂构造区地震资料信噪比低，即使偏移方法得当，但因偏移成像道集信噪比低（图1.3.8），也难以进行准确的剩余延迟分析，影响速度建模的准确性，使依赖数据驱动的速度建模变得更为困难。

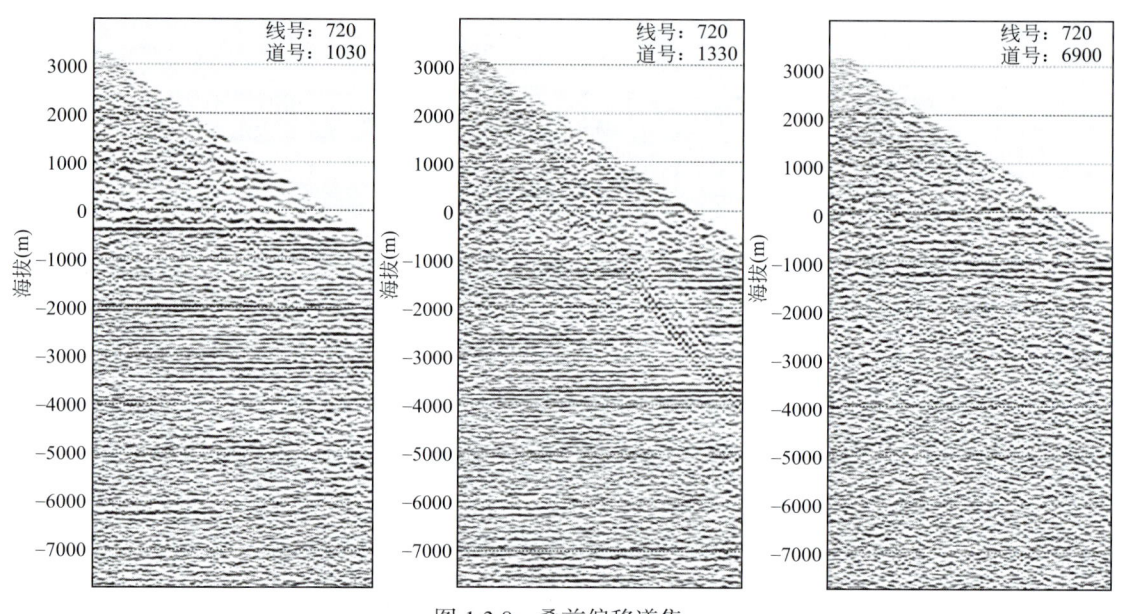

图 1.3.8　叠前偏移道集

此外，部分噪声如地面散射、近地表散射等难以正演模拟，限制了一些高精度速度建模方法、算法的使用，如全波形反演（FWI）方法就难以应用。

以上原因，导致山地复杂构造高精度偏移速度建模十分困难。

五、高精度地震偏移归位难

山地复杂构造区地表地下的"双复杂"，使地震偏移归位存在以下特殊难题。

1. 常用的偏移基准面不适应

现有基于水平基准面的偏移算法不适应起伏剧烈的山地地形，如山地地震资料使用常规的水平基准面偏移算法将存在严重误差，如图1.3.9所示。而基于起伏地表面的偏移需要新的策略和算法改进，增加了技术难度。

2. 偏移算法精度要求高

地下构造复杂，如褶皱强烈、断层发育、地层陡倾甚至倒转，地震波速度纵横向变化剧烈、各向异性强，地震波传播路径复杂、存在多路径，地震波吸收严重且纵横向变化大，地震波场关系异常复杂。找到适应这种地质条件的高精度地震波场正反演算法存在一定难度。

第一章 山地复杂构造高精度地震成像难点与对策

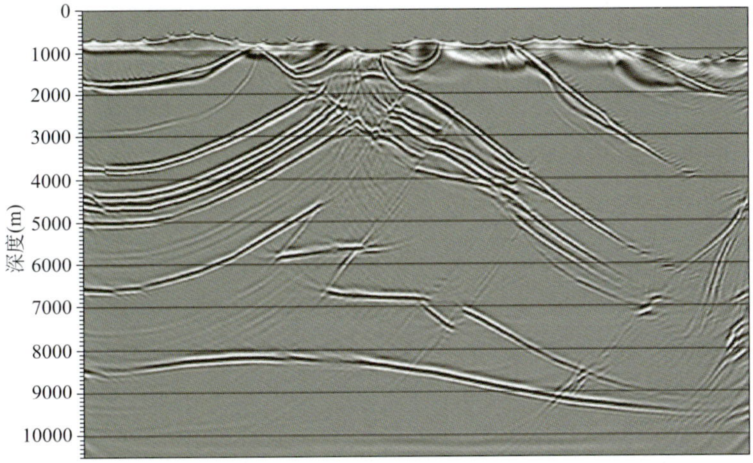

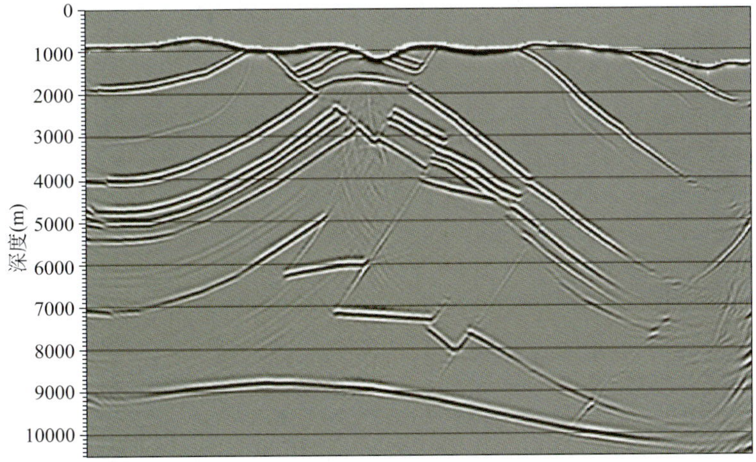

图 1.3.9 用水平基准面偏移的山地地震资料模型及剖面
(a) 具有起伏地表的地质模型;(b) 用水平基准面叠前深度偏移的剖面;(c) 用起伏地表叠前深度偏移的剖面

3. 叠前静校正不再适应

在山地复杂构造区，偏前信号处理如为了去噪而广泛使用静校正所引起的地震波场畸变和旅行时失真等因素，也会增大山地复杂构造高精度偏移归位的难度。

4. 偏移效率低

山地复杂构造的复杂性、剧烈的速度变化与强烈的各向异性，决定了不仅地震资料的数据量大（必须是较大面积、三维、长排列、宽方位、高覆盖、高密度观测，后续章节将详细述及），而且偏移必须是叠前深度域的高精度算法，这必然导致偏移归位的数据量和计算量双剧增。因此提高叠前深度偏移归位的效率十分重要且有相当大的难度。

六、高精度区带级整体地震成像难

山地复杂构造的复杂性，决定了需要区带级的大面积高精度地震成像来全面了解认识地下复杂构造，找到和落实有利的油气勘探目标，但区带整体地震成像存在以下难题。

1. "贴邮票式"的分期分块采集缺乏整体设计

由于油气勘探的复杂性和风险性、地质认识的渐进性、需求的阶段性，通常是在山地复杂构造区需要一块地震资料时，才采集一块、成像处理一块，这种"贴邮票式"的分期分块实施的地震工作通常不太可能做到超前整体设计。

2. 分块采集、处理的地震资料差异大

由于多期分块独立设计、分期独立采集的地震资料存在观测系统不一致、激发接收参数差异大、原始资料品质差异大等问题，分块处理的速度模型块间一致性差、难闭合，成像资料的深度、振幅、频率、相位不一致。

3. 常规连片处理不保真、效率低

常规连片处理由于区块连接处的块间资料相互影响而存在"降优补劣"、连片成像成果不保真，加之每新增加一块连片资料就必须重新处理，不仅做大量重复工作，存在"翻烧饼"问题，而且连片成像处理量积少成多，工作量只增不减，存在"积涓成海"问题，造成区带大面积高精度整体地震成像效率低。

第四节　山地复杂构造高精度地震成像技术思路与对策

山地复杂构造高精度地震成像是一个系统工程，要实现山地复杂构造高精度地震成像，必须立足"双复杂"地震地质条件带来的地震成像难点，坚持问题导向、需求导向，采取系统性、针对性的方法措施，从技术思路上系统谋划，从技术对策上破难见效。

一、技术思路

根据山地复杂构造高精度地震成像的六大难点及挑战，实现高精度地震成像的思路就是通过六个技术环节的高精度来实现成像整体的高精度，即高精度的地震资料采集、高精度的近地表建模、高精度的噪声衰减、高精度的偏移速度建模、高精度的偏移归位和高精度的区带整体成像。

1. 山地复杂构造地震资料高精度采集技术思路

针对山地复杂构造地震成像资料采集面临的地面二维观测成像难、地面规则地震采样难、地下目标均匀照明地震采样难、激发高信噪比的地震信号难和信号的高精度接收难等问题，主要采用以下解决问题的技术思路。

一是优化山地复杂构造地震资料采集的技术设计。设计并优选、优化山地复杂构造地震成像资料采集的观测系统及参数，如地面需要使用三维观测方式，实现地震信号的均匀、充分采样，从设计上确保对山地复杂构造的均匀充分地震采样，实现无阴影探测。

二是优化激发技术。对山地区广泛使用的井炮激发，通过优选激发岩性、激发井深、激发药量、激发方式，从而增强下传能量，降低激发噪声。

三是优化接收技术。通过优选接收方式、检波器性能，改进检波器埋置方式，确保地震波高精度接收。

四是优化施工技术。从施工上实现规则、保真、无阴影地震采集。

通过采用以上"四个优化"技术思路，确保为山地复杂构造地震成像提供"无基因缺陷"的原始地震资料。

2. 山地复杂构造高精度近地表速度建模技术思路

针对山地复杂构造高精度近地表建模面临的表层调查控制点布设与调查难、海量低信噪比地震炮记录初至拾取难、表层反演方法难等问题，主要采用以下解决问题的技术思路。

一是提升速度调查控制点的布设和调查精度。合理布置表层调查点并测准调查点的表层参数，得到近地表建模需要的高精度控制点。

二是提升初至拾取的工艺技术。制定合理的初至拾取流程，对初至数据进行预处理，实现地震炮记录初至高效高精度拾取。

三是提升地震炮初至反演近地表速度的精度。通过控制点约束，利用地震炮记录资料反演近地表速度参数。

通过采用以上"三个提升"技术思路，确保为山地复杂构造地震成像提供高精度的近地表速度模型。

3. 山地复杂构造地震资料高精度噪声衰减技术思路

针对山地复杂构造地震资料中存在的地震噪声发育且不规则而衰减难、地震有效波吸收衰减严重且不一致而补偿难等问题，主要采用以下解决问题的技术思路。

一是强化噪声类型分析。仔细深入分析山地复杂构造每炮记录存在的噪声类型及其特点，夯实噪声衰减的认识基础。

二是强化噪声衰减的因类施策。根据噪声类型采用不同的方法和顺序进行噪声衰减处理。如首先压制外源干扰；其次是分离和剔除强近源干扰噪声，突出有效信号，可先用静校正增强近源干扰的规律性，再采用针对性方法分离消除干扰噪声；再次进行随机干扰压制；最后是面向偏移速度建模和叠前偏移成像的针对性去噪等。

通过采用以上"两个强化"技术思路，确保为山地复杂构造地震成像提供高信噪比的偏前地震资料。

4. 山地复杂构造高精度偏移速度建模的技术思路

针对山地复杂构造高精度偏移速度建模存在的近地表速度模型探测深度有限且分辨率

低、反射波速度更新的偏移方法精度要求高、低信噪比资料速度更新难等问题，主要采用以下解决问题的技术思路。

一是增强近地表速度模型的约束。把已经建立的高精度近地表速度模型作为全深度域速度模型的一部分，用近地表速度模型约束其以深的速度建模。

二是增强用反射波偏移聚焦对中深层速度模型的更新。基于叠前时间偏移速度转换或分层速度填充等方法构建中深层初始深度低频速度（即宏观背景速度）模型，用反射波场偏移聚焦扫描来完成中深层的速度更新，实现近地表速度模型约束的高精度全深度速度模型建模。

三是增强速度模型的适配性。构建高精度的各向异性模型（甚至Q模型），提升速度模型与山地复杂构造真实模型的匹配度，降低模型太抽象简化引起的偏移精度降低的风险。

通过采用以上"三个增强"技术思路，确保为山地复杂构造地震成像提供高精度的叠前深度偏移速度模型。

5. 山地复杂构造高精度偏移归位技术思路

针对山地复杂构造地震高精度偏移成像存在的水平偏移基准面不适应、偏移算法精度要求高、叠前静校正不再适应、地震有效波吸收衰减严重且补偿难、偏移效率低等问题，主要采用以下解决问题的技术思路。

一是采用起伏地表面作为偏移成像基准面。针对起伏地表，摒弃传统先静校正后在水平基准面做叠前偏移的思路，直接从起伏地表面进行偏移成像，保证地震旅行时不失真。

二是采用规则化后的偏前数据。通过对偏前数据规则化，增强成像面元属性均匀性，避免数据不均匀造成成像振幅失真。

三是采用不做静校正的偏移。以起伏地表叠前偏移、双基准面偏移成像代替先静校正后偏移的传统方法，摒弃静校正，保持地震波路径和旅行时的真实性，提高偏移成像精度和清晰度。

四是采用改进的叠前深度偏移算法。通过改进叠前深度偏移的算法，既适应地层陡倾、横向速度变化剧烈、各向异性强等条件下的复杂波场聚焦归位，又能补偿地震波传播时的吸收损失，从而提高深层弱信号成像分辨率。

五是采用高性能的计算策略和方法。通过使用高性能的计算策略和方法，提升海量数据叠前深度偏移的计算效率，实现山地复杂构造的叠前深度成像又好又快。

通过采用上述"五个采用"技术思路，确保山地复杂构造地震波场叠前偏移归位成像的高精度。

6. 山地复杂构造区带整体高精度地震成像技术思路

针对山地复杂构造区带三维整体地震成像存在的"贴邮票式"分期分块采集缺乏整体设计、分块采集与处理的地震资料差异大、常规连片处理不保真且效率低等问题，主要采用以下解决问题的技术思路。

一是改进三维地震设计方略。力争做到区带整体设计，减少同一区带不同期次采集的地震资料之间参数和资料特征差异。

二是改进三维地震（连片）处理技术与方法。通过三维地震（连片）处理技术与方法的改进，生成区带上不同区块（即使不是统一设计的分期、分块采集）三维地震资料的高精度深度成像标准件成果。

三是改进分块成像结果的连片方法。通过采用积木式分块成果的组装连片方法，将分块深度成像标准件成果直接插入或扩充到区带成像数据体中，积木式组装、无缝集成为区带整体成像数据体。此处需要特别提及：针对区带早期的非标准成果，经方位、面元等基础参数统一处理，消除区块间时间（深度）差异、振幅差异、频率差异，生成分块成像的非标准件成果，也可形成非高精度的区带成像总装数据体。

通过采用上述"三个改进"技术思路，可实现山地复杂构造区地震资料"分块成像、组装连片、连片保真"，确保区带整体地震成像的高精度。

二、技术对策

根据山地复杂构造高精度地震成像的六大难点和六个技术环节，山地复杂构造高精度地震成像技术对策主要包括六方面。

1. 山地复杂构造地震资料高精度采集技术对策

一是面向叠前深度偏移成像的山地复杂构造地震采集观测系统设计，从观测系统设计上确保均匀、充分采样，确保山地复杂构造成像的高精度和经济性。二是采用基于遥感信息的激发接收分区设计，提高激发接收的针对性，确保设计的观测系统能有效实施。三是采用基于增能降噪的山地复杂地表地震激发，确保激发出高信噪比的地震信号。四是采用基于信号保真的山地地震接收技术，确保高精度接收。五是采用基于山地复杂地表的混采施工技术，确保采集设计的全面工程实现。

2. 山地复杂构造区高精度近地表速度建模技术对策

一是采用控制点（线）表层速度调查方法，为井约束大炮（即正常生产采集的单炮记录）初至层析反演提供高精度的控制点速度，并为大炮初至层析反演结果提供控制线约束与验证。二是采用高精度大炮初至拾取技术，为井约束大炮初至层析反演提供高精度的初至旅行时。三是采用井约束初至层析反演技术、近地表速度各向异性建模技术，为山地复杂构造区高精度近地表速度建模提供速度反演算法。

3. 山地复杂构造区地震资料高精度噪声衰减技术对策

一是压制强散射干扰，对炮记录上的地表散射干扰进行衰减，为规则干扰的衰减创造条件。二是衰减规则干扰，包括偏前地震资料规则干扰的衰减和偏后成像道集多次波干扰的衰减。对偏前地震资料规则干扰，由于山地复杂构造区地形起伏和近地表速度的纵横向变化，导致规则干扰变得不规则，需要先对规则干扰进行规律强化处理。在规则干扰规律强化的基础上，利用多域对面波、线性干扰、折射、黄土鸣震、外源干扰和采集脚印等规则干扰衰减，包括在时空域衰减叠前低频面波、线性噪声、黄土鸣震，在十字排列域衰减面波、折射等相干干扰，在 τ-p 域衰减外源干扰，在炮检距向量片（OVT）域偏前衰减采集脚印；通过这些噪声衰减方法为地震偏移提供高质量的偏前资料。对偏后成像道集多次波规则干扰，利用层间多次波在共成像点道集远近偏移距上的差异，进行 τ-p 域滤波和方向—尺度域滤波，从而在成像道集上衰减层间多次波，其方法包括高精度 Radon 变换多次波衰减和复小波变换层间多次波衰减方法。三是对随机噪声衰减。利用随机噪声的高维空间弱相干、分数域信号与噪声可分离、随机噪声具非稀疏性、OVT 道集是单次覆盖完整三维数据体、随机噪声不可拟合等特点，来衰减随机噪声、增强有效信号，其方法包括 Cadzow 滤波法、分数域噪声衰减法、压缩感知弱信号增强方法、OVT 域三维噪声衰减方法、基于正交多项式拟合的相干信号增强方法。

4. 山地复杂构造高精度偏移参数场构建技术对策

一是采用起伏地表全深度偏移速度模型构建技术，解决高精度地震成像所需的地下介质速度场问题；二是采用各向异性偏移速度建模技术，解决各向异性偏移地下介质参数场的建立问题；三是采用起伏地表全深度空变品质因子 Q 场构建技术，获得 Q 偏移、Q 补偿所需的地下介质 Q 参数场。

5. 山地复杂构造高精度叠前偏移成像技术对策

一是采用地震数据规则化方法，为高精度偏移成像提供采样照明均匀充分的偏前道集；二是采用起伏地表与双基准面偏移成像方法，直接从起伏地表或炮检双基准面开始偏移，避免在山地起伏地表条件下先静校正后偏移，消除静校正引起的地震旅行时失真，提高偏移成像精度；三是采用克希霍夫叠前时间偏移快速获取深度偏移所需的初始速度模型（含速度和构造轮廓），在此基础上采用各向同性的克希霍夫叠前深度偏移、叠前逆时深度偏移方法，快捷实现山地复杂构造叠前深度偏移成像，为各向异性叠前深度偏移提供基础；四是采用各向异性叠前深度偏移，在成像过程中充分考虑地下介质各向异性对地震波传播路径和振幅的影响，满足山地复杂构造高精度的地震成像；五是采用叠前深度 Q 偏移方法，在成像过程中沿地震波传播路径补偿地层的吸收衰减，提高山地复杂构造地震成像的分辨率；六是采用叠前深度偏移的高性能计算方法，提高山地复杂构造高精度地震成像的计算效率。

6. 山地复杂构造区带整体高精度地震成像的技术对策

一是采用"三兼顾，一统一"的区带整体地震采集工程设计方法，即"兼顾勘探开发、新老资料、深浅层，同一区带统一设计"，解决同一区带不同期次采集资料数据特征（时间、频率、振幅等）差异大和重复采集成本增加的问题，从设计源头上奠定区带高精度地震成像的基础。二是采用"一整体，三统一"区带连片成像处理方法，即"区带地震成像处理整体设计，统一地震成像处理的流程工序，统一成像处理工序技术标准，统一成像处理工序质量标准"，确保区带上分期、多块地震资料"分块成像、组装连片、连片保真"，实现整体高精度成像。三是区带统一的全深度低频速度模型分块滚动建立，不仅保证单块三维能单独实现高精度深度偏移成像，而且能确保区带多块三维地震资料整体组装高精度成像。四是采用区带三维地震成像成果组装连片方法，包括标准件成果集成、非标准件成果集成等区带连片三维成果集成方法，实现区带新老成果、多域成果、多类流程处理成果的总装，实现区带高精度地震整体成像。

第二章　山地复杂构造地震资料高精度采集

通过山地复杂构造地震资料高精度采集，获得无基因缺陷的地震原始资料，是山地复杂构造高精度地震成像的基础和关键前提，也是油气地震工作资源耗费最大的环节。

本章介绍山地复杂构造地震资料的高精度采集技术方法，包括五部分：一是面向叠前深度偏移成像的山地复杂构造地震采集观测系统设计，从观测系统设计上确保均匀、充分采样，确保山地复杂构造成像的高精度和经济性；二是基于遥感信息的激发接收分区设计，提高激发接收的针对性，确保设计的观测系统能有效实施；三是基于增能降噪的山地复杂地表地震激发，确保激发出高信噪比的地震信号；四是基于信号保真的山地地震接收技术，确保高精度接收；五是基于山地复杂地表的混采施工技术，确保采集设计的全面工程实现。

第一节　山地复杂构造地震采集观测系统设计

第一章已经提及，针对山地复杂构造，只有采用三维地震观测方式，才有可能实现其高精度地震成像，但已经广泛使用的基于水平叠加成像理念的三维观测系统设计方法和思路难以适应和满足山地复杂构造"双复杂"地震地质条件下的高精度地震成像要求，必须从叠前深度偏移成像的角度进行山地复杂构造三维地震成像的观测系统设计。

本节首先讨论面向叠前偏移成像的三维观测系统设计，主要从陡倾地层地震信号保真采样、地下目的层反射波被充分接收、满足速度的高精度分析、陡倾地层和地下地质体高分辨率成像、削弱资料假频和采集脚印等方面，分析论证观测系统的基本模板参数及模板滚动参数，设计出有利于山地复杂构造叠前地震成像的规则三维观测系统；其次是讨论基于"双复杂"地震地质条件成像面元均匀照明的观测系统优化设计方法，主要介绍地下目标层成像面元照明度的计算方法和均匀性评价方法，并根据成像面元照明均匀性加密炮点实现规则三维观测系统的变观设计，优化观测系统，保障成像质量；第三是讨论基于叠前深度偏移成像的观测系统评价方法，主要包括观测系统叠前深度成像面元的属性分布、成像聚焦性参数提取和叠前成像效果预测的方法，给出了成像面元属性分布均匀、成像聚焦分辨率和聚焦清晰度高、正演偏移成像结果与实际模型吻合度高的观测系统评价优选技术指标，优选出更有利于提升地震成像质量的三维观测系统，同时给出了影响观测系统经济性的关键参数，并介绍了用实际资料和正演方法进行关键参数退化测试与评价方法和实例；最终优选出技术可行和经济可行的观测系统，实现技术经济一体化设计，从观测系统设计上确保山地复杂构造地震资料的高精度、经济采集。

一、面向叠前偏移成像的观测系统设计

三维观测系统是由三维地震观测排列片（图 2.1.1）及其纵向（沿排列线方向）、横向（沿垂直排列线方向）滚动构成的（图 2.1.2）。观测系统设计主要包括三维模板参数及模板滚动参数的设计。首先就是要确定排列片模板（以如图 2.1.1 所示广泛使用的正交观测系统为例进行说明）的参数包括模板的纵向长度和横向宽度、接收道距、激发点距、接收线距，其次是确定排列片模板的纵向和横向滚动距离（图 2.1.2）。

但山地复杂构造区的地震成像三维观测系统参数的确定，与常规三维观测系统参数的确定有明显的不同，必须采用面向叠前偏移成像的观测系统设计，确保对山地复杂构造均匀、充分的地震采样，实现山地复杂构造成像的高精度；同时还要考虑经济性要求，对观测系统优化，只有参数强化而没有优化的观测系统设计不是一个好设计。

以在山地复杂构造区广泛使用的三维正交观测系统为例，系统论述面向叠前偏移成像的观测系统参数确定方法，即确定观测系统中排列片模板的纵向长度和横向宽度、排列片模板中的接收道距和激发点距、排列片模板中的接收线距、排列片模板的纵向和横向滚动距离的方法。

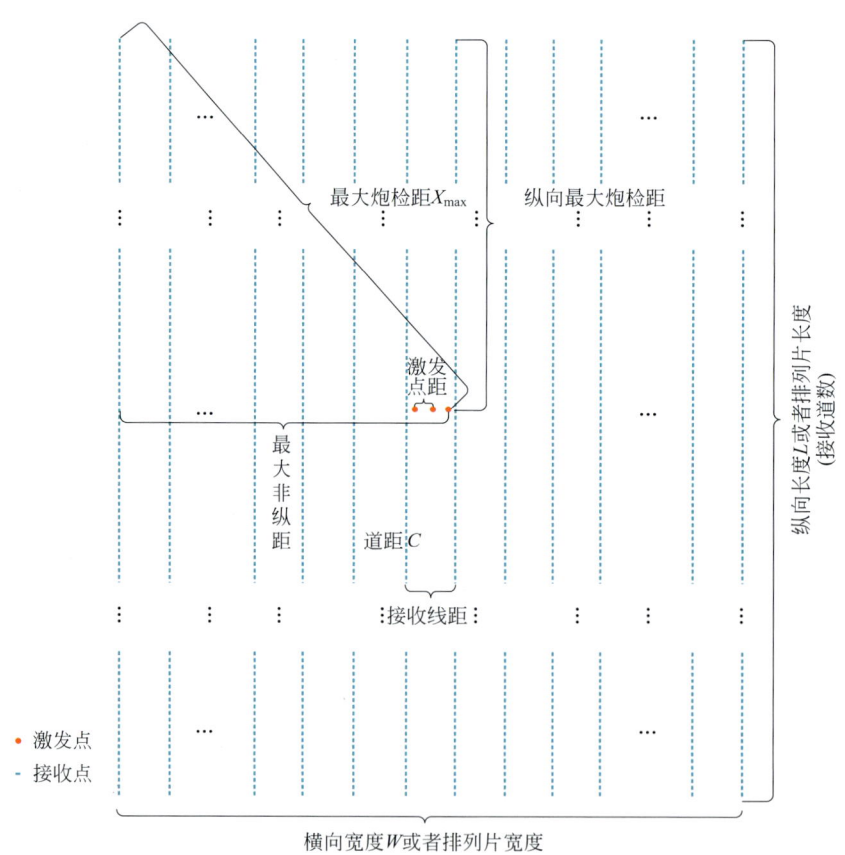

图 2.1.1　三维地震观测系统（排列片）

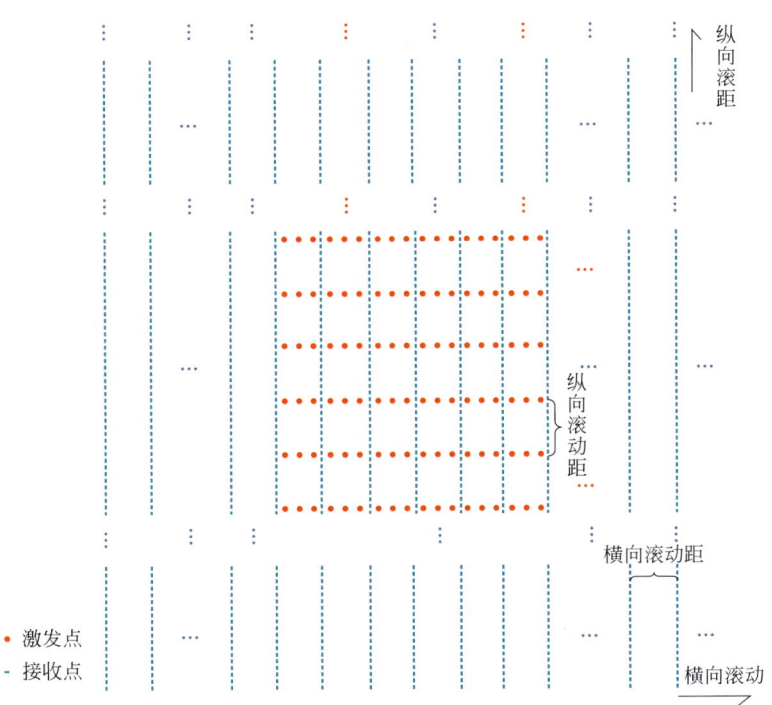

图 2.1.2　排列片纵横向滚动构成三维地震观测系统示意图

1. 排列片模板的纵向长度和横向宽度

排列片模板的纵向长度 L 和横向宽度 W（图 2.1.1）是由地震探测的最大炮检距 X_{max} 和横纵比 R_{wl} 决定的。一般情况下，只要知道了最大炮检距 X_{max} 和横纵比 R_{wl}（即横向宽度/纵向长度），对三维正交观测系统，排列片模板的纵向长度 L 和横向宽度 W 可由下式得到：

$$L = 2 \times \frac{X_{max}}{\sqrt{1+R_{wl}^2}} \quad (2.1.1)$$

$$W = L \times R_{wl} \quad (2.1.2)$$

由于在山地"双复杂"区三维排列片的纵向方向总是沿地下地层倾角最大的方向部署，所以排列片模板的纵向长度 L 也可直接选择为最大炮检距 X_{max} 的 2 倍，即 $2X_{max}$。

1）最大炮检距的确定

在山地"双复杂"区，地震最大炮检距的选择需要同时满足 5 个技术要求。

（1）满足反射系数稳定和振幅随偏移距变化（AVO）分析的要求。由 Zoeppritz 方程可知，目的层反射系数与入射角有关，随入射角的增大，既有 AVO 响应，又有随入射角增大到一定程度时反射系数变得不稳定而突变的现象。为保证目的层反射系数的稳定且有足够强的 AVO 响应（为储层和流体识别提供基础），需要合适的目的层地震波入射角，它与目的层的深度、速度和偏移距有关，最大偏移距决定了某一深度的最大入射角，反之亦然。通常最大炮检距可用一个近似方法来确定，即最大炮检距近似等于主要目的层的深度：

$$X_{\max} \approx 目的层深度 \quad (2.1.3)$$

如果是多目的层，应以最深目的层的深度确定最大炮检距上限。例如，有两个目的层，其中一个目的层埋深为5100~6000m，另一个目的层埋深为7600~9000m，则地震采集最大炮检距上限为9000m。

（2）满足速度分析的要求。叠前时间偏移需要均方根速度，而均方根速度的获取精度与正常时差的大小有关，只有当正常时差较大时才能保证均方根速度分析的精度。正常时差是随着界面深度与炮检距之比的减小而增大的，因此为了提高速度分析的精度，应当具有足够大的炮检距。满足速度分析精度要求的最大炮检距计算公式为：

$$X_{\max} \geqslant \sqrt{\frac{2t_0 v_{\mathrm{rms}}^2}{f_{\mathrm{dom}}\left[\dfrac{1}{(1-k)^2}-1\right]}} \quad (2.1.4)$$

式中，$X_{\max}$是最大炮检距，m；k是速度分析精度，一般要求精度误差应小于6%；v_{rms}是均方根速度，m/s；f_{dom}是目的层地震波主频，Hz；t_0是目的层双程反射时间，s。

（3）满足动校正拉伸切除要求。叠前信噪分离时常用到动校正处理，而动校正必然引起动校拉伸畸变。炮检距与动校正拉伸关系如下：

$$X_{\max} \leqslant \sqrt{2t_0^2 v^2 D} \quad (2.1.5)$$

式中，v是叠加速度，m/s；D是动校正拉伸百分比，一般要求不超过12.5%。

（4）满足目的层反射能量被充分接收的要求。目的层反射到地面的反射波能量被检波器充分接收，是山地复杂构造叠前偏移归位的基础。这需要模拟地震波从震源处激发、传播到地下目的层再反射回到地表的波场能量分布，其能量值的大小可称为目的层的能见度，通过能见度分布可以判断在什么偏移距范围内布设检波器才能把反射能量充分地接收，从而确定出相应的最大炮检距。

为讨论方便，仅以二维观测为例计算能见度。如图2.1.3所示，假设激发点位于 $r_s=(x_s,y_s)$，检波点位于 $r_g=(x_g,y_g)$，在频率空间域，均匀介质的声波方程可以表示为：

$$(k^2+\Delta)U(r_s,r,\omega)=-f(\omega)\delta(r-r_s) \quad (2.1.6)$$

式中，k为波数；Δ为拉普拉斯算子；$f(\omega)$为震源函数；ω为频率。

在此定义$U(r_s,r,\omega)$为格林函数和震源的乘积，则检波点

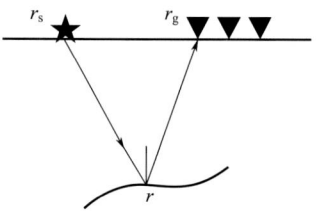

图2.1.3 能见度分析原理示意图

处的地震波可以表示为：

$$U(r_s,r,\omega)=2k^2\int_{v(r)}G(r_s,r,\omega)m(r)G(r_g,r,\omega)\mathrm{d}^3 r \quad (2.1.7)$$

式中，$m(r)=\dfrac{\delta c(r)}{c_0(r)}$为地下$r=(x,y,z)$处速度模型扰动；$G(r_s,r,\omega)$、$G(r_g,r,\omega)$为震源

处和检波点处的格林函数；$v(r)$ 为速度体。

检波点处的能见度为 $|U(r_s,r,\omega)|$。

以二维模型（图 2.1.4）为例，来进一步说明利用能见度分析确定最大炮检距的方法。选取模型中地下目标层倾角最大的一段作为目标反射层（蓝色标注），从震源激发，通过能见度计算方法，得到当前震源激发后经目标反射层反射到地面的能量（能见度）分布图（图 2.1.4）。从图可见，在震源附近能见度最强，超出一定范围后能见度很弱，在较强的能见度范围内布设检波器，就可对目的层反射能量充分接收，据此可找到该炮对应的最大炮检距。

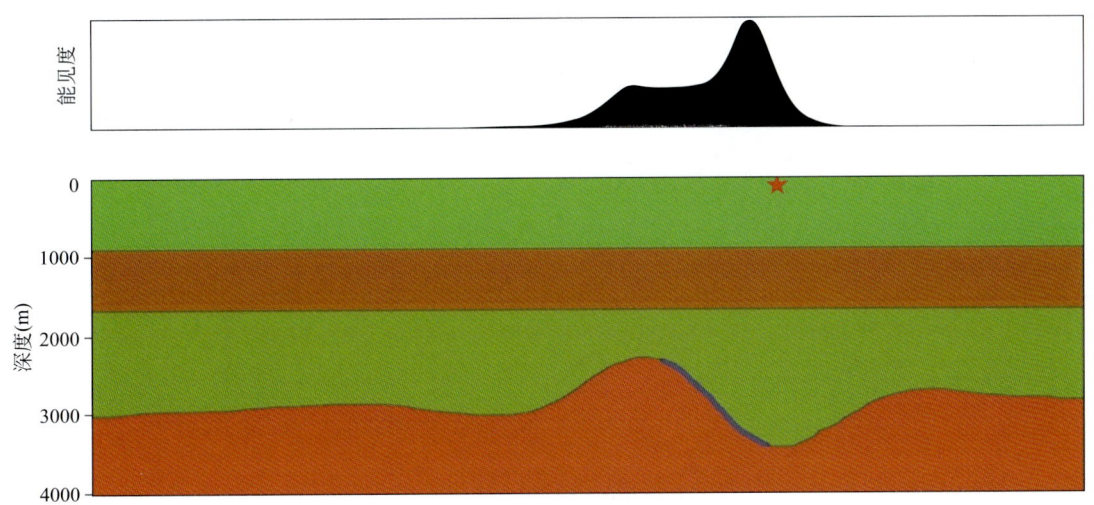

图 2.1.4　二维模型及单炮能见度结果
红点是激发点，蓝色线是反射层

为了找到对应目的层反射段多次覆盖观测的最大炮检距，对该模型进行整体逐点激发、全排列（长排列）接收，即炮点从 0 到 16km，炮点距（激发点距）80m，检波点同样从 0 到 16km，检波点距（道距）40m。如图 2.1.5 所示，由炮检点互易原理，图形的对角线（白线）为零炮检距线。根据能见度较强区分布情况，可在较强区边缘画一条与零炮检距线平行的线（如黄色虚线），再与图中检波点距离线相交，其交点对应的检波点距离值即为当前目标层反射段的最大炮检距。

（5）满足倾斜地层偏移成像的要求。偏移距对陡倾角地层的成像有较大影响。相同深度而不同倾角的地层偏移成像需要的偏移距不同，与偏移孔径有关。这个偏移

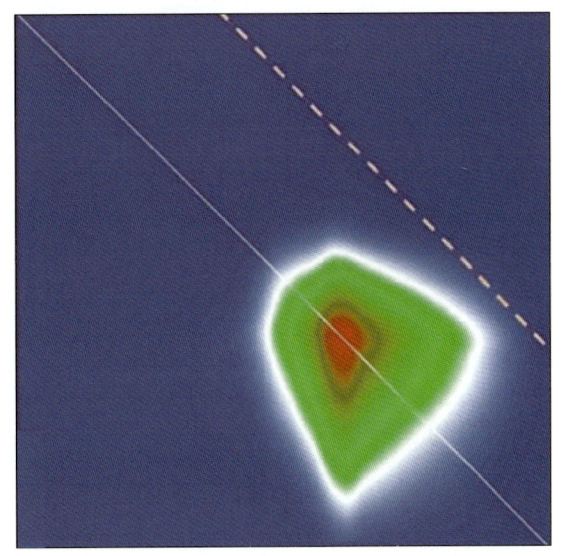

图 2.1.5　目标反射段能见度分布平面图

距大小的选择一般需要模型正演分析。

以塔里木盆地库车地区山地实际地表资料建立的含不同地层倾角的地质模型为例，先用模型正演，再用深度偏移成像的方法来示例分析偏移距大小对不同倾角地层偏移成像的影响（为简化分析，对偏移方法本身未做优选）。

图2.1.6是地质模型，先正演出炮记录，再限制不同的偏移距范围进行深度偏移，得到如图2.1.7所示的剖面。可以看出：在地层倾角较小时（15°~30°），近偏移距段（5~995m）的成像效果好，中远偏移距（1005~1995m）成像效果差，偏移距超过地层埋深（1800m）之后基本上不成像；在60°倾角区，偏移距不大于埋深时（5~995m和1005~1995m）都有较好的成像效果，偏移距大于地层埋深后成像逐渐变差，偏移距超过埋深1.5倍的信息对成像基本没有贡献；在75°倾角区，偏移距不大于埋深时对成像有贡献，但成像较差，当偏移距在埋深的1~1.5倍范围内时成像最好，偏移距超过埋深的1.5倍时对成像同样基本没有贡献。

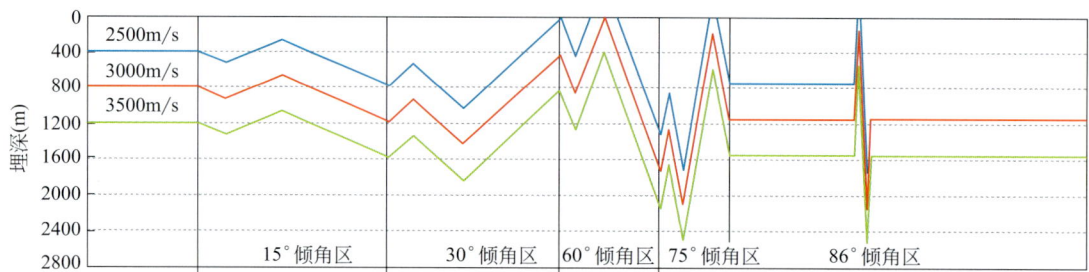

图2.1.6 含不同地层倾角地质模型

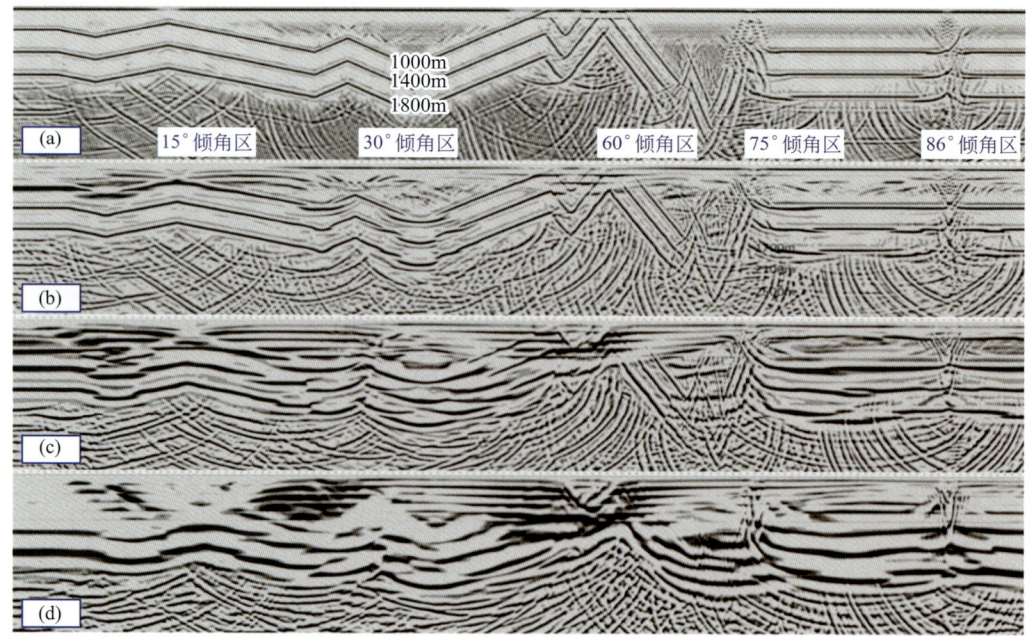

图2.1.7 不同最大炮检距的叠前深度偏移剖面

（a）炮检距5~995m；（b）炮检距1005~1995m；（c）炮检距2005~2995m；（d）炮检距3005~3995m

由模型正演偏移结果分析，不难得出最大偏移距的选择标准：当地层倾角不大时，最大偏移距选择在埋深的一半左右大小即可获得良好的成像效果；当地层倾角较大时，最大偏移距应选择在埋深的1~1.5倍范围内，但不宜超过埋深的1.5倍。

在采集设计时，应综合浅中深层目的层的成像要求，在考虑反射系数稳定与AVO分析、速度分析精度、动校正拉伸切除、反射能量被充分接收、倾斜地层偏移成像等方面需求的基础上，综合平衡选择观测的最大炮检距。

2）横纵比

横纵比（R_{wl}）即三维排列片模板横向宽度（W）与纵向长度（L）之比。

由于在山地"双复杂"区，三维排列的纵向方向总是沿地下地层倾角最大的方向部署，所以排列片模板纵向长度一般取决于最大炮检距的大小，而横向宽度一般不大于最大炮检距，即横纵比不大于1.0。当横纵比等于1.0时，可以完全兼顾山地复杂构造的高精度成像和各向异性分析，在技术上是成像风险最小的横纵比。在一般情况下，需要保证横向上地层反射能量主体能偏移聚焦，尽管横向上地层倾角及变化要小很多，但横纵比一般最好不要低于0.5，且构造越高陡复杂，横纵比应该越大。

当然，在山地复杂构造区，由于地震采集的成本高，技术的经济性同等重要，选取技术可行、经济可行的横纵比十分关键。

横纵比的设计可以基于地质目标和地下构造等先验信息建立地质模型，再利用三维射线正演技术进行正演模拟，根据单炮激发对应的主要目的层反射线出射点分布确定接收点的范围，再分析选择出三维观测系统技术可行、经济最优的横纵比，这种方法可称为横纵比主能量射线确定法。其技术流程如图2.1.8所示。

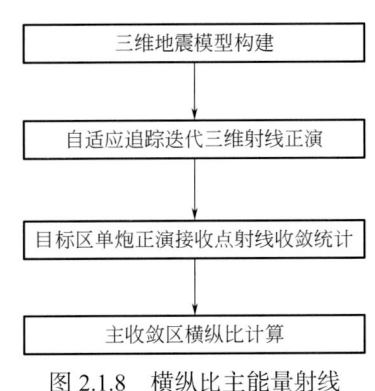

图2.1.8 横纵比主能量射线确定法的技术流程

图2.1.9展示了某工区采用基于复杂地质构造的自适应三维射线追踪方法正演的射线图，通过分析限制了目的层地震波反射角（比如小于30°）的地震射线地面出射点的分布范围（图2.1.10），划定地面出射点密集区，对当前模型和当前目标区，纵测线方向最大炮检距4750m、横测线方向最大炮检距3800m时，能覆盖大部分地面出射点，也就是在这个区域内布设检波器能接收到来自目的层段的大部分反射信号，0.8（3800m/4750m）的横纵比是该工区的较佳横纵比。横纵比主能量射线确定法是从目的层出发以接收目地层主反射能量为核心的设计技术，是横纵比论证的一种有效方法。

2. 排列片模板的激发点距和接收点距

排列模板中的激发点距和接收点距由三维观测的面元大小决定。如图2.1.11所示，面元的纵向大小（L_{Bl}）决定了接收点距的大小（为面元纵向大小的2倍），面元的横向大小（L_{BC}）决定了激发点距大小（为面元横向大小的2倍）。

在山地复杂构造区，地震观测面元大小的选择一般需要考虑满足五方面的要求：一是满足反射波、绕射波被充分采样而不产生空间假频的要求，即满足地下目标反射波场保真记录的要求；二是满足大倾角地层叠前成像的要求；三是满足地下目标横向分辨率的要求；四是满足强相干干扰波被充分采样而不产生空间假频的要求；五是满足区带相对统一的要求。

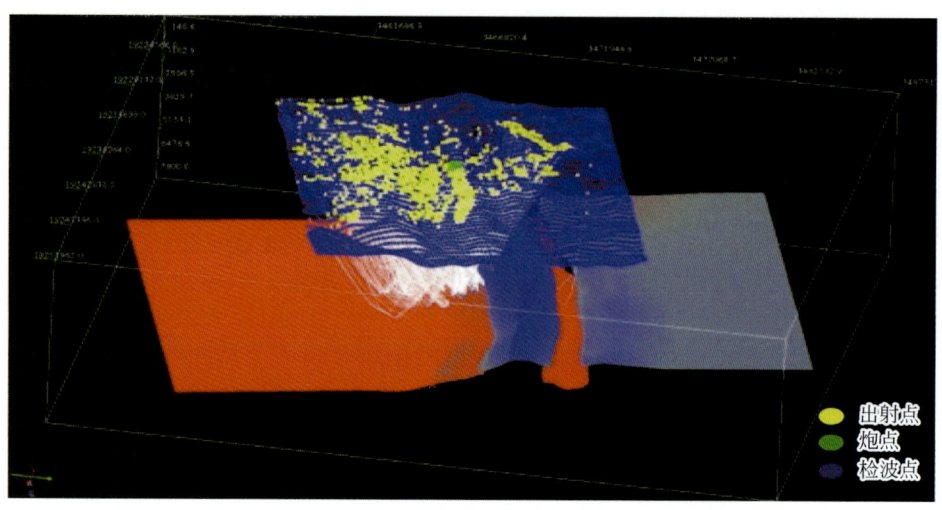

图 2.1.9 基于复杂地质构造的自适应三维射线追踪方法生成的射线轨迹

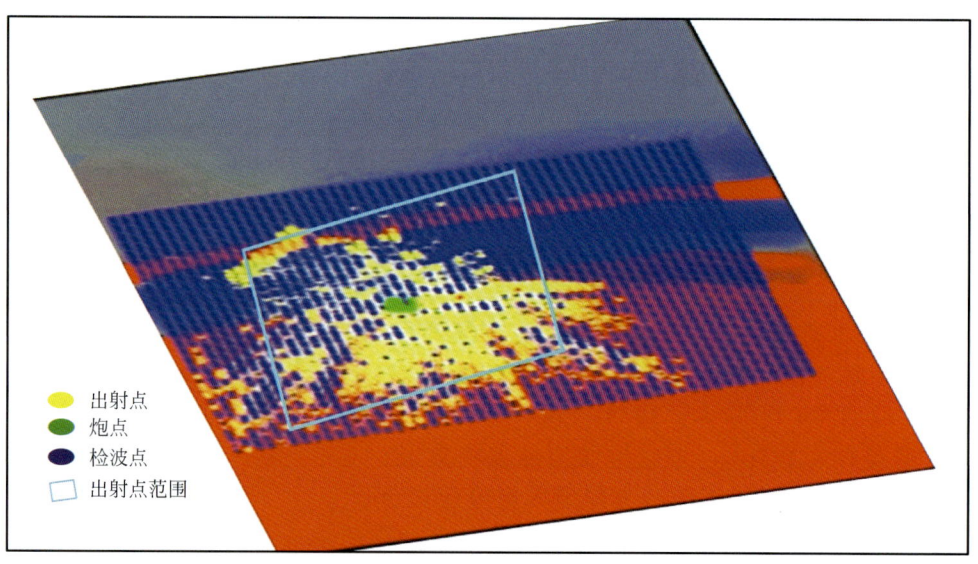

图 2.1.10 基于射线轨迹分布范围的横纵比论证示意图

（1）满足地下目标反射波场保真记录的要求。根据采样定理，要保证可分辨的地下目标被充分采样、不产生空间假频，需满足相邻射线的时差小于半个周期，则必须对地下目标的反射波在空间上每个波长至少有两个规则采样点，从而确保地下目标的反射波波场被保真采样记录。面元边长的选择应满足：

$$\Delta x \leqslant \frac{v_{\text{int}}}{2f_{\text{dom}}} \qquad (2.1.8)$$

式中，Δx 是面元边长，m；v_{int} 是层速度，m/s；f_{dom} 是反射波主频，Hz。

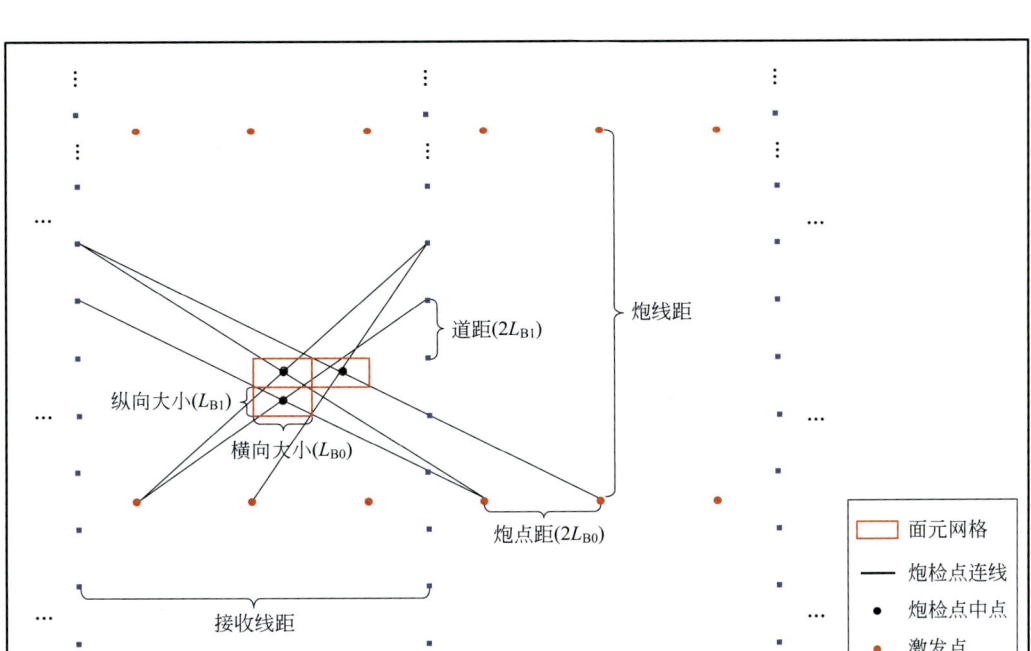

图 2.1.11　三维地震观测系统面元形成示意图

（2）满足大倾角地层叠前成像的要求。大倾角地层成像资料采集时，需要更高的空间采样率，才能避免空间假频，实现高精度地震成像，其面元大小的选择公式如下：

$$\Delta x \leqslant \frac{v_{\mathrm{rms}}}{4 f_{\max} \sin \theta} \quad (2.1.9)$$

式中，v_{rms} 为均方根速度，m/s；$f_{\max}$ 为最大成像频率，Hz；θ 为地层倾角，(°)。

由式（2.1.9）计算出不同倾角地层成像所需的理论面元大小，当最大成像频率一定时，地层倾角越大，则成像需要的面元越小（图 2.1.12）。在山地复杂构造区，一般排列片纵向方向与构造倾向一致，所以面元在纵向方向可小一些，横向方向可大一些。

可以用模型正演单炮记录来直观展现不同倾角地层成像与面元大小的关系。用如图 2.1.13 所示的单斜地层模型（单斜地层倾角为 30°，地表低降速层速度 1000m/s，厚度 100m，L1 层速度 4000m/s，L2 层速度 5000m/s，二维模型长 15km），激发点位于 7.5km 处，排列采用中间激发对称排列接收，最大偏移距 6km，用不同的接收道距（面元大小）得到多组正演单炮（图 2.1.14)，在 10m（面元 5m）和 20m 道距（面元 10m）炮记录上，反射波和面波清晰，随着道距（面元大小）增加，炮记录越来越模糊，在 80m 道距（面元 40m）炮记录上，出现了严重的假频（图 2.1.15），反射信号和面波采样失真，不仅地震资料信噪比降低，而且造成后续噪声压制困难，严重影响陡倾地层的成像。上述分析表明，陡倾地层反射信号和噪声的保真采样，需要小道距（小面元）的采集。

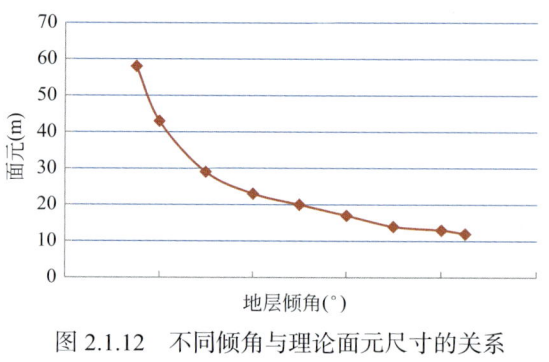

图 2.1.12　不同倾角与理论面元尺寸的关系　　　　图 2.1.13　单斜地层模型

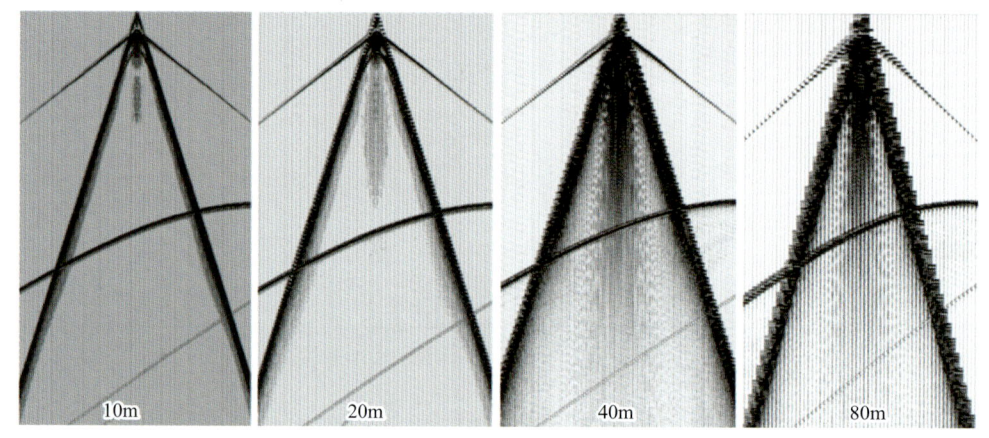

图 2.1.14　不同道距正演炮记录

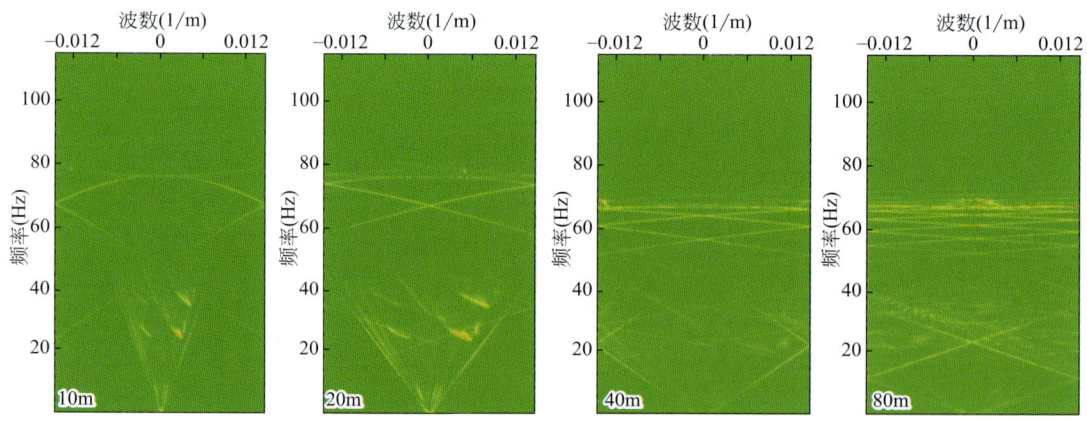

图 2.1.15　不同道距正演炮记录 f-k 谱
红色表示振幅强，绿色表示振幅弱

也可以通过模型正演、再偏移成像的方法来选择面元大小。如图 2.1.16 所示，先正演出面元边长为 5m 的炮记录，再进行扩大面元的叠前深度偏移成像处理，得到 5~90m 不同面元大小的叠前深度偏移剖面。图中反映出地层倾角、偏移假频和面元大小有以下关系：当倾角为 15°时，在 60m 以上面元尺寸的剖面上出现了明显的偏移假频；当倾角为 30°时，在 30m 面元的剖面上可见假频，在 60m 面元的剖面上偏移假频严重，在 90m 面元的剖面上假频更严重，影响同相轴识别；当倾角为 60°时，在 30m 面元的剖面上可见明显偏移假频,在60m以上面元的剖面上地层不成像;当倾角为75°时,在15m面元的剖面上能见到偏移假频,在30m面元的剖面上,假频严重影响同相轴识别,60m以上面元地层不成像;当倾角为86°时,在5m面元的剖面上能见到偏移假频,15m以上面元地层不成像。

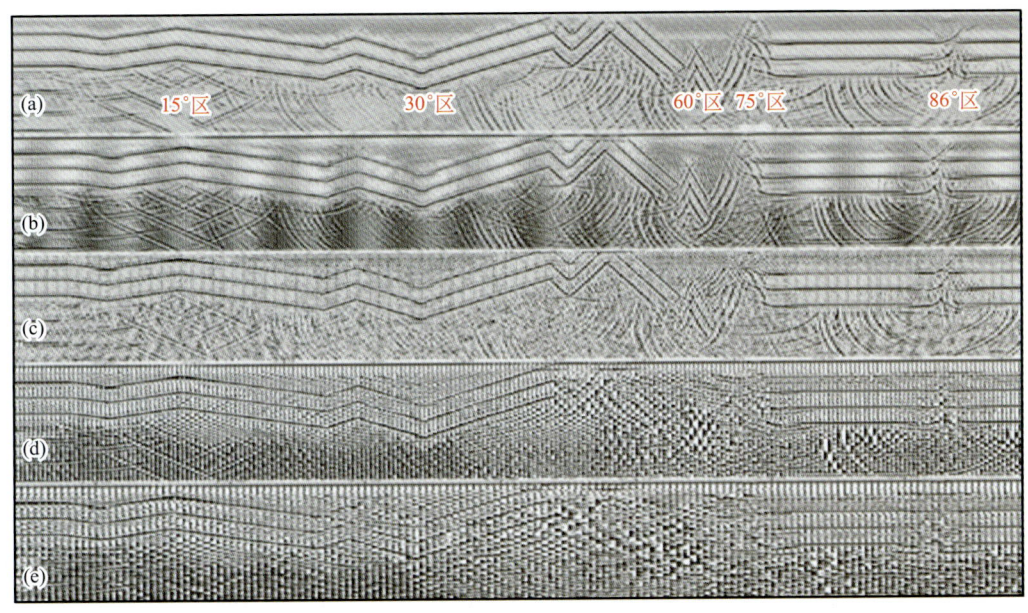

图2.1.16　不同面元大小的叠前深度偏移剖面
(a) 5m面元;(b) 15m面元;(c) 30m面元;(d) 60m面元;(e) 90m面元

上述正演剖面反映的地层倾角、面元大小和偏移假频之间的关系与它们之间的理论关系,在倾角不大于60°时基本吻合,但倾角在75°以上时,剖面上不出现偏移假频的面元大小要小于理论计算的面元大小。

(3)满足地下目标成像横向分辨率的要求。根据采样定理,要实现地下目标的精确刻画,对地下地质体至少要有2×2次(纵向、横向各2次)的空间采样,面元的大小直接与需分辨的地质体大小密切相关。如对小缝洞体、小断裂的描述,就需要小的面元。比如在H7工区,在相同炮道密度条件下,针对H7三维进行不同方向抽稀成像,剖面整体差异较小,但小面元对小缝洞体、小断裂成像更好(图2.1.17)。

(4)满足干扰波充分采样的要求。根据对采集工区的干扰波调查情况,如干扰波视频率、视波长等,考虑满足干扰波充分采样的要求,面元边长应不大于干扰波波长的1/4。

如图2.1.18所示,15m面元(30m道距)地震单炮记录上的反射波、面波等清晰可见,而在30m面元(60m道距)地震单炮记录上的反射波较清晰,但面波已经失真,出现了严重的假频现象。对15m面元(30m道距)和30m面元(60m道距)地震单炮资料用相同的技术去噪(图2.1.19),30m面元(60m道距)资料假频残留明显,小道距对信号和噪声的无损采样,更有利于噪声压制。这实际上说明,在面元设计上必须兼顾有效信号和干扰波的无损采样,实现对地震有效波和干扰波的同时保真采样,使面波等规则干扰不会形成假频或畸变,更有利于后续去噪;同时也说明,"双复杂区"的地震成像需要小道距采集。

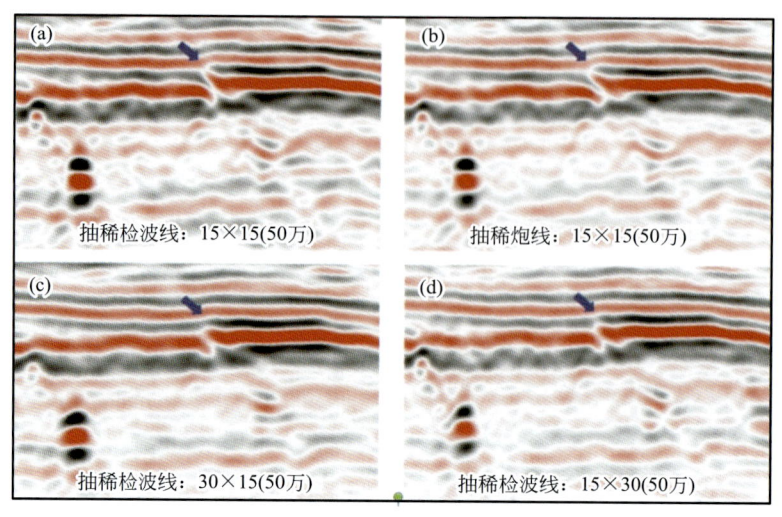

图 2.1.17　H7 三维相同炮道密度条件不同抽稀方案剖面对比
（a）15m×15m 面元（抽稀检波线）；（b）0m×15m 面元（抽稀检波线）；
（c）15m×15m 面元（抽稀炮线）；（d）15m×30m 面元（抽稀炮线）

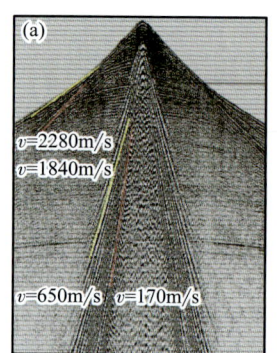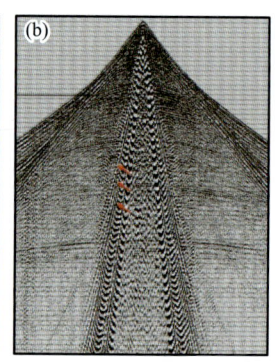 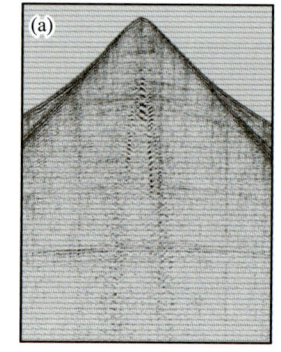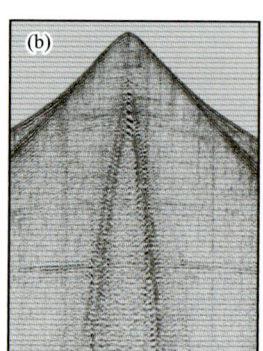

图 2.1.18　面元（道距）地震单炮对比
（a）15m 面元（道距 30m）；（b）30m 面元（道距 60m）

图 2.1.19　不同道距去噪效果对比
（a）15m 面元（道距 30m）；（b）30m 面元（道距 60m）

（5）满足区带相对统一的要求。面元大小的确定需要满足以上四个方面的技术要求，同时也要考虑区带统一研究的需要。当区带的地震地质条件基本一致、差异较小时，面元大小的设计应按区带统一设计，这样既有利于后续地震资料处理成果的无缝衔接，也可以实现不同时期采集两个相邻区块的炮道数据共用，从而节省采集工作量，提高经济性。

3. 接收线距

（1）满足菲涅尔带保真采样的要求。偏移前地震波对地下目标的横向分辨率由第一菲涅尔带直径大小决定。如果两个地质目标（绕射源）的距离小于第一菲涅尔带直径，则它们就不能被分辨开。所以，只要对第一菲涅尔带有充分采样，即可保证可分辨的地震目标能保真记录成像。

在三维观测系统中，对某一炮激发产生并传播反射的地震波场，沿接收线方向是相对密点采样，能保证充分采样；而垂直测线方向是稀疏采样，其采样间隔就是接收线线距，该采样间隔仍应至少服从空间采样定理，即至少对第一菲涅尔带采样两次。

菲涅尔带半径可由下式计算：

$$R = \left[\frac{v_a^2 t_0}{4 f_{dom}} + \left(\frac{v_a}{4 f_{dom}}\right)^2\right]^{\frac{1}{2}} \quad (2.1.10)$$

其中 $L_D \leq R$

式中，R 是第一菲涅尔带半径，m；v_a 是平均速度，m/s；f_{dom} 是反射波主频，Hz；t_0 是目的层的双程时间，s；L_D 为接收线距。

表 2.1.1 是根据四川盆地某工区地震地质条件计算第一菲涅尔带半径的一个示例。可看出，目的层埋深越大，第一菲涅尔带半径越大。如考虑所有目的层的需求，接收线距应小于 441m。

表 2.1.1 接收线距理论计算表

地质层位	双程时 （ms）	叠加速度 （m/s）	层速度 （m/s）	埋深 （m）	地层倾角 （°）	最大频率 （Hz）	主频 （Hz）	第一菲涅尔 半径（m）
侏罗系底	2890	3067	3067	4432	5	49	35	441.2
三叠系底	3120	3122	3749	4871	5	46	33	526.7
石炭系底	3350	3267	4816	5472	5	42	30	663.9
奥陶系底	3830	3619	5478	6930	8	35	25	873.1
寒武系底	4470	4049	6012	9050	8	28	20	1168.7

（2）满足减少采集脚印的需求。三维观测排列片纵向、横向规律性的滚动可造成地下面元属性周期性的变化，导致叠加振幅、相位也呈周期性变化，这是采集脚印生成机理之一。激发线距、接收线距是影响成像数据体采集脚印的主要参数，线距大小会影响炮点、检波点离散分布，可造成地下水平层照明强度分布不均匀，导致叠加、偏移等多道处理振幅、相位不均匀。接收线距大小影响成像数据采集脚印的强弱，可通过正演数据或以往老资料成像数据体切片分析，确定合适的接收线距。比如，在西部某工区，老三维地震资料采用的接收线距 320m，炮线距 500m 左右；新三维采用的接收线距 300m，炮线距 330m。从等时切片来分析，较小的接收线距有利于减小采集脚印，新三维地震资料压制采集脚印能力明显提升（图 2.1.20）。

4. 排列片模板的纵向和横向滚动距离

排列模板的纵向滚动距离（L_i）与纵向覆盖次数（N_i）有关，横向滚动距离（L_c）与横向覆盖次数（N_c）有关：

$$L_i = \frac{L}{N_i} \quad (2.1.11)$$

$$L_c = \frac{W}{N_c} \quad (2.1.12)$$

排列模板的纵向滚动距离（L_i）可以是激发线距，横向滚动距离可以是接收线距。

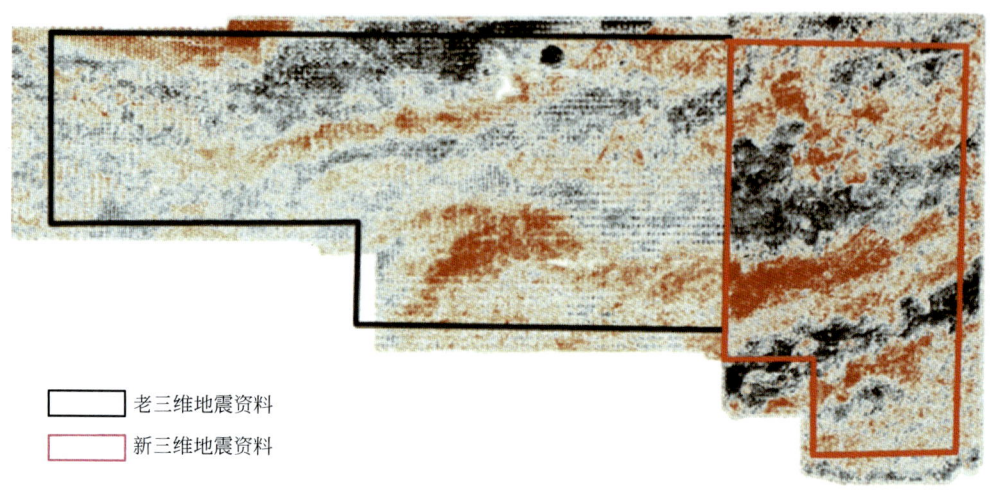

图 2.1.20　新、老三维地震资料的等时切片对比（1000ms）

纵向覆盖次数（N_i）与横向覆盖次数（N_c）一般通过试验或老资料分析来确定，覆盖次数的多少与构造的复杂程度和信噪比有关。覆盖次数是影响资料品质的主要因素之一，合理的覆盖次数能够有效地压制干扰噪声，改善资料品质。高覆盖次数是提高资料品质最有效的手段之一。覆盖次数也是影响叠加面元中炮检距分布的主要因素之一。若覆盖次数较低，则面元的炮检距分布较差（如分布稀疏且不均匀），影响偏移速度更新及偏移聚焦归位效果。覆盖次数的选择应以提高资料信噪比、保证主要目的层有足够的有效覆盖次数为主。

覆盖次数常通过工区或相邻工区老资料分析确定。如在塔里木盆地库车BZB山地复杂构造区，从不同覆盖次数偏移剖面对比分析可知（图2.1.21），覆盖次数从120次增加到480次时，信噪比随覆盖次数增加提高明显；覆盖次数从480次增加到960次时，深层信噪比仍然有一定的改善。同时选取浅层、深层对覆盖次数和信噪比关系进行量化分析，当覆盖次数达到480次以上时，信噪比改善趋势变缓（图2.1.22），为了兼顾深浅层的高信噪比成像，该区覆盖次数可以选择在480次左右。

5. 炮道密度

炮道密度是指每平方千米面积内的炮道对数量，是归一化的覆盖次数。可由覆盖次数和面元大小计算得到，其计算公式为：

$$D = N_i \times N_c / (L_{BI} \times L_{BC}) \times 10^6 \quad (2.1.13)$$

式中，D 为炮道密度，炮道对 /km²，可简称为道 /km²；N_i、N_c 分别为纵向和横向覆盖次数；L_{BI}、L_{BC} 为面元的边长，m。

炮道密度更多的是直观反映观测系统的强化程度和单位面积偏移成像数据量的多少，通常把炮道密度不小于100万道/km²的三维地震称为高密度三维地震。

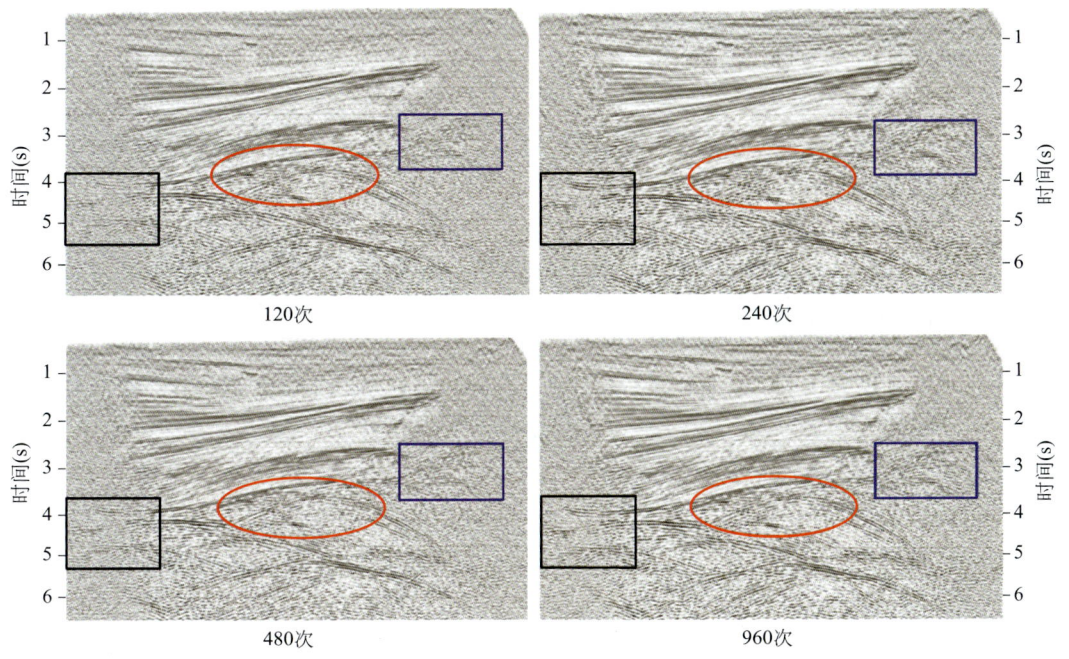

图 2.1.21　BZB 地区不同覆盖次数叠加剖面对比

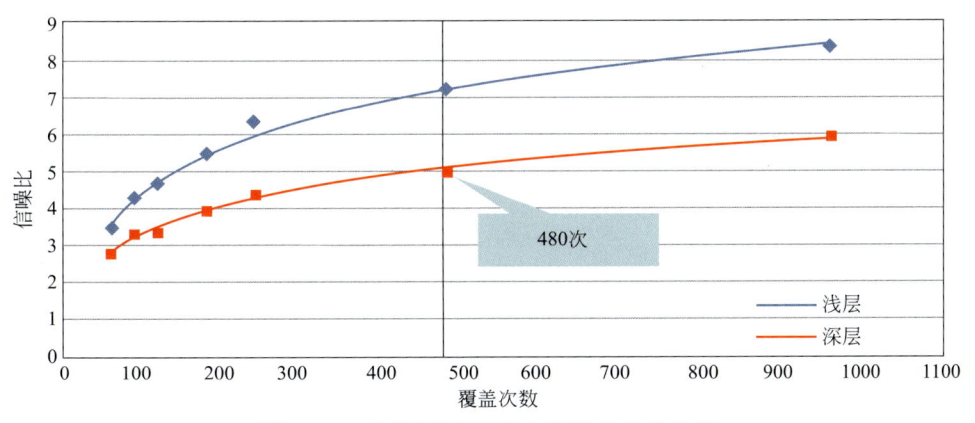

图 2.1.22　不同覆盖次数与信噪比关系曲线

理论上，炮道密度越大，参与偏移的数据量越多，偏移成像后有效信息的能量越强，偏移噪声越弱。图 2.1.23 是基于如图 2.1.6 所示的模型，通过加密炮点得到的不同炮道密度数据的叠前深度偏移剖面，在处理时按照炮点距大小划分面元，其成像效果反映了面元和炮道密度不同带来的影响。可以看出：随着面元大小增大和炮道密度降低，剖面上偏移噪声越来越强。在 10m 炮点距 5m 面元的基础上，面元大小扩至 2 倍、炮道密度减至 1/2 时，60°以内地层的成像效果变化不大，但 75°以上地层区偏移噪声有所增强，成像效果变差。面元扩大至 3 倍、炮道密度减至 1/3 时，30°~60°倾角区噪声明显增强，75°倾角区偏移噪声画弧对层位识别造成了严重影响。面元扩大至 6 倍、炮道密度减至 1/6 时，整个剖面上都能见到明显的偏移噪声，在 75°倾角区出现了大量不真实的噪声同相轴，难以和真实地层信息区分。

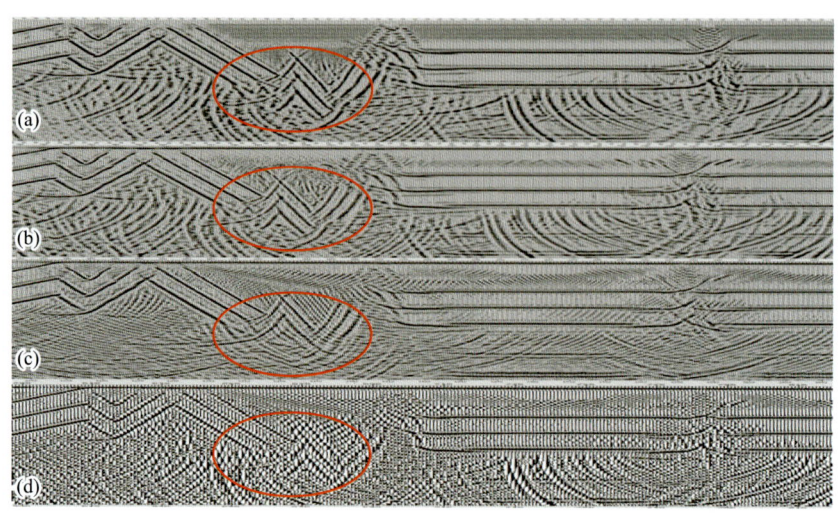

图 2.1.23 不同面元尺寸、不同炮道密度的叠前深度偏移剖面

(a) 10m 炮距 3 万道 /km^2；(b) 20m 炮距 1.5 万道 /km^2；(c) 30m 炮距 1 万道 /km^2；(d) 60m 炮距 0.5 万道 /km^2

炮道密度对陡倾角地层成像有明显影响，且地层倾角越大，受到的影响越大。炮道密度越大，越有利于增强成像能量、压制偏移噪声，高倾角地层成像更需要高密度。另外，在保证高密度的同时，依然不能降低对面元大小的要求。如果面元过大，即使采用高密度提高了反射能量，也无法完全压制采样不足带来的偏移噪声，得不到理想的高陡地层成像效果。

基于面向叠前偏移的观测系统参数设计，就可以确定各个关键参数，从而就可以设计出具体工区的三维观测系统。例如，表 2.1.2 是在塔里木盆地某山地区 BZB 区块设计的一个三维观测系统参数。

表 2.1.2 BZB 三维观测系统参数表

名　称	参　数	名　称	参　数
观测方式	正交	观测系统	52L×4S×336R
纵向排列方式	6700-20-40-20-6700	接收道数 (道)	17472
纵向面元 (m)	20	纵向覆盖次数	28
横向面元 (m)	20	横向覆盖次数	26
面元 (m×m)	20×20	覆盖次数	728
道距 (m)	40	最大炮检距 (m)	7875.9
激发点距 (m)	40	最小炮检距 (m)	28.28
接收线距 (m)	160	最大非纵距 (m)	4140
激发线距 (m)	240	横纵比	0.62
横向滚动距 (m)	160	炮道密度 (万道 /km^2)	182

二、基于成像面元均匀照明的观测系统优化设计

在山地复杂构造区,即使在地面规则观测,由于"双复杂"条件造成的聚焦及散焦作用等,也会导致地下目的层地震照明存在阴影区,需要优化观测系统如加密炮点等变观设计,确保目的层地震照明均匀。在野外施工作业中,不可避免会出现炮检点不到位甚至缺失,也可能存在成像面元照明不均匀的情况,需要优化观测系统,弥补弱照明区的照明能量,减小照明不足对地震成像质量的影响。

基于成像面元均匀照明的观测系统优化方法的思路是,以目标靶区的地质模型为基础,通过模拟地震波在地下地层(构造)中的传播,得到地下地层(构造)的地震波照明能量分布情况,评价优化地下地质目标的观测系统(参数)。减少甚至消除照明阴影,实现目标地层(构造)的均匀照明,也可称为针对目标层的增能观测设计,这可减少"双复杂"区地震观测的设计缺陷,从而保障目标地层的高精度地震成像,其技术流程如图 2.1.24 所示。

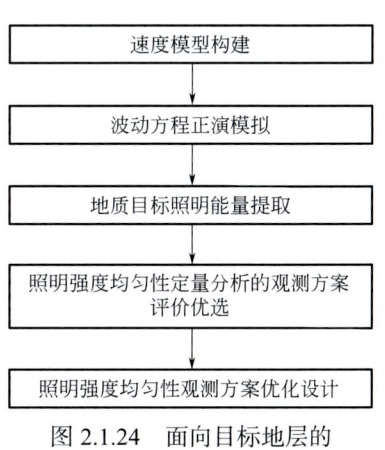

图 2.1.24 面向目标地层的增能观测设计流程

1. 照明强度的计算方法

照明强度计算主要分两类方法:一类是基于射线追踪的方法,以反射界面上的覆盖次数作为照明能量,这种方法计算速度快,使用灵活,但是射线追踪采用高频近似理论,在复杂模型中,存在射线盲区,照明误差较大,因此只适用于速度横向变化较小的简单模型(蒋先艺,2003);另一类是基于波动方程的方法,具有较高的计算精度,能够较真实地反映地震波在地下介质传播过程中的能量分布。而基于波动方程的照明强度计算又可以分为基于单程波的波动方程照明强度计算和基于双程波的波动方程照明强度计算两种方法。在利用双程波方程进行地震波模拟时,只要将地震波前到达地下点时的地震波强度提取出来,就可以作为地震波对该点的照明强度。从理论上说,采用双程波波动方程传播算子进行地震波波场延拓计算地震波照明强度,是最接近物理实际的一种方法,因为该方法理论上没有近似,所得结果最为准确,但缺点是计算量巨大、计算效率低。因此综合效率和效果两种因素,更多地选择采用基于单程波的波动方程进行照明强度计算。下面介绍有限差分单程波单向照明强度计算方法。

二维声波方程是目前整个单程波延拓算子理论的出发点,方程形式为:

$$\left(\frac{\partial^2}{\partial x^2}+\frac{\partial^2}{\partial z^2}\right)P=\frac{1}{v^2}\frac{\partial^2 P}{\partial t^2} \quad (2.1.14)$$

式中,$P=P(x,z,t)$ 为声波波场;$v=v(x,z)$ 为介质的声波速度。

二维声波方程全面地描述了波在任意变速介质中的传播,将其变换到频率空间域得到 Helmholtz 方程,形式为:

$$\frac{\partial \tilde{P}}{\partial z}=\pm \mathrm{i}\sqrt{\left(\frac{\omega}{v}\right)^2-\frac{\partial^2}{\partial x^2}}\tilde{P} \quad (2.1.15)$$

方程（2.1.15）可以描述单向波在任意速度分布情况下的地震波传播过程。等号右端取正号时，对应上行波；取负号时，对应下行波。

用有限差分法求解方程（2.1.15），必须对其中的根式进行展开。展开此根式的方法有很多，此处用连分式展开：

$$\frac{\partial \tilde{P}}{\partial z} = \pm i \frac{\omega}{v} \left[1 - \sum_{n=1}^{N} \frac{a_n \left(\frac{v}{\omega}\right)^2 \frac{\partial^2}{\partial x^2}}{1 + b_n \left(\frac{v}{\omega}\right)^2 \frac{\partial^2}{\partial x^2}} \right] \tilde{P} \quad (2.1.16)$$

式（2.1.16）可分裂并用差分方程表示为：

$$\left[I - (\beta_{1x} \mp i\beta_{2x}) T_x \right] \tilde{P}_i^{n+1} = \left[I - (\beta_{1x} \pm i\beta_{2x}) T_x \right] \tilde{P}_i^{n} \quad (2.1.17)$$

$$\tilde{P}_{i,j}^{n+1} = \tilde{P}_{i,j}^{n} e^{\pm i \frac{\omega}{v} \Delta z} \quad (2.1.18)$$

其中 $\beta_{1x} = \frac{b_n v^2}{\omega^2 \Delta x^2}$，$\beta_{2x} = \frac{a_n v \Delta z}{2\omega \Delta x^2}$，$I = (0,1,0)$，$T_x = (-1,2,-1)$

式中，a_n、b_n 为高阶差分系数。

利用式（2.1.18）可以进行上、下行波的深度外推。为了提高计算效率，上、下行波的计算可以充分利用复数的共轭。

频率空间域有限差分法求解单程波方程进行波场外推会引入两种误差：一是微分方程近似，二是差分方程近似。微分方程近似是由单平方根算子近似展开引起的，它使得高角度的地震波传播不准确。差分方程近似主要是由差分网格选择不当引起的频散等计算误差。

在地表水平的条件下，采用带误差补偿的单程波高阶有限差分波场延拓算子，将震源激发的地震波场向下延拓到地下空间的任一位置，获得地下空间各个位置的波场能量，即得到了地下的单向照明结果。

图2.1.25是在速度为4000m/s的均匀介质模型下，相同位置单炮的单程波单向照明、双程波单向照明和理论照明强度分布图。

图2.1.26是深度1000m时，3种方法对应的能量随水平位置变化的曲线。可以看出，双程波单向照明结果与理论解析式计算结果基本一致，单程波照明结果精度不高，但其能量宏观分布趋势与理论计算结果一致。

从计算效率上看，对于均匀介质模型（N_x=1001，N_z=201，D_x=10m，D_z=10m，速度4000m/s），采用中间放炮两边各500道检波器对称接收，检波器间距10m，最大偏移距5km，单炮覆盖水平长度10km，深度为2km，双程波单向照明所需时间约为单程波单向照明的3倍。可见，单程波波动方程照明方法在计算效率方面具有明显的优势，可以作为照明度计算的通用实用方法。

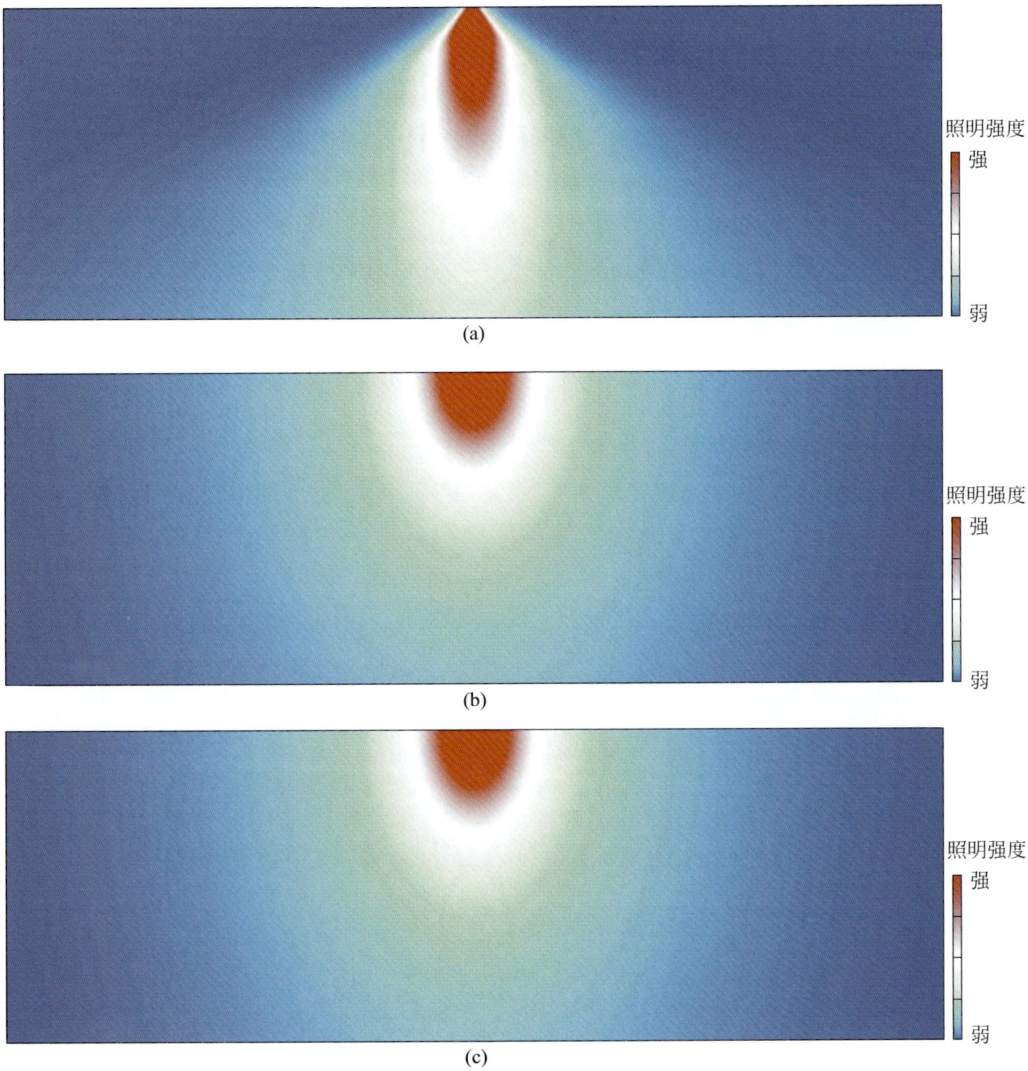

图 2.1.25　不同方法单炮照明强度对比

（a）单炮单程波单向照明强度；（b）双程波单向照明强度；（c）理论照明强度

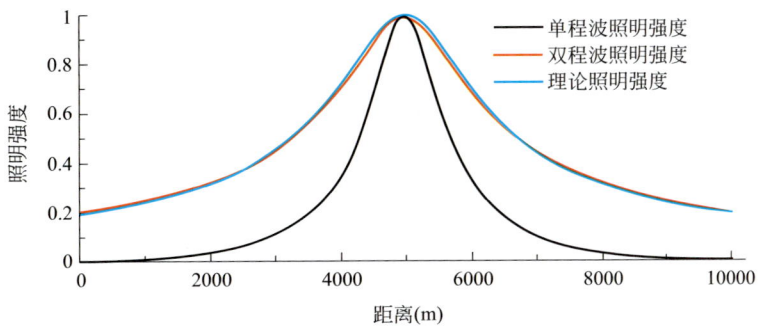

图 2.1.26　单程和双程波单向照明及理论照明强度沿水平位置变化曲线（距震源深度 1000m）

2. 观测系统照明度均匀性定量评价

理想的观测系统既能使目标区各个面元达到满覆盖次数，又能使各个面元的照明强度相对均匀，从而保证目的层成像质量。事实上，很难获得这种理想观测系统，但通过目的层照明能量均匀性定量分析，在系列候选方案中找出最接近理想情况的观测系统是可行的。

假设如图 2.1.27 所示的目标区有 n 个面元，x_{ij} 为第 i 个观测系统在第 j 个面元上的照明能量，则第 i 个观测系统对应的目标区面元照明强度均匀性 E_i 为：

$$E_i = \sum_{j=1}^{n} c_j \left(x_{ij} - \sum_{j=1}^{n} \frac{x_{ij}}{n} \right)^2 \qquad (2.1.19)$$

式中，c_j 为第 j 个面元的加权系数（通常为 1）。

E_i 越大，说明照明能量分布越不均匀；E_i 越小，说明照明能量分布越均匀。用 E_i 可以评价 i 个观测系统中照明度最均匀的观测系统。

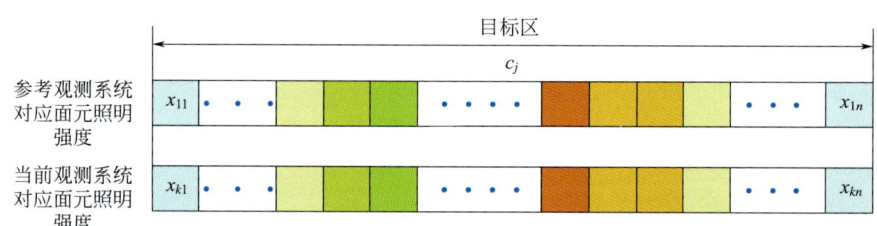

图 2.1.27　观测系统照明能量均匀性定量评价示意图

3. 基于目标地层照明强度（能量）均匀性的观测系统优化

通过目标层照明强度（能量）均匀性分析，不仅可对不同观测系统在目的层成像能力进行评价，而且可以优选道距、线距、横纵比等关键观测系统参数，甚至在"双复杂"区对观测系统进行加炮、变观等局部优化调整，保证地下照明度尽量均匀，消除地下复杂构造的照明阴影区，从而进一步确定出更合理的观测系统，实现观测系统的进一步优化。

但现有的波动方程多炮模拟得到的体能量（三维模型网格面元上的照明强度）在计算完成后与观测系统就失去了明确的对应关系，因此并不知道体能量具体是由观测系统的哪些位置的炮点贡献得到的，更不能反映同一目标区、不同的激发位置对该区照明能量贡献的大小关系，因此也难以利用体能量进行观测系统的优化。对此，需要有波动方程的体能量与观测系统对应关系的定位方法。体能量与观测系统对应关系的定位方法可用图 2.1.28 展示的技术流程来实现，即通过建立体能量信息与激发位置的对应关系，来确定每个面元位置的体能量从观测系统的哪个激发位置发出，达到体能量

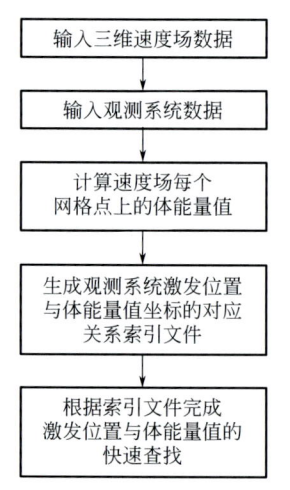

图 2.1.28　体能量与观测系统对应关系定位流程

的精确定位。图 2.1.29 展示了选取天蓝色区域体能量定位的激发点位置,激发点颜色反映了该激发点对该区照明能量的贡献大小。

通过正演模拟照明计算对整个模型进行照明,提取目的层的照明能量,自动划区、定量统计每个区域的照明能量平均值。照明能量低于一定阈值的区域,定为照明阴影区。完成阴影区的定位后,在观测系统设计上充分分析阴影区存在的特征,再进行具有针对性的观测系统变观设计,提高阴影区的照明能量,保证复杂靶区的地震成像质量。基于目的层照明能量均匀性的观测系统优化技术流程如图 2.1.30 所示。

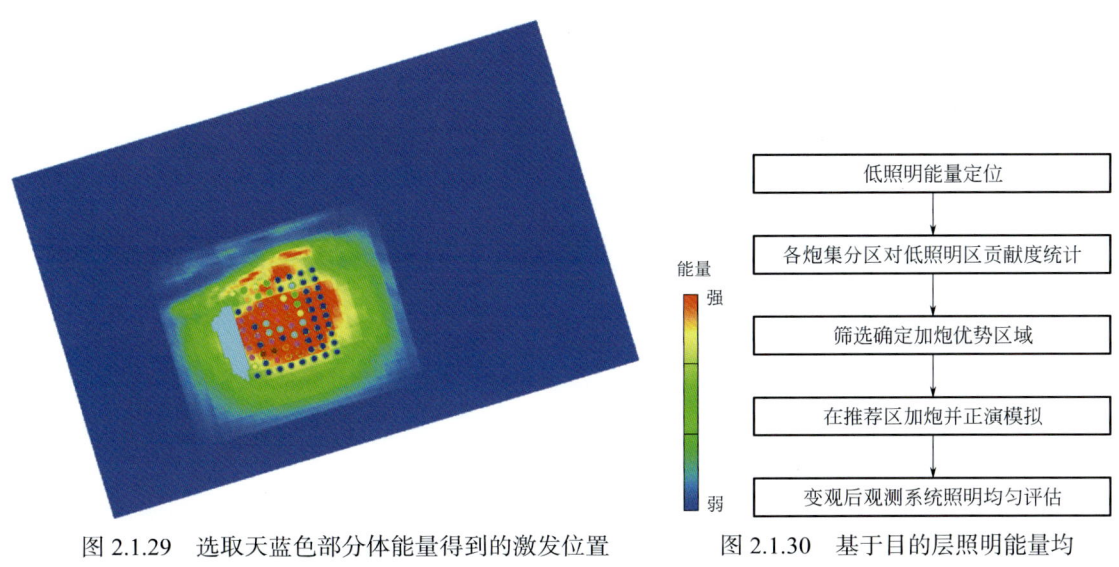

图 2.1.29　选取天蓝色部分体能量得到的激发位置　　图 2.1.30　基于目的层照明能量均匀的观测系统优化技术流程

炮点加密范围的确定和优选方法有 3 种:

(1)变观扫描法。变观扫描法简单直接,在测线上逐段依次加炮并模拟照明,直至照明阴影区能量增加且满足要求,对应的加炮段则为变观位置。

(2)照明统计法。照明统计法是通过对比不同位置激发的地震波对目标区域的照明强度分布情况,来分析各个激发段(若干连续的激发点)或激发点对弱照明区的贡献情况。

如图 2.1.31 所示,将观测系统激发点划分为 N 个区域 $\{X_1, X_2, \cdots, X_N\}$,第 i 区有激发点 $\{x_{i1}, x_{i2}, \cdots, x_{iN}\}$,某个照明阴影区 $S = \{a_1, a_2, \cdots, a_K\}$(有 K 个面元),$\{x_{ij1}, x_{ij2}, \cdots, x_{ijK}\}$ 为激发点 x_{ij} 在照明阴影区面元 a_k 上的照明能量,c_k 为面元 a_k 的权重系数。为此,第 i 个推荐加炮区域加炮指数 θ_i 为:

$$\theta_i = \sum_{j=1}^{N} \sum_{k=1}^{K} c_k x_{ijk} \qquad (2.1.20)$$

很明显,θ_i 越大,表明在第 i 区的激发点对阴影区 S 的照明能量贡献值越大,在此区域加炮更合理。

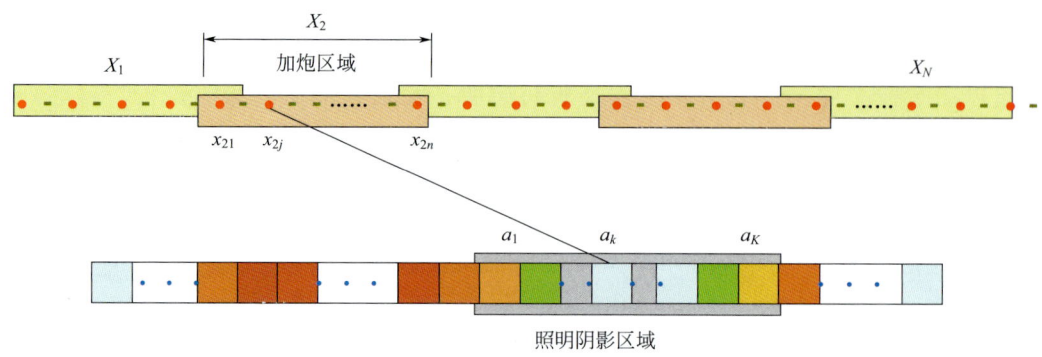

图 2.1.31　照明统计法示意图

当每个激发点划分区只包含一个激发点时，上述方法就成了衡量每个激发点对分析面元集（照明阴影区 S）的照明能量贡献情况。根据贡献情况可将激发点分成若干级，并找出对应加炮区域，如图 2.1.32 所示。

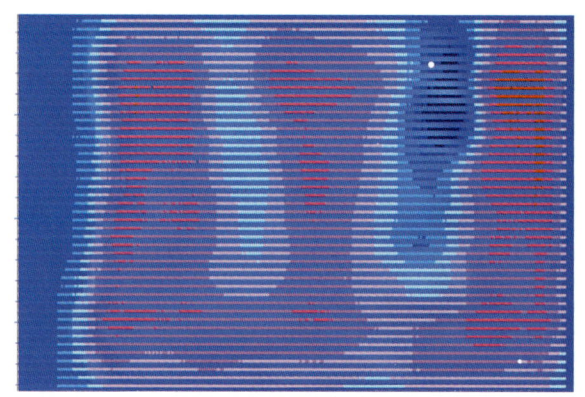

图 2.1.32　炮集贡献等级划分图
红色为高贡献区，蓝色为低贡献区

（3）波场上传法。对于地下构造复杂、目的层照明能量分布非常不均匀的问题，波场上传法是行之有效且非常直观的观测系统优化设计方法。该方法是在地下目标照明阴影区均匀确定激发点，通过波场模拟上传，统计地面各个位置的照明强度，根据地震波的互易性原理，即可确定地面照明强度最大区域就是理想的加炮区域。

对比照明统计法和波场上传法，因波动方程正演对时间和计算资源消耗巨大，前者只用进行一次正演计算，通过波动方程的体能量与观测系统对应关系定位、照明统计确定炮集贡献情况，推荐加炮位置；而后者除第一次正演计算后，还要在目标阴影区再一次布设炮点进行激发仿真正演，将带来更大的计算量，延长观测系统优化周期。

确定对应加炮区域后，可对观测系统进行加炮等优化设计，对加炮进行波动方程正演计算，提取目标区照明强度，并与原方案数据进行叠加，得到优化后观测系统的最终照明情况。为减少计算量，加快观测系统优化设计效率，也可以采用拟合法来预测加炮后的照明强度，即根据已有的正演结果，采用距离加权来拟和附近理论上可布设炮对各个面元的照明强度。

如图 2.1.33 所示，假定理论可布设炮点 x_k 在三个已正演单炮 x_{j+1}、x_{j+2} 和 x_{j+3} 围成的锐角三角形内，且 x_k 与三个顶点的距离分别为 d_1、d_2 和 d_3，x_{j+1}、x_{j+2} 和 x_{j+3} 炮在面元 b_i 处的照明能量分别为 $x_{j+1,i}$、$x_{j+2,i}$ 和 $x_{j+3,i}$，则 x_k 炮点对面元 b_i 的照明强度 $x_{k,i}$ 可用反距离加权平均算法进行预测：

$$x_{k,i} = \frac{x_{j+1,i} \times d_1^{-\beta} + x_{j+2,i} \times d_2^{-\beta} + x_{j+3,i} \times d_3^{-\beta}}{d_1^{-\beta} + d_2^{-\beta} + d_3^{-\beta}} \quad (2.1.21)$$

式中，β 为加权幂指数，一般取 1 或 2。

4. 观测系统优化设计示例

塔里木盆地秋里塔格构造带是一个典型的山地复杂构造"双复杂"区，地形起伏剧烈，地下是由一系列传播褶皱和滑脱褶皱形成的典型叠瓦构造。为进行基于成像面元均匀照明的观测系统优化，先参考前期在该区的地震采集参数和对应位置的地震资料，建立如图 2.1.34 所示的地质模型和相应的规则观测系统。

再以 T8（蓝色线条标示）为目的层采用地震波照明计算，将照明结果提取到目的层，得到 T8 层各面元的照明情况，如图 2.1.35 所示。从图中可见，目的层照明能量分布极不均匀，主体构造区右翼，能量相对较弱，形成了照明阴影区。设计的规则观测系统无法真正满足地质目标的成像需求。

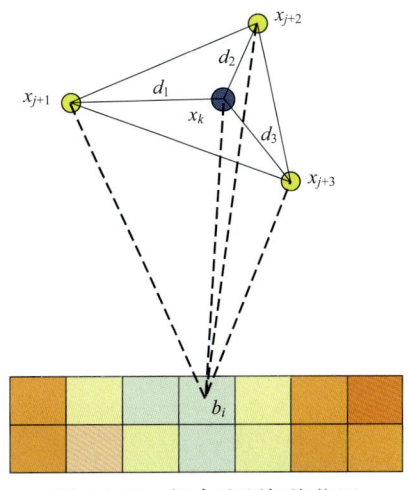

图 2.1.33　拟合法预加炮位置照明强度计算示意图

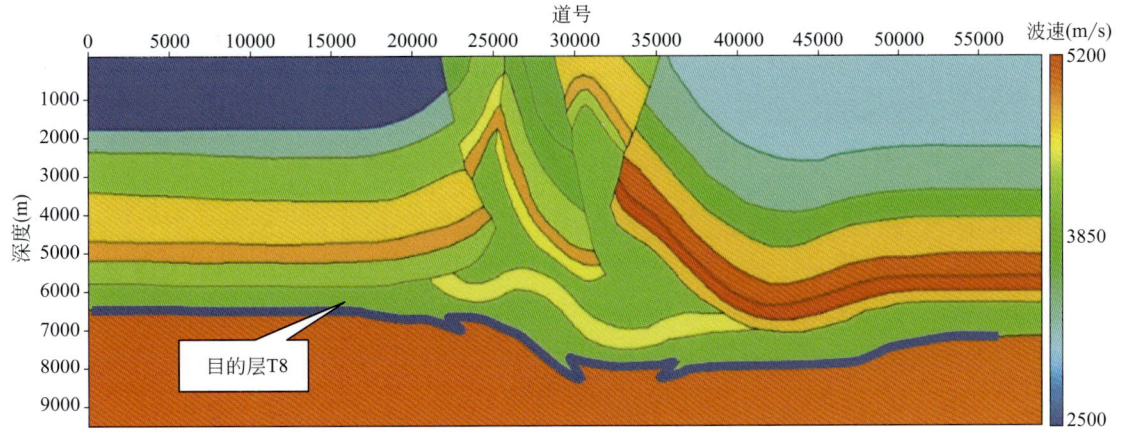

图 2.1.34　塔里木盆地秋里塔格构造带地质模型

针对目的层存在地震探测阴影区的问题，通过在地表进行加炮对观测系统施行变观设计，消除目的层照明阴影区，提高观测系统照明的均匀性。

定位如图 2.1.35 上的照明阴影区 F，将原观测系统的炮点按模型上的顺序等分成 9 份，通过统计分析，得出各区针对阴影区 F 的照明能量贡献情况，并进行如图 2.1.36 所示的评级。图的顶部颜色条表示评级结果，红色区域的炮对阴影区 F 的照明能量贡献最大，黄色区域次之，绿色区域更次之。为使目的层照明能量分布均匀，首选在红色区域（A 区和 C 区），其次是在黄色区域（B 区和 D 区）加密炮点。

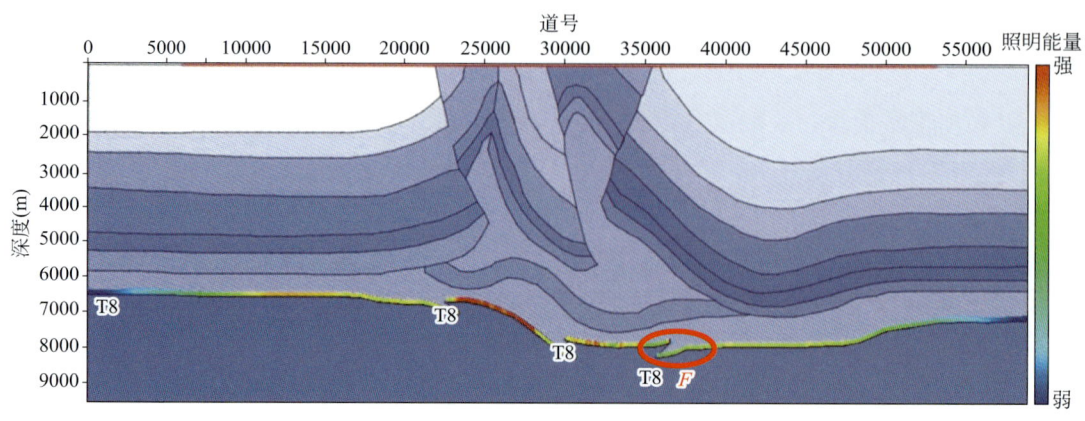

图 2.1.35　初始观测系统目的层照明能量分布

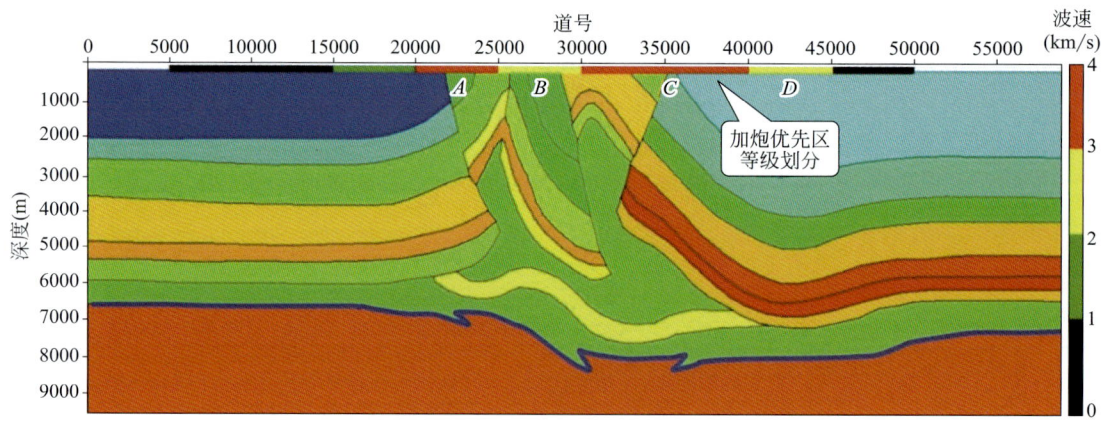

图 2.1.36　量化设计加炮优先区

在 A、B、C 和 D 这 4 个区域共加 650 炮后进行照明模拟计算，结果如图 2.1.37 所示。加炮后，目的层的照明能量整体得到提高，照明能量均匀性得到改善，照明阴影区得到了有效消除。经过加密后的观测系统，在主体构造区的炮密度为构造两翼区的 2 倍。

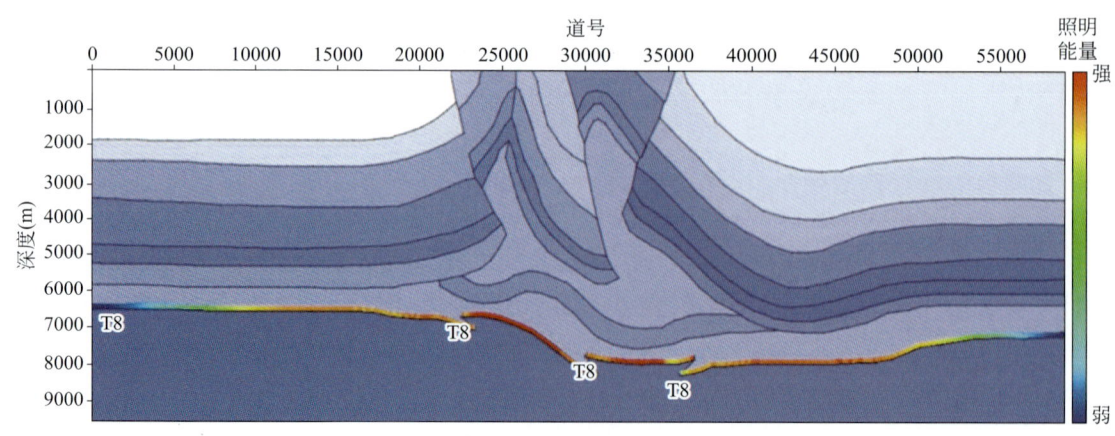

图 2.1.37　加炮后目的层照明能量分布图

三、基于叠前偏移成像的观测系统评价优选

由于山地复杂构造区"双复杂"的地震地质条件,基于叠前深度偏移成像而设计出的观测系统不可能是完美的、唯一的,有些参数因地下地质目标的不确定性而有多种选择,有些参数是一种经验上的积累和判断。加之山地复杂构造地震观测系统的不断强化总能对地震成像质量有不同程度的改善,所以设计一个高强化的技术方案其实不难。难的往往是对一个强化的技术方案而言,不仅有技术上的风险性(强化了不一定效果改进很大),更有经济上的可行性(越强化投入也越大),总是让人们在其中艰难地平衡与选择,甚至左右为难。因此一个技术、经济皆可行的地震三维观测系统设计方案是地震采集工程技术设计的目标追求,对观测系统的技术评价优选和经济评价优选就更显重要,下面将讨论相关的评价优选方法。

1. 基于成像面元属性的观测系统评价优选方法

成像面元属性主要指叠前深度偏移共成像点(CIP)的属性。成像面元属性主要包括面元覆盖次数(密度)、面元炮检距分布、面元方位角分布3个参数,它对叠前深度偏移成像质量的改进十分关键。从成像角度看,成像质量的保障需要CIP面元间的覆盖次数均匀、面元内炮检距分布和方位角分布均匀。一个观测系统好不好,CIP面元的3个属性(覆盖次数、炮检距分布、方位角分布)是否均匀就是重要的评价优选标准。

在设计阶段,成像面元属性的获取方法可通过建立三维起伏地表地质地球物理模型,用设计出的观测系统对目的层进行射线追踪或波场模拟,获得目的层反射点射线密度和射线关系,得到观测系统面元处对应的CIP属性情况。

图2.1.38为某工区设计的一个观测系统,用地下的三维地质模型进行正演,得到地下目的层CIP面元的覆盖次数分布图。从图中可发现,虽然用常规CMP面元评价方法其覆盖次数是均匀分布的[图2.1.38(a)],但CIP面元的覆盖次数分布却极不均匀[图2.1.38(b)],观测系统可能需要变观设计。图2.1.39为该区对应目的层相应的CIP面元炮检距分布柱状显示图,发现CIP面元炮检距分布不均匀,并与CMP面元的属性不相同、差异大。

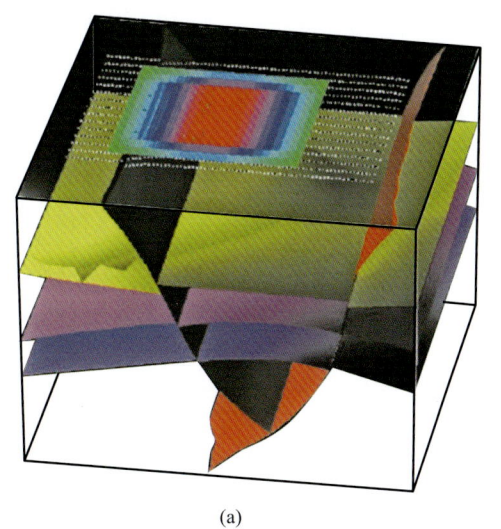
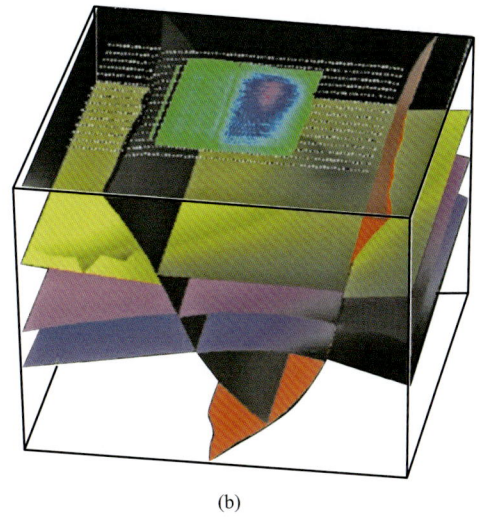

(a)   (b)

图2.1.38 基于CMP面元(a)和CIP面元(b)的覆盖次数(据冯许魁,2015)

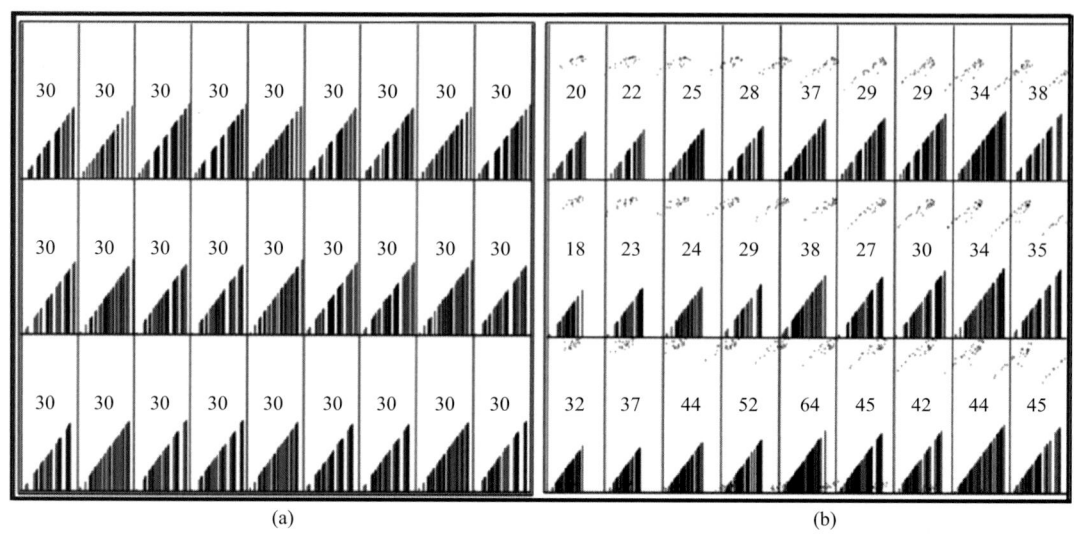

图 2.1.39 基于 CMP 面元（a）和 CIP 面元（b）的炮检距分布（据冯许魁，2015）

2. 基于成像聚焦性的观测系统评价优选方法

前面讨论了用 CIP 面元属性的均匀性来评价优选观测系统，而更重要的是在"双复杂"区设计的观测系统将会有什么样的偏移成像效果。由于效率和经济性的原因，直接用叠前深度偏移的算法进行正演和偏移成像来知道设计的成像效果好坏不太现实，必须有一个更好的评价指标和快速经济的实现方法。偏移效果的评价指标可以采用偏移后的聚焦分辨率和聚焦清晰度，通过观测系统的聚焦分辨率和聚焦清晰度来判断设计的观测系统是否满足高精度成像需求。

要方便快速得到观测系统的聚焦分辨率和聚焦清晰度，可采用共聚焦点（Common Focus Point，简称 CFP）偏移成像方法。

共聚焦点方法是一种把叠前深度偏移理论应用于地震观测系统设计方案评价的方法。该方法需要事先给定一个初步的复杂构造地区三维速度模型，然后利用地震波场外推方法，以面上论证的方式，对设计的三维地震观测系统方案进行纵、横向分辨率特性的分析与评价。共聚焦点分析的基本思路是：针对地下目标位置，结合速度模型，分别计算出三维地震观测系统的检波点聚焦响应与震源点聚焦响应，进而获得观测系统的聚焦响应，并定量分析整个观测系统的预期偏移成像效果，作为改善三维地震观测系统设计方案的依据。

共聚焦点分析的概念源自共聚焦点偏移成像（Berkhout，2001；Volker，2001，2002），其算法核心为把偏移成像看作激发波场向下传播—反射—向上传播的过程（简称 WRW 模型）。在空间频率域中，任意一对炮点与检波点间的一次反射过程均可表示为：

$$P(z_0, z_0) = W(z_0, z_m) R(z_m, z_m) W(z_m, z_0) \quad (2.1.22)$$

式中，z_m 为深度；z_0 表示地表；$W(z_m, z_0)$ 为下行波传播矩阵；$R(z_m, z_m)$ 为反射系数矩阵；$W(z_0, z_m)$ 为上行波传播矩阵。

对于某一个地下反射点，地震波传播与反射过程可以用离散的向量或矩阵表示：

$$P(z_0,z_0) = D(z_0)W(z_0,z_m)R(z_m,z_m)W(z_m,z_0)S(z_0) \qquad (2.1.23)$$

式中，$S(z_0)$ 为震源矩阵；$D(z_0)$ 为检波点矩阵。

地震偏移成像过程就是从地震记录 $P(z_0,z_0)$ 中提取反射系数矩阵 $R(z_m,z_m)$ 的过程。

由于这里的目标是分析观测系统对成像的影响，因此后续的推导中，忽略地下反射系数的影响，令反射矩阵为单位矩阵，即：

$$R(z_m,z_m) = I(z_m,z_m) \qquad (2.1.24)$$

对式（2.1.23）中的上行与下行传播过程分别进行聚焦可表示为：

$$P(z_m,z_m) = F(z_m,z_0)P(z_0,z_0)F(z_0,z_m) \qquad (2.1.25)$$

式中，$F(z_m,z_0)$ 与 $F(z_0,z_m)$ 分别为检波点与震源点的聚焦算子。

聚焦为波场逆传播的过程，聚焦算子可近似为传播算子的共轭。

在聚焦过程中，如果考虑 z_m 临近点 z_r 的影响，则聚焦结果即观测系统的聚焦响应 $B(z_r,z_r)$ 可表示为：

$$B(z_r,z_r) = F(z_r,z_0)P(z_0,z_0)F(z_0,z_r) = B_D(z_r,z_0)B_S(z_0,z_r) \qquad (2.1.26)$$

其中

$$B_D(z_r,z_0) = F(z_r,z_0)D(z_0)W(z_0,z_m) \qquad (2.1.27)$$

$$B_S(z_0,z_r) = W(z_m,z_0)S(z_0)F(z_0,z_r) \qquad (2.1.28)$$

式中，$B_D(z_r,z_0)$ 和 $B_S(z_0,z_r)$ 分别表示检波点聚焦响应与震源点聚焦响应；z_r 可以为 z_m 附近三维空间中的任意点，为分析方便，通常将其选择为通过 z_m 的水平面上的临近点。

以上讨论是在静态观测系统假设条件下得到的，即每一个炮点对应的检波点排列相同，但实际应用中的观测系统都是由基本的观测系统模板滚动得到的。对于实际的观测系统，必须将其拆分为多个静态观测系统进行计算，具体的计算方法为，单独计算观测系统每一个模板每一次滚动时的聚焦响应，最后再将结果进行累加，得到实际的观测系统的聚焦响应：

$$B = \sum_{l=1}^{L} B_l(z_r,z_r) \qquad (2.1.29)$$

式中，l 代表观测系统模板的每一次滚动号；L 为滚动次数；$B_l(z_r,z_r)$ 是第 l 次滚动根据式（2.1.26）计算的聚焦响应。

由式（2.1.29）计算得到的聚焦响应，可用来从整体上评价观测系统预期成像质量。应用共聚焦点方法对目标点进行计算，其结果反映了一个单点（聚焦点）被观测系统照明的好坏，如图 2.1.40（a）所示。为了直观地量化分析聚焦效果，评价偏移成像质量，对式（2.1.29）计算得到的聚焦响应，采用观测系统聚焦分辨率和观测系统聚焦清晰度来定量分析。

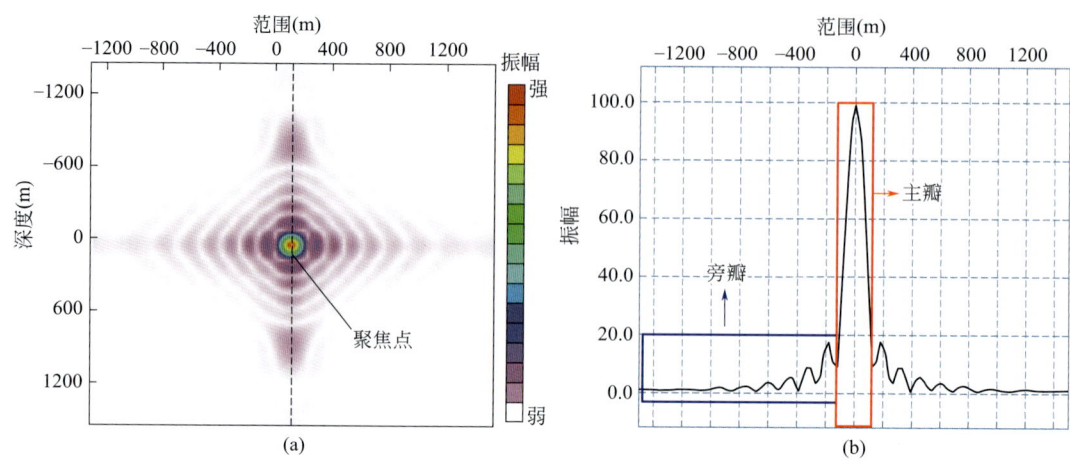

图 2.1.40　聚焦响应平面图及纵向响应曲线
（a）聚焦响应平面图；（b）图（a）虚线位置的响应曲线

观测系统聚焦分辨率可分为横向（Inline 方向）聚焦分辨率和纵向（Crossline 方向）聚焦分辨率。横向聚焦分辨率是聚焦响应平面图中过聚焦点水平方向响应曲线的主瓣的宽度；纵向聚焦分辨率是聚焦响应平面图中过聚焦点纵向响应曲线［图 2.1.40（b）］的主瓣的宽度。主瓣越窄，聚焦分辨率越高，反之越低。聚焦分辨率的本质是一定观测系统条件下在某个目标位置点处偏移能量的集中程度，不同于通常所说的地震空间分辨率。

观测系统聚焦清晰度是聚焦分辨率成像图中主瓣能量占总能量的百分比值（图 2.1.40）。该值越大，旁瓣噪声干扰越小，聚焦清晰度越高，潜在分辨率实现程度越高。观测系统聚焦清晰度按方向切片后还可以细分为纵向和横向聚焦清晰度。

根据共聚焦点原理，通过对影响观测系统聚焦分辨率的因素分析发现，对观测系统聚焦分辨率影响较大的因素主要有地质模型（目标位置深度、介质速度）、地震波主频、观测系统排列长度与位置、偏移孔径等。观测系统的面元大小、采样间隔、覆盖次数等对聚焦分辨率影响较小。但经过分析可知，观测系统的面元大小、采样间隔、覆盖次数等对聚焦清晰度影响却很大，而观测系统聚焦清晰度直接关系到采集资料分辨率的实现程度。

观测系统聚焦分辨率计算结果只能被认为是在地质模型（目标位置深度、介质速度）、地震波主频、观测系统（包含采样间隔与覆盖次数、排列长度与位置）、偏移孔径等因素确定后所能预测的潜在分辨率。在实际采集资料时，潜在分辨率能否实现，还要受到聚焦清晰度的影响。聚焦清晰度越高，潜在分辨率实现程度越高。

表 2.1.3 是经过前期论证设计出的三个采集候选方案的观测系统具体参数。通过共聚焦计算，基于叠前偏移成像理论的观测系统评价，得到如图 2.1.41 所示的三种观测系统方案聚焦分析结果。三种方案的采集参数，从聚焦分辨率角度看，方案一和方案二纵测线方向分辨率相当，略高于方案三，而三个方案在横测线方向分辨率相当；从聚焦清晰度角度看，方案一最高，方案二其次，方案三最低，这意味着从偏移的角度，方案一对噪声的压制的能力也最强。总体而言，方案一从偏移成像角度看质量最佳。

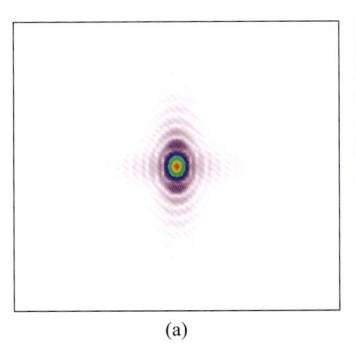 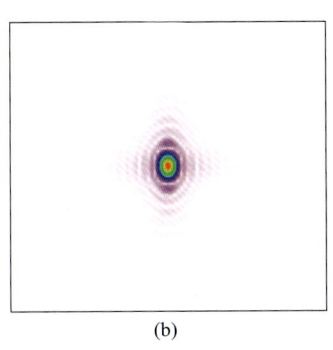 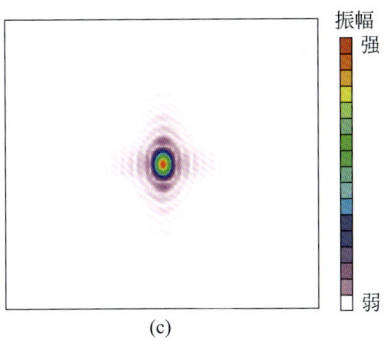

(a) (b) (c)

图 2.1.41 三种观测系统方案的聚焦分析结果

（a）方案一：纵测线方向分辨率为 98.80m，横测线方向分辨率为 151.88m，聚焦清晰度为 15.23%；
（b）方案二：纵测线方向分辨率为 100.17m，横测线方向分辨率为 149.52m，聚焦清晰度为 15.18%；
（c）方案三：纵测线方向分辨率为 103.21m，横测线方向分辨率为 150.67m，聚焦清晰度为 15.05%

表 2.1.3 采集观测系统参数表

候选观测系统	方案一	方案二	方案三
	16L10S240R 正交	16L10S256R 正交	16L10S160R 正交
面元大小	20m×20m	20m×20m	20m×20m
覆盖次数	80	64	64
	10 纵测线 ×8 横测线	8 纵测线 ×8 横测线	8 纵测线 ×8 横测线
接收道数	3840	4096	2560
道距（m）	40	40	40
炮点距（m）	40	40	40
接收线距（m）	400	400	400
炮线距（m）	480	640	400
最大非纵距（m）	3180	3180	3180
最小炮检距（m）	624.82	791.96	565.69
最大炮检距（m）	5741.15	6010.19	4497.2
横纵比	0.67	0.62	1

3. 基于地震数据偏移成像处理的观测系统评价优选方法

随着山地复杂构造油气勘探领域的不断发展，需要解决的地质问题越来越复杂，三维观测参数的设计和观测方案的优选难度也更大。传统三维观测系统室内理论设计和分析手段相对简单，假设条件多且与复杂山地差异大，部分论证结论与实际采集效果差异较大。在山地复杂构造区，使用正演数据和实际地震数据进行偏移成像处理来评价优选观测系统也是一项十分重要、有时不得不做的工作。

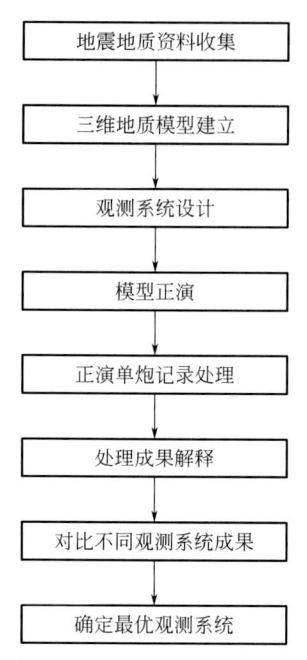

图 2.1.42 基于波动方程正演数据处理的参数分析技术流程

1）基于三维波动方程正演数据偏移成像处理的观测系统优选技术

针对复杂地质目标，从地质模型出发，利用偏移成像技术，对三维观测系统进行快速、有效的测试和定量分析，辅助确定最优的参数组合，选择最优的观测系统方案，减小山地复杂构造区高精度三维地震勘探风险，其技术流程如图 2.1.42 所示。

为尽量减少正演计算工作量和时间消耗，一般可选择较为强化的观测系统进行一次高（或超高）密度采集观测正演。在此基础上，通过参数的退化设计，获得不同观测参数方案的正演数据体，并处理成像，得到不同观测系统参数下的成果资料，评价其成像质量、信噪比等，最终获得技术、经济皆优的观测系统，实现技术、经济皆可行的设计。

波动方程正演数据与实际采集数据相似，但因离散化的模拟仿真，其数据与实际地震采集数据又有一定的区别，对此，建立了正演模拟数据偏移成像处理技术流程，如图 2.1.43 所示。基于波动方程正演数据偏移成像处理的观测参数分析技术主要分为单炮分析、叠加和偏移成像分析等步骤。

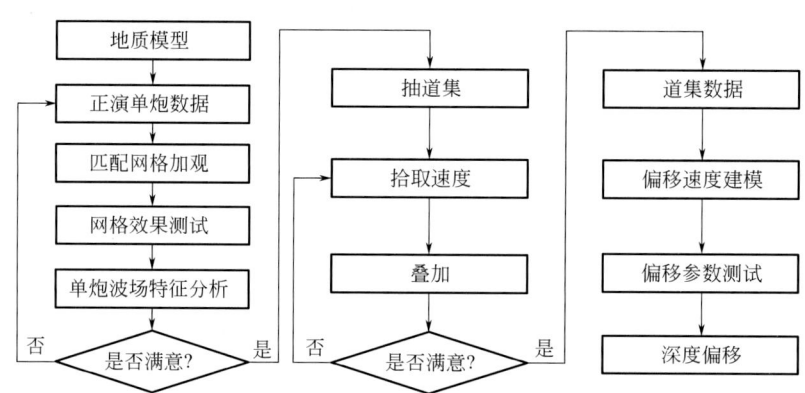

图 2.1.43 正演数据的偏移成像处理流程

为了论述方便，特以塔里木盆地库车地区的地震观测系统优选为例。针对该区山地复杂构造的成像问题，建立了如图 2.1.44（a）所示的三维地质模型。通过地震正演模拟高密度三维采集，再利用正演数据进行不同接收线距、观测宽度、炮道密度、覆盖次数等的数据抽取，用抽取的正演数据进行叠前深度偏移成像［图 2.1.44（b）］处理分析对比，从而优选出更有利于叠前深度偏移成像的三维观测系统，包括合理的炮检点分布、覆盖次数分配、排列片宽度等。

用正演数据，横向通过增加接收线的方式逐渐增加炮道密度和观测方位，从浅至深，无论盐丘及盐下目的层，还是中部复杂构造的成像质量，均得到明显提高（图 2.1.45）；纵向通过减小炮线距的方式增加炮道密度，成像也得到改善，尤其是北部高陡构造区成像改善明显（图2.1.46）。

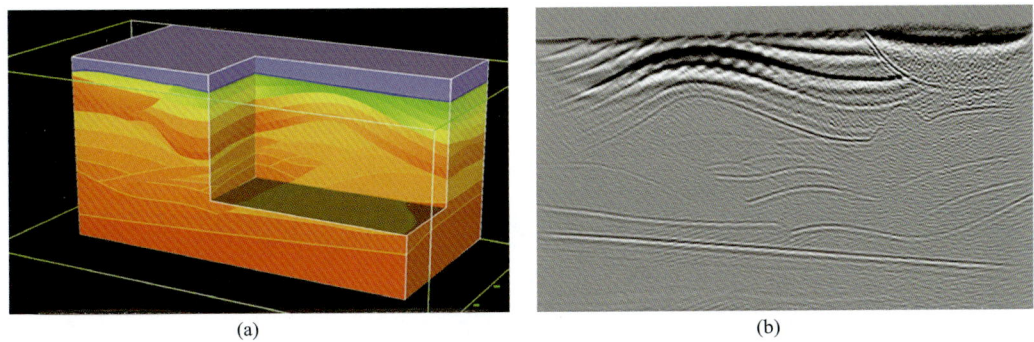

图 2.1.44　塔里木库车山地复杂构造三维数值模型
（a）三维模型；（b）正演数据的叠前深度偏移成像

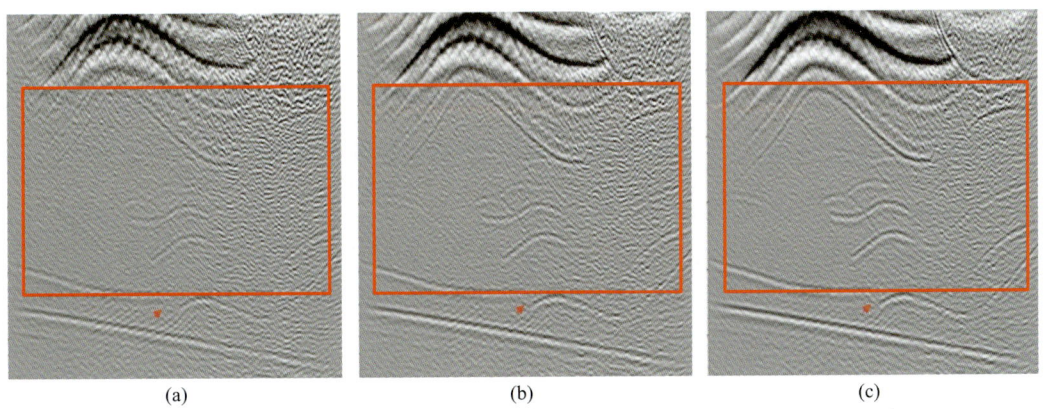

图 2.1.45　三维模型正演不同观测宽度叠前深度偏移剖面对比
（a）20 线观测，炮道密度 88.9 万道 /km²，横纵比 0.3；（b）40 线观测，炮道密度 177.8 万道 /km²，横纵比 0.5；（c）80 线观测，炮道密度 355.6 万道 /km²，横纵比 1.0

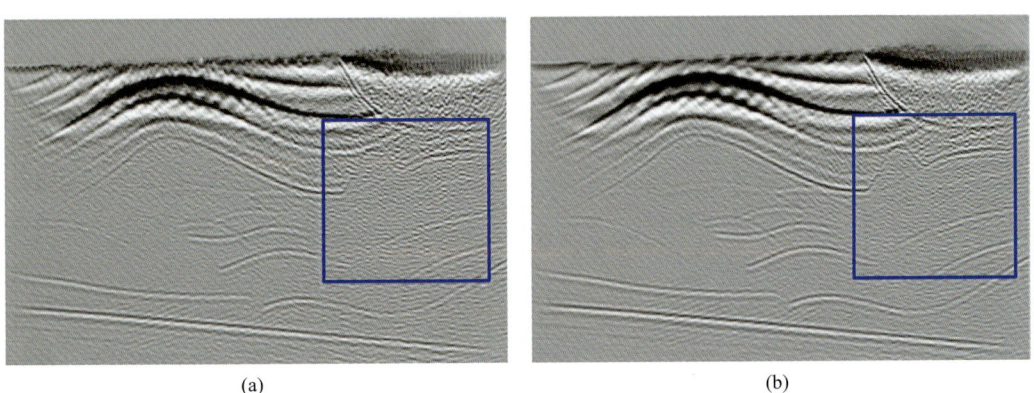

图 2.1.46　三维模型正演不同炮道密度的叠前深度偏移剖面对比
（a）炮线距 360m，炮道密度 266.7 万道 /km²；（b）炮线距 180m，炮道密度 533.3 万道 / km²

针对线距和宽方位的优化选择问题，从三维模型正演数据分析，对比相同炮道密度条件下不同（接收、激发）线距、横纵比的叠前偏移成像效果，发现宽方位增加了地质体成像的能力，宽方位地震资料深层和陡倾角成像更好（图 2.1.47 黄色箭头和圆圈所示位置），而小（接收、激发）线距在共炮检距域具有更好的均匀性和更好的空间采样，有利于减弱偏移噪声。随（接收、激发）线距增大，叠前深度偏移剖面上偏移噪声逐渐加重，甚至模糊了陡倾角成像（图 2.1.47 蓝圈所示断面）。

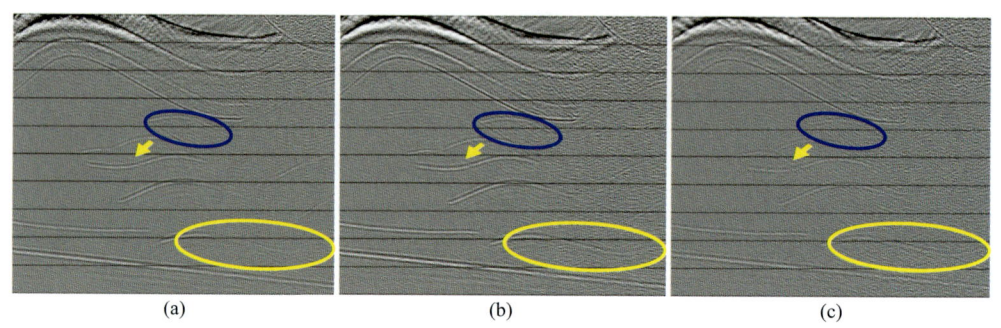

图 2.1.47　三维模型正演不同观测宽度叠前深度偏移剖面对比
（a）40 线接收，接收线距 90m，炮线距 180m、横纵比 0.25；
（b）40 线接收，接收线距 180m，炮线距 180m、横纵比 0.5；
（c）80 线接收，接收线距 180m，炮线距 360m、横纵比 1.0

从上面实际模型的正演分析可知，宽方位观测使各个方向的波场采样充分，改善了地下地质体照明度，增加了地质体成像的能力；高密度采集大幅增加了偏移成像空间数据密度（面元更小、反射角采样更密、成像叠加次数更高），有利于提高地质体成像的精度；因此，高密度宽方位地震资料有利于复杂构造的成像。也就是说，山地复杂构造的三维地震观测系统整体应该向着"充分、均匀"的高密度、小（接收、激发）线距、宽方位方向发展。

但在勘探投入一定的情况下，线距与观测宽度往往相互制约，因此，线距与观测宽度的优先选取应有所侧重，以获得更好的成像效果。其原则是，在低信噪比区及浅层构造高陡区域（横向各向异性更强），应优先保证小线距（如选择在 180m 以内），不仅利于压制偏移噪声，而且有利于浅层成像；在较高信噪比区，可以采用较大线距、宽方位观测（如线距选择在 240m 左右，横纵比 0.6 以上），来改善深层及陡倾角地层成像质量。

2）基于实际地震数据成像处理的观测系统评价优选技术

用目标区已有部分或相邻区域的实际高密度三维地震资料，通过参数的退化设计和观测系统的重建，处理成像得到不同观测系统参数下的成像成果，评价其成像质量，最终获得技术、经济皆可行的观测系统。

为了论述的方便，以四川盆地某山地复杂构造工区的实际三维地震资料为例，仅讨论三维观测系统参数中对采样精度、成本投入影响较大的三个参数，即炮道密度、面元大小、接收线距的退化方案设计和处理成像评价优选方法，获得技术、经济皆可行的三维观测系统参数。

相对于该工区的地震地质条件，该工区所用的实际地震采集观测系统是一个强化了的观测系统，其观测系统参数见表2.1.4。

表2.1.4 四川某工区三维地震观测系统参数

名称	参数	名称	参数
观测系统	28L7S240R	纵向排列方式	4780-20-40-20-4780
面元（m×m）	20×20	覆盖次数	15×14=210
道距（m）	40	激发点距（m）	40
激发线距（m）	320	最大非纵距（m）	3900
接收线距（m）	280	最大炮检距（m）	6169.15
纵横比	0.80	炮道密度（万道/km²）	52.5

a. 炮道密度退化处理测试与评价

一方面，地震成果资料的信噪比与三维观测系统的炮道密度成正相关，尤其在低信噪比地区，地震成像品质随炮道密度的增加而逐渐改善。另一方面，炮道密度又与炮密度和排列模板总接收道数有关，更高的炮道密度就意味着更多的设备投入、更高的勘探成本等，因此综合技术经济一体化考虑，炮道密度不是越高越好。如何在解决地质问题的前提下有效控制地震勘探成本，优选合理的参数，已成为业界越来越重视的问题。

为尽可能确保对比因素的单一，通过抽炮线的方式改变三维观测系统的纵向覆盖次数，从而改变总覆盖次数和炮道密度，进行炮道密度参数退化处理测试和评价。表2.1.5列出了7种不同炮道密度参数退化处理测试方案，由于采用抽炮线的实现方式，观测模板没有改变，因此面元大小、接收线距、偏移距等参数保持不变，确保了对比因素的单一性。

表2.1.5 炮道密度参数退化测试方案

序号	观测系统	覆盖次数（纵×横）	面元（m×m）	接收线距（m）	炮线距（m）	最大炮检距（m）	横纵比	炮道密度（万道/km²）	实现方式
1	28L7S240R	15×14=210	20×20	280	320	6169.15	0.82	52.50	原方案
2	28L7S240R	13×14=182	20×20	280	320/640	6169.15	0.82	45.00	炮线15抽2
3	28L7S240R	12×14=168	20×20	280	320/640	6169.15	0.82	42.00	炮线5抽1
4	28L7S240R	10×14=140	20×20	280	320/640	6169.15	0.82	35.00	炮线3抽1
5	28L7S240R	8×14=112	20×20	280	320/640	6169.15	0.82	28.00	炮线15抽7
6	28L7S240R	6×14=84	20×20	280	320/640	6169.15	0.82	21.00	炮线5抽3
7	28L7S240R	3×14=42	20×20	280	320/640	6169.15	0.82	10.50	炮线5抽4

图2.1.48是工区中部构造主体叠前偏移剖面对比，从成像质量上分析，随着炮道密度下降，剖面的信噪比随之降低，构造成像精度逐渐变差。尤其是当炮道密度低于

28万道/km², 总覆盖次数低于112次时, 构造形态模糊不清, 资料信噪比较低, 干扰较重。

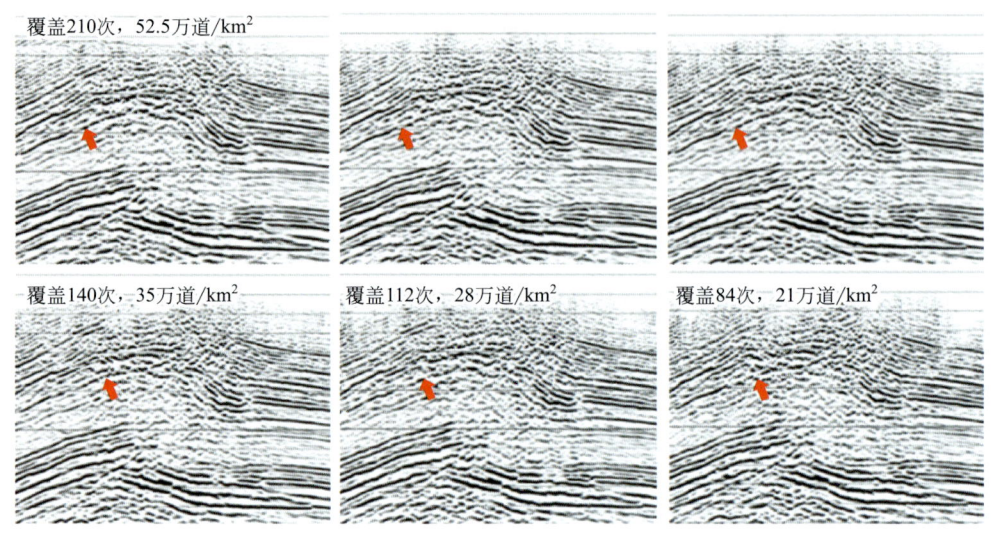

图 2.1.48　不同炮道密度叠前偏移剖面效果对比（据周晓冀等，2020）

图 2.1.49 是目的层信噪比大于 2.5 的道占总道数的百分比随炮道密度变化的曲线图。信噪比趋势上是随炮道密度的增加而提高的，当炮道密度大于 42 万道/km² 后，信噪比占比的增长趋缓，说明三维观测系统参数的进一步强化，对地震资料成像的改善有限。因此 42 万道/km² 的炮道密度可以作为本工区三维观测系统炮道密度设计的门槛值。

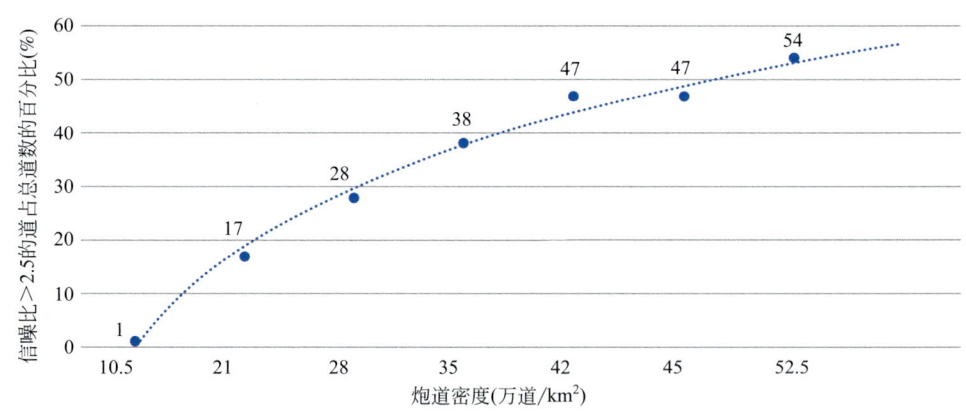

图 2.1.49　信噪比随炮道密度变化曲线（据周晓冀等，2020）

b. 面元退化处理测试与评价

在正交直线型三维观测系统中，面元大小由道距和炮点距决定，面元越小意味着炮密度、道密度越大，即更高的成本投入。小面元能够提高横向采样率，对于微幅构造和小断裂的刻画更好。面元大小由面元的纵向长度和面元的横向长度决定。在正交直线型三维观测系统中，面元的纵向长度退化可以通过抽道的方式实现，而面元的横向长度退化可以通过抽炮点的方式实现，表 2.1.6 是通过抽道和抽炮组合分别得到 6 种不同面元大小的三维观测系统，虽然改变了面元大小，但面元内的覆盖次数、接收线距、最大炮检距等参数均保持不变。

表 2.1.6　面元退化测试方案

序号	观测系统	覆盖次数（纵×横）	面元（m×m）	接收线距（m）	炮线距（m）	最大炮检距（m）	横纵比	炮道密度（万道/km²）	实现方式
1	28L7S240R	15×14=210	20×20	280	320	6169.15	0.82	52.50	原方案
2	28L3.5S240R	15×14=210	20×40	280	320	6169.15	0.82	26.25	炮2抽1
3	28L7S120R	15×14=210	40×20	280	320	6169.15	0.82	26.25	道2抽1
4	28L2.3S240R	15×14=210	20×60	280	320	6169.15	0.82	17.50	炮3抽2
5	28L3.5S120R	15×14=210	40×40	280	320	6169.15	0.82	13.13	道2抽1/炮2抽1
6	28L2.3S120R	15×14=210	40×60	280	320	6169.15	0.82	8.75	道2抽1/炮3抽2

图 2.1.50 是不同面元大小叠前偏移剖面成像效果对比，20m×20m 面元叠前偏移剖面成像效果最好，构造形态完整、自然，而其他面元大小的叠前偏移剖面都多少因为偏移归位问题造成构造成像失真。小面元叠前偏移剖面上偏移归位准确，偏移画弧等影响构造成像效果的问题较少。不同面元大小的成像信噪比差异明显。随着面元的增大，信噪比总体呈下降趋势。

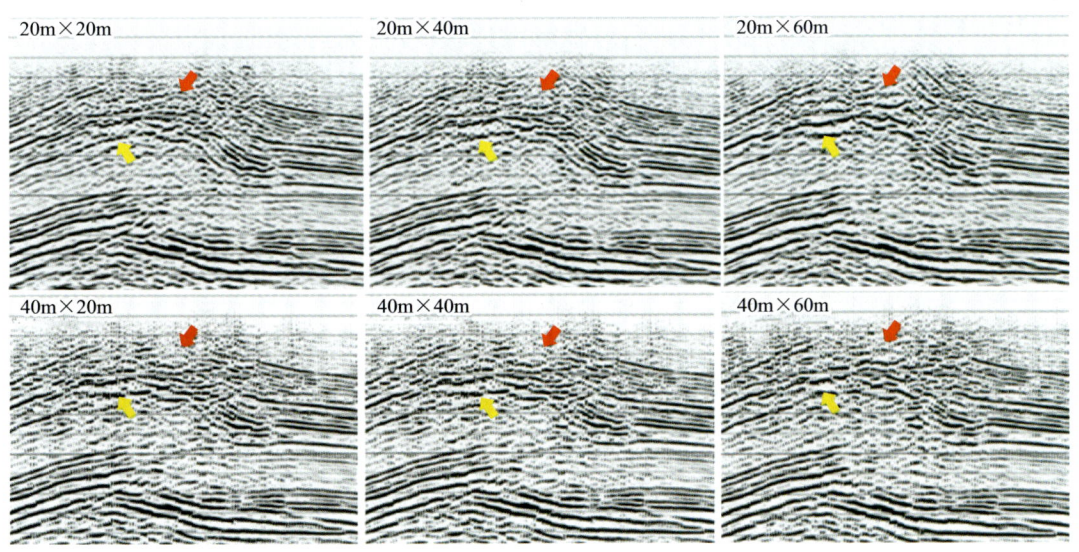

图 2.1.50　不同面元大小叠前偏移剖面效果对比（据周晓冀等，2020）

将不同面元大小数据信噪比大于 2.5 的道占总道数的百分比进行统计，得到信噪比随面元大小变化的拟合曲线（图 2.1.51）。曲线显示，随着面元面积的增大，信噪比呈下降趋势。相同面积面元的信噪比基本相当，如 20m×40m 和 40m×20m 两种面元面积均为

800m², 其信噪比相近。因此信噪比值和面元面积成反比。面元面积越大，信噪比越低；面元面积越小，信噪比越高。

c. 接收线距退化处理测试与评价

接收线距的选择对三维观测系统十分重要。接收线距过大，有可能影响三维非纵方向采样精度和浅层资料的成像；接收线距过小，可能造成非纵距过小，减小三维观测系统的横纵比，也可能造成三维观测系统排列模板接收线数较多，带来采集观测设备增多、投入增大。接收线距的退化方案是将原280m线距的接收线2抽1后得到560m接收线距。受资料限制，接收线距退化测试并不能获得最优的接收线距，实际生产中也很少采用560m的大接收线距。接收线距退化处理测试的目的主要是研究大、小接收线距对于浅、中、深层成像的影响，从而得到定

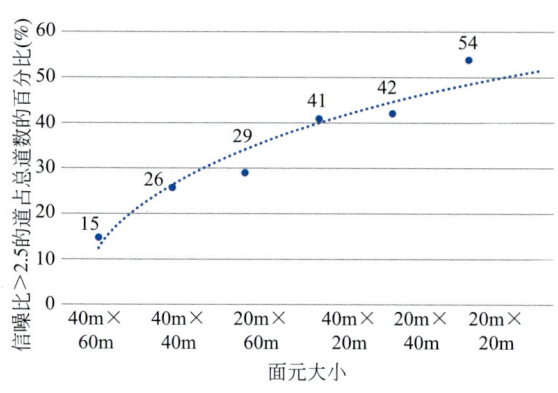

图 2.1.51　信噪比随面元大小变化曲线
（据周晓冀等，2020）

性的认识，指导三维观测系统接收线距的选择。

将排列模板接收线2抽1后，原28条接收线变成14条，横向覆盖次数减半。为了实现对比因素的尽可能单一，将抽线后的观测系统横向面元扩大一倍，即将原始的20m×20m面元大小扩展至20m×40m的面元大小，确保两种方案的覆盖次数一致，避免覆盖次数的不同造成成像质量的差异。具体的退化测试方案见表2.1.7。

表 2.1.7　接收线距退化测试方案

序号	观测系统	覆盖次数（纵×横）	面元（m×m）	接收线距（m）	炮线距（m）	最大炮检距（m）	横纵比	炮道密度（万道/km²）	实现方式
1	28L7S240R	15×14=210	20×20	280	320	6169.15	0.82	52.50	原方案
2	14L7S240R	15×14=210	20×40	560	320	6169.15	0.82	26.25	接收线2抽1，横向面元扩至40m

图 2.1.52 是两种不同接收线距叠前剖面对比，280m 小接收线距和 560m 大接收线距从偏移成像来说差异微乎其微，说明在该区观测系统设计中可适当放大接收线距，不会对地腹构造成像产生太大的影响。

图 2.1.53 是不同接收线距叠前偏数据信噪比分布曲线图，两种接收线距信噪比的曲线形态略有差异，280m 接收线距信噪比略高。

d. 三维观测系统技术、经济评价与优选

通过以上对炮道密度、面元大小和接收线距这三个三维观测系统关键参数的退化处理测试与评价，可以得到本工区三维观测系统技术可行的优选参数：炮道密度≥42万道/km²，面元大小面积≤800m²，接收线距>280m。

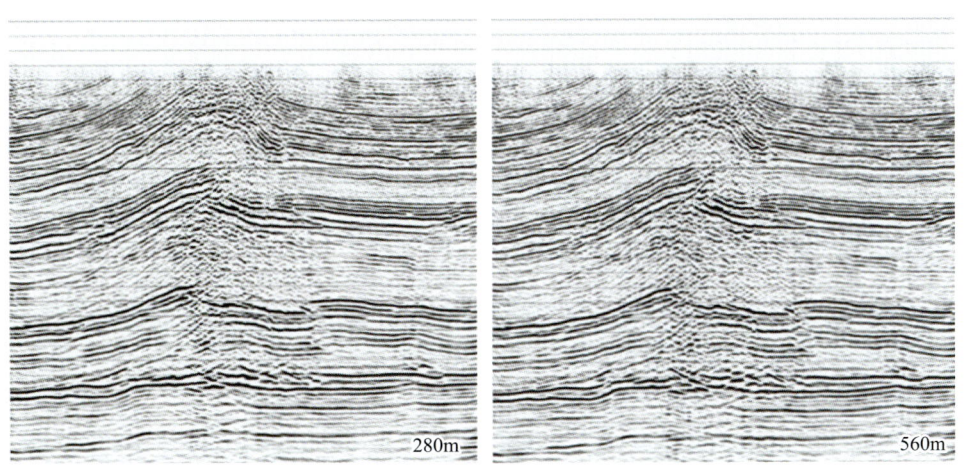

图 2.1.52　不同接收线距叠前偏移剖面效果对比（据周晓冀等，2020）

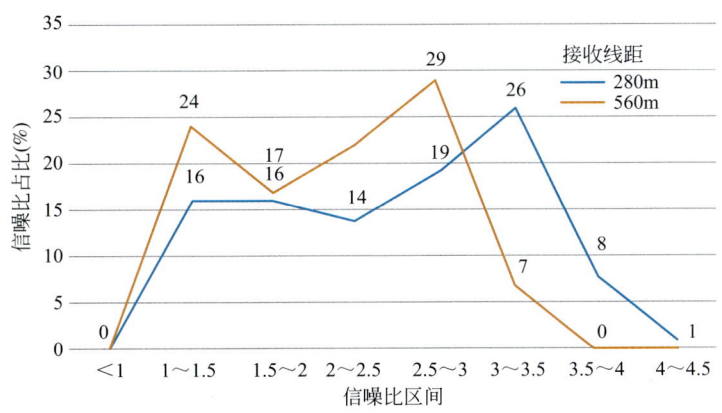

图 2.1.53　不同收线距叠前偏移数据信噪比分布曲线（据周晓冀等，2020）

根据上述三维观测系统参数退化测试与评价，在原三维观测系统方案基础上优化设计了技术可行的两套方案，见表2.1.8。优化方案1延用20m×20m面元大小，覆盖次数优化至13×13（169）次，接收线距增加至320m，炮线距不变，最大炮检距减少至5854.84m，横纵比增加至1，炮道密度减少至42.25万道/km²；相对原方案，主要的改变是覆盖次数和炮道密度的降低。优化方案2将面元扩大至25m×25m，覆盖次数增加至16×16（256）次，接收线距减少至250m，炮线距减少至300，偏移距和横纵比改变不大，炮道密度降低至40.96万道/km²；相对原方案，主要的改变是面元的增大。基于原方案和两套优化方案，按照100km²的满覆盖面积计算的具体工作量见表2.1.9。

表 2.1.8　三维观测系统优化方案设计

名称	原方案	优化方案1	优化方案2
排列形式	28L7S240R 正交	26L8S208R 正交	32L5S192R 正交
纵向观测系统	4780-20-40-20-4780	4140-20-40-20-4140	4775-25-40-25-4775
接收道数（道）	6720	5408	6144

续表

名称	原方案	优化方案1	优化方案2
覆盖次数	15（纵）×14（横）=210	13（纵）×13（横）=169	16（纵）×16（横）=256
面元大小（m×m）	20（纵）×20（横）	20（纵）×20（横）	25（纵）×25（横）
道距（m）	40	40	50
接收线距（m）	280	320	250
激发点距（m）	40	40	50
激发线距（m）	320	320	300
最大非纵距（m）	3900	4140	3975
最大炮检距（m）	6169.15	5854.84	6212.99
横纵比	0.82	1.00	0.83
覆盖密度（万道/km^2）	52.5	42.25	40.96

表2.1.9 三维观测系统优化方案设计工作量

名称	原方案	优化方案1	优化方案2
排列形式	28L7S240R 正交	26L8S208R 正交	32L5S192R 正交
满覆盖面积（km^2）	100.35	101.58	102.00
一次覆盖面积（km^2）	327.94	315.39	336.00
炮点区域（km^2）	192.96	188.79	197.28
总激发点个数（个）	15456	15136	13475
激发线条数（条）	46	44	49
总接收点个数（个）	45000	37536	41280
接收线条数（条）	75	68	86

为了对两套技术可行方案的经济性进行评价，对两套优化三维观测系统的投资进行粗略的测算，并与原方案进行对比（表2.1.10）。假设原方案的炮单价、面积单价、总价为100%，相对于原方案，优化方案1炮单价为94.2%，面积单价为91.1%，100km^{2}总投资为92.2%；优化方案2炮单价为106.5%，面积单价为91.4%，100km^{2}总投资降为92.9%。虽然优化方案2的炮单价相对原方案略有增加，但两种优化方案在面积单价和100km^{2}总价上均有所降低，在技术可行的前提下，控制了地震采集投资成本，是技术、经济皆可行的设计。

表 2.1.10　三维观测系统优化方案投资对比

名称	原方案	优化方案 1	优化方案 2
观测系统	28L7S240R 正交	26L8S208R 正交	32L5S192R 正交
炮单价	100%	94.2%	106.5%
面积单价	100%	91.1%	91.4%
100km² 总价	100%	92.2%	92.9%

第二节　基于遥感信息的复杂山地区地震激发接收分区设计

山地复杂构造区的地震激发接收条件十分复杂，激发接收施工十分困难。在地震部署时需要提前预判地震部署实施的可行性，当地震部署后，需要在地震工程技术设计时，提前明确应采取的激发接收技术，因此对地震激发接收条件的高效、超前、高质量评价不仅是地震工作可行性论证的重要基础，而且也是地震工作时采取何种激发接收技术和优化施工组织的关键。

本节介绍基于遥感信息的激发接收条件分类分区、激发接收条件的评价方法及标准，在激发接收条件分类分区和评价的基础上，进行激发接收的分区设计、分区施策，从工程技术设计和采集施工上确保采集充分、均匀、保真和资料的高信噪比。

一、基于遥感信息的激发接收地表信息获取方法

1. 遥感信息的获取方法

1）遥感摄影

利用低空航摄飞行系统平台（如无人机），在超低空平稳飞行，搭载单台或多台遥感摄影相机、GNSS 和惯导 IMU 单元，按低空航摄技术要求对地表连续拍摄以获取相片及 POS 数据，经影像预处理（如相片匀光匀色、去云雾、空三测量及加密、构建密集点云、提取数字表面模型 DSM、经几何纠正、微分纠正等优化等），获得的数据称为正射影像数据，简称 DOM，如图 2.2.1 所示。

图 2.2.1　某地高清遥感正射影像

2）激光雷达

采用机载激光雷达系统获得遥感信息。激光雷达系统是导航系统、卫星定位系统以及激光惯性导航等3种技术集于一身的空间测量系统。通过在飞机上搭载导航系统、激光扫描仪、卫星定位信号接收机及控制元件等来实现数据采集。它主动朝地面发射激光脉冲，接收反射脉冲并记录其时间，计算出激光扫描仪距离地面的距离，再结合姿态信息计算出地面物理点的三维坐标，从而得到数字表面模型，简称DSM。DSM主要包含了地表、地表建筑物、桥梁和树木等高度信息。

2. 激发接收地表信息的获取

从遥感信息中可以提取用于评价地表地震激发接收条件有关的信息，主要包括地表高程、岩性、湿度、松散度等，如图2.2.2所示。这些信息的提取方法本身不是本书关注的重点，这里仅以数字高程模型的获取为例加以说明。

数字高程模型（DEM）是表示地形空间分布的一个三维向量系列$\{x,y,z\}$，其中(x,y)表示平面坐标，z表示相应点的高程。它是以离散分布的平面点高程数据来模拟连续分布的地形表面。由于激光能够穿透植被的叶面抵达地表，同时获取植被和地表信息，经标准点云解算、去噪、滤波、赋色、地面、非地面分类等数据处理，可分类提取地面点的高程数据，制作数字高程模型DEM。与DSM比较而言，DEM仅包含了地形的高程信息，不包含地表信息，更有利于从地形上分析施工的难易程度。

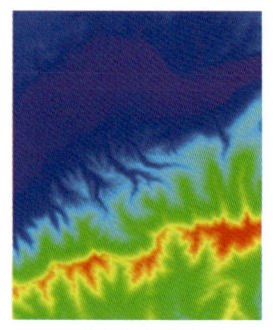 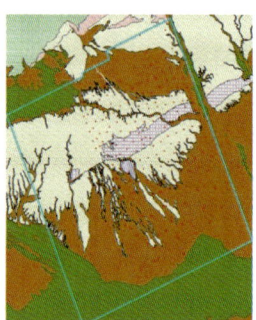 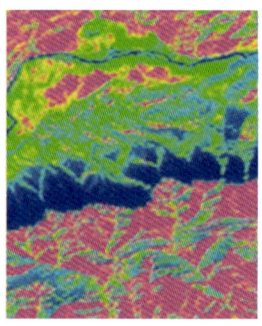 

数字高程模型　　　地表岩性分布　　　地表相对湿度　　　地表松散度

图2.2.2　从遥感信息中提取的地震激发接收地表条件参数图

二、基于遥感信息的激发接收条件分区

山地复杂构造区地表包括山地岩石出露区、黄土（沙漠）覆盖区、戈壁、农田水网区等。地形条件和表层覆盖物是影响地震激发接收的主要地震地质条件，需要在地震激发接收设计时，依据地形条件和表层覆盖物对激发接收条件进行分区、分类，为激发接收分区、分类施策奠定基础。

1. 基于地形条件的激发接收条件划分标准

采用地形的"坡度"+"起伏度"对地形进行分类，再辅以覆盖物进行分区。

"坡度"和"起伏度"可运用数字高程模型或数字表面模型定量计算获得。

坡度是地表单元陡缓的程度，能够间接表示地形的起伏形态和结构，是地表位置上高

度变化率的度量。坡度可表达为度数或者百分数,其计算公式为:

$$S = \arctan\sqrt{\left(\frac{Z_7-Z_1+Z_8-Z_2+Z_9-Z_3}{6\times d}\right)^2+\left(\frac{Z_3-Z_1+Z_6-Z_4+Z_9-Z_7}{6\times d}\right)^2} \quad (2.2.1)$$

式中,S 为坡度;d 为等距离投影 DEM 的单元尺寸,如图 2.2.3 所示;Z_i(i=1,2,3,…,9)为中心点 5 周围各网格点的高程。

需要指出的是,同一区域、同样的数学模型、同样采样间隔条件下,沿不同方向计算的坡度也可能存在较大差异(图 2.2.4),一般用其均值。

显然,坡度反映的是指定方向地形的最大变化率,是衡量地形陡缓程度的重要指标,即越平坦的地区坡度越小,越陡的地区坡度越大。

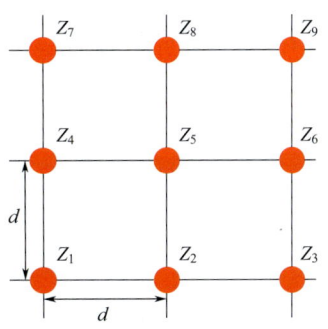

图 2.2.3 DEM 单元尺寸示意图

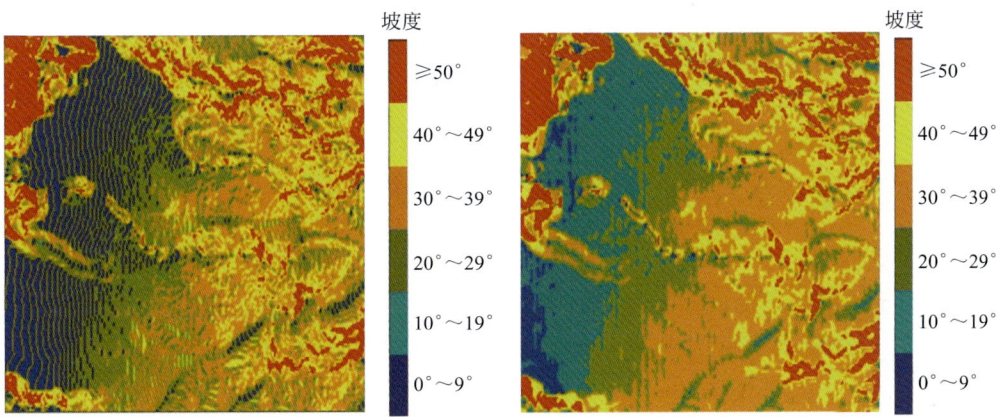

图 2.2.4 不同方位角坡度分布图

起伏度是描述地形的一个重要因子,它主要用于描述宏观地形的变化状况,反映了地面的相对高差,是定量描述地貌起伏形态、划分地貌类型的重要指标。其计算公式为:

$$P=\sqrt{\frac{(Z_1-m)^2+(Z_2-m)^2+(Z_3-m)^2+\cdots+(Z_n-m)^2}{n}} \quad (2.2.2)$$

式中,P 是起伏度,以矩阵格式进行采样,采样间隔需大于 DEM 数据原始采样间隔;Z_1,Z_2,…,Z_n 是起伏度矩阵采样点高程值;m 是 n 个采样点高程算数平均值。

在地震采集中,计算某个点的坡度和起伏度时,一般使用 250m×250m 范围的 DEM 值即可,这也是下面讨论使用的坡度和起伏度值的计算基准。采用 10m 精度的 DEM 数据体一般就可满足计算需求。

根据坡度和起伏度的大小,可对地震激发工区进行地形类别的划分,将山地地形分为六类,即Ⅰ、Ⅱ、Ⅲ、Ⅳ、Ⅴ、Ⅵ类,见表 2.2.1。

表 2.2.1　地形类别划分具体参数表

序号	要素及计算参数		Ⅰ	Ⅱ	Ⅲ	Ⅳ	Ⅴ	Ⅵ
			一般山地		陡峭山地		高难山地	
1	坡度（°）	范围：250m×250m	5~10	10~15	15~20	20~25	25~35	>35
2	起伏度（m）	范围：250m×250m	30~40	40~60	60~100	100~150	150~200	>200

图 2.2.5　遥感正射影像进行地物识别与提取
橙色块代表建筑区

2. 基于地表覆盖物的分区方法

地表覆盖物如地表岩性对地震资料采集环节的激发和接收影响至关重要。地表覆盖物可通过正射影像图提取，也可综合使用已完成的地质填图（一般 1∶10 万）等，按水库、河流、场镇、建筑、人文地物、岩性等对激发接收条件影响较大的类别进行分区即可。图 2.2.5 是一个通过遥感正射影像进行地物识别与提取的示例。

三、基于遥感信息的激发条件分区评价与设计

在激发接收条件分区的基础上，需要分区对激发条件进行评价，提高激发技术设计的针对性，提前预判和减少丢炮区的范围，如施工困难区、高难山地的起伏剧烈沟壑区、水渠、高速公路、建筑、文物、生态保护区、敏感区等，提高激发点的正点率。

1. 激发条件评价方法

利用高精度遥感资料得到的地形条件分区、地表覆盖物的分区、地表地层岩性分布、高精度正射制图、地表相对湿度、地表相对松散度以及数字高程模型等信息，主要对激发点的激发条件进行两方面的评价：一是强制规避激发区的评价划定；二是强制规避激发区外激发优度的计算评价。评价结果为激发参数设计提供依据。

1）强制规避激发区的评价划定方法

强制规避激发区主要包含两类区域：一类是不可实施地震激发井钻井的区域，如高陡坡度段（高难山地段）、水库区等；另一类是不能激发的区域，如水渠、高速公路、建筑、文物、生态保护区、敏感区等人文地物分布区（图 2.2.6），可以在数字正射影像（DOM）中识别、解译并划定，而地下管线、地下电缆等人文地物需要其他方式如实地踏勘确定。

2）激发优度的计算评价方法

激发优度是根据激发点的高程、坡度、岩性、湿度、松散度、平整度等因素对激发条件进行综合评价的指标，值越大，激发点的激发条件越佳。激发优度可为激发点激发参数设计提供依据。

 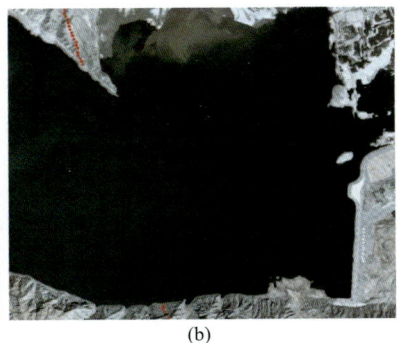 

图 2.2.6 激发规避区示例

（a）高陡刀片山区；（b）水库区；（c）文物保护区

激发优度 φ 的计算公式为：

$$\varphi = \sum_{i=1}^{K} c_i f_i \tag{2.2.3}$$

式中，K 表示优度评价选用的遥感属性（特指从遥感信息中提取）的个数；f_i 是激发点的第 i 种遥感属性值；c_i 是与遥感属性 f_i 对应的权重系数，可根据施工区域的具体情况具体确定。

激发优度一般选用 6 种从遥感信息中提取的属性：

（1）高程（F_1），从数字高程模型获取，是反映激发施工难度的指标之一。

（2）坡度（F_2），反映地表陡缓的程度，是反映地表复杂程度和地震施工难易程度的指标之一。

（3）湿度（F_3），反映地表的含水情况。在合适湿度的地层中激发，可改善激发效果。

（4）岩性分级（F_4），定义地层的激发效果优劣程度，是激发条件评价的岩性因子。不同地区激发岩性优劣程度不同，除现场试验外，多数探区都有相应的试验资料和结论。激发条件越好，岩性分级值越大。在激发条件越好的岩层中激发，将获得更高的激发质量。

（5）松散度（F_5），根据工区地表破碎程度计算，破碎程度越高，松散度越大，激发条件越不好。

（6）平整度（F_6），一般考虑实施地震激发井钻井所需最小场地范围，影响激发如地震激发井钻井工作的开展，可用式（2.2.4）计算获得。

$$F_6 = \frac{A}{(z_{\max} - z_{\min})s} \tag{2.2.4}$$

式中，A 表示激发点评价面积，m^2；$z_{\max}$ 是评价面积内最大高程，m；$z_{\min}$ 是评价面积内最小高程，m；s 是激发点坡度。

平整度越小，地震钻井难度越大，条件越差。

归一化上述 6 种遥感属性，得：

$$f_i = \frac{F_i - \min(F_i)}{\max(F_i) - \min(F_i) + 0.1} \tag{2.2.5}$$

式中，$\max(F_i)$ 是工区内 F_i 的最大值；$\min(F_i)$ 是工区内 F_i 的最小值。

考虑上述 6 类遥感信息的激发优度可表示为：

$$\varphi = c_1(1-f_1) + c_2(1-f_2) + c_3 f_3 + c_4 f_4 + c_5(1-f_5) + c_6 f_6 \tag{2.2.6}$$

式中，c_i 是与遥感属性 f_i 对应的权重系数，需要根据施工区域的具体情况确定，例如地表岩性对激发效果的影响较大，其权重也较大。

在高陡山区，坡度是影响钻井的重要因素，需加大坡度的权重。激发优度越大，激发条件越好。

2. 激发点激发参数优化设计和分类施策

激发点激发参数优化设计和分类施策主要包括 3 个方面：

（1）根据勘探工区的强制规避激发区分布，划定不可（用炸药震源）激发的施工区域，调整激发点的位置和激发方式（如采用可控震源、气枪震源等）的设计，减少激发丢炮，提高激发正点率。

（2）根据式（2.2.6）计算各激发点的激发优度。

（3）对激发点激发优度小的点，提前进行针对性的激发参数设计，确保激发出的信号具有高质量。

四、基于遥感信息的接收条件分区评价与设计

在激发接收条件分类分区的基础上，需要分区对接收条件进行评价，提高接收技术设计的针对性，提前预判和减少丢道区的范围。如提前搞清难以布设检波器的施工困难区（包括高难山地的起伏剧烈沟壑区、水渠、高速公路、建筑、文物、生态保护区、环境敏感区等），减少空道数和偏离理论点的道数，提高接收正点率和道接收资料质量。

检波器接收信号质量除受信号源和检波器特性的影响外，还受检波器与地面耦合情况的影响。接收点地表岩性、湿度和表层松散度等是决定检波器耦合好坏的主要因素。利用从遥感信息中提取的、能体现检波器埋置耦合难易程度的信息，可提前进行针对性的接收工艺设计。

在地震采集中，通常使用组合接收压制随机干扰（详见本章第四节），而组内地形高差带来的反射时差将直接影响组合内反射波的同相叠加效果，影响组合接收资料的质量，因此地震接收点的布设除考虑每个接收点条件的好坏外，还要考虑接收点处组合接收条件的优劣。组合接收的检波器最好能按设计要求展布组合，但受组合面积与组内高差以及实际地貌条件的限制，有可能不能完全按要求展布。在此情况下，可用 DEM 数据来评价接收组合的可展开程度，在施工前制定出合适的组合接收设计方案。

1. 接收条件评价方法

基于遥感信息的接收条件评价分为 3 个方面：一是圈定接收施工困难区，为接收参数的针对性设计提供依据；二是计算接收组合优度，评价接收点条件，为接收点接收参数设计提供依据；三是计算组合展开度，为优选接收组合模式提供依据。

1）接收施工困难区的圈定方法

与强制规避激发区类似，在地震施工区域存在的高陡坡度段（高难山地段）等高风险地段和文物、生态保护区、敏感区等人文地物区域，接收施工困难，甚至不能开展检波器埋置工作，是接收施工困难区，可在室内设计阶段借助高精度正射影像、DEM 等数据提取的遥感属性信息，圈定接收施工的困难区或避让区，并经实地抽样踏勘完善。

2）接收组合优度评价方法

接收组合优度是接收点或组合所在位置地表接收条件的优劣程度。接收组合优度 σ 可表示为：

$$\sigma = \sum_{i=1}^{m}\sum_{j=1}^{n} c_{ij} f_{ij} \tag{2.2.7}$$

式中，m 为组合接收检波器个数；n 表示遥感信息属性的个数；f_{ij} 是第 i 个检波器所在位置的第 j 种遥感信息属性值；c_{ij} 是与遥感属性 f_{ij} 对应的权重系数。

下面从遥感信息中提取体现检波器埋置"平、稳、正、直、紧"原则的相关遥感属性信息，用于计算接收组合优度：

（1）"平"指在满足组合高差限制条件下，检波器组合内地形起伏越小越好，可以使用检波点 i 处的地表起伏度表达，记为 F_{i1}；

$$F_{i1} = \left| z_i - \frac{1}{m}\sum_{j=1}^{m} z_j \right| \tag{2.2.8}$$

式中，$|\cdot|$ 表示取绝对值；m 为组合接收检波器个数；z_i 是组合内第 i 个检波器高程。该值越小，表示接收组合面越平坦。

（2）"稳"是组合内检波器应尽量埋置在同一岩性地层中，可通过地表岩性属性信息获得，记为 F_{i2}。组合内检波器在同一岩性地层中 $F_{i2}=1$，否则 $F_{i2}=0$。

（3）"正"是指正确的 F_{i1} 组合图形和正确的埋置位置。正确的组合图形可用前面的平整度量化，正确的埋置位置可用组合中心偏离理论点的距离来量化，记为 F_{i3}。

（4）"直"是指检波器埋置要垂直于地面，需要通过施工来保证。

（5）"紧"是指布设位置应该是近地表相对致密、湿度适中，对应的遥感信息属性有地表松散度（F_{i4}）、相对湿度（F_{i5}）、岩性优劣（F_{i6}）。松散度（F_{i4}）根据工区地表破碎程度计算，破碎程度越高，松散度越大。相对湿度（F_{i5}）反映地表的含水情况。岩性优劣（F_{i6}）越大，越适宜接收，通过试验和以往经验确定。

归一化上述 6 种遥感提取属性，得：

$$f_{ij} = \frac{F_{ij} - \min(F_{ij})}{\max(F_{ij}) - \min(F_{ij}) + 0.1} \tag{2.2.9}$$

式中，$\max(F_{ij})$ 是工区内第 j 类遥感属性的最大值；$\min(F_{ij})$ 是工区内 j 类遥感属性的最小值。

考虑上述 6 类遥感信息属性的接收组合优度可表示为：

$$\sigma = \sum_{i=1}^{m}[c_{i1}(1-f_{i1}) + c_{i2}f_{i2} + c_{i3}(1-f_{i3}) + c_{i4}(1-f_{i4}) + c_{i5}f_{i5} + c_{i6}f_{i6}] \quad (2.2.10)$$

式中: m 为组合接收检波器个数; c_{ij} 是与遥感属性 f_{ij} 对应的权重系数, 需要根据施工区域的具体情况确定。

接收组合优度值越大, 组合接收条件越好。

3) 组合展开度评价方法

接收组合展开度是在满足组内高差限制条件下的可展布面积与理论组合面积之比, 即:

$$E = \frac{X' \times Y'}{X \times Y} \quad (2.2.11)$$

式中, X'、Y' 是满足组内高差限制的可展布区域的长度和宽度; X、Y 是理论设计组合的长度和宽度, 见图 2.2.7。

展开度值域为 [0, 1], 展开度值越大, 可展开程度越好, 在为 1 时完全展开, 相反, 在为 0.5 时组合面积将减少一半。

接收组合展开程度 E 的计算流程如图 2.2.8 所示, 在选定组合模式和高差限制 LdZ 条件下, 计算接收组合展开度 E。设 E 的初始值为 1, 计算组合高差 dZ, 如果组合高差 dZ 小于高差限制 LdZ, 满足组合高差限制, 则结束计算, 获得展开度 E; 否则, 保持组合中心位置不变, 缩小展开度, 缩小可展布面积, 在新的可展布面积内重新计算组合高差 dZ, 判断其是否满足高差限制要求。如果满足, 则结束计算, 获得展开度 E; 否则, 继续缩小展开度, 计算组合高差, 直到满足高差限制为止, 获得展开度 E。

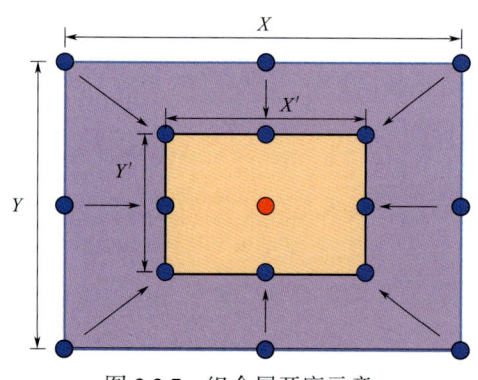

图 2.2.7 组合展开度示意

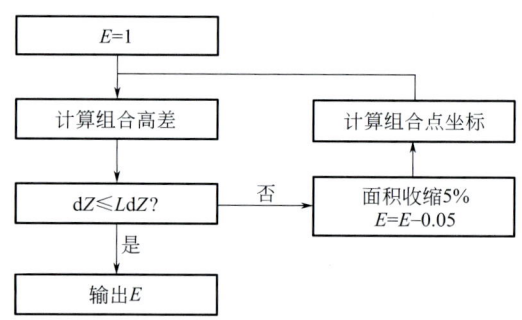

图 2.2.8 组合展开度计算流程

dZ 是组合高差 (单位: m); LdZ 为组合高差限制 (单位: m)

2. 接收点接收参数优化设计和分类施策

接收点接收参数优化设计和分类施策主要包括 3 个方面:

(1) 根据圈定的施工困难区, 通过工艺改进 (如高陡山地使用无线节点仪、高灵敏度单只检波器等), 尽量减少不可接收的施工区域, 减少接收丢道和接收点偏离量, 提高接收正点率。

(2) 在施工困难区之外, 根据式 (2.2.10) 计算各接收点的接收组合优度, 对组合优度小的接收点提前采取针对性强化措施，提高接收质量。

（3）计算接收点位置的组合展开度，并根据展开度大小，在施工前优化组合接收设计方案，最大限度提高接收质量。

五、应用实例

以塔里木盆地库车某工区为例，说明激发接收分类分区及其分区激发接收设计。

采用10m分辨率数字高程模型（图2.2.9），分别进行坡度和起伏度计算，并按照坡度和起伏度划分标准，划分为非山地和山地Ⅰ、Ⅱ、Ⅲ、Ⅳ、Ⅴ、Ⅵ六类（图2.2.10、图2.2.11），然后再结合坡度和起伏度共同约束，确定本工区的最终地类划分（图2.2.12）。

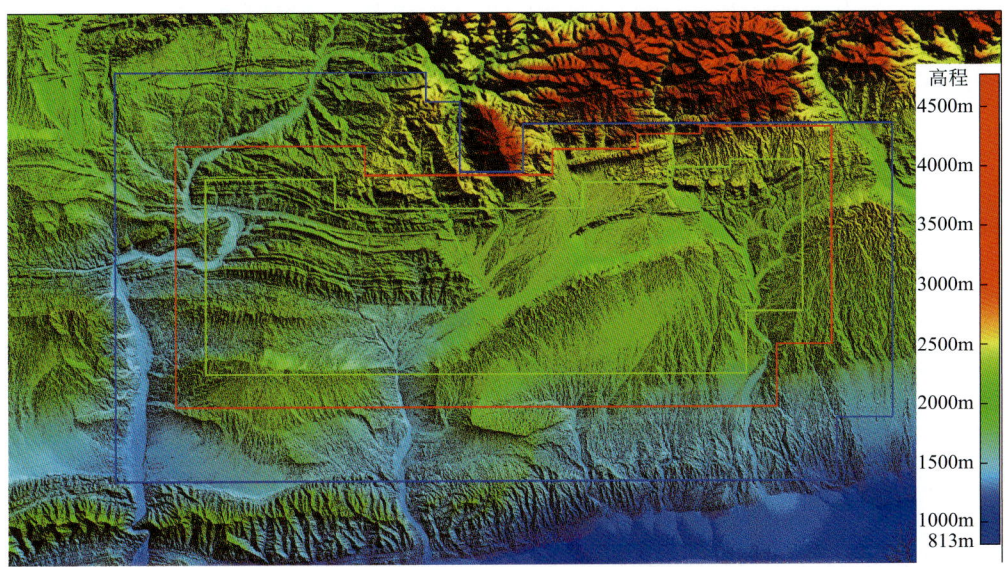

图2.2.9　10m分辨率数字高程模型

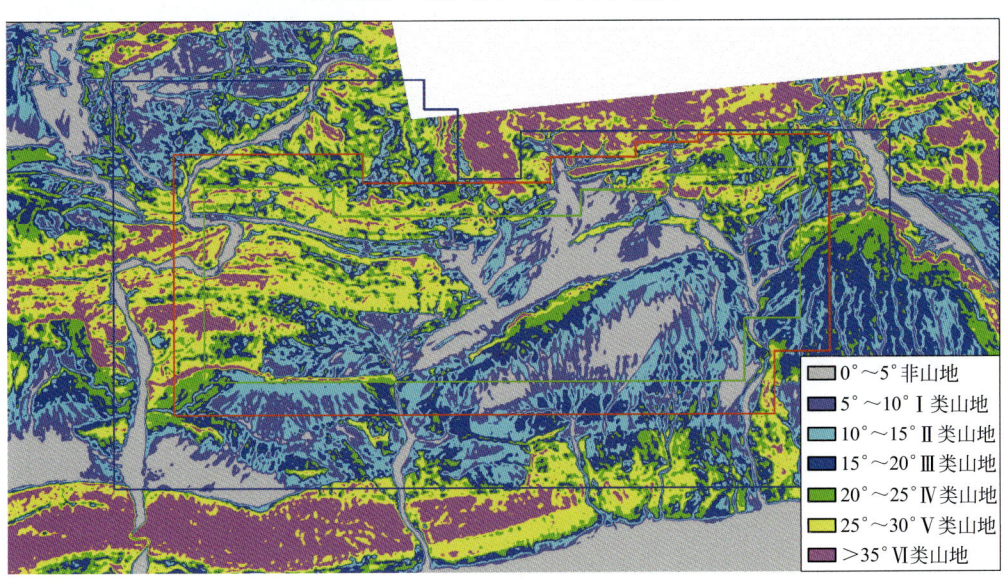

图2.2.10　按坡度划分地形

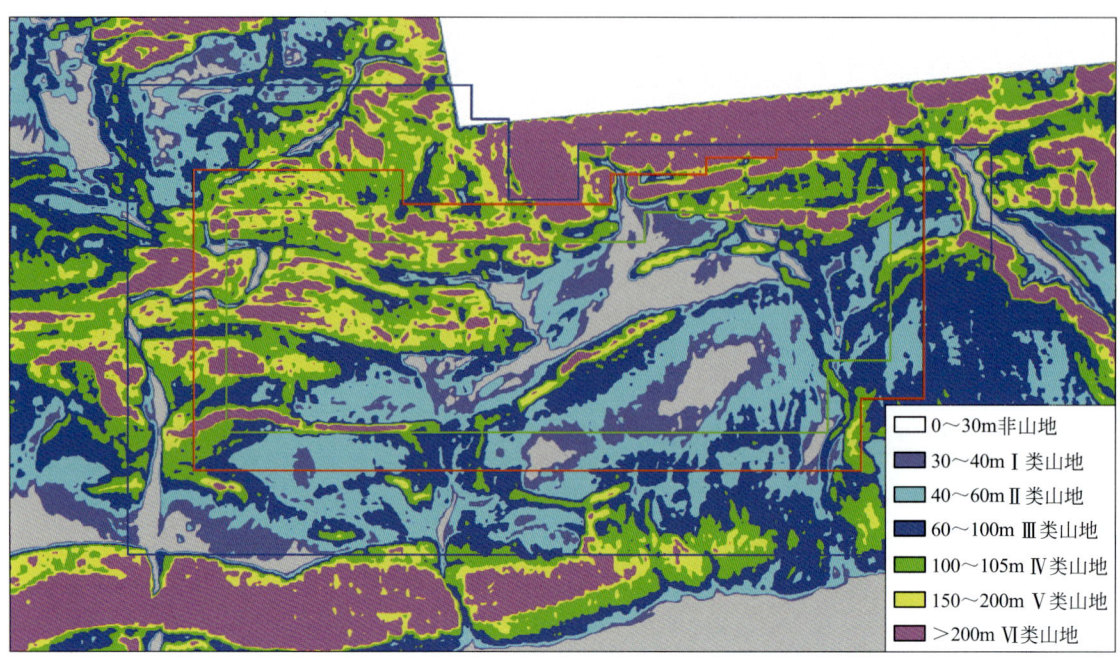

图 2.2.11　按起伏度划分地形

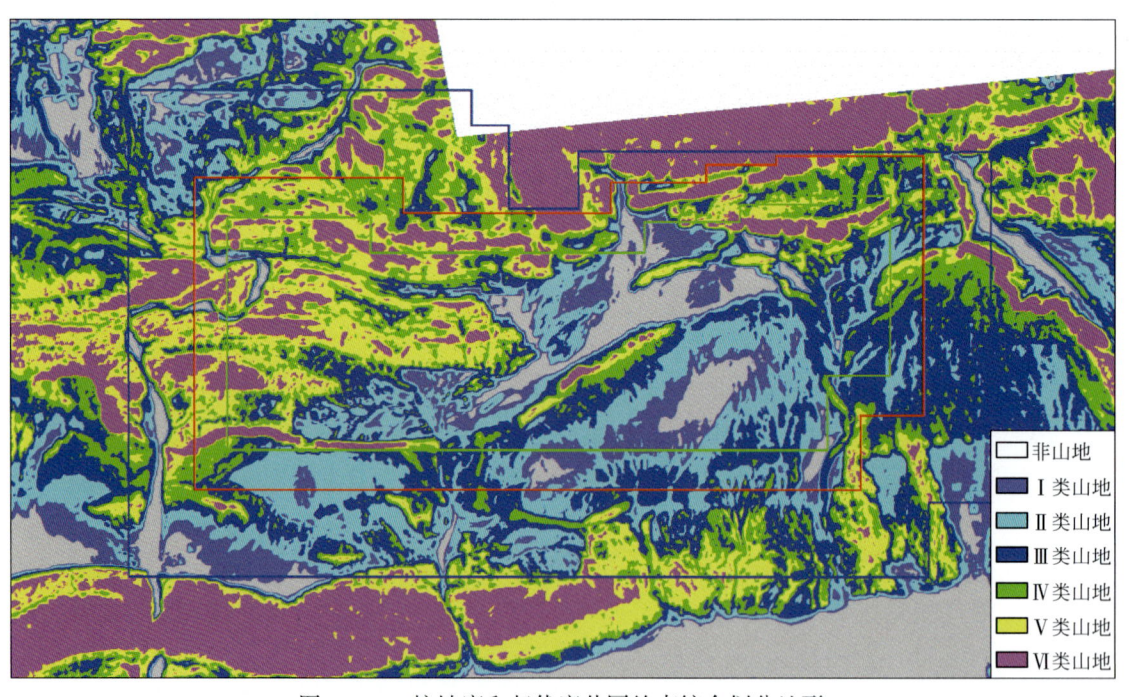

图 2.2.12　按坡度和起伏度共同约束综合划分地形

划分结果经实地踏勘、直升机视频验证，与实际情况吻合较好。

再通过如图 2.2.13 所示的遥感正射影像对地表覆盖物进行分类分区。

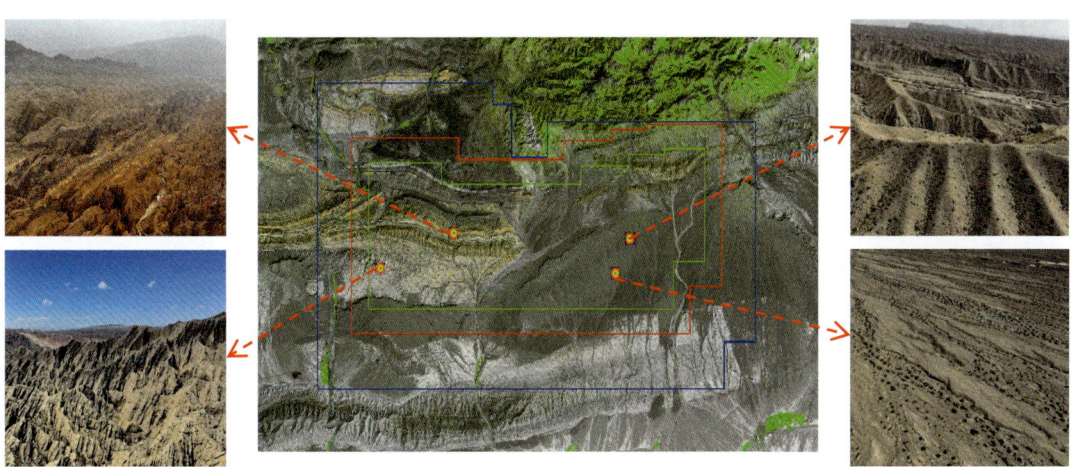

图 2.2.13 遥感正射影像对地表覆盖物进行分类分区示意图

根据上述分类分区，进行了激发参数和接收参数的分区分类设计，见表 2.2.2。

表 2.2.2 激发参数和接收参数的分区分类设计

序号	岩性	地类划分	地质年代	激发方式	钻机选型	接收方式
1	戈壁砾石	非山地	第四系（Q_{3-4}）	炸药震源/可控震源	车载钻	串组合接收
2	砾岩	Ⅰ、Ⅱ、Ⅲ类山地	第四系西域组（Q_1x）	炸药震源	山地钻	
3	砂泥岩（库车组）	Ⅰ、Ⅱ、Ⅲ类山地	新近系库车组（N_2k）	炸药震源	山地钻	
4	砂泥岩（非库车组）	Ⅲ、Ⅳ、Ⅴ、Ⅵ类山地	新近系康村组（N_1k）、吉迪克组（N_1j）；古近系（E）；白垩系（K）；侏罗系（J）；	炸药震源	山地钻	整体采用串，Ⅳ、Ⅴ、Ⅵ类山地地形采用单只检波器接收
5	石灰岩	Ⅴ、Ⅵ类山地	三叠系(T)；三叠系(P)、石炭系(C)	炸药震源	山地钻	单只检波器接收
6	变质岩	Ⅴ、Ⅵ类山地	泥盆系(D)及更老地层	炸药震源	山地钻	

第三节　山地复杂构造增能降噪（高信噪比）激发

山地复杂构造区地震激发的主要任务是激发出高信噪比的地震传播信号。在地震激发井中激发的震源，从地下目标地质体的角度可认为是一个点源。激发的子波频带宽窄和能量大小是地震分辨率和信噪比的基础。在山地复杂构造区，通常情况下，激发子波能量越强，激发能量沿地表附近传播产生的次生干扰也越强，所以增强下传地震波能量既可提高反射波能量，也可降低源生干扰。因此，山地复杂构造区地震激发的关键难题是激发出高质量的子波，增强下传地震波的能量，降低次生干扰。

山地复杂构造区复杂的地表条件，有不同的激发分区。在不同的区域中，需要采用不同的激发方式（如井炮或可控震源激发），才能达到需要的激发效果；不同的激发方式需要有不同的激发参数，才能激发出高质量的子波，增强下传地震波的能量，降低次生干扰。

下面在分析地震分辨能力影响因素的基础上，重点介绍山地复杂构造区爆炸源（主要而广泛使用）的增能降噪激发方式和参数，主要包括激发岩性、激发药量、激发层速度与激发子波（子波能量、频率、相位）等关系的讨论和优选，提出了激发耦合增能、虚反射增能、定向组合增能3种增能方法；最后讨论山地复杂构造可控机械源（少量使用）激发的增能降噪方式和参数。

一、影响地震分辨能力的因素分析

以克劳德子波（Klauder Wavelet）为例，子波频率特征对子波形态的影响存在以下规律：子波中央波瓣宽度随中心频率提高而减小；子波旁瓣比随倍频程的增加而减小，即随倍频程增加旁瓣振幅减小。假设地下发育一组厚度分别为50m、25m、50m的薄层，在该模型上用不同频率的子波激发后得到的地震波，将是子波与4个界面分别褶积后叠加的结果。图2.3.1展示了用3种不同频率子波与该模型上各界面褶积后的地震波形及它们叠加后的波形。从图中可以看到，采用3~96Hz频宽子波合成的地震道上，4个峰值分别对应4个反射界面，具有很高的分辨能力；而在采用12~48Hz窄频带子波的合成地震道上多出了两个具有较大振幅的峰值，它们与模型中的反射界面无关；另外，在这个合成道上的界面2对应的峰值，明显强于其他界面对应的峰值，这与反射系数的大小不对应。这种波形特点如果是在不知道地层结构的情况下，很可能会多解释出一两套地层，而且利用振幅去计算波阻抗时得到的结果会有较大误差。也就是说，采用窄频带子波合成的记录分辨能力不高，或者说是解释的可靠性不高。比较而言，3~48Hz子波的合成记录的分辨能力和解释的可靠性介于之前两个合成记录之间。

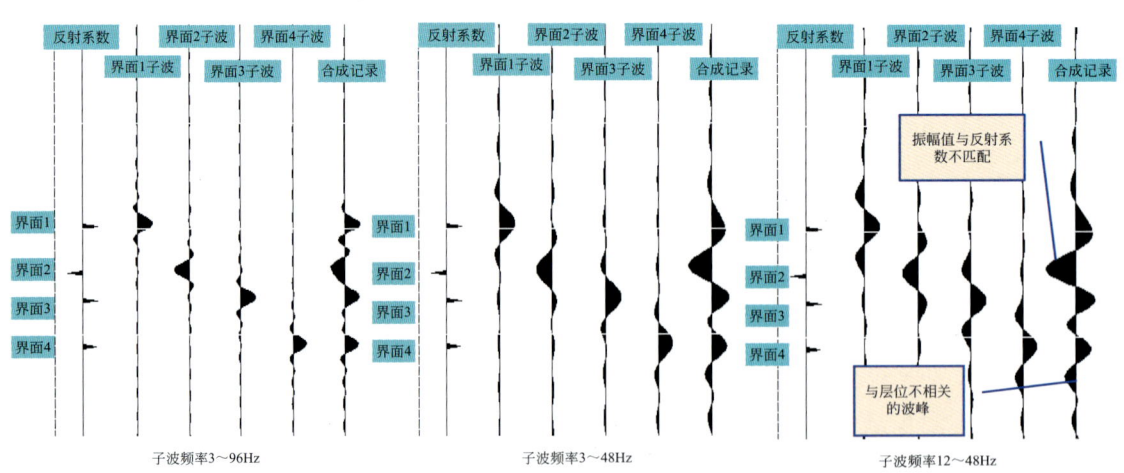

图2.3.1 采用不同频率子波的合成记录

根据上述的分析有以下认识：

（1）子波频率影响子波形态，表现为：子波中央波瓣宽度随中心频率提高而减小；子波旁瓣比随倍频程的增加而减小，即随倍频程增加旁瓣振幅减小。

（2）对地震资料分辨能力而言，并非中心频率越高分辨能力越高，具有较高中心频率的窄频带子波，旁瓣幅值大，会导致地震记录出现一些与地层不相关的反射轴，影响解释的可靠性。

（3）地震勘探中，要提高分辨能力，仅仅是中心频率高、子波中央波瓣宽度窄是不够的，还需要旁瓣的振幅要小，即倍频程要宽。

地震激发如何激发产生宽倍频程的信号，是提高地震分辨率的关键基础。

二、激发井深设计

1. 削弱虚反射影响的激发井深设计

当地震勘探在低速带以下的井中激发时，有一部分能量向上传播，遇到低降速层底界面及地表时再向下传播，形成一种特殊类型的多次波，称为虚反射，也称为伴随波或鬼波。为简化问题，仅分析低降速带底界虚反射的影响。设一次下行波的子波为 $S_0(t)$，假设次生下行波（虚反射）与一次下行波具有相同的子波，只是时间上有个 τ 的延迟，它的振幅只受反射系数的影响，并忽略吸收、扩散等因素的影响，那么次生下行波可写为：

$$S_1(t) = -R_1 S_0(t-\tau) \tag{2.3.1}$$

式中，R_1 为低速带底界面的反射系数。

向下传播的子波 $S(t)$ 是上述两种波的叠加，即：

$$S(t) = S_0(t) + S_1(t) = S_0(t) - R_1 S_0(t-\tau) \tag{2.3.2}$$

选择 30Hz 最小相位子波作为激发子波，R_1 取 1，模拟得到不同深度激发的子波 $S_0(t)$ 和 $S(t)$ 记录，对模拟记录进行频谱和能量分析。从图 2.3.2（a）可以看出：地震波频带宽度随激发深度的增加逐渐变窄，虚反射对激发子波频率的影响与深度变化存在非线性关系，表现出主频随深度增加先变高再降低的规律。当虚反射与一次下行波时差在小于 $T/2$ 范围内时，虚反射有提频作用，其中在 $T/8 \sim T/4$ 范围内时，主频提高最大。从图 2.3.2（b）可以看出：不同深度激发后，地震波最大振幅与激发深度非线性变化，当虚反射与一次下行波时差 $\Delta t < T/4$ 时，随深度增加，地震波最大振幅逐渐增大；当虚反射与一次下行波时差 Δt 达到 $T/4$ 之后，最大振幅不再变化。

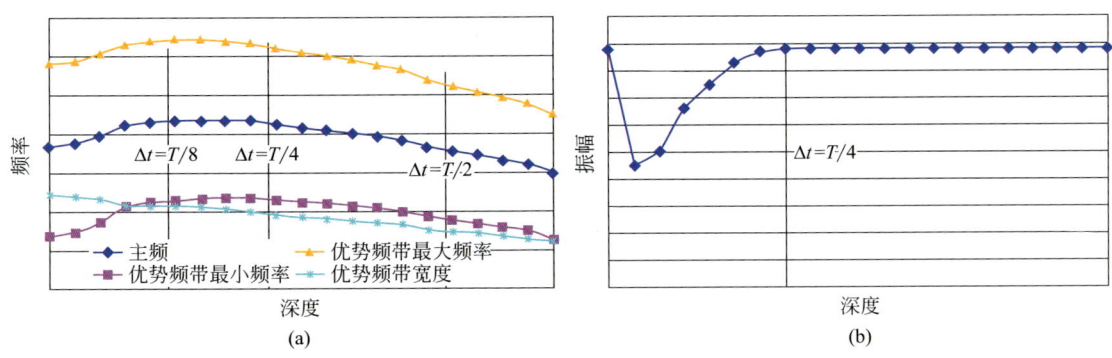

图 2.3.2 不同深度激发的地震波频率（a）与最大振幅（b）

根据以上分析可以看出，虚反射对地震波的影响规律为：要保证下行波反射波有较高的频率、较宽的频带、较高的能量，激发井深的选择应保证虚反射与一次下行波的时差在期望信号的 1/8 周期至 1/4 周期之间；要保证反射波有较大的能量，激发井深的选择应保证虚反射与一次下行波的时差在期望信号的 1/4 周期以上。因此，综合考虑提高频率和能量的需要，最佳激发井深的选择应保证虚反射与一次下行波的时差为期望信号 1/4 周期，即最佳井深的选择需满足下式要求：

$$h = \frac{v}{8f} \tag{2.3.3}$$

式中，h 为激发点相对于低速层底界面的深度，m；v 为激发层速度，m/s；f 为期望信号主频，Hz。

2. 基于爆炸理论的激发井深设计

根据炸药的爆炸过程，采用炸药震源激发获得地震波要经历爆轰波、冲击波、应力波、地震波 4 个阶段。爆炸破坏半径与地震勘探的资料品质息息相关，低速带（潜水面）以下的最小深度 R_0（m）及最浅井深 W（m）与激发层岩性、速度有关。作为工程需要，可以通过理论分析（前人和其他学者已做了大量相关研究，本书不再讨论）和工程试验得到每个工区的经验公式。如在砂泥岩潜水面中激发，可以依照下列经验公式求出（表 2.3.1）：

$$R_0 = 1.42Q^{1/3} \tag{2.3.4}$$

$$W = 3Q^{1/3} \tag{2.3.5}$$

式中，Q 为药量，kg。

表 2.3.1　不同药量对应的 R_0 及 W

Q	2	4	6	8	10	12	16
R_0	1.8	2.3	2.6	2.8	3.1	3.4	3.6
W	3.8	4.8	5.5	6	6.5	6.9	7.6

三、激发药量优选

1. 不同岩性激发药量优选

药量的选择一般考虑两个问题，一要保证目的层有足够的反射能量，二要保证目的层有足够的分辨率和信噪比。激发频率不仅取决于岩性，也取决于药量，药量不是越大越好，药量与激发频率的关系为：

$$Q = (a/f)^3 \tag{2.3.6}$$

式中，f 为频率，Hz；a 为系数，根据经验通常取 100。

根据式（2.3.6）可以得出激发频率随药量的变化情况，从图 2.3.3 可以看出，激发药量与频率成反比。而药量与地震波的振幅也有直接的关系，如下式所示：

$$A = \beta Q^m \tag{2.3.7}$$

式中，A 为振幅；β 为比例系数；m 为指数，通常 $m=0.2\sim1.0$，当 Q 较小时，m 接近 1。

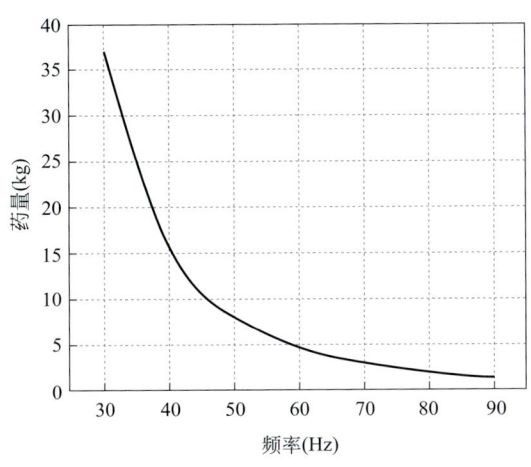

图 2.3.3　药量与频率关系曲线

在一定范围内，增加药量可增强激发能量，地震波振幅也随之增大；当药量增加到一定量时，激发能量就不再增加了，振幅也不再增加；当药量过大时，激发能量反而减弱，振幅也随之减小，会使得大部分能量和高频成分丧失在岩层的破碎圈里。

激发能量与激发岩性有关，以 TNT 炸药为例，炸药量从 2kg 逐步变化到 30kg，按空间角度统计不同围岩中的激发能量大小，如图 2.3.4 所示。

从图 2.3.4 中可以看出，随着药量增加，所有模型在各个方向上的能量均有所增加，2~10kg 内增量尤为明显。向炸药上方传播的能量（30°~150°）在药量到达 14kg 左右时趋于稳定，黄土和泥岩则较晚出现；药量约为 22kg 时，上传能量不再随药量增加而上升。

下传能量则呈现出不同的增长趋势，黄土模型在药量达到 22kg 时向炸药下方有效区（255°~285°）传播的能量达到饱和值，其他几种岩性在炸药量超过 18kg 以后能量增速明显放缓，各种岩性的下传能量均呈现出一种随药量增大先快速上升、达到某个临界点后增速放缓甚至不再增加的特点。

对侧传能量（空间角度为 180°~210° 和 330°~360°），随着炸药用量的增加，侧传能量逐渐增大，逐渐超过上传和下传能量，成为空间最强的能量传播方向。由于侧传能量并不能提供有效的地震反射，所以这部分能量是"无效的"。图 2.3.4 中 5 种岩性中，黄土的这种现象最为明显，这应该也是在地表黄土覆盖地区难以获得较好地震资料的一个重要原因；其他 4 种岩性侧传能量随药量增加也有类似的先快速增加后逐渐趋缓的特点。

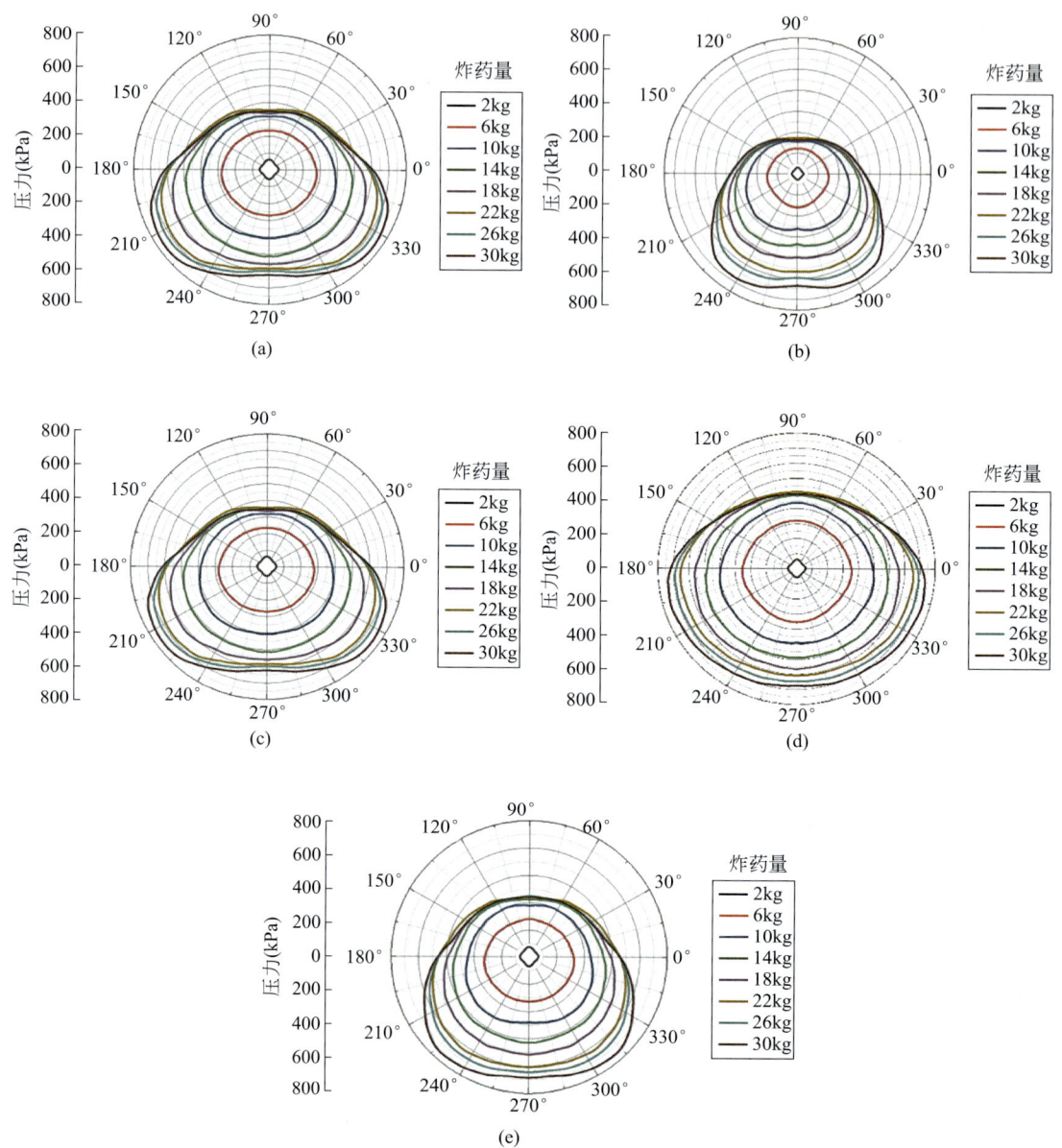

图 2.3.4 5种围岩在不同激发药量下的空间应力(能量)分布
(a)黄土;(b)石灰岩;(c)火成岩;(d)泥岩;(e)砂岩

为方便评价药量在围岩中激发产生有利于地震勘探的下传能量情况,可使用激发效能来表征。在井中激发,其能量分区情况如图2.3.5所示,激发效能可用下式计算:

$$F_{\text{eff}} = \frac{E_{S_4}}{E_{S_1} + E_{S_2} + E_{S_3} + E_{S_4}} \quad (2.3.8)$$

式中,F_{eff} 为激发效能;E_{S_1}、E_{S_2}、E_{S_3}、E_{S_4} 分别为震源近场各分区 S_1、S_2、S_3、S_4 能量。

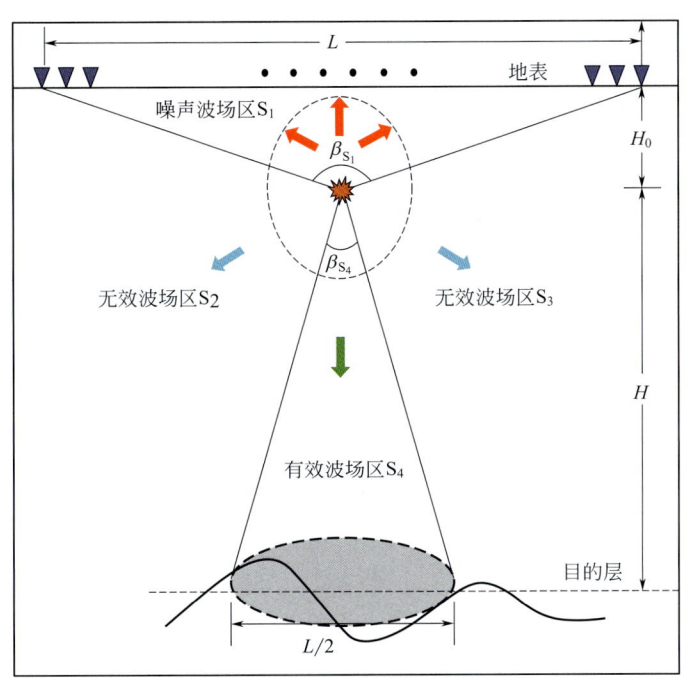

图 2.3.5 激发能量分区
L 代表接收点布设范围；H 代表激发点到目的层的距离；H_0 代表激发点的埋深

统计药量在围岩中的激发效能，得到药量－激发效能关系曲线，如图 2.3.6 所示。可见在 2~10kg 之间提升药量时，各种岩性的激发效能均有所提升，超过 14kg 药量后黄土的激发效能持续下降，说明超过该药量时，激发能量对有效波场区的能量贡献较低，更多的消耗在噪声波场区和无效波场区，因此 14kg 药量为黄土模型的最佳激发药量，其激发效能为 0.1310；石灰岩和砂岩在 22kg 药量内激发效能持续上升，分别在 22kg 和 26kg 药量达到饱和，激发效能分别为 0.1898、0.1919；火成岩激发效能上升最快，到达 14kg 药量后开始下降，14kg 药量对应激发效能为 0.1776；在 2kg 小药量时，泥岩的激发效能比其他几种岩层的激发效能高，但随药量的增加提升较为缓慢，增加药量获得的收益偏低，18kg 时激发效能达到最大值，约为 0.1543。

采用 TNT、高密硝铵、铵梯 3 种常见炸药，统计它们在 5 种围岩中的最佳用药量和激发效能，见表 2.3.2。

表 2.3.2 最佳激发药量参数及激发效能

岩性 药型	黄土 药量(激发效能)	石灰岩 药量(激发效能)	火成岩 药量(激发效能)	泥岩 药量(激发效能)	砂岩 药量(激发效能)
TNT	6kg(0.1277)	18kg(0.1636)	10kg(0.1574)	14kg(0.1329)	18kg(0.1620)
高密度硝铵	14kg(0.1310)	22kg(0.1898)	14kg(0.1776)	18kg(0.1543)	26kg(0.1919)
铵梯炸药	18kg(0.1715)	30kg(0.1943)	22kg(0.1795)	22kg(0.1656)	30kg(0.2030)

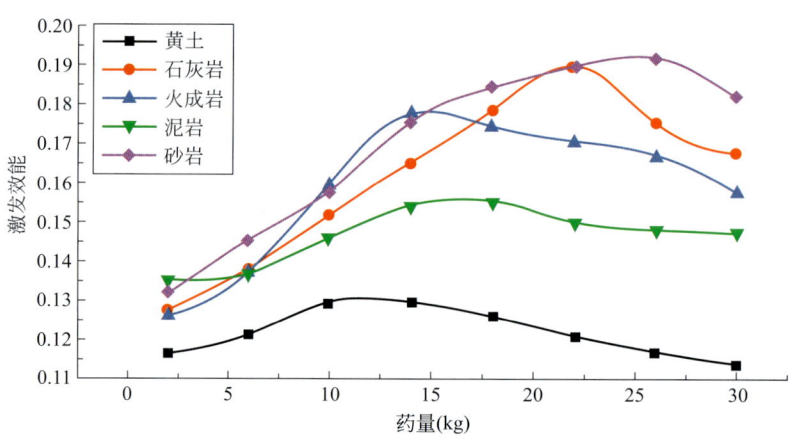

图 2.3.6　炸药激发效能与药量关系

表 2.3.2 可作为油气地震勘探野外炸药震源施工的参考，在刚性较强的围岩（如石灰岩、砂岩）中，应采用较大药量激发；刚性较弱的黄土不能一味增加药量以提升下传能量，应选择较小药量保证激发效能。

2. 激发药量试验优选

生产中常根据勘探区药量试验，综合考虑反射能量、频率等因素，选择合适的激发药量。在塔里木山地的药量试验，图 2.3.7 为不同激发药量原始单炮对比，单井井深 22m，试验药量为 2kg、4kg、6kg、8kg、10kg、12kg、16kg。从不同激发药量单炮原始记录对比看，除 2kg 激发单炮外，不同激发药量单炮记录面貌整体差异不大，在中部目的层可见较连续的反射。由图 2.3.7 可见，2kg 激发药量激发能量值明显较低，随着激发药量的增大，均方根振幅值逐渐增大，药量达到 8kg 后，振幅变化趋于平缓。通过剖面分析，激发药量 8kg 相比 20kg 整体上频率更高、频带更宽（图 2.3.8）。综合考虑反射能量及频率，在不同的探区选择不同的合适药量，资料品质特别好的地区可减少药量。

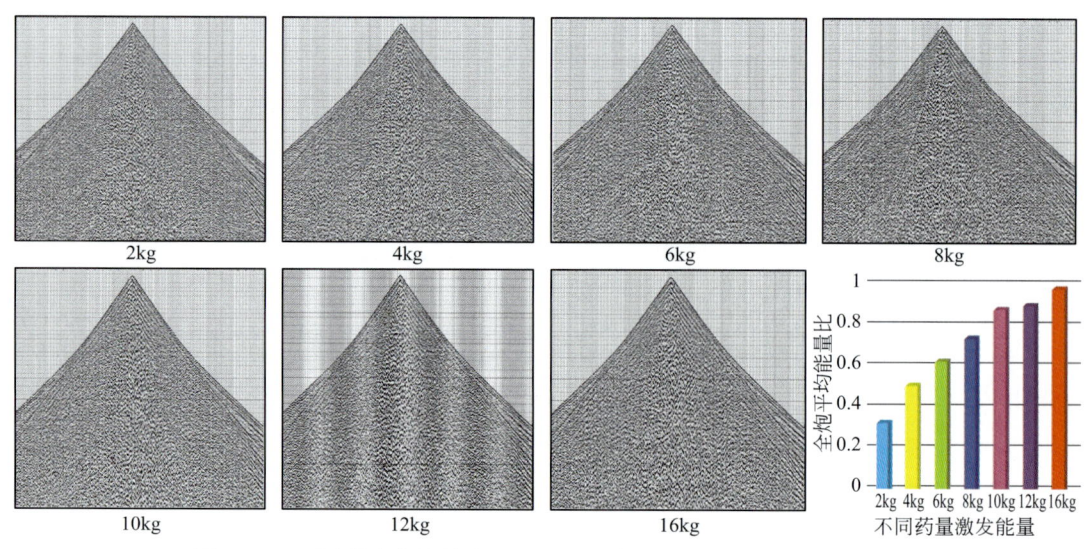

图 2.3.7　不同激发药量单炮对比（原始单炮，固定因素 1 口 ×22m）

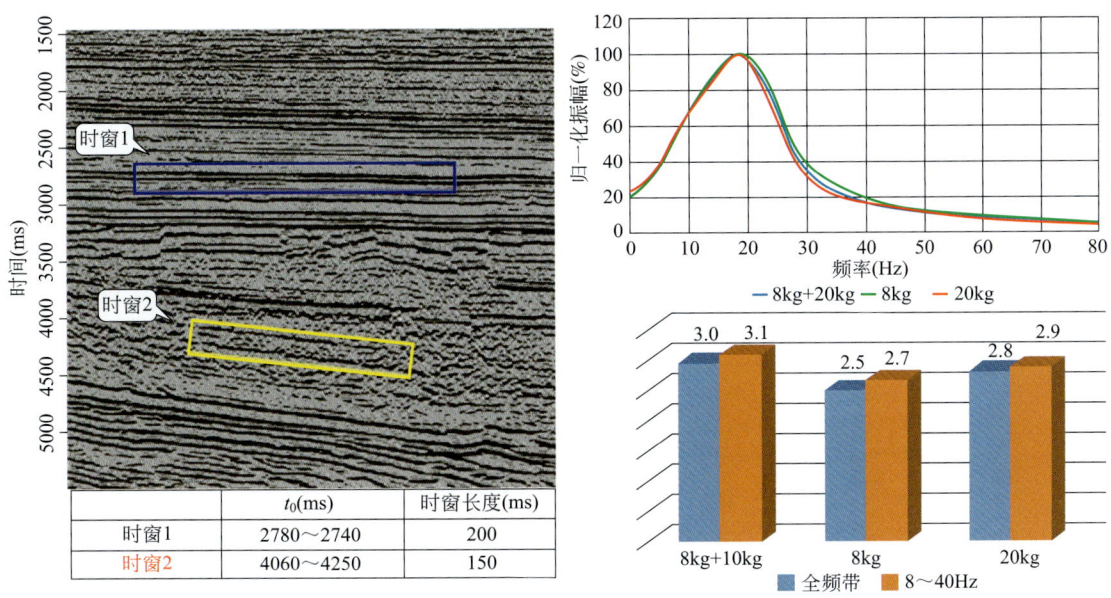

图 2.3.8　不同激发药量叠前时间偏移剖面频谱定量分析图（时窗 2）

四、定向组合激发

1. 定向组合激发的意义

一般情况下，震源激发的能量只有一小部分投射向目的层并最终返回地表，带回地下反射信息，其他大部分在震源侧方近地表附近传播，这部分能量传播过程中与近地表的非均匀介质作用形成了大量的噪声，降低了深层地震资料的能量和信噪比。

以往提升资料能量和信噪比的主要思路是"绝对"提升采集激发、接收反射能量。一是增加震源初始能量。根据理论研究，爆炸压力产生的弹性波振幅正比于爆炸空腔的面积和爆炸压力，扩大爆腔和爆压就需要更大的炸药药量。而大量的试验分析和生产实践表明，激发能量不会随着炸药用量线性增加。当达到一定用量后，能量基本不再变化，存在饱和激发现象，即增加激发药量，反射能量并非线性增加。具有"天花板"效应。二是通过增加检波器个数提升接收到的反射能量和信噪比。同样，该接收方法也存在饱和接收现象，即增加检波器个数，反射能量和信噪比并非线性增加，也具有"天花板"效应。在山地复杂构造区，可用基于地质模型的定向组合激发技术，即定向设计震源组合增强特定方向传播的地震波能量，同时压制其他方向噪声，"相对"提升激发能量和资料信噪比，从而改善低信噪比数据的资料品质（提升反射能量和信噪比）。

2. 能量定向传播机理

在各向同性介质中，传播的地震波不会发生方向选择，不同方向间的能量强弱关系一致。但当地震波传播到地层界面，由于透射/反射，能量会在界面两侧重新分配，这种分配与入射角度、界面两侧的弹性参数有关。广为接受的 Zeoppritz 方程描述了界面处能量的分配关系，式（2.3.9）给出了它较为常用的 Shuey（1985）近似式：

$$R_p(\theta) = R_0 + G\sin^2\theta + F\left(\tan^2\theta - \sin^2\theta\right) \quad (2.3.9)$$

式中，R_p 为纵波入射下的界面反射系数；θ 为纵波入射角。

式（2.3.9）分三部分，R_0 代表法向入射时纵波反射系数，中间的 $G\sin^2\theta$ 代表中等入射角项，最后一部分 $F\left(\tan^2\theta - \sin^2\theta\right)$ 代表大角度入射项。图 2.3.9 给出了 v_{p1}=2500m/s，v_{p2}=2700m/s，v_{s1}=1800m/s，v_{s2}=1900m/s，ρ_1=2.0g/cm³，ρ_2=2.5g/cm³ 参数下的界面反射系数随入射角度变化曲线，可见随入射角增大，反射系数先减小后增大。

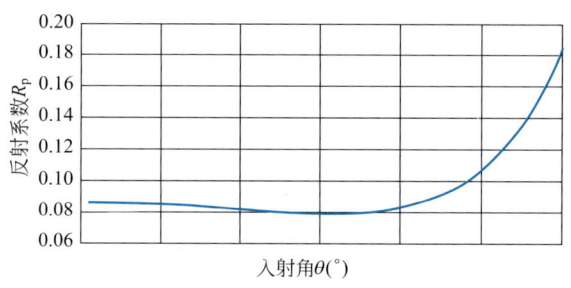

图 2.3.9 界面反射系数随纵波入射角度变化曲线

界面的存在使传播中的地震波能量在不同方向上发生了改变，这种改变会随地层的弹性参数不同而不同，当地层自身倾角较大时，方向性变化会更加明显。地震波在地层界面上发生能量的重新分配，是波场具有方向性的根本原因。

下面以 Marmousi 模型为例来展示地震波传播的方向性。图 2.3.10 为 Marmousi 模型的叠前时间偏移剖面，在地下 R 点（9250m，2370m）设置震源，激发地震波，得到如图 2.3.11 所示的波场照明图，可以看到因复杂的地层接触关系，上传地震波场在不同方向上能量差异较大，较强的能量分布在一些弯曲的"亮线"中以特定角度出射地表。保持模型结构不变，激发点 R 位置不变，则地下能量传播的路径结构不会改变，出射到地表的地震波能量大小及角度也会被唯一确定。强能量意味着能量投递的高效率，根据地震炮检互易原理，在地表强能量位置，震源激发会下传更多能量，检波器会更多地接收上传的能量，即可实现增强弱成像区照明的目的。

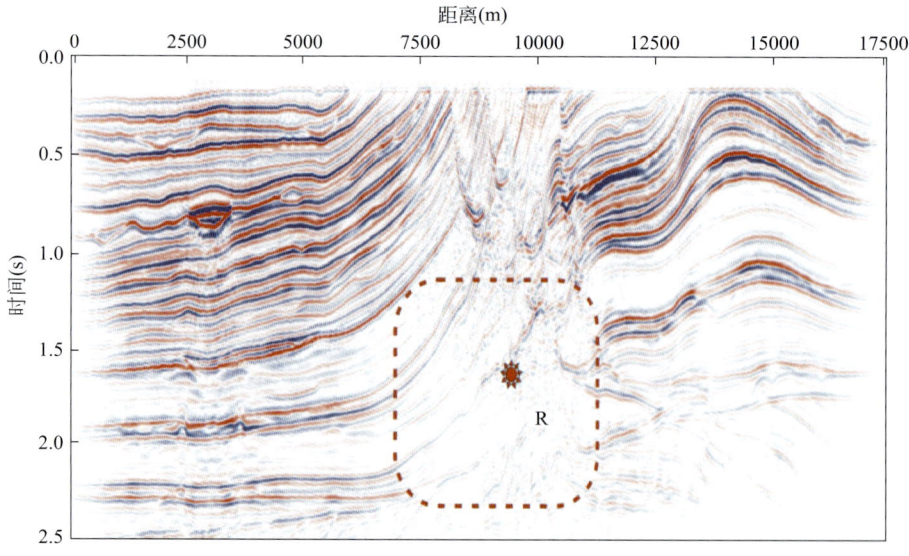

图 2.3.10 Marmousi 模型叠前时间偏移剖面

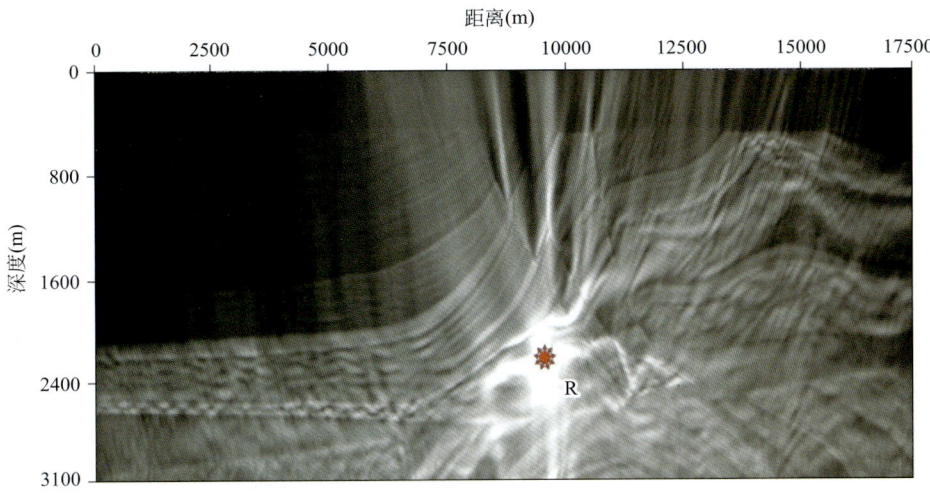

图 2.3.11　Marmousi 模型地下 R 点激发波场照明

3. 能量方向性的确定

弹性能量在介质中的传播可以看作弹性位能和动能的相互转化过程，系统中的弹性能量可以表示为：

$$E = \frac{1}{2K}p^2 + \frac{1}{2}\rho\boldsymbol{v}^2 \qquad (2.3.10)$$

式中，E 为弹性能量；K 为表征应力应变关系的介质弹性系数；ρ 为介质密度；p 为标量声压场；$\boldsymbol{v}$ 为质点振动速度矢量场。

定义能流密度矢量 $\boldsymbol{I}$ 表示单位时间内通过与能量传播方向垂直的单位面积内的弹性能量。根据能量守恒定律，有：

$$\oiint_S \boldsymbol{I} \cdot \mathrm{d}S = -\iiint_\Omega \frac{\partial E}{\partial t}\mathrm{d}\Omega \qquad (2.3.11)$$

根据高斯定理，将面积分转化为体积分，同时考虑体积 Ω 的任意性，得到：

$$\nabla \cdot \boldsymbol{I} + \frac{\partial E}{\partial t} = 0 \qquad (2.3.12)$$

对式（2.3.10）取时间微分，并结合运动平衡微分方程，得：

$$\begin{aligned}
\frac{\partial E}{\partial t} &= \frac{1}{K}p\frac{\partial p}{\partial t} + \rho\boldsymbol{v}\cdot\frac{\partial \boldsymbol{v}}{\partial t} \\
&= \left(p\frac{\partial v_x}{\partial x} + p\frac{\partial v_y}{\partial y} + p\frac{\partial v_z}{\partial z}\right) + \left(v_x\frac{\partial p}{\partial x} + v_y\frac{\partial p}{\partial y} + v_z\frac{\partial p}{\partial z}\right) \\
&= \frac{\partial(pv_x)}{\partial x} + \frac{\partial(pv_y)}{\partial y} + \frac{\partial(pv_z)}{\partial z} \\
&= \nabla \cdot p\boldsymbol{v}
\end{aligned} \qquad (2.3.13)$$

因此，得：

$$I = pv \quad (2.3.14)$$

即在声学介质中，能流密度矢量等于标量声压场与矢量质点振动速度场的乘积，方向由质点振动速度方向决定。

在直角坐标系中，能流密度矢量的倾角 θ 和方位角 φ 表达为：

$$\theta = \arccos \frac{v_z}{|v|}, \quad \varphi = \arctan \frac{v_y}{v_x}, \text{其中} \boldsymbol{v} = v_x \boldsymbol{i} + v_y \boldsymbol{j} + v_z \boldsymbol{k} \quad (2.3.15)$$

式中，θ 是矢量 $\boldsymbol{I}$ 与 Z 轴正方向的夹角；φ 是矢量 $\boldsymbol{I}$ 在 XOY 平面的投影与 X 轴正方向的夹角，由 θ 和 φ 就能确定空间任一点传播地震波的能流密度方向。当地震波传播到地表，θ 和 φ 就是地震波在地表的出射角度。

图 2.3.12 为图 2.3.10 所示 R 点激发，用一阶声波方程正演，在地表接收到的 v_x、v_z 分量模拟记录。Marmousi 模型为二维模型，模拟结果中不存在 v_y 分量，此时 $\varphi=0$，θ 不具有唯一性，不能用来准确刻画出射角度。重新定义一个角度 α 为能流密度矢量 $\boldsymbol{I}$ 与正 X 方向的夹角。为了计算的稳定性，统计出射角度的时候可以截取初至波的首周期计算，计算公式为：

$$\alpha = \arccos \frac{\int_{T_1}^{T_2} v_x \mathrm{d}t}{\int_{T_1}^{T_2} |v| \mathrm{d}t} \quad (2.3.16)$$

式中，T_1、T_2 为截取的时窗范围。

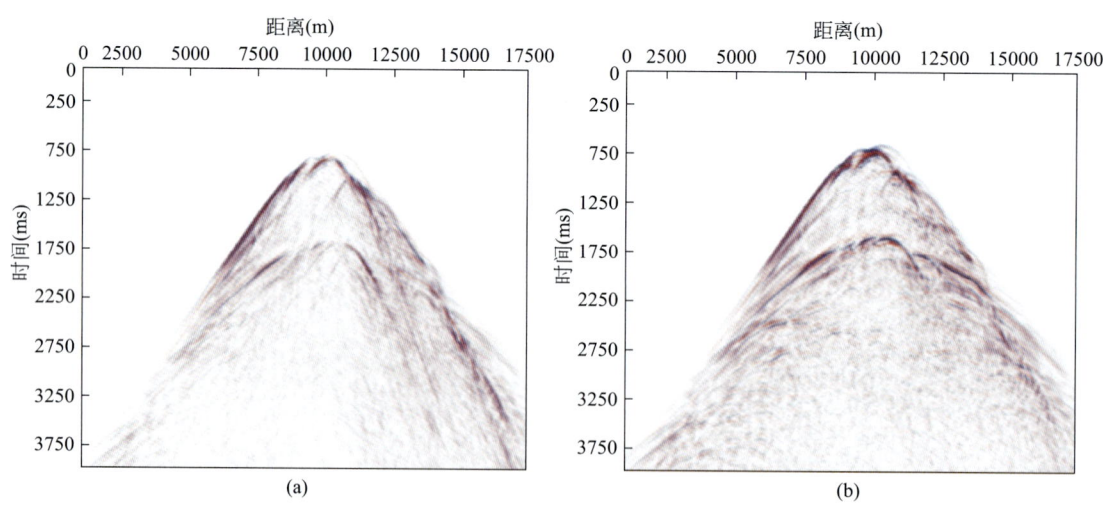

图 2.3.12　地下 R 点激发地表接收到的 v_x 分量（a）、v_z 分量（b）模拟记录

图 2.3.13 给出了依据公式 (2.3.16) 计算得到的出射角度 α 分布，可以看到在 R 点正上方附近地震波以 90°出射地表，然后向两侧迅速改变；R 点左侧地震波出射方向与 X 轴正方向相反，角度在 100°~120°之间；R 点右侧地震波出射角度由 90°快速过渡

到60°附近。对公式（2.3.14）取模，同样截取 $T_1 \sim T_2$ 时窗计算出射能量大小，得到图2.3.14。对照图2.3.11与图2.3.14，后者中的高幅值与前者中的"亮线"在地表位置能够一一对应。值得注意的是，模型的复杂性使地表相邻位置的出射角度和能量变化较大，曲线并不光滑，尤其是在R点上方区域，高陡的断层截断了能量的通路，使透射上来的能量断续展布。

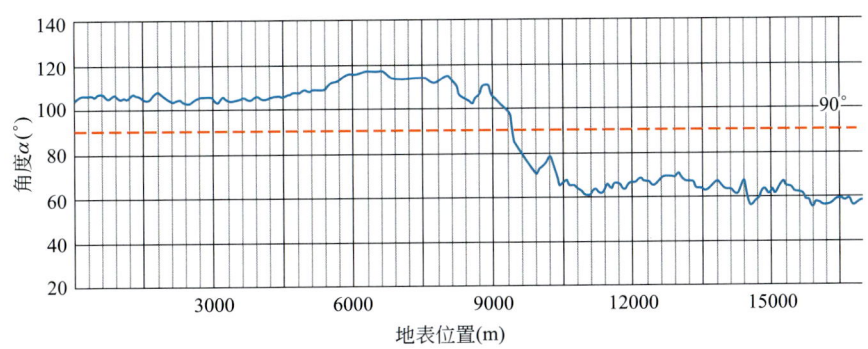

图2.3.13　能流密度矢量与正 X 方向夹角关系

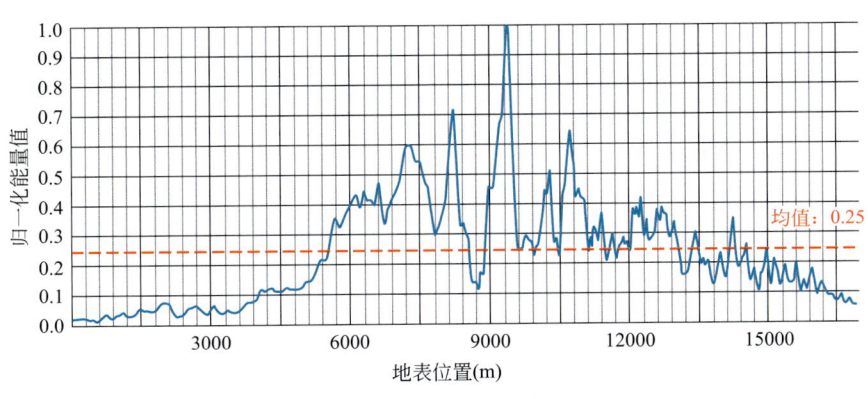

图2.3.14　能流密度

图2.3.13的角度曲线给出了在地表做定向组合的方向，而图2.3.14的能量曲线则可以解答在何处布设定向组合才最有效。

4. 定向组合参数计算

在得到地下目标位置上传地表的波场角度和能量之后，下一步工作就是要通过定向组合手段将震源激发的地震波聚焦为一个窄波束，使波束的方向指向波场角度方向。下面以炸药震源组合为例，介绍定向组合参数的设计方法。

组合过程为各震源子波的线性叠加过程。如图2.3.15所示，空间不同位置的几个震源 S_i 发出的子波 w_i 以速度 v 传播了 d_i 的距离后，在空间观测点 P 进行线性叠加。假定各震源的激发耦合性一致，激发子波的频率成分一致，子波振幅由炸药量决定（实际的情况更为复杂，为方便讨论暂且这样假

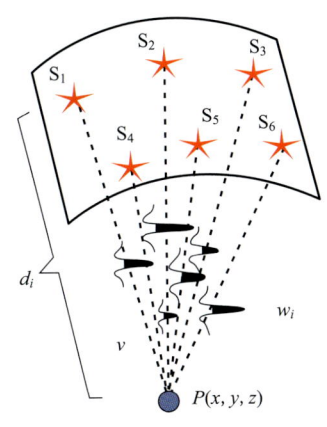

图2.3.15　震源组合示意图

设），叠加子波表达为：

$$w_s(t) = \sum_{i=1}^{N} c_i w_i(t_i) \quad (2.3.17)$$

其中

$$t_i = t_i^0 + t_i^P \quad (2.3.18)$$

$$t_i^P = \frac{d_i}{v} = \frac{\sqrt{(x_i - x_P)^2 + (y_i - y_P)^2 + (z_i - z_P)^2}}{v} \quad (2.3.19)$$

$$F(\theta, \varphi) = \frac{|w_s(t)|}{\max\{|w_s(t)|\}} \quad (2.3.20)$$

式中，c_i 为能量加权因子（炸药量决定的系数）；N 为组合个数；$w_i(t_i)$ 为各子波的波形函数；t_i 是各子波参与叠加的起始时间，它由震源的激发时刻 t_i^0 和激发后传播至观测点 P 的旅行时间 t_i^P 构成，而旅行时间又由激发点与观测点的相对距离和地震波传播速度决定。

公式（2.3.17）给出了空间 P 点的叠加子波形式。随 P 点位置变化，叠加子波能量将发生改变。以震源的组合中心为圆心，以圆心到 P 点的距离为半径，绘制一个圆，利用公式（2.3.20）计算得到不同方向上的能量变化，这通常被称为能量方向因子（图 2.3.16）。若组合参数的搭配使得某方向上 t_i 近乎相等，则在该方向上子波等相位叠加，能量达到最大，实现聚焦；在该方向之外，相位相抵，能量不同程度被削弱，实现能量压制，这是组合定向的基本原理。

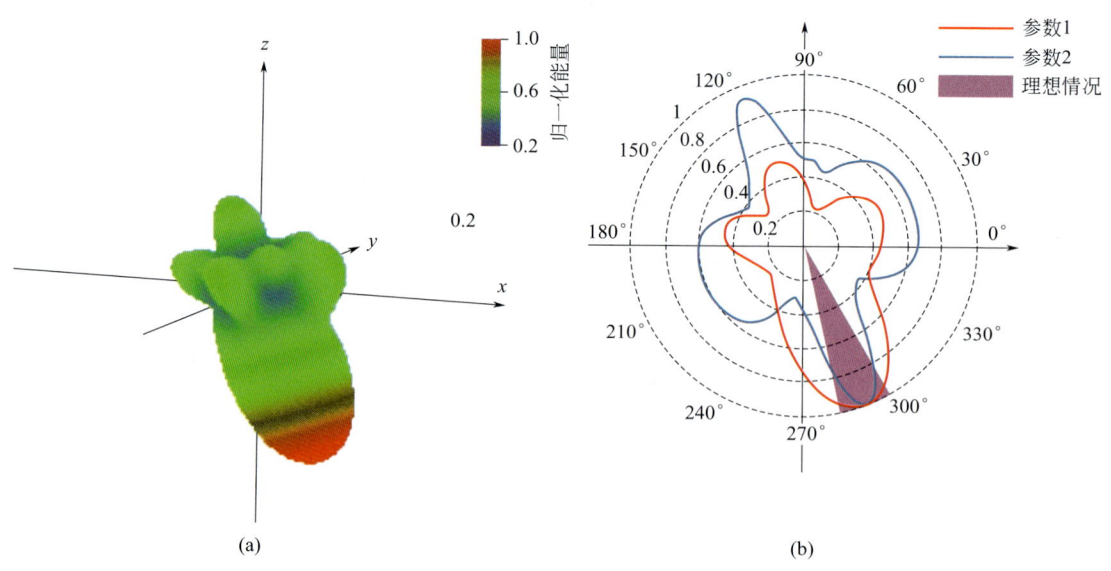

图 2.3.16 能量方向因子
（a）能量方向因子三维形态；（b）能量方向因子二维形态

图 2.3.16（a）为某套组合参数下方向因子的三维空间展现，颜色值代表了归一化的能量大小，图中能量在斜向下的方向上实现了聚焦。图 2.3.16（b）为图 2.3.16（a）三维方向因子沿 xz 平面的二维切片（参数1），径向为归一化能量大小，环周为空间角度，图中同时给出了能够将能量聚焦到同一角度方向的组合参数2对应的方向因子以及能量理想聚焦情况下的方向因子。

理想的定向组合是将能量只聚焦在需要的方向上，其他方向不泄漏，如图 2.3.16（b）紫色阴影所示。而实际组合时因组合数目、组合间距、子波频率成分等因素的制约，往往在需要的压制区能量会有泄漏，且越追求能量的聚焦性，压制区就会泄漏越多的能量。如图 2.3.16（b）所示，相较于红色曲线，蓝色曲线在 290°附近更加聚焦，但在其他需要压制的角度上能量幅值更大，定向性反而更差。因此定向组合时不能一味地追求聚焦性。

考虑到用公式（2.3.20）计算的角度也会存在误差，实际设计定向组合参数时推荐使用一个角度区间来代替这个单一角度，这个区间由出射角度向两侧膨胀一个角度 β 来实现（比如待聚焦角度 $\alpha=300°$，采用 $\beta=10°$，则聚焦区间设定为 290°~310°）。定义一个目标函数，使聚焦区间内的能量相较于区间外最大，作为设计组合参数的依据：

$$B = \max \frac{\int_{\alpha-\beta}^{\alpha+\beta} \int_{0°}^{180°} F(\theta,\varphi) \mathrm{d}\varphi \mathrm{d}\theta}{\int_{0°}^{360°} \int_{0°}^{180°} F(\theta,\varphi) \mathrm{d}\varphi \mathrm{d}\theta - \int_{\alpha-\beta}^{\alpha+\beta} \int_{0°}^{180°} F(\theta,\varphi) \mathrm{d}\varphi \mathrm{d}\theta} \quad (2.3.21)$$

公式（2.3.21）的分子项代表聚焦区间内的能量，分母项代表聚焦区间之外其他部分的能量。式（2.3.21）是进行震源平面面积组合的参数求解目标函数，若只进行沿测线的线性组合，可以忽略 φ 的积分。

由于叠加子波是以组合个数 N、组内单元的空间位置 (x_i, y_i, z_i)、组合加权系数 c_i、组合激发时间 t_i^0 为自变量，因此定向组合问题实质就是以公式（2.3.21）为目标函数，以 N、(x_i, y_i, z_i)、c_i、t_i^0 为自变量的多元寻优问题，一般采用数值方法求解。

5. 数值模拟验证

定向组合技术，是基于地质模型的，模型结构决定了地震波的传播方向性。为验证该方法在改善弱成像区照明上的效果，采用 Marmousi 模型进行地表炮点的激发模拟。炮点位置的选择参照图 2.3.14，选择能量较大且曲线较平稳的区域设置两个激发点 S_1（7350m，20m）、S_2（10750m，20m），从图 2.3.13 中读取到 S_1 点的出射角度 113.6°，S_2 点的出射角度为 65.3°，地震波在震源端是入射。根据炮检互易原理，将出射角度旋转 180°可得到需要的入射角度。参照图 2.3.16（b）的角度坐标定义方法，S_1 点入射角度应为 293.6°，S_2 点入射角度为 245.3°，选择膨胀角度 $\beta=20°$设定两个位置的聚焦区间。Marmousi 模型为二维模型，使用沿测线的线性组合方式，各自以 S_1、S_2 为组合中心，固定震源组合数目 $N=5$，各子震源等深度激发 $z_i=20$m，采用公式（2.3.20）优化 5 个子震源相距组合中心的位置 x_i、能量加权系数 c_i、激发时间 t_i^0，得到表 2.3.3。组合震源的空间展布形态及能量方向因子见图 2.3.17，能量向斜下方聚焦于指定的角度区间。

表 2.3.3　S_1、S_2 炮点定向组合参数

序号	S_1			S_2		
	x_i(m)	c_i	t_i^0 (ms)	x_i(m)	c_i	t_i^0 (ms)
1	-30	1	-8.9	-30	1	8.9
2	-15	0.5	-4.5	-15	0.5	4.5
3	0	1	0	0	1	0
4	15	0.5	4.5	15	0.5	-4.5
5	30	1	8.9	30	1	-8.9

首先对 S_1、S_2 两个位置不组合进行单炮点激发照明,得到图 2.3.18,然后按照表 2.3.3 的参数进行炮点定向组合激发照明。图 2.3.19（a）为 S_1 炮点定向组合激发效果,（b）为 S_2 炮点定向组合激发效果。对比两者可以发现,定向组合后波场能量在地表聚拢后以较窄的范围倾斜下传,在激发点与地下 R 点的通路上能量强度明显增强,至 R 点所在区域,照明强度较单炮点激发提升较大。

参照图 2.3.14,地表不同位置对 R 点区域照明贡献程度不一,选择能量贡献较大的位置进行定向组合更有实际意义,此处采用平均值方法确定待组合位置。对图 2.3.14 曲线取平均值,大于平均值的位置进行定向组合,其余部分单点激发不组合,同时保证组合激发时的总能量与单点激发的总能量一致,定向方向遵循图 2.3.13 计算结果。对组合后的数据进行处理,得到叠前时间偏移剖面（图 2.3.20）,对比图 2.3.10,高陡断层下方区域的成像效果明显改善,验证了该方法的有效性。

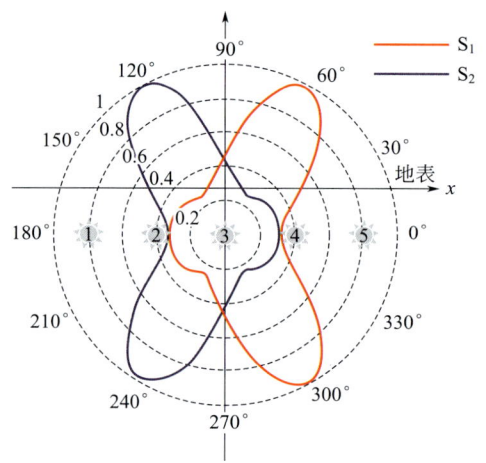

图 2.3.17　S_1、S_2 激发点定向组合能量方向因子

五、井炮耦合激发

井炮激发的效果,受炸药与激发岩层的耦合性的影响,一方面通过把炸药放到井中增加与激发围岩的阻抗耦合性;另一方面通过灌水或高密度液体封井,增加炸药与激发围岩的几何耦合和阻抗耦合,从而激发出更好的地震信号,同时保证激发能量更多下传,减少激发能量的损失。

由于实际井中激发能量不全向下传播,其中一部分会沿激发井向上进入空中,会损失部分激发能量,因此井炮激发存在一个重要问题,即井筒上方能量的溢散问题,人们经常采用封井激发来减少这种能量的损失。这种措施在实际中的效果和作用,既是地震工作者关心的问题,也是地震采集工作必须重视的问题。下面通过实际采集试验来分析封井激发的效果。

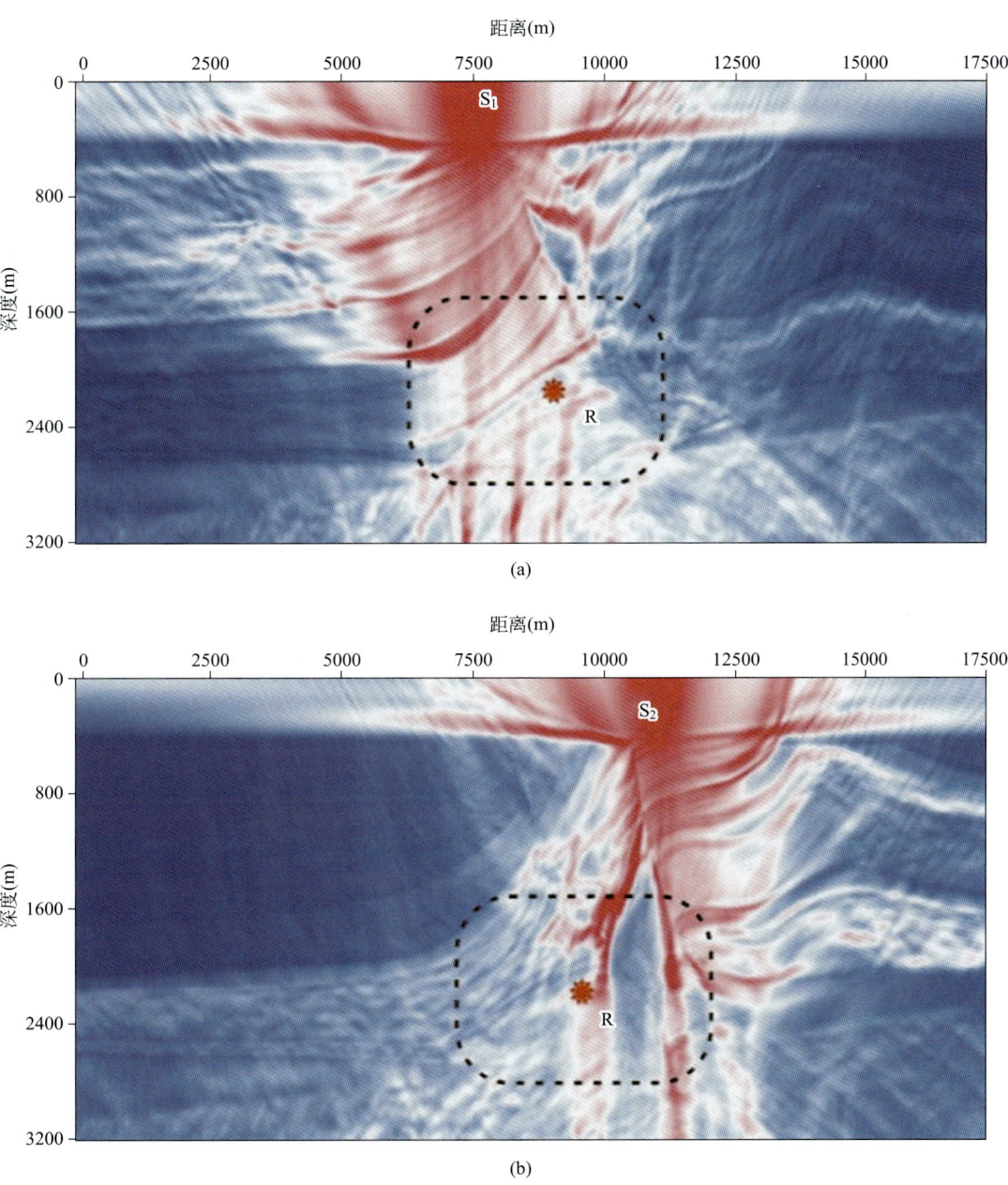

图 2.3.18 Marmousi 模型地表单炮激发照明
（a）S_1 炮点单炮激发；（b）S_2 炮点单炮激发

　　试验对比内容为不封井、常规（生产井）封井、水泥封井、封井栓封井 4 种封井方式。通过对试验炮分析（图 2.3.21），采用常规、水泥、封井栓 3 种封井方式，获得的单炮资料差异不明显，但 3 种封井方式获得的单炮好于不封井方式获得的单炮。大量生产实践也表明：地震采集中封井改善了激发耦合，有利于激发能量的下传，在生产中必须因地制宜做好常规封井工作。

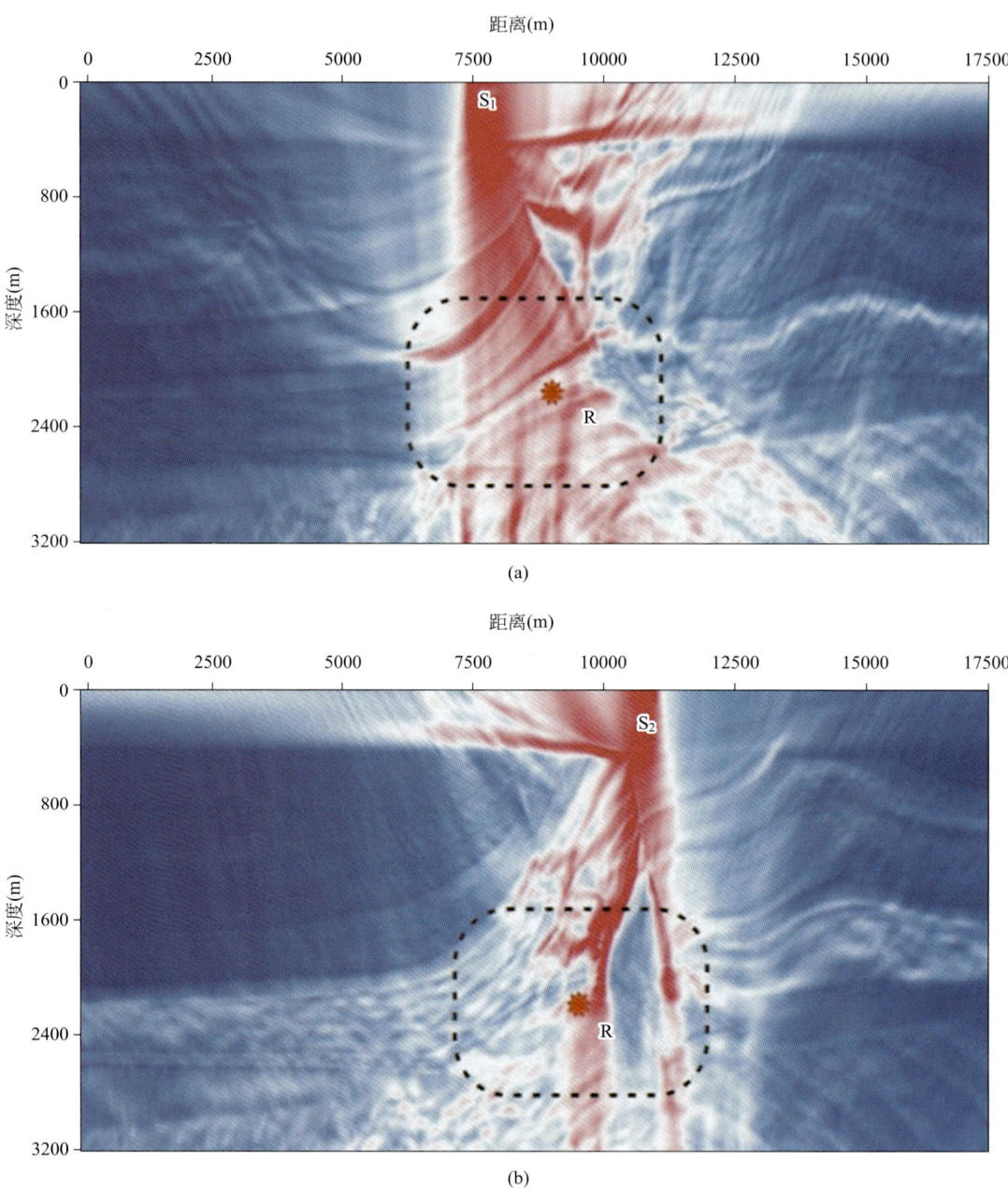

图 2.3.19　Marmousi 模型地表定向组合激发照明
(a) S_1 炮点定向组合激发；(b) S_2 炮点定向组合激发

六、可控震源激发

低频可控震源与炸药震源激发的原始单炮记录具有明显的差异，后者优势明显，但在成像剖面上的差异在缩小。随着可控震源激发密度的提高，可以获得与炸药震源激发相当甚至更优的资料。当低频可控震源与炸药震源激发覆盖次数相同时，后者无论在信噪比还是断裂成像方面均具有较为明显的优势，但当前者覆盖次数提高至后者的 3 倍及以上时，二者资料品质基本相当（图 2.3.22）。加之低频可控震源激发的稳定性较好且可控，但有通行能量的限制，所以在山地复杂构造区的采集中，低频可控震源激发可作为炸药震源激发的补充和替代。

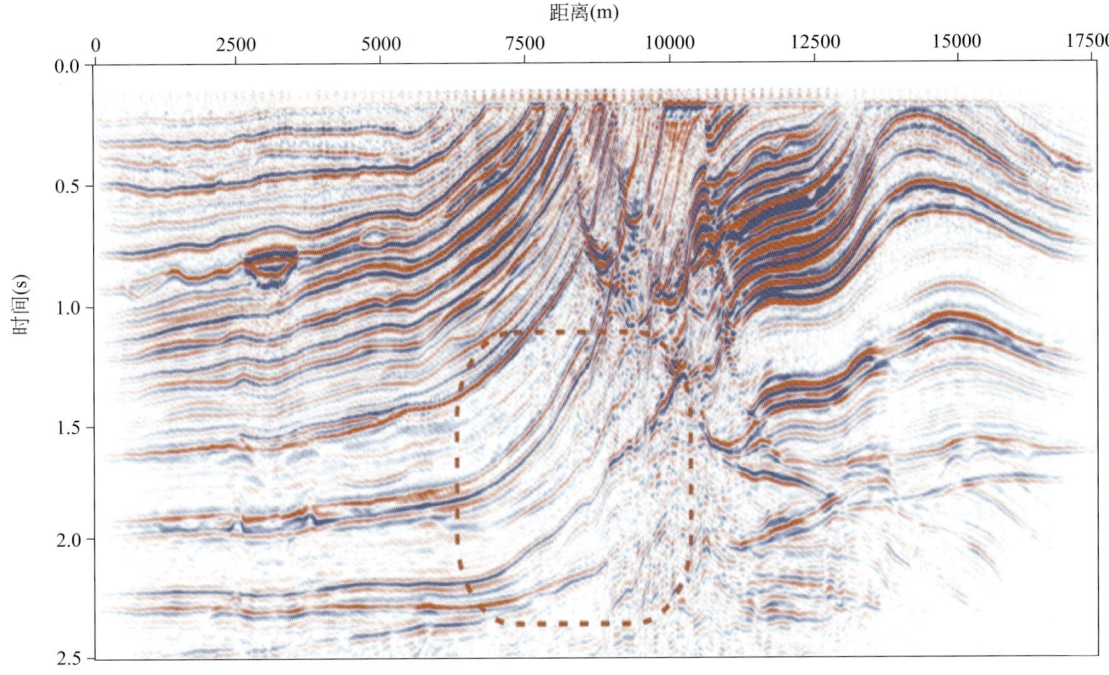

图 2.3.20　应用定向震源组合激发的 Marmousi 模型叠前时间偏移剖面

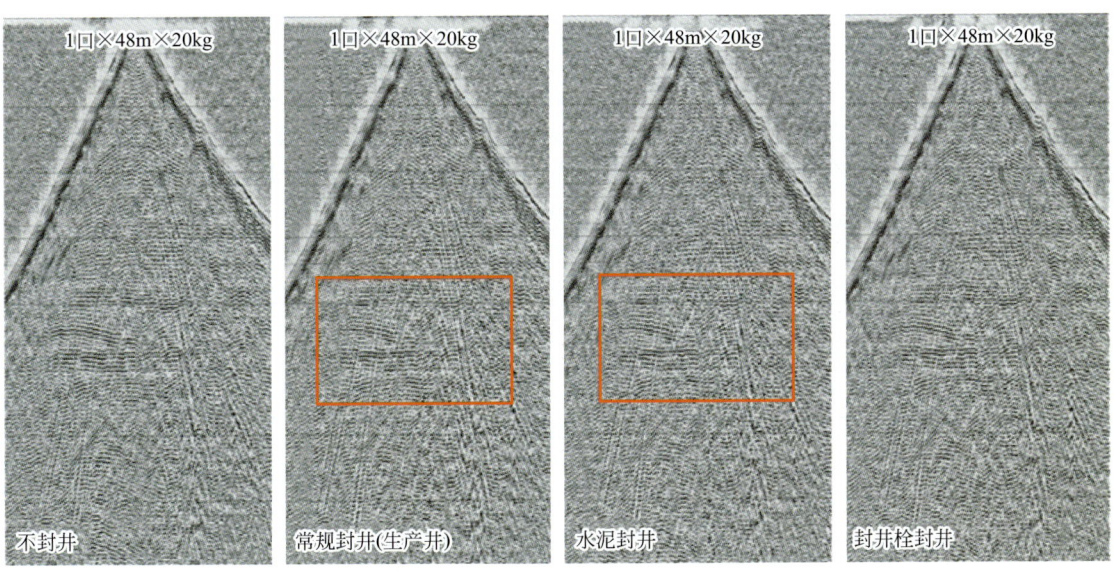

图 2.3.21　不同封井方式单炮记录对比

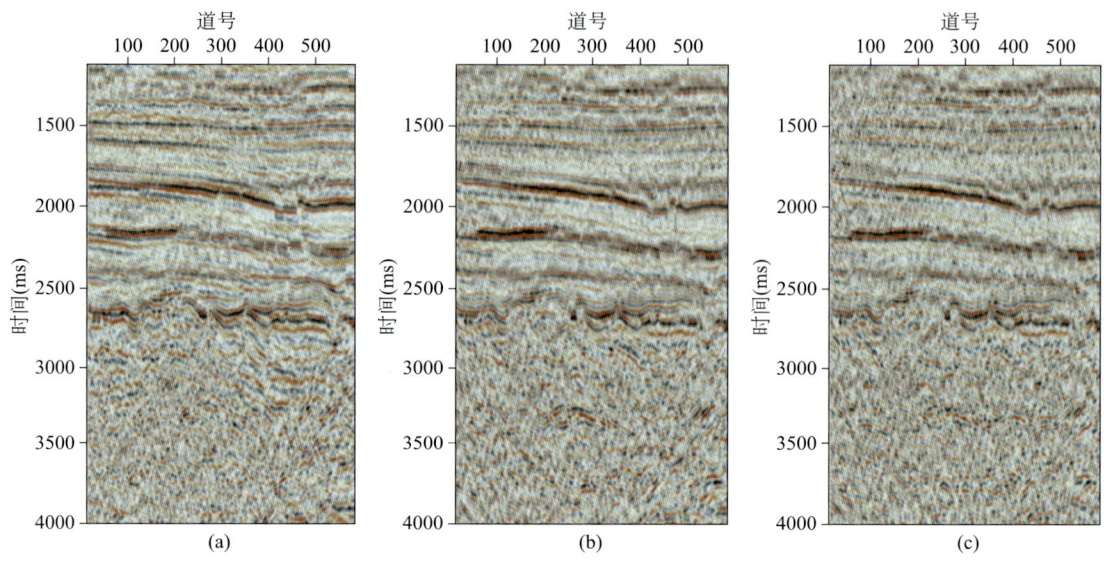

图 2.3.22 炸药震源与低频可控震源激发叠前时间偏移剖面对比

（a）炸药震源激发，覆盖次数为 300；（b）低频可控震源激发，覆盖次数为 300；（c）低频可控震源激发，覆盖次数为 900

第四节 山地复杂构造高精度地震接收

山地复杂构造区地震信号的高精度接收是其高精度地震成像的基础之一。山地复杂构造区因"双复杂"的地震地质条件，其地震波场复杂且信噪比低。加之山地复杂构造区的地形起伏大，地表地质条件横向变化大，既有岩石出露区、戈壁区、黄土覆盖区、松散垮塌物堆积区，还分布有河流、水库、农田、村庄、城镇等，不仅复杂的弱有效波场和强干扰波场被复杂的地表和近地表条件而进一步复杂化，而且野外采集接收工作的实施也十分不易。山地复杂构造区低信噪比复杂波场的高精度接收十分重要，也十分困难。

下面从山地复杂构造区野外地震记录高精度接收面临的难点和挑战出发，提出山地复杂构造区地震波场高精度接收的技术思路，并从检波器的技术选型、检波器的组合方式、检波器的埋置耦合、接收方法的分区确定等方面论述地震波场高精度接收的技术方法。

一、山地复杂构造地震波场高精度接收的技术思路

山地复杂构造区，复杂而弱的地震有效波场和强而复杂的干扰波场不仅因复杂的地表和近地表条件而产生，而且也被其复杂化，如规则的有效波和（强）干扰波均变得不规则，根据有效波和干扰波传播规律而常用的野外组合压噪方法存在不适应。因干扰波太强且不规则，在山地复杂构造区，应该放弃"着重用野外组合压噪来提高单炮记录信噪比"的技术思路，而应该采用"对有效波和干扰波在野外同时高精度接收、在室内进行高精度信噪分离来提高单炮记录信噪比"的技术思路。

由于信噪比低，野外高精度接收也是一件困难的事，主要有 3 个难点和挑战：

一是地震有效信号弱，需要检波器的灵敏度高，而干扰波又太强，要做到强弱信号皆能被无畸变记录，检波器的动态范围还必须足够大。

二是随机干扰对弱地震信号影响很大，需要在野外组合压制，但由于山地地形起伏、接收条件横向差异大，需要一种既能压制随机干扰，又能对弱有效波和强干扰波保真采样的组合方法。

三是山地复杂构造区地表接收条件差且差异大，地震接收不仅需要分区施策，而且需要好的检波器耦合埋置技术。

上述 3 个难点决定了山地复杂构造区地震高精度接收必须做好 4 项工作：一是检波器的技术选型，二是检波器的组合方式，三是检波器的埋置耦合，四是接收方法的分区确定。

二、检波器的技术选型

地震采集中使用的检波器种类繁多，按工作原理主要可以分为电磁感应式、压电陶瓷式、微电子机械式、光纤式等。在山地复杂构造区，大量使用的是电磁感应式检波器，下面主要讨论电磁感应式检波器。

衡量电磁感应式检波器性能指标的主要参数包括自然频率、阻尼系数、灵敏度、谐波失真、允差等，相关参数包括直流电阻、阻抗、假频、噪声、漏电、极性，以及悬体质量、线圈最大位移、允许倾斜角度、体积和重量等。其中，检波器的灵敏度和动态范围是山地复杂构造区地震高精度接收的关键检波器性能指标。

1. 检波器的灵敏度

灵敏度是检波器对振动响应的敏感程度，其大小取决于线圈总长度和磁场强度。灵敏度可表达如下：

$$s_0 = B \times L \times N \tag{2.4.1}$$

并联阻尼电阻后符合公式：

$$s = \frac{R_p}{R_c + R_p} s_0 \tag{2.4.2}$$

式中，B 为磁钢的磁感应强度，T；L 为每匝线圈的平均长度，m；N 为线圈的匝数；s_0 为检波器开路灵敏度，V/(m·s)；R_c 为线圈电阻，Ω；R_p 为并联电阻，Ω；s 为并联阻尼电阻后检波器的灵敏度，V/(m·s)。

理论上，检波器灵敏度越高，对弱小信号的响应能力就越强，即有利于接收地震波场中的弱小信号，因此在其他参数（如阻尼）恰当时，应该充分提高检波器的灵敏度。

例如，在实际地震资料中，若最小弱反射引起的地面质点振动速度为 1×10^{-8} m/s，换算可得最小弱信号的振幅为 1μV，如果记录（模数转换器）仪器的量程范围为 220mV，则要把这些微小振动放大 220mV 以上，这需要检波器灵敏度不小于 22V/(m·s)。如果提高期望值，将要接收的弱信号放大到仪器等效噪声的 3 倍，避免仪器噪声对弱信号的污染，即达到 660mV，则需要检波器的灵敏度达到 66V/(m·s) 以上。

虽然增加灵敏度有利于提高弱反射信息的拾取能力，但只增大灵敏度并不能明显提高资料的信噪比。图 2.4.1 是（单点）三芯与单芯检波器接收的对比试验，尽管单芯检波器灵敏度为 83.2V/(m·s)，三芯检波器灵敏度为 249.6V/(m·s)，两者相差 3 倍。但从资料上看，两种检波器接收的效果基本相当。该项试验表明，当检波器灵敏度已达到拾取目标区弱信号的需求后，继续增加灵敏度不会带来资料品质的明显变化。

2. 检波器的动态范围

检波器动态范围（Dynamic Range，DR）是指检波器记录系统最大不失真输出功率与最小输出功率之比的对数值，单位为分贝（dB）。动态范围越大，能记录的数据变化范围越大；动态范围越小，能记录的数据变化范围越小。如果动态范围小，被检波器记录的信号值差异大，则有可能导致记录的信号失真。

动态范围具体分为理论动态范围（Theory Dynamic Range，TDR）、系统动态范围（System Dynamic Range，SDR）、瞬时动态范围（Instant Dynamic Range，IDR），主要用于描述检波器拾取和记录地震信号的一种能力。

理论动态范围（TDR）不考虑系统噪声，反应检波器记录大小信号的能力。目前采用主流24位数转换器（ADC）的检波器，TDR可以达到138dB。

$$TDR = 20 \times \lg(P_{max}/P_{min}) \quad (2.4.3)$$

式中，$\lg(\cdot)$ 表示对数函数；P_{max} 表示检波器最大不失真输出功率；P_{min} 表示检波器最小输出功率。

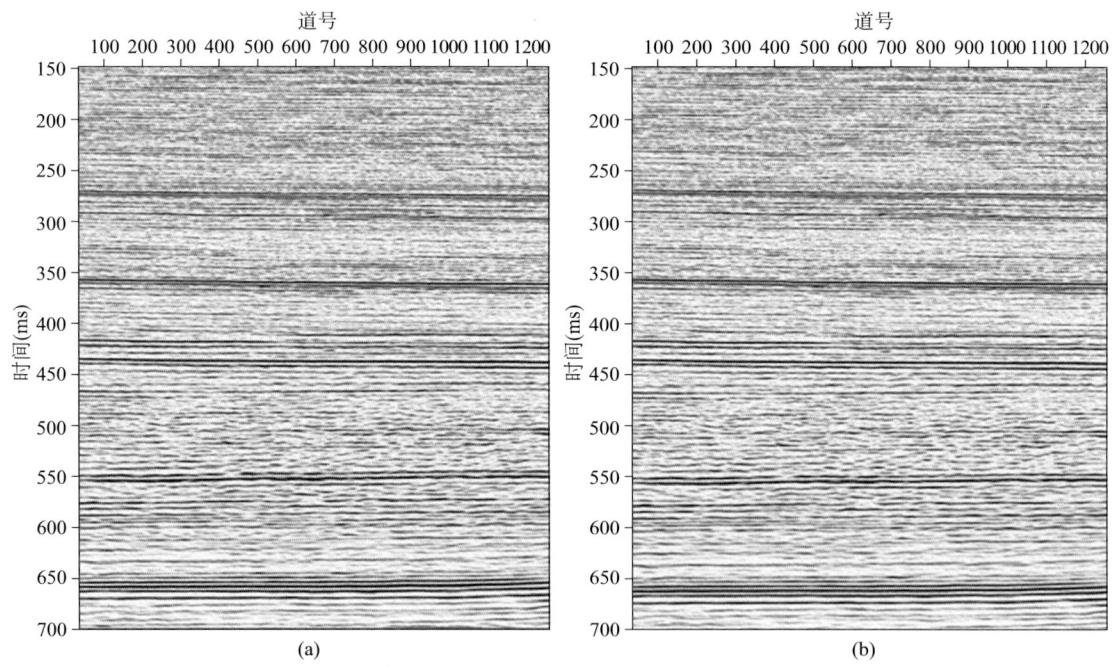

图 2.4.1 超高灵敏度试验叠前时间偏移剖面
（a）单芯检波器，单点接收，灵敏度 83.2V/(m·s)；（b）三芯检波器，单点接收，灵敏度 249.6V/(m·s)

系统动态范围（SDR）需要考虑系统等效输入噪声（Equivalent Input Noise，EIN），检波器主要由前置放大器、低切滤波器、多路转换开关等组成，每一部分都会产生噪声，各部件噪声总和称为EIN。

$$TDR = 20 \times \lg(P_{max}/P_{s\text{-}min}) \quad (2.4.4)$$

式中，$P_{\text{s-min}}$ 表示系统等效输入噪声。

瞬时动态范围（IDR）类似于系统动态范围的定义，不同的是，IDR 强调信号在同一时刻出现，与仪器的前放增益有关。

$$\text{IDR}=20\times\lg(P_{\max}/P_{\text{i-min}}) \quad (2.4.5)$$

式中，$P_{\text{i-min}}$ 表示输入 ADC 的噪声。

由于目前地震检波器都是采用固定前放增益，即对浅、中、深层反射信号采用相同的放大倍数，而地层的吸收衰减作用使中深层反射波地震信号的能量和振幅均发生衰减，比浅层能量弱很多，因此，如果检波器前放增益对于浅层反射波正好达到 ADC 的满量程记录，中深层反射波就无法被保真记录。在地震采集中，一方面根据工区勘探目的层深度情况选择合适动态范围的检波器（表 2.4.1），确保在记录浅层反射波的同时保真记录中深层弱信号；另一方面使用山地复杂构造增能降噪激发技术，通过激发时增强下传能量进而增强反射波上传能量，确保中深层反射信号能被检波器保真记录。

表 2.4.1 部分检波器动态范围（据范铁江等，2019）

检波器名称	SN	GN	ZN	SC3	SC4
理论动态范围 TDR（dB）	138	138	138	138	138
系统动态范围 SDR（dB）	127	137	141	134	145

三、检波器的组合方式

1. 检波器组合接收的意义

野外检波器组合采集是指在每个地震接收点用串并联方式将单个检波器组成检波器串，把一串或多串检波器中的每个检波器按一定间隔、一定图形摆放并埋置在地表，检波器串中每个检波器接收到的信号通过串并联叠合为一道记录输出的过程。检波器的摆放埋置分布构型和串并联方式称为检波器组合。检波器组合形式有沿测线方向以地震道桩号为中心对称布置的线形组合、面积组合或花式组合等。

检波器组合采集的主要目的是压制野外规则干扰及随机干扰。检波器组合不仅具有低通滤波作用，能提高资料的信噪比，而且可降低环境噪声影响，扩大检波器能记录的信号动态范围，有利于弱信号记录。但组合也有新问题的产生：组合损失了有效波的高频成分，使地震有效波的频带宽度变窄，资料分辨率整体降低；组合内每个检波器接收信号时存在高程高差影响，使每个检波器之间存在时差，导致通放带变窄，且由于高程的无规律性，也无法做到点点测量，引起通放带与压制带的频率特征函数不规则；组合引起地震信号相位、振幅变化，地震波信号的保真度降低；由于野外地表情况的复杂性，检波器组合不能完全按理论图形布设，造成野外实际物理点位不准；野外施工埋置检波器工作量增大、劳动强度大、施工效率低，设备占用率和使用成本高，保证检波器耦合质量的难度大。由于山地复杂构造区地震信号的低信噪比和波场的复杂性，需要进行组合接收，但需要对复杂化的有效波场和相干噪声进行保真采样、在检测接收弱有效信号的同时压制随机噪声。

检波器的组合效果除检波器性能外，主要与地面耦合条件、组合方式、组合参数和组合响应有关。因此，选择最优组合方式、组合个数与组合基距，扬长避短，实现山地复杂构造地震资料的保真接收，意义十分重大。

2. 组合方式的确定

假定每个地震道都采用 $q \times p$ 个检波器，将 q 个检波器串联成一串，p 串检波器并联成一道，即采用 q 串 p 并的连接方式，则组合后的检波器串等效灵敏度 s 可用下式表达：

$$s = \frac{pqR_d R_L BL}{qR_c R_d + p(R_c + R_d)R_L} \quad (2.4.6)$$

式中，R_c 为检波器线圈电阻，Ω；R_d 为线圈上的并联电阻，Ω；R_L 为检波器组合的负载电阻，Ω；B 为磁钢的磁感应强度，T；L 为每匝线圈的平均长度，m。

组合后的检波器串等效阻尼系数 D 可用下式表达：

$$D = \frac{1}{2\omega_0 M}\left[\mu + \frac{(BL)^2(pR_L + qR_d)}{qR_c R_d + pR_L(R_c + R_d)}\right] \quad (2.4.7)$$

式中，ω_0 为检波器自然频率，Hz；M 为检波器惯性体质量，kg；μ 为检波器线圈架电磁阻尼比例系数。

根据式（2.4.6）和式（2.4.7），如果采用单纯串联组合，即 $q=m$，$p=1$，组合后的灵敏度可增大接近 q 倍，同时阻尼系数也将增大；如果单纯并联，即 $q=1$，$p=m$，则组合后灵敏度基本不变，但阻尼系数将减小。阻尼系数是阻止惯性体振动的衰减系数。阻尼系数的变化，直接影响检波器幅频特性和相频特性的变化，同时影响自然频率。为了使地震检波器的分辨能力足够大，必须使检波器的自由振动有足够大的阻尼。阻尼系数一般取 0.7 倍临界阻尼。现阶段油气地震中使用的常见检波器一般是以单个检波器阻尼系数为 0.7 倍临界阻尼的标准制造，不论是单纯的并联，还是单纯的串联，都将导致组合后的等效阻尼系数偏离最佳值，不是理想的组合连接方式。

当采用 $p=q=m$ 的串并联组合时，既能使灵敏度增大 q 倍，又能使阻尼系数 D 保持不变，而且与单个检波器的阻尼系数相同。这就是说，只要单个检波器的阻尼系数达到最佳值，检波器组合的阻尼系数也同样是最佳值。因此，$p=q=m$ 的串并联组合是检波器组合的最佳连接方式。

3. 检波器组合个数的确定

（1）满足压制随机噪声的需要。前已述及，山地复杂构造需要对复杂化的有效波场和相干噪声进行保真采样，但为了保护弱有效信号而需要一定个数检波器的组合检波接收。组合检波的主要作用是通过多次叠加衰减随机干扰。理论上讲，采用 m 个检波器组合接收，随机噪声干扰增强 $\sqrt{m}$ 倍，有效波增强 m 倍，资料信噪比可增加 $\sqrt{m}$ 倍。信噪比与组合个数的关系可用下式表示：

$$R_{s/n} = \frac{E_s}{E_n}\sqrt{M} \quad (2.4.8)$$

式中，$R_{s/n}$ 为信噪比；E_s 为弱反射能量；E_n 为弱反射区噪声能量；M 为检波器组合个数。

（2）满足提高弱有效信号检测接收能力的需要。串联可增加灵敏度，但阻尼也将增大，需要并联降阻尼，保持分辨率。

以上提供的是检波器组合个数选择规则，即 $M×M$ 个。M 值在不同的地区需要试验确定。如在塔里木盆地的山地岩石和戈壁覆盖区一般选 3×3，即 $M=3$；而在黄土覆盖区选 4×4，即 $M=4$。

4. 组合基距（面积）大小的确定

由于山地地表起伏、地层倾角大，大面积组合接收带来严重的混波问题，不仅导致初至波时间不准，不利于浅层高精度速度建模，而且也降低了资料频率，不利于高分辨成像。以往山地地震采集接收主要使用的大面积组合接收存在较严重的缺陷。

为了实现保真地震采集采样，应该使用小组合基距（小面积）的组合接收。组合基距的大小与检波器埋置处的地形条件密切相关。地形相对起伏小，可适度拉大组合基距；地形相对起伏大，可适度缩小组合基距。

如在塔里木盆地山地岩石出露区，埋置处地形起伏小时，可用 3×3 方形组合（组内距 3.5m）；若地形起伏大时，可缩小组内距，保持方形组合，如图 2.4.2 所示。具体情况可根据接收条件分区而定。

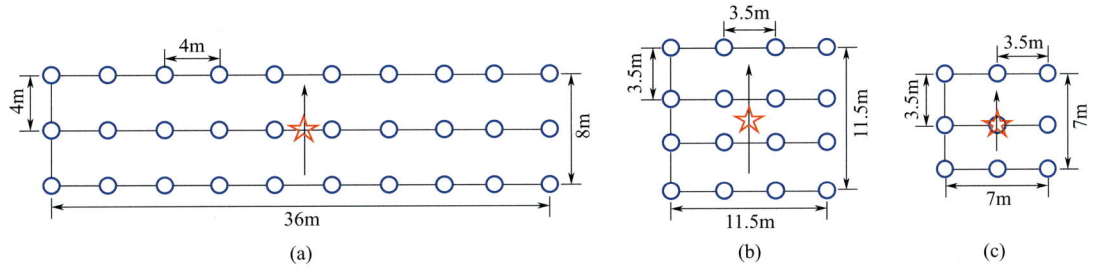

图 2.4.2　山地区传统组合与新的组合接收方式
（a）传统"三"字形大面积组合；（b）4×4 小面积方阵组合；（c）3×3 小面积方阵组合

与以往接收技术相比，小面积组合（或节点）接收技术具有 3 个方面的特点：一是采用了串联、并联数相同的检波器串；二是采用小面积方阵组合图形；三是检波器个数较少。串联、并联数相同的检波器串，既能使检波器串具有较高等效灵敏度，又能使检波器串的等效阻尼系数与单个检波器的阻尼系数相同，达到最佳值，有利于提高接收效果。同时，采用串联、并联数相同的检波器串构建正方形方阵组合图形，可提高组合响应的方位一致性，进而提高地震资料的保真度。

四、检波器的埋置耦合

地震检波器的接收效果，不仅受检波器灵敏度等性能和组合方式的影响，更受检波器与近地表岩土耦合性的影响。埋置耦合好的检波器才能"随地而动"，感知地震反射波的微小振动。同时要避免因埋置耦合不好导致检波器自身产生噪声，埋置耦合好的检波器更能减少风吹草动和声波的干扰。

体耦合是一种提高检波器接收耦合的好方法。体耦合就是将检波器的主体埋置在地下，实现检波器与埋置处地表岩土的体接触。检波器体耦合与常用的检波器底锥（非体耦合）埋置相比（图2.4.3），增加了检波器与近地表岩土耦合性。在生产实践中，根据接收分区，体耦合有多种形式：在老地层出露区、地面硬化区采用"打好眼、插紧直、压好线"方式埋置；在农田、河道区，检波器插置地表，裸露在地表外的部分用土填埋；在戈壁砾石区，检波器插置地表或挖坑埋置，在其中地表较为紧实的地区检波器插置地表，在地表松散的地区挖坑埋置且埋深不浅于20cm；在山体区，检波器插置地表或挖坑埋置，在其中风化程度较高的地区挖坑埋置且埋深不浅于20cm；特殊地段要因地制宜，要保证耦合良好。图2.4.4是老地层出露区体耦合埋置和非体耦合埋置的对比，体耦合埋置接收获得的单炮资料更好。

图2.4.3 体耦合埋置（a）与常规埋置（b）对比（据赵邦六等，2021a）

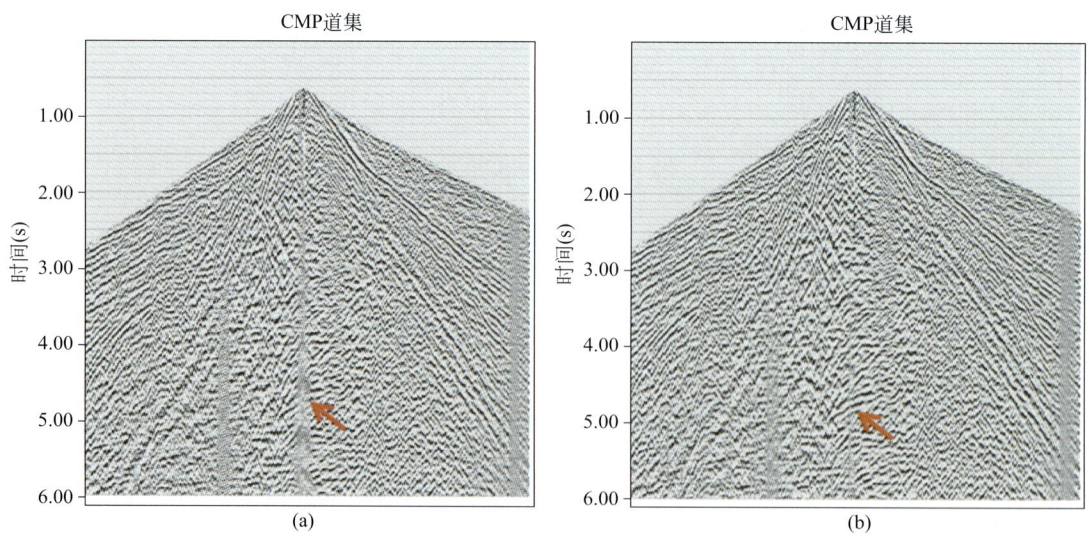

图2.4.4 体耦合埋置与非体耦合埋置接收的炮记录对比（自动增益）
（a）老地层出露区非体耦合埋置接收的单炮；（b）老地层出露区体耦合埋置接收的单炮

大量生产实践表明：地震采集中耦合埋置接收，有利于地震波的保真采集，在生产中必须因地制宜做好检波器埋置，特别是与地表的体耦合埋置工作。

五、接收方法的分区确定

根据基于遥感信息的山地复杂地表（近地表）地震接收条件分区，确定不同的接收方法，确保地震波场的高精度接收。

（1）山地岩石出露区或人文区：埋置点相对平坦时，采用小面积方形组合接收，如3×3小面积方形组合接收；埋置点地形相对起伏大时，采用缩小基距小面积方形组合（如3×3小面积方形组合）或高灵敏度单支检波器接收。

（2）山地戈壁覆盖区：埋置点相对平坦时，采用小面积方形组合接收，如3×3小面积方形组合接收；埋置点地形相对起伏大时，采用缩小基距小面积方形组合（如3×3小面积方形组合）接收。

（3）山地黄土或堆积物覆盖区：埋置点地形相对平坦时，采用较大的小面积方形组合接收（如4×4的小面积方形组合）；埋置点地形相对起伏大时，可采用适当缩小组合基距的小面积方形组合接收（如缩小组合基距的4×4小面积方形组合）。

（4）山地水域区：采用水下检波器接收。

第五节　山地复杂构造区的地震混采方法

山地复杂构造区地表条件十分复杂，既有高难山体，也常发育大型湖泊、河流，还分布有城镇、农田、厂矿等。传统的山地地震采集由于缺乏地震混采技术，当遇到水域或陡峭高难山地等障碍时，基本采用炮检点移位或空炮空道等措施，使得地震资料的覆盖次数、偏移距、照明度的均匀性无法保障。有时由于丢炮丢道太多，在剖面上会形成大的缺口、反射空白等现象，导致地震采样不规则、不充分。特别是面临起伏剧烈的高大刀片山、大型水域、城镇、厂矿等，甚至会出现无法完成地震地质任务的严重问题。针对这种多样化的复杂地震地质条件，通过采用前面介绍的分区激发和接收技术，可以实现炮检点基本不移位或不空炮空道，确保山地复杂地表区的高精度（均匀、保真）三维采集。但在一个地震采集区同时存在剧烈的高大刀片山、大型水域、城镇、厂矿、农田等复杂地表环境情况时，一个排列片或邻近排列片采集可能需多种地震仪器（陆地与水上有线、无线节点）同时记录，井炮、气枪、可控震源混合激发，动圈式陆地检波器和压电式水下检波器混合接收等混采方式。在混采中需要解决两个问题：一是多地震仪器的主辅协同记录，二是混采单炮记录的生成。

一、多地震仪器的主辅协同记录

在一个山地复杂地震采集区，同时存在剧烈的高大刀片山、大型水域、城镇、厂矿、农田等复杂地表环境情况时，根据地震仪器的特点和能力，需要多种地震仪器同时协同记录，如在陆地用有线地震仪和无线节点记录仪，在水上用专门的记录仪器，这3种地震仪需要协同工作。方法是确定一种地震仪器指挥震源激发并记录某个区域（如水域）的检波器信号，可称为主采集仪器；另两种地震仪器被动记录其他区域（如陆地）的检波器记录，可称为辅助采集仪器。在采集过程中，辅助采集仪器的工作信息实时反馈给主采集仪器，实现多地震仪的同步协调工作。

图 2.5.1 示意了一套"陆地节点仪 A + 陆地有线地震仪 B+ 水域地震仪 C"主辅协同采集记录模式，在模式中把水域地震仪确定为主采集仪器 C，陆地节点仪 A（断崖、陡峭山地区）和陆地有线地震仪 B（戈壁、农田）两种仪器作为辅助采集仪器。图中展示了不同采集仪器的分区示意图与采集 1 炮时炮点位置［图 2.5.1（a）五角星］和需要同时采集接收的区域位置分布图［图 2.5.1（a）红色线框内］。

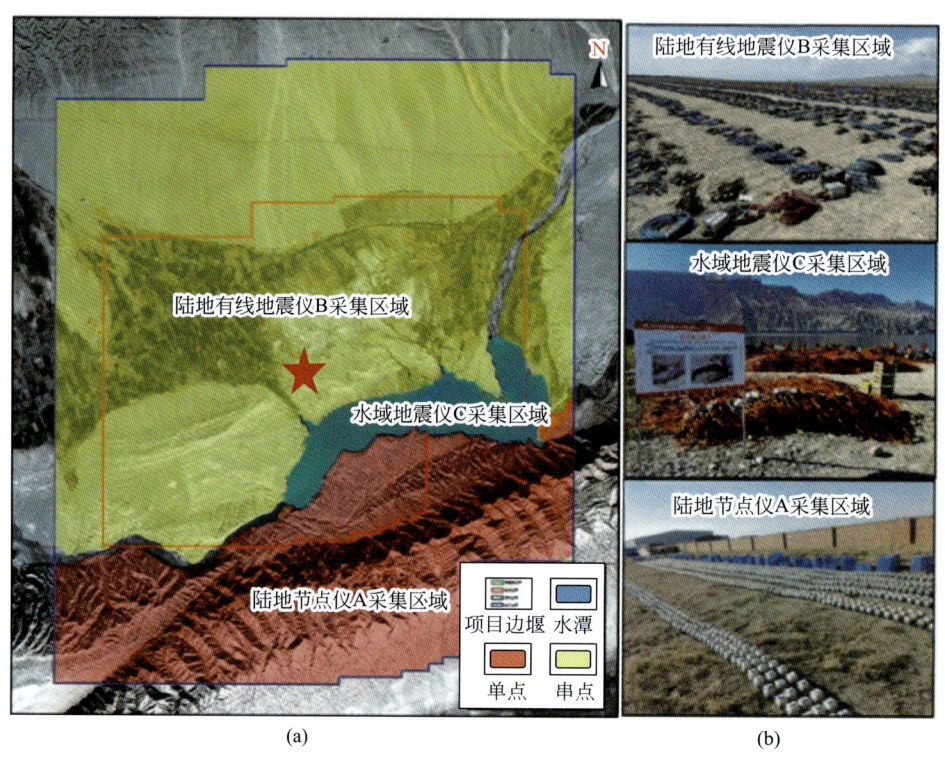

图 2.5.1　不同区域采集设备分区及设备照片
（a）不同采集设备分区示意图；（b）不同采集设备典型照片

多地震仪的主辅协同记录主要过程为：
（1）主采集仪器 C 和辅助采集仪器 B 分别制作 SPS（Shell Production Support System）。
（2）采集时，明确使用连续记录和不使用连续记录的炮检点桩号范围。
（3）采集前，分别检查主采集仪器 C 和辅助采集仪器 B 的卫星定位信号接收模块是否工作正常。
（4）主采集仪器 C 开始采集前，确认辅助采集仪器 B 连续记录模式已开启。
（5）在采集过程中，如果发现连续记录的辅助采集仪器 B 排列故障，及时通知主采集仪器 C 停止采集；在故障排除、连续记录工作正常后，主采集仪器 C 才能采集。
（6）主采集仪器 C 采集结束 5min 以后，辅助采集仪器 B 连续记录模式才能关闭，确保有效数据传输完成。

上述过程可概括为如图 2.5.2 所示的操作流程。

辅助采集仪器 A 独立连续采集，采集完成后再收回下载数据。

二、混采单炮记录的生成

由于混采采用的记录仪器和检波器不同，同一炮记录涉及不同的记录仪器和不同的检波器接收，并且是同时分别接收，需要合并形成后续成像处理使用的单炮记录。单炮记录的合并需要完成时间转换、振幅匹配和数据融合。为了讨论问题方便，仍然用上节的示例对此进行讨论。

1. 时间转换

为保证不同仪器采集数据的准确融合，首先必须统一时间，其精度要求为微秒级。因此不同仪器在采集时必须保证采用统一的卫星授时时间，实际生产中不同仪器时间记录格式可能不一致，需要进行统一。如地震仪器 C 的 TB 文件时间为卫星授时时间，起算时间为 1980 年 1 月 6 日，格式为 *****μs。地震仪器 B 的 TB 文件时间为 UTC 时间，起算时间为 1970 年 1 月 1 日，格式为 * 年 * 月 * 日 * 小时 * 分 *μs，在进行单炮数据合并时需要进行转换（图 2.5.3）。

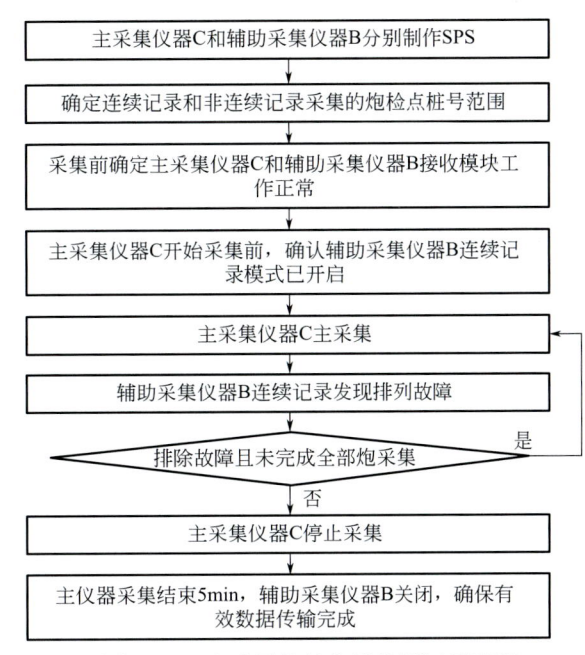

图 2.5.2 多地震仪的主辅协同记录流程

1	File	SLine	Flag	UTC时间
2	1118	2702	4844.5	2021/09/21 17:19:48.464000
3	1119	2662	5349.5	2021/09/21 17:21:04.088001
4	1120	2648	5324.5	2021/09/21 17:26:43.016000
5	1121	2642	5251.5	2021/09/21 17:28:14.976000
6	1122	2668	4868.5	2021/09/21 17:31:23.312001
7	1123	2658	4892.5	2021/09/21 17:32:24.992001
8	1124	2656	4916.5	2021/09/21 17:33:26.000000
9	1125	2666	5072.5	2021/09/21 17:36:56.112000
10	1126	2644	4940.5	2021/09/21 17:38:14.280000
11	1127	2644	4952.5	2021/09/21 17:38:51.024001
12	1128	2644	4988.5	2021/09/21 17:39:23.040000
13	1129	2646	5000.5	2021/09/21 17:40:00.960000
14	1130	2644	5036.5	2021/09/21 17:40:31.976000
15	1131	2646	5056.5	2021/09/21 17:41:13.944001
16	1132	2658	5079.5	2021/09/21 17:42:23.016001
17	1133	2676	5096.5	2021/09/21 17:43:05.976001
18	1134	2660	5120.5	2021/09/21 17:43:40.952001
19	1135	2674	5143.5	2021/09/21 17:44:12.104000

(a)

文件号	线号	点号	卫星授时时间
1	3202	5312.5	1315213505638450
2	3202	5312.5	1315213588554240
3	3202	5312.5	1315214158209740
4	3213	5120.5	1315215076752680
5	3213	5120.5	1315215113437310
6	3213	5120.5	1315216496120960
7	3213	5119.5	1315216521686960
8	3213	5118.5	1315216542280860
9	3213	5117.5	1315216561328960
10	3213	5116.5	1315216580474960
11	3213	5115.5	1315216599398960
12	3213	5114.5	1315216618440970
13	3213	5113.5	1315216637202970
14	3213	5112.5	1315216655740960
15	3213	5111.5	1315216674688960
16	3213	5110.5	1315216693858970
17	3213	5041.5	1315234137647960
18	3213	5042.5	1315234154078960
19	3213	5043.5	1315234170332960

(b)

图 2.5.3 不同采集仪器时间格式
（a）地震仪器 B 的 UTC 时间；（b）地震仪器 C 的卫星授时时间

2. 振幅匹配

不同地震仪器及采集站记录的地震数据单位不同，且对前放增益的处理方式也不同，因此不同仪器记录的原始地震数据振幅值差异较大。为消除仪器记录因素的影响，使地震振幅统一到同一数量级，需将多种类型地震数据的单位统一转换为毫伏（mV）。

如地震仪 C 的记录单位为非标准电压单位，转换系数与前放增益有关。地震仪器 C 前放增益为 0dB，其转换为毫伏（mV）的系数为 $2.697×10^{-4}$；前放增益为 12dB，其转换为毫伏（mV）的系数为 $6.742×10^{-5}$，转换系数的具体数值与不同的仪器有关。

地震仪 B 的记录单位为标准电压单位，但单位为伏（V），需转换成毫伏（mV），转换系数为 1000。

地震节点仪 A 的记录单位为毫伏（mV），由于前放增益为 12dB，将样点值的数值放大了 4 倍，因此转换系数为 0.25。

通过对比相邻道样点值曲线（图 2.5.4），不同仪器采集的地震数据乘以相应的转换系数后振幅值位于同一数量级，水域地震仪 C 记录的压电式水检分量振幅能量相对于动圈式陆检弱。对于水检分量采用与陆检分量相同的振幅匹配系数。

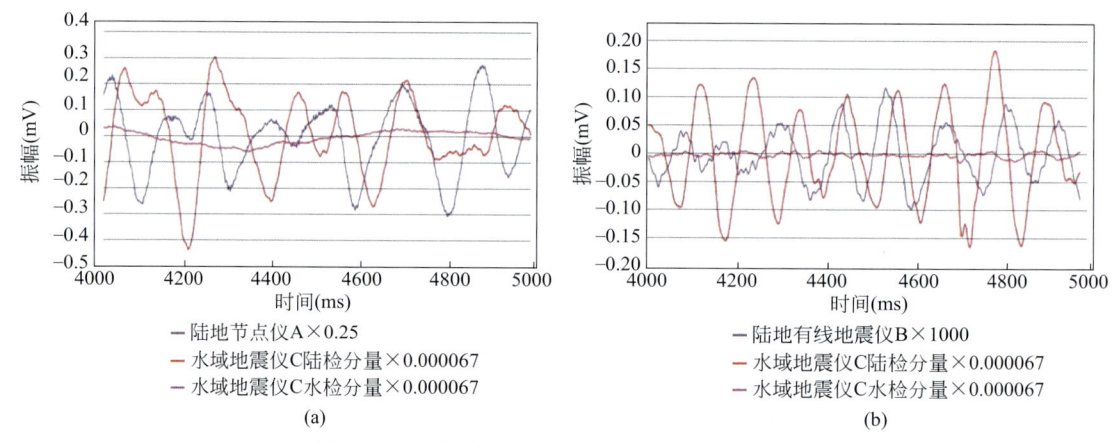

图 2.5.4　不同仪器振幅匹配后样点值对比曲线
（a）陆地节点仪 A 与水域地震仪 C 相邻道样点值对比曲线；（b）陆地有线地震仪 B 与水域地震仪相邻道样点值对比曲线

3. 数据融合

区别于传统单一压电式水检，水域地震仪 C 的双检采用集成压电式水检和动圈式陆检的检波器组代替单独的水检检波器。水检压电式检波器利用压电效应记录检波点处由地震波引起的水声压力波场变化，灵敏度高；陆检速度检波器则是记录垂直方向上由地震波引起的质点运动速度波场的变化，适应范围广。对于单一的海洋勘探而言，双检数据可以直接用于后续处理，但对于水陆联合施工的工区，尤其是双检两侧为陆检，单炮记录中包含陆检单通道和双检双通道，后续的数据的整理和处理极为不便。因此，为便于后续处理，首先需要先进行地震双检数据的分离处理，方法是根据双检不同分量记录道头中的检波器类型（对应 SEGD 道头字 SensorType），筛选出单一陆检分量的记录（图 2.5.5）；其次是进行炮数据的融合，方法是按照主采集仪器的时间，对辅助采集仪器采集的连续记录进行时间切分，根据排列炮检关系 SPS 文件进行炮道重组融合，形成与观测系统一致的、独立而完整的炮记录，用于后续成像处理。流程如图 2.5.6 所示。

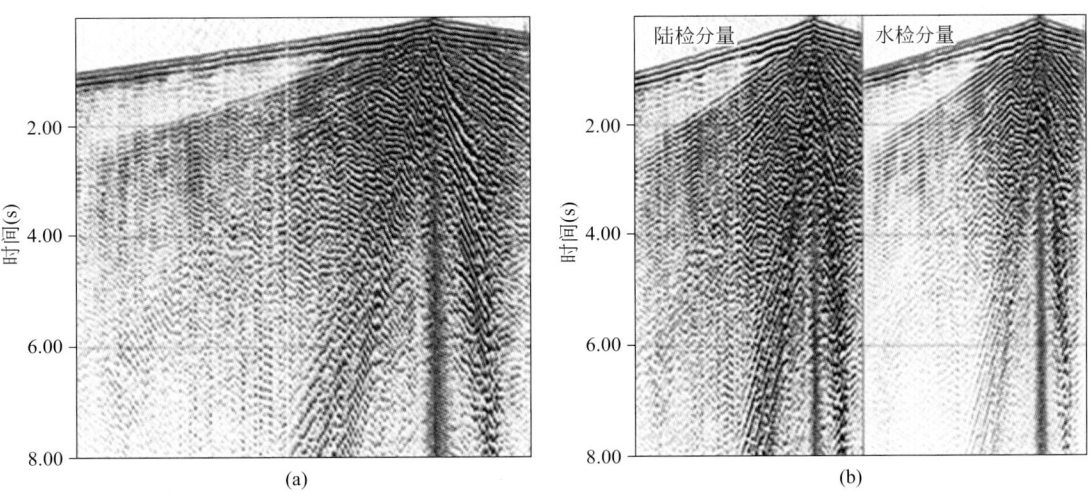

图 2.5.5 水域地震仪 C 双检分离前后对比

（a）双检原始记录；（b）分离后陆检分量和水检分量

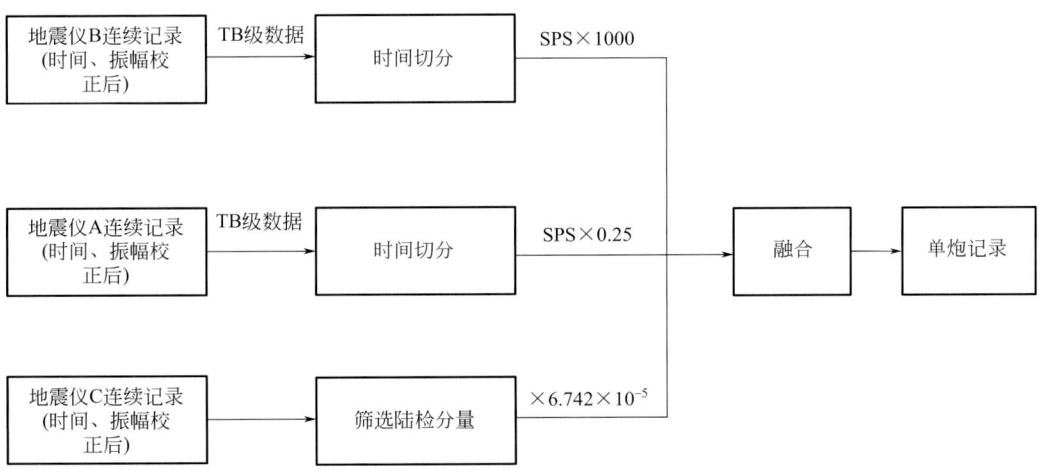

图 2.5.6 多类型仪器混采单炮数据融合流程

第三章　山地复杂构造区高精度近地表速度建模

近地表速度模型不仅被用于激发井深设计（选择好的激发速度层）、静校正（用于波场的规则化，利于信噪分离），更是叠前深度偏移速度模型的一部分（近地表速度模型）。近地表速度的精度对山地地下复杂构造的成像准确度、成像清晰度影响巨大，搞准近地表速度模型对山地复杂构造的高精度成像十分关键。而山地复杂构造区的近地表结构十分复杂，近地表厚度、速度纵横向变化大，各向异性强，高精度的近地表速度建模不是一件容易的事，需要一套点、线、面调查与反演相结合的系统方法。

本章分别讨论控制点（线）表层速度调查方法、高精度大炮初至拾取技术、井约束初至层析反演技术、近地表速度各向异性建模技术，这些方法技术构成了山地复杂构造区高精度近地表速度建模技术。其中，控制点（线）表层速度调查方法为井约束大炮（即正常生产采集的单炮记录）初至层析反演提供高精度的控制点速度，并为大炮初至层析反演结果提供控制线约束与验证；高精度大炮初至拾取技术为井约束大炮初至层析反演提供高精度的初至旅行时；井约束初至层析反演技术、近地表速度各向异性建模技术，为山地复杂构造区高精度近地表速度建模提供了速度反演算法。

第一节　控制点（线）表层速度调查

控制点（线）表层速度调查主要是指在纵横向速度变化大的复杂山地区，稀疏布置一些点进行速度的直接测量，或稀疏布置一些控制线进行井约束的高精度层析反演或浅层反射+折射波成像。方法主要包括控制点（线）的布设原则、控制点处的速度测量方法、控制线速度调查方法。

一、控制点（线）布设原则

复杂地表区表层调查控制点（线）速度调查因工作量大，应遵守少、精而必要的原则，具体有以下几点：

（1）基于工区遥感信息、数字高程模型、高精度航拍卫片数据、地表地质露头平面图，按一定密度分区布设速度控制点。

（2）在岩性、低降速带突变区域（砾石山体和岩石出露区等）加密表层调查点，岩性和低降速厚度变化大的区域应适当加密表层调查控制点，岩性和低降速带变化平缓的区域可适当减少表层调查点。

（3）有可用调查成果的表层控制点可直接应用。

（4）根据地质露头平面图、前期调查结果，在室内进行表层调查方法的分区设计。

（5）野外踏勘，对控制点分布及相应的调查方法进行复核和调整。

（6）在极复杂区巨厚低速带，还可在控制点的基础上布设表层速度调查控制线。

二、近地表速度调查

表层速度调查方法总体有两类。一类是表层控制点速度调查方法，包括浅层折射、微地震测井（常规、超深、双井）和微VSP测井等；另一类是控制线表层速度调查方法，包括小道距约束层析、小反射＋小折射等。这些方法的调查精度和适用条件各有不同，要兼顾地表条件和调查的深度、精度要求，因地制宜地合理选用。实际工作中选用表层调查方法的原则如下：

一是地表较平坦、地下层状且无速度反转的点位，可开展小折射调查。

二是在农田、戈壁、冲沟、地表斜坡区，开展常规微测井或微VSP测井。

三是在厚黄土区或厚低降速带区，开展超深微测井，查清下伏地层速度，或开展控制线表层调查方法，如小道距约束层析，查清近地表速度；开展小反射＋小折射法，利用小反射信息获取反射层上覆层速度和厚度，利用小折射信息获取低速层地层速度信息。

1. 浅层折射法

浅层折射法（也称小折射法）是目前常用的控制点表层调查方法之一，它主要适用于地表比较平坦（排列内高差小于2m）、表层结构为层状介质、没有速度反转的地区。

1）野外施工方法

浅层折射法使用的观测系统形式有相遇观测、中间放炮观测、追逐观测（移动炮点或排列），如图3.1.1所示。常规浅层折射施工的排列长度和道距的设计主要根据调查点处的地质情况来确定，一般来讲，要考虑以下因素：

（1）排列道距的设计以不漏过直达波并尽可能接收到高速层折射为基础，确保直达波、各层折射波时距曲线控制道数不少于4道为原则，个别低速层较薄的点直达波时距曲线控制道数不少于3道；

（2）排列长度设计以保证能够获得工区高速层折射波为原则；

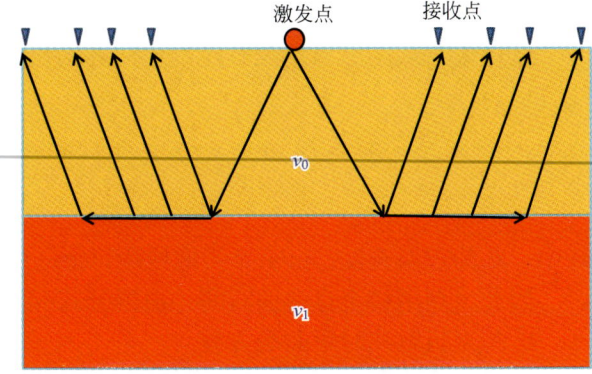

图3.1.1 浅层折射法示意图

（3）偏移距设计要综合考虑低速层的厚度等因素，在低速层较薄时，偏移距应小一些，反之偏移距可大一些；

（4）野外选点必须保证浅层折射排列上的地形高差较小，否则，每个接收点（道）的地形高低不平，在时距曲线拟合时会带来很大误差；

（5）排列呈直线。

一般情况下，浅层折射法通常使用浅坑炸药激发或敲击激发。炸药激发时，在保证初至清晰、起跳干脆的前提下尽量采用小药量。

2）表层速度的求取方法

对获得的野外浅层折射法炮记录进行初至时间的准确拾取，得到时距曲线。

在浅层折射法得到的资料中，其初至波一般分为直达波和折射波，它们有不同的时距曲线方程。用相应的时距曲线方程可获得相应的表层速度，如图 3.1.2 所示。

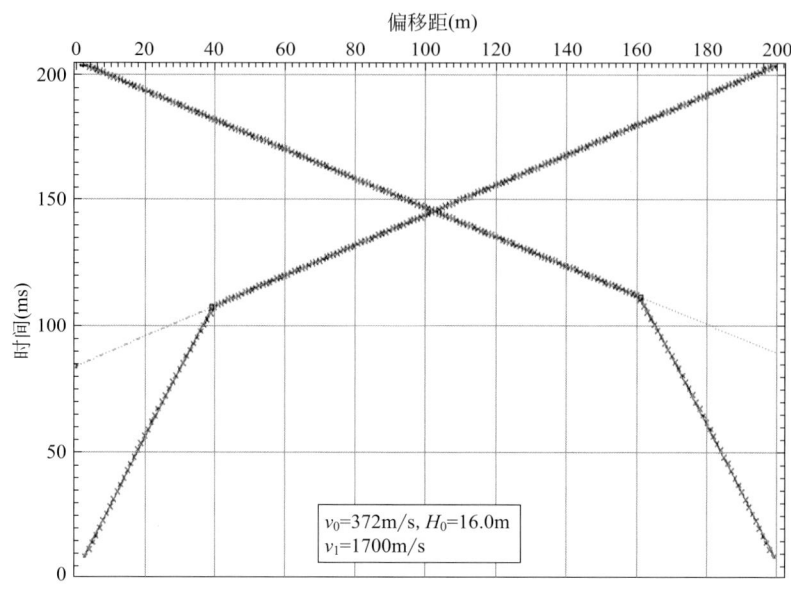

图 3.1.2　小折射得到的时距曲线图

a. 初至直达波时距曲线方程

直达波是从震源出发没有经过任何界面反射或透射而直接到达检波点的波，其时距曲线方程为：

$$t_x = \frac{x}{v_0} \tag{3.1.1}$$

式中，v_0 为表层速度，m/s；x 为炮检距，m；t_x 为直达波初至时间，s。

因此，利用初至直达波时间，根据公式（3.1.1）就可获得表层速度 v_0。

b. 初至折射波时距曲线方程

水平层状介质初至折射波的时距曲线方程为：

$$t(n) = \frac{x}{v_n} + 2\sum_{i=0}^{n-1} \frac{h_i \cos\theta_{i,n}}{v_i} \tag{3.1.2}$$

其中

$$\theta_{i,n} = \arcsin(v_i / v_n)$$

式中，n 表示第 n 个折射层；$t(n)$ 表示第 n 个折射层的折射波旅行时，s；v_i 是第 i 层的速度，m/s；h_i 是第 i 层的厚度，m。

令

$$t_0(n) = 2\sum_{i=0}^{n-1} \frac{h_i \cos\theta_{i,n}}{v_i} \quad (3.1.3)$$

将式(3.1.2)改写为：

$$t(n) = \frac{x}{v_n} + t_0(n) \quad (3.1.4)$$

则 $t_0(n)$ 就是截距时间，$\frac{1}{v_n}$ 就是时距曲线的斜率。

令

$$P_n(i) = \cos\theta_{i,n} = \sqrt{1 - \left(\frac{v_i}{v_n}\right)^2} \quad (3.1.5)$$

则式(3.1.3)可简写为：

$$t_0(n) = 2\sum_{i=0}^{n-1} \frac{h_i P_n(i)}{v_i} \quad (3.1.6)$$

通过初至折射波时距曲线方程和时距曲线图，可得到浅层不同折射层的速度和厚度。

需要特别注意的是，因在观测排列范围内地形起伏、低降速带的速度横向变化大和折射界面不稳定时，浅层折射法调查的资料其解释结果的可靠性变差、精度变低，所以该方法在山地绝大部分地区不适用。

2. 微地震测井法

微地震测井（简称微测井）是利用透射波初至时测量而获得地下一定深度范围内速度结构的方法，是山地复杂区表层控制点的主要速度调查方法。

1）野外施工方法

首先在控制点钻一观测井，井深可根据以前的表层调查成果或地质分析成果以及钻井能力来确定，观测方式是井中激发地面接收或地面激发井中接收，如图3.1.3所示；井中激发时，激发点距遵循低速层激发点距小、降速层到高速层激发点距逐渐变大的原则，一般为0.5~5.0m；地面采用直角或扇形排列不等偏移距接收，偏移距一般为0.5~3m，每个偏移距不少于2道接收，主要接收初至波。

2）表层速度的计算方法

拾取激发接收到的炮记录初至时间，然后将每个激发点或接收点深度对应的初至时间转换为垂直 t_0 时间，转换公式为：

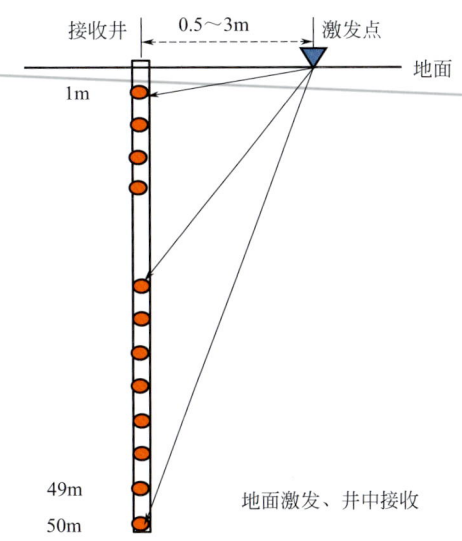

图3.1.3 微地震测井示意图

$$t_0 = t \times \frac{h}{\sqrt{h^2 + d^2}} \quad (3.1.7)$$

式中，t_0 是单程垂直传播时间，s；t 是初至时间，s；h 是井中激发点或接收点深度，m；d 是地面接收点或激发点与井口距离，m。

通过分段线性拟合深时（垂直 t_0 时间）曲线求得各层速度和厚度参数，如图 3.1.4 所示，分段时可参考岩性录井资料或深时曲线的转折点情况。

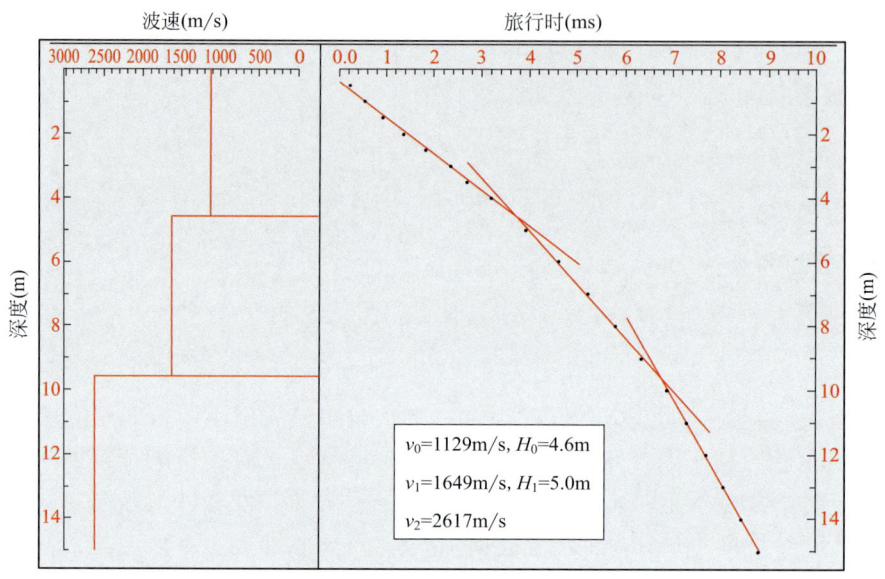

图 3.1.4　微地震测井解释示意图

3. 微 VSP 测井方法

表层调查微 VSP 测井方法类似于微地震测井法，通过测量透射波初至得到表层速度。

1）野外施工方法

表层调查微 VSP 测井方法的野外施工方法与微地震测井法地面激发、井中接收方法一致，见图 3.1.3。井下检波器带有推靠装置，所以不仅可测得透射波初至，而且可以测得初至波和续至波。野外实施可采用零偏移距和非零偏移距两种方式。因其不破坏井眼的特点而可利用正常生产激发井进行表层结构调查，为高密度的表层速度调查提供了可能。

2）表层速度的计算方法

微 VSP 法对井段内的速度计算方法与微地震测井法的速度计算方法一致，不再赘述。

3）微 VSP 测井法与微地震测井法的主要区别

微 VSP 测井法与微地震测井法的主要区别主要有 3 点：（1）微 VSP 测井可以利用记录中的上行波预测未钻遇地层的速度和厚度，使调查的深度更深，如图 3.1.5 所示，图中速度层 v_3 的底界和 v_4 速度层的速度和厚度都是可以预测出来的；（2）微 VSP 测井不破坏井眼，能利用正常生产激发井开展高密度的表层调查工作，建立更精细的表层速度模型；（3）微 VSP 法地面激发（最好另钻井在井中深部激发）一次井下多道同时带推靠接收，同一炮的初至能量的对比关系能反应地层的衰减特征，进而可反演地层的品质因子。

第三章　山地复杂构造区高精度近地表速度建模

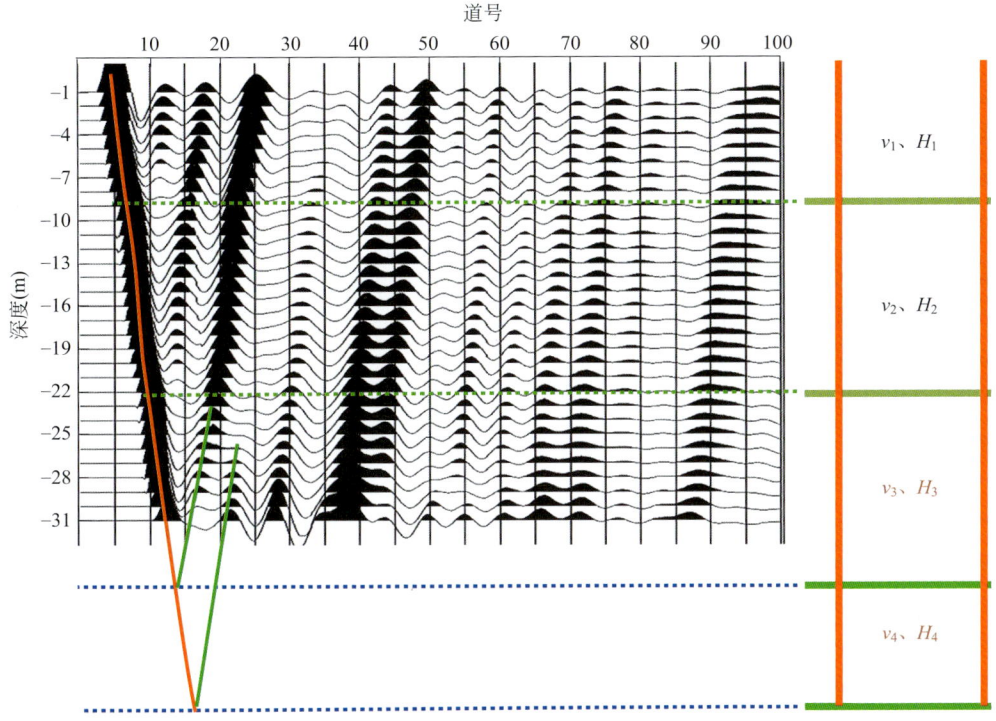

图 3.1.5　微 VSP 记录及解释示意图

微 VSP 测井法对表层速度调查精度更高、适应性更强，可在山地复杂区大量使用。

4. 小道距约束层析法

小道距约束层析法是一种控制线表层速度调查方法，主要利用二维小道距地震观测得到的初至波时间，用初至层析方法得到表层的高精度速度。可用于约束大炮初至层析反演和大炮初至层析反演结果的验证。

1）野外施工方法

小道距约束层析法的野外施工与常规地面地震法的施工方式类似，如图 3.1.6 所示，但其主要目的是获得清晰的初至波，而不是中深层的反射波。二者的主要区别在于：（1）小道距约束层析法的道距更小，如一般使用≤10m 道距；（2）小道距约束层析法的排列更短，一般为低降速带厚度的 5~6 倍；（3）小道距约束层析法采用浅井小药量激发；（4）小道距约束层析法采用单只检波器接收。

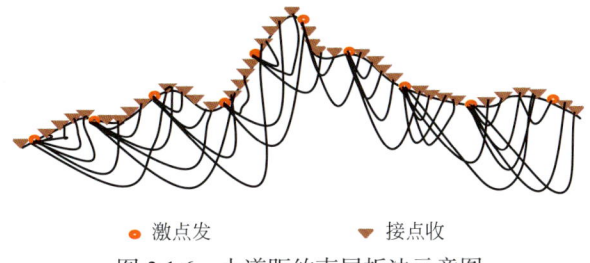

图 3.1.6　小道距约束层析法示意图

鉴于上述特点，可使用专门的轻量级设备，如以笔记本电脑代替地震用采集站和主机，以单只检波器代替串式检波器等，降低设备重量，减少施工人力成本，另外浅井小药量减少了钻井成本和材料消耗。小药量和单只检波器的使用确保了初至波清晰、起跳干脆。

2）表层速度计算方法

对野外资料得到的炮记录，室内拾取初至旅行时，利用井约束的初至层析反演，得到浅层速度，其计算方法将在第三节中详细介绍。由于其初至时间更准，再加上道距小，反演精度常高于常规采集地震单炮初至得到的近地表模型。

5. 小反射+小折射法

小反射+小折射法是一种小道距、短排列的二维地震观测方法，用于表层调查控制线的近地表结构（包括速度和厚度）获取。它与小道距层析法的区别在于不仅要采集初至波，而且还要采集近地表反射波和折射波，可为巨厚低速带近地表大炮初至层析反演提供控制线约束和反演结果的验证。

1）野外施工方法

该法野外施工与二维地震方法类似，但在施工（采集）参数上有以下特点：

（1）覆盖次数要满足反射成像需求，有效覆盖次数应不低于20次；
（2）最大炮检距要满足浅层反射成像需求，满足折射速度分析需要；
（3）接收道距可为常用地震道距的一半；
（4）井炮小药量（如1口×3m×2kg）激发（只需获得初至波和浅层反射信息）；
（5）单只检波器接收，减少频带损失，保持初至不畸变；
（6）可与生产的接收线或激发线重合。

2）速度计算方法

利用反射信息获取反射层上覆层速度和厚度；利用折射信息获取低速层下地层速度信息。此方法特别适用于厚黄土区的表层调查，如图3.1.7所示。

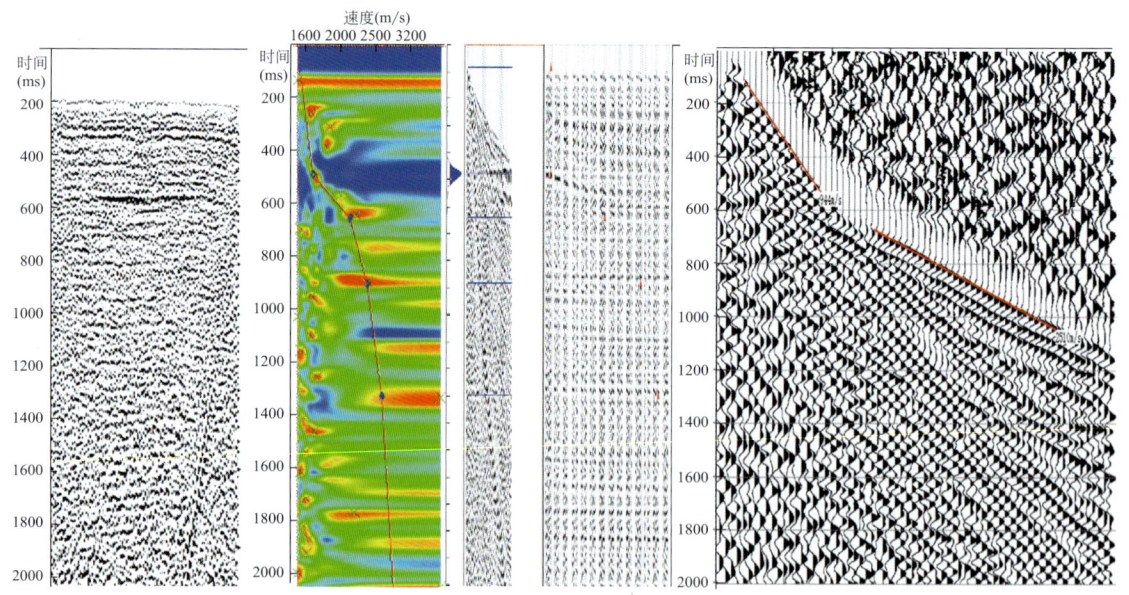

小反射段叠加获取黄土底界深度及上覆层速度　　　小折射段获取黄土之下地层速度

图3.1.7　小反射+小折射法获取黄土层上下速度和黄土层厚度示意图

第二节　高精度地震单炮初至拾取

地震单炮初至拾取是山地复杂地表区近地表速度建模的前提。但由于山地复杂构造区地表高程起伏剧烈、近地表速度横向变化快、各种干扰严重,因此地震数据初至突变严重、初至信息复杂多变、信噪比低、规律性差,高精度的初至拾取难度极大。另一方面,因山地复杂构造高精度地震成像的需要,同一勘探区的地震炮数、地震道数飞速增长,地震数据的量级已经从 TB 级激增至 PB 级,初至拾取工作量巨大,海量地震数据的初至拾取耗时耗力耗资源,初至拾取动辄耗时几十天,严重制约着地震资料处理成像的高效运行。高精度、高效地拾取海量低信噪比地震数据的初至,是山地复杂构造区高精度近地表速度建模的关键环节之一。

下面从初至拾取流程、初至数据预处理、初至拾取方法 3 个方面介绍高精度高效率的初至拾取方法。

一、初至拾取流程

山地复杂构造区地震原始记录干扰较为严重,将本就"抖动"剧烈的初至波场变得难以识别,初至拾取的人工成本大幅增加、拾取精度不断降低。可用如图 3.2.1 所示的山地复杂构造区地震资料初至高精度拾取的技术流程来提高初至的自动拾取率、拾取精度和拾取效率,主要包括:

(1)对于输入的炮集,进行空变线性校正,同时施加初步静校正量,截取初至数据。鉴于地震数据量大,将初至部分进行线性校正,可以极大减小数据量,便于后续进行各项处理和操作。线性校正参数可以炮间空变,同一炮内还可以分象限和随炮检距变化,初步静校正量可以是野外提供的静校正量,也可以是高程静校正,尽量将初至拉"平",减小截取初至的时窗,更有利于后续未拾道的初至时内插。

(2)计算初至数据的信噪比,并自动拾取信噪比高的道。

(3)对于低信噪比的道,进行俞氏滤波优化整形和基于折射波传播理论的初至波场重构,提高初至数据质量,再进行自动拾取。

(4)自动删除野值。因初至拾取均是按单道拾取,可能因信噪比过低而存在拾取错误,需要根据接收线初至拟合情况,删除偏离较大的初至时间。

(5)对于没有拾取的道,进行炮内插值。

(6)对拾取的初至时进行反线性校正,移除初步静校正量。

以上高精度初至拾取可通过使用或编制相

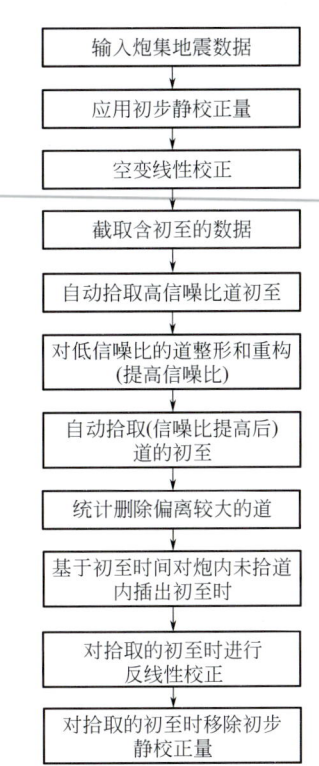

图 3.2.1　山地复杂构造区地震资料初至高精度拾取技术流程

关软件自动完成,可极大提高初至拾取的效率。

初至拾取的环节很多,但可归纳为初至拾取所用数据的预处理和初至的拾取两部分。初至数据预处理是初至拾取的基础。

二、初至数据预处理

初至拾取所用数据预处理的主要目的是减少拾取数据体的数据量(尽量少的记录长度)并提高初至波的信噪比,主要方法有初步静校正后地震炮数据的空变线性校正、俞氏子波的初至波优化和基于折射波传播理论的初至波场重构等。其中空变线性校正是为了减小数据量,提高拾取效率;初至优化和初至波场重构是两种提高初至波数据信噪比的预处理方法,前者是单道算法,后者是多道算法。

1. 初步静校正后的空变线性校正

对初至线性校正后,可极大地减小初至拾取使用的地震资料数据量,提高后续数据处理效率。通过施加初步静校正量的空变线性校正,尽量将初至拉"平",一是减小截取初至的时窗,二是有利于后续的道内插。

图 3.2.2 是按炮检距显示的原始单炮数据,图 3.2.3 是应用初步静校正量并进行空变线性校正后的初至数据,数据量不仅非常小,初至显示更加清楚,有利于后续的初至拾取。

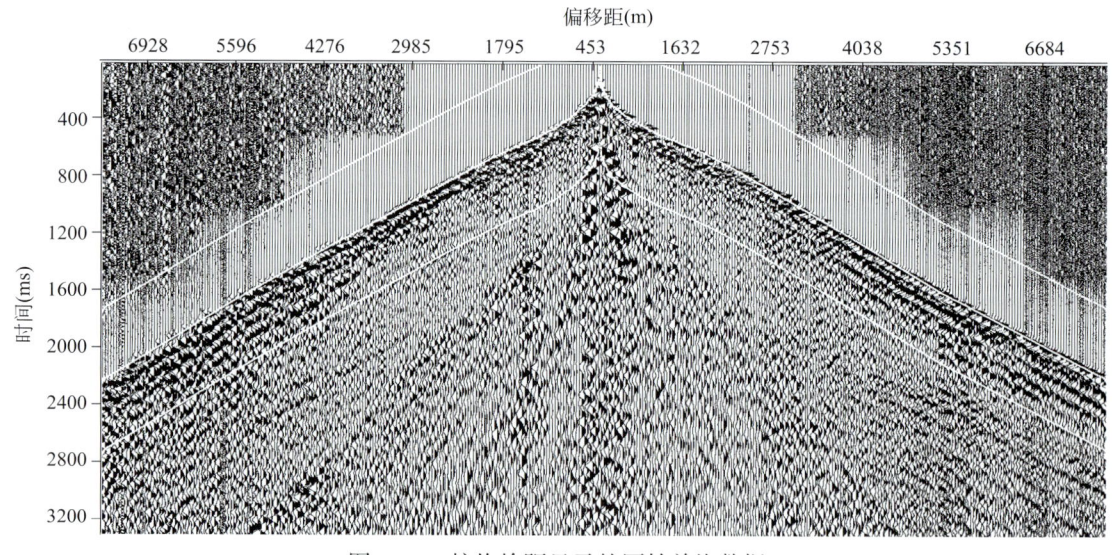

图 3.2.2 按炮检距显示的原始单炮数据

2. 基于俞氏子波的初至优化

俞寿朋教授将不同频率的雷克子波进行合成,得到了一种新型子波,即俞氏子波,可以表达如下:

$$y(t) = \frac{1}{q-p} \int_p^q \left[1 - 2(\pi g t)^2\right] e^{-(\pi g t)^2} dg \quad (3.2.1)$$

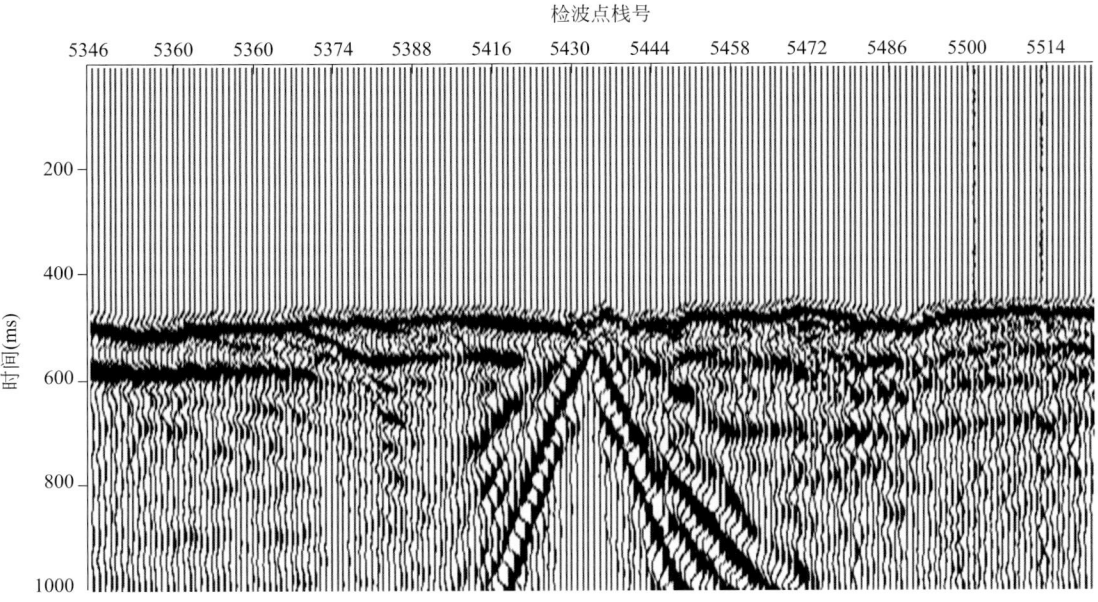

图 3.2.3　应用空变线性校正后的单炮初至数据

进一步得到：

$$y(t) = \frac{1}{q-p}\left[q\mathrm{e}^{-(\pi qt)^2} - p\mathrm{e}^{-(\pi pt)^2}\right] \quad (3.2.2)$$

其振幅谱为

$$r(f) = \frac{1}{\pi(q-p)}\left[q\mathrm{e}^{-(f/q)^2} - p\mathrm{e}^{-(f/p)^2}\right] \quad (3.2.3)$$

式中，g 为表征 Ricker 子波频率的参数；p 和 q 是俞氏子波式（3.2.1）中参数 g 的积分限。

取 $p=10$，$q=100$，俞氏子波及其振幅谱如图 3.2.4 所示。

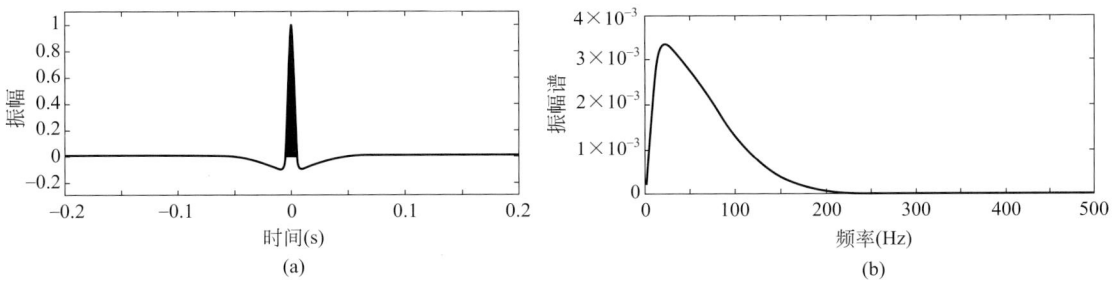

图 3.2.4　俞氏子波（a）及其振幅谱（b）

由图 3.2.4 可以看出，俞氏子波主瓣窄、能量强，旁瓣幅度小、能量弱，这个特性对于初至波的处理非常有利，初至优化本质上是一个滤波过程，俞氏子波可以避免产生旁瓣，更好地保持初至子波的分辨率和起跳特性。初至波在地震记录中最先到达，干扰主要来自背景噪声、外源干扰以及初至波本身的吸收衰减,背景噪声大都表现为高频,俞氏子波的峰值频率远低于相同带宽的带通子波,向低频方向陡度很大,向高频方向下降陡度小一些,并有一定的宽度,可使高频噪声得到削弱,而低频成分得到保护,进而起到了有效恢复初至波形的效果。

图3.2.5用某段线性校正后的初至数据,分别对比了带通滤波和俞氏子波优化的处理结果,不难发现,带通滤波对高频干扰具有压制作用,初至信噪比有所提高,但是,起跳不干脆,而且在左侧几道,仍存在明显的旁瓣,采用俞氏子波优化,在压制高频干扰方面,明显好于带通滤波,在保持子波的完整性方面,也明显好于带通滤波,初至旁瓣弱,起跳清楚。

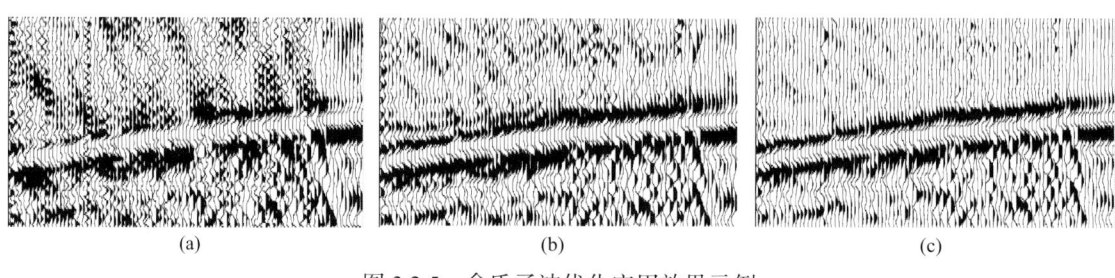

图3.2.5　俞氏子波优化应用效果示例
(a)原始数据;(b)带通滤波;(c)俞氏子波优化

图3.2.6是应用俞氏子波优化压缩可控震源旁瓣的应用示例,(a)是某炮线性校正后的初至数据,由于可控震源底板耦合不好,导致记录旁瓣发育,无法辨识真正的初至波组;(b)是进行俞氏子波优化后的结果,旁瓣得到了有效压制,初至波组信噪比得到极大提高。

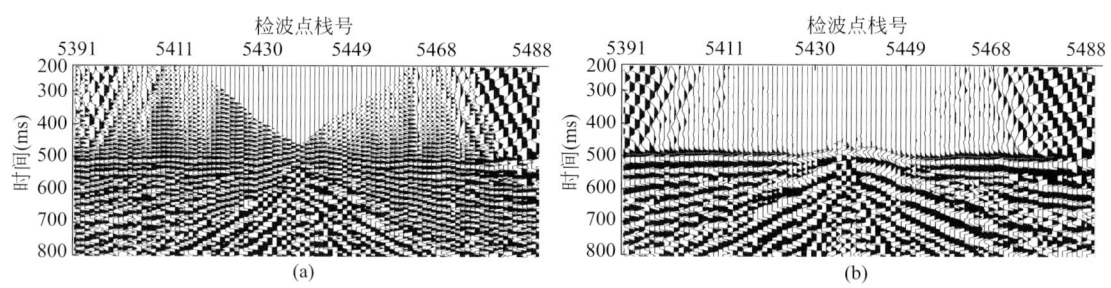

图3.2.6　俞氏子波优化压制可控震源记录旁瓣应用示例
(a)原始数据;(b)俞氏子波优化后

3. 基于折射波传播理论的初至波场重构

基于折射波传播理论,利用相邻炮和道对初至波场进行重构,可进一步提高初至数据质量。初至波场重构,分为互相关求取虚震源和卷积重构初至波两个关键步骤。图3.2.7描述了互相关求取虚震源示意图,x 表示震源,y、z 为接收点。对 z、y 两点折射波记录做互相关,得到与 z、y 两点折射波到达时差的响应,物理意义是以 y' 为地下虚拟震源,波沿着界面向前滑行,传播时间为 $\tau_{y'y''}$,这个时间正好是 z、y 两点接收到的折射波的时间差,互相关的表达式为:

$$\begin{aligned}\varphi(y,z) &= u(x_1,z)u(x_1,y)^* \\ &= |A(x_1,z)||A(x_1,y)|e^{i\omega(\tau_{x_1y'}+\tau_{y'z}-\tau_{x_1y'}-\tau_{y'y})} \\ &\approx |A(x_1,z)|^2 e^{i\omega(\tau_{y'z}-\tau_{y'y})} = |A(x_1,z)|^2 e^{i\omega\tau_{y'y^*}}\end{aligned} \quad (3.2.4)$$

为了提高稳定性，可以利用不同的震源，多次求取，图 3.2.7（a）（b）（c）分别表示利用 x_1、x_2 和 x_3 处的炮点求取 y' 虚震源。

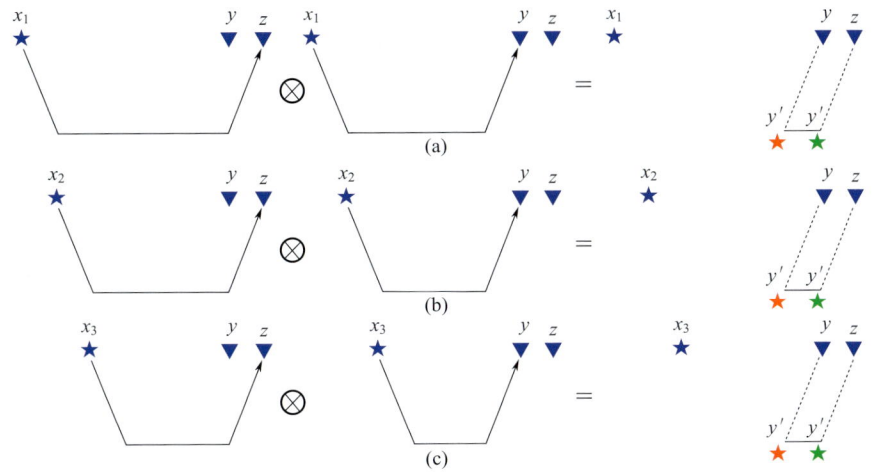

图 3.2.7　折射波互相关求取虚震源示意图

图 3.2.8 是初至波重构示意图（S 为震源，R_i 为检波器）。利用 R_4 和 R_1 互相关函数响应和 R_1 点的折射波地震记录褶积，可以重建 R_4 点的折射波地震记录，其他重建过程依次类推。同样，可以利用多个相邻道对 R_4 道进行重建，图 3.2.8（a）（b）（c）分别表示利用 R_1、R_2 和 R_3 重构 R_4 道。

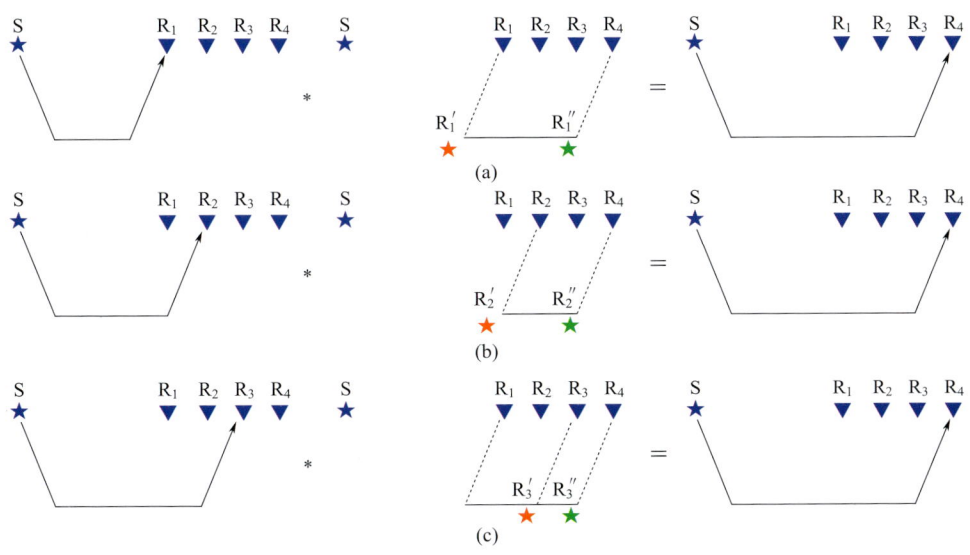

图 3.2.8　卷积重构初至波场示意图

在实际生产中，根据数据状况和需要，可以单独使用，也可以串联使用上述预处理技术。图 3.2.9 展示了初至重构的应用效果，从原始数据来看，该炮主要挑战来自外源干扰，破坏了初至波形的完整性，并使得连续性变差；优化后，初至波场的信噪比有所提高，但不明显，因为外源干扰的频率成分与初至几乎重叠；重构后，初至信噪比得到明显提升。将优化与重构两种技术串联应用，即在优化后的基础上，再进行重构处理，无论是信噪比还是连续性均得到极大提升。

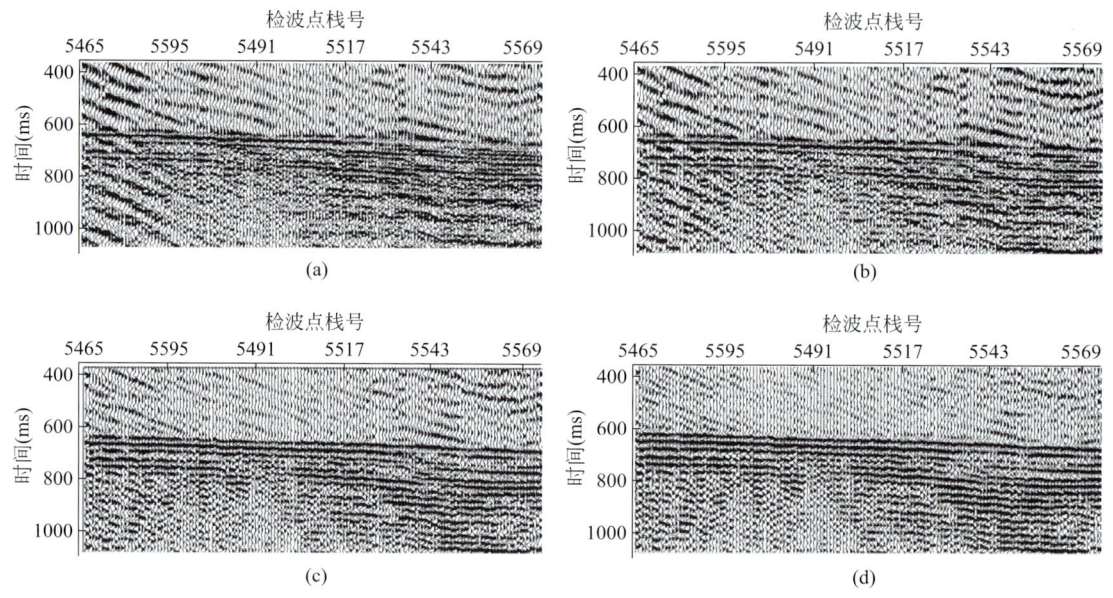

图 3.2.9　初至重构应用效果示例
（a）原始数据；（b）优化后；（c）重构后；（d）优化 + 重构后

三、初至拾取方法

1. 能量比值法

初至是地震激发产生的有效波经过地层传播，最早到达接收检波器的波至时间。在地震资料中，初至波位置是有效波最先起跳的地方，也是能量最强的地方。由此，Coppens（1985）提出了一种能量比值法。该方法是依据初至前后波形能量的明显变化，基于一个周期内的信号能量与总能量的比值来寻找极值点，即初至时刻：

$$R(\tau) = \frac{\int_{\tau-L}^{\tau} x^2(t) \mathrm{d}t}{\int_{0}^{\tau} x^2(t) \mathrm{d}t} \quad (3.2.5)$$

式中，$R(\tau)$ 是能量比函数；$x(t)$ 是实际地震记录的振幅；L 是视周期的长度，s。

在初至波波形稳定的区域，能量比值法可以有效排除后续波形的干扰，能较准确地拾取初至，但在波形变化较大时，会出现拾取错误。针对这些问题，多位学者提出了改进方法，比如滑动时窗能量比法，通过前后时窗地震记录能量比识别初至：

$$R(t_i) = \frac{\int_{t_i}^{t_i+\Delta t_2} x^2(t)\mathrm{d}t}{\int_{t_i-\Delta t_1}^{t_i} x^2(t)\mathrm{d}t} \tag{3.2.6}$$

式中，$R(t_i)$ 是能量比函数；t_i 是旅行时，s；Δt_2、Δt_1 是前后时窗长度，s。

影响滑动时窗能量比法的一个重要因素是时窗的选取。目前大多是根据经验去估计，再根据多次实验后选取最佳长度。

2．边缘检测法

1）图像的边缘检测原理

图像边缘检测是通过数学算子提取物体图像的边缘特征来确定物体的轮廓或细节，通常选用 Sobel、Prewitt、Lapalacian、Kirsch 等微分算子。这些算子都是以一个 3×3 的模板与图像中 3×3 的区域相乘，再求取其幅值，得到的结果作为图像中这个区域中心位置的边缘强度。在计算出图像中每一个像素的边缘强度后，将边缘强度大于阈值的点提取出来，并赋予像素值"1"，其余赋以像素值"0"。

设 $f(i,j)$ 是 (i,j) 处的像素值，(i,j) 位置处的边缘强度通常用差分值来计算。一般取 x 方向差分值为：

$$\Delta f_x(i,j) = f(i,j) - f(i,j-1) \tag{3.2.7}$$

y 方向差分值为：

$$\Delta f_y(i,j) = f(i,j) - f(i-1,j) \tag{3.2.8}$$

故边缘强度为

$$E(i,j) = |\Delta f_x(i,j)| + |\Delta f_y(i,j)|$$

或

$$E(i,j) = \Delta f_x^2(i,j) + \Delta f_y^2(i,j)$$

上述各种常用算子的区别实际上只是计算差分的方法不同。

a．Prewitt 算子

计算 Δf_x 和 Δf_y 的模板分别如图 3.2.10（a）及图 3.2.10（b）所示。其特点是 x 方向上、中、下三组差分权值相同，y 方向左、中、右三组差分权值相同。Δf_x、Δf_y 分别等于相应模板与图像中对应区域元素相乘之和，即

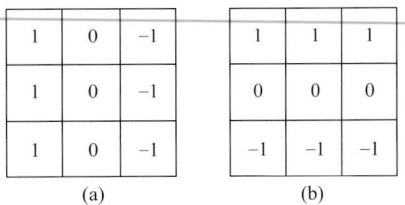

图 3.2.10 Prewitt 算子模板

（a）x 方向的差分；（b）y 方向的差分

$$\begin{aligned}\Delta f_x &= [f(i-1,j-1) - f(i-1,j+1)] + [f(i,j-1) - f(i,j+1)] \\ &\quad + [f(i+1,j-1) - f(i+1,j+1)]\end{aligned} \tag{3.2.9}$$

$$\begin{aligned}\Delta f_y &= [f(i-1,j-1) - f(i+1,j-1)] + [f(i-1,j) - f(i+1,j)] \\ &\quad + [f(i-1,j+1) - f(i+1,j+1)]\end{aligned} \tag{3.2.10}$$

则边缘强度为 $|\Delta f_x|+|\Delta f_y|$ 或 $|\max(|\Delta f_x|,|\Delta f_y|)$。

b. Sobel 算子

计算 Δf_x 和 Δf_y 的模板分别如图 3.2.11（a）及图 3.2.11（b）所示。其特点是 x 方向中间一组差分是上、下两组差分权值的两倍，y 方向中间一组差分是左、右两组差分权值的两倍。Δf_x、Δf_y 分别等于相应模板与图像中对应区域元素相乘之和，即：

$$
\begin{aligned}
\Delta f_x = & [f(i-1,j+1)-f(i-1,j-1)]+2[f(i,j+1)-f(i,j-1)] \\
& +[f(i+1,j+1)-f(i+1,j-1)]
\end{aligned}
\tag{3.2.11}
$$

$$
\begin{aligned}
\Delta f_y = & [f(i+1,j-1)-f(i-1,j-1)]+2[f(i+1,j)-f(i-1,j)] \\
& +[f(i+1,j+1)-f(i-1,j+1)]
\end{aligned}
\tag{3.2.12}
$$

则边缘强度为 $|\Delta f_x|+|\Delta f_y|$ 或 $|\max(|\Delta f_x|,|\Delta f_y|)$。

c. Laplacian 算子

计算 $\Delta^2 f$ 的模板如图 3.2.12 所示，其边缘强度 $\Delta^2 f$ 等于模板与图像中对应区域元素相乘之和，是一个二次差分，具有各向同性，即不依赖于边缘线的方向。

−1	0	1
−2	0	2
−1	0	1

(a)

−1	−2	−1
0	0	0
1	2	1

(b)

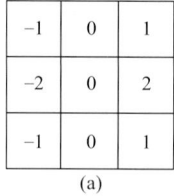

图 3.2.11　Sobel 算子模板

（a）x 方向的差分；（b）y 方向的差分

0	1	0
1	−4	1
0	1	0

图 3.2.12　Laplacian 算子模板

d. Kirsch 算子

如图 3.2.13 所示，Kirsch 算子分为 8 个方向。计算边缘强度时，先由 8 个模板分别与图像中对应区域元素相乘，再取其中最大值作为中央像素的边缘强度。

5	5	5
−3	0	−3
−3	−3	−3

5	5	−3
5	0	−3
−3	−3	−3

5	−3	−3
5	0	−3
5	−3	−3

−3	−3	−3
5	0	−3
5	5	−3

−3	−3	−3
−3	0	−3
5	5	5

−3	−3	−3
−3	0	5
−3	5	5

−3	−3	5
−3	0	5
−3	−3	5

−3	5	5
−3	0	5
−3	−3	−3

图 3.2.13　Kirsch 算子模板

2）基于边缘检测的初至自动拾取

由于初至波到达之前的信息主要是噪声，通常能量较弱，而初至波的波峰能量通常较强，因此有效信号与干扰信号之间有一条能量变化明显的分界线，这就类似于图像中物体的边界，鉴于二者的相似性，可以用图像处理中的边缘检测技术自动识别初至波。同时可利用初至时间本身的一些特性，比如初至时间与炮检距的正相关性，弥补边缘检测本身的一些不足，提高初至拾取率和准确性。

基于边缘检测的初至自动拾取主要包括 3 个步骤：首先灰度化地震资料，使其满足进行边缘检测要求；再对灰度化的资料进行边缘检测，提取边界，进而求取初至时间；最后利用单炮内初至时间与炮检距的正相关性（即初至时间随炮检距的增大而增大），求取边缘检测分辨不出的初至时间。

通常图像处理都是基于像素的灰度值进行，为了将图像处理技术应用于地震记录，首先需要将地震记录灰度化。在干扰不是特别严重的情况下，初至波与初至前的扰动相比有较大的振幅。在初至波到达后，振幅逐步减小。如果把地震道上各个样点的值转换为灰度，则初至是灰度较大的地方，也是灰度快速变化的地方。这为使用边缘检测技术识别初至波时间创造了条件。地震记录灰度化处理一般采用两种方法。一是直接取其绝对值，即：

$$p_2(i,j) = |p(i,j)| \quad (3.2.13)$$

式中，$p(i,j)$ 是单炮记录中第 i 道第 j 个样点的振幅值；$p_2(x,t)$ 是灰度化之后的振幅。

二是将一道中的所有振幅减去该道中的最小振幅，即：

$$p_2(i,j) = p(i,j) - \min_j p(i,j) \quad (3.2.14)$$

在灰度化处理之后，就可以把一个 M 道、每道有 N 个样点的单炮记录看成是一幅 $M \times N$ 个像素的灰度图，而初至则应该是没有地震波扰动的区域与有地震波扰动的区域之间的分界线，这样就能利用上面提到的边缘检测方法求取每一道的初至时间。

图 3.2.14（a）是一个 720 道的原始单炮记录，采样间隔为 4ms，每道有 500 个采样点。对单炮记录进行灰度化处理后，可以得到一个 720×500 的灰度图，如图 3.2.14（b）所示。可以看出，图中黑色（有信号）和白色（没有信号）部分的界限更加清楚，且它们的分界线正好在初至时间附近，这就为用边缘检测方法进行初至波的拾取创造了有利条件。

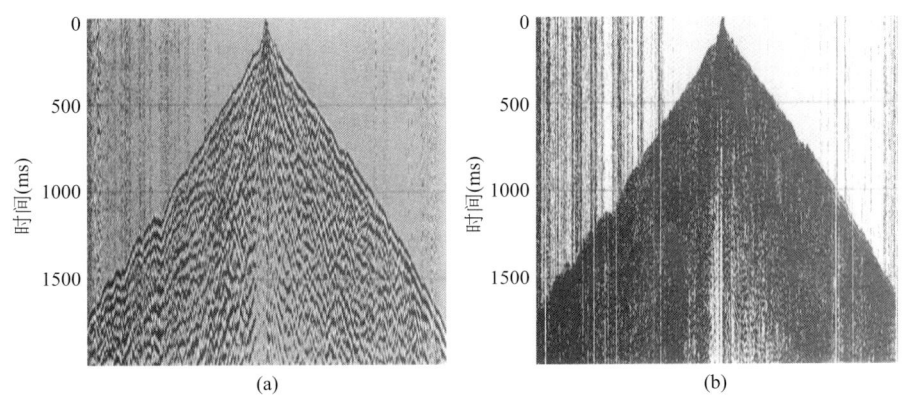

图 3.2.14　原始单炮记录（a）及其灰度图（b）（据李辉峰，2006）

图 3.2.15（a）是基于 Kirsch 算子对图 3.2.14 原始单炮记录灰度化后的数据进行边缘检测的结果，可以看出，经过边缘检测运算后，出现了明显的初至轮廓。图 3.2.15（b）是用边缘检测初至自动拾取方法，在图 3.2.15（a）基础上，对图 3.2.14 中原始单炮记录拾取的初至时间曲线，通过与人工方法拾取的初至时间曲线的对比，除了某些道上的初至被剔除之外，自动拾取与人工拾取的结果一致性良好。

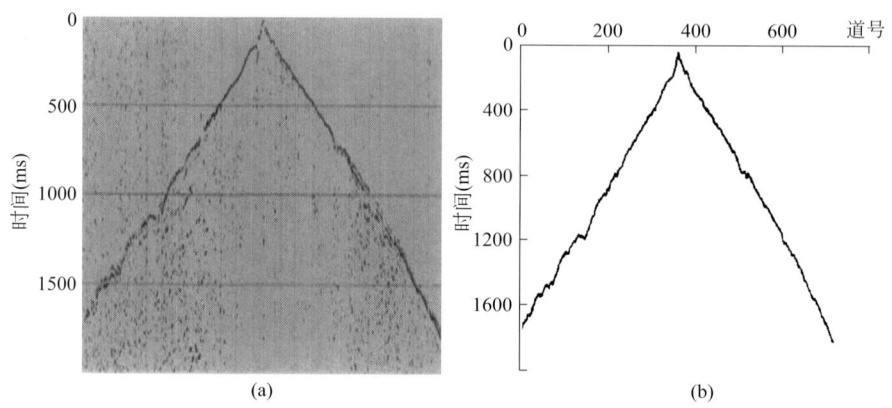

图 3.2.15　基于 Kirsch 算子的边缘检测结果（a）与自动拾取初至曲线（b）（据李辉峰，2006）

3. 深度学习法

自 1956 年人工智能学科诞生以来，已经在图像处理、语音识别等领域取得了巨大成功，对其他应用领域起到了重要的启示作用。将深度学习技术应用到地震波初至拾取是一个初至拾取的好方法。

基于深度学习的初至拾取步骤如下：

（1）构建训练集、验证集及测试集样本。在利用深度网络进行初至学习前，需要为深度学习准备合适的地震单炮记录样本和与之对应的初至标签数据，并把这些地震单炮数据和标记好的标签数据作为学习训练、验证及测试集样本。在整个工区或拾取的地震单炮数据集中，通常分散地选取具有代表性的单炮记录数据做样本。在低信噪比区域需要适当增加样本数量，以提升学习效果。

（2）构建初至拾取深度网络模型。初至拾取深度网络模型一般由编码网络与解码网络组成，网络的层与层之间通过权连接，模型的损失函数是衡量标签初至与深度网络学习得到的初至之间相似程度的指标。在初至拾取网络中，常用二分类方式检测和判别初至，可选择二分类交叉熵作为网络损失函数。编码网络用于初至特征的提取，通过捕获数据上下文信息进行初至特征抽象与提取，通常由多个尺寸依次递减的初至特征提取层组成，是一个初至特征抽象网络，用来实现初至特征由低层级到高层级的抽象和提取。解码网络用于初至特征及位置信息的还原，解决初至位置还原与高精度定位问题，通常由多个尺寸依次递增的层级组成，每层都可由反卷积层、池化层、卷积层、数据规范化层等组成。

（3）训练深度网络模型。在准备好训练数据、构建并初始化深度网络模型之后，即可开始深度网络模型的学习与训练。学习训练过程就是不断迭代更新各层神经元的连接权、削减损失函数误差的过程。

（4）初至拾取。在深度网络模型训练好之后，可利用其对待拾地震单炮记录数据进行初至拾取，包括对待拾数据用与训练集相同的方法和参数进行处理、利用深度网络进行初至预测、对初至预测结果进行后期处理等。

基于不同深度网络的构建和应用，可形成多种深度学习初至拾取方法。陈德武等（2020）将 U-Net 与分割网络（SegNet）深度学习网络的优点相结合，构建新的混合网络 U-SegNet，并基于 U-SegNet 自动拾取初至，解决了基于深度学习的初至拾取方法制作标签耗时费力、数据预处理过程烦琐、网络结构过于复杂导致训练和测试效率较低的问题。周创等（2020）提出一种基于深度卷积生成对抗网络（DCGAN）的地震数据初至拾取方法。赵越（2020）研究了基于全卷积神经网络的初至拾取方法。潘英杰等（2021）研究了基于地震图像深度语义分割的初至拾取方法，通过端到端的深度语义分割网络模型实现初至拾取，具有较高精度、较强抗噪能力，在地表及地下地质条件复杂、干扰噪声大、初至整体信噪比较低的工区见到了较好的测试效果（图 3.2.16）。

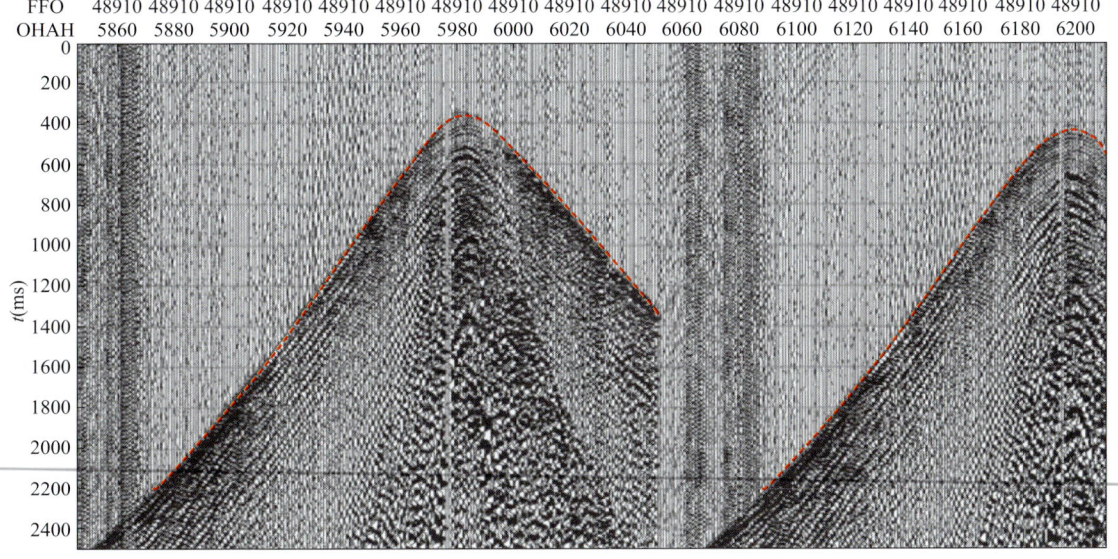

图 3.2.16　深度语义分割初至拾取（据潘英杰等，2021）

4. 双向预测初至拾取

首先在三维单炮记录数据中拾取种子炮并内插，预测待拾取炮的初至时的范围，再在该时间范围内应用能量比值、边缘检测法等单道拾取方法拾取初至。传统三维观测方式，由于炮线距和检波点线距较大，基于种子炮的内插预测，都是在同一条接收线内完成，若三维接收线间距大大减小，则纵向跨接收线就可实现内插预测。如图 3.2.17 所示，黑色三角表示已经拾取初至的种子炮的炮点；黑色虚线表示每个炮点对应的排列片；红色三角与对应黑色虚线表示待插初至时间的炮点及其排列片；绿色点表示其中的一道。对于常规三维观测系统，只能形成蓝色箭头标注的内插方式，即均是接收线内 Inline 一个方向的预测。若三维接收线距减小，则可以再形成粉色箭头所标注的预测方案，也就是说，增加了纵向跨接收线 Crossline 方向的预测方案，形成双向预测，可以增加预测的精度和准确性，进而提高初至拾取的效果和效率。

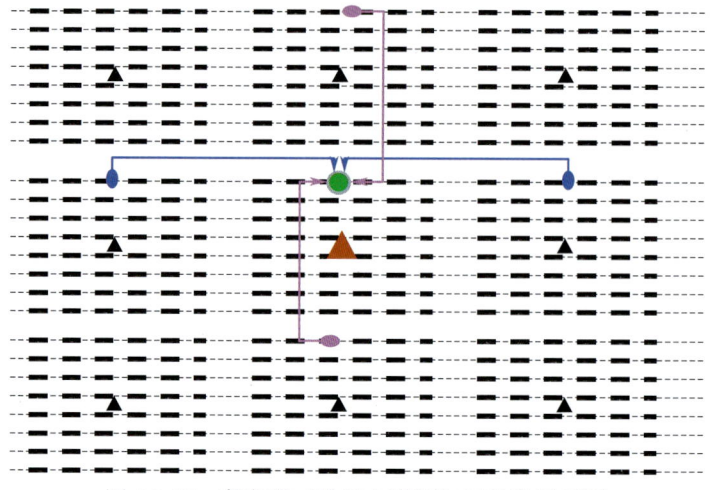

图 3.2.17　高密度三维双向预测初至拾取示意图

5. 拾取时间的自适应调整

炸药震源记录真正的初至时间是起跳。受信噪比的影响，拾取炸药震源的起跳时间，在实际生产中不易操作，而每道的峰值是局部最大振幅值，容易判别和拾取，所以实践中往往直接拾取峰值然后再调整，时移到起跳点。对于可控震源记录，真正的初至时间应该是导波信号与记录的互相关结果的峰值，因此直接拾取的波峰即为初至。

对于炸药震源记录，拾取波峰，采用多道统计自适应变时移到起跳点的方法，根据波形特征，统计每道的时移值，对时移值进行多道统计，再时移到真正的起跳点。图 3.2.18 和图 3.2.19 分别展示某工区炸药震源信噪比较高的道时移前、后的效果。

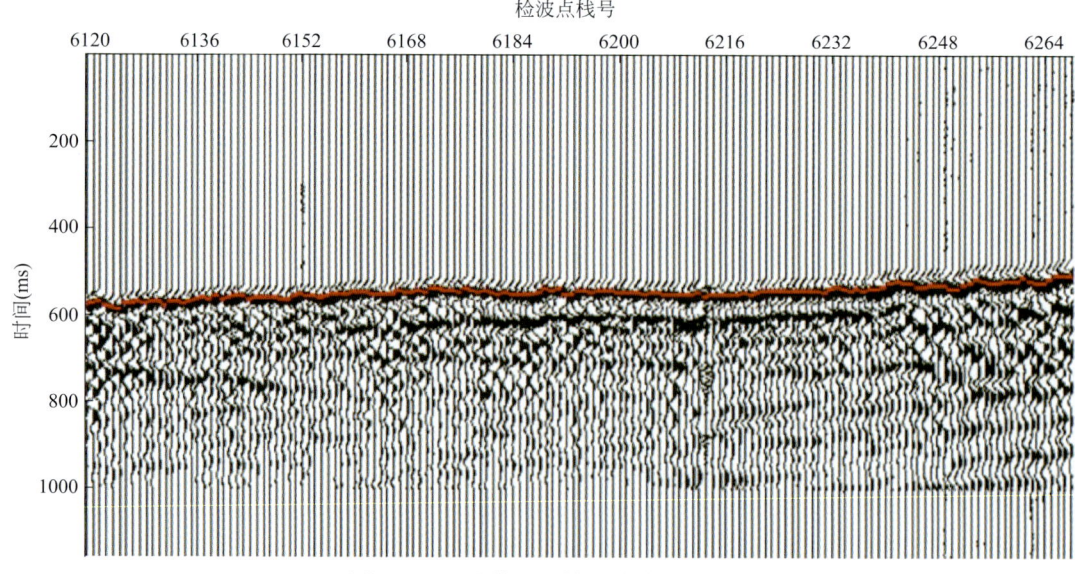

图 3.2.18　炸药震源拾取波峰的效果

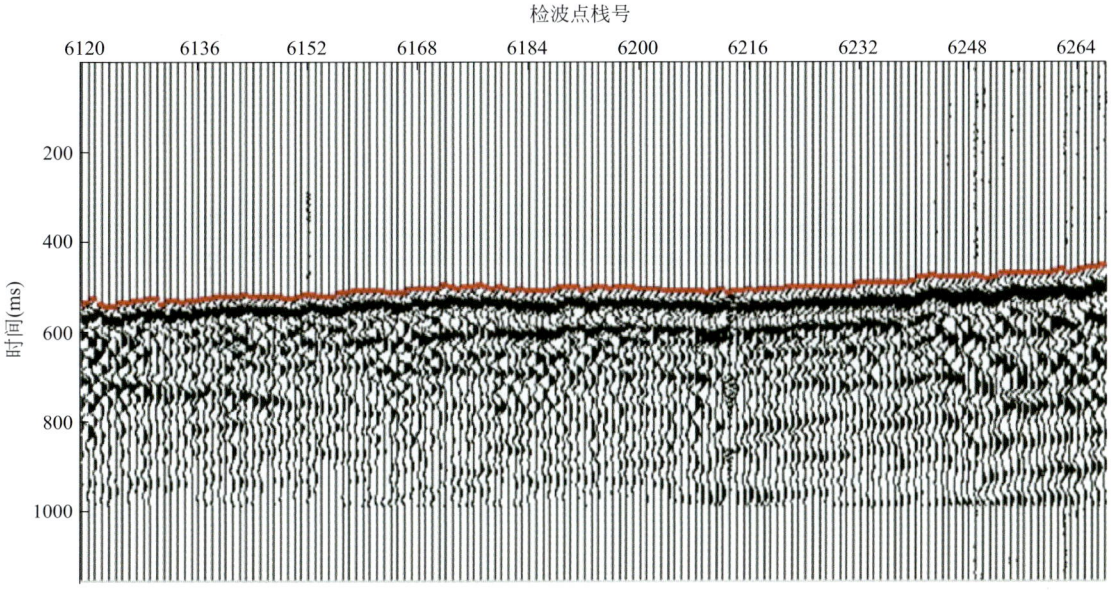

图 3.2.19 采用变时移将初至时间移到真正起跳时间的示意图

图 3.2.20 是某工区单炮部分信噪比较低的道,初至起跳位置的振幅被噪声淹没,波形畸变,几乎看不到第一个振幅非零的理论上的初至起跳,严格拾取振幅的起跳点是不可能完成的。但是,振幅峰值的位置非常清楚,可靠性高,拾取峰值操作性强,如图 3.2.21 拾取波峰峰值后的展示。图 3.2.22 是基于前面所述的多道统计变时移技术,将波峰拾取时间变时移到真正起跳的位置的示意图。

上述 5 种初至的拾取方法各有特点,可根据山地复杂构造地震单炮资料的实际情况,选其中一个或几个方法的组合来实现高精度的初至拾取,这可能需要一些方法的选择试验分析。

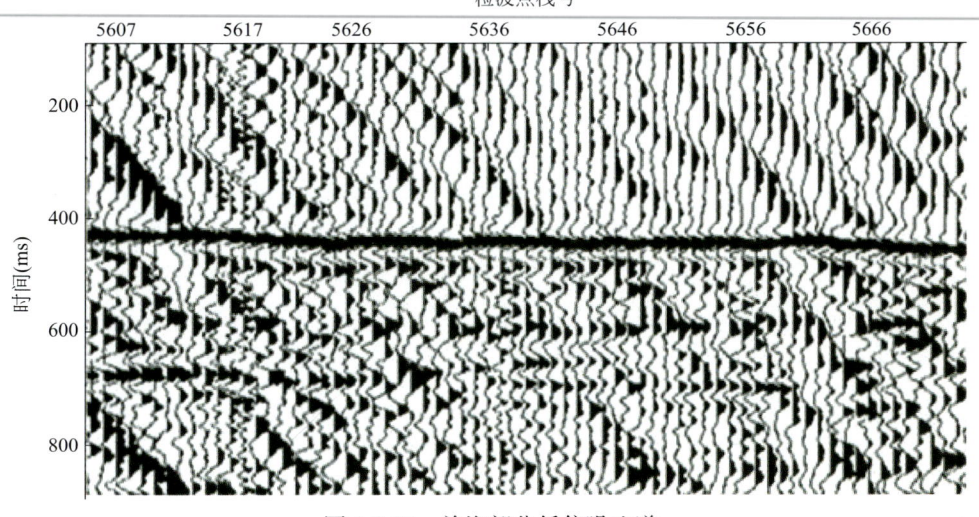

图 3.2.20 单炮部分低信噪比道

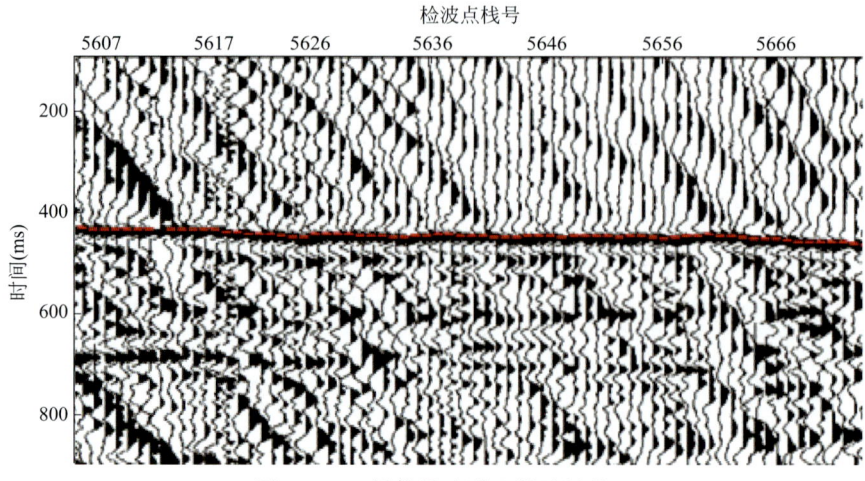

图 3.2.21　低信噪比道上拾取波峰

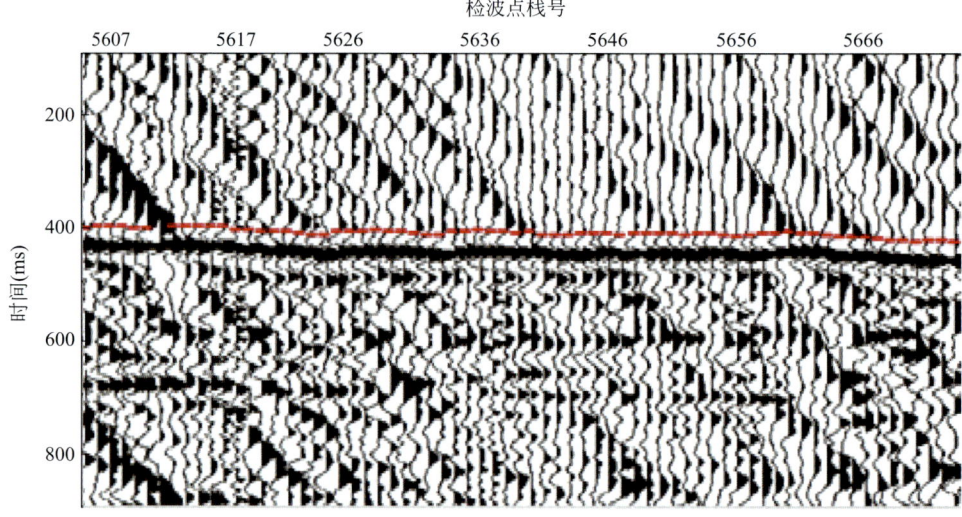

图 3.2.22　波峰时间变时移到起跳点位置

第三节　井约束初至层析反演

在山地复杂构造区，有了高精度的表层控制点（或线）速度和高精度的地震单炮初至旅行时，就可以使用井约束地震单炮初至旅行时层析反演来实现面上表层高精度速度建模。该方法有 3 个优点：一是初至旅行时层析反演不需要区分初至曲线上的直达波、折射波或回折波；二是不需要水平层状介质假设，能适应起伏地表和纵横向的速度变化；三是在表层调查控制点速度约束下建立的近地表模型精度高，可以与中深层偏移速度模型直接融合。

下面，首先从层析的基本原理和主要步骤两方面来描述初至旅行时层析的方法；再讨论井约束初至射线层析反演方法，包括井约束初至旅行时层析反演目标函数和层析反演方程的建立，以及快速推进射线追踪和层析反演方程的求解；第三是论述菲涅尔体初至层析反演，基于菲涅尔体射线路径进行层析反演，提高反演的稳定性；最后是论述级联约束初至层析反演，通过微测井约束和近、中、远道的逐级约束反演，获得较深的速度模型。通过本节论述的井约束初至（旅行时）层析反演技术，可确保获得高精度近地表速度模型，支撑高精度偏移速度模型的建立。

一、初至旅行时层析

1. 基本原理

初至旅行时层析就是用从实际地震资料拾取的初至旅行时通过层析法求解地下速度模型（慢度模型），而基于该模型层析正演得到的初至旅行时能尽可能地逼近从实际地震资料拾取的初至旅行时，即求解使目标函数［式（3.3.1）］最小化的解：

$$\Phi(s) = \|t - G(s)\|^2 \tag{3.3.1}$$

式中，t 是初至旅行时数据；s 表示地下介质的慢度函数；$G(s)$ 是根据当前速度模型 s 正演计算的旅行时。

基于射线理论，地震初至波的旅行时是对介质慢度函数沿射线路径的线积分：

$$t_c = G(s_c) = \int_{L_c} s_c(x,y,z)\,\mathrm{d}r_c \tag{3.3.2}$$

式中，$s_c(x,y,z)$ 表示地下介质的慢度函数（速度的倒数）；$\mathrm{d}r_c$ 表示射线路径的微分；t_c 表示波从震源到接收点的旅行时。

射线路径与介质的慢度函数 $s_c(x,y,z)$ 以及波的类型有关。式（3.3.2）中的 t_c 与 s_c 可近似为线性关系。

另外，在慢度函数 $s(x,y,z)$ 及其射线路径下可得到新的旅行时间 t，则式（3.3.2）可记为：

$$t = \int_L s(x,y,z)\,\mathrm{d}r \tag{3.3.3}$$

式（3.3.3）减式（3.3.2）得：

$$\Delta t = t - t_c = \int_L s(x,y,z)\,\mathrm{d}r - \int_{L_c} s_c(x,y,z)\,\mathrm{d}r_c \tag{3.3.4}$$

在慢度扰动较小时，射线路径不变（$L = L_c$，$\mathrm{d}r = \mathrm{d}r_c$），则式（3.3.4）可以写成：

$$\Delta t = \int_L (s(x,y,z) - s_c(x,y,z))\,\mathrm{d}r$$

进一步化简表示可得：

$$\Delta t = \int_L \Delta s\,\mathrm{d}r \tag{3.3.5}$$

基于地震波传播的有限频层析成像理论（Marquering，1999；Dahlen，2000），对于某一特定震相的地震波观测信息，不仅射线路径上的点对观测信息有影响，射线路径邻域上的点对接收信息同样也有影响，并且空间上不同位置的点对观测信息的影响程度是不同的，这种影响可以用灵敏度核函数来表示。有限频初至波传播的旅行时可用类似于式（3.3.2）的方程表示为：

$$t = G(s) = \int_V H_\mathrm{T}(r)s(r)\mathrm{d}r \tag{3.3.6}$$

式中，V 表示射线路径邻域附近对观测信息影响最大的某一范围，即第一菲涅尔带；$H_\mathrm{T}(r)$ 是灵敏度核函数。

在慢度扰动较小的情况下，可得到类似于式（3.3.5）的有限频初至波传播旅行时延迟时：

$$\Delta t = \int_V H_\mathrm{T}(r)\Delta s(r)\mathrm{d}r \tag{3.3.7}$$

将式（3.3.5）、式（3.3.7）离散后，皆可写成如下矩阵形式的代数方程组：

$$\Delta \boldsymbol{t} = \boldsymbol{A}\Delta \boldsymbol{s} \tag{3.3.8}$$

式中，$\boldsymbol{A}$ 是与慢度场 $s(x,y,z)$ 和核函数有关的初至波传播矩阵，通过初至波传播路径追踪和计算获得；$\Delta \boldsymbol{t}$ 是实际的初至时间与正演旅行时之差，是一个列向量；$\Delta \boldsymbol{s}$ 是对慢度 $s(x,y,z)$ 的修正量，是一个需要求解的列向量。

通过多种方法求解方程（3.3.8），可获得慢度修正量 $\Delta \boldsymbol{s}$，然后对慢度场 s 更新，在新的慢度场基础上，通过初至波传播路径新的追踪建立新的方程（3.3.8），求解新的慢度修正量。如此反复迭代，直到计算的正演旅行时与实际的初至旅行时之差满足一定的精度为止，可得到对初至有较好逼近的慢度场，实现式（3.3.1）最小化目标函数的求解。

2. 初至旅行时层析的主要步骤

初至旅行时层析方法主要由 4 步组成：（1）初至拾取；（2）建立初始模型；（3）正演模拟；（4）反演。各步之间的流程关系如图 3.3.1 所示。

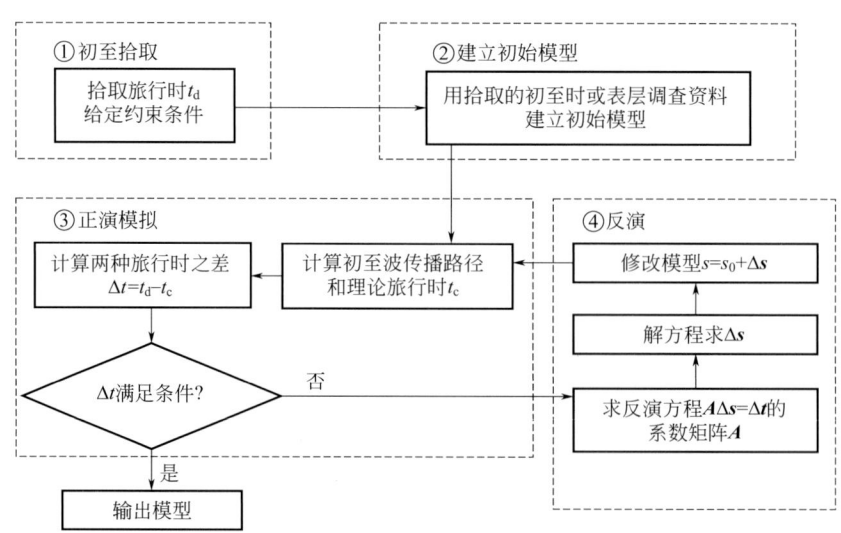

图 3.3.1　地震初至旅行时层析反演流程

第一步是拾取各炮的初至旅行时 t_d。旅行时是地震层析成像反演的基础数据，其质量好坏直接影响层析结果。拾取方法已在本章第二节中论述。

第二步是建立初始速度模型，根据初至旅行时或表层调查资料等建立正演模拟和层析反演所需的初始模型。好的初始模型可使层析反演更高效。

第三步是在初始模型的基础上，计算初至波传播路径、核函数和旅行时 t_c，计算拾取旅行时与正演旅行时之差 $\Delta t = t_d - t_c$。当 Δt 满足精度要求时，输出层析结果；否则，进入下一步。

第四步是根据前一步的结果建立反演方程 $A\Delta s = \Delta t$，其中，Δs 是介质慢度的修正量，Δt 为拾取的旅行时与正演的旅行时之差，$\Delta t = t_d - t_c$；A 为初至波传播矩阵。用适当的算法求解慢度增量，再用慢度增量修正速度模型，然后在新模型的基础上正演、反演迭代，直到满足一定的反演准则（精度）为止。

二、井约束初至射线层析反演

1. 井约束初至射线层析目标函数的建立

1）初至旅行时层析目标函数

在公式（3.3.1）中，目标函数在最小二乘意义（Paige，1982；Saunders，1982）下对模型进行反演求解。只考虑了旅行时误差，其问题在于：一般情况下，给出一个初始慢度模型后，路径较长的射线总体旅行时偏差会更大，因此若仅考虑旅行时的误差，深层结构的特征将比浅层结构的特征对目标函数影响更大，深层的速度结构可能会比浅层结构更早地重建，而得到的结果可能是不合理的。如图 3.3.2 中，考虑了对应于不同慢度模型但其正演旅行时给出相同均方根误差的几种可能情形。假设接收点 R_0 处的旅行时确定，则对于下一接收点 R_1 或 R_2 处的旅行时均方根误差相同，但此时二者的视慢度（旅行时的梯度值）误差不同，这表示两个不同模型。因此，在度量旅行时的误差时，应考虑到接收点的空间分布。

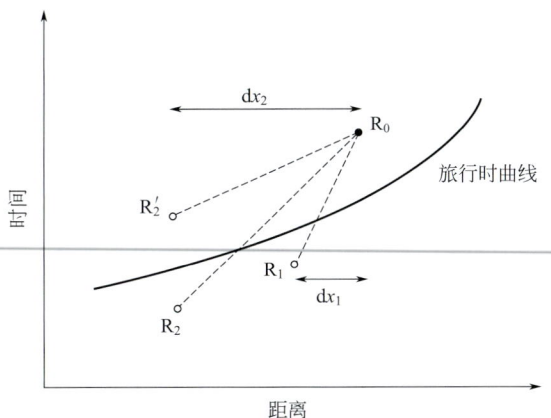

图 3.3.2 R_1、R_2 和 R_2' 有相同的旅行时误差，但它们相对于 R_0 的梯度不同（据 Zhang，1998）

即使对于相同位置的接收点 R_2 和 R_2'，相同的旅行时均方根误差也可能对应于不同的旅行时梯度。

定义 $\bar{t} \stackrel{\text{def}}{=} \dfrac{t}{l}$ 表示平均慢度，$\hat{t} \stackrel{\text{def}}{=} \dfrac{\partial t}{\partial x}$ 表示视慢度。为了使得浅层和深层的速度场都能更好地重建，利用平均慢度则可以使不同长度的射线的拟合误差保持在相同水平，更好地重建浅层速度场；利用视慢度更容易重建深层的速度场。因此需要对式（3.3.1）进行改进，以更好地反映层析是对旅行时曲线的逼近而非对绝对旅行时的逼近（Zhang，1998），层析反演目标函数就变成：

$$\Phi(s) = (1-\omega)\|C_l(t - G(s))\|^2 + \omega\|D_x(t - G(s))\|^2 \qquad （3.3.9）$$

式中，t 是旅行时数据；$G(s)$ 是根据当前模型计算出来的旅行时；C_l 是旅行时与相应射线长度 l 之比的算子，并返回沿射线路径的平均慢度 $\bar{t}$，这里射线长度 $l(s)$ 是一个在层析反演中要被不断更新的可变参数；D_x 是旅行时对偏移距的差分算子；$\hat{t} = D_x t$ 返回旅行时距曲线的梯度（视慢度）；ω 是平均慢度误差模和视慢度误差模之间的加权因子。

2）井约束初至层析目标函数

层析反演问题是一个混定问题，仅考虑对于数据的拟合（即使加入对于旅行时的梯度的拟合），一般不能给出正确的解，需加上一些约束来保持反问题求解时的数值稳定性，确保能求得一个"合理"的解。模型的正则化对于反问题的求解是不可或缺的，它可以使问题的解不依赖于模型的离散化，但不是所有的正则化方法对于层析反演的效果都好，因此要选择适当的正则化方法。

常用的正则化约束条件包括两类：（1）地质先验资料和钻井、测井信息；（2）对解的光滑度要求。这两类约束条件可以单独使用，也可以综合使用。

首先，在复杂山地，表层出露岩性复杂、纵向不同岩性叠置、纵横向近地表速度变化大。为弄清近地表速度结构，常在工区布设较高密度的近地表速度控制点，通过微测井、双井微测井、微 VSP、小折射等表层调查手段，获得了较高密度控制点上的高精度近地表速度曲线，这些控制点上的速度曲线（s_0^w）作为先验信息加入目标函数，就可得到井约束层析反演目标函数（3.3.10），实现井约束的层析反演。

$$\Phi(s) = (1-\omega)\|C_l(t - G(s))\|^2 + \omega\|D_x(t - G(s))\|^2 + \sigma\|s^w - s_0^w\|^2 \qquad （3.3.10）$$

式中，σ 是控制点速度约束的权系数，增大 σ 可加强控制点速度曲线对反演的约束，突出控制点速度的约束作用。

另外，在对解的光滑度要求方面，采用 Tikhonov（1977）正则化方法，利用微分算子对模型进行正则化约束。Tikhonov 正则化方法利用微分算子来得到一个"光滑"的解。考虑以下两种算子：

一阶微分正则化算子 $\qquad R_1 = \nabla, \quad S_3 = \int (\nabla s(x))^2 \, dx$

二阶微分正则化算子 $\qquad R_2 = \nabla^2, \quad S_4 = \int (\nabla^2 s(x))^2 \, dx$

采用微分型正则化方式得到的解为最少"结构"解。最少"结构"解中只包含与数据匹配的最少的"结构"量，即最简单的解，这样可以尽可能地减少仅为了拟合数据而产生的假象。Backus 和 Gilbert（1968）利用一阶微分约束得到最平解，二阶微分约束得到最光滑解。数值计算表明，高阶微分算子有助于恢复慢度模型中的非线性结构，但高阶正则化可能引起慢度模型在分界面上的振荡。一阶微分算子数值上等价于在模型空间中进行线性插值，而二阶微分算子对应于三次样条插值。微分算子的离散形式即为差分算子。

在目标函数中加入控制点速度约束、光滑性约束，这样使得解更合理、更可靠。加入光滑约束等正则化约束条件，反问题变成了最小化式（3.3.11）目标函数，这就是井约束层析反演目标函数：

$$\Phi(s) = (1-\omega)\|C_l(t - G(s))\|^2 + \omega\|D_x(t - G(s))\|^2 + \sigma\|s^w - s_0^w\|^2 + \tau_1\|R_1 s\|^2 + \tau_2\|R_2 s\|^2 \quad (3.3.11)$$

式中，R_1 是一阶微分正则化算子；τ_1 是光滑度调节参数；R_2 是二阶微分正则化算子；τ_2 是光滑度调节参数。

正如大家看到的，目标函数（3.3.11）包含的 4 项都与慢度有关：平均慢度误差、视慢度误差、控制点慢度误差、模型慢度粗糙度。

2. 井约束初至层析反演方程

式（3.3.11）是一个非线性的连续形式的目标函数优化问题，为方便求解，对其离散化，然后线性化，采用迭代反演策略进行数值求解。

极小化目标函数（3.3.11）的最优解，经离散化、线性化后，转化为对（3.3.12）线性方程组解的迭代。

$$((1-\omega)\boldsymbol{A}_k^{\mathrm{T}}\boldsymbol{A}_k + \omega\boldsymbol{B}_k^{\mathrm{T}}\boldsymbol{B}_k + \tau_1\boldsymbol{R}_1^{\mathrm{T}}\boldsymbol{R}_1 + \tau_2\boldsymbol{R}_2^{\mathrm{T}}\boldsymbol{R}_2 + \sigma\boldsymbol{P}^{\mathrm{T}}\boldsymbol{P})\Delta s$$
$$= (1-\omega)\boldsymbol{A}_k^{\mathrm{T}}(\bar{t} - \bar{G}(s_k)) + \omega\boldsymbol{B}_k^{\mathrm{T}}(\hat{t} - \hat{G}(s_k))$$
$$-\tau_1\boldsymbol{R}_1^{\mathrm{T}}\boldsymbol{R}_1 s_k - \tau_2\boldsymbol{R}_2^{\mathrm{T}}\boldsymbol{R}_2 s_k - \sigma\boldsymbol{P}^{\mathrm{T}}(\boldsymbol{P}s_k - s_0^w) \quad (3.3.12)$$

其中
$$\boldsymbol{A}_k = C_l \frac{\partial G(s_k)}{\partial s}, \quad \boldsymbol{B}_k = \frac{\partial^2 G(s_k)}{\partial s \partial x}$$

式中，$\boldsymbol{A}_k^{\mathrm{T}}$ 是矩阵 $\boldsymbol{A}_k$ 的转置；$\boldsymbol{B}_k^{\mathrm{T}}$ 是矩阵 $\boldsymbol{B}_k$ 的转置；s_k 是模型当前的慢度；Δs 是慢度更新量；$\boldsymbol{R}_1$ 为一阶差分算子；$\boldsymbol{R}_1^{\mathrm{T}}$ 是 $\boldsymbol{R}_1$ 的转置；$\boldsymbol{R}_2$ 为二阶差分算子；$\boldsymbol{R}_2^{\mathrm{T}}$ 是 $\boldsymbol{R}_2$ 的转置；$\boldsymbol{P}$ 为抽样算子，在有控制点速度的单元为 1，其他单元为 0；$\boldsymbol{P}^{\mathrm{T}}$ 是 $\boldsymbol{P}$ 的转置。

对方程组（3.3.12）的求解等价于如下方程组求解：

$$\begin{bmatrix} (1-\omega)\boldsymbol{A}_k \\ \omega\boldsymbol{B}_k \\ \tau_1\boldsymbol{R}_1 \\ \tau_2\boldsymbol{R}_2 \\ \sigma\boldsymbol{P} \end{bmatrix}\Delta s = \begin{bmatrix} (1-\omega)(\bar{t} - \bar{G}(s_k)) \\ \omega(\hat{t} - \hat{G}(s_k)) \\ -\tau_1\boldsymbol{R}_1 s_k \\ -\tau_2\boldsymbol{R}_2 s_k \\ -\sigma(\boldsymbol{P}s_k - s_0^w) \end{bmatrix} \quad (3.3.13)$$

3. 快速推进射线追踪

实际介质的速度是复杂多样的，要用一个精确的射线追踪具有解析解的简单速度函数来描述整个模型内的速度分布是很困难的，为此，常用矩形网格剖分实际介质，并给定网格节点速度（或慢度）。基于这些模型，形成了多种射线追踪方法，如试射法（Shooting method）、弯曲法（Bending method）等，这类追踪算法往往会收敛到一个局部最小旅行时的路径，计算精度不高。图论方法通过网格细化，能提高射线追踪的精度，但其计算资源开销大，效率不高。基于程函方程的有限差分解方法能以较高的精度计算复杂模型的初至波旅行时，而在此基础上优化得到的快速推进方法 (FMM)，是一种基于离散网格求解非线性程函方程的稳定的数值算法，因其合理解决了推进波前面在旅行时梯度不连续处的扩展和传播问题，具有无条件稳定与计算效率高的特点。

1）程函方程的有限差分解

考虑三维程函方程：

$$\|\nabla u(x,y,z)\| = s(x,y,z) \tag{3.3.14}$$

式中，∇ 是梯度算子；$\|\cdot\|$ 表示 2-范数；$u(x,y,z)$ 是旅行时，s；$s(x,y,z)$ 是慢度，s/m。

应用迎风差分格式，有：

$$\|\nabla u\| \approx \begin{bmatrix} \max(D_{ijk}^{-x}u,0)^2 + \min(D_{ijk}^{+x}u,0)^2 + \\ \max(D_{ijk}^{-y}u,0)^2 + \min(D_{ijk}^{+y}u,0)^2 + \\ \max(D_{ijk}^{-z}u,0)^2 + \min(D_{ijk}^{+z}u,0)^2 \end{bmatrix}^{1/2} = s_{ijk} \tag{3.3.15}$$

其中，前向和后向差分算子定义为

$$\begin{cases} D_{ijk}^{-x}u = \dfrac{u_{i,j,k} - u_{i-1,j,k}}{h}, & D_{ijk}^{+x}u = \dfrac{u_{i+1,j,k} - u_{i,j,k}}{h} \\ D_{ijk}^{-y}u = \dfrac{u_{i,j,k} - u_{i,j-1,k}}{h}, & D_{ijk}^{+y}u = \dfrac{u_{i,j+1,k} - u_{i,j,k}}{h} \\ D_{ijk}^{-z}u = \dfrac{u_{i,j,k} - u_{i,j,k-1}}{h}, & D_{ijk}^{+z}u = \dfrac{u_{i,j,k+1} - u_{i,j,k}}{h} \end{cases} \tag{3.3.16}$$

另一种计算较方便的差分格式为：

$$\begin{bmatrix} \max(D_{ijk}^{-x}, -D_{ijk}^{+x}u, 0)^2 + \\ \max(D_{ijk}^{-y}u, -D_{ijk}^{+y}u, 0)^2 + \\ \max(D_{ijk}^{-z}u, -D_{ijk}^{+z}u, 0)^2 \end{bmatrix}^{1/2} = s_{ijk} \tag{3.3.17}$$

差分所采用的模板中每个网格节点有 6 个邻点，如图 3.3.3 所示。注意到方程（3.3.17）实际上是 u_{ijk} 的分片二次方程（假定 u 的邻点值都已经计算），因此可依次更新 u 在各节点的值。

2）快速推进方法

快速推进方法（FMM）的关键在于以"顺风"方式逐步构造解：注意到式（3.3.17）的迎风格式表明射线路径是"单向"推进的，即从小的值向大的值推进，因此 FMM 依赖于通过从较小的 u 值向外构造解来求解式（3.3.17）。通过限制"构造带"于波前附近的一个窄带，可以使算法更快。这个方法来源于 Chopp(1993) 用于还原图像所引入的窄带技巧，其基本思想是：考虑已有波前附近的一个窄带点集，向前推进此窄带，固定已有点的值并将新的（波前）点引入到波前点集，从而实现波前的"顺风"推进，其关键在于选择波前点集中哪个点进行更新。

考虑二维情形的程函方程，边界条件在原点给定，如图 3.3.4 中的黑圈表明该点 u 值已知（初始点），而浅灰色的球表明该点的解未知。

可以从已知值开始"顺风"执行算法，计算其 4 个相邻点的值，如图 3.3.5（a）所示。这将会给出在 A、B、C 和 D 位置上的 4 个网格点各自的值，在图 3.3.5（b）中用深灰色的球表示。选择深灰色球里面旅行时最小的网格点继续向前扩展。因为采用"迎风"格式，任何点不会受有较大值的网格点影响，因此，可以固定波前带中旅行时最小的点，并继续向前扩展。

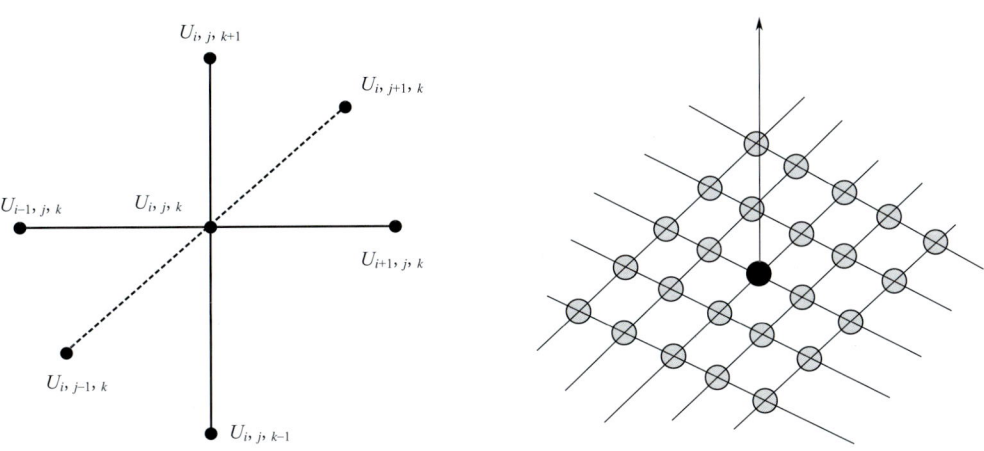

图 3.3.3 差分模版（网格节点 (i, j, k) 及其 6 个邻点）　　图 3.3.4 FMM 起始状态

这个算法之所以有效，是因为重新计算"顺风"的邻域点的值的过程不会产生比已接受的旅行时更小的值。因此，可以向外推进解，选择窄带中的最小值点，并重新调整顺风邻域点的值。

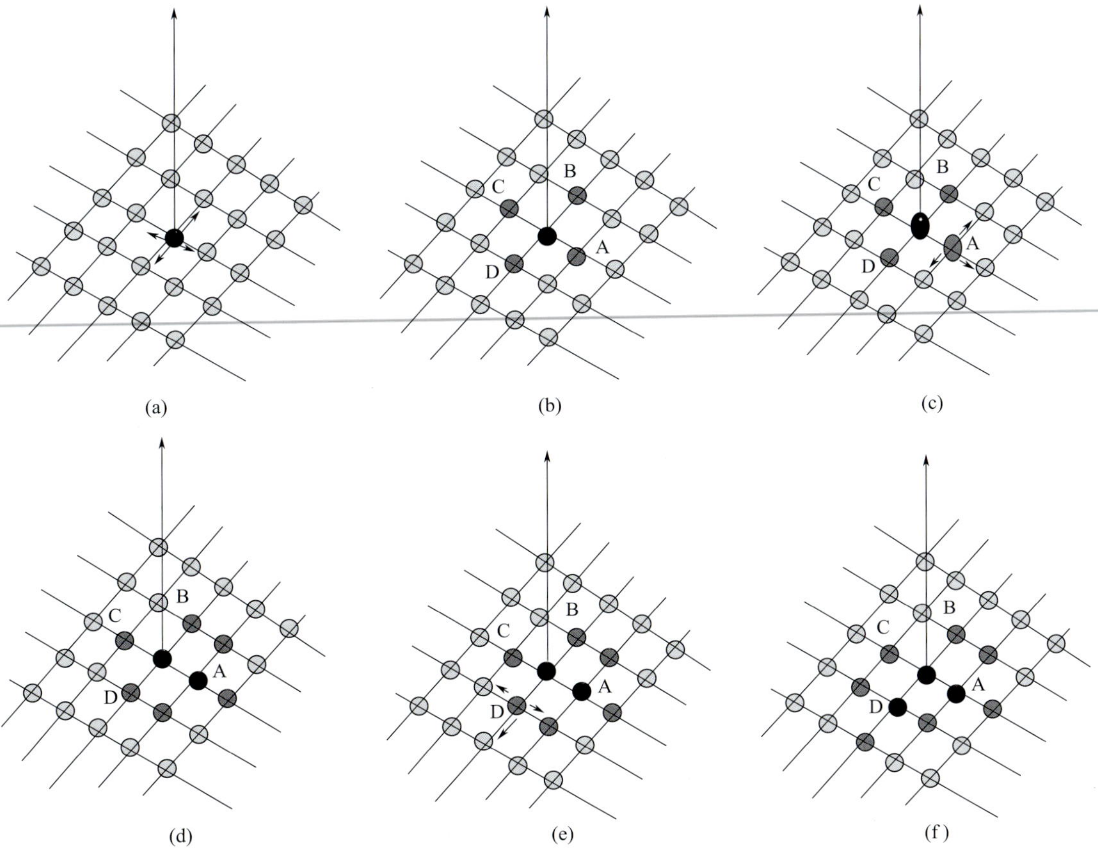

图 3.3.5 FMM 的网格点计算过程（据 van Trier，1991；Symes，1991）

（a）"顺风"算法的起始点；（b）计算 4 个相邻点的值，设置成灰色；（c）找到 4 个相邻点中最小的值点"A"；（d）确定"A"，计算"A"相邻的值，置深灰；（e）找出深灰色点中最小值的点位置"D"；（f）固定 D，计算相邻位置点的值

4. 层析反演方程的求解

对离散化、线性化后的方程的求解，有多种迭代法可供选择，如共轭梯度法（CG）、代数重建算法（ART）、联合迭代重建算法（SIRT）、迭代最小二乘算法（ILST）、奇异值分解（SVD）方法、最小二乘 QR 分解算法（Lease Square QR-decomposition，LSQR）等，其中 LSQR 方法计算速度快且稳定。

Paige 和 Saunders(1982) 提出了用最小二乘 QR 分解算法（LSQR）求解大型稀疏线性方程组。它可以利用稀疏矩阵的结构，仅需要计算矩阵和向量的乘积，存储量和计算量都是较小的；在观测数据有较大误差时能较好地控制解估计的分辨率和方差，并且对于约束条件也比较容易处理，稳定性也有保证。

5. 应用实例

1）理论模型

理论模型（图 3.3.6）是一个三层模型，第一层速度为 12000ft/s，第二层速度为 15000ft/s，第三层速度 19000ft/s，共有 8 炮，每炮 49 道。图 3.3.7 是初至旅行时，图 3.3.8 是初始模型，反演结果及反演过程中的射线分布如图 3.3.9 和图 3.3.10 所示，反演结果与理论模型（图 3.3.6）有很强的相似性，速度值也比较接近真实速度。由射线分布图可以判断其浅层和模型中部反演结果是比较可靠的。

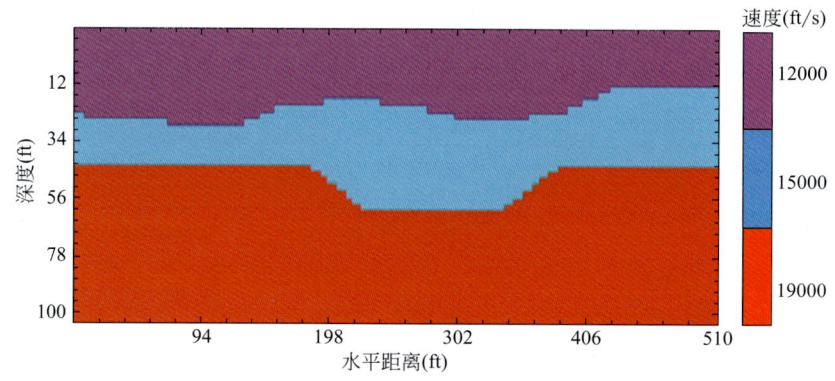

图 3.3.6 带凹陷的理论模型

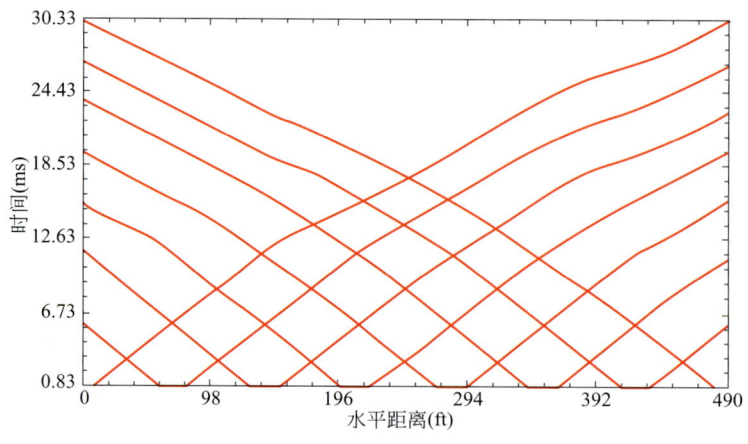

图 3.3.7 理论模型的时距图

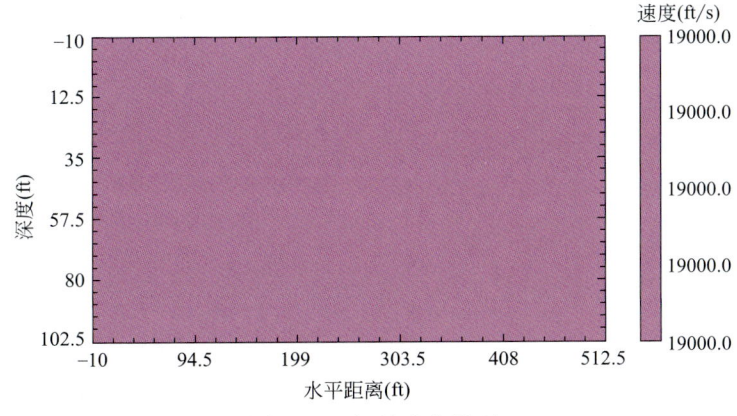

图 3.3.8 初始速度模型

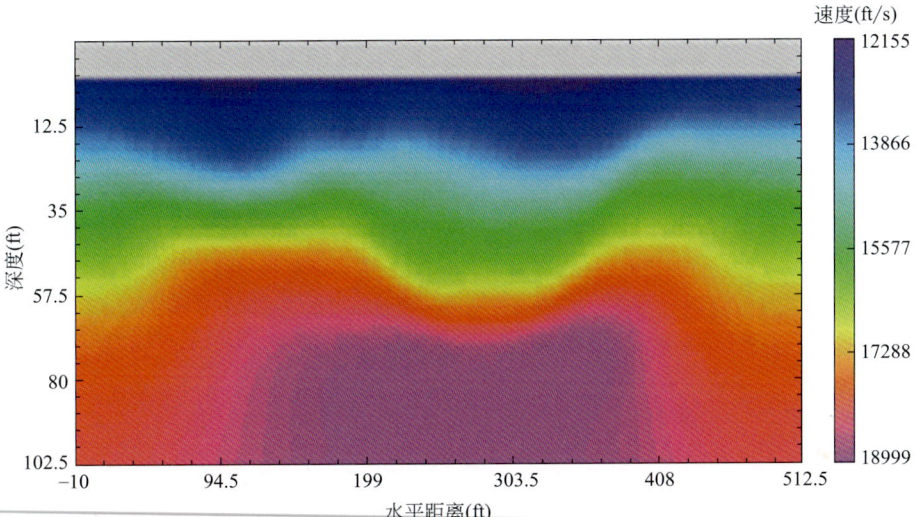

图 3.3.9 射线层析反演后速度模型

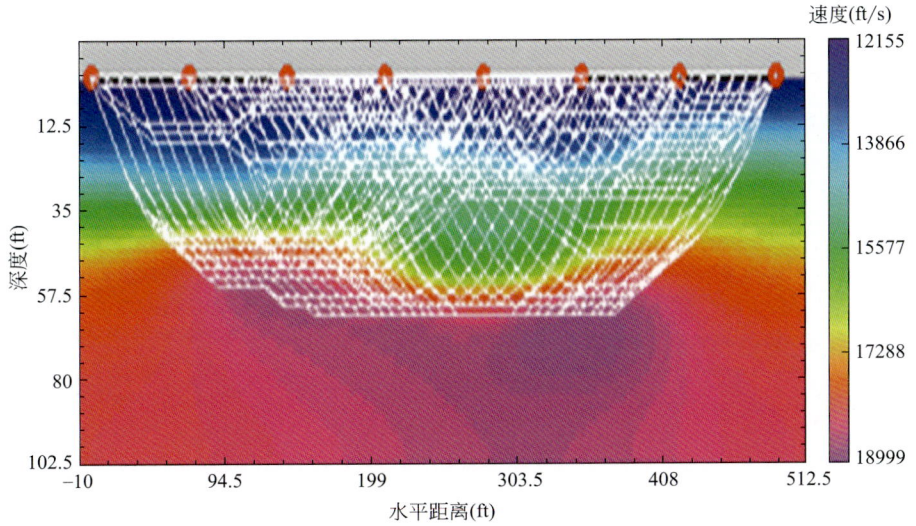

图 3.3.10 射线层析反演后速度与射线分布

2）实际地震资料

四川盆地某山地地震测线的炮记录资料采用初至射线层析，计算迭代 8 次，迭代误差由 119 下降至 32，且呈现快速收敛状态，如图 3.3.11 所示，整体的旅行时差处于 0~20ms 之间。反演后的速度模型平滑，高速层顶界面清晰，浅层速度分布无异常与畸变出现（图 3.3.12）。射线密度分布（图 3.3.13）浅层有较好的聚焦。地表速度范围为 986~2600m/s，层析反演结果体现了该地区表层速度变化剧烈、横向速度变化大的特点。从静校正量应用效果来看（图 3.3.14、图 3.3.15），层析静校正后叠加剖面浅、中和深层同向轴连续性均得到增强，特别在构造翼部、顶部区域和浅层区域成像效果均优于高程静校正，有效信号同向轴的连续性增强明显。

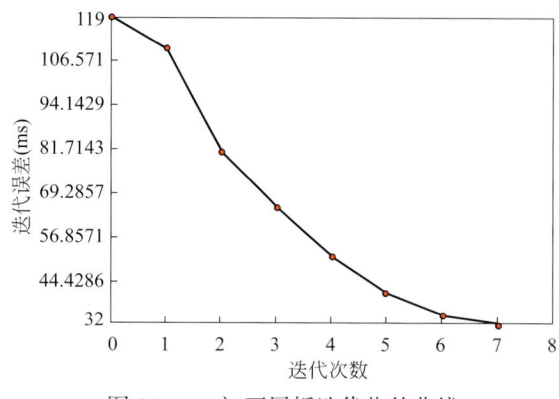

图 3.3.11 初至层析迭代收敛曲线

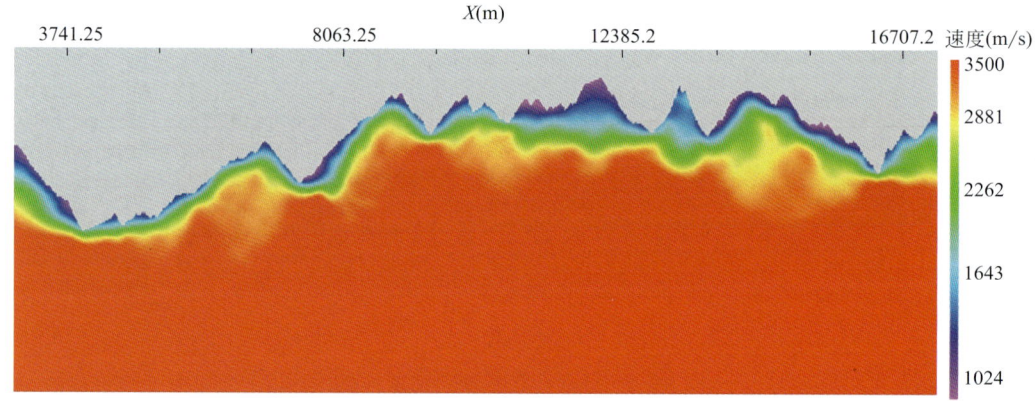

图 3.3.12 四川某测线反演速度模型

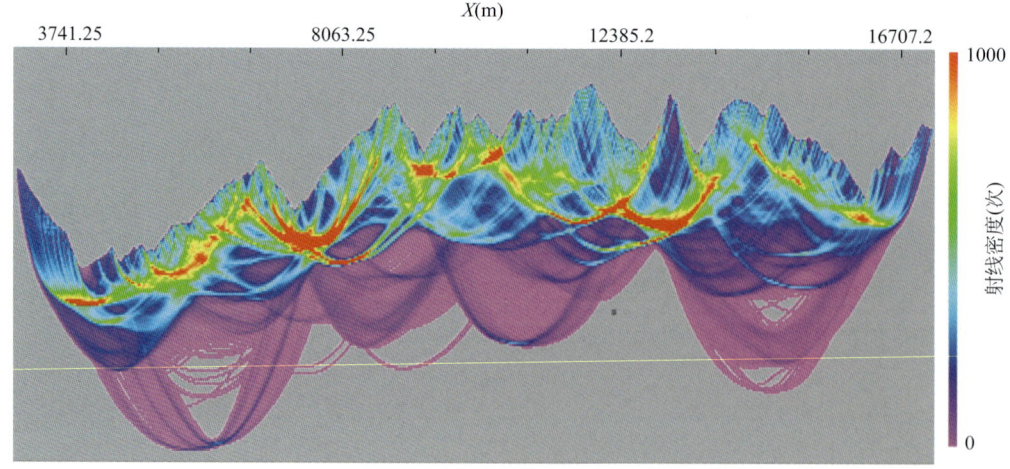

图 3.3.13 射线密度分布
红色代表高射线密度，紫色代表低射线密度

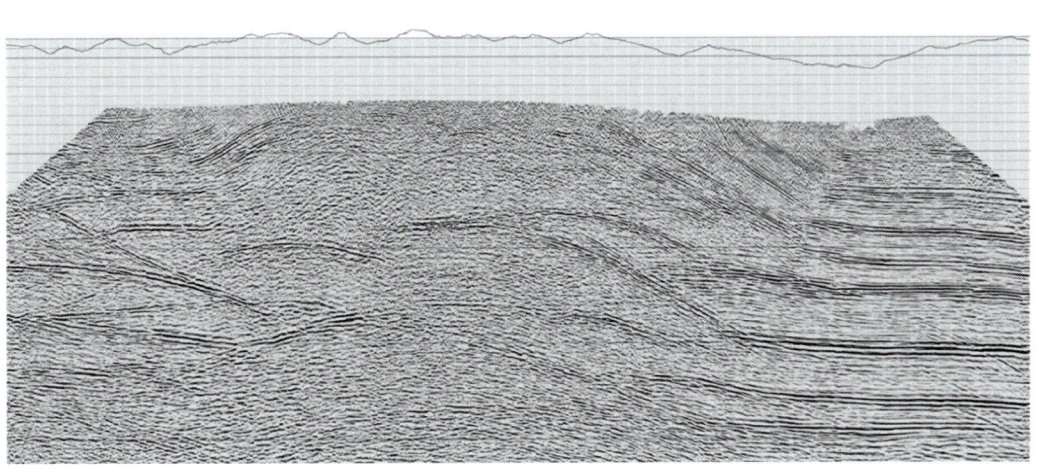

图 3.3.14　高程静校正叠加剖面

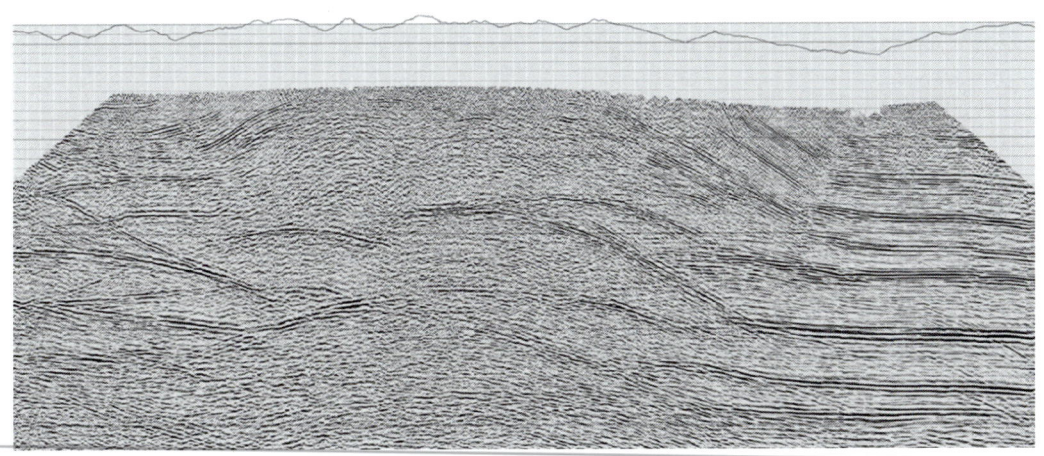

图 3.3.15　层析静校正叠加剖面

三、菲涅尔体初至层析反演

用于近地表速度层析反演的射线有高频近似射线路径、菲涅尔体射线路径等。前面介绍的井约束初至射线层析反演是基于高频近似射线理论的，是单路径的。层析反演时只对射线经过的网格速度进行修正，具有效率高、初始模型依赖性低等优点，在实际生产以及理论研究方面至今仍有着大量的应用，但在复杂地质结构情况下，射线层析的稳定性难以满足要求。

而菲涅尔体初至旅行时层析反演（刘玉柱等，2009）以单路径射线为中心，第一菲涅尔带范围（Cerveny，1992；Soares，1992）内的所有射线路径均参与网格速度修正，在发挥旅行时层析快速、稳定的优点的基础上，对复杂介质地震波的传播进行了更精确的描述，使得射线覆盖范围更宽，照明范围更广，阴影区更少，反演模型更可靠。

1. 菲涅尔体初至层析反演方程

基于高频近似射线路径的近地表速度层析反演，只有射线路径上的点对地震旅行时具有影响，而且射线路径上的任意点对接收的旅行时信息具有相同的影响权重（刘玉柱，2009；董良国，2009 等）。

然而，根据地震波传播的有限频理论，对于某个特定震相的观测信息，不仅射线路径上的点对该信息具有影响，中心射线邻域上的其他点对接收信息也具有影响，而且空间不同位置的点对接收信息的影响程度是不同的。这种影响可以用核函数来表达。

有限频初至波传播的旅行时方程为：

$$t = \int_V H_T(r)s(r)\mathrm{d}r \tag{3.3.18}$$

式中，$K_T(r)$ 为旅行时层析核函数；V 为中心射线附近对初至信息贡献最大的邻域范围，即菲涅尔体。

有限频初至波传播的旅行时延迟 Δt 可以表达为：

$$\Delta t = \int_V K_T(r)\Delta s(r)\mathrm{d}r \tag{3.3.19}$$

公式（3.3.19）就是菲涅尔体初至旅行时层析反演的基本方程。离散后，写成如下矩阵形式的代数方程组：

$$\Delta t = A\Delta s \tag{3.3.20}$$

式中，A 是与慢度场 $s(x,y,z)$ 和核函数 $K_T(r)$ 有关的初至波传播矩阵。

可根据如图 3.3.1 所示的地震旅行时层析反演流程，基于初至旅行时和初始速度模型进行迭代反演，获得近地表速度模型。与初至射线层析反演相比较，其关键是菲涅尔体层析核函数的计算和菲涅尔体边界的确定。

2. 菲涅尔体初至层析核函数的计算

地震波场振幅与相位的一阶扰动遵循 Rytov 近似（Wielandt，1987）。背景地震波场 u_0 表达式（Wielandt，1987）为：

$$u_0 = A_0(\boldsymbol{r},\omega)\exp[\mathrm{i}\phi_0(\boldsymbol{r},\omega)] \tag{3.3.21}$$

通过 Spetzler G（2004）、Snieder R（2004）的研究，得到了单频旅行时层析核函数表达式：

$$K_T(r,\omega) = \frac{2\omega}{v_0(r)} \cdot \mathrm{Im}\left[\frac{G_0(g,r)u_0(r,s)}{u_0(g,s)}\right] \tag{3.3.22}$$

式中，ω 表示圆频率；$v_0(r)$ 为当前速度场；$G_0(g,r)$ 为源在 r 处、接收点在 g 处的格林函数；$u_0(g,s)$ 为源点在 s、接收点在 g 处的地震波场；$\mathrm{Im}(\cdot)$ 表示取复数的虚部。

由此可见，单频旅行时层析核函数的计算关键在于格林函数的求取与理论波场的合成。对于简单的情况，如均匀介质、脉冲点源情况下，可以在理论上得到核函数的解析表达式。对于复杂的情况，则需要采用波动方程或动力学射线追踪，利用式（3.3.22）数值计算菲涅尔体层析核函数。

考虑到观测数据具有一定的带宽，给出以下带限菲涅尔体旅行时层析核函数表达式：

$$K_T(r) = \int_{\omega_1}^{\omega_2} P(\omega) K_T(r,\omega) d\omega \qquad (3.3.23)$$

式中，$P(\omega)$ 为高斯权系数，可以采用振幅谱或高斯公式计算得到。它满足关系式 $\int_{\omega_1}^{\omega_2} P(\omega) d\omega = 1$。

$P(\omega)$ 由高斯公式（3.3.24）计算得到：

$$P(\omega) = w(\omega) \Big/ \int_{\omega_1}^{\omega_2} w(\omega) d\omega \qquad (3.3.24)$$

$$w(\omega) = \frac{1}{\sigma\sqrt{2\pi}} e^{-\frac{(\omega-\omega_0)^2}{2\sigma^2}} \qquad (3.3.25)$$

式中，ω 表示圆频率；σ 表示中心圆频率 ω_0 附近具有较高能量的带宽展布范围。

3. 菲涅尔体边界的确定

菲涅尔体层析中的另一个主要问题是菲涅尔体边界 V 的确定。菲涅尔体大小与频率有关，为了确定带限菲涅尔体的范围，首先考虑背景场为均匀介质、脉冲点源激发这一特殊情况下的单频与带限菲涅尔体边界的确定方法。

在均匀介质、脉冲点源激发情况下，式（3.3.22）中的无扰动波场即为格林函数。根据均匀介质中格林函数解析表达式（3.3.26）、式（3.3.27），即得到均匀介质、脉冲点源情况下单频旅行时层析核函数表达式：

二维
$$G_0^{2D}(g,s) = \frac{i}{4} H_0^{(1)}(k_0|s-g|) \qquad (3.3.26)$$

三维
$$G_0^{3D}(g,s) = \frac{e^{ik_0|s-g|}}{4\pi|s-g|} \qquad (3.3.27)$$

公式（3.3.26）为二维均匀介质格林函数解析表达式，s 表示激发点；$H_0^{(1)}$ 为第一类 0 阶 Hankel 函数。公式（3.3.27）为三维均匀介质格林函数解析表达式。

$$K_T(r,\omega) = \sqrt{\frac{l_{sg}\omega}{2\pi v l_{rs} l_{rg}}} \sin\left(\omega \Delta t + \frac{\pi}{4}\right) \qquad (3.3.28)$$

$$K_T(r,\omega) = \frac{l_{sg}\omega}{2\pi v l_{rs} l_{rg}} \sin(\omega \Delta t) \qquad (3.3.29)$$

其中
$$\Delta t = \frac{l_{rs} + l_{rg} - l_{sg}}{v} \qquad (3.3.30)$$

式中，l_{rs}、l_{rg}、l_{sg} 分别代表 r 到 s、r 到 g、s 到 g 的距离；Δt 为绕射射线（$s \to r \to g$）相对与中心射线（$s \to g$）的旅行时延迟，即：

根据波的同相叠加原理，在菲涅尔体初至层析中，将式（3.3.28）、式（3.3.29）中心射线邻域内核函数值大于零的范围定义为单频菲涅尔体范围。在带限菲涅尔体地震层析成像中，带限菲涅尔体的边界很难根据某种原则进行确定，尤其当多路径存在时，可利用某个特定频率的单频菲涅尔体边界近似替代带限菲涅尔体边界。菲涅尔体层析核函数与炮检点的位置、介质速度结构、子波、频率等多个因素有关。在复杂介质情况下，核函数也会很复杂。根据 Liu（2009）和 Dong（2009），在平缓非均匀介质中，带限菲涅尔体边界仍然可以采用单频菲涅尔体边界进行近似确定。缓变非均匀介质中的带限菲涅尔体数值模拟结果如图 3.3.16 所示。

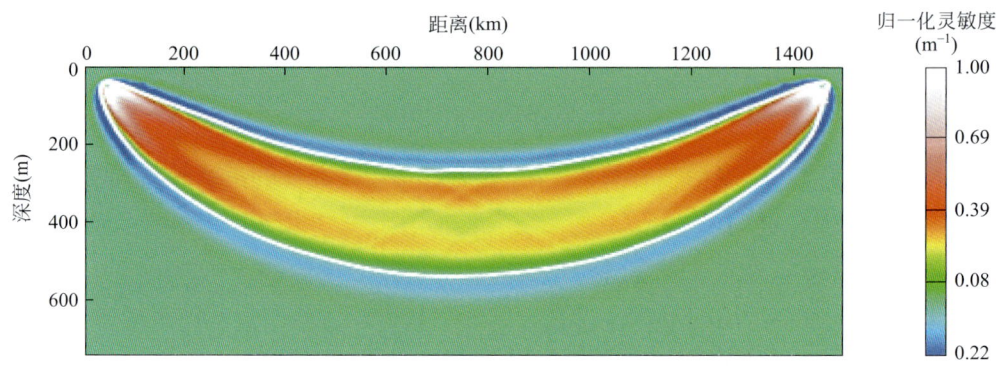

图 3.3.16　等梯度模型点源激发情况下旅行时带限层析核函数

二维旅行时带限层析核函数，由 0~100Hz 之间每 2Hz 离散采样的单频层析核函数高斯加权叠加得到。激发点位于（50m，50m）处，检波点位于（1450m，50m）处。白色线为 50Hz 中心频率对应的菲涅尔体范围 (Liu，2009；Dong，2009)。

4. 菲涅尔体初至层析反演方程的求解

为求解式（3.3.20），首先，将三维模型网格化为长方体单元，并对所有网格进行编号，假设每个网格的编号为 j，总共有 J 个网格，l_{ij} 是第 i 条菲涅尔体路径中心射线在第 j 单元中的射线段长度，与 l_{ij} 对应的菲涅尔体内相邻的单元数为 K，其中第 k 个单元所对应的体积为 v_k，K 个单元的总体积为 V，通过灵敏度核函数公式（3.3.23）计算每个网格的权重系数为 w_k，那么就可以建立出菲涅尔体反演方程：

$$\sum_{j=1}^{J}\sum_{k=1}^{K} w_k \frac{v_k}{V} l_{ij} \Delta s_k = \Delta t_i \quad (3.3.31)$$

式中，Δt_i 表示第 i 个炮检对的实际初至时间与菲涅尔体正演旅行时之差；Δs_k 表示第 k 个单元的慢度扰动量，是方程的待求未知量；w_k 应满足 $\sum_{k=1}^{K} w_k = 1$。

对所有的炮检点对，都可以建立如公式（3.3.31）所示的方程，这就形成了一个大型线性方程组，即得到了基于菲涅尔体的层析反演方程组。可以用代数重建法（ART）、同时迭代重建技术（SIRT）、反投影算法（BRT）、最小二乘 QR 分解算法（LSQR）等方法迭代求解。

下面介绍求解菲涅尔体层析反演方程组的迭代反投影法（BRT）。

（1）基于初始速度（慢度）模型，对第 i 个炮检对，进行初至波菲涅尔体路径追踪，计算正演初至旅行时，求取第 i 个炮检对的实际初至时间与菲涅尔体正演旅行时之差 Δt_i。

（2）菲涅尔体路径的中心射线穿过模型网格被分成多段，可计算得到每段长度 l_{ij}，累计得到中心射线总长 $L_i = \sum_{j}^{J} l_{ij}$。根据每段长度 l_{ij} 在线段总长 L_i 中所占的比重，分配 Δt_i，得到各网格单元上的旅行时误差：

$$\Delta t_{ij} = \frac{l_{ij}}{L_i} \Delta t_i \tag{3.3.32}$$

从而可以算各网格单元的慢度变化值为：

$$\Delta s_{ij} = \frac{\Delta t_{ij}}{l_{ij}} \tag{3.3.33}$$

（3）按 l_{ij} 对应的菲涅尔体内相邻 K 个网格单元各自所占比重及权重系数 w_k，再分配 Δs_{ij}，得到菲涅尔体内相邻各网格单元的慢度修改量 Δs_k：

$$\sum_{k=1}^{K} w_k \frac{v_k}{V} \Delta s_k = \Delta s_{ij} \tag{3.3.34}$$

（4）遍历全部炮检对，每个网格单元会得到多个修改量，取平均值即为该网格单元的最终慢度修改量。

（5）再在修正后的慢度模型上，重复上述4步，反投影计算每个网格单元慢度修正值，再在更新的慢度模型的基础上迭代计算，直到旅行时误差足够小，停止迭代，输出菲涅尔体初至层析反演速度模型。

上述迭代反投影算法中，每个炮检对所对应的菲涅尔体路径的求解是相互独立的。这样就可以把大型方程组的求解化解成多个单个方程来计算，避免了计算过程中的大量存储问题，而且有利于并行运算的实现，提高计算效率。

5. 应用实例

1）理论模型

设计二维复杂地表理论模型如图 3.3.17 所示，模型离散为 4001×75 个网格，采样间隔为 10m×10m，速度从 800m/s 变化到 4300m/s。利用弹性波方程合成 640 炮记录，第一个激发点位于水平方向 5000m 处，激发点水平间隔 40m，中间激发两边接收，接收点水平间距为 20m，最大偏移距 2000m，最小偏移距 0m。图 3.3.18 为分别位于水平方向 9000m 与 26000m 处的两个单炮模拟记录的垂直分量。在模拟记录上

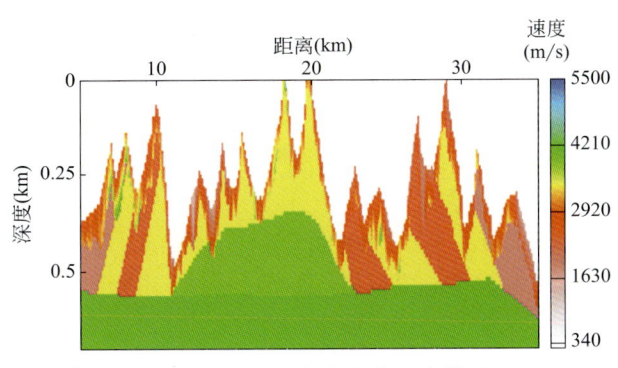

图 3.3.17　二维复杂起伏地表模型

拾取初至后分别进行初至波射线旅行时层析与初至波菲涅尔体旅行时层析，反演结果如图 3.3.19 所示。为了定量对比两种层析方法在该理论模型上的反演效果，提取地表以下 0~160m 不同深度处的速度曲线，如图 3.3.20 所示。从图 3.3.19、图 3.3.20 可以看出，射线层析基本上可以准确地反演出模型的背景场信息，但对介质的高波数扰动不够敏感，而菲涅尔体层析成像方法在准确地反演出低波数成分的同时，还可以准确地反演出较高波数的成分。

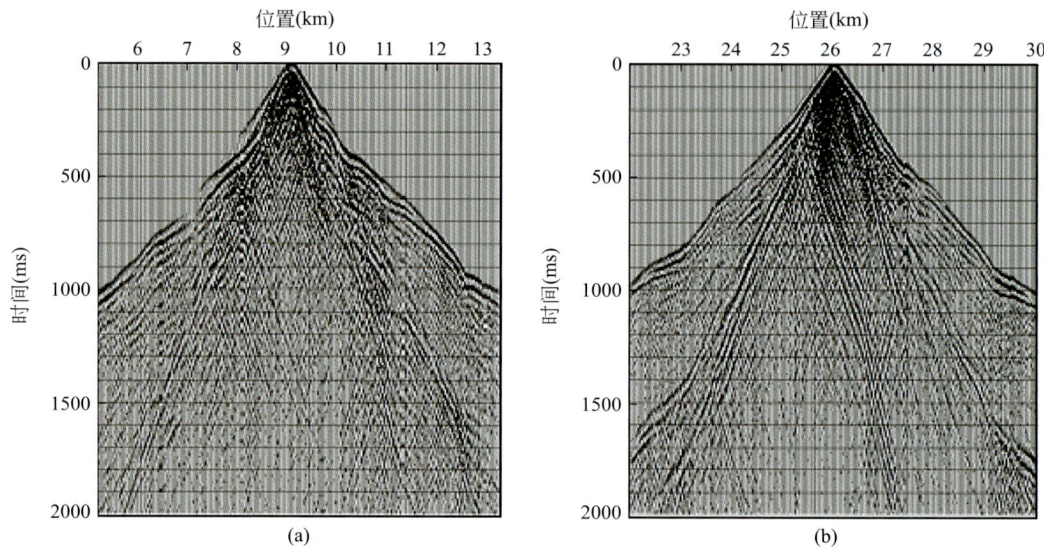

图 3.3.18 位于地表水平方向 9000m（a）、26000m（b）处的两个单炮记录的垂直分量

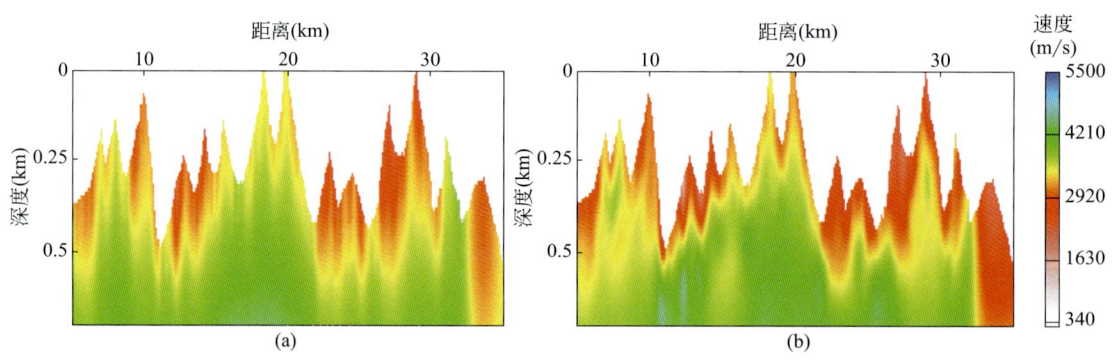

图 3.3.19 初至波射线旅行时层析（a）与菲涅尔体旅行时层析（b）结果

2）实际地震资料应用

分别选用一个山地二维地震资料和一个山地三维地震资料进行层析反演。为了初步检验应用效果，主要将层析速度反演结果用于静校正，改进波场的规则性和资料叠加效果。

a. 二维地震

用某工区的二维地震资料，分别应用射线层析反演和菲涅尔体的层析反演近地表速度，再用于静校正。工区共 828 炮，每炮 360 道接收。层析反演结果如图 3.3.23、图 3.3.24 所示。从射线密度图 3.3.21 和图 3.3.22 的对比可以看出，两种方法得到的射线密度有着明显的不同，

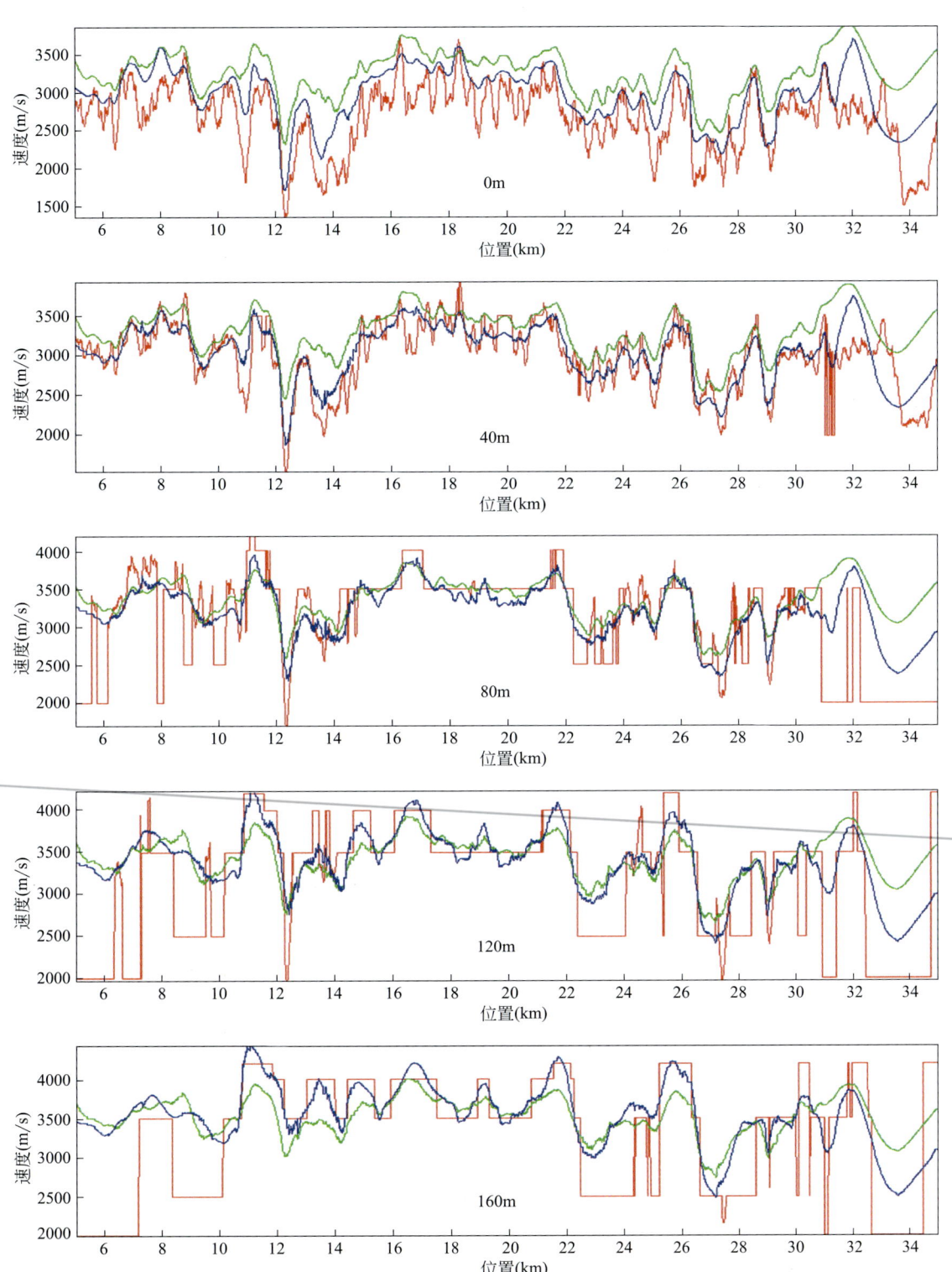

图 3.3.20 理论模型（红线）、射线层析反演结果（绿线）、菲涅尔体层析反演结果（蓝线）地表以下 0~160m 深度处的速度曲线对比

其中，菲涅尔体层析反演的射线聚焦区域（红色）的密度平均达到 5000 次以上，而射线层析反演红色区域的密度在 1000 次左右，菲涅尔体层析的射线涉及范围更广，相同位置穿过的次数更多，反演结果更可靠。在反演速度模型上（图 3.3.23、图 3.3.24），高速层顶界面的形态上存在着不同：工区中间区域的速度趋势基本一致，在工区两端，速度分布有明显差别。

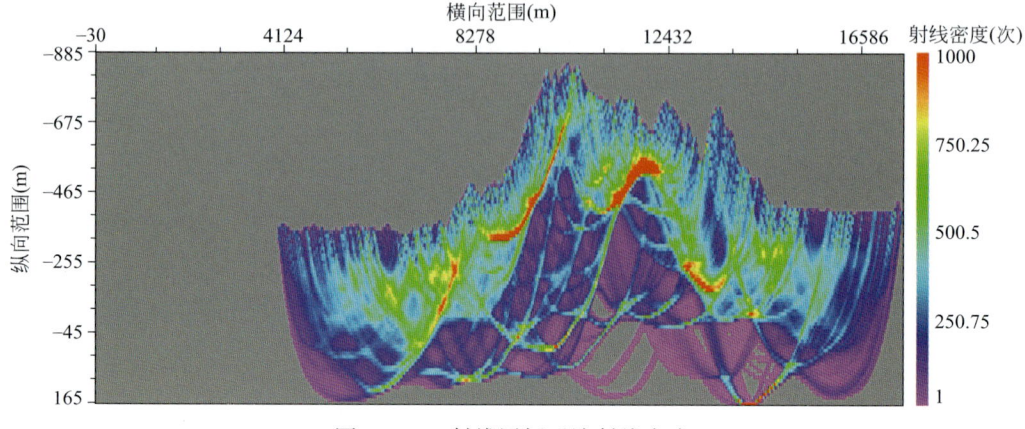

图 3.3.21　射线层析反演射线密度

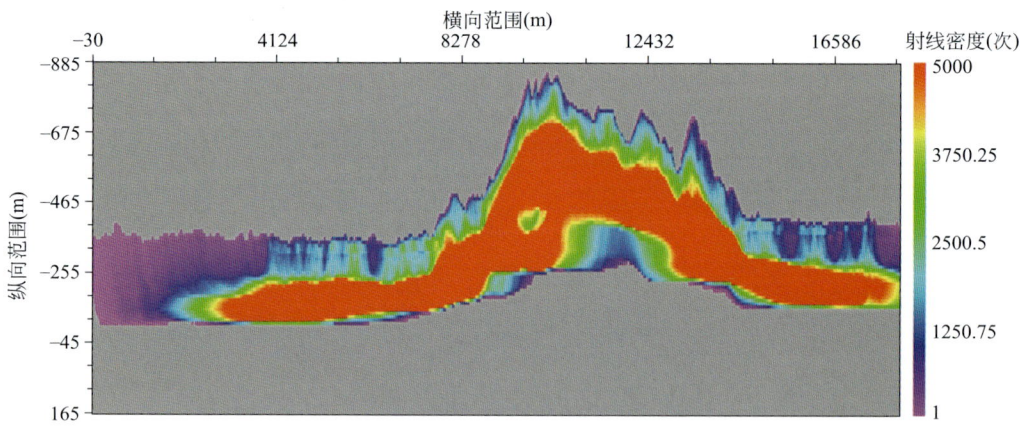

图 3.3.22　菲涅尔体层析反演射线密度

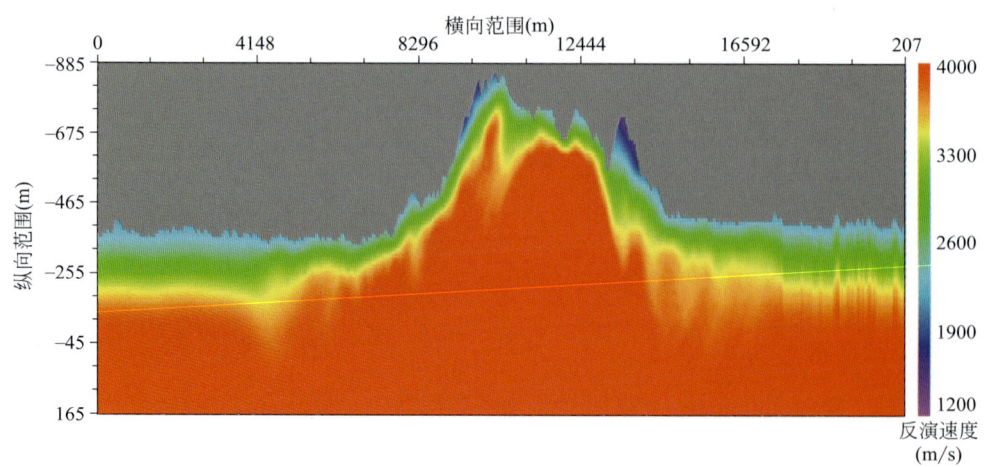

图 3.3.23　射线层析反演速度模型

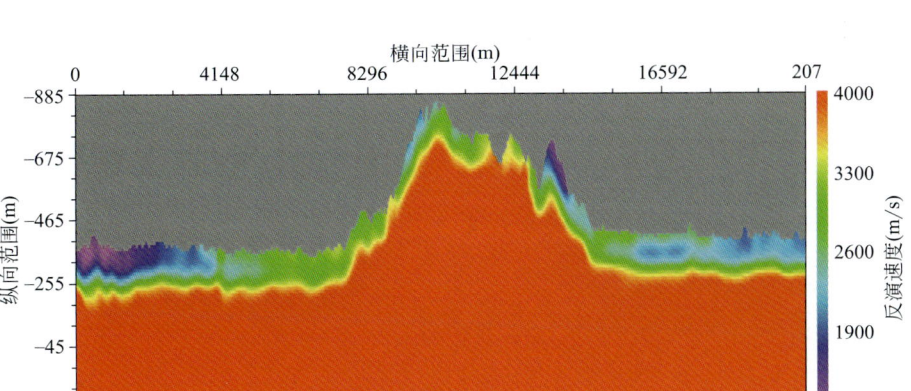

图 3.3.24　菲涅尔体层析反演速度模型

用反演的速度分别计算静校正量，再将静校正量应用后叠加，结果如图 3.3.25 和图 3.3.26 所示。对本工区而言，总体成像效果两者相当，在两翼部位和构造中部叠加成像效果略有不同（图 3.3.27、图 3.3.28），菲涅尔体层析静校正后成像同相轴连续性优于射线层析静校正后的叠加成像。

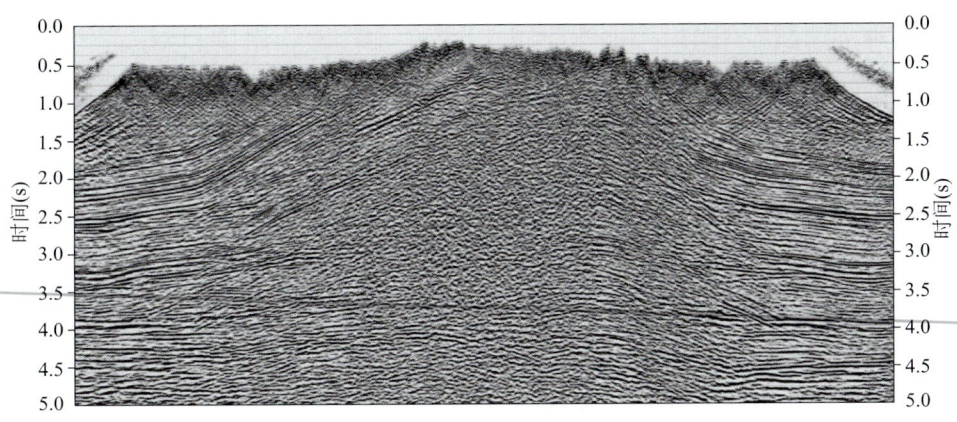

图 3.3.25　应用射线层析静校正的水平叠加剖面

b. 三维地震

用某三维工区的地震资料，应用菲涅尔体层析反演近地表速度，通过近地表速度计算静校正量并用于静校正。工区共 28000 炮，每炮 24000 道接收。菲涅尔体层析反演结果如图 3.3.29、图 3.3.30 所示。菲涅尔体层析反演的射线聚焦区域的密度平均达到 10000 次以上，层析反演高速层顶界形态清晰。工区单炮初至受剧烈变化的地形和低降速带的影响扭曲严重，相干性差，静校正问题严重（图 3.3.31）。而在应用菲涅尔体层析反演结果计算的静校正后单炮初至变得平滑，折射波连续性增强，相干性好（图 3.3.32）。应用菲涅尔体层析静校正后的叠加剖面上，原来不成像的区域（图 3.3.33）应用后成像了（图 3.3.34）；原来成了像的区域，应用后成像加清楚了，同向轴连续性明显增强了，特别是浅层厚黄土底界面形态更加清楚，中深层构造成像效果明显改善。

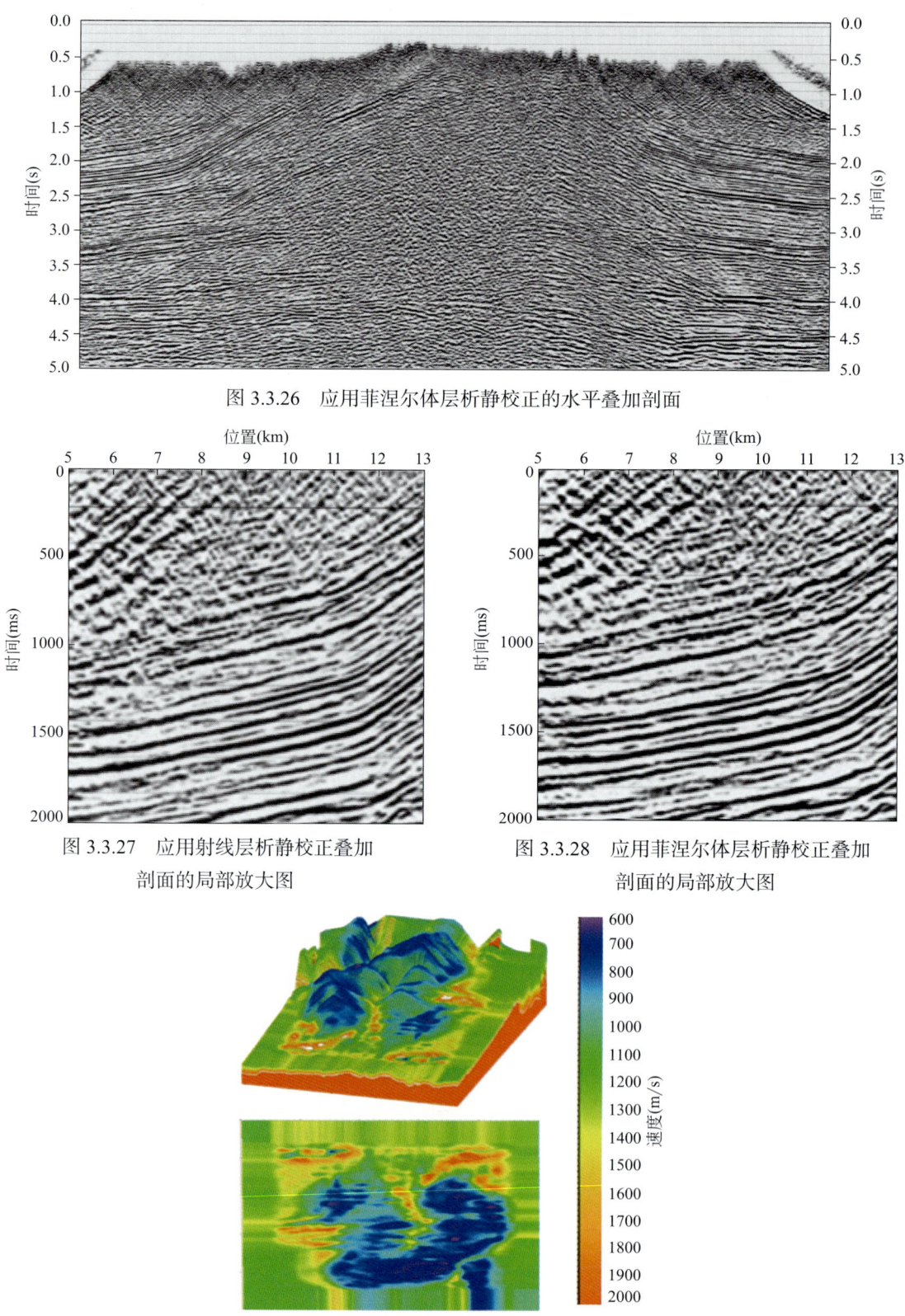

图 3.3.26 应用菲涅尔体层析静校正的水平叠加剖面

图 3.3.27 应用射线层析静校正叠加剖面的局部放大图

图 3.3.28 应用菲涅尔体层析静校正叠加剖面的局部放大图

图 3.3.29 三维菲涅尔体层析反演的近地表速度

第三章 山地复杂构造区高精度近地表速度建模

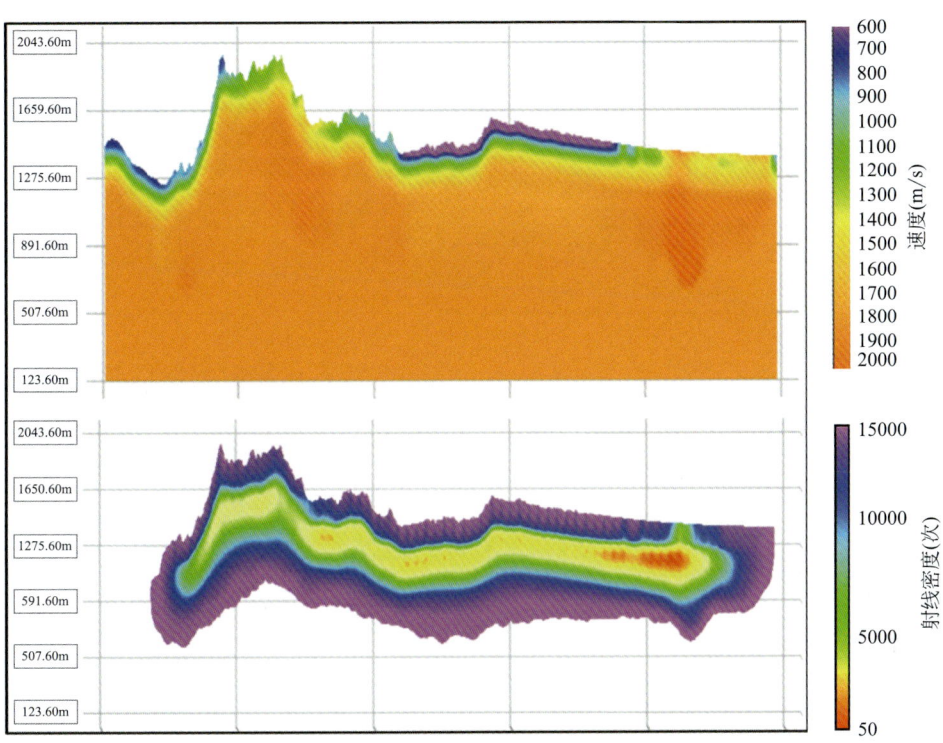

图 3.3.30 纵测线速度与对应射线密度

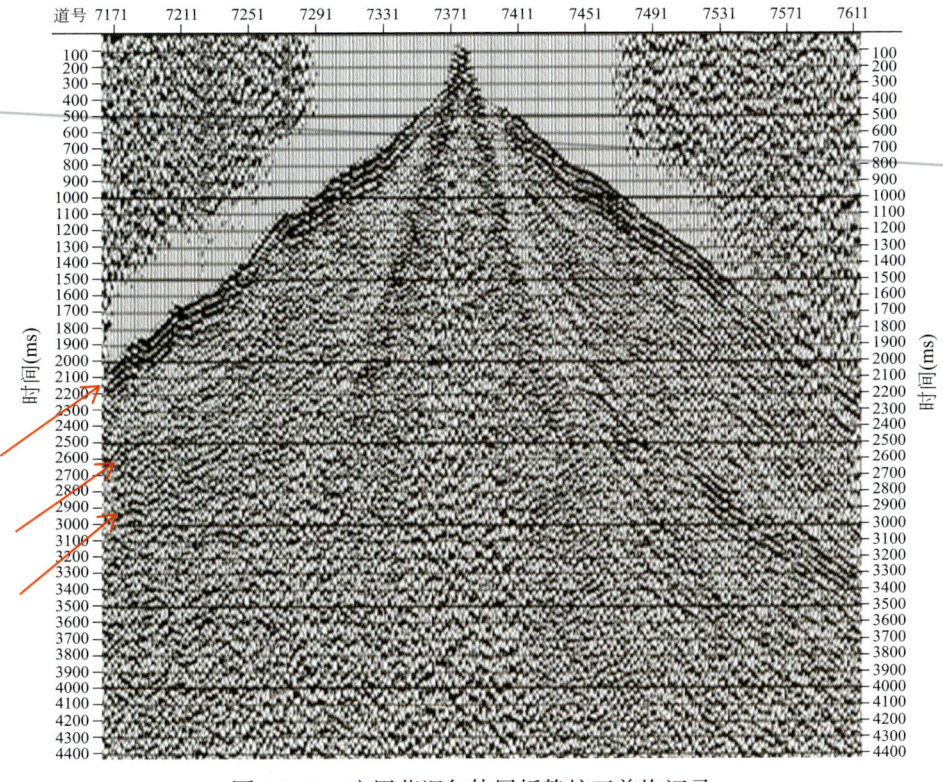

图 3.3.31 应用菲涅尔体层析静校正前炮记录

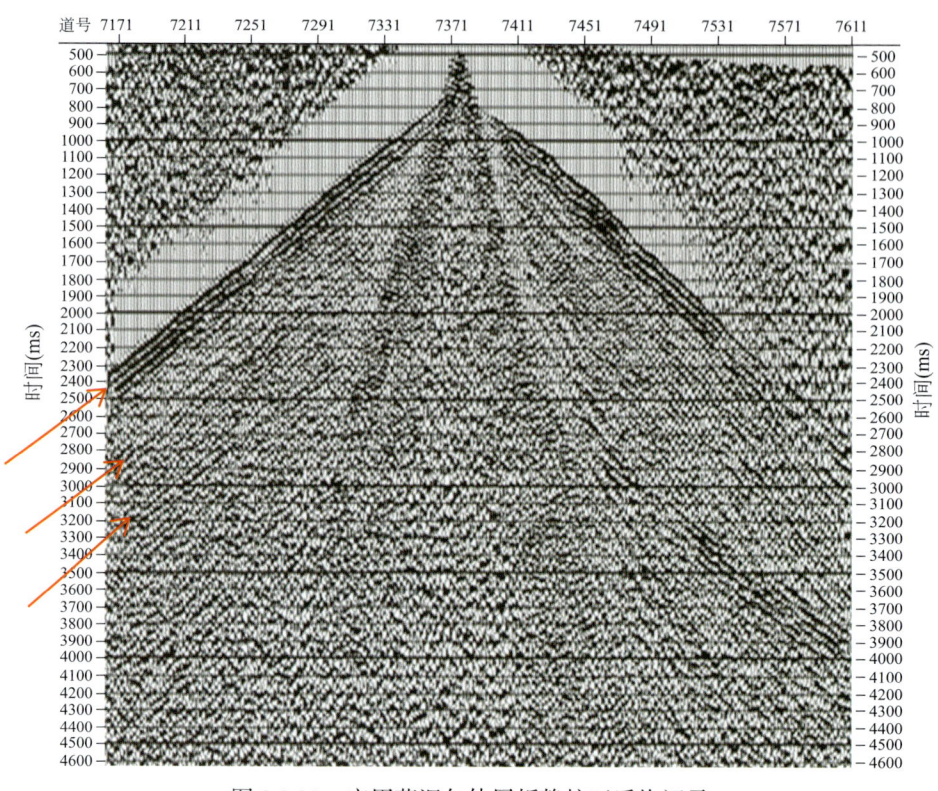

图 3.3.32　应用菲涅尔体层析静校正后炮记录

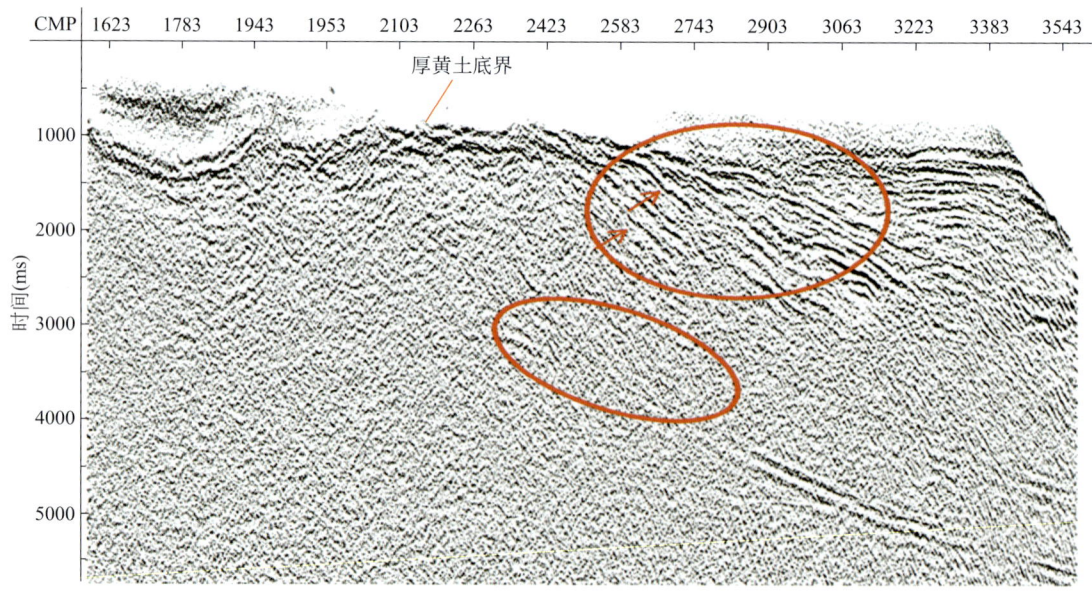

图 3.3.33　应用高程静校正后叠加剖面

解决山地复杂构造区的近地表速度反演问题是一个系统工程，初至波层析反演在理论假设上摆脱了折射波理论的限制，更加适合复杂的近地表条件。

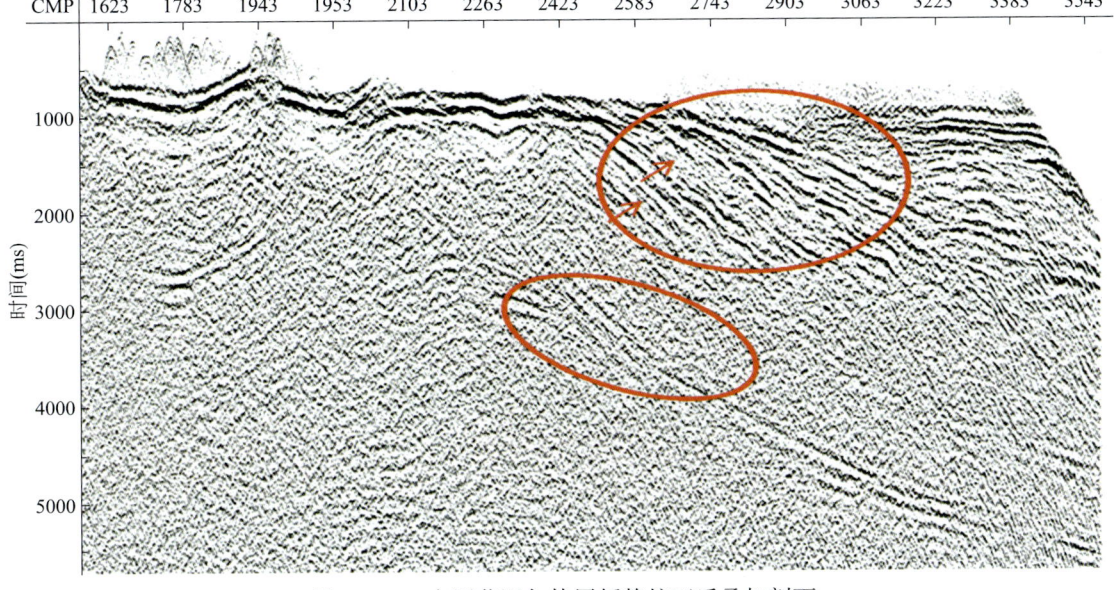

图 3.3.34　应用菲涅尔体层析静校正后叠加剖面

四、级联约束初至层析反演

近炮检距初至波在浅层传播，主要反映浅层的低速信息；中、远炮检距初至主要在中深层传播，更多反映中深层的高速信息。为得到较深的速度分布，为深度偏移一体化建模提供更深的近地表速度模型，需要用中、远炮检距的初至时间参与反演。但是，初至层析反演作为全局寻优的最优化问题，中、远炮检距初至信息多了，会使得反演结果速度整体偏高，同时丢失极浅层的低速信息。

为了综合表层控制点速度调查"点"上准确和初至反演结果"面"上趋势稳定的特点，首先，进行控制点约束近道反演（500m 炮检距以内），旨在得到高精度的极浅层速度信息（20~50m）；逐步扩大炮检距，利用中、远炮检距进行反演时，将近炮检距反演的较浅速度作为约束条件。这种反演策略可概括为：首先利用控制点调查速度约束近偏移距的层析反演，然后利用近偏移距层析反演结果约束中远炮检距层析反演，将其称为级联约束初至层析反演。

图 3.3.35 是一个级联约束初至层析反演的示例。第一步是利用表层调查控制点速度约束近炮检距初至层析反演，得到准确的极浅层速度；第二步是用反演得到的极浅层速度约束中炮检距（3000m 以内）反演，得到更深层的速度分布；最后，用第一步、第二步得到的速度约束 4500m 或全炮检距以内的初至层析反演，得到最大探测深度范围内速度。这样，就达到了在尽量得到最深反演结果的同时，不丢失极浅层的低速信息，保证最终反演结果的精度。

此外，也可以细化炮检距划分策略，进行更多轮次的反演。同时，在浅表层复杂区配合大网格控制趋势，小网格刻画细节，可减少异常速度抖动，提升浅表层模型精度。

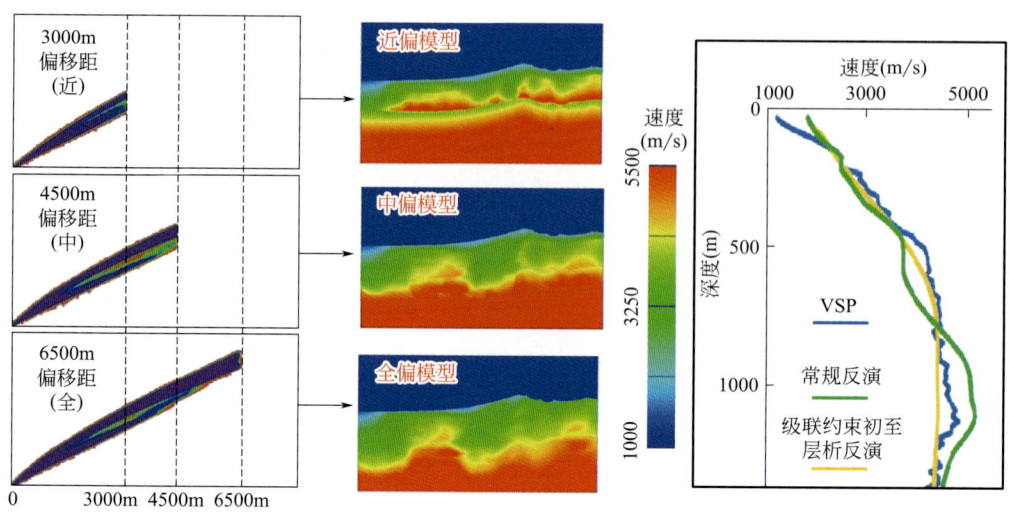

图 3.3.35　级联约束初至层析反演与效果

第四节　近地表速度各向异性建模

山前带普遍存在多期次洪积扇的叠合，这种特殊的岩石组合结构会造成近地表地震速度明显的各向异性。宁宏晓等（2017）在中国西部祁连山山前所做十字排列小折射调查结果表明：山前带扇体发育区，沿垂直扇体方向调查的速度明显偏低，低降速带厚度偏大；沿平行扇体方向调查的速度高，低速层厚度远小于垂直方向，两个方向调查出的速度结构差异明显，最大速度差异达到 395m/s。从微测井调查资料中也分析发现，在浅地表区域，在地下不同的深度均存在方位各向异性。

近地表速度各向异性对大偏移距、宽方位三维地震数据的高精度成像影响很大。对山地复杂构造进行高精度地震成像，必须进行近地表的速度各向异性建模。本节介绍如何用初至旅行时开展近地表各向异性层析反演，支撑高精度叠前偏移各向异性场的建模。

一、近地表各向异性

在众多地震工区已发现，由不同方位激发接收的地震波初至反演的浅层速度模型存在差异，低速部分差异尤其明显，存在近地表方位各向异性。近地表方位各向异性影响纵波的传播时间（初至旅行时间）和振幅，这种影响在大偏移距、宽方位的三维地震数据处理过程中表现得尤为明显（Barnes 等，2010）。如何综合利用不同方位的地震波初至，建立更加准确的近地表速度模型，是目前近地表建模研究及今后的发展方向之一。

为进一步说明近地表速度各向异性现象，以新疆准噶尔盆地南缘山地复杂区某工区的资料为例展示近地表的速度各向异性。新疆准噶尔盆地南缘山地复杂区，表层覆盖有厚度 100~1600m 不等的低速和高速砾岩层。通过抽取激发接收为东西向和南北向地震波的初至，分析发现：南北向速度明显大于东西向速度（图 3.4.1）。同时对控制点微测井速度调查资料分析发现：在浅地表区域，在不同的深度均存在速度（以旅行时展示）方位各向异性(图3.4.2)。

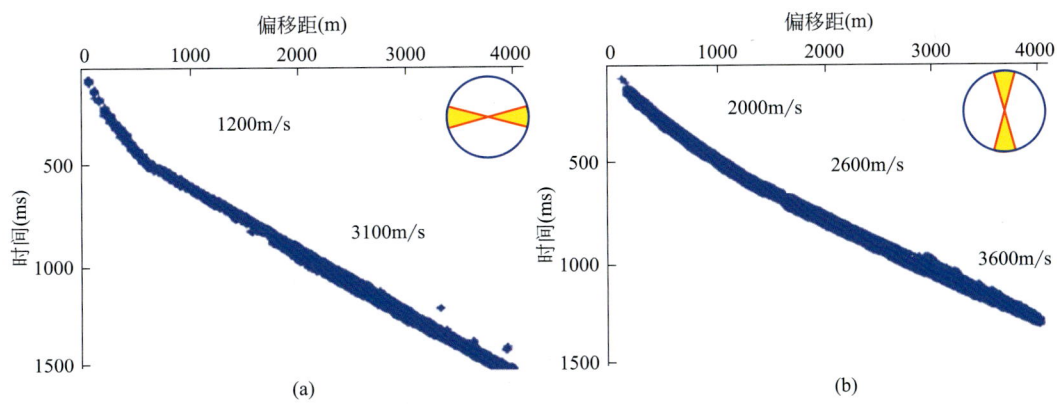

图 3.4.1　准噶尔南缘某工区内分方位地震初至得到的速度
(a)东西向；(b)南北向

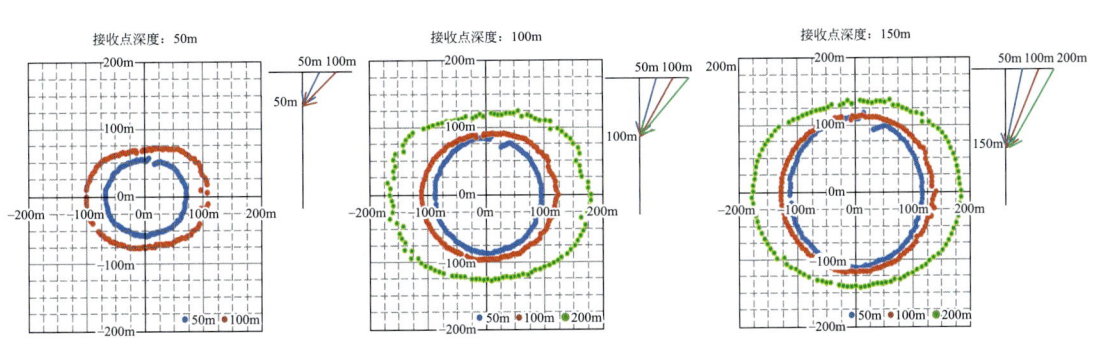

图 3.4.2　准噶尔南缘某工区内各向异性调查井得到的初至时分布

二、各向异性初至层析反演

1. TTI 介质初至波层析

层析反演是通过对模型参数进行迭代更新完成的，每次迭代需要计算更新模型的旅行时和雅可比矩阵，然后求解关于模型参数更新增量的线性方程组。在 TTI 介质（见第五章第二节中的详述）参数层析反演中，更新增量方程组可表示为：

$$A\Delta v + B\Delta \varepsilon + C\Delta \delta = \Delta t \quad (3.4.1)$$

式中，A、B 和 C 分别是由旅行时对速度、Thomsen 各向异性参数 ε 和 δ 的偏导数构成的雅可比矩阵；Δv、$\Delta \varepsilon$、$\Delta \delta$ 分别是速度、ε 和 δ 参数的修正列向量；Δt 是旅行时残差列向量；

矩阵 A、B 和 C 的元素分别为：

$$a_{ij} = \frac{\Delta l_{ij}}{v_g v_j} \quad (3.4.2)$$

$$b_{ij} = \frac{v_p v_j \sin^2\alpha \cos^2\alpha + 0.5 v_\varphi v_j \sin 4\alpha}{v_g^3} \Delta l_{ij} \quad (3.4.3)$$

$$c_{ij} = \frac{v_j (v_p \sin^4\alpha + 2v_\varphi \sin^2\alpha \sin 2\alpha)}{v_g^3} \Delta l_{ij} \quad (3.4.4)$$

其中

$$v_\varphi = \frac{dv_p}{d\alpha} = v\cos 2\alpha (2\varepsilon \sin^2\alpha + \delta \sin 2\alpha) \quad (3.4.5)$$

式中，Δl_{ij} 是第 i 条射线在第 j 个网格的长度；$\Delta t_i = t_{obt} - t_i$，$t_{obt}$ 和 t_i 分别为 i 条射线的观测旅行时和计算旅行时。Δv_j 是第 j 个网格法向速度修正量，v_g 和 v 是群速度和法向速度；v_p 和 α 分别是相速度和相角。

方程（3.4.1）中雅可比矩阵的元素和理论旅行时通过各向异性射线追踪获得，可采用最小二乘 QR 分解算法（LSQR）方法求解层析反演方程组。

由方程（3.4.1）求解出参数增量 Δv、$\Delta \varepsilon$、$\Delta \delta$ 后，更新模型 v、ε、δ，反复迭代，直到旅行时残差达到收敛条件为止，得到 TTI 各向异性初至波层析反演结果。

2. TTI 介质初至波射线追踪

对于 TTI 介质，坐标轴方向与地层切向和法向不一致，在引入非椭圆参数 $\eta = \frac{\varepsilon - \delta}{1 + 2\delta}$，并省略 Thomsen 参数 ε 和 δ 的高阶项后，TTI 介质程函方程可表示为：

$$v_x^2 \left[\frac{\partial \tau}{\partial z}\sin\theta + (\frac{\partial \tau}{\partial x}\cos\varphi - \frac{\partial \tau}{\partial y}\sin\varphi)\cos\theta\right]^2 + v_n^2 \left[\frac{\partial \tau}{\partial z}\cos\theta - (\frac{\partial \tau}{\partial x}\sin\varphi + \frac{\partial \tau}{\partial y}\cos\varphi)\sin\theta\right]^2$$
$$\times \left\{1 - \frac{2\eta v_x^2}{1 + 2\eta}\left[\frac{\partial \tau}{\partial z}\sin\theta + (\frac{\partial \tau}{\partial x}\cos\varphi - \frac{\partial \tau}{\partial y}\sin\varphi)\cos\theta\right]^2\right\} = 1 \quad (3.4.6)$$

式中，θ 是地层倾角；φ 是地层方位角；v_x 表示地层切向的相速度；v_n 表示地层法向的相速度；τ 表示地震波的旅行时。

基于以上 TTI 介质的程函方程，使用快速推进算法（FMM）求出各网格节点的波前时间。由波前梯度计算相角 α 和相速度场 v_p，再重构群速度场。

群速度矢量可表示为

$$\boldsymbol{v}_g = v_p^2(\alpha)\nabla\tau + \frac{dv_p}{d\alpha}(\frac{\nabla\tau}{|\nabla\tau|}\cos\alpha - \hat{\boldsymbol{n}})/\sin\alpha \quad (3.4.7)$$

其中

$$\hat{\boldsymbol{n}} = \hat{\boldsymbol{z}}\cos\theta + (\hat{\boldsymbol{x}}\sin\varphi + \hat{\boldsymbol{y}}\cos\varphi)\sin\theta$$

式中，$\hat{\boldsymbol{n}}$ 表示地层法向的单位向量；$\hat{\boldsymbol{x}}$、$\hat{\boldsymbol{y}}$ 和 $\hat{\boldsymbol{z}}$ 分别为坐标轴的 3 个单位向量。

在建立群速度场后，可以根据群速度矢量方向追踪检波点到炮点射线路径，得到每一道的射线轨迹，进而建立反演方程（3.4.1），并采用 LSQR 算法求解。

三、应用实例

1. 模型试验

利用三维 Overthrust 各向异性模型（图 3.4.3）来试验初至波各向异性层析反演方法，

模型网格数为161×161×187，x、y和z方向的网格间距均为25m。共有75炮数据，每炮有1701个检波器。炮点位于地表0m处，炮间距为250m，炮线间距为500m。检波点位于地表0m处，检波器间距为50m，检波线间距为100m。

图3.4.3、图3.4.4和图3.4.5分别展示了真实模型、初始模型、反演结果的速度、各向异性参数ε和δ。这些三维立体图中，正面显示的是$y=2000m$处的xz剖面，右侧显示的是$x=2000m$的yz剖面，顶面显示的是$z=0m$处的xy剖面。这里试验的是基于初至旅行时的各向异性层析反演方法，其穿透深度有限，重点分析近地表的反演效果。从真实模型、初始模型、反演结果对比可以看到，虽然在反演中各参数的初始模型是简单的梯度模型，通过反演，还是基本能够得到各参数的背景趋势。

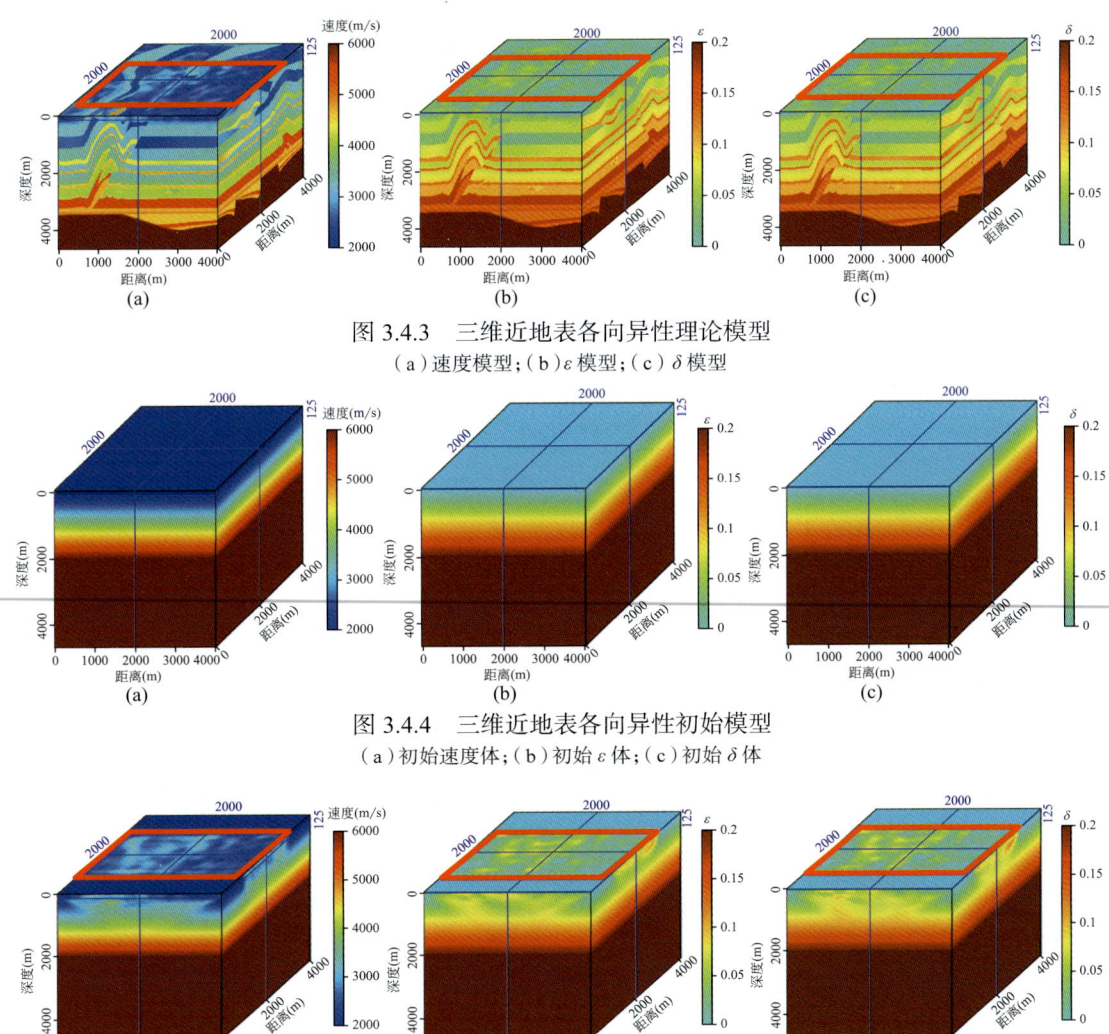

图3.4.3 三维近地表各向异性理论模型
（a）速度模型；（b）ε模型；（c）δ模型

图3.4.4 三维近地表各向异性初始模型
（a）初始速度体；（b）初始ε体；（c）初始δ体

图3.4.5 三维近地表各向异性反演结果
（a）反演速度体；（b）反演ε体；（c）反演δ体

图3.4.6显示的是速度、各向异性参数ε和δ在$z=0m$、$y=2000m$处沿x方向的各向异性参数曲线。由图3.4.6（a）的速度抽线对比可以看出，尽管初始模型与真实模型的差距

比较大，利用走时层析仍然可以得到比较可靠的速度反演结果。相对于速度来说，各向异性参数 ε 和 δ 对走时的敏感性较低，但也可以从非常差的初始值逐步迭代得到与真实模型接近的结果，这为全深度的各向异性参数建模提供了好的输入和基础。

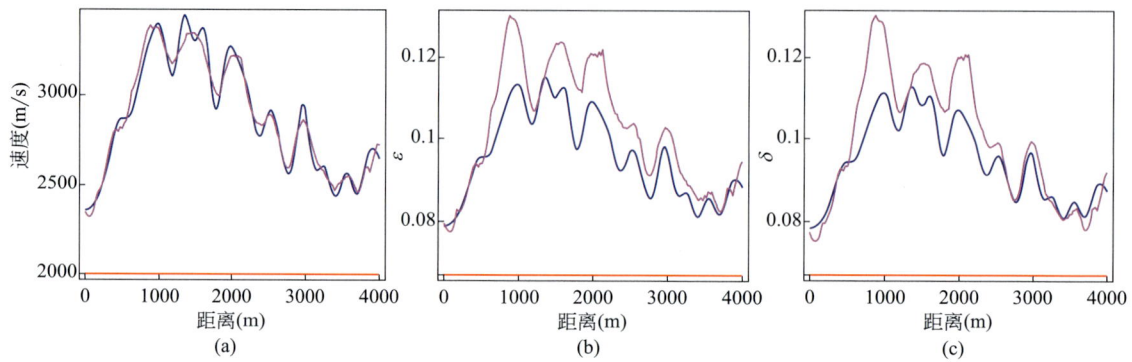

图 3.4.6　理论模型（蓝线）、初始模型（红线）、反演结果（粉红线）模型在
（z=0m，y=2000m）处沿 x 方向各向异性参数曲线对比
（a）速度曲线；（b）ε 曲线；（c）δ 曲线

2. 实际地震资料

塔里木盆地 XQ 三维工区位于秋里塔格构造带，地表发育两排高陡山体，山体相对高差大，山体区近地表复杂，地表岩性东西向带状分布，岩性变化大，近地表存在明显的各向异性。

对该工区近地表各向异性参数的反演采用以下策略：

（1）确定近地表地层的倾角场和方位角场。主要用本区各向同性深度偏移结果和地质露头，追踪浅表层反射层位，建立近地表地层的倾角场和方位角场。

（2）只反演轴向速度、Thomsen 参数 ε 和 δ。在反演时，初始速度模型利用延迟时方法建立，初始 ε 和 δ 分别给定常值 0.15 和 0.05。

图 3.4.7 是三维 TTI 各向异性初至波层析反演初始模型，包括初至时间、初始速度模型、倾角场、方位角场、初始 ε 和 δ 模型。

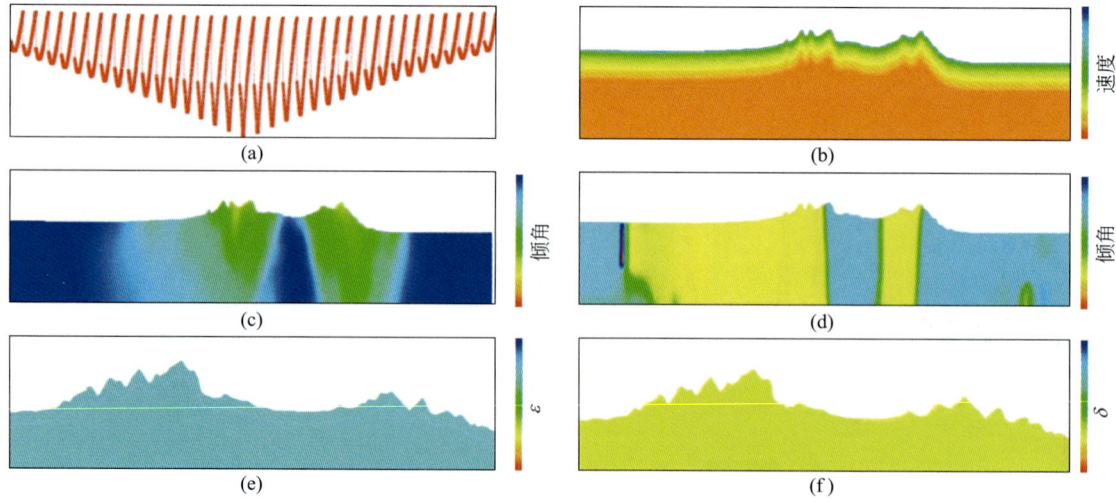

图 3.4.7　XQ 三维 TTI 各向异性初至波层析反演初始模型（据杨海军，2024）
（a）初至时间；（b）初始速度模型；（c）倾角场；（d）方位角场；（e）初始 ε 模型；（f）初始 δ 模型

图 3.4.8 是该工区 TTI 介质各向异性参数反演得到的轴向速度、ε 和 δ。不难发现，山体处的速度和各向异性参数较大，两山之间以及山体两侧数值较小，与实际地质情况相吻合。

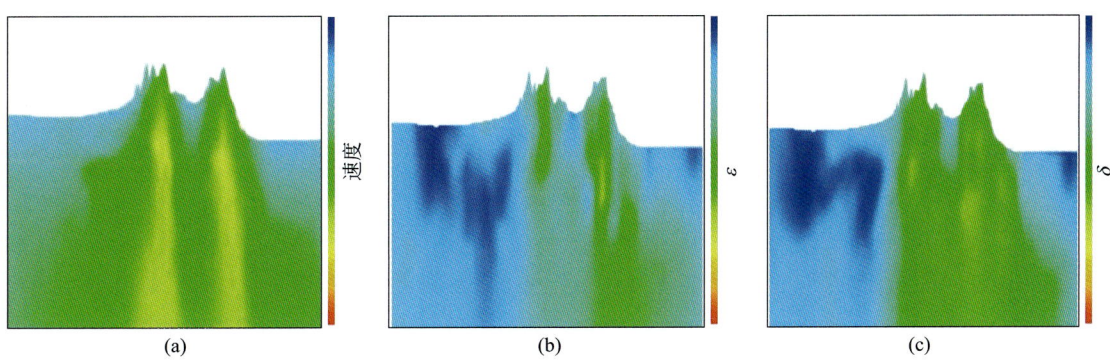

图 3.4.8　XQ 三维 TTI 介质各向异性初至波层析反演（据杨海军，2024）
（a）轴向速度；（b）ε；（c）δ

图 3.4.9（a）(b）是融合各向同性和融合各向异性层析反演模型的叠前深度偏移结果，不难发现，红色箭头标注的山体部位的断面和接触关系更加准确，蓝色框内标注的盐体内部地层的波组特征更加清楚，绿色箭头标注的白垩系顶面成像加清晰，粉色箭头标注的古生界背斜形态更加合理，更符合古隆起地质背景。

实际资料应用表明，近地表速度各向异性建模可以提高山地复杂构造的地震成像精度。

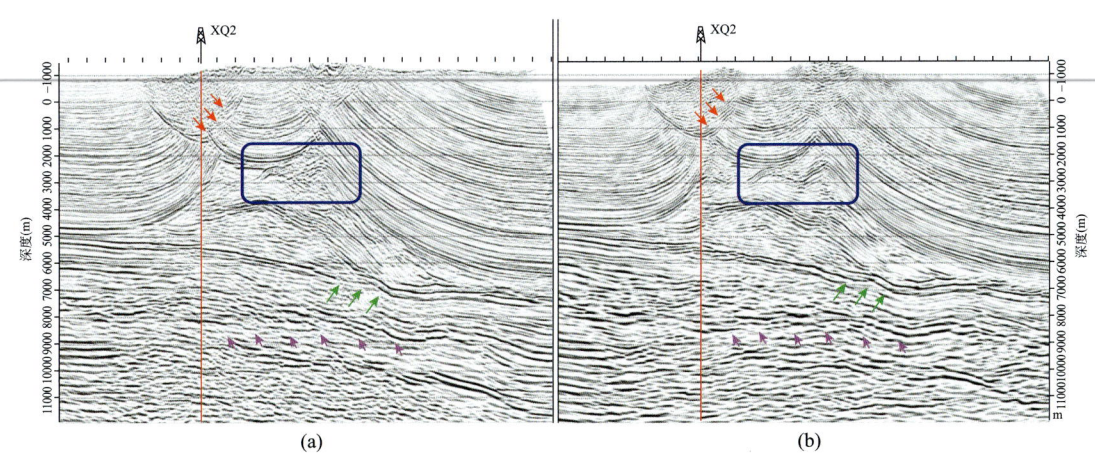

图 3.4.9　融合不同近地表模型后的叠前深度偏移（据杨海军，2024）
（a）融合各向同性层析反演模型；（b）融合 TTI 各向异性层析反演模型

第四章　山地复杂构造区地震资料高精度噪声衰减

从山地复杂构造高精度地震成像的角度，不妨将地震噪声定义为除一次地震反射波（也可称为有效波）以外的其他波场。由于山地复杂构造区的"双复杂"地震地质条件，广泛发育由面波、声波、散射波、多次波、随机噪声、外源干扰等多种类型干扰波构成的地震噪声，且噪声能量强。这些地震噪声的存在不仅使反射波场复杂化，而且严重降低了地震资料的信噪比，更为重要的是，给叠前偏移速度场的准确建立和叠前偏移反射波场的正确聚焦归位造成困难。通过对地震噪声的高精度噪声衰减处理，提供高信噪比的偏前地震资料和偏移成像道集（CIP 道集），是山地复杂构造高精度速度建模与高精度地震成像的关键环节。之所以叫噪声衰减处理，是因为不可能把山地复杂构造区地震资料中的噪声完全去除，只能对噪声尽量加以衰减，最大限度地提高地震资料的信噪比。

通过第二章介绍的方法，可在地震采集上实现地震波场的均匀、充分、保真采样，完整地记录地震反射波和噪声，不仅为地震高精度成像提供无基因缺陷的原始地震资料，而且也是高精度噪声衰减的资料基础。

本章先分析山地复杂构造地震资料的噪声类型及特点，把山地复杂构造的地震噪声分为表层散射干扰、规则干扰、随机噪声 3 种类型；再根据 3 种类型噪声的特点和噪声衰减的目的，讨论了地震噪声衰减的对策和方法。

第一节　山地复杂构造地震资料的噪声类型特点及衰减对策

山地复杂构造区地表复杂，近地表结构复杂，干扰发育，噪声类型多样，噪声特点各异。弄清地震资料噪声类型、地震资料主要噪声的特点，对山地复杂构造区地震资料噪声的衰减十分重要。

一、山地复杂构造区的地震资料噪声分类

山地复杂构造区地震噪声发育，从不同的角度出发，地震资料中的噪声有不同的分类方法，主要有以下 4 种：

（1）按噪声在地震记录上的分布特征，将噪声分为规则干扰、随机噪声和表层散射干扰。

（2）按噪声的传播机理，将噪声分为面波（地滚波）、折射波、声波、多次波等。

（3）按噪声的频谱特征，将噪声分为低频噪声、高频噪声和 50Hz 工业干扰等。

（4）按噪声来源，将噪声分为源生噪声、次生噪声和环境噪声。源生噪声是由震源出发的具有较强相干性的干扰波，如面波、多次波、声波、浅层折射波等。次生噪声是野外采集时，震源激发的地震波场因地面山体或近地表岩性突变点（或带）产生的散射噪声等。环境噪声是周围环境产生的干扰，例如风吹、机器工作、人类活动、交通运输等产生的噪声，在震源激发前就存在于地震记录中。

为便于后续地震成像和噪声衰减处理的讨论，下面介绍山地复杂构造区第一种噪声分类下的规则干扰、随机噪声和表层散射干扰等3类噪声的特点。

二、山地复杂构造区的地震噪声特点

1. 规则干扰

规则干扰是指在地震记录中有"规律可循"的噪声，比如视速度和主频相对固定的线性噪声、成双曲线同相轴的其他震动引发的干扰（外源干扰），主要有以下几种：

（1）声波。声波是由炸药等震源激发产生的、在空气中传播的弹性波，速度在340m/s左右，频率较高，一般大于100Hz，延续时间较短，在地震记录上形成尖锐的强初至，呈窄带出现，比较稳定。炸药在土坑、浅井、浅水、干井中激发时容易产生较强的声波，采用井中注水、封井等方法可以在采集中减少声波干扰。

（2）面波。面波是在震源激发后沿着地面与空气之间的分界面传播的地震波，其传播速度小，视速度一般为100～1000m/s，其中以200～500m/s的视速度最为常见；频率低，一般只有几赫兹到20～30Hz，能量强，衰减缓慢，其能量强弱与激发条件有关，如在深井中、含水层中、致密的中速层中激发，产生的面波能量相对较弱，但无论采取何种激发形式都会产生面波，只是在能量上有所不同。面波在地震炮记录中呈现为一个近似三角形的形状。

（3）折射波。折射波是地震波在传播中遇到下层的波速大于上层波速的弹性分界面，而且入射角达到临界角时，透过波沿分界面滑行，并由界面反射传回地面的地震波。

（4）多次波。多次波是指由于地下某些强波阻抗反射界面（例如气水界面、火成岩、不整合面等）使一次反射波重新折回，再向地下传播、反射，甚至多次往返传播的地震波。多次波分为全程多次波、短程多次波、微屈多次波。在低速夹层中产生微屈多次波，又称为层间多次波。多次波与正常反射波性质相似，旅行时间为其对应一次波的整数倍。在黄土、沙漠中井炮激发时，地震波在近地表黄土层、沙层中上下震荡，产生较强的多次波，工业界称之为鸣震（或黄土鸣震）。鸣震周期性与黄土、沙层厚度有关（图4.1.1）。

（5）环境噪声。环境噪声主要由风吹、草动、水流、机器工作、人类活动等随机产生（图4.1.2、图4.1.3），但其波场分布有规律性，工业界又称之为外源干扰。这类干扰的主要有两个特点：强度变化大，频带范围广。强度主要取决于周围环境，最高频率可以达到近150Hz。

2. 随机噪声

随机噪声通常没有固定的传播方向和主频，遍布于整个记录且"杂乱无章"，包括从地震采集环节产生的低、高频背景干扰和次生干扰。如在沼泽、泥地、沙粒等疏松介质中激发地震波，介质的固有振动会产生频率范围大致为 10~30Hz 的低频背景干扰。在坚硬的岩石中激发地震波，地震波传播到地下砾石、多孔石灰岩等不均匀体时会产生散射，进而产生频率范围大致为 80~200Hz 的高频背景干扰。这些低频、高频背景干扰分布于整个地震记录中，并且毫无规律、杂乱无章，严重干扰有效信号。

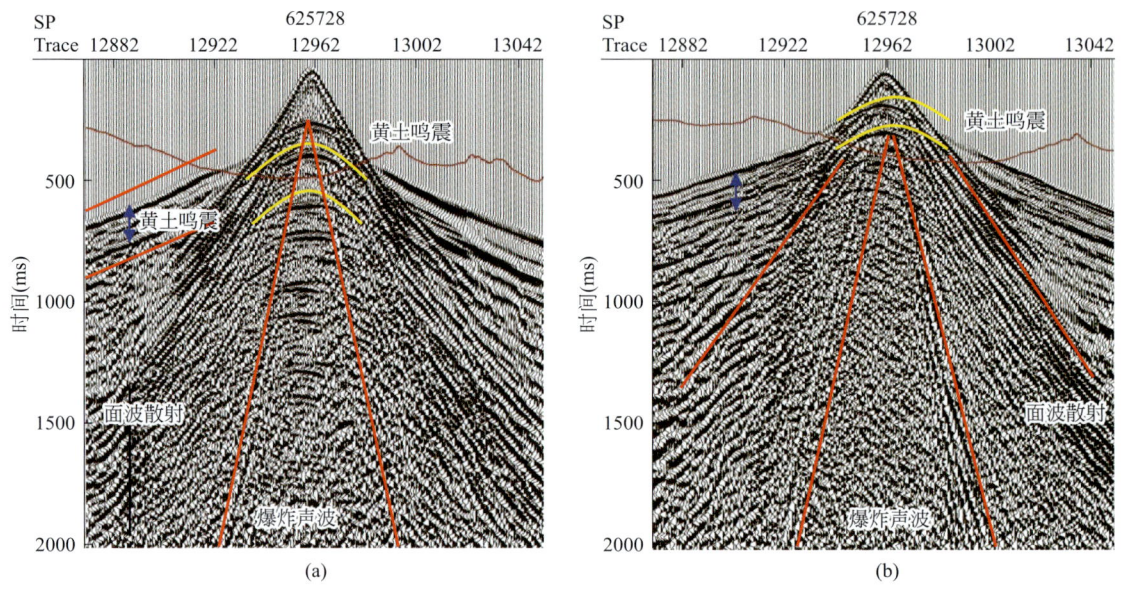

图 4.1.1　黄土区炮记录（鸣震）

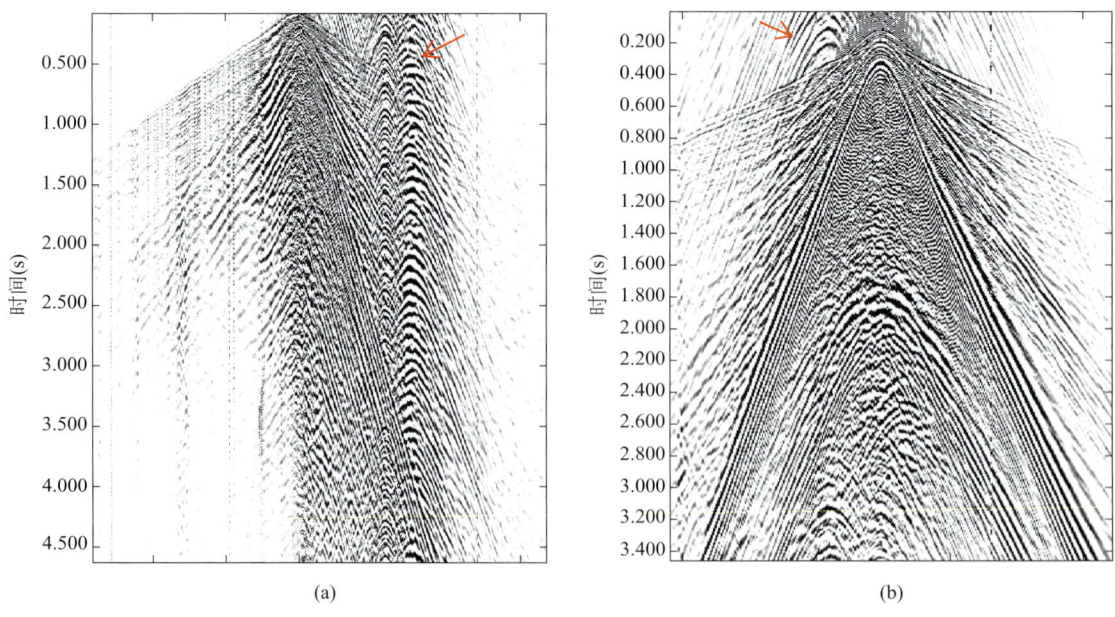

图 4.1.2　厂矿机器干扰

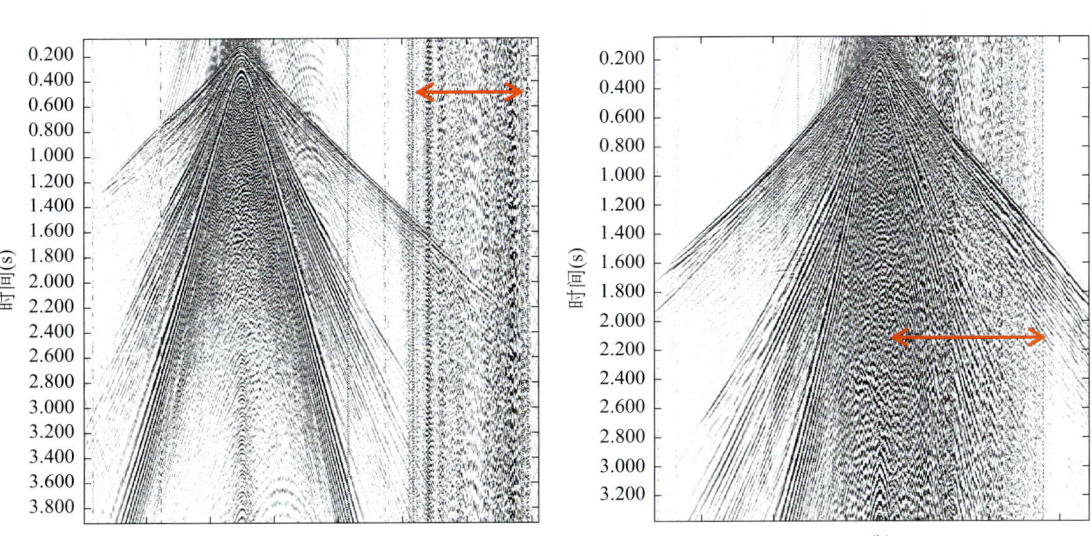

图 4.1.3 村庄产生的环境干扰

3. 表层散射干扰

表层散射干扰是面波在近地表传播过程中，遇到有波阻抗差的不均匀体（如山地起伏地表形成的局部突变点、不同岩层的结合部，凹凸不平的低降速带底界等），产生（相当于二次震源）的一次和多次散射的干涉叠加，由于这些散射噪声来自不同的二次震源，其特点是在地震炮记录上主要分布于面波所夹三角区内，能量强，极不规则，低速，频率较低，频散严重，称为"黑三角"噪声区，如图 4.1.4 所示，严重干扰三角区内的有效反射波，是复杂地表及近地表区形成资料低信噪比的关键因素之一。

从地震处理环节由衰减强规则干扰和表层散射干扰后产生的残余噪声，往往相对能量弱且随机分布。

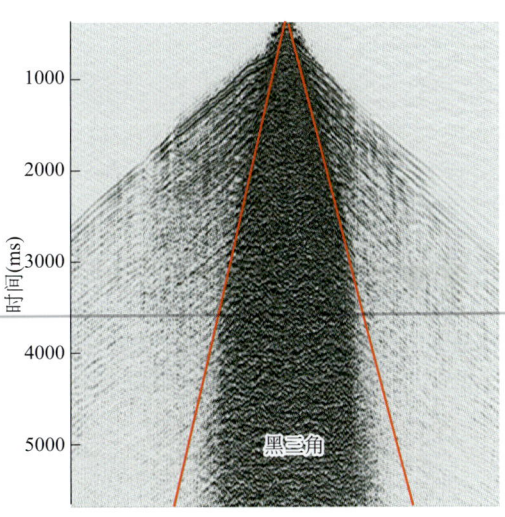

图 4.1.4 原始单炮"黑三角"噪声区

三、山地复杂构造区地震噪声的衰减对策

为给高精度建立叠前偏移速度场、正确聚焦归位叠前偏移反射波场提供高信噪比的偏前地震资料和偏移成像道集（CIP 道集），需要根据地震噪声的特点、叠前偏移速度建模与叠前偏移反射波场聚焦归位对地震资料噪声衰减需求的差异，开展针对性的噪声衰减处理。

第一，先压制强散射干扰。对炮记录上的地表散射干扰进行衰减，为规则干扰的衰减创造条件。

第二，衰减规则干扰，包括对偏前地震资料规则干扰的衰减和偏后成像道集多次波干扰的衰减。

对偏前地震资料规则干扰，由于山地复杂构造区地形起伏和近地表速度的纵横向变化，导致规则干扰变得不规则，需要先对规则干扰的规律强化处理。在规则干扰规律强化的基础上，利用多域对面波、线性干扰、折射、黄土鸣震、外源干扰和采集脚印等规则干扰衰减。在时空域衰减叠前低频面波、线性噪声、黄土鸣震：利用面波在低频记录上存在振幅的分区时变、线性干扰波与有效波之间存在的视速度差异、黄土鸣震的周期性，在时间空间域进行滤波，实现干扰衰减，即叠前低频面波压制方法、叠前时空域线性噪声衰减方法和黄土鸣震噪声衰减方法。在十字排列域衰减面波、折射等相干干扰：利用面波、折射波等噪声在十字排列三维体上呈现出圆锥体的特征，进行三维圆锥形速度滤波，从而衰减面波和折射噪声，即十字排列域三维去噪方法。再利用 $\tau-p$ 域衰减外源干扰：利用外源干扰在共 p 域的随机性来衰减外源干扰，即 p 域外源干扰压制方法。在 OVT 域偏前衰减采集脚印：利用采集脚印在 OVT 域表现为数据存在空洞、空间采样不规则和不足的特点，进行规则化和高精度的炮线、接收线加密插值，从而衰减采集脚印，即偏前采集脚印衰减方法。通过这些噪声衰减方法，为地震偏移提供高质量的偏前资料。

对偏后成像道集多次波规则干扰，利用层间多次波在共成像点道集远近偏移距上的差异，进行 $\tau-p$ 域滤波和方向—尺度域滤波，从而在成像道集上衰减层间多次波，其方法包括高精度 Radon 变换多次波衰减和复小波变换层间多次波衰减方法。

第三，随机噪声衰减。利用随机噪声高维空间弱相干、分数域信号与噪声可分离、随机噪声具非稀疏性、OVT 道集是单次覆盖完整三维数据体、随机噪声不可拟合等特点，来衰减随机噪声，增强有效信号，方法包括 Cadzow 滤波法、分数域噪声衰减法、压缩感知弱信号增强方法、OVT 域三维噪声衰减方法、基于正交多项式拟合的相干信号增强方法。

噪声的针对性衰减处理技术，能有效支撑高精度偏移速度建模、高精度叠前偏移成像。

针对复杂构造叠前偏移速度建模，可进行较强的噪声衰减，提供高信噪比的偏移道集，有利于偏移速度更新扫描、提高偏移速度建模精度；针对复杂构造反射波场聚焦归位，重点是衰减强能量线性干扰、地表散射干扰和异常振幅干扰等（这些噪声容易造成偏移严重画弧、干扰反射波场的聚焦归位），充分利用偏移本身的滤波作用和成像道集的同相叠加衰减噪声，达到高精度噪声衰减、提高成像质量的目的。

山地复杂构造地震噪声种类繁多、来源多样、性质复杂、随勘探环境而变化，衰减或压制难度较大，需要持续研究、试验针对性的噪声衰减方法，提高地震资料的信噪比和分辨率，为高精度地震成像提供高保真、高分辨率的地震资料基础。

第二节　表层散射干扰衰减

根据表层散射干扰的特点，可用两种衰减方法对表层散射干扰噪声进行衰减，即分频自适应噪声检测与压制方法和基于稳健主成分分析的噪声压制方法。分频自适应噪声检测与压制方法，是在地震炮记录信号分区基础上，根据噪声能量在某些频带内明显比反射信号能量强的特征来自动检测并压制噪声；基于稳健主成分分析的噪声压制方法，是在噪声区域划分和线性动校正基础上，采用稳健主成分分析和中值滤波方法来压制线性噪声和异常振幅噪声。

一、分频自适应噪声检测与压制方法

在不同的频带内，统计有效信号的时变能量，以此为参考自动识别强噪声，计算时变加权值，衰减强能量噪声，保护有效信号。

1. 地震炮记录分区

为压制近炮道强噪声，保护有效信号，在炮记录上（按偏移距的大小排列）沿强噪声边缘定义噪声边界，把原始炮记录数据分为两部分（图4.2.1）：黑三角区（即强噪声区）、黑三角外区（信号区）。

2. 分频处理

强噪声与反射信号的能量强弱在不同的频带范围通常是不同的。在某些频带内，噪声能量明显比反射信号能量强，因此适当的频带划分有助于强噪声的识别和压制。通过对噪声的频谱分析，可获知噪声能量占优的频率范围，并将噪声频率范围进一步细分为多个频率段。基于噪声的频率范围和多个频率段，对地震炮记录 $p(x,t)$ 做分频处理，获得多个频段的炮记录 $p_\omega(x,t)$。

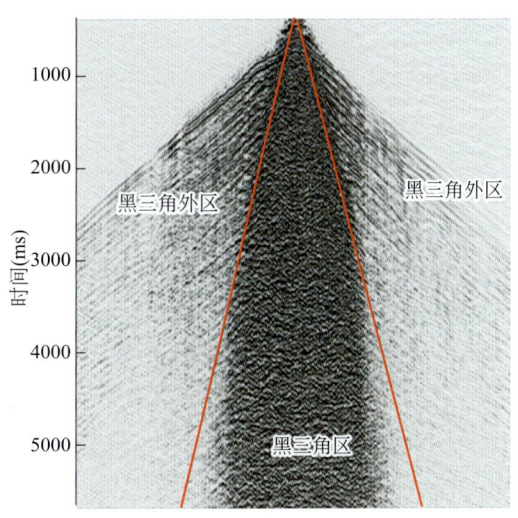

图 4.2.1　原始单炮分为黑三角区及黑三角外区

3. 强噪声检测与压制

信号 $s(t)$ 的 Hillbert 正变换：

$$h(t) = -\frac{1}{\pi t} * s(t) \quad (4.2.1)$$

信号 $s(t)$ 的振幅包络：

$$e(t) = \sqrt{s^2(t) + h^2(t)} \quad (4.2.2)$$

对频段 ω 的炮记录 $p_\omega(x,t)$，记黑三角区含噪数据为 $n_\omega(x,t)$，黑三角外区信号数据为 $s_\omega(x,t)$。对 $s_\omega(x,t)$ 中的各道数据，用式（4.2.2）计算振幅包络，统计并平滑得到基于信号 $s_\omega(x,t)$ 的时变振幅包络 $S_\omega(t)$。

记 $n_\omega(x,t)$ 数据中的单道数据为 $n_\omega(t)$，用式（4.2.2）计算其振幅包络并平滑，得其振幅包络曲线 $N_\omega(t)$。

当 $N_\omega(t) > S_\omega(t)$ 时，$n_\omega(t)$ 中含较强的噪声需要压制，压制系数 $c_\omega(t)$ 可按式（4.2.3）、式（4.2.4）计算。为增强计算灵活性，增加了时变压噪门槛因子 $T(t)$ 和时变衰减系数 $a(t)$。

当 $N_\omega(t) > T(t)S_\omega(t)$ 时，压制系数为：

$$c_\omega(t) = a(t) S_\omega(t) / N_\omega(t) \quad (4.2.3)$$

当 $N_\omega(t) \leqslant T(t) S_\omega(t)$ 时，$n_\omega(t)$ 中含较弱的噪声，压制系数为：

$$c_\omega(t) = 1.0 \quad (4.2.4)$$

强噪声压制可按下式计算：

$$n'_\omega(t) = c_\omega(t) n_\omega(t) \quad (4.2.5)$$

式（4.2.3）、式（4.2.4）中，$T(t)$ 是时变压噪门槛因子，该值越大，压制得越轻；$a(t)$ 是时变衰减系数，该值越大，压制得越轻。

对 $n_\omega(x,t)$ 中的每一道，按式（4.2.5）处理，即可获得压制后的黑三角区数据 $n'_\omega(x,t)$。频段 ω 的炮记录中的噪声为：

$$n''_\omega(x,t) = n_\omega(x,t) - n'_\omega(x,t) \quad (4.2.6)$$

对各频段 ω 的炮记录 $p_\omega(x,t)$ 进行压噪处理后，累计可获得总的噪声：

$$n'''(x,t) = \int_\omega n''_\omega(x,t) \mathrm{d}\omega \quad (4.2.7)$$

从原始炮记录 $p(x,t)$ 中减去总的噪声 $n'''(x,t)$，即可得到压噪后的炮记录 $p'(x,t)$：

$$p'(x,t) = p(x,t) - n'''(x,t) \quad (4.2.8)$$

4. 应用效果

图 4.2.2 是一个压制三角区强能量干扰的应用实例。噪声压制后，三角区强能量干扰被衰减，压噪后三角区能量与信号区能量趋于一致，达到了压制强能量干扰的目的。被衰减的干扰能量局限在三角区内，不损害三角区外有效波信号，有效反射信号得到较好保护。

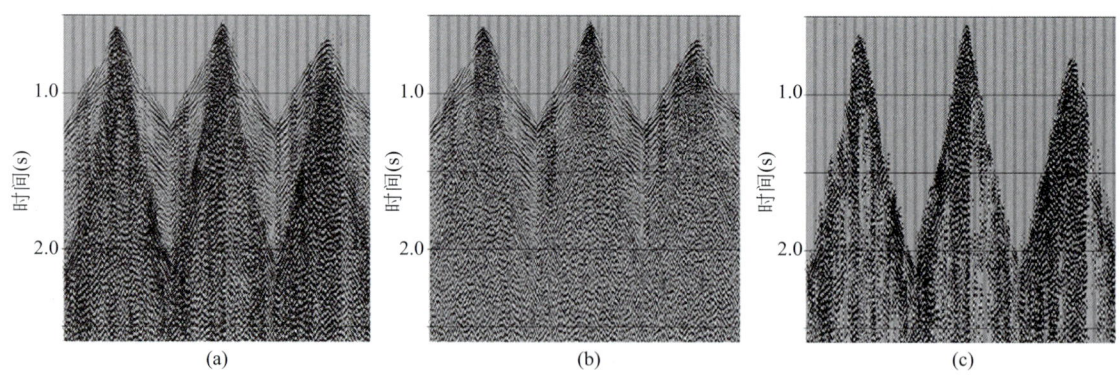

图 4.2.2　压制三角区强能量干扰（据陈海峰等，2021）
（a）压制前炮记录；（b）压制后炮记录；（c）压制的干扰波

二、基于稳健主成分分析的噪声压制

通过"黑三角"噪声特征分析，张力起（2020）提出了基于"黑三角"噪声区域划分、线性动校正（LMO）、稳健主成分分析的异常振幅噪声压制思路：利用图像区域分割算法或利用机器学习算法，自动划分"黑三角"噪声区域；为改善"黑三角"区域中相干噪声和相干信号的线性，降低由采样不足引起的频散对同相轴线性的影响，选择一定的视速度对单炮记录线性校正；设计合适的窗函数，在局部时空窗内对数据进行线性信号的预测，选择数据窗大小和一定频率段，设计稳健主成分分析（Robust Principal Component Analysis，RPCA）线性信号预测器，压制线性噪声；设计中值滤波器，压制异常点（强）噪声。

图 4.2.3（a）为某工区实际采集的单炮记录；（b）是提取出的相干噪声。由图 4.2.3（a）（b）可以看出，大部分相干噪声被提取出来，最终干扰衰减后的记录有效反射信号得到突显，如图 4.2.3（c）所示。

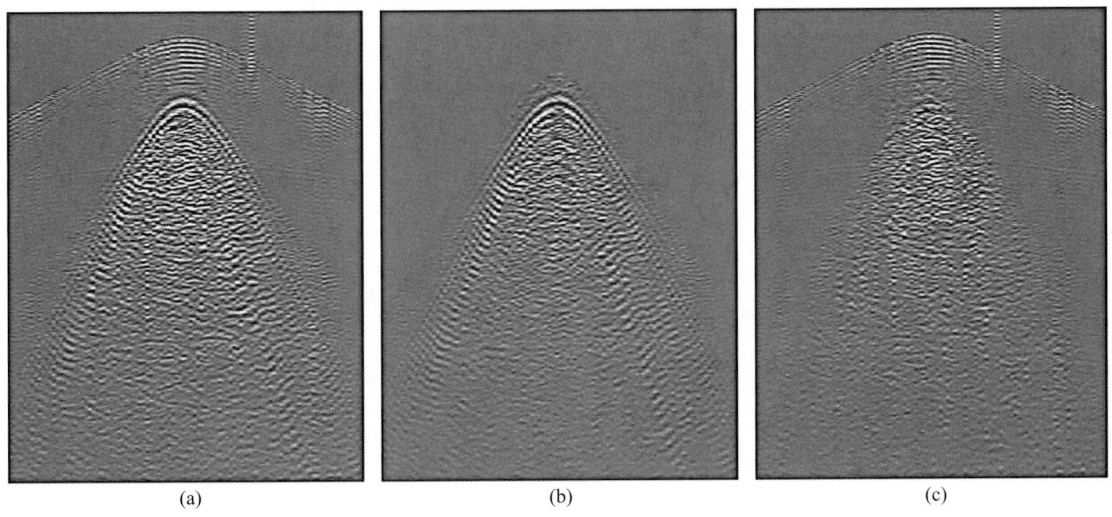

图 4.2.3　某工区噪声压制实例（据张力起等，2020）
（a）某工区实际采集的单炮记录；（b）采用本书方法提取出的相干噪声；（c）最终滤波结果

第三节　规则干扰压制

如前所述，规则干扰在地震记录中有"规律可循"，比如视速度和主频相对固定的线性噪声，呈双曲线同相轴的其他震动引发的干扰（外源干扰）。规则干扰包括面波、声波、折射波、多次波、直达波、外源干扰等，它在地震记录上表现为不同斜率的倾斜同相轴或双曲线同相轴，这些噪声如果不在叠前或偏移前进行针对性衰减，将会造成偏移剖面上的假象，干扰地震资料的有效使用。当然这里的规则干扰是相对地震反射波来说的，理论上，对有的规则噪声（包括面波、折射波、多次波、外源干扰等）的适当利用也有助于地震成像，但需要针对性的方法，是当前和未来的研究方向。

下面首先介绍规则干扰规律强化技术，增强规则干扰的规律性，解决因山地复杂构造区地形起伏和近地表速度的纵横向变化，导致规则干扰变得不规则，影响去噪效果的问题，支撑规则干扰的保真去噪；随后介绍叠前低频面波压制技术，在低频记录上分区计算时变振幅门槛曲线压制面波；叠前时空域线性去噪技术，根据线性干扰波与有效波的视速度等差异，在时间空间域滤波，实现线性干扰压制；十字排列域三维去噪技术，利用面波等噪声在十字排列三维体上呈现出圆锥体的特征，进行三维圆锥形速度滤波，实现面波、折射等相干噪声压制；复小波变换层间多次波压制技术，利用层间多次波在共成像点道集远近偏移距上的差异，进行方向—尺度域滤波，在成像道集上压制层间多次波；p 域外源干扰压制技术，利用外源干扰在共 p 域的随机性压制外源干扰；叠前采集脚印压制技术，通过 OVT 域内数据规则化，加密炮线、接收线，减少或削弱采集脚印；黄土鸣震噪声压制技术，基于其近地表多次波的特点，根据时距曲线模拟噪声，自适应相减，实现噪声衰减。

一、规则干扰波规律强化

规则干扰在地震记录中有"规律可循"，面波、声波等噪声呈现出视速度相对固定的线性，振幅、频率、相位稳定，振幅、频率衰减慢；外源干扰呈现出双曲型同相轴，振幅、频率、相位呈现出与地震信号同样的特征。在山地复杂构造区，因地形起伏和近地表速度的纵横向变化、吸收衰减差异和激发接收条件差异，规则干扰的旅行时间、振幅、频率、相位规律性变差，影响规则干扰的预测和去除，影响去噪效果和信号保真。通过规则干扰波的规律性强化，恢复其旅行时、振幅、频率、相位的规律性，增强规则干扰波的可预测性，改善去噪效果，保护有效信号。这里重点介绍规则干扰波规律强化技术，通过旅行时校正增强规则干扰波旅行时的规律性，并在此基础上进行规则干扰压制，再进行反时差校正，提升规则干扰压制效果，保护有效信号。

在资料处理中，常用高程静校正和层析静校正消除地表起伏、近地表速度纵横向变化引起的规则干扰旅行时扭曲，消除了长波长的影响，短波长引起的规则干扰波旅行时扭曲问题依然还在。研究表明，通过初至的拟合光滑，可校正短波长引起的旅行时扭曲，使规则干扰波的规律性更强，更有利于规则干扰压制。通过初至拟合校正短波长旅行时扭曲时差称之为初至剩余静校正。初至时间拟合可为一条直线，也可按偏移距分段拟合成一条折线，但对山地复杂区的地震资料最好用样条拟合的方法，让离散的初至点保持原始点的趋势变化，并拟合成光滑的曲线，从而求取最佳的初至剩余静校正量、消除短波长旅行时变化引起的干扰波扭曲。下面分别介绍样条拟合法二维、三维初至剩余静校正的思路、方法、过程和效果。

1. 干扰波规律强化的二维初至剩余静校正法

1）二维初至剩余静校正法的思路

二维初至波剩余静校正思路，是用三次样条函数将长波长静校正后的初至拟合成一条光滑曲线，并拾取初至时差，再根据地表一致性原则将时差分解为炮点、检波点短波长静校正量，对炮点、检波点进行短波长静校正，从而使规则干扰波场的规律性更强。相对于直线拟合法，该法可以用的初至信息更多，统计的短波长静校正量更为准确；相对折线拟合法，它不需拾取折射拐点，更具有可操作性。

2）二维初至剩余静校正法的实现方法

第一，二维初至带权的三次样条拟合。假设 x_{ij}、t_{ij} 分别为第 i 炮第 j 个检波点的炮检距和初至波时间，x_{ij}、t_{ij} 具有函数关系式：

$$f(x_{ij}) = t_{ij}, \quad j = 0, 1, \cdots, n \tag{4.3.1}$$

且 $x_{i0} < x_{i1} < \cdots < x_{in}$。

为方便标记，在确定炮号 i 后，可将上述函数关系式简化为标准函数方程式：

$$f(x_j) = y_j, \quad j = 0, 1, \cdots, n \tag{4.3.2}$$

要拟合函数 $f(x_j) = y_j$ 得到样条函数 $g(x)$，须满足：

$$\min \int_{x_0}^{x_n} g''(x)^2 \, \mathrm{d}x \tag{4.3.3}$$

且带有约束

$$\sum_{j=0}^{n} \left(g(x_j) - y_j \right)^2 \leqslant S, \quad g \in C^2[x_0, x_n] \tag{4.3.4}$$

假设拟合函数为三次样条，则 $g(x)$ 的表达式为：

$$g(x) = a_j + b_j(x - x_j) + c_j(x - x_j)^2 + d_j(x - x_j)^3, \quad x_j \leqslant x < x_{j+1} \tag{4.3.5}$$

若改为带权的样条拟合，则上述样条函数拟合约束条件变为：

$$\sum_{j=0}^{n} \left(\frac{g(x_j) - y_j}{\delta y_j} \right)^2 \leqslant S, \quad g \in C^2[x_0, x_n] \tag{4.3.6}$$

S 一般取范围为：

$$N - (2N)^{1/2} \leqslant S \leqslant N + (2N)^{1/2}, \quad N = n + 1 \tag{4.3.7}$$

式中，δy_j 和 $S \geqslant 0$ 为预先提供的参数；δy_j 为控制拟合函数光滑度的参数，可称为控制拟合函数光滑度的权；S 为控制样条拟合函数收敛度的参数，即 S 越大，允许拟合函数与原始数据的偏差度越大。

权 δy_j 的不同值会影响拟合曲线的平滑程度，δy_j 的值越大，则曲线越平滑，反之越保形。δy_j 有两种选取方式：一种是所有 δy_j 采取固定的相同值；另一种是每个 δy_j 单独计算，即 δy_j 为可变权。

可变权 δy_j 的确定原则是在初至比较震荡的地方应该具有更大的权，而在变化不大的地方具有较小的权，其计算步骤为：

（1）给定一个基本的权值（可以是初至拾取时的精度偏差范围）；
（2）以一个初至点为中心确定权计算窗口；
（3）计算该窗口内线性回归的标准方差；
（4）用基本权值与标准方差相乘得到该点处的权。

其几何意义如图 4.3.1 所示。固定权拟合和可变权拟合的差别可参见图 4.3.2。

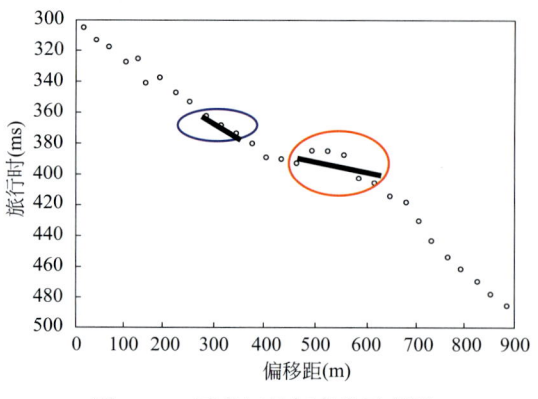
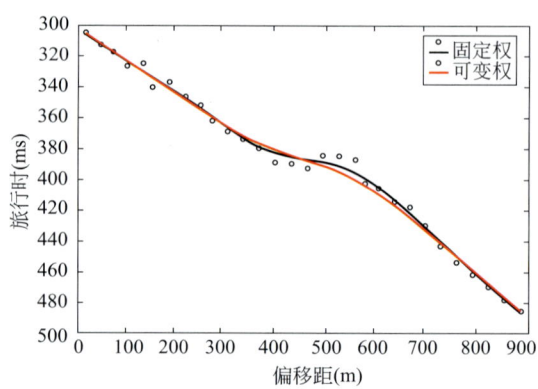

图 4.3.1 可变权几何意义示意图　　　　图 4.3.2 固定权拟合和可变权拟合的差别示意图

蓝圈内的点权值较小，红圈内的点权值较大

第二，二维初至剩余静校正量求取。假设拟合前后初至时差满足随机分布，则在炮点及检波点数量足够大时，某一炮点 S_i 的剩余静校正量为该炮点所对应的所有检波点初至时差的平均值。同理，对于某一检波点 R_j 的剩余静校正量为该检波点所对应的所有炮点初至时差的平均值。

令 t_{ij} 表示第 i 个炮点和第 j 个检波点所代表的地震道初至波到达时间，以 t'_{ij} 表示该地震道拟合后的初至波时间。

炮点剩余静校正量为：

$$\Delta t_{S_i} = \frac{1}{M} \sum_{j=1}^{M} (t'_{ij} - t_{ij}) \qquad (4.3.8)$$

检波点剩余静校正量为：

$$\Delta t_{R_i} = \frac{1}{N} \sum_{i=1}^{N} (t'_{ij} - t_{ij}) \qquad (4.3.9)$$

式中，M 是炮点对应的检波点个数；N 是检波点对应的炮点数。

2. 干扰波规律强化的三维初至剩余静校正法

对于三维数据体来说，如果用二维静校正的方法，只能在纵测线方向或者是横测线方向单独进行处理，不能对地震资料初至波数据实现面上的整体处理。这样往往会产生一些问题：一是在纵测线方向干扰波规律强化了，而横测线方向没有强化甚至变得更差，或在横测线方向干扰波规律强化了，而纵测线方向没有强化甚至变得更差；二是用二维方法处理三维问题时，炮点和检波点的在两个方向分布并不十分均匀，就会因在某个方向上参与处理的数据不足，得不到想要的干扰波规律强化效果。对于三维地震资料，最好用三维初至剩余静校正法。

1）三维初至剩余静校正法的思路

三维地震初至剩余静校正实现原理与二维初至剩余静校正方法原理基本相同。由于三维数据的接收线数量加大，单炮的初至形态由二维平面曲线变为三维的空间曲面，因此拟合方式由二维趋势曲线拟合变为三维空间的趋势面拟合，实践中采用基于空间散点的Robust（稳健）局部权回归拟合。由于三维单炮数据的偏移距范围增大，影响拟合的信息（如地表高程、速度、空间距离）也相应增多，存在一炮内变化剧烈的情况，因此有必要对其进行分象限拟合与计算，从而保证拟合效果。通过拟合可以得到平滑的三维初至时间，进而可以得到初至剩余时差，再根据地表一致性假设，分别进行炮点与检波点的剩余时差分解，获得炮点和检波点的剩余静校正量，进行炮点和检波点的剩余静校正，从而使规则干扰波场的规律性更强。

2）三维初至剩余静校正法的实现方法

第一，三维初至带权的曲面拟合。针对三维初至的空间分布，拟合得到合理的空间曲面，并且曲面上的点连续平滑。首先将三维初至进行象限划分，再按照各自象限分别在炮域和检波点域进行曲面拟合。

图4.3.3是三维地震炮点、接收点位置图。实际处理时，选取某个炮点后，以该炮点为中心，把检波点区域划分成4个象限（图4.3.4），对每个象限中的初至时间分别进行曲面拟合。

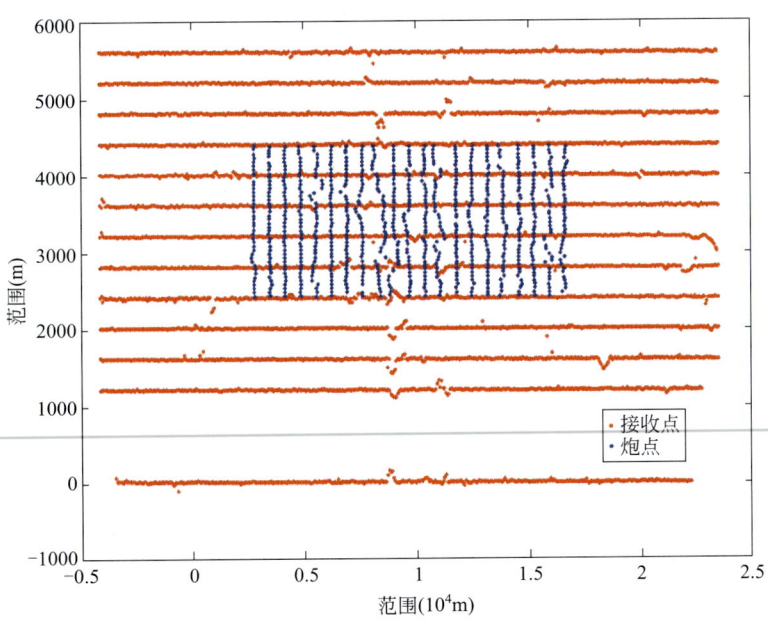

图4.3.3 三维地震炮点接收点位置

同理，选取一个检波点，以该检波点为中心，把炮点区域划分成4个象限，对每个象限中的初至时间分别进行曲面拟合。下面介绍Robust局部权回归拟合方法。

假设 t_{ij} 为第 i 炮第 j 个检波点的初至波时间，$\boldsymbol{x}_{ij}$ 代表第 i 炮第 j 个检波点的偏移距，$\boldsymbol{x}_{ij}$、t_{ij} 具有函数关系式：

$$f(\boldsymbol{x}_{ij}) = t_{ij}, \quad j = 0, 1, \cdots, n \quad (4.3.10)$$

为方便标记，在确定炮号 i 后可将上述函数关系式简化为标准函数方程式：

$$f(\boldsymbol{x}_j) = y_j, \quad j = 0, 1, \cdots, n \quad (4.3.11)$$

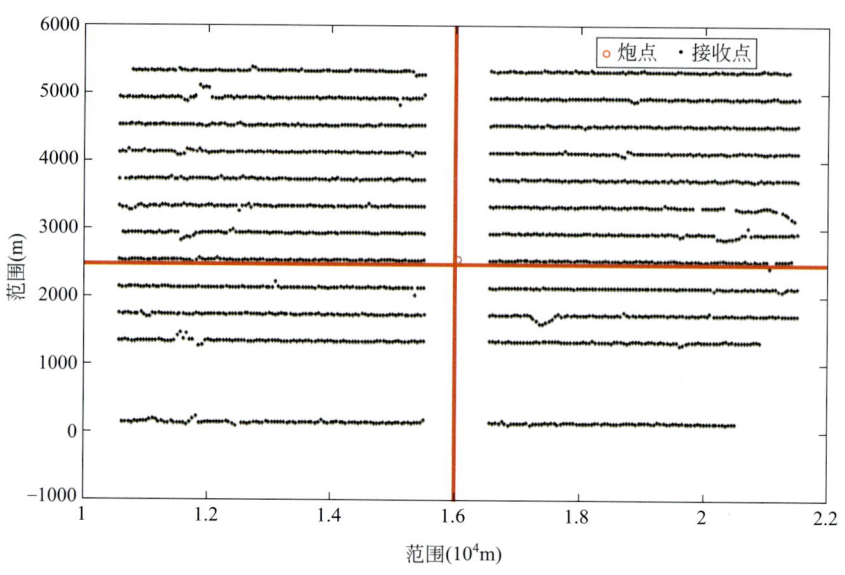

图 4.3.4　检波点区域 4 个象限划分

为保证拟合效果，常使用加权的拟合方法，权值的计算方法如下：
令初始权函数 W 在定义域 $(x \geq 0)$ 为单调递减函数，且满足以下性质：

（1）
$$\begin{cases} W(x) > 0, & |x| < 1 \\ W(x) = 0, & |x| \geq 1 \end{cases} \tag{4.3.12}$$

（2）
$$W(x) = W(-x)$$

这里令
$$W(x) = (1-|x|^3)^3, \quad |x| < 1 \tag{4.3.13}$$

令 f 为局部系数，n 为全局拟合点数，$r = f \times n$ 为局部拟合点数。对于任意一点 x，上述参数的几何意义是在距离上离 x 最近的 r 个点。令 y_i 为点 x 处的函数值，y_i' 为初始拟合后的函数值。拟合方式是通过以多项式函数或样条函数为目标函数的带权最小二乘拟合，其中权为 $w_k(\boldsymbol{x}_i)$：

$$w_k(\boldsymbol{x}_i) = W(h_i^{-1}\|\boldsymbol{x}_k - \boldsymbol{x}_i\|), \quad k = 1, 2, \cdots, r \tag{4.3.14}$$

式中，h_i 为点 $\boldsymbol{x}$ 与 r 个局部拟合点的最大距离；$\boldsymbol{x}_k$ 是 $\boldsymbol{x}_i$ 附近的点；$\|\cdot\|$ 表示取模。

以曲线多项式拟合为例：

第一步，初至拟合，对点集 (x_i, y_i) 中的每一个 i，求取点 x_i 所有周围的点 x_k 的局部初始权 $w_k(x_i)$，以 $w_k(x_i)$ 为权进行多项式拟合，得到带权的曲线最小二乘问题：

$$f(x_i) = \min \sum_{k=1}^{r} w_k(x_i)(y_k - \beta_0 - \beta_1 x_k - \cdots - \beta_d x_k^d)^2 \tag{4.3.15}$$

式中，d 为多项式次数；β_j 为多项式系数，且 $j=0,1,\cdots,d$。

遍历所有的 i 并以上述方式进行曲线拟合，得到新的函数值 y_i'，进而得到新的函数点集 (x_i,y_i')。

三维初至拟合需要使用曲面拟合，带权的曲面拟合最小二乘问题如下：

$$f(\boldsymbol{x}_i)=\min\sum_{k=1}^{n}w_k(\boldsymbol{x}_i)(y_k-\beta_0-\beta_{11}x_{1k}-\beta_{21}x_{2k}-\cdots-\beta_{1d}x_{1k}^d-\beta_{2d}x_{2k}^d)^2 \quad (4.3.16)$$

式中，x_{1k}、x_{2k} 分别代表 $\boldsymbol{x}_k$ 在两个坐标方向的分量；d 为多项式次数；β_{1j}、β_{2j} 为多项式系数，且 $j=0,1,\cdots,d$。

遍历所有的 i 并以上述方式进行曲面拟合，得到新的函数值 y_i'，进而得到新的函数点集 $(\boldsymbol{x}_i,y_i')$。

第二步，更新局部权值，令 $e_i=y_i'-y_i$，得到函数残差点集 $(\boldsymbol{x}_i,e_i)$，点 $\boldsymbol{x}_i$ 对应的残差 e_i 用于求取该点的 robust 权 δ_i 系数。δ_i 的表达式为：

$$\delta_i=B(e_i/6s) \quad (4.3.17)$$

其中

$$B=\begin{cases}(1-x^2)^2, & |x|<1 \\ 0, & |x|\geqslant 1\end{cases} \quad (4.3.18)$$

式中，s 为 $|e_i|$ 的中位数；B 为双平方权函数。

对函数点集 $(\boldsymbol{x}_i,y_i)$ 中所有点进行局部权更新，对于任意一点 x_i 的新的局部权 $w_k'(\boldsymbol{x}_i)$ 有以下表达式：

$$w_k'(\boldsymbol{x}_i)=\delta_k w_k(\boldsymbol{x}_i) \quad (4.3.19)$$

第三步，新的拟合，带入新的局部权以第一步的方法用 $w_k'(\boldsymbol{x}_i)$ 为权，求取新的拟合函数值 y_i'，进而得到新的函数点集 $(\boldsymbol{x}_i,y_i)$。

第四步，重复迭代上面 3 步，直到得到满意的局部权回归拟合结果。

在三维初至拟合后，即可进行三维初至剩余静校正量求取，三维初至剩余静校正量求取与二维初至剩余静校正量求取方法类似，这里不再赘述。

3. 实际资料应用

1）二维初至剩余静校正法的应用

图 4.3.5 是工区地表起伏较大、浅层速度横向变化大的单炮记录，存在较明显的静校正问题。通过层析静校正应用后，单炮记录上仍存在反射波同相轴抖动的情况，初至波时间仍扭曲不光滑，见图 4.3.6 中的蓝线；而初至拟合之后的初至波形态见图 4.3.6 中的红线，平滑度明显提高，并与拟合前初至趋势基本一致。通过分解拟合时差计算炮检点的剩余静校正量，并进行初至剩余静校正，结果见图 4.3.7，从图中可以看到，在经过层析静校正之后的炮记录上，初至波时间并不平滑，且炮集上的线性干扰的线性形态不明显。在初至波剩余静校正后，初至波时间明显校正得更加光滑，并且在图 4.3.7（b）中可以看到线性干扰的线性形态得到恢复，更有利于线性干扰的压制。

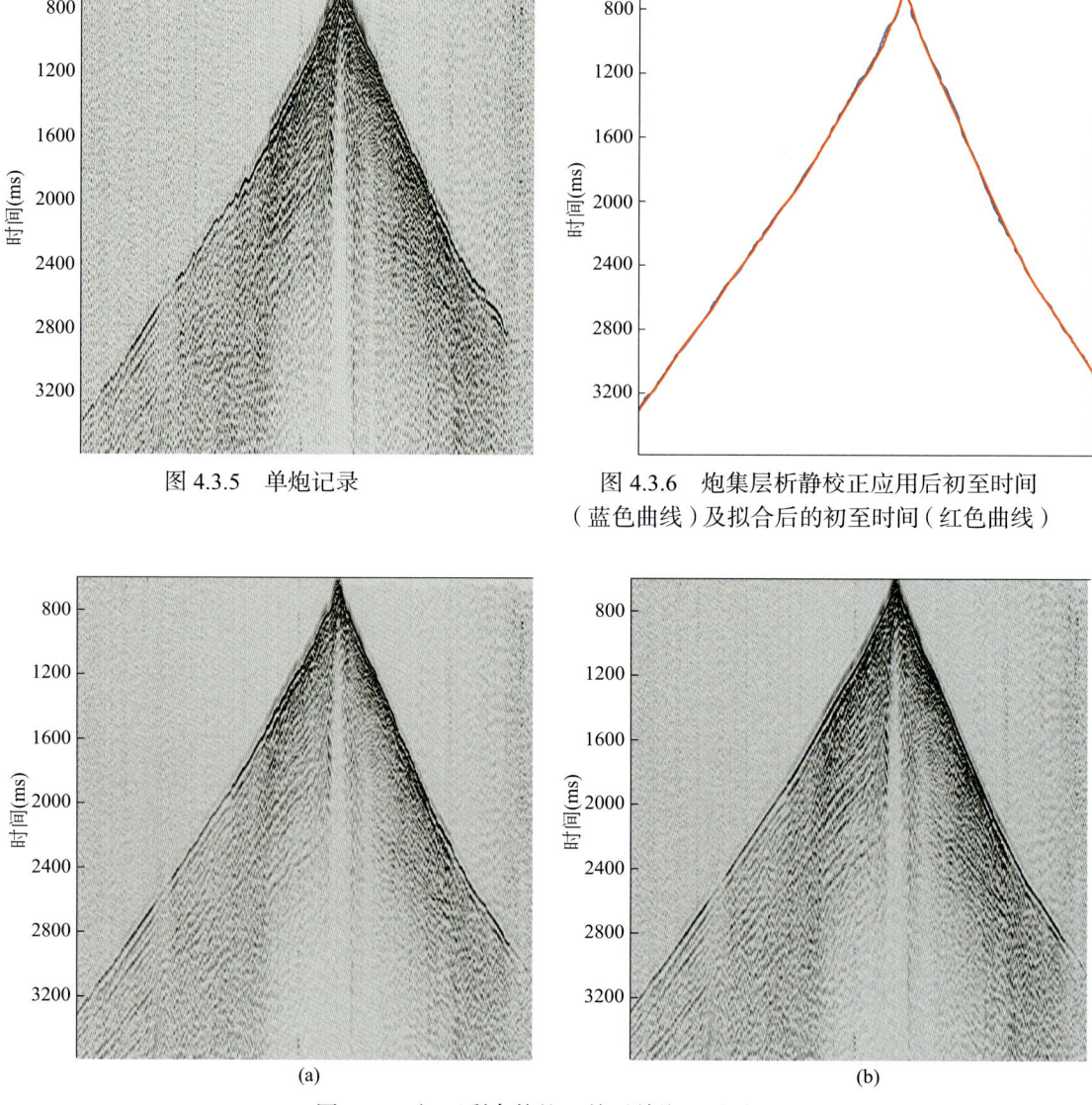

图 4.3.5 单炮记录

图 4.3.6 炮集层析静校正应用后初至时间
（蓝色曲线）及拟合后的初至时间（红色曲线）

图 4.3.7 初至剩余静校正前后单炮记录对比
（a）层析静校正之后的炮记录；（b）在左图基础上应用初至剩余静校正

2）三维初至剩余静校正法的应用

选取四川盆地西部某山地三维地震资料，该区域地形起伏大，地表覆盖较厚砾石层，存在静校正问题，线性干扰的线性形态不明显，见图 4.3.8（a）。三维层析静校正＋初至剩余静校正应用后，线性规律增强，见图 4.3.8（b）。

图 4.3.9 是其中一炮初至的两条排列线拟合结果显示。拟合后的初至时间（蓝色）相对于原始初至时间（黑色）更加平滑，校正后的初至时间（红色）保留了拟合后初至时间的平滑性，同时也保留了原始初至时间的一些起伏，其平滑性和保真性都得到了保证。

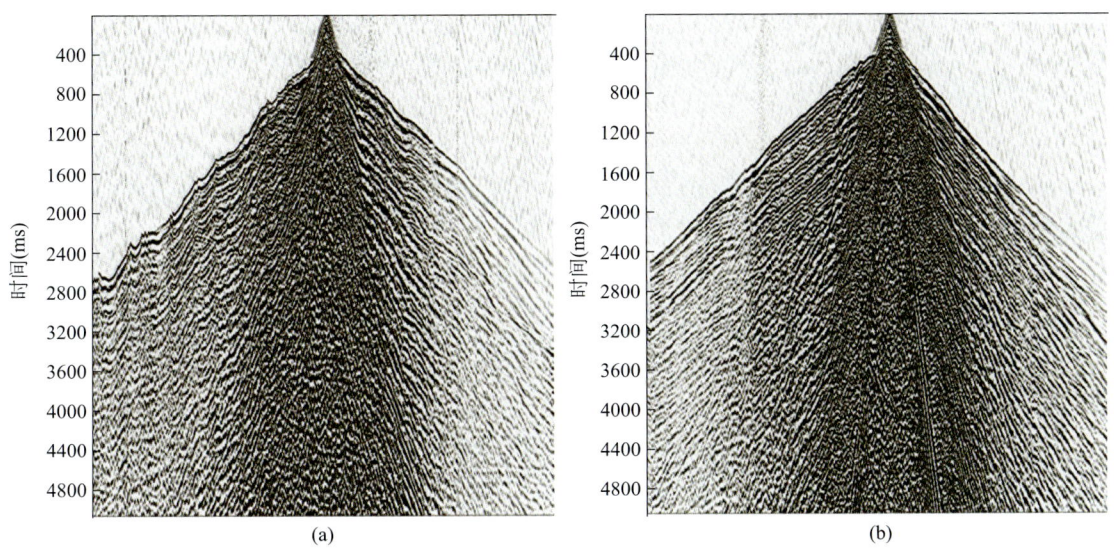

图 4.3.8　层析静校正＋初至剩余静校正前（a）后（b）单炮记录对比

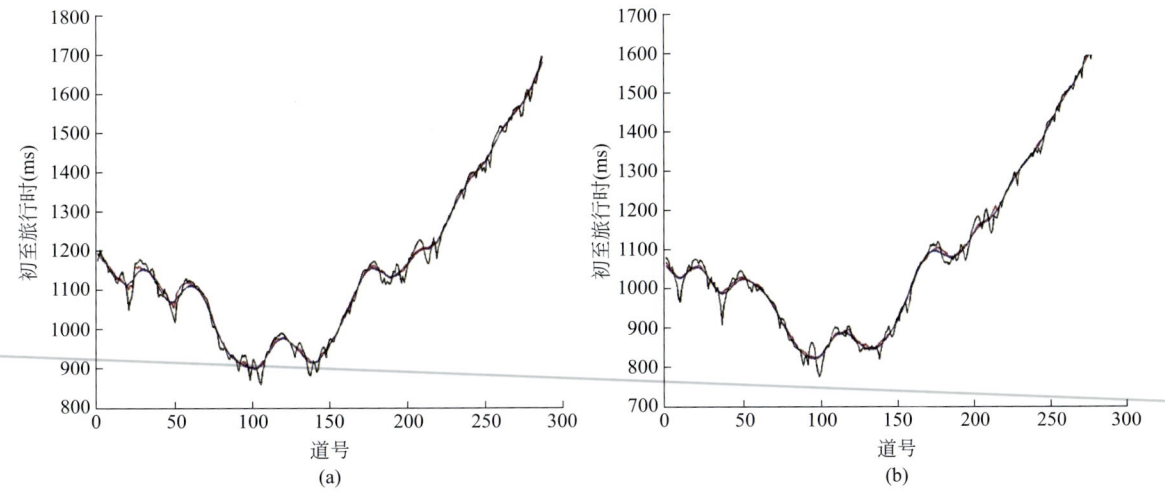

图 4.3.9　第 3 炮 1 线 (a)、2 线 (b) 的初至（黑色曲线）、拟合初至（蓝色曲线）、
校正后初至（红色曲线）时间对比

图 4.3.8 展示了层析静校正＋三维初至剩余静校正应用前后效果，可以看出：从浅到深，线性干扰的连续性明显优于应用前效果，特别是在浅层噪声较重区域，连续性得到增强，为规则干扰保真压制创造了条件。

实际资料应用结果表明，层析静校正＋样条拟合初至剩余静校正使单炮初至变得光滑，规则干扰的"规律性"得到增强，更有利于规则干扰的保真去噪。

二、叠前低频面波压制

强低频面波的存在，将严重影响反褶积效果，对保幅处理尤为不利。一般压制面波的方法是利用面波和反射波的频率差异及速度差异，如一维滤波和频率波数滤波。但因面波的频带往往和反射信号的频带重叠在一起，即便是频率波数域滤波，也不能只对与有效信号相同频带的噪声进行压制，在滤波的同时也对有效波的低频成分造成了损害，而且斜坡长(陡度小)的滤波响应在反褶积或谱白化处理后，面波往往又被突出出来。近年来，不断有人尝试用新的方法来压制面波，如线性调频法、拉冬变换法、外科手术式切除法等，这些都有一定程度的改进，但都存在损害有效波的现象。

叠前低频面波压制方法是通过时间域和频率域相结合，采用局部迭代和分频处理等手段，依据无干扰区域的低频信息，建立自适应时变振幅门槛曲线，同时引入极值排序线性拟合法，获得时窗内最大振幅门槛值，可有效地衰减面波。

1. 分频处理

面波虽然能量强，但是频率低，其能量主要集中在15Hz以下的低频部分。根据此特点，在频率域中先分离出地震记录的低频分量，然后对面波进行衰减。

设 T-X 域的地震记录为 $p(x,t)$，时间采样率为 Δt，样点数为 M，则它在频率域的响应 $P(x,\omega)$ 为：

$$P(x,\omega) = \sum_{m=0}^{M-1} p(x,m\Delta t) e^{-im\Delta t\omega} \quad (4.3.20)$$

傅里叶反变换的公式为：

$$p(x,t) = \sum_{m=0}^{M-1} P(x,m\Delta\omega) e^{im\Delta\omega t} \quad (4.3.21)$$

低通滤波器响应函数 $l(\omega)$ 为：

$$l(\omega) = \begin{cases} 1 &, \quad 0 \leq \omega \leq \omega_1 \\ 0.5\pi \sin((\omega - \omega_1)/(\omega_2 - \omega_1)) &, \quad \omega_1 < \omega < \omega_2 \\ 0 &, \quad \omega_2 \leq \omega \end{cases} \quad (4.3.22)$$

通过公式(4.3.20)可以将地震记录变换到频率域，获得频率域数据 $P(x,\omega)$；再将 $P(x,\omega)$ 与低通滤波器 $l(\omega)$ 相乘，即可得到低频部分(比如15Hz以下的低频部分)；然后通过公式(4.3.21)反变换到时间域，即得到了分频处理后的地震数据 $p'(x,t)$。

这种方法对强面波掩盖下的有效反射信息(比如15Hz以上)完全不压制，对没有受到面波干扰的低频信息也不压制，其结果是既提高了信噪比，同时又保留了有用的低频信号，可以说先分频再衰减面波是目前衰减面波方法中较佳的选择之一。

2. 地震记录分区

时间域的单炮记录低频信息 $p'(x,t)$，一般情况下可分为面波分布区 $p'_1(x,t)$、浅层折射多次波 $p'_2(x,t)$ 及基本没有干扰的低频信息区 $p'_3(x,t)$ 三部分，其中前两个区的数据能量都较强，往往是有效反射的几倍甚至几十倍。地震记录分区域示意图见图4.3.10。

3. 自适应时变振幅门槛曲线

1) 时窗划分

将低频单炮记录 $p'(x,t)$ 在时间方向分为多个时窗，如图4.3.11中的时窗划分，时窗不宜过小，需经过试验确定。划分时窗后，分别计算每个时窗内的振幅门槛值，并插值形成自适应时变振幅门槛曲线。

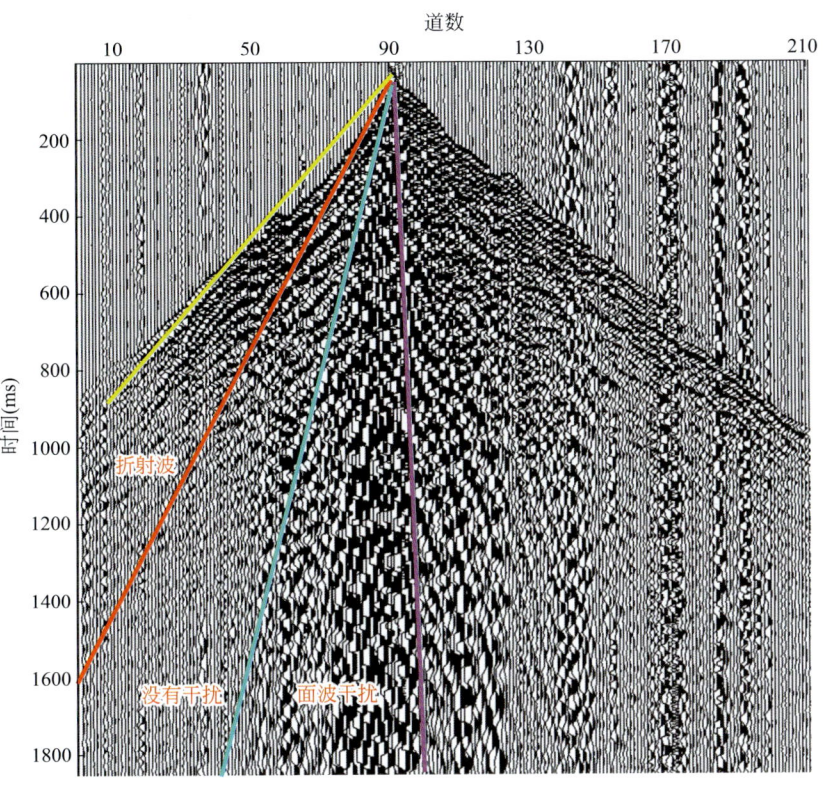

图 4.3.10 地震记录分区域示意图

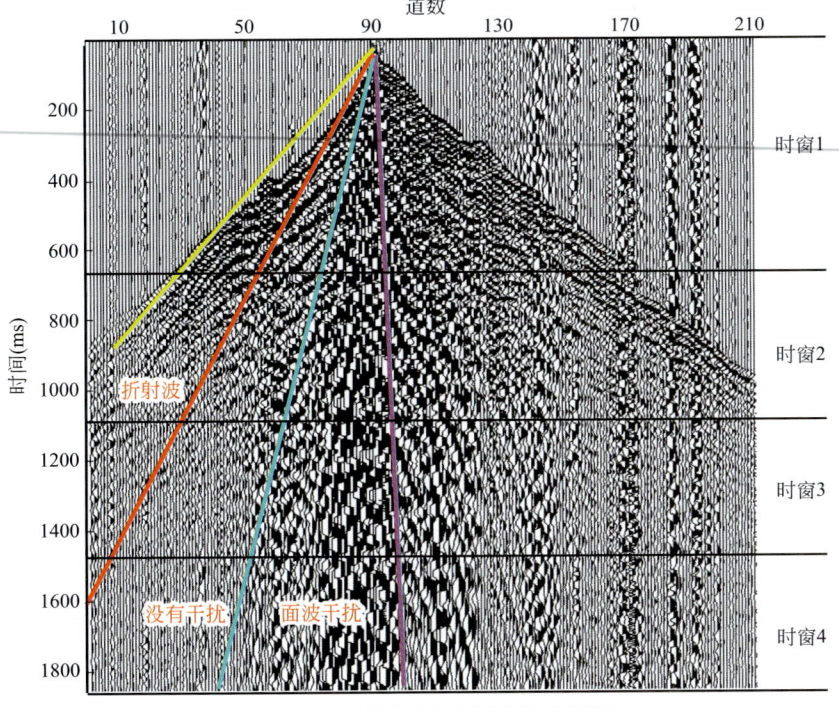

图 4.3.11 地震记录时窗划分示意图

2）时窗内最大振幅门槛值求取

在计算每个时窗内的振幅门槛值时，引入极值排序线性拟合法，获得该时窗内最大振幅门槛值。

（1）在没有干扰区域的低频信息 $p'_3(x,t)$ 数据上，分别统计各时窗内波峰和波谷总数（K）和对应的振幅极值（波谷取绝对值）$A_i(i=1,2,3,\cdots,K)$。

某时刻 t_i 满足以下条件，即为波峰：

$$\begin{cases} p'_3(x,t_{i-1}) < p'_3(x,t_i) \\ p'_3(x,t_{i+1}) < p'_3(x,t_i) \end{cases} \quad (4.3.23)$$

某时刻 t_i 满足以下条件，即为波谷：

$$\begin{cases} p'_3(x,t_i) < p'_3(x,t_{i+1}) \\ p'_3(x,t_i) < p'_3(x,t_{i-1}) \end{cases} \quad (4.3.24)$$

波峰与波谷的振幅极值为：

$$A_i = |p'_3(x,t_i)| \quad (4.3.25)$$

（2）对 A_i 从小到大排序，以 A_i 为纵坐标，以 i 为横坐标，A_i 呈一递增的曲线分布，其示意见图 4.3.12。

（3）对曲线中段（K_1,K_2）进行线性拟合，得到该时窗的最大振幅门槛值 $A_{\max}$：

$$\frac{A_{\max}-A_1}{K-K_1} = \frac{A_2-A_1}{K_2-K_1} \quad (4.3.26)$$

将公式（4.3.26）约化，可得：

$$A_{\max} = \frac{A_2-A_1}{K_2-K_1} \times (K-K_1) + A_1 \quad (4.3.27)$$

式中，A_1 为 K_1 点振幅极值；A_2 为 K_2 点振幅极值。

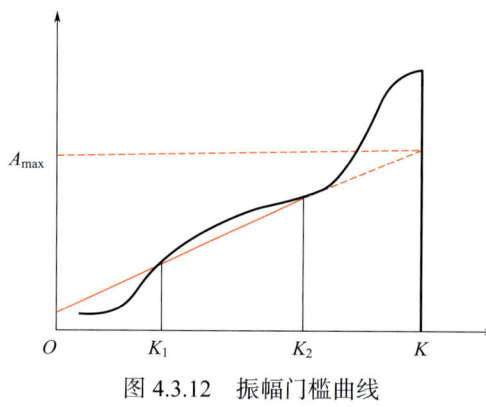

图 4.3.12 振幅门槛曲线

（4）实际处理时的自适应门槛值为 A_t：

$$A_t = A_{\max} \times F \quad (4.3.28)$$

其中，F 为权系数，目的在于调节门槛值。

3）自适应时变振幅门槛曲线形成

基于无干扰区域低频信息 $p'_3(x,t)$，在各时窗的自适应最大振幅门槛值 A_t 求取后，将其放在各时窗的中点，得到多个时间—最大振幅门槛值对，对其进行内插外推，可获得自适应时变振幅门槛曲线。

理论上，低频信息 $p'_3(x,t)$ 中的每一道均可按上述方法获得各自的自适应时变振幅门槛曲线，但其稳定性不佳。实践中，常用多道数据求取一个综合的自适应时变振幅门槛曲

线 $A_T(t)$。

4. 低频面波压制

对面波分布区 $p'_1(x,t)$ 中的数据逐道按以下方式处理,即可获得压制了低频面波的 $p'_1(x,t)$,记为 $P''_1(x,t)$:

当 $|p'_1(x,t)| \leqslant A_T(t)$ 时, $\qquad P''_1(x,t) = p'_1(x,t)$

当 $|p'_1(x,t)| > A_T(t)$ 时, $\qquad P''_1(x,t) = 0$

式中,$|\cdot|$ 表示取绝对值。

在面波分布区 $p'_1(x,t)$ 中的面波压制后,$P''_1(x,t) + p'_2(x,t) + p'_3(x,t)$ 即为压制了面波的低频信号,再将其与高频部分的记录叠加,就获得压制了低频面波的单炮记录。

该方法根据面波低频特点,先分离地震记录的低频分量,然后在低频分量上对面波进行衰减,极大地避免了去噪过程中对有效信号的伤害;然后根据地震记录分区特点,在计算门槛曲线时,排除强干扰区而只考虑没有干扰的低频信息区,其优点是计算的时变振幅门槛曲线更加准确和合理,更能真实地反映有效波低频分量振幅随时间的变化规律。这也是该方法有别于其他方法的特点之一。其次,在计算时窗内振幅门槛值时,引入了极值排序线性拟合法,来获得该时窗内的最大振幅门槛值,实际处理时的门槛值是计算的门槛值与权系数因子相乘,使用权系数因子的目的在于对门槛值的调节,以便最佳地压制低频面波干扰。

5. 应用实例

1)理论模型

合成的地震记录见图 4.3.13(a),其中 Ricker 子波的主频为 35 Hz,采样间隔为 4ms,道间距为 25m。面波压制后的效果如图 4.3.13(b)(c)所示。从图中可以看出:面波得到了有效压制,去噪效果好,保真度较高,验证了方法的正确性和有效性。

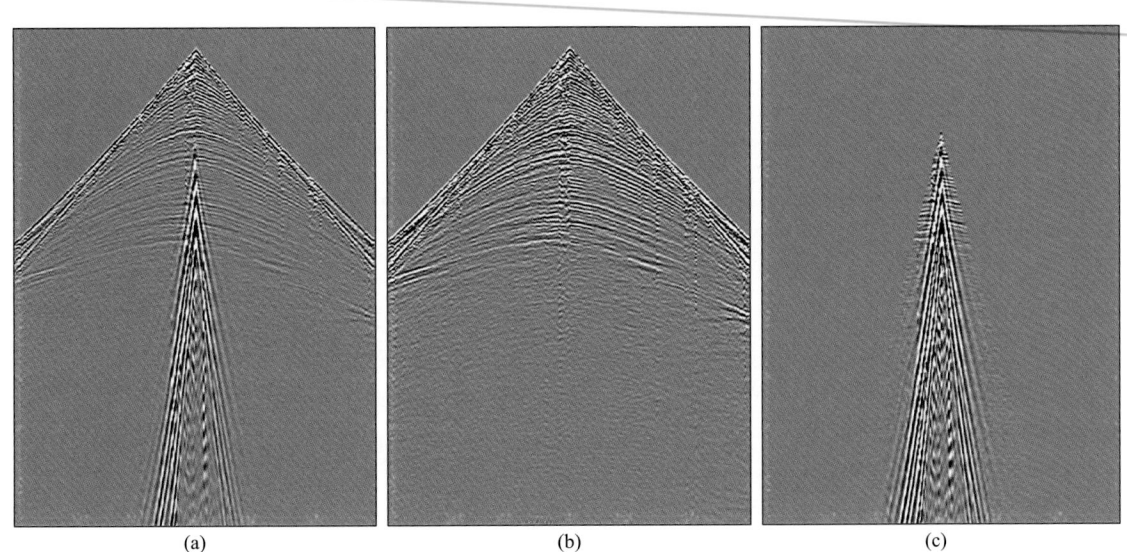

图 4.3.13 叠前低频面波压制效果

(a)面波压制前的记录;(b)面波压制后的记录;(c)差值记录,即(a)与(b)之差

2）实际数据

叠前低频面波压制方法压制地震记录中的面波干扰，应用效果见图 4.3.14。从图中可以看出，低频面波得到了有效压制，有效信号更加清晰可见，且差值剖面不包含有效的反射信息，提高了地震记录的信噪比，应用效果显著。

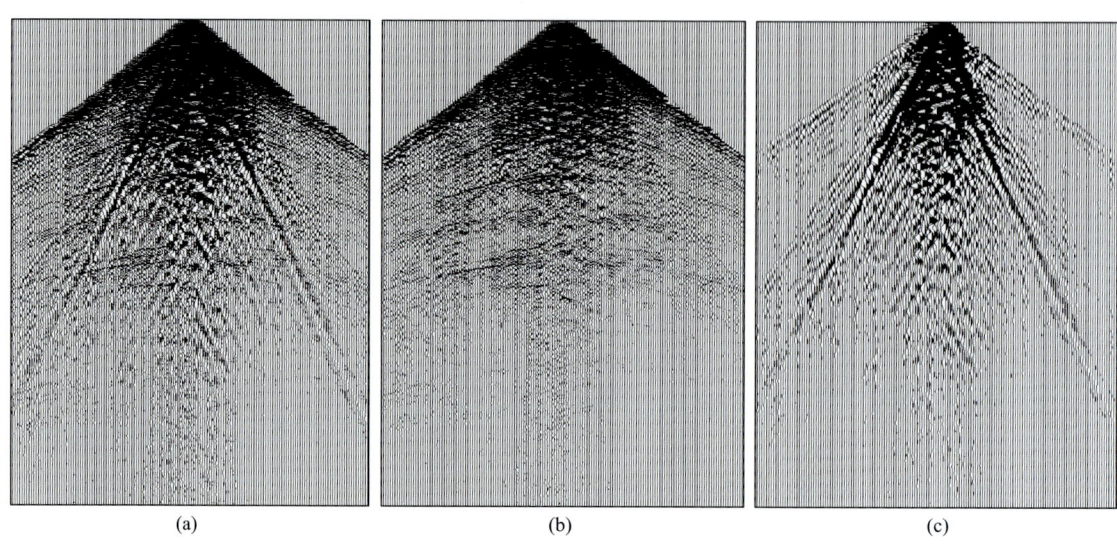

图 4.3.14 叠前低频面波压制前后的剖面
(a)压制前；(b)压制后；(c)差值剖面，即(a)与(b)之差

三、叠前时空域线性去噪

线性噪声的特点是有一定的频率和视速度，可以利用其与有效波的速度差异设计滤波器进行衰减，如扇形滤波器、倾角滤波器、楔形滤波器、f-k 滤波器以及速度滤波器等（夏洪瑞，2003；高少波，2003）。但这些方法都要求均匀的空间采样，而山地复杂构造地震数据，尤其三维数据常常难以满足这一苛刻条件。这些方法常常会造成明显的信号畸变，在压制干扰的同时也滤掉了一些有效的成分，并且平滑效应严重，使得整个剖面显得呆板。同时，由于线性干扰波在时空分布上存在较大的变化，而且其振幅变化也不一致，滤波后还会产生蚯蚓状的假同相轴。

对这类噪声的去除，可采用叠前时空域线性去噪方法。首先，分析和识别各组线性干扰波的频带范围及视速度范围；然后，通过分频处理从地震记录中分离出线性干扰所在频带范围的信号分量，对该频段的记录利用线性干扰视速度扫描和空间域噪声剔除法迭代分离出线性相干噪声；最后，从原始记录中减去，实现线性干扰波的压制。

在地震记录中，线性干扰的视速度不同于有效波的视速度，而且比有效波的视速度低，同时线性干扰的频率较低，主要集中在 20Hz 以下。根据线性干扰的这两个特征，可在叠前时空域实现线性干扰的压制。

1. 速度扫描

设地震记录 $p(i,j)$，采样率为 Δt，沿时间方向作傅里叶变换，进行分频处理，分离出低频（如 0~20Hz）的时间域地震记录 $p_1(i,j)$。

再给定线性干扰的速度区间为 $[v_{\min}, v_{\max}]$，扫描速度为 v_k：

$$v_k = v_{\min} + k \times \Delta v, \quad k = 1, 2, \cdots, K \tag{4.3.29}$$

每道地震数据的偏移距设为 x_i，其对应的时移量为 Δt_i：

$$\Delta t_i = \frac{x_i}{v_k} \tag{4.3.30}$$

式中，v_k 为扫描速度；Δv 为扫描速度增量；K 为总的视速度扫描次数。

已知扫描速度 v_k 和时移量 Δt_i，可以对地震数据 $p_1(i,j)$ 中每道进行时移，得到时移后的地震数据 $p_2(i,j)$：

$$p_2(i,j) = p_1(i, j + \Delta t_i / \Delta t) \tag{4.3.31}$$

当线性干扰的视速度与扫描速度 v_k 接近或相同时，地震记录中线性干扰就会表现为水平的同相轴，即相对低波数的信号；而有效信号与其他信号则表现为非水平的信号，是相对高波数的信号。

2. 高频噪声剔除

地震数据 $p_2(i,j)$ 与高通检噪算子 HF 沿道方向作褶积，得到高波数地震数据 $p_3(i,j)$：

$$p_3(i,j) = p_2(i,j) * HF \tag{4.3.32}$$

其中，高通检噪算子（李庆忠，1989）为：

$$HF = 1 - \frac{\sin\pi\frac{x-n\Delta}{N\Delta}}{\pi\frac{x-n\Delta}{N\Delta}} \cdot \frac{\sin\pi(\omega_1+\omega_2)(x-n\Delta)}{\pi(\omega_1+\omega_2)(x-n\Delta)} \cdot \frac{2\sin\frac{\pi}{2}(\omega_2-\omega_1)(x-n\Delta)}{\pi(\omega_2-\omega_1)(x-n\Delta)} \tag{4.3.33}$$

式中，$n = 0, \pm 1, \pm 2, \cdots, \pm N$，$2N+1$ 为滤波因子的长度；Δ 为采样间隔；ω_1 和 ω_2 分别为低通滤波器高频端斜波的起始频率和截止频率。式中第一因式是理想低通滤波器，第二因式是丹尼尔截尾窗函数，第三因式是镶边函数。

再对 $p_3(i,j)$ 取绝对值，得到 $A(i,j)$：

$$A(i,j) = |p_3(i,j)| \tag{4.3.34}$$

$A(i,j)$ 的局部极大值所对应的 $p_3(i,j)$ 样点就是要寻找的相对高波数的信号，保留这些高波数信号 $p_3'(i,j)$，并从 $p_2(i,j)$ 中减去，得到去除高波数信号的记录：

$$p_2'(i,j) = p_2(i,j) - p_3'(i,j) \tag{4.3.35}$$

根据 $p_2'(i,j)$ 中高波数信号去除的情况，可多次迭代去除。最后再对 $p_2'(i,j)$ 作反向时移，即可得到速度为 v_k 的线性干扰 $p_1'(i,j)$，从 $p(i,j)$ 中减去 $p_1'(i,j)$ 得：

$$p_{v_k}(i,j) = p(i,j) - p_1'(i,j) \tag{4.3.36}$$

$p_{v_k}(i,j)$ 就是去除速度为 v_k 的线性干扰后的地震记录。重复迭代不同速度 v_k，即可获得去除多组线性干扰的地震记录。

从以上方法可以看出：线性干扰的识别和提取过程都是在时间域进行，相对于频率域去线性干扰方法，不会产生假频与蚯蚓化现象，具有振幅保持和波形不畸变等优势。

3. 应用实例

1）理论模型

图 4.3.15（a）为简单地质模型声波模拟记录，主频为 25Hz，采样率为 2ms，样点数为 1500，地震道为 200。图 4.3.15（b）（c）为去噪的结果，噪声剖面［图 4.3.15（c）］中不含有效信号，而且有效信号剖面中线性干扰也得到了有效去除，效果良好。

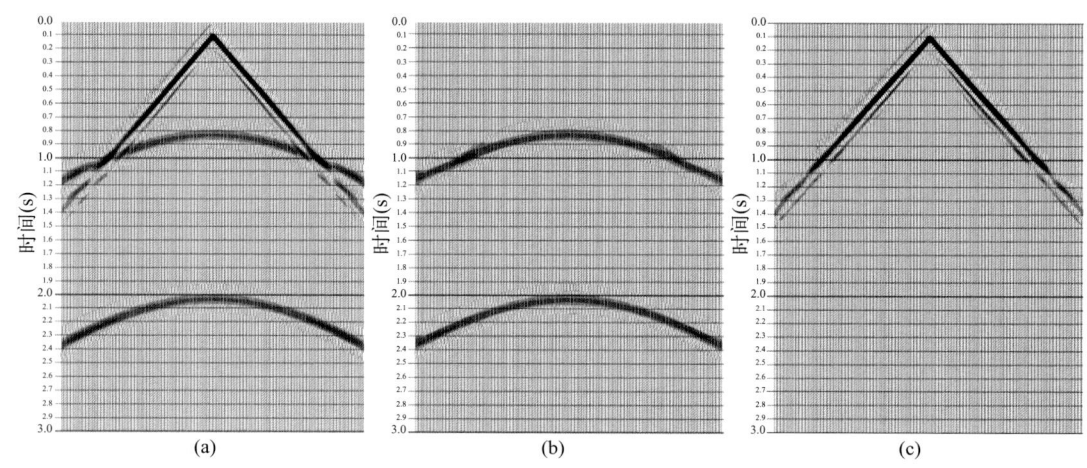

图 4.3.15　线性噪声压制前后的剖面
（a）去噪前；（b）去噪后；（c）差值剖面

2）实际数据

叠前时空域线性去噪方法的压制地震记录中的线性干扰，应用效果见图 4.3.16。从图中可以看出：线性干扰得到了有效去除，且差值剖面不包含有效的反射信息，提高了地震记录的信噪比，应用效果显著。

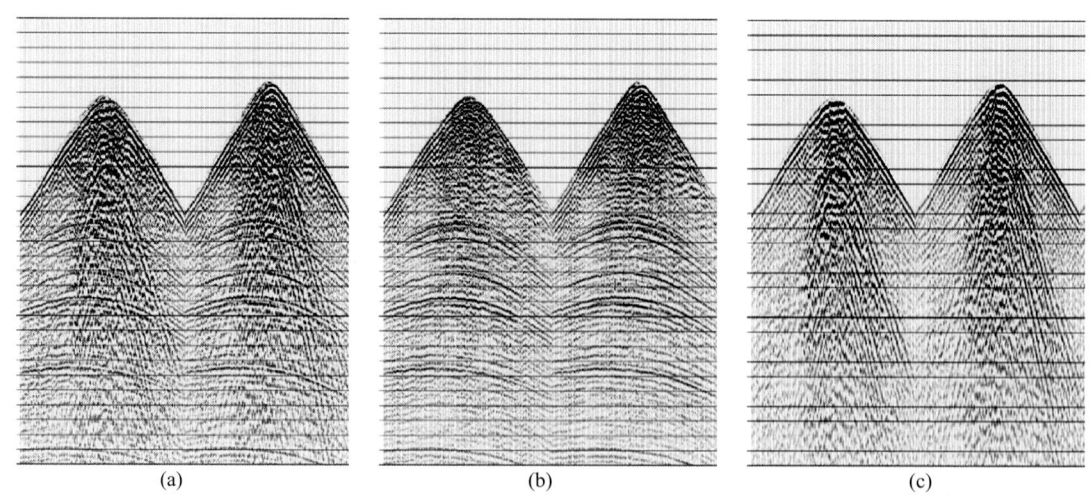

图 4.3.16　叠前时空域线性噪声衰减前后的剖面
（a）去噪前；（b）去噪后；（c）差值剖面

四、十字排列域三维去噪

1. 方法原理

1)十字交叉排列道集的形成

三维地震数据中,由一条检波线和与它垂直的一条炮线上且在一个排列片模板范围内的所有地震道组成一个新的道集,称十字交叉排列道集,或称十字交叉道集(图 4.3.17)。它是一个正交子集,其中心点是组成它的检波线与炮线的交点,是正交观测系统中空间连续的单次覆盖子集。如果是中间激发观测系统,则该子集为一个面积为 $\frac{1}{2}$ 最大纵距 × $\frac{1}{2}$ 最大非纵距的矩形三维密点数据体,数据体的空间采样间隔就是面元的大小。在该子集中可方便地使用空间频率、频率波数域滤波,如 3DFKK。

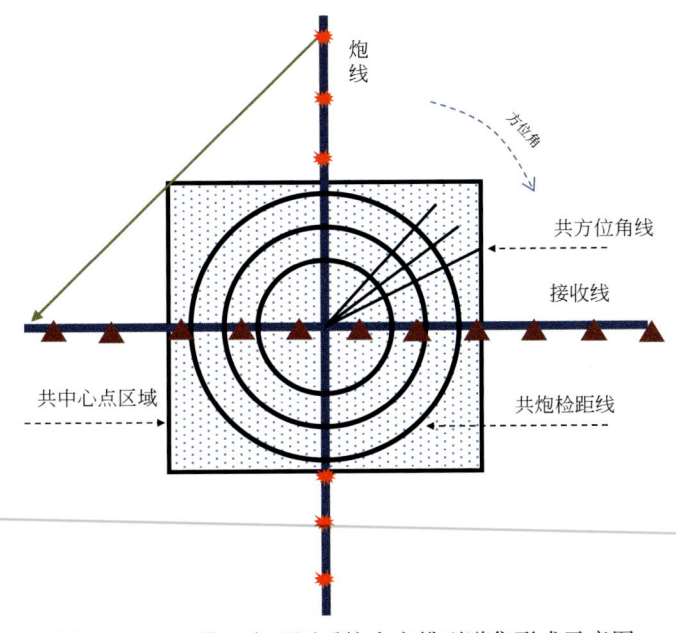

图 4.3.17 三维正交观测系统十字排列道集形成示意图

2)规则干扰波在十字交叉排列道集中的特征

面波是地震勘探常见的由炮点沿地表面直接传播到接收点的相干噪声,旅行时随炮检距而变化。在三维地震单炮记录中,面波、折射波等线性噪声受非纵偏移距的影响,在近炮点排列上表现为线性同相轴,在中、远炮点排列上表现为双曲同相轴,就不容易压制,如图 4.3.18 所示。

在十字交叉道集中,具有相同炮检距的地震道的中心点均在一个圆上,因此,一个常速规则干扰波(如面波、折射波)同相轴在十字交叉道集的时间切片上表现为一个圆(图 4.3.19),在三维体上呈现为圆锥。若面波噪声中有多个不同速度的线性同相轴,在十字交叉道集就形成顶点为十字交叉排列中心点的一整套(系列)圆锥。在沿检波线或炮线方向的道集上,面波和折射波的时距曲线就是过检波线或炮线的纵切面与圆锥面的交线,呈双曲线分布。而从圆锥体对称轴出发沿着偏移距增大的直线方向上,噪声呈线性分布

(图4.3.19)。十字交叉道集将三维炮记录上远炮点排列的非线性干扰的面波转换成线性干扰的面波,再通过应用一个三维圆锥形速度滤波器就可以将噪声衰减,在三维数据体上实现面波、折射等相干噪声压制。

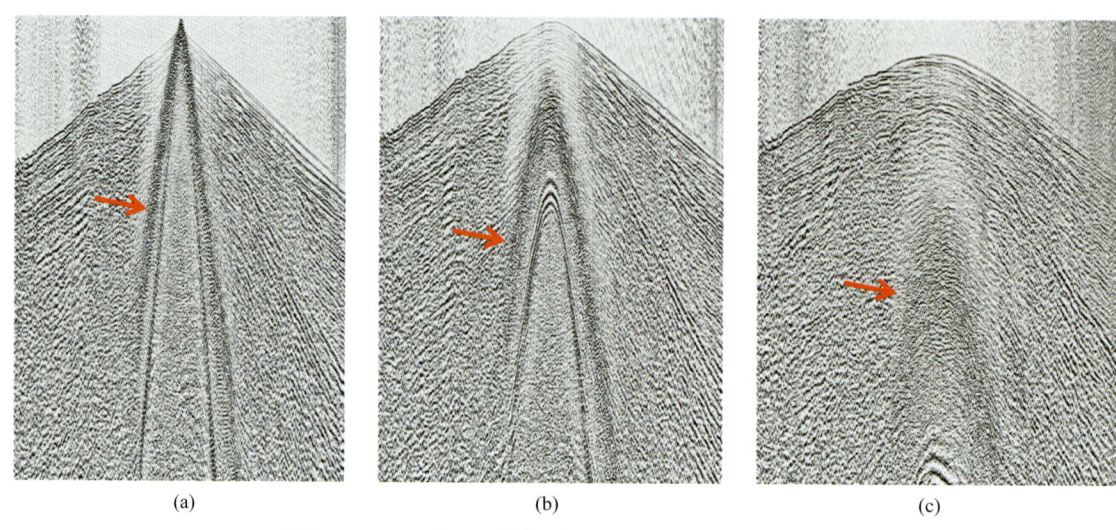

图4.3.18 三维地震数据中面波形态随非纵距的变化
(a)近排列;(b)中排列;(c)远排列

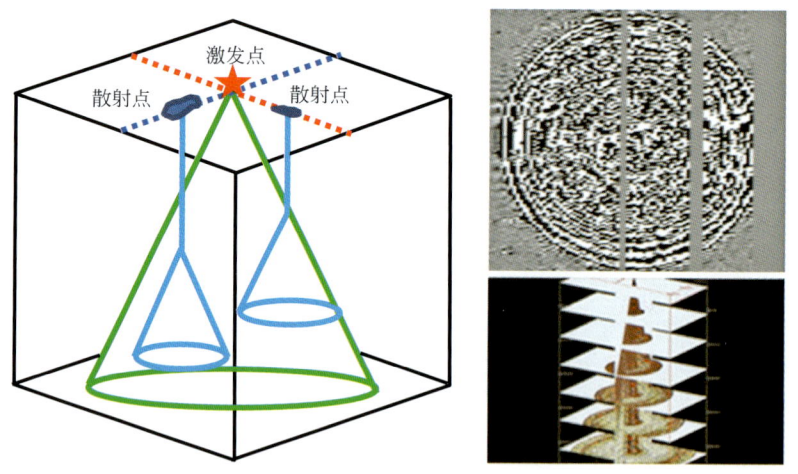

图4.3.19 十字排列子集中源生规则干扰分布示意图

面波、多次折射等展布为以震源为顶点的锥形体,垂直方向可视为三角形,时间切片上可视为圆。

3)噪声衰减方法

假定三维空间地震数据为 $p(x,y,t)$,地震有效信号为 $s(x,y,t)$,滤波因子为 $f(x,y,t)$,则有如下的褶积关系:

$$s(x,y,t) = p(x,y,t) * f(x,y,t) \quad (4.3.37)$$

对上式作三维傅里叶变换，得到如下频率—波数域乘积关系：

$$S(k_x, k_y, \omega) = P(k_x, k_y, \omega) F(k_x, k_y, \omega) \tag{4.3.38}$$

在频率—波数域中，设计高、低通倾斜滤波器：

$$F_h(k, \omega) = \frac{k^2/(-\mathrm{i}\omega)}{a + k^2/(-\mathrm{i}\omega)} \tag{4.3.39}$$

$$F_l(k, \omega) = \frac{a}{a + k^2/(-\mathrm{i}\omega)} \tag{4.3.40}$$

其中 $\qquad a = \omega/v_K$，$k^2 = k_x^2 + k_y^2$

式中，k 为信号的视波数；k_x、k_y 分别为纵向炮检距 x、横向炮检距 y 方向的视波数；v_K 表示线性噪声的视速度；F_h、F_l 分别为频率—波数域的高、低通滤波因子；ω 为信号角频率。F_h、F_l 构成了频率、波数域的锥形滤波器。

将式（4.3.39）、式（4.3.40）代入式（4.3.38），则可得到高通、低通滤波计算式：

$$S_h(k_x, k_y, \omega) = P(k_x, k_y, \omega) F_h(k, \omega) \tag{4.3.41}$$

$$S_l(k_x, k_y, \omega) = P(k_x, k_y, \omega) F_l(k, \omega) \tag{4.3.42}$$

对 $S_h(k_x, k_y, \omega)$、$S_l(k_x, k_y, \omega)$ 分别作三维傅里叶反变换，则可得到高通、低通滤波后的空间—时间域的三维数据体，实现滤波。

由上可知，给定适当的面波、折射波等相干噪声的视速度范围，进行三维锥形速度滤波，即可实现面波等线性噪声压制。

十字排列域三维噪声衰减方法是基于频率—波数域滤波的，存在假频的影响，要求数据的炮点距和道距较小，且为规则采样。另外，在实际应用中，还应考虑滤波器边界的斜坡处理。

2. 处理流程

将三维炮集数据抽取成十字交叉排列的道集，将抽取形成的道集进行三维傅里叶变换，应用三维锥形滤波器压制低频低速面波，再进行傅里叶反变换，并抽道集恢复地震数据序号，即可完成十字排列域三维去噪。

3. 应用实例

十字排列域三维噪声压制面波前、后的单炮记录如图 4.3.20 所示，可以看到，十字交叉排列去噪可在有效压制强能量面波噪声的同时对有效信号有很好的保幅性。在时间切片上（图 4.3.21）可以看到，面波在十字交叉排列道集中的分布呈现典型的圆形特征，应用三维十字交叉排列法衰减噪声后，面波的强能量被压制。

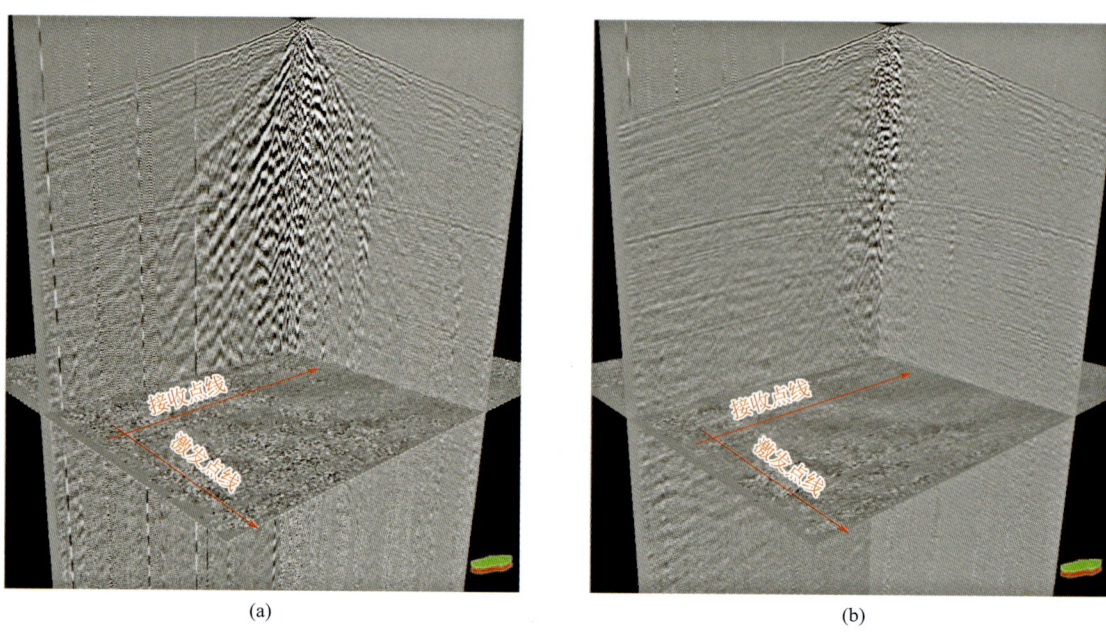

图 4.3.20　十字排列噪声衰减前（a）、后（b）单炮记录对比

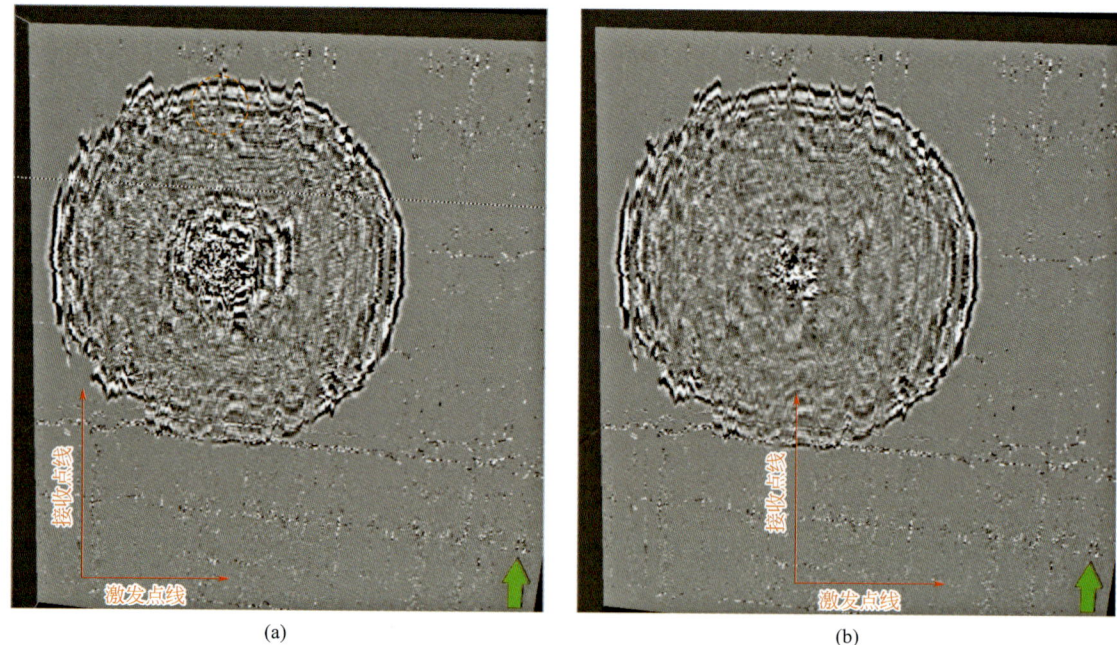

图 4.3.21　十字排列道集噪声衰减前（a）、后（b）的时间切片对比

面波压制前后的十字排列道集和叠加剖面对比如图 4.3.22、图 4.3.23 所示。噪声衰减前的十字交叉排列道集和叠加剖面有严重的干扰，信噪比低；经过三维十字交叉排列法噪声衰减后，十字交叉排列道集和剖面信噪比得到提高，目的层连续得到改善。

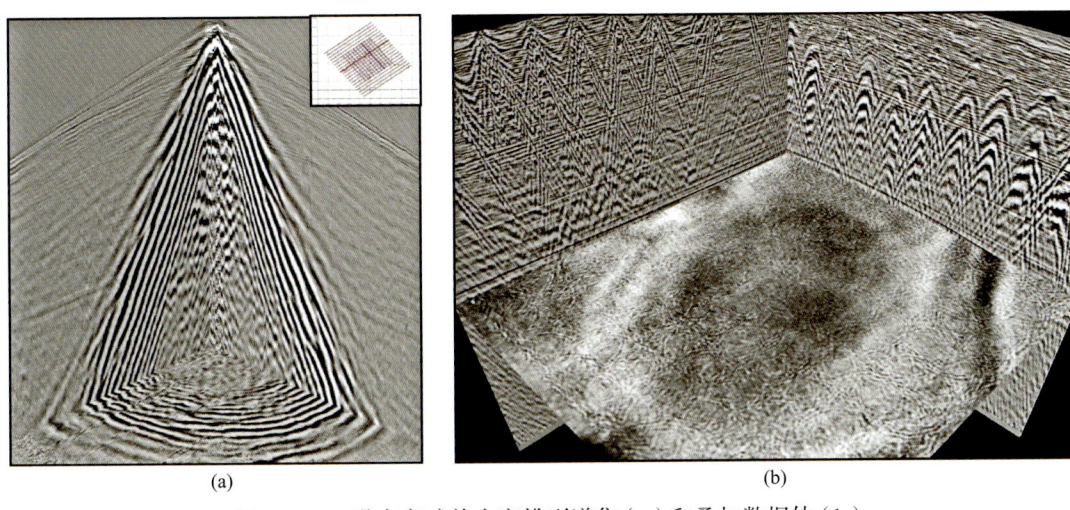

图 4.3.22 噪声衰减前十字排列道集（a）和叠加数据体（b）

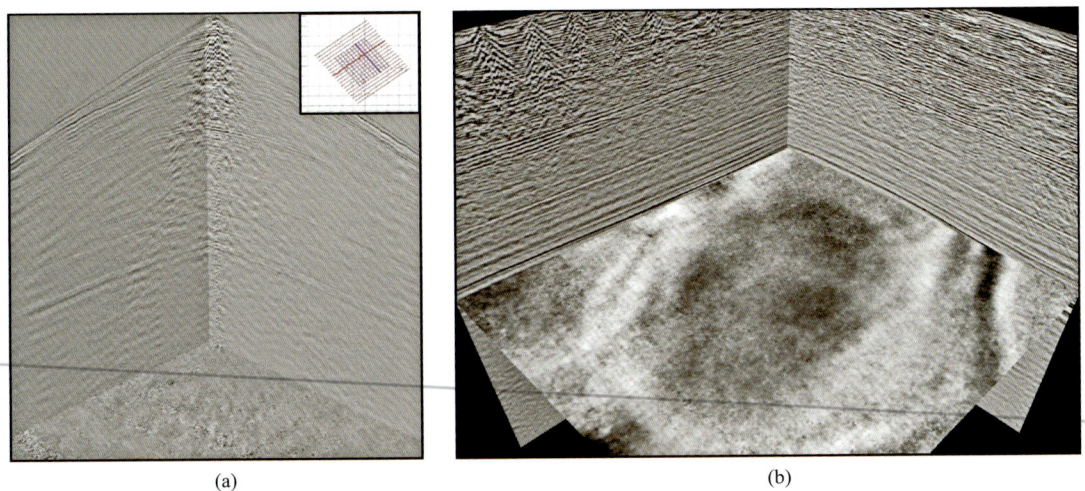

图 4.3.23 噪声衰减后十字排列道集（a）和叠加数据体（b）

五、复小波变换层间多次波压制

1. 方法与流程

多次波压制方法主要可以分为两大类：滤波类方法和预测减去法。滤波类方法是基于信号分析处理的方法，利用多次波和一次有效波之间波场传播运动学差异，将地震数据转换到特定变换域中实现二者的分离，从而实现多次波压制。预测减去法是用波动方程对地震数据进行正演或反演预测多次波，并从数据中将预测出的多次波减去。两类方法之间并没有严格的界限，压制多次波的方法往往可能兼有两类的某种特征。

常用的滤波类方法主要是利用一次波和多次波之间的周期性和视速度等差异，这种差异使得一次波和多次波在特定的变换域中具有可分离性，从而通过滤波的方法将多次波滤除。

滤波类方法主要包括预测反褶积、f-k 滤波、Radon 变换、聚束滤波等方法。这类方法实现简单，计算效率高，且较为稳健，是工业上首选的多次波压制方法。对于复杂的地下构造和介质，一次波与多次波在地震记录上没有明显的周期性和视速度差异，滤波类方法压制多次波效果不明显。

预测减去法是利用多次波产生的波动理论来对其进行预测，然后再采用匹配方法将其从原始记录中自适应地减去。预测减去类多次波压制方法主要有逆散射级数（ISS）、共聚焦点（CFP）法、逆数据域压制层间多次波、波路径偏移压制、基于解释的叠后层间多次波预测、通过构建虚地震同相轴压制层间多次波等。通常山地复杂构造的地震资料受信噪比和静校正精度所限，叠前预测的多次波方法稳健性比较差，预测的噪声在走时、振幅、相位上都会存在不小的偏差，导致实际应用效果往往不尽如人意。

以三维复小波变换（3D Complex Wavelet Transform，3D CWT）为核心的层间多次波衰减方法，将地震数据从时间—空间域转换到方向—尺度域，利用一次波和多次波在尺度和方向的差异进行噪声衰减。此前，复小波变换已成功应用于去混响、分离 VSP 上下行波场、增强 OBN 垂直分量等。

为了直观了解地震信号复小波变换分解特征，用一个二维数据说明。图 4.3.24 和图 4.3.25 显示了二维炮集被分解成 6 个方向，并且每个方向被分解成 7 个尺度，是二维数据的方向—尺度域表达，为压制层间多次波，根据其在方向—尺度域的特点，针对性设计滤波器，进行滤波，然后逆变换到时间/深度—空间域，实现噪声衰减。

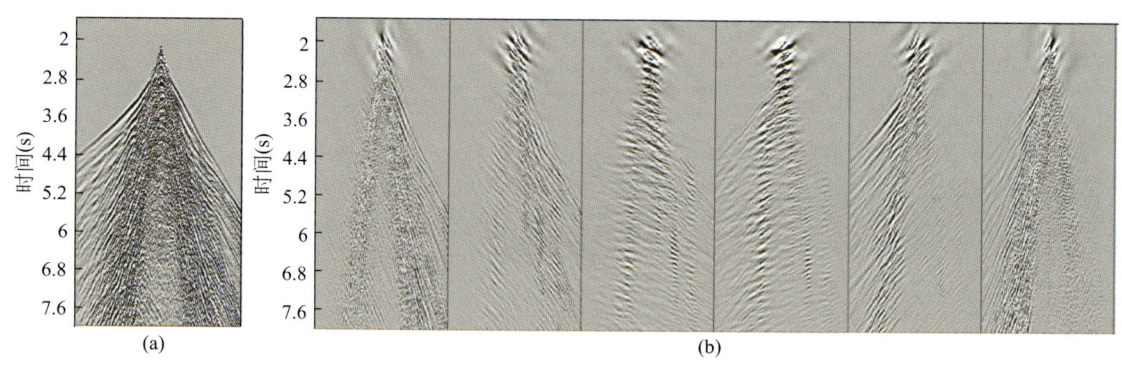

图 4.3.24　使用 2D 复小波变换将炮集 (a) 分解成 6 个方向
（b）中从左到右的方向为：-75°、-45°、-15°、15°、45°、75°

将三维复小波变换应用到衰减三维叠前深度/时间偏移共成像点道集中的多次波。在偏移速度较准确时，叠前深度偏移共成像点道集内的一次波同相轴是拉平的，而层间多次波不是完全拉平的，或者在近道趋于拉平而远道有明显下弯。不同偏移距段的叠加，多次波成像能量也不同。近偏移距段叠加，多次波相干叠加最强，中偏移距段次之，远偏移距段叠加多次波基本不能同相叠加，也基本不成像。利用这种差异，在复小波域进行多尺度精细滤波，达到压制近偏移距多次波的效果。

具体方法是：将深度偏移共成像点（CIP）道集转换到时间域，抽取三维单偏移距数据体，部分远偏移距叠加，得到三维单偏移距数据体和部分远偏移距叠加数据体，再对两个数据体分别进行三维复小波变换。

第四章　山地复杂构造区地震资料高精度噪声衰减

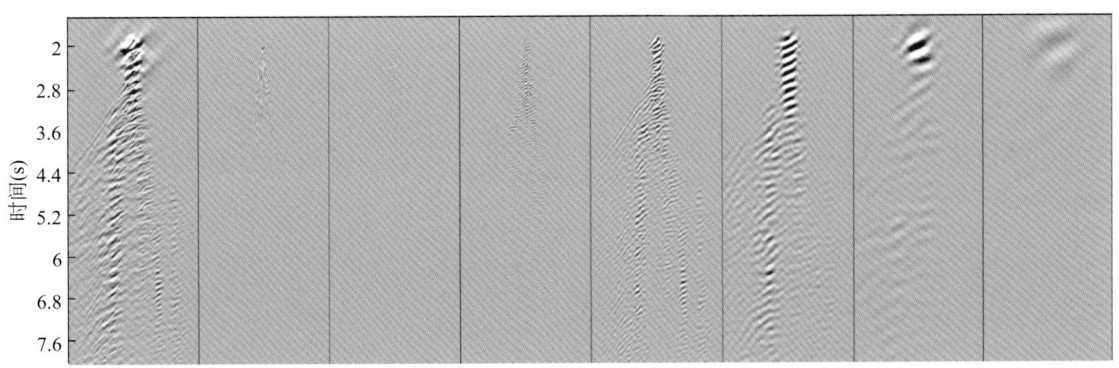

图 4.3.25　将图 4.3.24 中的 15°方位分解成 7 个尺度

最左边的是 15°方位的重绘图，其余从左到右的刻度为 1、2、3、4、5、6 和 7，1 具有最高的频带

在方向—尺度域中，根据部分远偏移距叠加的方向—尺度域数据来过滤单偏移距数据体的方向—尺度域数据，再逆三维复小波变换（3DICWT），实现单偏移距数据体的多次波衰减，而一次波被增强。

对每个偏移距都抽取单偏移距数据体，按上面的方式衰减多次波，全部偏移距完成后，再分选回 CIP 道集，转换到深度域，实现深度偏移 CIP 道集的多次波压制。技术流程如图 4.3.26 所示。

使用 $F_{\text{offset}}(x,y,t)$ 表示来自叠前偏移的单偏移距数据体，并且它的 3DCWT 被定义为

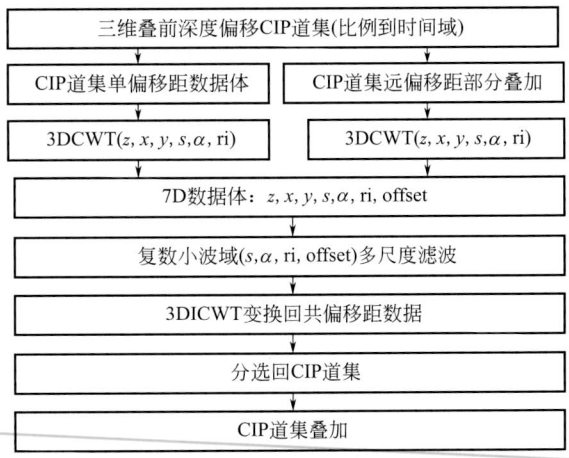

图 4.3.26　三维复小波变换多次波衰减技术流程

$$D_{\text{offset}}(x,y,t,s,\alpha,\text{ri}) = 3\text{DCWT}(F_{\text{offset}}(x,y,t)) \quad (4.3.43)$$

式中，s 和 α 分别代表比例和方向；ri 代表实部和虚部。

部分叠加 $F_{\text{pstack}}(x,y,t)$ 的 3DCWT 如下：

$$D_{\text{stack}}(x,y,t,s,\alpha,\text{ri}) = 3\text{DCWT}(F_{\text{pstack}}(x,y,t)) \quad (4.3.44)$$

其中

$$F_{\text{pstack}}(x,y,t) = \sum_{\text{offset}=\text{off}1}^{\text{off}2} F_{\text{offset}}(x,y,t) \quad (4.3.45)$$

方向和尺度域中的滤波简要描述如下：

$$D'_{\text{offset}}(x,y,t,s,\alpha,\text{ri}) = D_{\text{offset}}(x,y,t,s,\alpha,\text{ri}) \bigcap D_{\text{stack}}(x,y,t,s,\alpha,\text{ri}) \quad (4.3.46)$$

3DICWT 由下式获得：

$$F'_{\text{offset}}(x,y,t) = 3\text{DICWT}(D'_{\text{offset}}(x,y,t,s,\alpha,\text{ri})) \quad (4.3.47)$$

2. 应用效果

图 4.3.27 展示了塔里木盆地库车地区某工区的三维复小波变换多次波压制实例。从图 4.3.27（a）的偏移剖面可以看到，2000~3000ms 内强反射界面产生的多次波已经严重干扰到深部地层成像。通过多次波压制后，图 4.3.27（b）中深层不整合构造形态变得清晰。

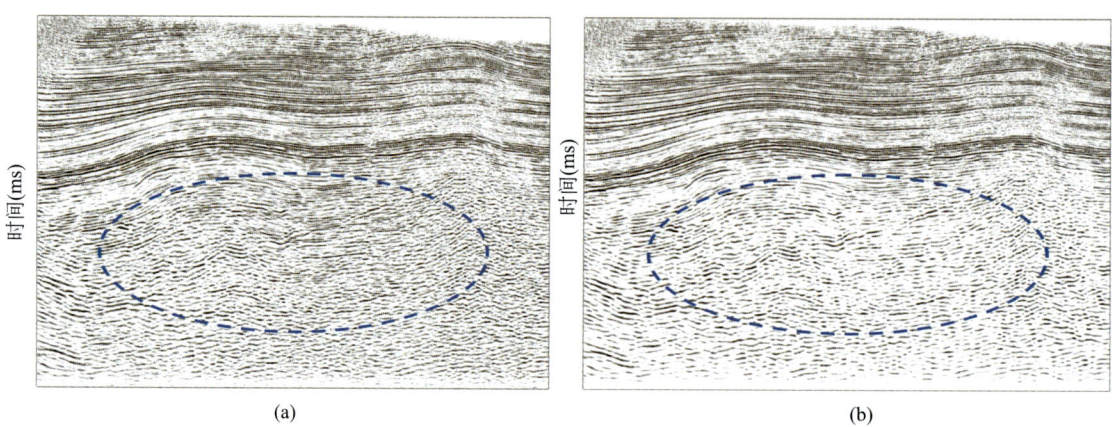

图 4.3.27 塔里木盆地库车地区某工区三维复小波变换多次波衰减效果
（a）多次波衰减前偏移剖面；（b）多次波衰减后偏移剖面

六、P 域外源干扰衰减

1. 衰减方法

如图 4.3.28（a）所示，在炮域，外源干扰信号与地震震源信号没有明显的地球物理特征差异，也表现出明显的双曲线规律，与地震有效信号具有相同的频率范围。在检波点域、共偏移距域、共 p 域等域，外源干扰表现为随机噪声，如图 4.3.28（b）所示。

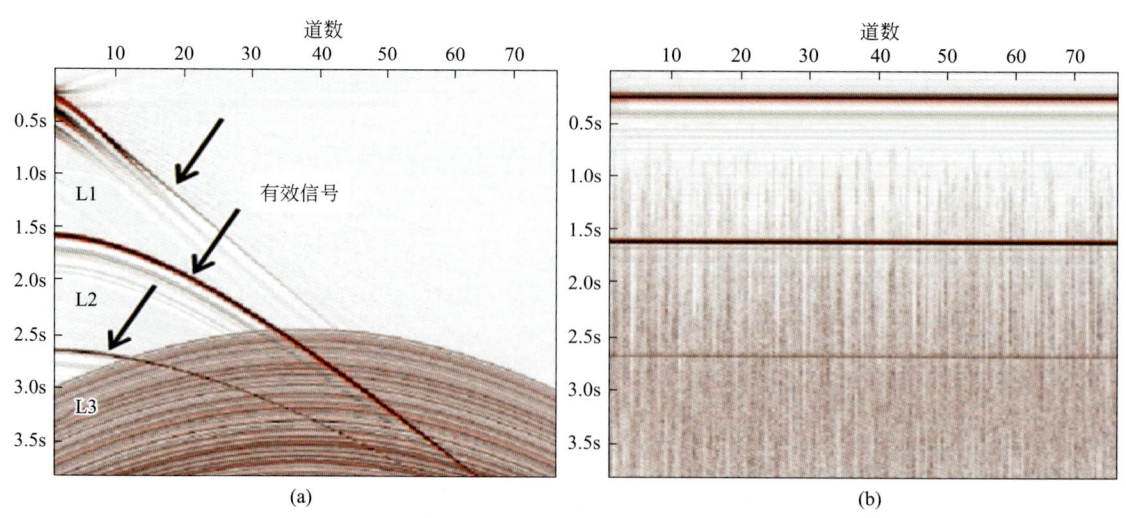

图 4.3.28 含外源干扰炮记录（a）及其共 p 道集（b）

根据外源干扰的特点，可用共 p 域外源干扰衰减法：首先对炮记录作 τ-p 变换将数据变换到 τ-p 域，然后抽取共 p 道形成共 p 道集，此时外源干扰呈现出随机干扰的特点，在共 p 道集上进行随机噪声衰减后，选排回 τ-p 域，再 τ-p 反变换至时空域，得到外源干扰衰减后的炮记录，实现对外源干扰的衰减。其技术流程见图 4.3.29。

共 p 域外源干扰衰减法是利用外源干扰在共 p 道集表现为随机噪声，而有效反射仍然表现为有规律信号的特点，通过在共 p 道集上衰减随机噪声，实现外源干扰衰减。

2. 应用实例

对塔里木盆地昆仑山前某工区的地震资料，使用共 p 域外源干扰衰减法对资料中的外源干扰进行衰减，衰减效果如图 4.3.30 所示，外源干扰得到明显衰减。

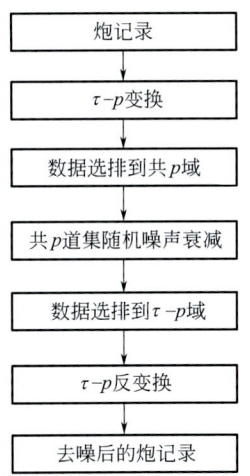

图 4.3.29　共 p 域外源干扰衰减法的技术流程

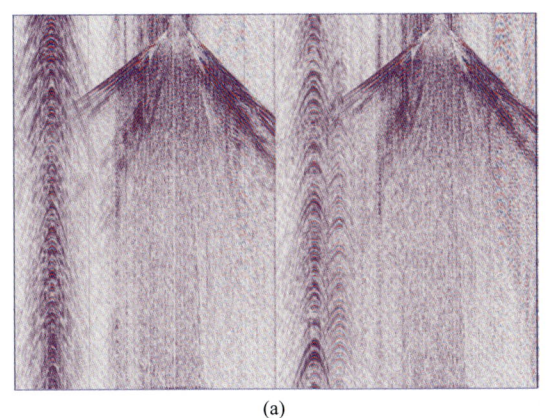
(a)

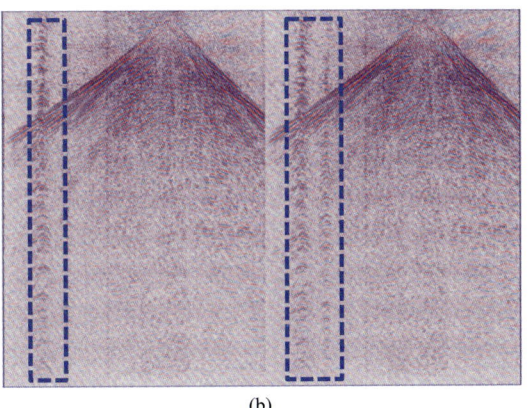
(b)

图 4.3.30　昆仑山前某工区地震资料外源干扰衰减
（a）外源干扰衰减前；（b）外源干扰衰减后

七、叠前采集脚印衰减

采集脚印（Acquisition Footprints），又称为采集足迹或采集痕迹，是由滚动排列方式以及震源和接收测线间隔决定的不完全采样，会引起地震成像中出现周期性变化的振幅假象，这些假象通常能在时间和深度切片上看到。采集脚印是由观测系统设计本身引起的，在任何离散采样的三维地震观测系统中均普遍存在，只是程度有所不同而已，若在资料处理时不加以衰减，会最终残留在地震成像数据中，给地震精细解释带来假象。

常用的采集脚印压制方法是在叠后数据体上设计 3D-FKK 滤波器，衰减地震数据中以垂直和水平条纹形式出现的采集脚印噪声，它实际上是在采集脚印已进入成像中的"事后处理"思路。

叠前采集脚印衰减是将衰减采集脚印从叠后提到叠前，一是进行偏前数据规则化，消除面元空洞，弥补原始野外采集的数据缺陷，从而改善偏前数据条件，消除观测系统不规则造成的振幅失真；二是通过在叠前偏移后的 CIP 道集上应用四维去噪等技术来提高叠前道集信噪比。

图 4.3.31 是几种采集脚印衰减方法的效果对比。应用四维去噪及叠后去噪技术，信噪比有所提高，但采集脚印的相干性也有增强。而单纯应用数据规则化技术，几乎没有什么变化。组合应用数据规则化、四维去噪及叠后去噪技术后，信噪比得到了提高，采集脚印也得到了一定的衰减，但残留的采集脚印还是清晰可见，并不能从根本上解决这些问题。

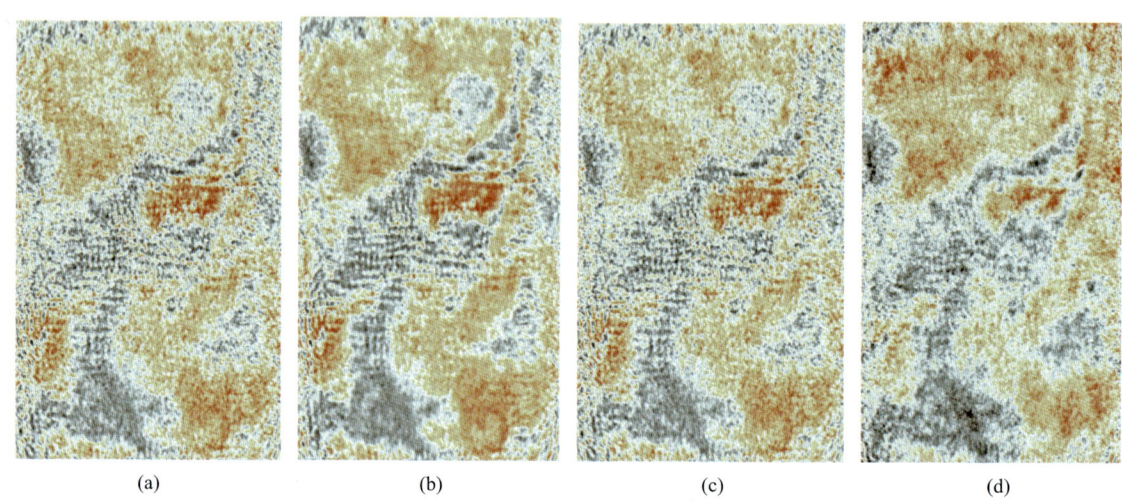

图 4.3.31　不同衰减采集脚印方法切片对比（据段文胜等，2016）
（a）常规处理；（b）四维去噪后；（c）规则化后；（d）规则化＋四维去噪＋叠后去噪后

但采集一旦完成，过大的炮线距和接收线距就已确定，采集脚印必然存在。如果通过处理技术，模拟小炮线距和小接收线距施工，弥补野外采集的不足，实现源头的采集脚印最小化，将是一件十分有价值的工作。下面介绍 OVT 域内插炮检线衰减采集脚印的方法：将 OVT 域的高精度插值和 OVT 域的偏移相结合，通过插值处理将炮线距和接收线距缩小为原来的 1/2，炮线距和接收线距减半，达到在源头压制采集脚印的目的。其实现流程见图 4.3.32。

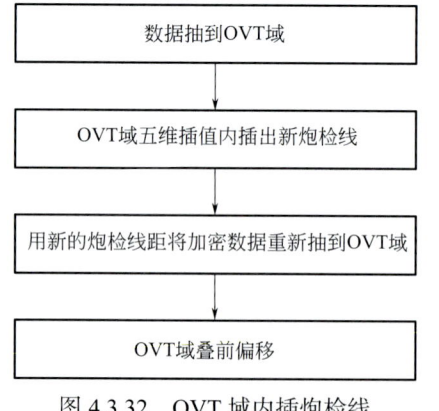

图 4.3.32　OVT 域内插炮检线衰减采集脚印处理流程

首先将数据抽到 OVT 域，再在 OVT 域内插出新炮线、新接收线，这是数据规则化处理的一种特殊方式。数据规则化处理通常有 3 种方式：填补采集时的面元空洞；加密炮线、接收线，插出新的单炮和检波点道集（提高道密度增加覆盖次数或减小面元）；将数据规则化到面元中心（即所谓全规则化）。填补空洞是最常用的规则化处理，而加密炮线、接收线的插值处理较少采用。

OVT 域内的插值因为是同一方位角数据的插值，精度比不考虑方位角的共偏移距域插值高，常采用五维插值算法。五维空间的数据插值同时考虑到时间、空间（x，y）、偏移距和方位角变化，确保叠前数据随着偏移距和方位角都能保持相对振幅。OVT 道集自身具有的保存方位角的优势，使得在 OVT 域应用五维插值算法非常方便。

五维插值算法通过将插值算法应用到五维空间，计算全局的多维算子，对于宽方位陆上三维采集或在地层倾角较大，或有较大范围的缺失道时，具有常规插值所没有的优势。图 4.3.33 是五维插值效果对比，OVT 域的五维插值具有较高的精度，插值数据具有和原始数据相同的振幅、频率和相位特征，保真度较好。

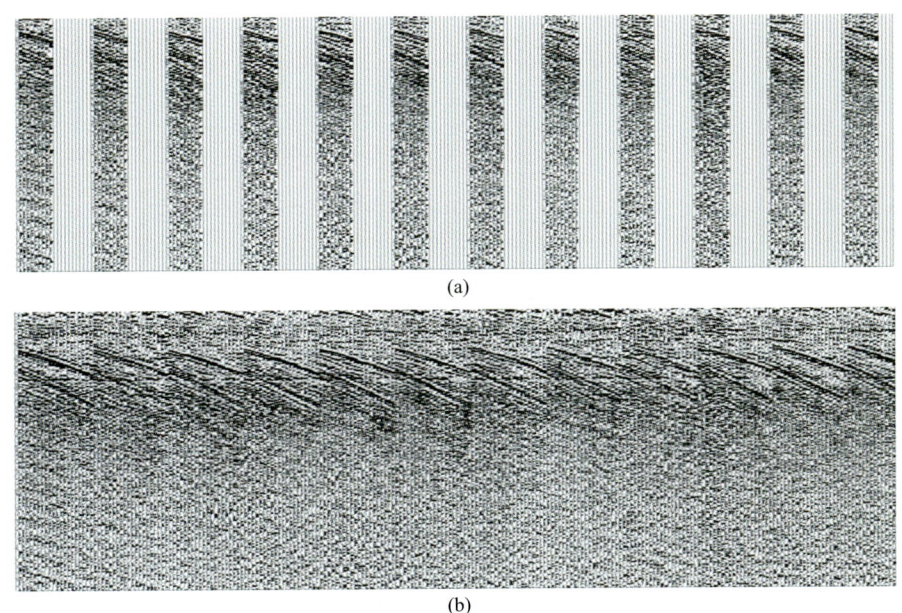

图 4.3.33　OVT 域五维内插前（a）、后 (b) 道集对比（据段文胜等，2016）

由于插值时不改变炮点距和接收点距，只是将炮线距和检波线距缩小为原来的 1/2，因此插值后面元不变，但炮线、检波线数目加倍，道密度和覆盖次数都提高了 4 倍。图 4.3.34 是某工区 OVT 域内插前后炮检点分布对比，红色为炮点，绿色为检波点，插值后炮线距从原来的 500m 缩小为 250m，检波线距从原来的 400m 缩小为 200m。

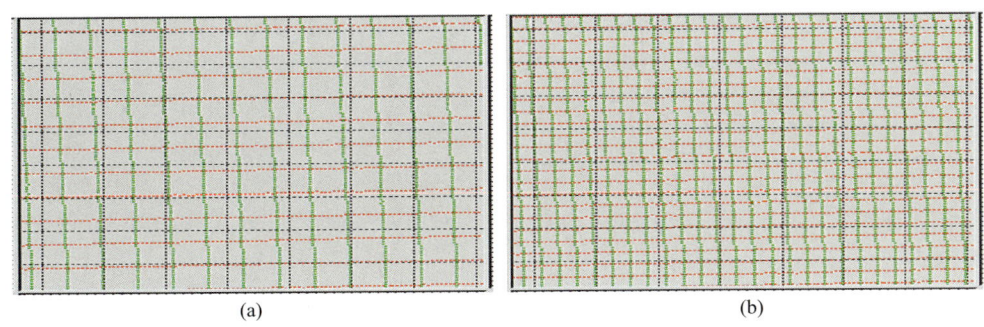

图 4.3.34　OVT 域五维内插前（a）、后（b）炮检点分布（据段文胜等，2016）

图 4.3.35 是一化为四后的 4 个 OVT 道集的偏移距范围和原来的一个 OVT 道集的偏移距范围统计对比，图中颜色表示在偏移距范围内的地震道数量及其占比，颜色更集中表明偏移距分布更一致。因为炮检线距缩小为原来的 1/2，偏移距范围也缩小为原来的 1/2，显

示在图上颜色更均一。较小的偏移距范围意味着偏移距分布的一致性更好,更有利于浅层的成像。当然,它的不足之处是由此带来数据量和偏移成本的成倍增长。

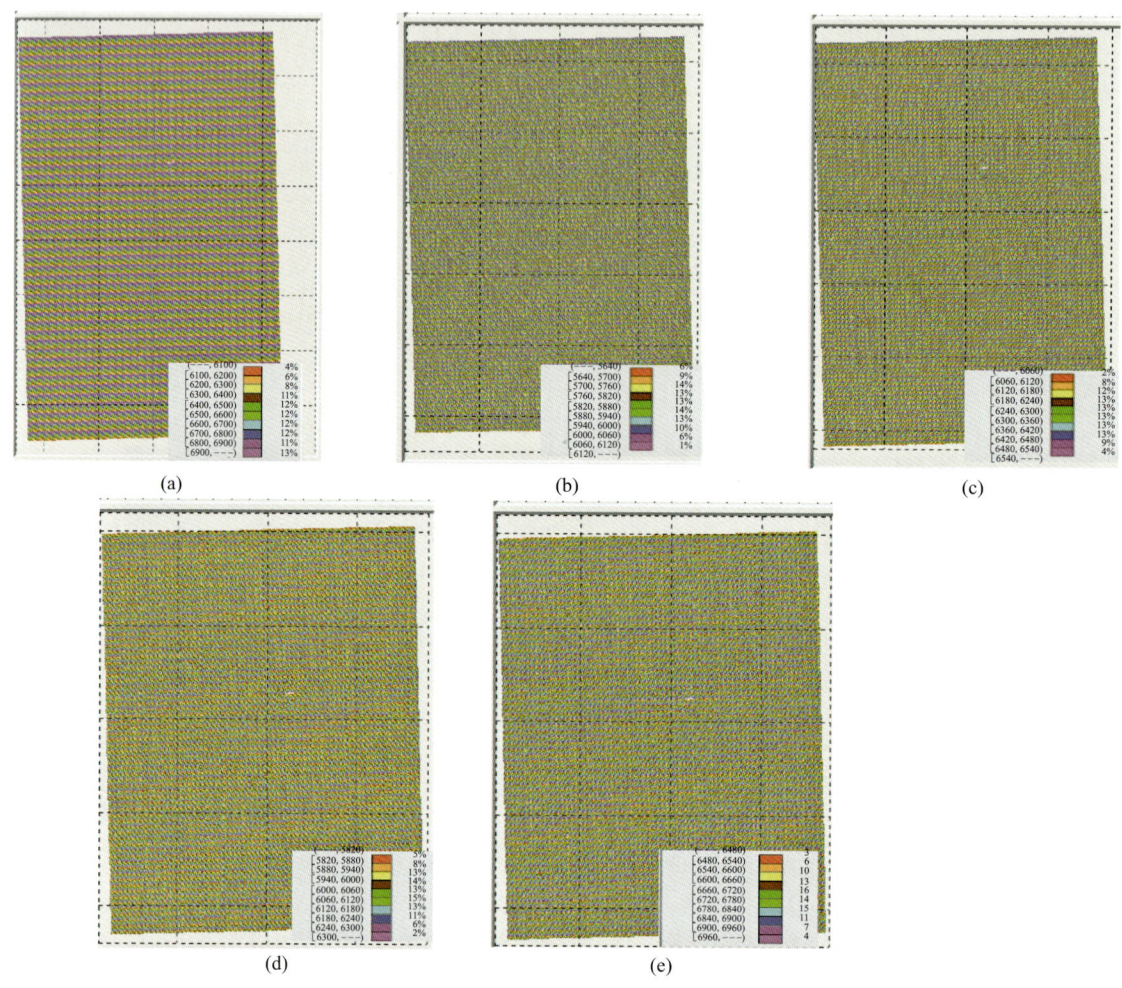

图4.3.35 通过五维插值加密炮检线前后偏移距范围对比(据段文胜等,2016)
(a)原OVT;(b)(c)(d)(e)一化为四后的4个OVT

对新的OVT重新进行偏移、叠加,再提取振幅切片,并与前期处理共偏移距偏移结果进行对比,如图4.3.36所示。OVT域偏移与共偏移距偏移的一个重大差别是OVT道集是最小数据集,而共偏移距道集不是最小数据集,理论上前者具有更好的衰减采集脚印效果。

图4.3.36(a)为前期原始数据的共偏移距偏移处理成果切片,虽然已使用了常规衰减采集脚印的处理手段,但采集脚印还是明显存在。

图4.3.36(b)是把该数据分选到OVT域并重新偏移的结果,压制采集脚印效果略好于图4.3.36(a),但脚印还是很明显。这说明,虽然不满足最小数据集条件会导致采集脚印,但单纯依靠满足最小数据集条件的OVT偏移还是难以弥补野外采集的不足,它依赖于具体的观测系统配置。

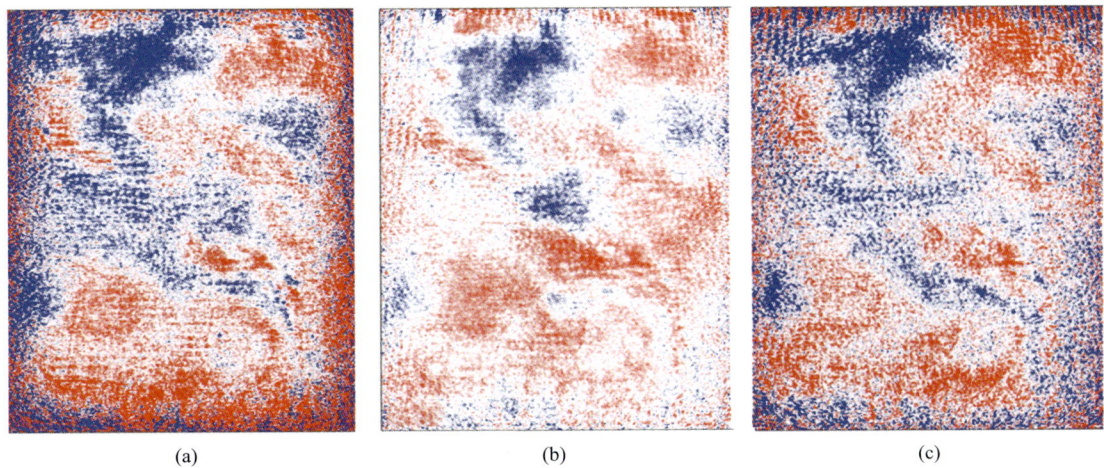

图 4.3.36 不同数据叠前时间偏移切片对比（据段文胜等，2016）
(a) 原始数据的共偏移距偏移；(b) 原始数据的 OVT 偏移；(c) 加密数据的 OVT 偏移

图 4.3.36（c）展示了加密数据的 OVT 偏移切片。在加密数据的 OVT 偏移切片上，采集脚印几乎消失，效果更好，加密数据后的 OVT 域偏移通过 OVT 域的炮检线内插弥补野外采集不足后可发挥出较佳的效能。这也印证了 Vermeer 的观点：采集脚印产生的根本原因在于数据的空间不连续性。减小不连续性影响的唯一方法就是将不连续性稀疏地分布在整个工区，而 OVT 域恰好具有将不连续性进行稀疏分布的优点。炮线距、接收线距越小，OVT 道集中的不连续性就越小，从而采集脚印也变得稀疏。

从以上分析可知，要想用室内处理方法压制采集脚印，改善源头上的数据条件是最根本的，在此基础上，应用 OVT 处理技术，能得到最佳的采集脚印衰减效果。

八、黄土鸣震噪声衰减

在地表黄土、沙漠覆盖区用井炮激发时，地震波在近地表黄土层中上下震荡，产生较强的多次波，工业界称之为鸣震（或黄土鸣震），鸣震周期性与黄土层厚度有关。

基于黄土鸣震近地表多次波的特点，可根据其时距曲线模拟噪声，再自适应相减，实现鸣震噪声压制。

黄土鸣震噪声时距曲线：

$$t = t_a + \sqrt{t_0^2 + \frac{x^2}{v^2}} \quad (4.3.48)$$

式中，t_0 表示一次反射波自激自收时间；x 表示炮检距；v 表示反射波速度；t_a 表示多次波与一次反射波时差；t 表示炮检距为 x 的地震道的多次波到达时间。

沿时间方向的滑动时窗根据式（4.3.48）自适应加权叠加得到噪声模型，再自适应相减，获得衰减黄土鸣震后的结果。

图 4.3.37 是塔里木盆地黄土覆盖区某地震资料衰减黄土鸣震的效果对比图，从鸣震衰减前后及去除的噪声对比可见，噪声压制较好。

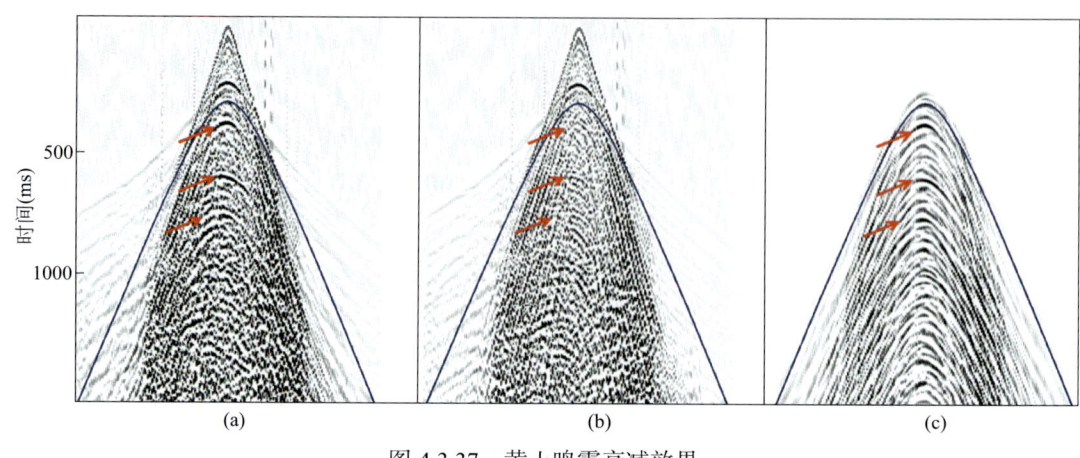

图 4.3.37 黄土鸣震衰减效果
(a) 黄土鸣震衰减前; (b) 黄土鸣震衰减后; (c) 黄土鸣震噪声

第四节 随机噪声衰减

复杂山地地震资料通常存在较为严重的随机噪声,淹没了部分有效信号,降低了地震资料信噪比,在地震记录上表现为波形杂乱无章、频带很宽、视速度不确定、无一定的传播方向。

随机噪声可分为3种类型:系统噪声、环境噪声和次生随机噪声。系统噪声的能量主要与采集设备的老化程度有关,一般能量较小,几乎可忽略不计;环境噪声在地震记录上通常表现为杂乱无章的振动,频谱很宽,无一定的视速度,其干扰强度与施工因素有关,主要是与采集系统中的激发接收条件有关,接收条件的优劣,决定了抗干扰能力的强弱;次生随机噪声的强弱,与激发因素的关系非常密切。这些噪声分布很广,大幅度降低了地震资料的信噪比。

衰减随机干扰的方法较多,效果不尽相同。随机噪声衰减有利于地震资料信噪比和分辨率的提高。

下面主要介绍5种随机噪声衰减方法。一是 Cadzow 滤波方法,在频率域构建高阶 Hankel 矩阵,增强有效信号的相干性,通过分解与重构,实现随机噪声衰减,对输入道集的要求少,去噪保真效果好。二是分数域噪声衰减方法,利用随机噪声和有效信号在最优阶分数域的可分离性,衰减随机噪声。三是压缩感知弱信号增强方法,基于 CEEMD 分解,对含噪分量进行压缩感知去噪,衰减随机噪声。四是 OVT 三维噪声衰减方法,基于 OVT 域数据是单次覆盖三维数据体且在空间采样充分的特点,利用多种随机噪声衰减手段实现随机噪声的体去噪。五是正交多项式拟合的相干信号增强方法,基于时间和振幅多项式拟合,增强相干信号,可用于低信噪比资料的噪声衰减、面向速度建模的偏移数据体和偏移道集的噪声衰减。

一、Cadzow 滤波方法

利用 Cadzow 滤波衰减随机噪声方法,首先对地震数据作傅里叶变换,在频率域构建混合 Cadzow 矩阵,通过分解与重构,增强有效信号的相干性,从而实现更为有效的随机噪声压制,并最大限度地保护有效信号的特征。

1. 频率域矩阵构建

设三维地震数据 $u(x,y,t)$,纵向(Inline)方向有 N_x 道,横向(Crossline)方向有 N_y 道,每道数据最大的采样点数为 N_s,对其沿时间方向作傅里叶变换,得到频率域地震数据 $P(x,y,\omega)$,并取某一频率 ω 的切片数据,形成矩阵 A:

$$A = \begin{bmatrix} P_{1,1} & P_{1,2} & \cdots & P_{1,N_y} \\ P_{2,1} & P_{2,2} & \cdots & P_{2,N_y} \\ \vdots & \vdots & & \vdots \\ P_{N_x,1} & P_{N_x,2} & \cdots & P_{N_x,N_y} \end{bmatrix} \quad (4.4.1)$$

式中,$P_{i,j}$ 为第 ω 个频率切片中第 i 条 Inline 线第 j 条 Crossline 的样点值。

Cadzow 滤波法(Cadzow,1988)是一种基于奇异值分解的方法。相对于传统的特征图像滤波法,Cadzow 滤波法可以处理高维空间数据,且滤波能力更强。

Cadzow-Cadzow 方法(Trickett,2002,2003,2008)将频率切片组织成嵌套 Hankel 矩阵,则有 Cadzow-Cadzow 滤波法对应的 Hankel 矩阵 D:

$$D = \begin{bmatrix} H_1 & H_2 & \cdots & H_{Nx-p+1} \\ H_2 & H_3 & \cdots & H_{Nx-p+2} \\ \vdots & \vdots & & \vdots \\ H_p & H_{p+1} & \cdots & H_{Nx} \end{bmatrix} \quad (4.4.2)$$

其中

$$H_i = \begin{bmatrix} P_{i,1} & P_{i,2} & \cdots & P_{i,N_y-q+1} \\ P_{i,2} & P_{i,3} & \cdots & P_{i,N_y-q+1} \\ \vdots & \vdots & & \vdots \\ P_{i,q} & P_{i,q+1} & \cdots & P_{i,N_y} \end{bmatrix} \quad (4.4.3)$$

一般选择 $p = N_x/2$,$q = N_y/2$。Hankel 矩阵 D 沿 Inline 方向是 Cadzow 滤波,沿 Crossline 方向也是 Cadzow 滤波,采用的是混合 Cadzow 滤波。

2. 奇异值分解

用奇异值分解(SVD)将矩阵分解成一系列的以矩阵奇异值为系数的特征图像的和,矩阵的奇异值反映了信号相干能量的强弱:随机噪声由于相干性较弱,对应着奇异值较小的特征图像;有效信号的相干性较强,对应着奇异值较大的特征图像。因此,只用表征有效信号的前几个较大奇异值重构矩阵,就可去除随机干扰,恢复有效信号。

$$D = U\Sigma V^H = \sum_{i=1}^{m} \sigma_i u_i v_i^H = I_1 + I_2 + \cdots + I_m \quad (4.4.4)$$

其中,$m \times m$ 酉矩阵 $U = [u_1, \cdots, u_m]$;$n \times n$ 酉矩阵 $V = [v_1, \cdots, v_n]$;矩阵 Σ 由 D 的奇异值 σ_i 构成,奇异值 $\sigma_1 \geq \sigma_2 \geq \cdots \geq \sigma_m \geq 0$ 由大到小排列在其主对角线上。

令 k 是矩阵 $\boldsymbol{D}$ 所希望的秩（信号个数），则在 2- 范数或 F- 范数下矩阵 $\boldsymbol{D}$ 的最佳秩 k 逼近为前 k 个特征图像之和：

$$\boldsymbol{D}_k = \boldsymbol{U}_k \boldsymbol{\Sigma}_k \boldsymbol{V}_k^H = \sum_{i=1}^{k} \sigma_i u_i v_i^H = I_1 + I_2 + \cdots + I_k \quad (4.4.5)$$

3. 信号重构

逼近矩阵 $\boldsymbol{D}_k$ 一般不是 Hankel 形式，因此需要对 $\boldsymbol{D}_k$ 沿反对角线进行平均以恢复 Hankel 结构，并进一步从中恢复出有效信号 $\boldsymbol{S}_k'$。不妨设 $L \leqslant K$，令 $n = i + j - 1$，且 $N = L + k - 1$，则有：

$$S_k'(n) = \begin{cases} \dfrac{1}{n}\sum_{i=1}^{n} \boldsymbol{D}_k(i, n-i+1), & 1 \leqslant n \leqslant L \\ \dfrac{1}{L}\sum_{i=1}^{L} \boldsymbol{D}_k(i, n-i+1), & L+1 \leqslant n \leqslant K \\ \dfrac{1}{K+L-n}\sum_{i=n-K+1}^{n} \boldsymbol{D}_k(i, n-i+1), & K+1 \leqslant n \leqslant N \end{cases} \quad (4.4.6)$$

该方法能够克服频率域空间预测滤波衰减随机干扰的不足，此外它还不受静校正的影响（Trickett，2003），在同相轴连续性较差的情况下，也能较好地保护有效反射，衰减随机噪声，如图 4.4.1 所示。

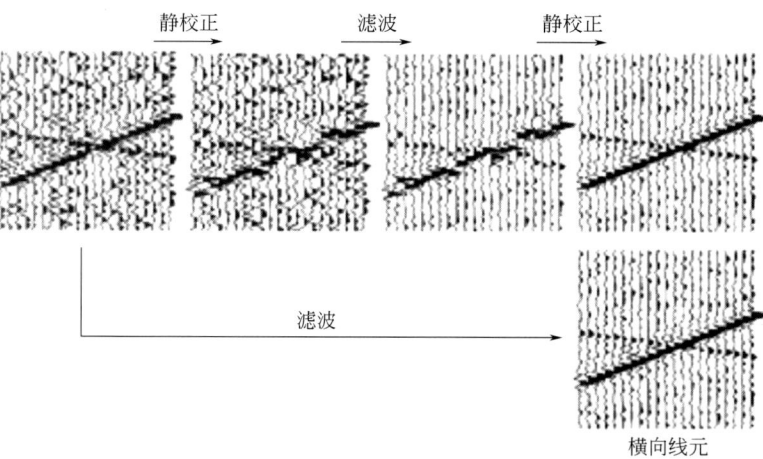

图 4.4.1　模型中加入随机静校正量后的滤波效果（据 Trickett，2003）

4. 应用实例

1）理论模型

为了验证频率域混合 Cadzow 重构信号的保真度，采用如图 4.4.2 所示的理论模型进行了测试。图 4.4.2（a）是用声波模拟三个倾斜同相轴，（b）(c)(d) 分别是采用频率域混合 Cadzow 滤波法中秩为 1、秩为 2 及秩为 3 重构后的结果；(e)(f)(g) 分别是采用频率域混合 Cadzow 滤波法中秩为 1、秩为 2 及秩为 3 重构后的偏差。对比重构的结果与偏差可以看出，秩为 1 与秩为 2 都不能较好重构倾斜同相轴，而秩为 3 则能实现有效信号的完整重构，说明了该方法只要选取合适的秩，就能够有效重构水平或者倾斜的有效信号。

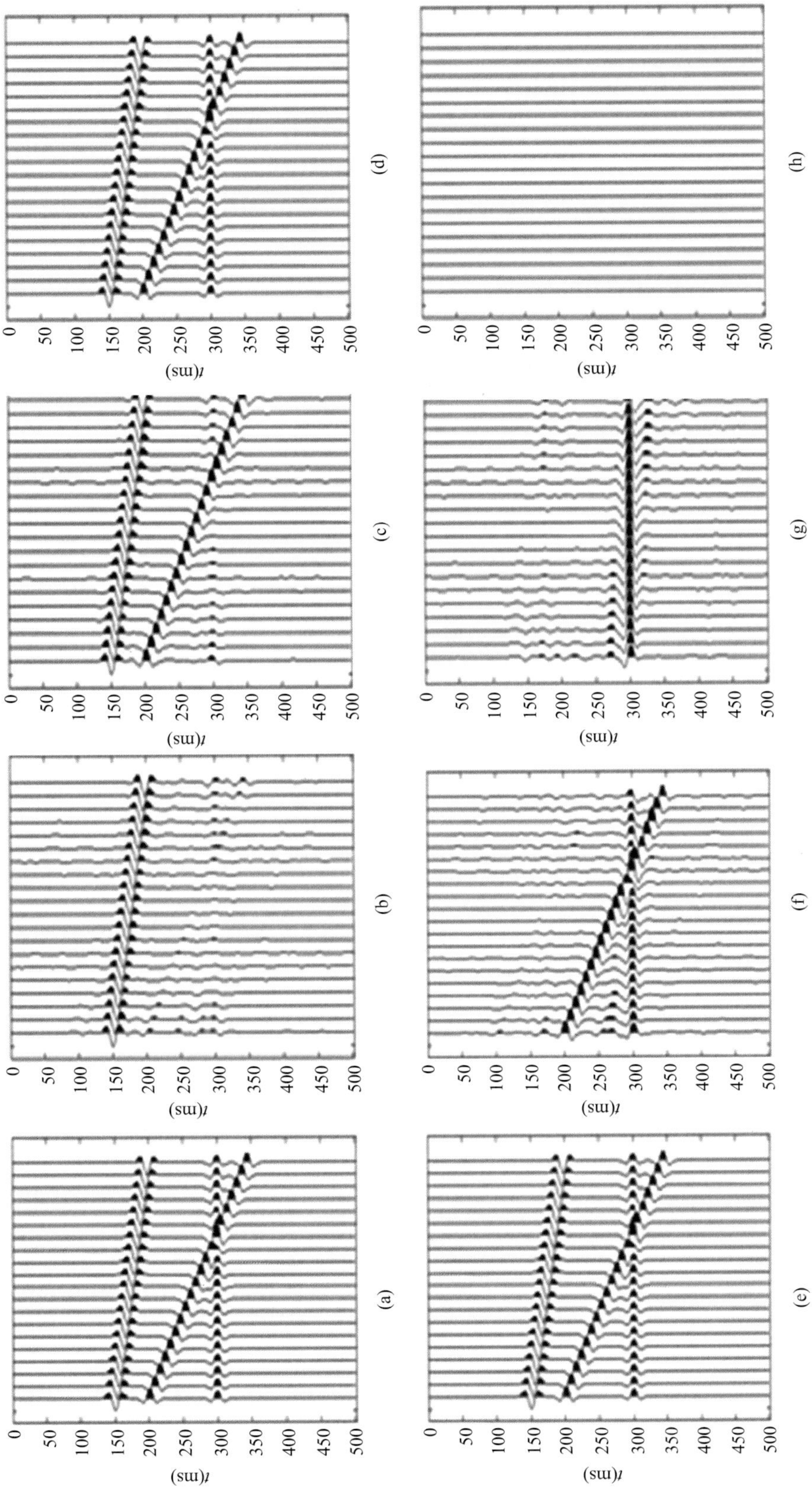

图 4.4.2 Cadzow 滤波法不同秩重构的效果

（a）原始信号；（b）秩为 1 重构；（c）秩为 2 重构；（d）秩为 3 重构；（e）原始信号；
（f）秩为 1 重构的偏差；（g）秩为 2 重构的偏差；（h）秩为 3 重构的偏差

为了验证该方法衰减随机噪声的效果，采用如图 4.4.3 所示的理论模型进行了测试。图 4.4.3（a）是简单地质模型声波模拟，模型的主要参数为：Ricker 子波的主频为 25Hz、采样率为 2ms，样点数为 1500，地震道为 200。图 4.4.3（b）(c) 分别是采用频率域混合 Cadzow 滤波去噪后的结果以及差值剖面。对比去噪结果可以看出，随机噪声得到有效的衰减，而且有效信号没有任何的损失，也没有发生任何的畸变。

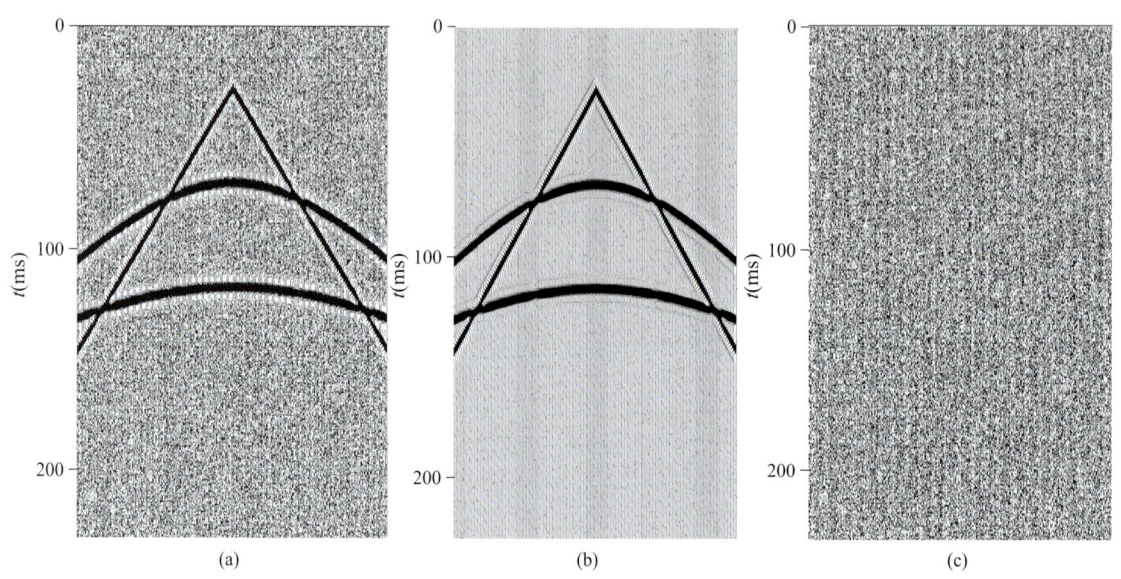

图 4.4.3　理论模型 Cadzow 滤波法噪声衰减效果
（a）衰减前；（b）衰减后；（c）差值剖面

2）实际数据

应用 Cadzow 滤波法对地震记录中的随机噪声进行衰减，同时增强有效反射波的连续性，效果如图 4.4.4 所示。图 4.4.4（a）为四川某地区三维叠后地震数据，随机干扰十分发育，掩盖了部分有效反射信号；(b) 为噪声衰减后的剖面，随机干扰得到了有效的衰减，被随机干扰湮没的有效信号得到了呈现，而且滤波前后的差值剖面（c）中只有随机噪声，不含反射波同相轴。Cadzow 滤波去噪能够有效地压制随机干扰，有效反射同相轴更加连续，而且不损伤曲率较大的有效信号。

二、分数域噪声衰减法

一般的噪声衰减方法都是利用信号与噪声在频率和空间域的特征不同进行噪声的分离衰减。现有提高信噪比的噪声衰减方法按实现空间可分为 3 类：时间-空间域噪声衰减、频率-波数域噪声衰减和频率-空间域噪声衰减，其中时间域变到频率域都是基于经典傅里叶变换实现的。但经典傅里叶变换有它明显的缺陷：它是一种全局性变换，得到的是信号的整体频谱，因而无法表述信号的时频局部特性，而时频局部特性正是非平稳信号最根本和最关键的性质。地震随机噪声覆盖了整个频段，噪声与信号不论在时域还是频域都有重叠耦合，难于将二者区分开来。实际资料处理中，通常是采用了折中的办法，即去掉噪声的同时，也会牺牲部分有效信号。

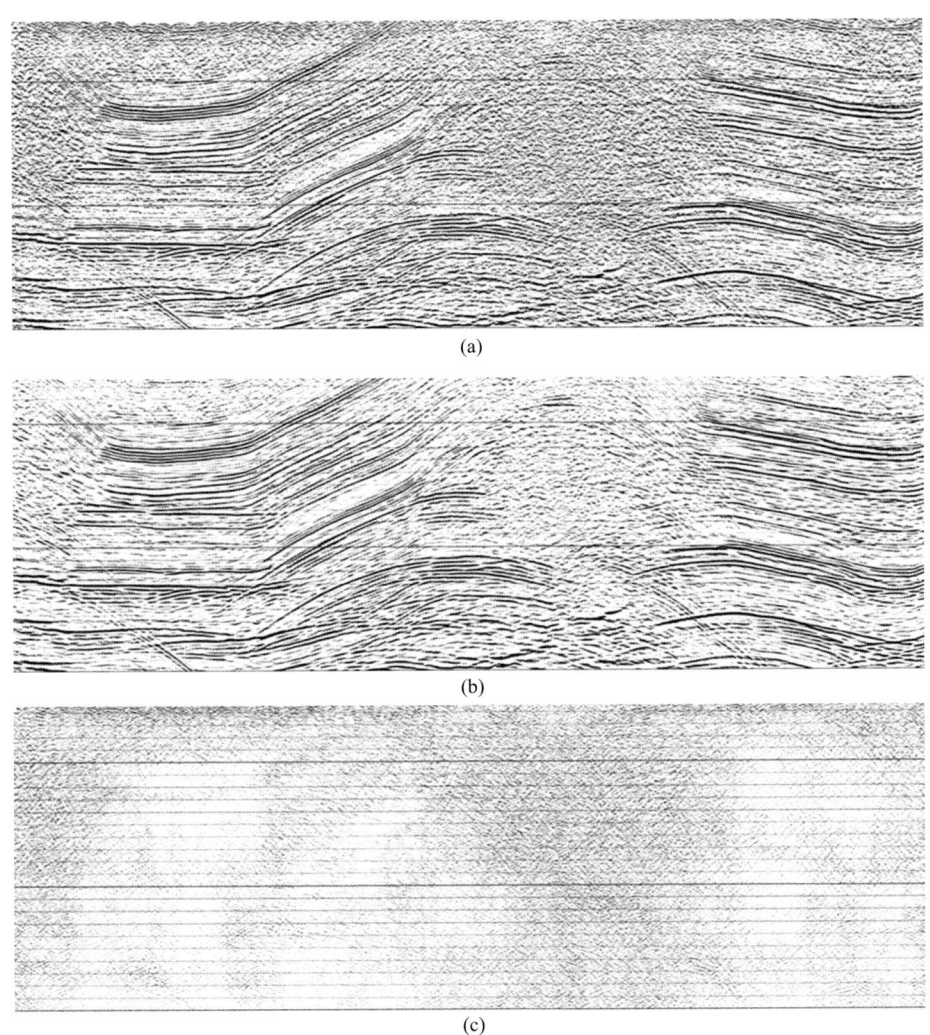

图 4.4.4 Cadzow 滤波法衰减随机噪声效果
（a）衰减前；（b）衰减后；（c）差值剖面

分数域去噪方法是利用分数阶傅里叶变换的旋转特性，在最优阶下的分数域中设置滤波器，使随机噪声和有效信号在时域和频域耦合的情况下，实现解耦达到最佳的信噪分离和噪声衰减。

1. 分数阶傅里叶变换

信号 $x(t)$ 的分数阶傅里叶变换（FRFT）（Haldum，1996）可以理解成时频平面绕原点逆时针旋转，与此对应的积分形式定义为：

$$x_p(u) = F_p(x(t)) = \int_{-\infty}^{\infty} x(t) K_p(t,u) \mathrm{d}t \qquad (4.4.7)$$

其中，FRFT 的变换核 $K_p(t,u)$ 为：

$$K_p(t,u) = \begin{cases} \sqrt{\dfrac{1-\mathrm{j}\cot\alpha}{2\pi}} \exp[\mathrm{j}(t^2\cot\alpha/2 - tu\csc\alpha + u^2\cot\alpha/2)], & \alpha \neq n\pi \\ \delta(t-u), & \alpha = 2n\pi \\ \delta(t+u), & \alpha = (2n\pm 1)\pi \end{cases} \quad (4.4.8)$$

式中，$\alpha = p\pi/2$，为旋转角度；p 为 FRFT 的阶数。

可以看出，当 p 等于 1，分数阶傅里叶变换（FRFT）即为常规的傅里叶变换，所以常规傅里叶变换是 FRFT 的一个特例。当把式（4.4.7）中的变换核 $K_p(t,u)$ 换成 $K_{-p}(t,u)$ 时，就得到了 FRFT 的逆变换公式：

$$x(t) = F_{-p}(x_p(u)) = \int_{-\infty}^{\infty} x_p(u) K_{-p}(t,u) \mathrm{d}u \quad (4.4.9)$$

2. 分数域滤波

若信号和噪声在时域没有耦合（时间投影不重叠，如图 4.4.5 所示），则可在时域通过合适滤波器滤掉噪声；若信号和噪声在频域没有耦合（频率投影不重叠，如图 4.4.6 所示），则可在频域通过合适乘法滤波器滤掉噪声；若信号和噪声的时频分布如图 4.4.7 所示，即频域上在 ω_2 和 ω_3 之间存在重叠，时域上 t_2 和 t_3 之间有耦合。那么仅通过时域或频域滤波就难以去掉噪声，但是从其时频分布发现，可以通过旋转坐标到某一角度来解除耦合，从而在该旋转坐标下能够滤除噪声，也就是说，在某个角度的分数阶域下，信号和噪声可以分开。

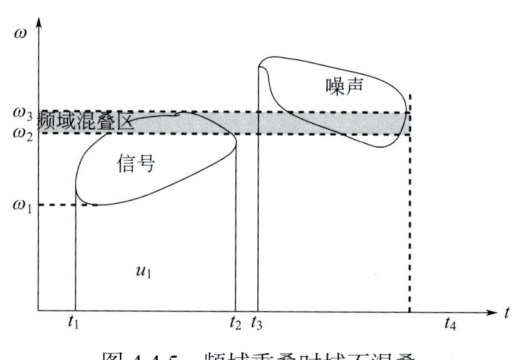

图 4.4.5 频域重叠时域不混叠

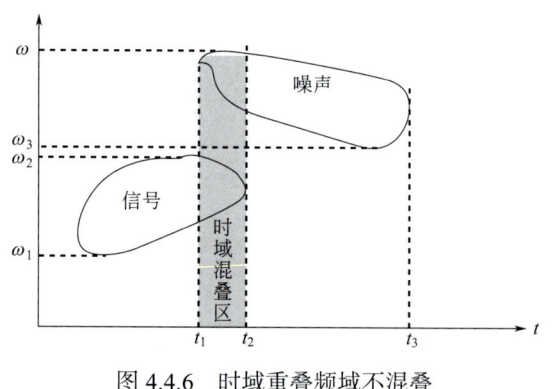

图 4.4.6 时域重叠频域不混叠

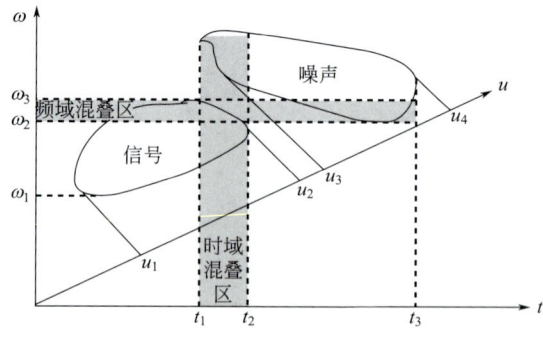

图 4.4.7 信号的时频域混叠

3. 分数域滤波器设计

分数域带通信号的采样定理（张卫强，2005）：

$$\frac{2\omega_{h}|\csc\alpha|}{N} \leqslant \omega_{s} \leqslant \frac{2\omega_{l}|\csc\alpha|}{N-1} \qquad (4.4.10)$$

$$\omega_{s} \geqslant 2\omega_{h}|\csc\alpha| \qquad (4.4.11)$$

式中，ω_h、ω_l 分别为高通截止频率和低通截止频率；$\omega_s = \dfrac{2\pi}{T_s}$ 为采样频率，$1 \leqslant N \leqslant \left\lfloor \dfrac{\omega_h}{\omega_\alpha} \right\rfloor$，其中 $\left\lfloor \dfrac{\omega_h}{\omega_\alpha} \right\rfloor$ 表示向下取整；α 为旋转的角度，当 $\alpha = \pi/2$ 时，有 $|\csc\alpha| = 1$，则变成经典的带通和低通采样定理。

在实际地震数据去噪过程中，如果给定合适旋转角度，高通截止频率 ω_h、低通截止频率 ω_l，就可以设计出分数域滤波器，实现地震数据中噪声压制。

4. 最优窗的选取

信号 $x(t)$ 在时频域的有效信号支撑区域一般由其时宽 T_x 和带宽 B_x 乘积（TBP）来确定，信号 $x(t)$ 的时宽 T_x 和带宽 B_x 分别定义为：

$$T_x = \frac{[\int_{-\infty}^{+\infty}(t-\eta_t)^2 |x(t)|^2 \mathrm{d}t]^{1/2}}{\|x(t)\|}, \quad B_x = \frac{[\int_{-\infty}^{+\infty}(t-\eta_f)^2 |X(f)|^2 \mathrm{d}f]^{1/2}}{\|X(f)\|} \qquad (4.4.12)$$

其中

$$\eta_t = \frac{[\int_{-\infty}^{+\infty} t|x(t)|^2 \mathrm{d}t}{\|x\|^2}, \quad \eta_f = \frac{[\int_{-\infty}^{+\infty} f|X(f)|^2 \mathrm{d}f}{\|X\|^2}$$

式中，$X(f)$ 为信号 $x(t)$ 的 Fourier 变换。

同时信号 $x(t)$ 的时宽、带宽乘积为：

$$\mathrm{TBP}\{x(t)\} = T_x \times B_x \qquad (4.4.13)$$

设窗函数的时宽和带宽分别为 T_g 和 B_g，则最优窗参数选择的准则为：

$$\min_{T_g, B_g; T_g B_g \geqslant (\pi/4)} (T_x^2 + T_g^2) \times (B_x^2 + B_g^2) \qquad (4.4.14)$$

由不确定性原理可知，只有高斯窗才满足 $T_x \times B_x = \pi/4$，如果选择窗函数为高斯窗 $g(t) = \mathrm{e}^{-\pi\lambda t^2}$，则式（4.4.14）可改写为：

$$\min_{T_g} (T_x^2 + T_g^2)^{1/2} \times \left(B_x^2 + \frac{1}{16\pi^2} \frac{1}{T_g^2} \right)^{1/2} \qquad (4.4.15)$$

对式（4.4.15）求关于 T_g 的导数，并令其等于零，可得：

$$T_g = \sqrt{\frac{T_x}{4\pi B_x}} \qquad (4.4.16)$$

则对应的最优高斯窗函数参数为 $\lambda = B_x / T_x$，即最优高斯窗函数：

$$g_{\text{TBP}}(t) = e^{-\pi t^2 B_x / T_x} \qquad (4.4.17)$$

选择最优的高斯窗，使得信号 $x(t)$ 的 TBP 最小，从而与信号的时频支撑最优匹配。但在很多情况下，最优的 TBP 窗函数不能满足信号的支撑，需要通过基于 FRET 的广义时宽、带宽乘积 (GTBP) 来定义信号的有效支撑区域。广义时宽、带宽乘积 (GTBP) 最优窗选择准则为：

$$\text{GTBP}\{x(t)\} = \min_{0<p<2} \text{TBP}\{X_p(u)\} \qquad (4.4.18)$$

GTBP 能够为信号提供更紧凑的时频支撑。通过求解式（4.4.18）最优的 FRFT 的阶数 p，对应的最优高斯窗函数参数为 $\lambda = B_{x_p}/T_{x_p}$，则基于 FRFT 高斯窗函数为：

$$g_{\text{GTBP}}(t) = e^{-\pi t^2 B_x / T_x} \qquad (4.4.19)$$

5. 分数最优阶的选取

不同的分数阶数 p 代表 FRFT 不同的旋转角度。选择合适的分数阶数，即合适的旋转角度，才能使信号与噪声在变换域中的交叠达到最小，从而利于有效的滤波。通过计算 FRFT 中的二阶矩的方法来求解 FRFT 最优阶次，分数阶域 $X_p(u)$ 的二阶矩 w_p 定义为：

$$w_p = [\int_{-\infty}^{\infty} (u-\eta_p)^2 |X_p(u)|^2 du]^{1/2} \qquad (4.4.20)$$

式中，$\eta_p = [\int_{-\infty}^{\infty} u |X_p(u)|^2 dt]$。由于在进行 FRFT 计算前进行了尺度归一化，所以有 $\eta_p \equiv 0$。如果分数阶域的信号能量也进行了归一化，$X_p(u) = X_p(u) / \|X_p(u)\|$，则分数域 $X_p(u)$ 的二阶矩就是分数域 $X_p(u)$ 的宽度 w_p，即：

$$w_p = [\int_{-\infty}^{\infty} u^2 |X_p(u)|^2 du]^{1/2} \qquad (4.4.21)$$

应用 FRFT 的旋转特性，有：

$$w_p = w_0 \cos^2(p\pi/2) + w_1 \sin^2(p\pi/2) - \mu_0 \sin(p\pi) \qquad (4.4.22)$$

其中 $\mu_0 = (w_0 + w_1)/2 - w_{0.5}$。由此可知，只需要计算出 $p=0$、$p=0.5$ 和 $p=1.0$ 这 3 个分数阶域的信号宽度，就可以计算各个分数域的信号宽度了，极大地减小了计算量。故基于 FRFT 的最优高斯窗函数 $g_{\text{GTBP}}(t) = \exp(-\pi t^2 B_{f_p}/T_{f_p})$ 可变为：

$$\text{GTBP}\{x(t)\} = \min_{0<p<2} \text{TBP}\{x(t)\} = \min_{0<p<2} \text{TBP}\{w_p \times w_{p+1}\} \qquad (4.4.23)$$

其中

$$w_p \times w_{p+1} = w_0 w_1 + \frac{1}{4}[(w_0 - w_1)^2 - 4\mu_0^2]\sin^2(p\pi) + \frac{1}{2}\mu_0(w_0 - w_1)\sin(2p\pi) \qquad (4.4.24)$$

对式（4.4.24）求关于分数阶 p 的导数，并令其等于零，可得：

$$\tan(2p\pi) = \frac{4\mu_0(w_0 - w_1)}{4\mu_0^2 - (w_0 - w_1)^2} \qquad (4.4.25)$$

求解式(4.4.25),即可得基于 FRFT 的最优高斯窗函数 GTBP 所对应的最优分数阶次 p。

通过上述方法,可以将地震信号从时空域旋转到最适合噪声分离的分数域(最优分数阶为 p),并设计合适的滤波器,实现噪声与信号的分离。此方法与常规傅里叶变换相比,去噪性能更好,可有效解决信噪分离难题,达到信号保真与噪声衰减的目的。

6. 应用实例

1) 理论模型

合成的地震记录如图 4.4.8(a)所示,合成时使用了主频为 30Hz 的雷克子波,采样率为 1ms,道数为 60;加了随机噪声后的理论模型见图 4.4.8(b);分数域噪声衰减法的滤波结果见图 4.4.8(c)。应用结果表明,分数域噪声衰减方法能够较好地衰减随机噪声,实现噪声与有效信号的最佳分离和噪声衰减。

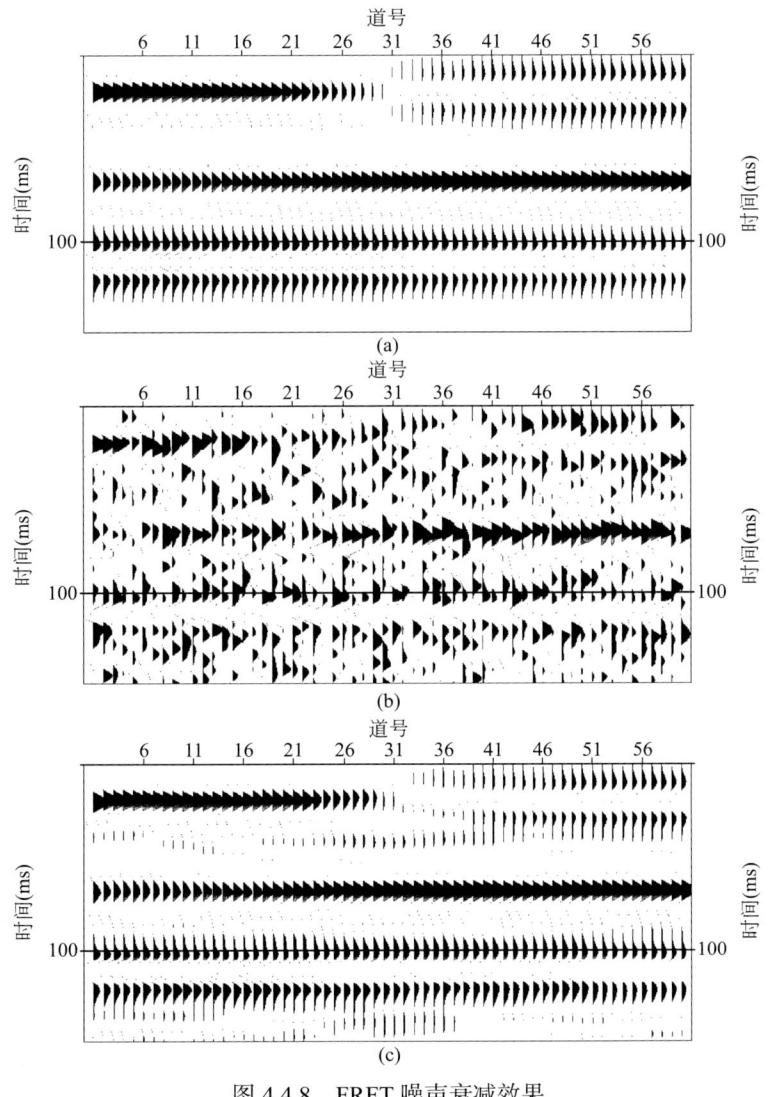

图 4.4.8 FRFT 噪声衰减效果

(a)合成记录;(b)加噪后的记录;(c)分数域滤波后记录

2）实际数据

分数域噪声衰减方法衰减的是地震记录中的随机噪声。图4.4.9是实际资料的应用效果，从图中可以看出，随机噪声得到了有效的衰减，有效反射同相轴更加清晰可见。

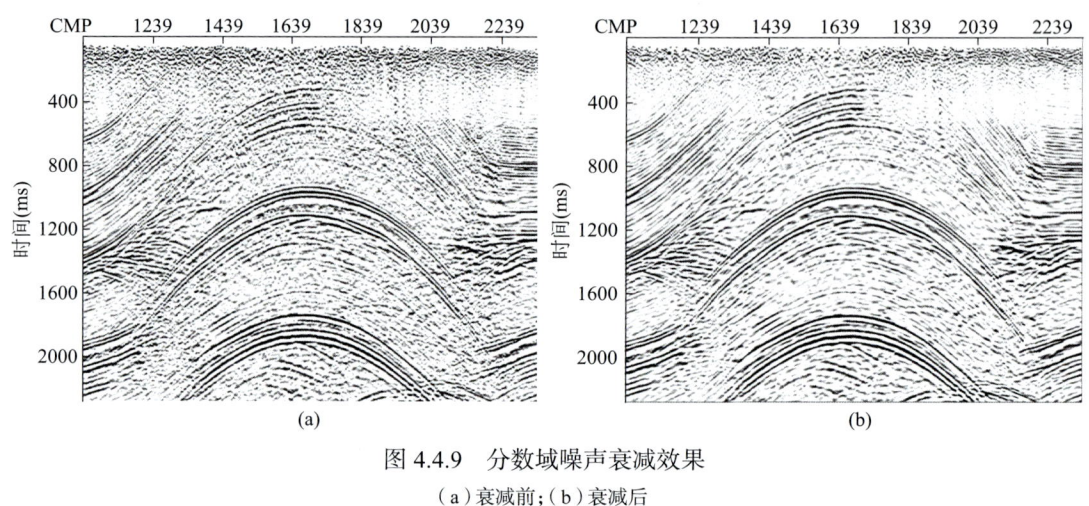

图4.4.9　分数域噪声衰减效果
（a）衰减前；（b）衰减后

三、压缩感知弱信号增强方法

1. 方法原理

近年来兴起的压缩感知方法（CS）打破了传统的采样理念，其采样率取决于信号的稀疏性和非相关性，不受信号带宽的限制。压缩感知方法是在压缩采样远小于尼奎斯特采样率的条件下，用随机采样获取信号的离散样本，再通过非线性重建算法完美地重建信号的方法。该方法能够有效解决常规方法对空间采样的依赖。

基于压缩感知的噪声衰减方法，是采用符合RIP准则的测量矩阵对带噪信号进行低维投影（当观测维数足够包含有效信息时，由于噪声不具有稀疏性，投影后将丢弃部分噪声信息，这部分噪声在信号重建时无法恢复），通过合适的稀疏分解算法，可以选取与有效信号最匹配的基函数，即根据有效信号和噪声的不同特征，达到对有效信号（特别是弱信号）提取的效果。

基于稀疏重构的压缩感知弱信号重构算法为：假设用已知的字典基矩阵 $D \in R^{N \times M}$ 分别表示无噪声信号 $X \in R^{N \times 1}$ 和噪声信号 $V \in R^{N \times 1}$，它们具有不同的稀疏性，那么在压缩感知理论下，信号增强重构的过程可归纳为：根据带噪地震信号 $Y \in R^{N \times 1}$，在约束条件的限制下，使用信号重构算法估计无噪声信号 $X \in R^{N \times 1}$ 的稀疏表示 $S \in R^{M \times 1}$，最后得到增强后的弱信号 $\hat{X} \in R^{N \times 1}$。该增强重构过程用数学公式表达为：

$$\begin{cases} S = \arg\min_{S} \|S\|_0 \quad \text{s.t.} \ Y \approx D \cdot S \\ \hat{X} = D \cdot S \end{cases} \quad (4.4.26)$$

式中，$\|\cdot\|_0$ 代表向量的0范数；$Y \approx D \cdot S$ 为约束条件，M 为字典基中基向量的个数，即字

典基矩阵 $\boldsymbol{D}$ 的列数,设 $\boldsymbol{D}(l)$ 为矩阵 $\boldsymbol{D}$ 的第 l 列,其中 $l=0,1,\cdots,M-1$。

经典压缩感知没有利用图像的先验知识（如图像特征信息、纹理等），并不具备自适应性，去噪效果并不总是令人满意，特别是在弱信号保护方面效果欠佳。

为了提高该理论在弱信号提取中的自适应能力，引入时频分析方法，提高其自动调节分辨率的能力，实现弱信号的有效保护。

互补集合经验模态分解算法（Complementary Ensemble Empirical Mode Decomposition，CEEMD）作为一种时频分析方法，能够根据信号本身的特征信息，对不同尺度的信号进行描述。它是 N.E Huang 等为消除互经验模态分解（Empirical Mode Decomposition，EMD）方法的混叠模态问题、解决集合经验模态分解（Ensemble Empirical Mode Decomposition，EEMD）迭代次数过高的问题，于2010年在EMD及EEMD的基础上提出的一种加噪算法，通过向原信号加入噪声来解决EMD的模态混叠问题，并且解决了计算复杂和耗时的问题，能够更好地将信号分解成一系列单分量的信号，被称为模态函数（Intrinsic mode function，IMF）。CEEMD 分解算法如下：

（1）向原始地震信号 $x(t)$ 中加入 N 组正负对白噪声。噪声是以正、负对的方式加入的，从而生成 $2N$ 个加噪信号：

$$x_i(t) = x(t) + n_i(t), \quad x_{2i}(t) = x(t) - n_i(t), \quad i=1,2,3,\cdots,N \quad (4.4.27)$$

式中，$n_i(t)$ 是白噪声。

（2）对 $2N$ 个信号 $x_i(t)$ 分别作 EMD 分解，得到 $2N$ 组 IMF 分量，其中第 i 个信号 $x_i(t)$ 的第 j 个 IMF 分量表示为 $\text{IMF}_{ij}(t)$。

（3）通过对 $2N$ 组 IMF 分量求和取平均，即可获得地震信号 $x(t)$ CEEMD 分解的 IMF 分量，第 j 个 IMF 分量表示为：

$$\text{IMF}_j = \frac{1}{2N} \sum_{i=1}^{2N} \text{IMF}_{ij} \quad (4.4.28)$$

式中，IMF_j 表示地震信号 $x(t)$ CEEMD 分解的第 j 个 IMF 分量；IMF_{ij} 表示第 i 个信号 $x_i(t)$ EMD 分解的第 j 个 IMF 分量。

通过 CEEMD 分解的自适应性，可将原始信号分解得到多个 IMF 分量。图 4.4.10 展示了 CEEMD 对混有随机噪声的正弦信号分解。

从图中可知，前几个分量主要包含信号中的高频成分（含大量的随机噪声），后面的分量主要包含信号中的低频成分（以有效信号为主）。

对含有噪声的分量进行基于压缩感知的弱信号增强处理，即结合压缩感知方法和 CEEMD 信号分解提取方法，对弱信号提取后再增强处理，从而有效保护地震数据中的弱有效信号。

实现步骤可概括如图 4.4.11 所示。

第一步，对信号进行 CEEMD 分解，得到各 IMF 分量；

第二步，基于相关分析选择含噪声较大的 IMF 分量；

第三步，对含噪较大的 IMF 分量分别进行 CS 去噪，同时对稀疏域系数进行加权处理，保证增强有效信息的同时噪声不被增强；

第四步，将选定并去噪后的 IMF 分量以及其他 IMF 分量进行信号重构，获得去噪后的信号。

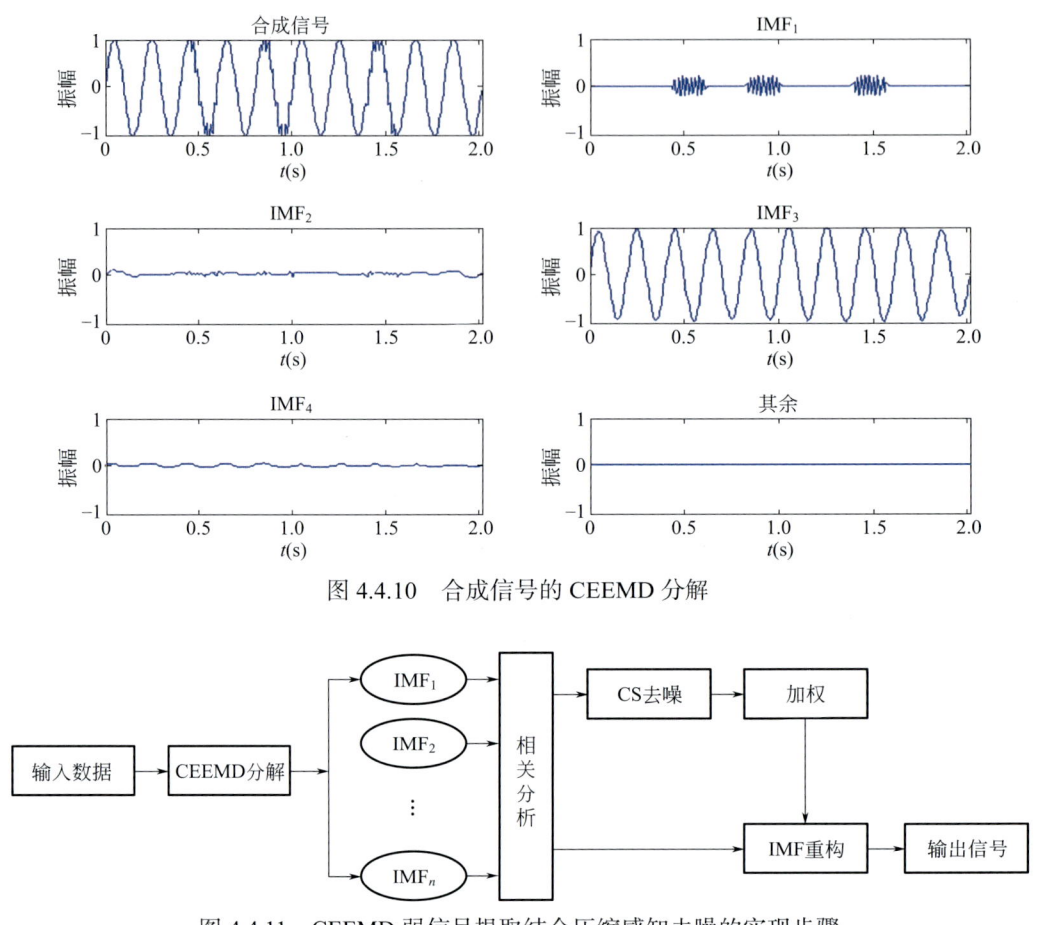

图 4.4.10　合成信号的 CEEMD 分解

图 4.4.11　CEEMD 弱信号提取结合压缩感知去噪的实现步骤

2. 应用效果

图 4.4.12（a）为塔里木盆地某工区一个地震 CMP 道集，从图中可以看出，浅层强烈的吸收效应导致资料的能量和分辨率严重衰减，同相轴不连续，有效反射弱几乎无法识别，给成像带来困难。图 4.4.12（b）为（a）红框内局部放大，可以看出，浅层强烈的吸收效应导致资料的能量和分辨率严重衰减，尤其是 5.30s 以下有效反射弱，同相轴连续性差。首先利用 CEEMD 时频特性对原始道集进行自适应分解，在压缩感知理论框架下对含有噪声的部分进行弱信号提取与增强，得到结果如图 4.4.12（c）所示，通过弱信号提取和增强后，4.30s 以下的有效信号同相轴连续性和能量都得到增强，资料品质得到明显提升。

在对 CMP 道集进行弱信号提取及增强处理的基础上，将其用于偏移成像。图 4.4.13 是使用压缩感知弱信号增强成像的结果，可以看出，图 4.4.13（a）原始剖面中，深层有效信号被噪声淹没，通过压缩感知弱信号增强方法能够将淹没在噪声中的弱信号同相轴有效提取出来；图 4.4.13（b）成像结果整体能量均衡，分辨率较高，资料的品质也有明显提高，且弱信号增强后并未增加明显的噪声。

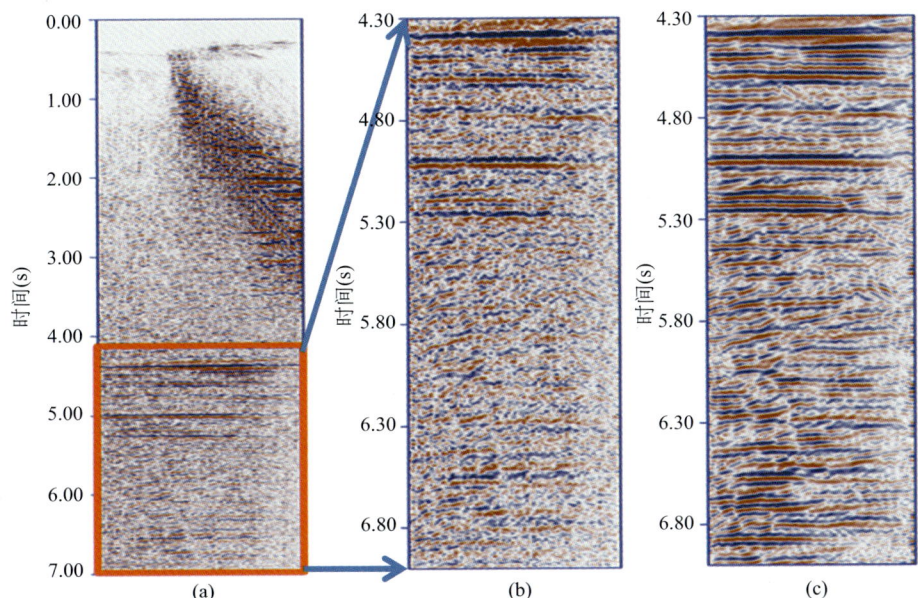

图 4.4.12　压缩感知弱信号增强方法应用 CMP 道集效果对比
（a）原始道集；（b）将（a）局部放大（红框）；（c）弱信号增强后

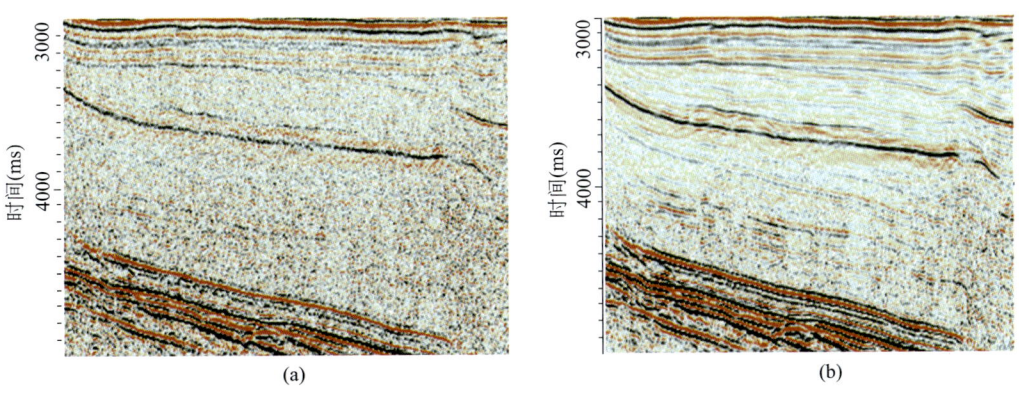

图 4.4.13　使用压缩感知弱信号增强 CMP 道集偏移成像效果
（a）原始道集偏移；（b）弱信号增强道集偏移

四、OVT 域三维噪声衰减方法

1. OVT 域噪声衰减原理

OVT（Offset Vector Tile）偏移距向量片，是三维地震十字排列道集的自然延伸。十字排列中划分的每个单元格就是一个 OVT，每个 OVT 有限定的方位角范围和偏移距范围。一个 OVT 的大小取决于炮线和检波线的空间展布范围，一个十字排列里 OVT 的个数取决于该十字排列的检波线数、每束线内检波器排列个数以及炮线间距。

把所有十字排列道集相应的OVT提取出来,就组成OVT道集。一个OVT道集就是一个全工区单次覆盖三维数据体。

OVT域噪声衰减主要是利用了OVT域数据是单次覆盖的三维数据体的特点。规则化后的一个OVT体等同于一个完整的三维叠后数据体,但方位、偏移距相对单一。相对于共偏移距域噪声衰减,该法克服了因一个面元内重复道太多或空道太多噪声衰减效果不佳的缺陷,而且也避免了有效信号因为方位各向异性在传统共偏移距域呈现出"噪声"特点而被削弱的陷阱。在OVT域衰减噪声,可以在叠前使用三维叠后噪声衰减手段,能明显改善偏移前道集质量(杨晓海,2014)。

图4.4.14展示了一个三维正交观测系统及其数据在不同的域中反射点的分布,可见只有在OVT域和十字排列域,共中心点(水平层状情况下的反射点)的分布采样才充分,特别是它改善了Crossline方向的采样,可能将信号和假频噪声分开。而在其他域,噪声可能采样不充分(特别是Crossline方向的采样),必然会产生空间假频。

相比十字排列域,OVT域噪声衰减的优势表现在它的全局性。尽管二者都可以认为是单次覆盖的三维数据体,可以应用一些三维噪声衰减手段,如3D-RNA、3D-FKK等,但数据在十字排列域是局部的,噪声衰减后可能存在一些边界问题,而OVT域的噪声衰减是全局的,能避免空间不连续性问题。图4.4.15展示了三维OVT域三维随机噪声衰减前后剖面对比,效果一目了然。

2. OVT域体$\tau\text{-}p$变换噪声衰减

常规的$\tau\text{-}p$变换是一种二维噪声衰减方法,而体$\tau\text{-}p$变换噪声衰减是基于三维数据体的噪声衰减方法。OVT域道集延展至全工区的单次覆盖特性,为在叠前应用体$\tau\text{-}p$变换技术提供了极大方便。

常规的时间域处理做到叠前偏移之前,噪声衰减工作已基本完成。但对山地复杂构造区或很多低信噪比资料而言,即便前期处理实施了很多提高信噪比的手段,但信噪比仍很低,难以满足叠前偏移的要求。如果直接做叠前偏移,因信噪比不高,给偏移速度分析和速度建模迭代带来很大困难。因此在山地复杂构造区或低信噪比区提高偏前数据的信噪比非常重要,通常需要基于三维数据体的"体去噪"处理。由于偏移前的数据通常会抽到共偏移距域,而共偏移距道集可近似看作是一个三维数据体。但共偏移距域道集有明显的缺陷,因为对于山地复杂构造区的三维而言,由于炮点均匀布设的高难度,几乎不可能有完整的共偏移距数据体。同一面元内常常有很多重道或空道。规则化处理基于同一面元只保留一道的原则,它会补充空道但同时也会丢弃很多重道。基于十字交叉排列的滤波技术,可充分利用十字排列局部单次全覆盖的特点,在局部有好的效果,但不同十字排列的边界处噪声衰减后可能存在跳跃,难以用于整个三维数据体的"体去噪"。

在OVT域,常用的"体去噪"手段有3D-RNA、3D-FKK等,但在山地复杂构造区或极低信噪比区,这些技术往往难以提高偏前道集信噪比。而基于OVT域的三维$\tau\text{-}p$变换体去噪方法,能够非常有效地提高偏前道集信噪比。

OVT域$\tau\text{-}p$变换体去噪方法的实现分为两个步骤:分析和分离。

第四章 山地复杂构造区地震资料高精度噪声衰减

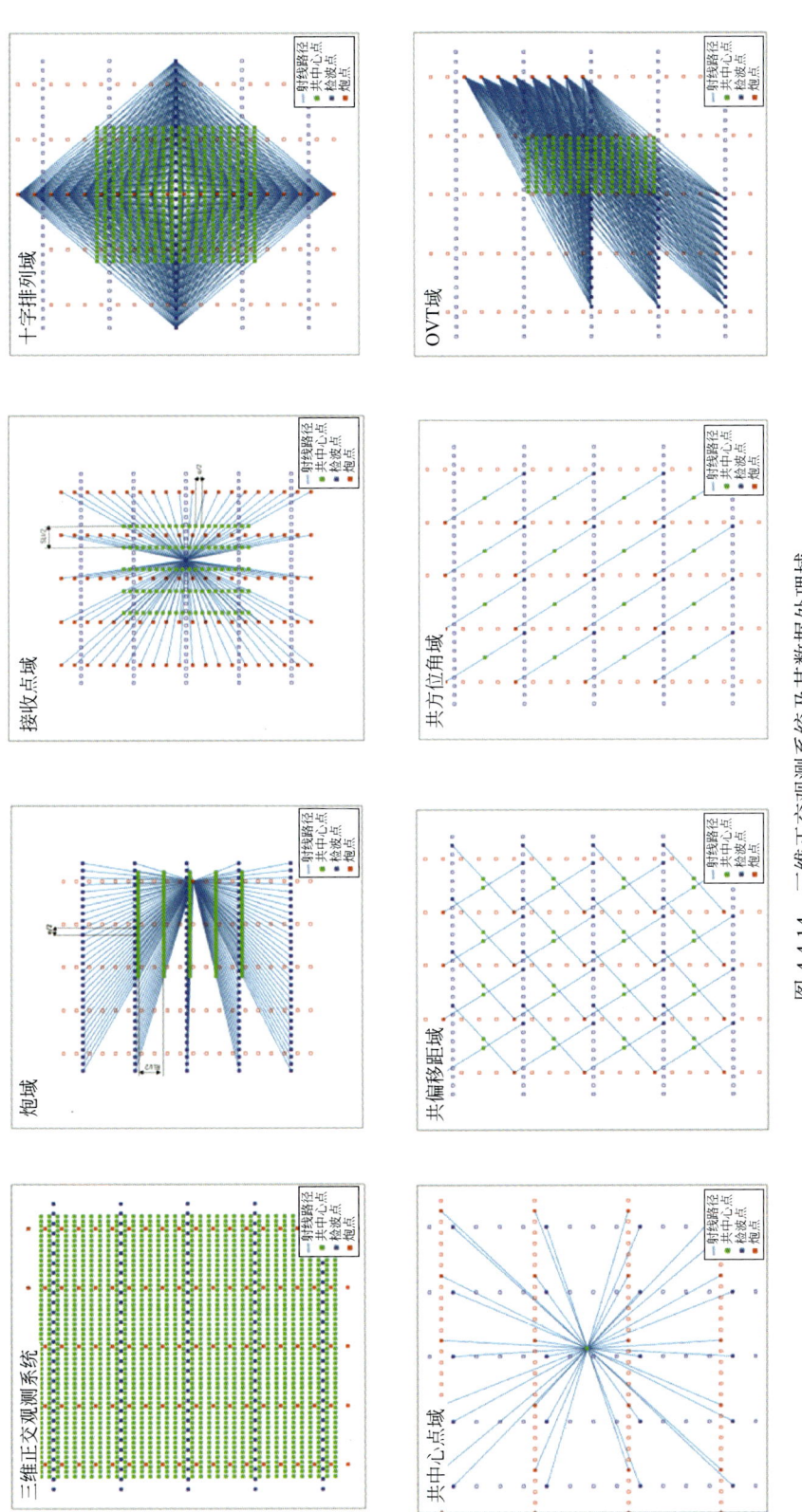

图 4.4.14 三维正交观测系统及其数据处理域

203

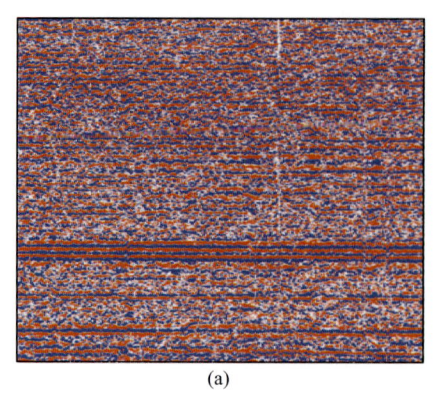 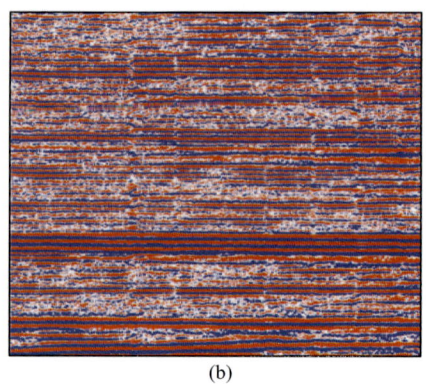

图 4.4.15　OVT 域三维随机噪声衰减前（a）、后（b）剖面对比

步骤一：信噪分析。

对 OVT 域数据体的分析点 $u(i_0, j_0, k_0)$，在 $X\text{-}T$ 域计算相干值、分析倾斜因子，并依据最大相干性，获得最优倾斜因子。

计算相干的常用方法有两种：直接相干法和相似性相干法。

直接相干法计算：

$$c(i_0, j_0, k_0, p, q) = \sum_{k=k_0-k_r}^{k_0+k_r} \frac{A^2(i_0, j_0, k, p, q)}{K_k B(i_0, j_0, k, p, q)} \quad (4.4.29)$$

$$A(i_0, j_0, k, p, q) = \sum_{i=i_0-i_r}^{i_0+i_r} \sum_{j=j_0-j_r}^{j_0+j_r} u(i, j, k+(i-i_0)p+(j-j_0)q) \quad (4.4.30)$$

$$B(i_0, j_0, k, p, q) = \sum_{i=i_0-i_r}^{i_0+i_r} \sum_{j=j_0-j_r}^{j_0+j_r} u^2\left(i, j, k+(i-i_0)p+(j-j_0)q\right) \quad (4.4.31)$$

式中，c 表示相干系数；i_0、j_0、k_0 分别表示当前分析点的 Inline 号、Crossline 号、时间样点号；i_r、j_r、k_r 分别表示 Inline 窗口半径（道数）、Crossline 窗口半径（道数）、时间窗口半径（样点数）；$u(i, j, k)$ 表示地震数据；p 表示 Inline 方向倾斜因子（样点/道）；q 表示 Crossline 方向倾斜因子（样点/道）；K_k 表示第 k_0 个样点的有效道数。

式（4.4.30）就是三维 $\tau\text{-}p$ 变换。

相似性相干法计算：

$$c(i_0, j_0, k_0, p, q) = \sum_{k=k_0-k_r}^{k_0+k_r} \frac{A^2(i_0, j_0, k, p, q) - B(i_0, j_0, k, p, q)}{(K_k - 1)B(i_0, j_0, k, p, q)} \quad (4.4.32)$$

对各分析点 $u(i_0, j_0, k_0)$ 进行 p、q 参数扫描，根据扫描计算的相干系数，获得各分析点最优倾斜因子。对三维数据体逐点分析，即可获得各点的最优倾斜因子和相干系数。

步骤二：信噪分离。

根据最优倾斜因子构建纯信号 OVT 数据 $u'(i, j, k)$，并依据相干系数计算加权系数 $w(i, j, k)$，基于原 OVT 数据 $u(i, j, k)$、重构的纯信号数据 $u'(i, j, k)$、加权系数 $w(i, j, k)$，可计算获得去噪后的 OVT 数据 $u''(i, j, k)$，实现 OVT 域体 $\tau\text{-}p$ 变换去噪：

$$u''(i,j,k) = \frac{u'(i,j,k)w(i,j,k) + u(i,j,k)}{w(i,j,k)+1} \quad (4.4.33)$$

加权系数 $w(i,j,k)$ 的选择对结果有很大的影响。由式（4.4.33）可知，权值等于 0 时，则输出原始道；权值等于 1 时，则原始输入道和纯信号道各占 50%；权值大于 1 时，则信号道所占比例大于 50%，而输入道所占比例小于 50%。因此信噪比小于 1 的低信噪比资料，权值设置通常大于 1，权值越大，越能显著提高信噪比。

3. 应用实例

为了说明 OVT 域三维 τ-p 变换体去噪方法的应用效果，以塔里木盆地 TG 地区的三维地震资料为例。

TG 地区的主要采集参数为 14 线 8 炮 272 道，面元 25m×25m，覆盖次数 120。先将 CMP 道集分选到 OVT 域，可以得到 120 个（等于覆盖次数）全工区的单次覆盖的 OVT 道集，每个 OVT 道集是一个完整的三维数据体，可以像共偏移距域道集一样作为一个独立的偏移单元单独进行偏移。图 4.4.16（a）展示了其中一个 OVT 道集。虽然前期已进行了大量针对性的去噪处理，但信噪比依然很低，从图 4.4.16（a）难以见到有效反射，只有浅层略微有些许的有效波。如果对这个 OVT 道集进行叠前时间偏移，将得到展示在图 4.4.16（b）中的偏移结果，从信噪比上看浅层确实有较大提高，但在目的层 3.500~4.500s 处，还是看不到有效反射，需要在偏移前进一步提高信噪比。

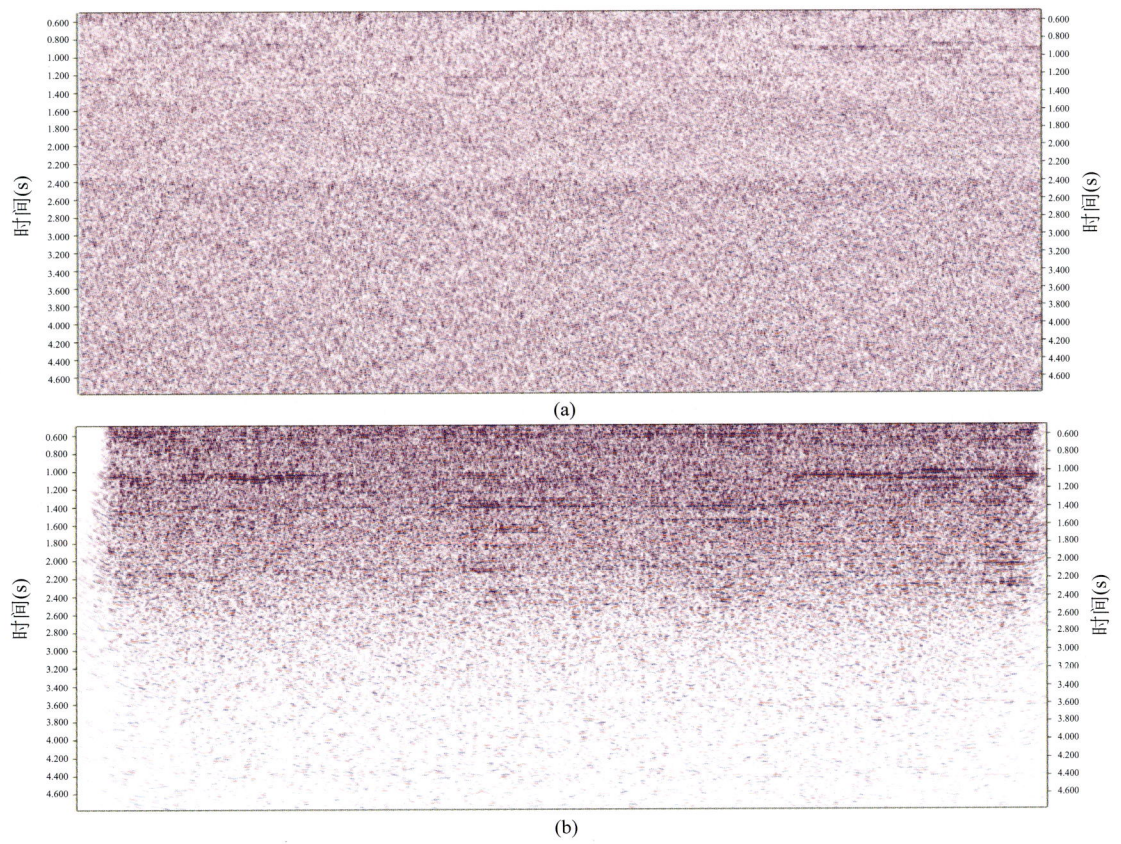

图 4.4.16　单个 OVT 道集（a）及其叠前时间偏移结果（b）（据李飞等，2015）

该资料处理进行到叠前偏移之前，大部分相干噪声和野值已得到较充分衰减，剩余的噪声衰减工作主要集中在随机噪声的衰减上。在 OVT 域道集上，对比了两种"体去噪"衰减随机噪声的方法，其一为三维 $\tau-p$ 变换体去噪方法，其二为常用的 3D-RNA 方法。

图 4.4.17（a）为对图 4.4.16（a）进行 3D-RNA 去噪后的结果。图 4.4.17（b）为对图 4.4.16（a）进行三维 $\tau-p$ 变换去噪后的结果。相比图 4.4.16（a），图 4.4.17（a）经过 3D-RNA 处理后，浅层信噪比明显提高，但深部目的层 3.500s 以下没有出现有效信号；而图 4.4.17（b）经过三维 $\tau-p$ 变换体去噪后，无论浅中深层信噪比都有显著提高。相比图 4.4.16（a），图 4.4.17（b）有效信号几乎实现了"从无到有"的变化；相比图 4.4.17（a）经过 3D-RNA 的结果，图 4.4.17（b）剖面信噪比明显提高，同相轴的连续性更好，弱信号得到增强，特别是深部目的层反射变得清晰。

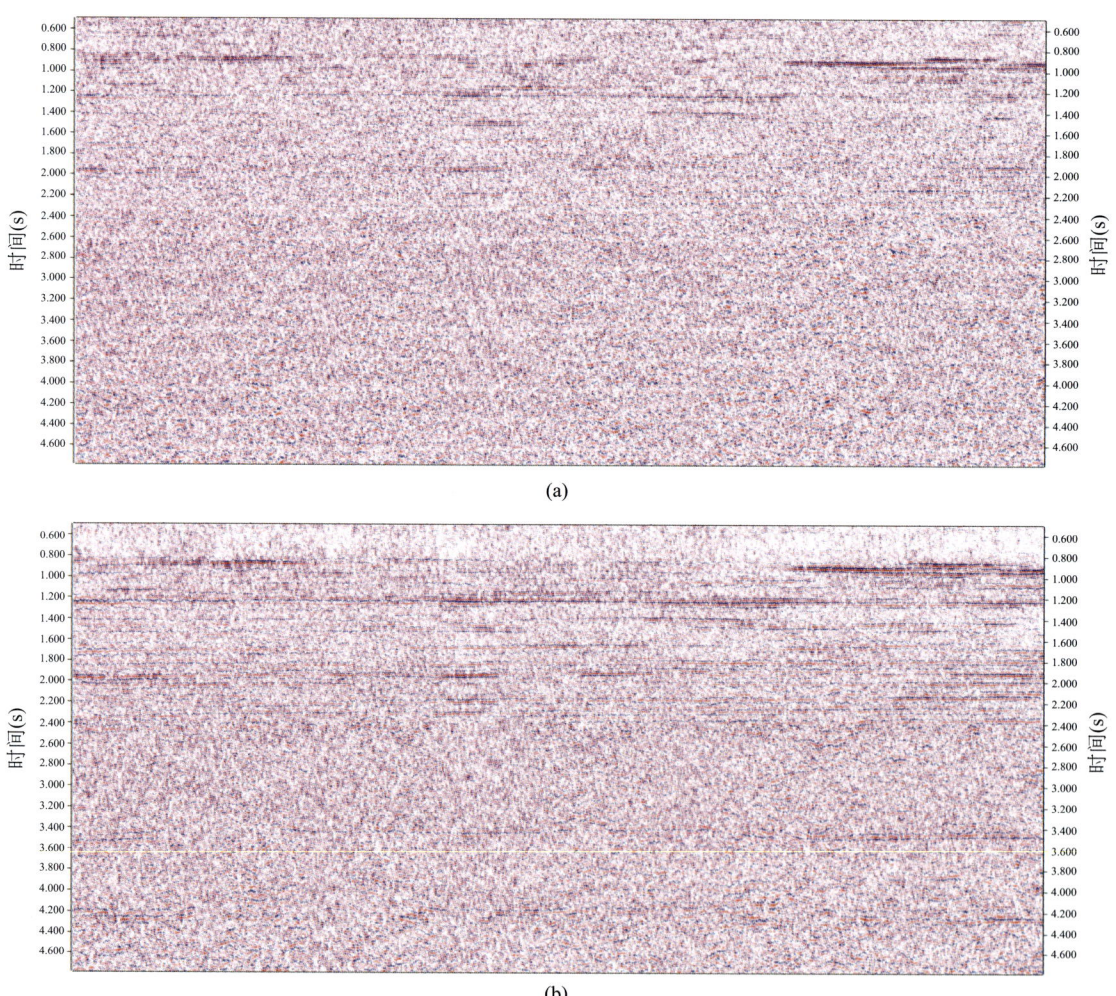

图 4.4.17　两种方法对图 4.4.16（a）中的 OVT 道集的去噪处理结果（据李飞等，2015）
（a）3D-RNA；（b）三维 $\tau-p$ 变换

对上述用两种不同方法提高信噪比之后的单个 OVT 道集分别进行了叠前偏移处理。图 4.4.18 展示二者结果的对比，(a) 应用 3D-RNA 方法，并经叠前偏移处理，信噪比相比偏移之前［图 4.4.17（a）］有较大的提高，但期望中的深部目的层的反射还是没有显现；(b) 应用三维 τ-p 变换体去噪方法并经叠前时间偏移处理后，信噪比和同相轴的连续性明显好于 (a)，说明三维 τ-p 变换技术压制随机噪声的效果无论在偏前或偏后，都要明显优于常用的 3D-RNA 技术。

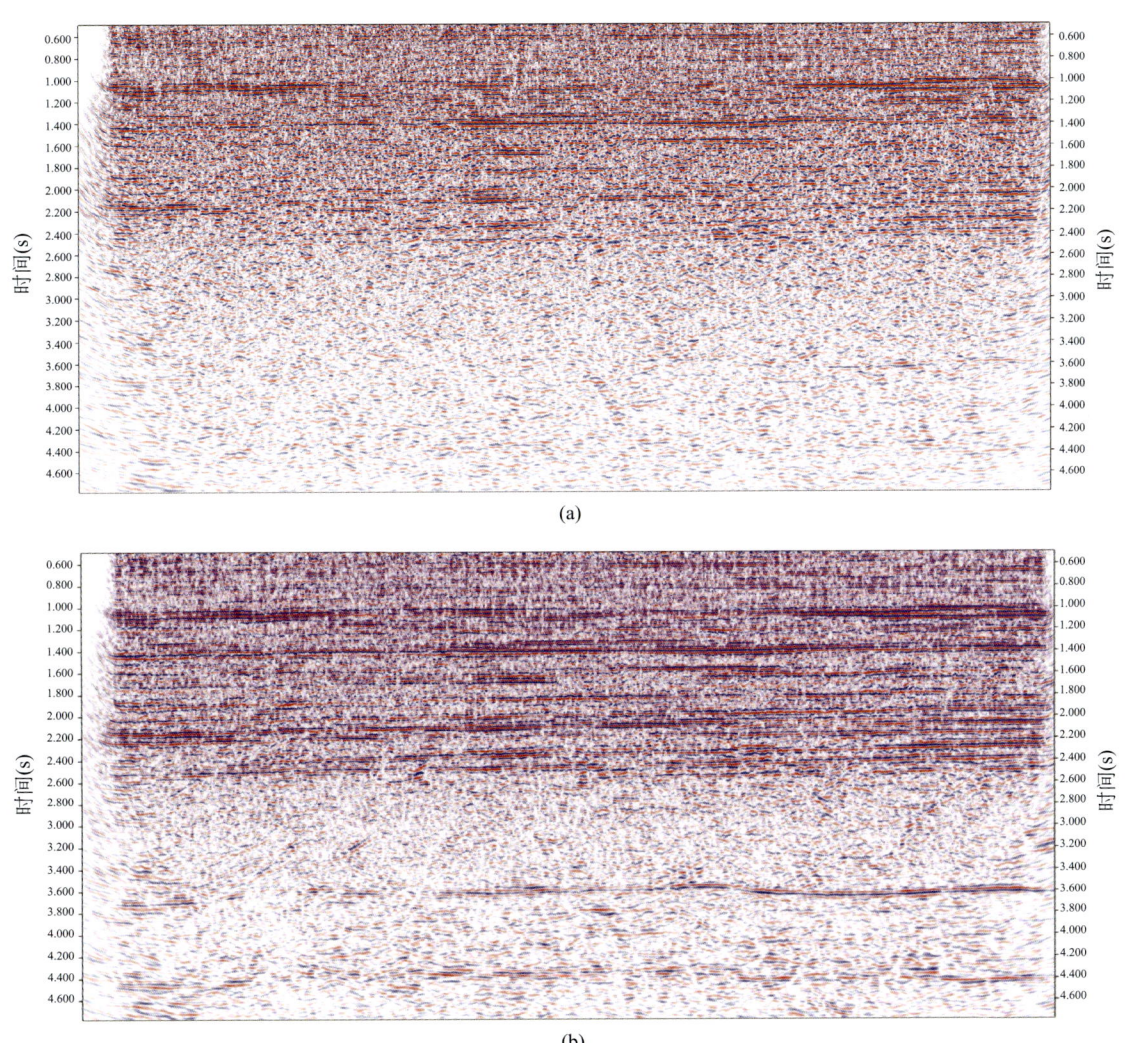

图 4.4.18　图 4.4.17 的 OVT 道集的叠前时间偏移结果（据李飞等，2015）
（a）3D-RNA；（b）三维 τ-p 变换

如果对所有的 OVT 道集都应用三维 τ-p 变换体去噪方法，然后做叠前偏移，再进行叠加，得到图 4.4.19（b）。与图 4.4.19（a）没有"体去噪"做叠前偏移得到的结果相比，其提高信噪比的效果十分明显。在深部 3.100~4.500s 内幕弱信号的信噪比显著提高。

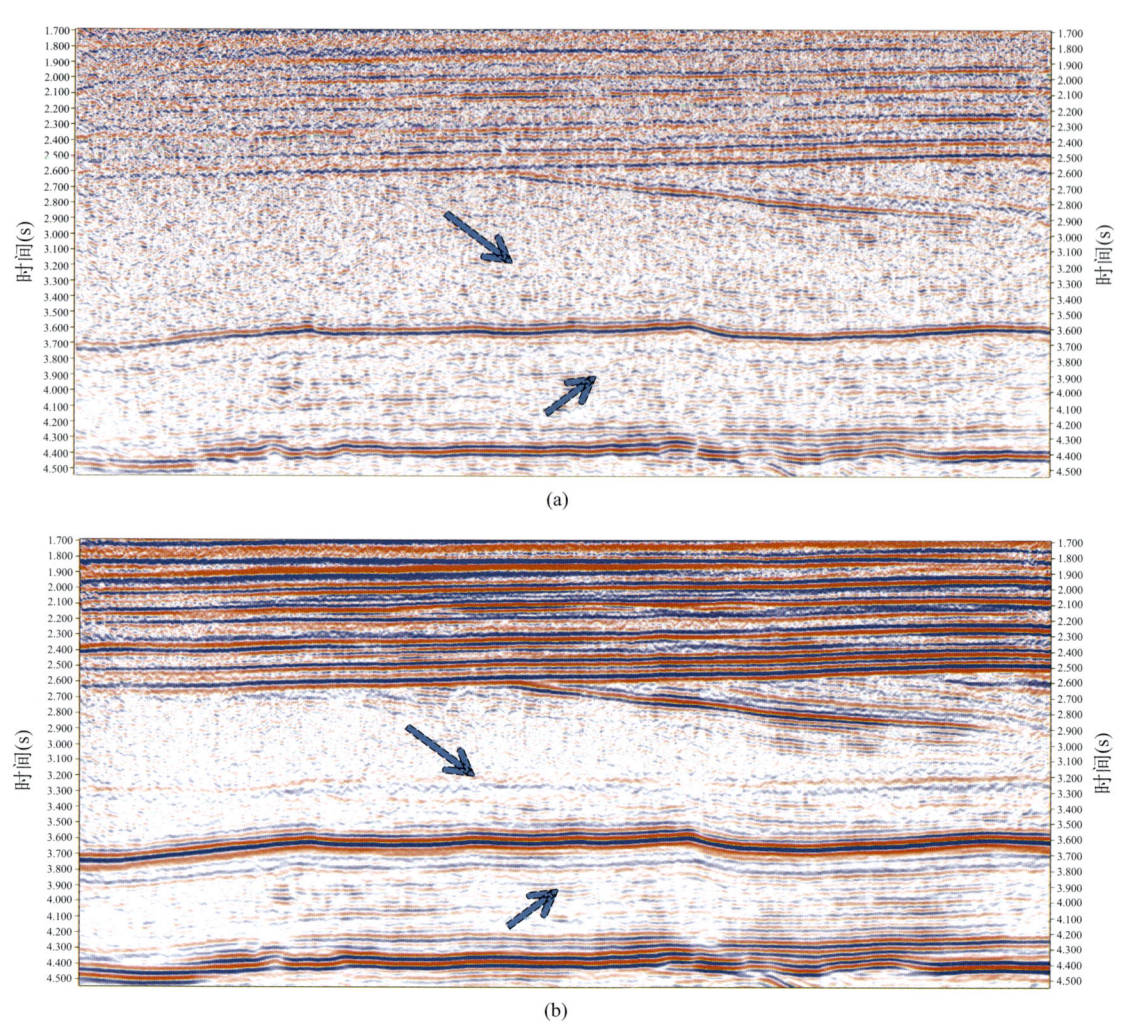

图 4.4.19　所有 OVT 道集三维 $\tau\text{-}p$ 变换体去噪前后叠前偏移结果对比（据李飞等，2015）
（a）去噪前；（b）去噪后

五、基于正交多项式拟合的相干信号增强

在山地"双复杂"地区，由于存在信噪比极低的地震资料，即使通过一系列的噪声衰减处理，也不一定能满足偏移速度的建模和有效波聚焦归位。提高地震资料有效波同相轴的连续性，改进叠前偏移速度建模剩余时差或倾角、方位拾取的道集或数据体质量，提升偏移速度建模参数的准确性，有助于改进波场偏移的聚焦性和准确性。尽管多项式拟合方法既可用于偏前也可用于偏后的信号增强，但不建议把它作为一种偏后资料的有效波相干同相轴增强方法。

1. 方法原理

从三维数据中选取一定小时窗范围内的数据，以第一个时窗大小为基础，移动半个时窗，遍历整个数据，对每个时窗范围内的数据进行信号增强处理。地震数据可由时间多项式与振幅多项式重构得到，首先开展地震信号时间域多项式拟合：

在一时窗内，地震信号的时间多项式表达式为（邹梦，2013）：

$$T(x,y) = a_{00} + a_{10}x + a_{11}y + a_{20}x^2 + a_{21}xy + a_{22}y^2 + a_{30}x^3 + a_{31}x^2y + a_{32}xy^2 + a_{33}y^3 \quad (4.4.34)$$

式中，x、y 表示地震数据的 Inline、Crossline 道序号；a_{ij} 表示时间多项式的待求系数。

为了降低拟合误差，更好地计算系数，对时间多项式需要进行正交变换：

$$T'(x,y) = \sum_{i=0}^{4} c_i G_i' = c_0 + \sum_{i=1}^{4} c_i G_i' \quad (4.4.35)$$

式中，G_i' 表示正交多项式集合。

对小时窗内地震数据计算其归一化的互相关系数：

$$R(c_0,\cdots,c_4) = \frac{\sum_{t=-L}^{L}\left\{\left[\sum_{x=-M}^{M}\sum_{y=-N}^{N}S(x,y,T(x,y)+t)\right]^2 - \sum_{x=-M}^{M}\sum_{y=-N}^{N}S^2(x,y,T(x,y)+t)\right\}}{[(2M+1)\times(2N+1)-1]\times\sum_{t=-L}^{L}\sum_{x=-M}^{M}\sum_{y=-N}^{N}S^2(x,y,T(x,y)+t)} \quad (4.4.36)$$

式中，$S(x,y,t)$ 表示地震数据；M 表示 Inline 方向窗口半径；N 表示 Crossline 方向窗口半径；L 表示时间方向窗口半径。

通过对 $R(c_0,\cdots,c_4)$ 的最大化，求取系数 $c_i(i=0,1,2,3,4)$，得到时窗内数据的时间多项式拟合表达值。

在完成时间多项式拟合后，然后开展振幅多项式拟合。

小时窗内数据经三维傅里叶变换后可表示为：

$$A(\omega,k_1,k_2)\mathrm{e}^{-\mathrm{i}\phi(\omega,k_1,k_2)}$$

式中，$A(\omega,k_1,k_2)$ 为振幅谱；$\phi(\omega,k_1,k_2)$ 为相位谱；ω 为频率；k_1、k_2 为波数。

假设 $a(>0)$ 为外部增强因子，则经过信号增强后的频率波数域数据为：

$$A'(\omega,k_1,k_2)\mathrm{e}^{-\mathrm{i}\phi'(\omega,k_1,k_2)} = A^a(\omega,k_1,k_2)\mathrm{e}^{-\mathrm{i}\phi(\omega,k_1,k_2)} \quad (4.4.37)$$

把上述增强后的频率波数域数据经三维傅里叶反变换到时空域中，对该时窗的数据再进行振幅拟合：

$$A(x,y) = b_{00} + b_{10}x + b_{11}y + b_{20}x^2 + b_{21}xy + b_{22}y^2 + b_{30}x^3 + b_{31}x^2y + b_{32}xy^2 + b_{33}y^3 \quad (4.4.38)$$

同时间多项式类似，为了提高振幅拟合精度，上式变换为正交多项式方程：

$$A(x,y) = d_{00}p_0(x)q_0(y) + d_{10}p_1(x) + d_{11}q_1(y) + d_{20}p_2(x) + d_{21}p_1(x)q_1(y) + d_{22}q_2(y) + \cdots \quad (4.4.39)$$

公式（4.4.39）可用最小二乘法求解的方式获取振幅多项式系数值 d_{ij}。

求出 $T(x,y)$ 和 $A(x,y)$ 后，沿拟合的 $T(x,y)$ 混波得到的波形与振幅 $A(x,y)$ 相乘，即可得到样条（正交多项式）拟合后的地震信号。然后移动时窗，继续下一个时窗的拟合处理，得到最终的拟合处理数据。

如果用于 CRP 道集，上述方法可降维为二维方法。

2. 应用实例

图 4.4.20 是一个偏移的 CRP 道集应用正交多项式拟合的信号相干增强方法前后的效果对比，从图中可看出：应用前，数据信噪比较低，噪声淹没了有效同相轴信号；应用后，有效信号能量凸显，同相轴连续性增强，层间信息更易分辨，既可提高叠后信噪比，又可改进偏移速度建模参数获取的精度，支撑高精度偏移速度建模。

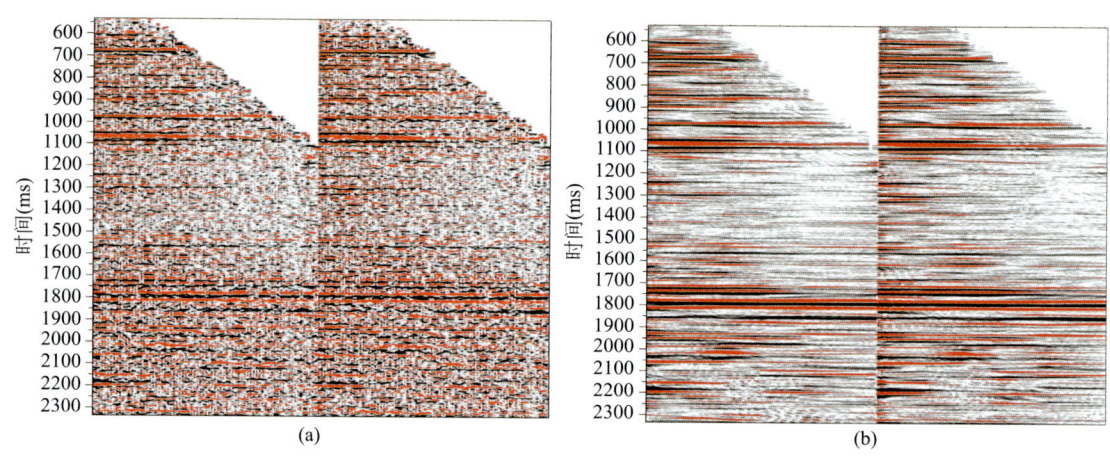

图 4.4.20　偏移后的 CRP 道集数据应用正交多项式拟合信号相干增强处理的效果
（a）应用前；（b）应用后

地震资料的信噪比是所有成像处理技术、方法能否取得好效果的前提和基础，如果没有一定的信噪比做保障，资料成像处理中再先进的技术和方法都是枉然。提高信噪比是整个资料处理中的重要的环节，不同类型的噪声衰减处理方法都有不同的针对性、适应性，没有一种方法对各种干扰都是有效的。衰减不同类型的噪声，要在不同域用不同的技术分别进行。在未来的相当长一段时间里，陆地多次波和散射干扰的高精度衰减仍然是地震资料噪声衰减处理的研究主题。随着新的噪声衰减理论的出现，新的噪声衰减方法也会发展起来，比如，不依赖速度信息的噪声衰减技术、非层状地层中的波场分解与散射干扰衰减技术等都是非常有潜力的发展方向。总之，对山地复杂构造地震噪声的高精度衰减是一个一直在路上的研究工作。

第五章　山地复杂构造高精度偏移参数场构建

山地复杂构造区，地下褶皱强烈，断层发育，地层产状变化大；有的区域还存在地质异常体或特殊岩性体，地震波速度纵、横向变化剧烈，甚至出现反转现象，各向异性特征突出，地震波场复杂。另外，山地地区风化疏松的近表层结构，巨厚且厚度变化大的低速带、低降速带，给地震波造成了严重的吸收衰减；目标层深度的增大进一步加剧了吸收衰减，地震记录能量衰减、频率损失严重。

山地复杂构造地震复杂波场的高精度聚焦、归位，能量、频率的高精度补偿，地下介质速度场、各向异性参数场、Q 场等偏移参数场的高精度构建是关键。

本章介绍起伏地表全深度偏移速度模型构建技术，解决高精度地震成像所需的地下介质速度场问题；各向异性偏移速度建模技术，解决各向异性偏移地下介质参数场的建立问题；起伏地表全深度空变 Q 场构建技术，通过近地表 Q 建模、初始 Q 场建立、Q 层析，获得 Q 偏移、Q 补偿所需的地下介质 Q 参数场。

第一节　起伏地表全深度偏移速度模型构建

在山地复杂构造区，地形起伏剧烈，近地表结构复杂，地震资料处理中常采用静校正解决地形起伏和复杂近地表问题，而静校正在近地表低降速带较厚的情况下会引起波场较大的时间误差，导致地震波旅行时失真，严重影响成像质量。因此，需要起伏地表叠前偏移和双基准面偏移成像，直接从起伏地表或真地表偏移，摒弃传统的静校正，不在固定水平面上偏移能避免静校正引起的误差，是改善山地复杂构造区地震偏移成像的关键。要实现起伏地表叠前偏移和双基准面偏移成像，必须发展与之配套的高精度起伏地表偏移速度模型构建技术。

下面分别介绍起伏地表全深度速度建模思路与流程、起伏地表初始偏移速度模型构建等起伏地表全深度偏移速度模型构建技术。

一、起伏地表全深度速度建模思路与流程

1. 起伏地表全深度偏移速度建模思路

叠前深度偏移速度建模通常利用叠前时间偏移速度转换、基于分层速度填充、声波测井速度和 VSP 速度内插等方法建立初始速度模型，然后在初始速度模型基础上进行基于叠前偏移成像道集剩余时差的地震反射层析速度更新，优化速度模型。由于中深层成像道集

集有相对较高的信噪比,因此层析速度更新在中深层能见到好的效果。而在浅层,因为山地复杂构造区地震资料受地形起伏、复杂的近地表结构等影响,浅层反射波常常淹没在严重的噪声中,浅层成像道集信噪比极低,常用的反射层析法要么浅层速度优化效果差,要么无法使用,浅层速度精度提高难。

但在浅层可以运用第三章所述的山地复杂构造高精度(基于初至旅行时的)近地表速度建模技术,建立高精度的近地表速度模型。

因此将高精度近地表速度初至层析反演与叠前偏移速度反射波层析更新结合起来,发挥各自优势,联合进行起伏地表全深度偏移速度建模,是构建高精度起伏地表全深度域速度模型的一条可行之路和关键所在。

2. 起伏地表全深度偏移速度建模流程

为建立高精度的起伏地表深度域速度模型,结合近地表初至层析和中深层反射层析的优势,可采用以下起伏地表全深度偏移速度建模技术流程(图5.1.1)。

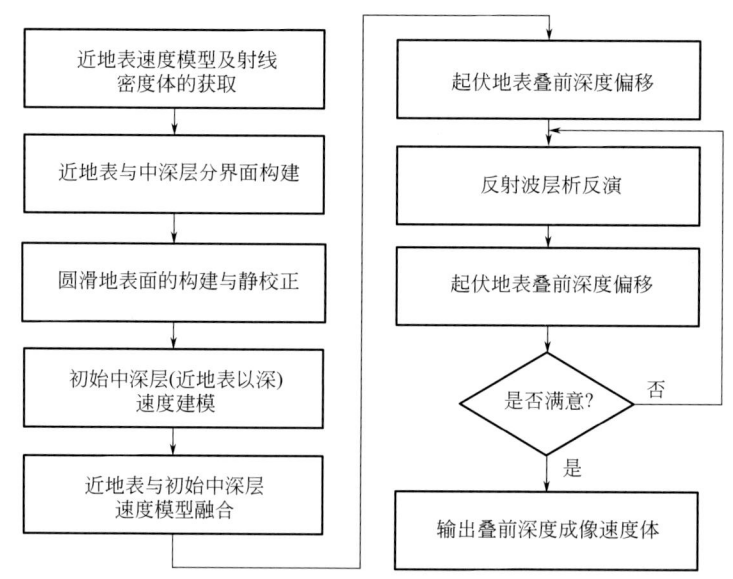

图 5.1.1 起伏地表全深度速度建模技术流程

(1)近地表速度模型及射线密度体的获取:利用第三章所述山地复杂构造高精度近地表速度建模技术,得到高精度近地表速度模型和近地表层析反演射线密度体。

(2)近地表与中深层分界面构建:在高精度近地表速度模型上,依据近地表射线密度数据,拾取近地表有效速度底界面,并插值、平滑,形成近地表与中深层分界面,用于控制后续的速度融合与速度更新。

(3)圆滑地表面的构建与静校正:根据地表高程数据,平滑得到逼近地面的新的圆滑地表面,用作后续起伏地表叠前深度成像的数据起始面。同时,将经预处理后的地震数据做炮点静校正、检波点静校正,即将激发接收面校正到圆滑地表面上,静校正量依据近地表速度模型的速度和原始炮点、检波点到圆滑地表面的距离通过剥离和填充法计算。因圆滑地表面贴近真地表,这里的静校正量与常用的水平基准面静校正量、浮动面校正量相比，量级要小得多，不会引起较大的反射时间畸变。

（4）初始中深层（近地表以深）速度建模：用叠前时间偏移速度转换、基于分层的速度填充、声波测井速度和VSP速度内插等方法，构建近地表以深的中深层初始速度模型。

（5）近地表与初始中深层速度模型融合：首先将圆滑地表嵌入近地表速度模型中，对圆滑地表与真地表之间的空洞（圆滑地表高于真地表时存在）用所在位置的近地表速度填充；然后将近地表速度模型沿近地表与中深层分界面镶嵌到初始中深层速度模型中，并在分界面附近适当平滑，形成融合后的全深度初始速度模型。

（6）起伏地表叠前深度成像：在融合后的全深度初始速度模型上，用校正到圆滑地表的预处理后的数据进行起伏地表叠前深度偏移，并输出叠前偏移道集。

（7）反射波网格层析反演：在浅层有反射层且浅层道集信噪比较高的情况下，进行基于叠前偏移道集剩余时差拾取，开展全深度反射波网格层析反演，更新速度模型；在浅层无反射或浅层道集信噪比低的情况下，用近地表模型与中深层的分界面、近地表模型有反射的分界面和浅层速度模型作为硬约束，开展中深层反射波网格层析反演，更新中深层速度。在山地复杂构造低信噪比区，中深层速度更新迭代难度大，可利用偏前径向域代替常规CMP域的五维插值规则化处理，为剩余速度计算及速度迭代提供更高信噪比的道集数据，用于剩余时差拾取和速度更新。

（8）输出叠前深度成像速度体。在反射波层析反演更新速度模型上，用校正到圆滑地表的预处理后的数据进行起伏地表叠前深度偏移。如果成像结果满意，则停止迭代，输出更新后的速度体，供后续体偏使用；否则，继续速度模型层析更新与叠前深度偏移迭代，直至满意或达到迭代次数为止，输出更新后的速度体，供后续体偏使用。

二、起伏地表初始偏移速度模型构建

初始深度域速度模型建立是偏移速度建模的一个基本环节。高质量的初始速度模型能减少后续速度迭代优化的次数，提高效率，快速逼近真实速度模型。在山地复杂构造区，地表复杂往往伴随着地下也异常复杂。采用初至旅行时层析创建浅层速度模型，通过对叠前时间偏移速度约束反演或测井速度曲线插值等方法，建立中深层初始速度模型（深度），最后将两者有机地融合，形成全深度初始偏移速度模型。

1. 约束速度反演建立初始中深层速度模型

约束速度反演（Koren Z，Ravve I，2006）就是基于叠前时间偏移拾取（将在第六章讨论）的均方根速度，通过求解目标函数的极小值，获得层速度。目标函数共分为3部分：第一部分为均方根速度拟合（也叫数据拟合），第二部分为速度趋势模型拟合，第三部分为防振荡阻尼拟合，用于提升方法的稳健性和稳定性，其实质就是求取下列目标函数的极小值：

$$F(v_{0,0}, v_{0,1}, \cdots, v_{0,N}) = A + B + C \rightarrow \min \quad (5.1.1)$$

其中

$$A = \frac{1}{2} \sum_{n=1}^{N} \Delta t_n \cdot w_n^{\text{rms}} [U_n^{\text{lin}}(v_{0,n-1}, v_{0,n}) - U_n^{\text{data}}]^2 \quad (5.1.2)$$

$$B = \frac{1}{2}\sum_{n=1}^{N}\int_{0}^{\Delta t_n} w_n^{\text{trend}} [V_{0,n}^{\text{lin}}(\tau) - V_0^{\text{trend}}(t_{n-1} + \tau)]^2 \, \mathrm{d}\tau \tag{5.1.3}$$

$$C = \frac{\overline{V^2 \Delta t}}{2} \sum_{n=1}^{N-1} w_n^{\text{damp}} \ln^2\left(\frac{v_{0,n-1} - v_{0,n}}{v_{0,n}^2}\right) \tag{5.1.4}$$

式中，$\overline{V^2 \Delta t}$ 是提供适当单位的特征数；w_n^{damp} 是阻尼。

下面分别介绍目标函数中各拟合项。

（1）数据拟合项 A。式（5.1.2）中有：

$$U_n^{\text{lin}}(v_{0,n-1}, v_{0,n}) = \sqrt{\frac{v_{0,n}^2 - v_{0,n-1}^2}{2\ln(v_{0,n}/v_{0,n-1})}} \tag{5.1.5}$$

$$U_n^{\text{data}} = \sqrt{\frac{\left(V_n^{\text{data}}\right)^2 t_n - \left(V_{n-1}^{\text{data}}\right)^2 t_{n-1}}{\Delta t_n}} \tag{5.1.6}$$

其中

$$\Delta t_n = t_n - t_{n-1}$$

式中，$v_{0,0}, v_{0,1}, \cdots, v_{0,N}$ 是均方根速度拾取点上的 $N+1$ 个层速度；t_n 是第 n 层底界面单程时间；t_{n-1} 第 n 层顶界面单程时间；V_n^{data} 是拾取的均方根速度；w_n^{rms} 是数据拟合的权重；$\ln(\cdot)$ 是自然对数函数。

（2）趋势拟合项 B。一般情况下，纵向层速度函数应该尽可能地靠近趋势函数，即目标函数中的趋势拟合项 B。在 B 的表达式（5.1.3）中，有

$$V_{0,n}^{\text{lin}}(\tau) = v_{0,n-1}^{1-\tau/\Delta t_n} \cdot v_{0,n}^{\tau/\Delta t_n} \tag{5.1.7}$$

$$V_0^{\text{trend}}(t) = \frac{v_a \cdot v_\infty}{v_a + \Delta v \cdot \exp(-k_a t \cdot v_\infty / \Delta v)} \tag{5.1.8}$$

$$\Delta v = v_\infty - v_a$$

式中，v_a 是基准面速度，m/s；v_∞ 是最大速度，m/s；k_a 是速度变化梯度，s^{-1}，w_n^{trend} 是趋势拟合的权重；$\exp(\cdot)$ 是指数函数。

（3）阻尼拟合项 C。为了抑制不期望的速度振荡，在目标函数中加入阻尼项。注意到纵向速度在深度域呈线性变化，梯度呈常数，因而在各层接合处，纵向速度的梯度会呈不连续变化，抑制梯度过大跳跃就成为一个必须考虑的因素。通常采取绝对阻尼机制防止速度的振荡。

目标函数 F 就是一个有关层速度 $v_{0,0}, v_{0,1}, \cdots, v_{0,N}$ 的非线性函数[式（5.1.1）]。对于它的求解，通常采用牛顿迭代法。因为牛顿迭代法需要计算 Hessian 矩阵，因而通常更多采用拟牛顿迭代，近似地计算 Hessian 矩阵。L-BFGS 算法是拟牛顿法中内存使用量较小的一种，而且稳定、快速。通过分析，可以从不同角度看到不同项对结果的影响。

（1）趋势函数。由于趋势函数是在空间内以一定半径得到的，因此趋势函数代表了

局部区域的速度变化趋势,求取的半径越大,横向连续性就越好;半径越小,局部特征保持就越好。

(2)均方根拟合使反演的层速度与拾取的均方根速度值保持一致,因此拾取的速度精度高低也决定了层速度反演精度的高低。由图 5.1.2 可以看出,当均方根速度发生快速变化时,对应层速度发生大幅变化。

(3)阻尼项的引入,可以抑制因"某个拾取速度值异常"而引起的相邻层层速度突变问题,也使反演出来的结果更加平缓,用于垂向上的速度平滑。由图 5.1.3 可以看出,采用 Dix 公式计算得到的层速度,存在着"抖动"的现象(图中灰色虚线),采用趋势项和阻尼项以后,反演得到的层速度趋势平缓(蓝线是加入趋势项的反演结果,红色是加入阻尼项的反演结果)。

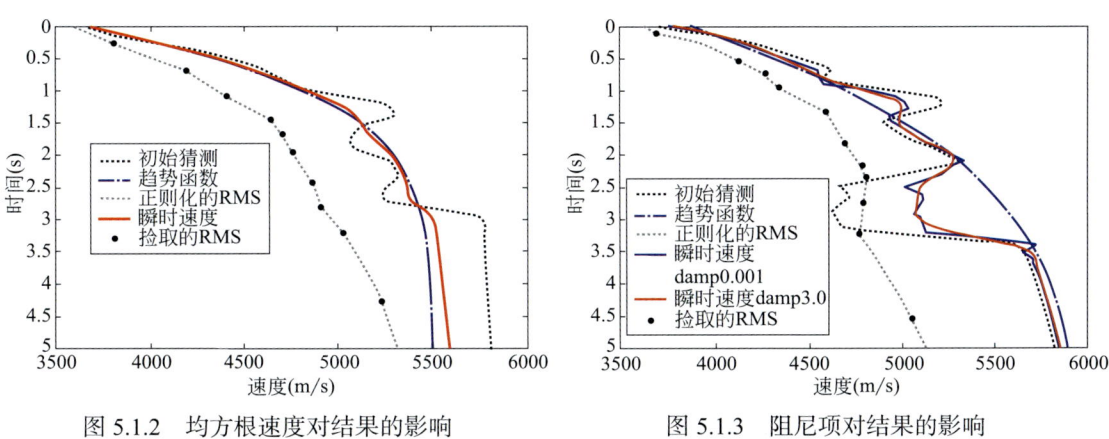

图 5.1.2　均方根速度对结果的影响　　　　图 5.1.3　阻尼项对结果的影响
　　　　　　　　　　　　　　　　　　　　　　（阻尼越大,反演结果越平滑）

由于约束速度反演是基于单点进行的,因此二维与三维的差异在于逐点进行约束速度反演后插值的差异。二维是把反演的曲线插值到二维剖面,三维是把反演的曲线插值到三维的体。

图 5.1.4 是分别采用 Dix 公式和约束速度反演进行层速度计算结果对比。从图中可以看出,约束速度反演得到的层速度更加平滑,异常"抖动"较少。

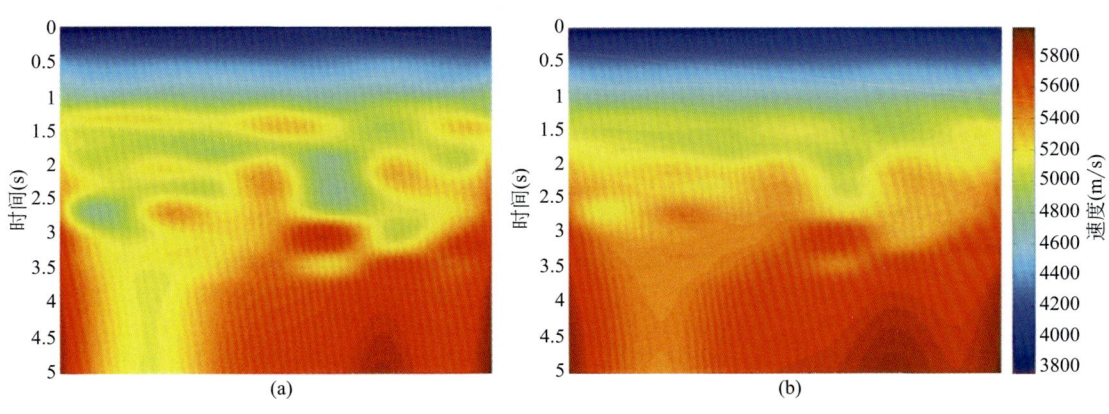

图 5.1.4　Dix 公式(a)与约束速度反演(b)对比

2. 近地表与初始中深层速度模型融合

速度分析的依据是共成像点道集同相轴的平直程度。当上覆地层复杂而且速度变化较大时，同相轴会呈现出复杂的弯曲形态，近地表速度模型对深度域速度建模影响较大。

偏移速度建模考虑到上层速度对下层速度的影响，通常采用自上而下逐层反演。当通过初至层析反演得到近地表速度模型以后，可以将近地表速度模型与约束速度反演得到的初始中深层速度模型融合，得到初始全深度偏移速度模型。融合策略如下：

（1）用近地表层析反演射线密度体确定近地表速度反演的有效深度，即有足够密度的射线到达的深度。根据有效深度确定有效的近地表速度模型深度范围，输出用作深度偏移建模的近地表速度模型。

（2）用近地表速度模型与约束速度反演得到的中深层初始速度模型进行融合，融合时以近地表与中深层分界面为融合面。需要特别指出的是，在近地表反演得到的浅表层速度模型中，如果模型深度范围内没有可靠的反射，则选择模型的底界深度作为与中深层初始低频速度模型融合的深度界面；如果模型深度范围内有可靠的反射，则可选择可靠反射深度为其融合深度界面。依据选择的融合深度界面，考虑融合深度界面上的速度变化，最终在融合两个速度时通过中值滤波等方法保证融合面上速度平滑过渡，从而减少拼接痕迹对深度偏移速度更新产生不利影响，如图5.1.5所示。

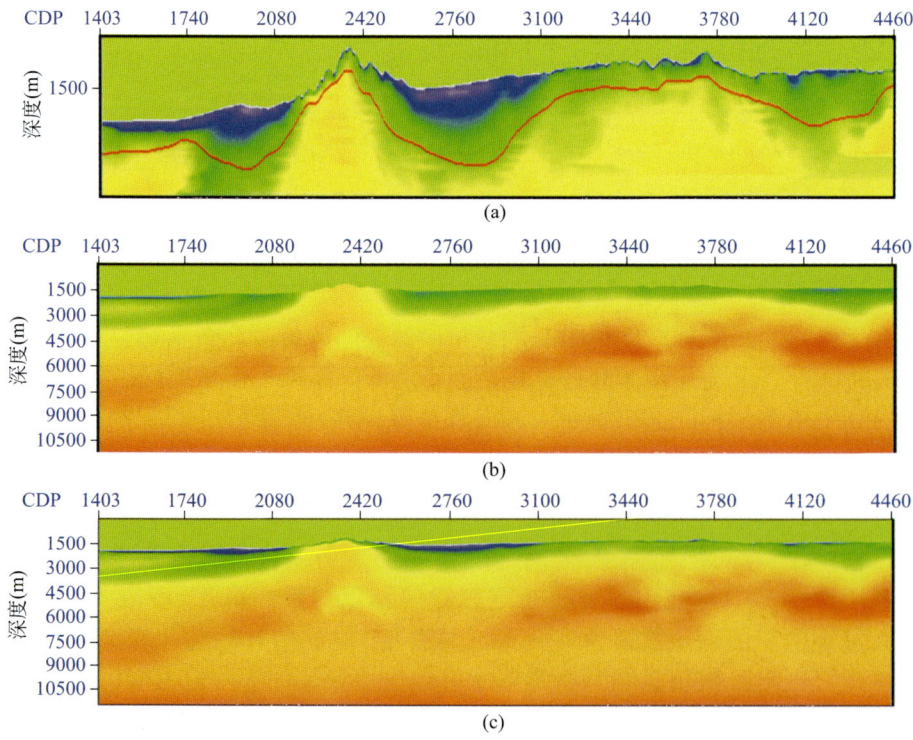

图 5.1.5 近地表与中深层速度融合建立全深度速度场示意图
（a）近地表反演速度场（红色曲线是基于近地表层析反演射线密度体确定的融合面）；
（b）中深层速度场；（c）融合后全深度速度场

偏移速度更新是通过迭代方式进行的，初始速度模型与地下实际介质参数场差异越小，迭代次数就越少，因此尽可能建立接近地下实际的初始速度模型非常必要。

三、反射层析反演速度模型更新

偏移速度建模通常在成像数据域中进行。偏移速度更新使用的方法是地震反射层析，它利用成像道集反射波同相轴是否平直的准则来判断速度是否正确。用道集反射波同相轴的剩余时差相似谱确定道集的平直程度，从相似谱上拾取剩余时差；在成像剖面上，拾取倾角、方位角，在此基础上进行射线追踪，建立成像道集剩余时差与速度误差之间关系，组成层析方程组，求解速度更新量，实现速度更新。然后进行速度更新与偏移成像的多次迭代，逐步逼近真实速度模型。

1. 反射层析

反射层析是从地震数据的反射波估计地质模型参数的反演方法。它通过比较模型理论深度与成像反射波同相轴实际深度的差异，采用反演的方法，将旅行时残差反投影到射线路径上进行速度更新。这种方法要求数据有一定的信噪比，以利于拾取成像反射波同相轴的深度和剩余深度差（换算后得到剩余时差）。层析的关键是确定初始速度模型中每条射线的旅行时残差及其射线路径。

1）方法原理

反射层析自引入地球物理领域后，其物理和数学本质没有发生变化。将旅行时的残差反投影到射线路径上进行速度更新，是反射层析的基本原理。虽然反射层析的原理并没有改变，但因地下目标的复杂程度逐步增加，反射层析面对问题的难度也在逐渐增大，速度模型的分辨率从几百米到一百米，甚至达到几十米，地层介质从各向同性到各向异性变化，等等。从反演的角度看，这些问题都增大了反演的难度和多解性。虽然零空间的存在使得反问题的多解性不可避免，但与分辨率相匹配的输入数据采样以及尽可能多的其他信息的约束可以在很大程度上降低多解性，从而使得层析反演可以逼近真实的速度模型。

叠前深度偏移道集反射层的深度差可以在射线路径变化不大的假设下转换为时间差，其几何关系如图5.1.6所示。假设实线为使用初始速度叠前深度偏移得到反射层位置，虚线为真实的反射层位置。对于初始叠前深度偏移得到的反射层，假设其射线路径长度为L，真实的反射层其射线路径长度为L'，两条射线路径长度差为$L' - L = \overline{ABC}$，该射线路径差是由速度差导致的。

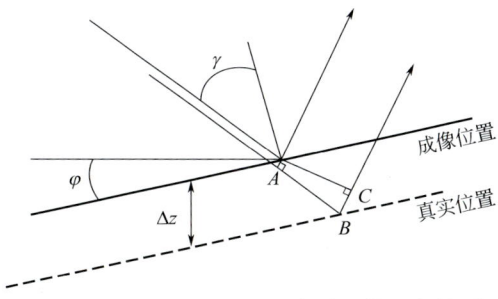

图 5.1.6 深度差转换为旅行时差的几何关系

对于深度差Δz，可以得到旅行时的扰动（Stork，1992）：

$$\Delta t = \frac{\partial t}{\partial z}\Delta z = \frac{2\cos\varphi\cos\gamma}{v}\Delta z \tag{5.1.9}$$

式中，φ、γ分别为界面的倾角和射线半张角；v为局部速度。

基于偏移道集的反射层析算法流程（Stork，1992）（图5.1.7）：

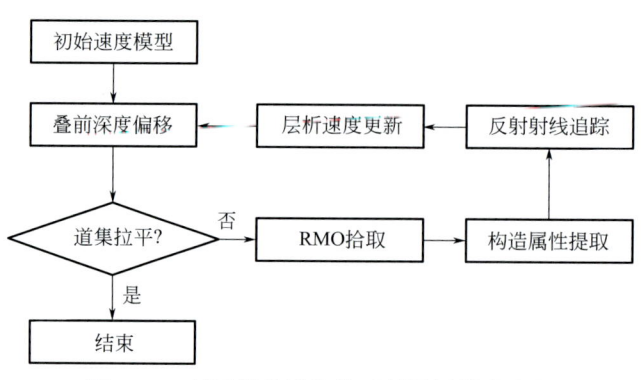

图 5.1.7　基于偏移道集的反射层析算法流程

（1）对地震数据进行叠前深度偏移（如克希霍夫偏移），得到偏移距（或反射角）道集；

（2）拾取得到 CIP 道集的运动学属性（如零偏移距深度、道集曲率等），从而计算深度差并转换为时间差；

（3）提取深度域偏移成像数据体同相轴的构造属性（地层倾角体、方位角体）；

（4）射线追踪得到成像道集对应的射线路径；

（5）层析反演将时间差 Δt 反投影到射线路径上更新速度；

（6）基于更新的速度模型，再进行叠前深度偏移，进行层析速度更新迭代，直至道集拉平为止。

由于每次偏移后，只进行一次线性的迭代更新，因此该方法称为"线性层析"。

2）方程建立

层析反演在发展初期受到计算能力和数据获取的限制，往往要利用其他信息对速度模型的表达进行一定的约束，比如假定两层之间的速度是常速度或者是梯度速度模型。这可以降低反演的多解性，但同时，其表达的速度模型也受到很大限制。

反射层析的正问题非常直观，如式（5.1.10）即射线的旅行时等于射线路径对慢度的积分：

$$t = L(s) = \int_l s \mathrm{d}r \quad （5.1.10）$$

式中，s 为地下介质的慢度场（慢度是速度的倒数）；L 为正演算子；l 是射线路径；$\mathrm{d}r$ 为射线路径的微分；t 为射线旅行时。

反射层析的反问题，即把初始模型和真实模型的旅行时残差反投影到射线路径上，那么对于慢度模型扰动 Δs，产生相应的旅行时扰动 Δt，则有：

$$L_s(s_0 + \Delta s) = t_0 + \Delta t \quad （5.1.11）$$

其中
$$s = s_0 + \Delta s$$

式中，s_0 为初始慢度场。

由于射线路径是慢度（或速度）的函数，故该正问题是个非线性问题。但层析反演多采用线性化的假设，当每次迭代修正量 Δs 不大时，可近似认为射线路径不变，即 $L_s \approx L_{s_0}$，于是该问题退化为一个线性化问题：

$$L_{s_0}(s_0 + \Delta s) = t_0 + \Delta t \quad (5.1.12)$$

可以建立目标函数：

$$C(\Delta s) = \frac{1}{2}\|\boldsymbol{L}\Delta s - \Delta t\|^2 \quad (5.1.13)$$

其中矩阵 $\boldsymbol{L}$ 为 Frechet 微商：

$$L_{ij} = \frac{\partial t_i}{\partial s_j} = l_{ij} \quad (5.1.14)$$

式中，l_{ij} 为第 i 条射线、第 j 个网格内的射线路径的片段长度。

实际上，反射层析是混定问题，层析反演就是一个病态的问题。直接求解式（5.1.13）的极小化，往往得不到高精度的速度场，需要加入测井速度等其他的约束信息，并采用 Tikhonov 正则化方法对模型进行约束，在目标函数中加入修正量以及修正量的导数约束项：

$$C(\Delta s) = \frac{1}{2}(\|\boldsymbol{L}\Delta s - \Delta t\|^2 + \sigma\|\Delta s_w\|^2 + \lambda\|\Delta s\|^2 + \mu\|\boldsymbol{D}\Delta s\|^2) \quad (5.1.15)$$

式中，σ、λ、μ 为正则化因子，用以调整数据项和正则化项的比例；$\boldsymbol{D}$ 为差分矩阵，用来求取 Δs 的一阶或二阶导数；Δs_w 是测井速度约束点的慢度变化量。

对该目标函数求导并令其为零，得到：

$$\frac{\partial C}{\partial \Delta s} = \boldsymbol{L}^{\mathrm{T}}(\boldsymbol{L}\Delta s - \Delta t) + \sigma \boldsymbol{P}^{\mathrm{T}}\boldsymbol{P}\Delta s + \lambda \boldsymbol{I}^{\mathrm{T}}\boldsymbol{I}\Delta s + \mu \boldsymbol{D}^{\mathrm{T}}\boldsymbol{D}\Delta s = 0 \quad (5.1.16)$$

以及正则化后的层析方程组：

$$(\boldsymbol{L}^{\mathrm{T}}\boldsymbol{L} + \sigma \boldsymbol{P}^{\mathrm{T}}\boldsymbol{P} + \lambda \boldsymbol{I}^{\mathrm{T}}\boldsymbol{I} + \mu \boldsymbol{D}^{\mathrm{T}}\boldsymbol{D})\Delta s = \boldsymbol{L}^{\mathrm{T}}\Delta t \quad (5.1.17)$$

式中，$\boldsymbol{I}$ 为单位阵；$\boldsymbol{P}$ 是抽样算子，在有测井速度控制的单元为 1，其他单元为 0；$\boldsymbol{P}^{\mathrm{T}}$ 是 $\boldsymbol{P}$ 的转置；$\boldsymbol{L}^{\mathrm{T}}$、$\boldsymbol{D}^{\mathrm{T}}$ 分别为矩阵 $\boldsymbol{L}$、$\boldsymbol{D}$ 的转置。

对于式（5.1.17），大规模的矩阵相乘 $\boldsymbol{L}^{\mathrm{T}}\boldsymbol{L}$ 会非常耗时，因此采用如下等价方程组求解：

$$\begin{bmatrix} \boldsymbol{L} \\ \sigma\boldsymbol{P} \\ \lambda\boldsymbol{I} \\ \mu\boldsymbol{D} \end{bmatrix}\Delta s = \begin{bmatrix} \Delta t \\ 0 \\ 0 \\ 0 \end{bmatrix} \quad (5.1.18)$$

即为正则化后的层析方程。

2. 剩余速度分析

偏移是联系地表数据和地下反射点的直接方式。20 世纪 90 年代，地球物理学家逐渐使用偏移来确定地下点的位置。在确定地下的反射点位置后，可以使用射线正演来计算旅行时差。实际上，如果使用正确的速度，不同偏移距的数据应该偏移到相同的深度，CIP 道集上同相轴平直。

基于这个原理，可以通过道集是否在同一个深度上拉平来判断速度是否正确，并计算经该点反射的射线走时差。如图 5.1.8 所示，零偏移距数据与非零偏移距数据偏移深度不相等，即 $z_G(\gamma_0) \neq z_G(\gamma)$。从反射数据的时距关系可以推得：当道集上翘时，上覆介质的平均速度小于真实速度；反之，当道集下弯时，上覆介质的平均速度大于真实速度。

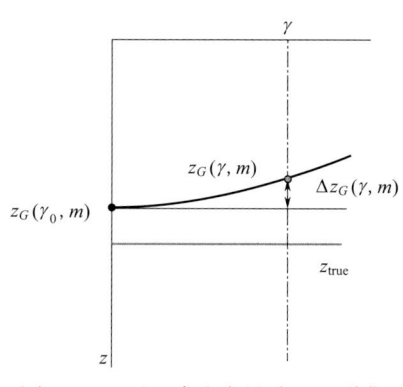

图 5.1.8　不正确速度导致 CIP 道集各道成像深度不同

实际上，真实反射层的位置不可能知道，往往采用非零偏移距与零偏移距的深度差来代替真实的深度差（即剩余深度或剩余时差 RMO）。但是从图 5.1.8 中知道，错误的速度场使得零偏移距的深度位置也不正确，于是需要重复地进行偏移和速度更新来逐渐逼近真实的深度位置。

Al.Yahya（1989）提出的共成像点道集速度分析基本做法是：固定共成像点，然后对该点下面的反射点成像有贡献的炮道集进行偏移成像，而后按炮点与该共成像点位置的距离远近，把每炮对该点的成像地震道抽出来组成共成像点道集，最后依据道集校平程度分析所用的成像速度是否正确。深度偏移后地下同一反射点的像，原则上讲，在速度正确时应该是唯一的，因此，在共成像点道集中，不论该成像结果来自哪一个炮道集，某一反射点的像应该排成一条直线。

Al.Yahya 的速度分析方法假设地下为均匀介质，偏移速度正确时，时距公式为：

$$t = 2\sqrt{\left(\frac{x}{v}\right)^2 + \left(\frac{z}{v}\right)^2} \qquad (5.1.19)$$

式中，x 是半偏移距；z 是真实深度；v 是真实速度；t 是在深度 z 上的双程旅行时。

偏移速度不等于真实速度时，时距公式为：

$$t = 2\sqrt{\left(\frac{x}{v_m}\right)^2 + \left(\frac{z_m}{v_m}\right)^2} \qquad (5.1.20)$$

式中，z_m 是成像深度；v_m 是偏移速度。

无论偏移速度正确与否，上述二式得到的旅行时是相等的，即

$$2\sqrt{\left(\frac{x}{v}\right)^2 + \left(\frac{z}{v}\right)^2} = 2\sqrt{\left(\frac{x}{v_m}\right)^2 + \left(\frac{z_m}{v_m}\right)^2} \qquad (5.1.21)$$

则有：

$$\frac{\sqrt{x^2 + z^2}}{v} = \frac{\sqrt{x^2 + z_m^2}}{v_m} \qquad (5.1.22)$$

可得到：

$$z_m = \sqrt{\gamma^2 z^2 + (\gamma^2 - 1)x^2} \qquad (5.1.23)$$

其中

$$\gamma = \frac{v_m}{v}$$

若令 $\tau_m = z_m / v_m$ 和 $\tau = z / v$，则有：

$$\tau_m = \sqrt{\tau^2 + (\gamma^2 - 1)x^2 / v_m^2} \qquad (5.1.24)$$

当 $v > v_m$ 时，$\gamma < 1$，$\tau_m < \tau$，曲线上翘；当 $v = v_m$ 时，$\gamma = 1$，$\tau_m = \tau$，曲线平直；当 $v < v_m$ 时，$\gamma > 1$，$\tau_m > \tau$，曲线下弯。

γ 值的估计可以用扫描的方法。改变 γ 值，计算 τ_m，然后用下式计算 $g(\tau, \gamma)$：

$$g(\tau, \gamma) = \frac{\left(\sum_x p(\tau_m = \sqrt{\tau^2 + (\gamma^2 - 1)x^2 v_m^2}) \right)^2}{\sum_x p^2(\tau_m = \sqrt{\tau^2 + (\gamma^2 - 1)x^2 v_m^2})} \qquad (5.1.25)$$

最大的 $g(\tau, \gamma)$ 对应的 γ，就是最佳速度比。经换算即可得到旅行时残差：

$$\Delta t = z_m (1 - \gamma) / v_m \qquad (5.1.26)$$

3. 倾角方位角自动拾取

基于广义构造张量的倾角方位角自动拾取方法，能在深度成像剖面上自动拾取倾角和方位角，为网格层析射线追踪提供高质量的倾角和方位角数据。

张量可用矩阵表示，其阶数代表需要描述它的指数大小。如标量值 x 是零阶张量；矢量（向量）v 是一阶张量；二维矩阵 M_{ij} 就是二阶张量，并以此类推。

对于一个二维数据体，它的一阶结构张量矩阵可以表示成：

$$\mathbf{S} = \begin{bmatrix} I_x^2 & I_x I_z \\ I_x I_z & I_z^2 \end{bmatrix} \qquad (5.1.27)$$

式中，I_x、I_z 是地震数据 x、z 方向的梯度。

对式（5.1.27）中的结构张量矩阵 $\mathbf{S}$ 进行特征值分解，可以分别得到 2 个特征值 λ_1、λ_2（$\lambda_1 > \lambda_2$）和 2 个对应的特征向量 $\mathbf{v}_1$、$\mathbf{v}_2$，这两个梯度特性可以提供一个更加精确的本征梯度特征描述。例如，$\mathbf{v}_1$ 是方向垂直于梯度边缘的单位向量，而 $\mathbf{v}_2$ 是切向量。特征值表明梯度结构沿它们的特征向量方向的大小，而具有分辨同向性和一致性能力的"相干性"属性就是利用特征值来计算得到的。在梯度结构张量（GST）的应用中，引入高斯函数可以提高相干属性的分辨能力和抗噪性。

结构张量也可以应用到三维数据中，其结构张量可以表示成：

$$S = \begin{bmatrix} I_x^2 & I_x I_y & I_x I_z \\ I_x I_y & I_y^2 & I_y I_z \\ I_x I_z & I_y I_z & I_z^2 \end{bmatrix} \quad (5.1.28)$$

式中，I_x、I_y、I_z 为地震数据 x、y、z 方向的梯度。

对式（5.1.28）中张量矩阵进行特征值分解得到的特征值和特征向量分别为 λ_1、λ_2、λ_3（$\lambda_1 > \lambda_2 > \lambda_3$）和 3 个对应的特征向量 v_1、v_2、v_3。

利用特征值向量可计算倾角、方位角属性。倾角 θ 的计算方式为：

$$\tan\theta = \frac{v_1(z)}{\sqrt{v_1(x)^2 + v_1(y)^2}} \quad (5.1.29)$$

方位角 φ 的计算方式为：

$$\cos\varphi = \frac{v_1(x)}{\sqrt{v_1(x)^2 + v_1(y)^2}} \quad (5.1.30)$$

4. 射线追踪

各向同性均匀介质中的程函方程为 $(\nabla T)^2 = 1/v^2$，在笛卡儿直角坐标系下写为：

$$p_i p_i = 1/v^2(x_i) \quad (5.1.31)$$

其中

$$p_i = \partial T / \partial x_i, \quad T = T(x_i)$$

式中，T 是射线旅行时；p_i 是慢度向量 $\mathbf{p} = \nabla T$ 的一个分量；v 是介质的速度。

方程（5.1.31）是一个关于 $T(x_i)$ 的一阶非线性偏微分方程，一般情况下将程函方程表示为：

$$H(x_i, p_i) = 0 \quad (5.1.32)$$

那么 H 具有多种不同的形式，例如

$$H(x_i, p_i) = p_i p_i - v^{-2}$$

$$H(x_i, p_i) = (1/2)(v^2 p_i p_i - 1)$$

$$H(x_i, p_i) = (p_i p_i)^{1/2} - 1/v$$

$$H(x_i, p_i) = (1/2)\ln(p_i p_i) + \ln v$$

通常情况下，求解出非线性偏微分方程（5.1.32）的一个特解。该特解轨迹 $x_i = x_i(u)$（u 是沿着轨迹的一个参数）要满足 $H(x_i, p_i) = 0$，同时能通过沿轨迹的简单积分获得旅行时。运用一阶常微分方程求取特解的方式，式（5.1.32）写为：

$$\frac{\mathrm{d}x_i}{\mathrm{d}u} = \frac{\partial H}{\partial p_i}, \frac{\mathrm{d}p_i}{\mathrm{d}u} = \frac{\partial H}{\partial x_i}, \frac{\mathrm{d}T}{\mathrm{d}u} = p_i \frac{\partial H}{\partial p_i}, \quad i=1,2,3 \tag{5.1.33}$$

参数 u 不能随意选取,该参数依赖于式(5.1.32)中 H 的具体形式。增量 $\mathrm{d}u$ 与旅行时的增量 $\mathrm{d}T$ 有如下关系:

$$\mathrm{d}u = \mathrm{d}T / (p_i \partial H / \partial p_i) \tag{5.1.34}$$

在地球物理学中,通常将式(5.1.33)称为射线追踪系统。该方程的物理意义为:在哈密尔顿函数 $H(x_i, p_i)$ 作用下的运动的粒子,能量 $H=0$ 的正则运动方程,也称为哈密尔顿正则方程。

在经典的哈密尔顿形式下,x_i 和 p_i 被认为是六维相空间中的独立坐标,也被称为正则坐标系,该 6×1 的列向量 $(x_1,x_2,x_3,p_1,p_2,p_3)^\mathrm{T}$ 被称为正则向量。方程 $H(x_i,p_i)=0$ 表示的一个六维相空间中的超曲面,该超曲面上,如果

$$\mathrm{d}x_i / (\partial H / \partial p_i) = \mathrm{d}p_i / (\partial H / \partial x_i), \quad i=1,2,3 \tag{5.1.35}$$

那么

$$\mathrm{d}H = \frac{\partial H}{\partial x_i}\mathrm{d}x_i + \frac{\partial H}{\partial p_i}\mathrm{d}p_i = 0 \tag{5.1.36}$$

如果采用辅助微分变量 $\mathrm{d}u$,就能得到式(5.1.38)的6个表达式,同时也能得到旅行时的表达式:

$$p_i \frac{\partial H}{\partial p_i} = p_i \frac{\mathrm{d}x_i}{\mathrm{d}u} = \frac{\partial T}{\partial x_i}\frac{\mathrm{d}x_i}{\mathrm{d}u} = \frac{\mathrm{d}T}{\mathrm{d}u} \tag{5.1.37}$$

选取 $H(x_i,p_i) = (1/2)(v^2 p_i p_i - 1) = 0$,那么

$$\begin{cases} \dfrac{\mathrm{d}x_i}{\mathrm{d}T} = v^2 p_i \\ \dfrac{\mathrm{d}p_i}{\mathrm{d}T} = -\dfrac{1}{2} p_i p_i \dfrac{\partial v^2}{\partial x_i} \end{cases} \tag{5.1.38}$$

通过四阶龙格—库塔法求解式(5.1.38)能得到射线的路径 x_i,沿路径积分能得到旅行时 T。解法为,对于方程 $\dfrac{\mathrm{d}Y}{\mathrm{d}T} = F(T,Y)$ 有:

$$\begin{cases} Y_{n+1} = Y_n + \dfrac{h}{6}(K_1 + 2K_2 + 2K_3 + K_4) \\ K_1 = F(t_n, Y_n) \\ K_2 = F\left(t_n + \dfrac{1}{2}h, Y_n + \dfrac{h}{2}K_1\right) \\ K_3 = F\left(t_n + \dfrac{1}{2}h, Y_n + \dfrac{h}{2}K_2\right) \\ K_4 = F(t_n + h, Y_n + hK_3) \end{cases} \tag{5.1.39}$$

这种解法的优点是单步法，精度较高，在计算的过程中便于改变步长；缺点是计算量较大，每一步需要计算 4 次函数值。

在射线追踪获得射线路径后，构建方程（5.1.18）并求解，可得到网格空间内的慢度更新量，实现速度模型更新。

5. 迭代求解

基于初始速度模型和叠前深度偏移，在剩余速度分析获得走时残差、射线追踪获得射线路径后，根据正则化后的反射层析反演方程（5.1.18）求解速度更新量 Δs，并将更新量应用到更新前速度上，得到更新后的速度模型。基于新速度模型重新进行叠前深度偏移、速度更新迭代，直至道集拉平为止，获得最终的偏移速度模型。式（5.1.18）的求解可使用最小二乘 QR 分解算法（LSQR）等方法。

6. 速度更新特殊性措施

在山地复杂构造区，由于存在地震资料低信噪比区，且构造复杂、速度横向变化大，至少需要采取两方面的特殊性措施。

一是提升成像速度扫描道集的信噪比。由于在山地复杂构造的低信噪比区，用于速度扫描的深度成像道集信噪比低，深度偏移建模的速度更新迭代难度大，可用偏前径向域代替常规 CMP 域的五维插值规则化处理，提高成像速度扫描道集的信噪比，便于剩余速度计算及速度的迭代更新。如图 5.1.9 所示，经处理后，低信噪比区域上的剩余时差拾取从难到易。

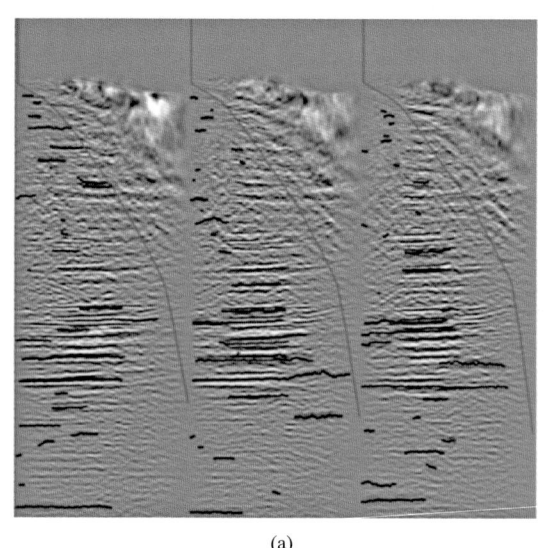
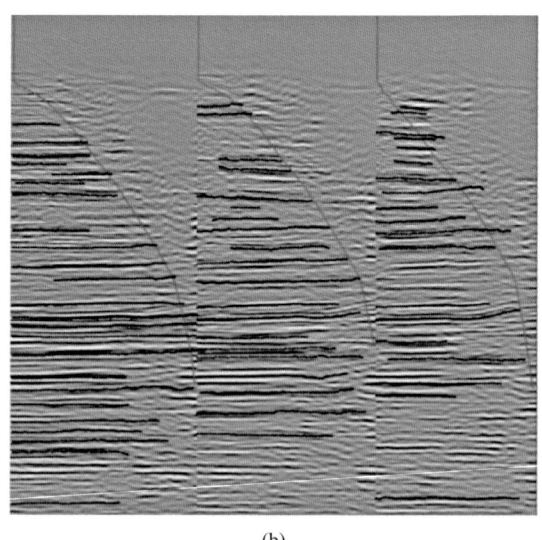

(a)　　　　　　　　　　　　　　　　(b)

图 5.1.9　复杂低信噪比区道集优化前（a）、后（b）对比

二是采用约束迭代层析反演策略。在高信噪比区的复杂构造深度偏移速度更新中，充分利用地震数据的连续属性和倾角信息，在连续性和倾角信息（图 5.1.10）约束下，开展从大网格到小网格的多轮次网格层析迭代，不断提升速度精度，保证整体成像道集的拉平程度。

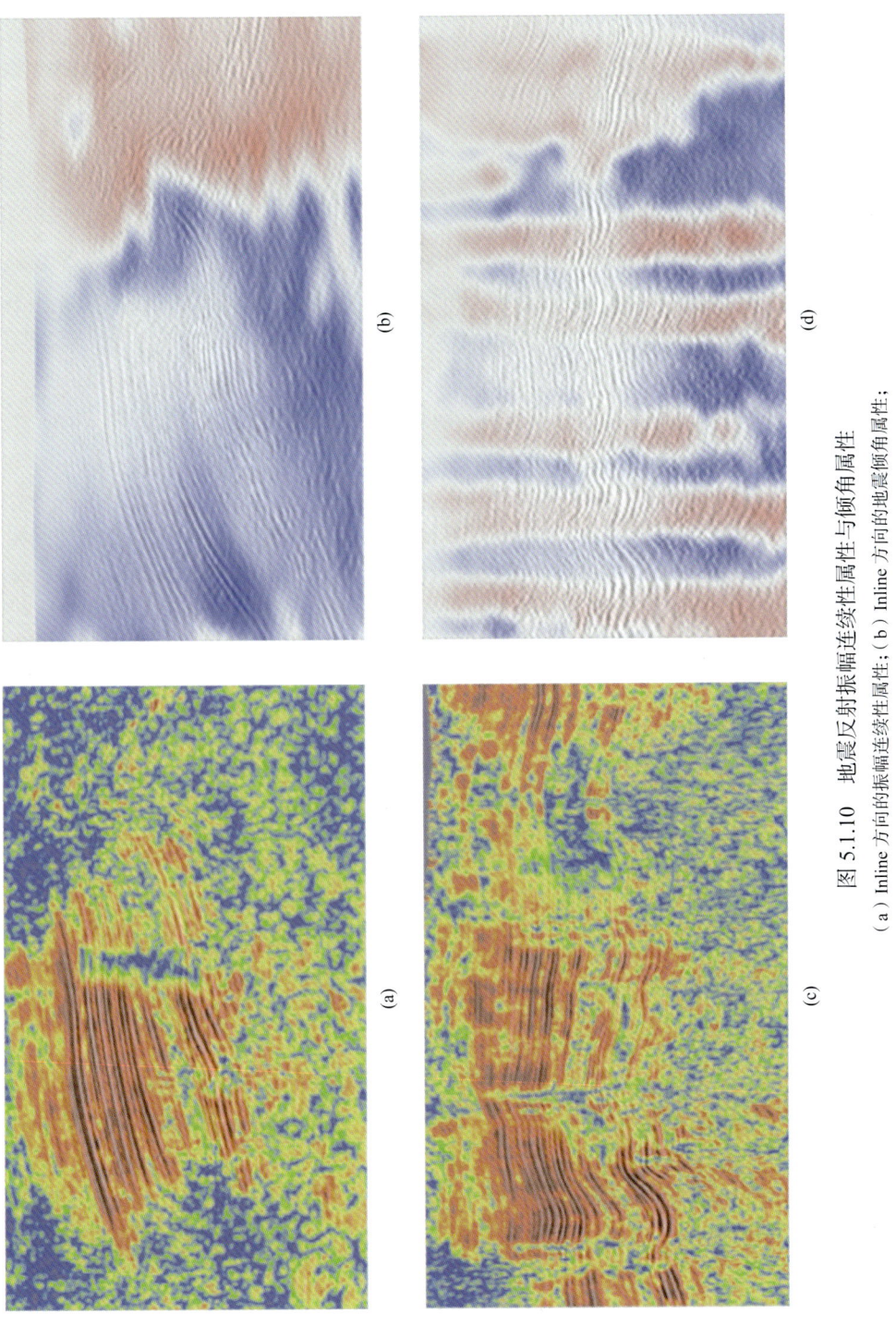

图 5.1.10　地震反射振幅连续性属性与倾角属性
(a) Inline 方向的振幅连续性属性；(b) Inline 方向的地震倾角属性；
(c) Crossline 方向的振幅连续性属性；(d) Crossline 方向的地震倾角属性

四、中深层无反射区的速度模型更新

在山地复杂构造区,由于地震激发接收条件差造成的原始地震资料信噪比极低、地下复杂构造和速度变化剧烈造成的地震难以成像等原因,中深层存在无反射区,地震反射层析深度偏移速度更新方法失效,需要利用近地表反演速度、构造模型和测井速度约束的井控中深层速度更新(可能更多的是低频背景速度)。

第二节 起伏地表各向异性偏移速度建模

在山地复杂构造区,地下介质的各向异性广泛存在。地下介质的各向异性对地震成像的影响主要是速度各向异性,即地震波沿不同方向的传播速度不同。如果忽略地下介质的各向异性,就会造成成像结果中绕射波不聚焦、归位不准确、成像分辨率低等问题,降低地震成像的精度。

在山地复杂构造的高精度地震成像中,需要构建高精度的速度各向异性场。

一、TI 介质模型简述

地球物理学上用来描述各向异性介质的模型是 TI 介质模型,其类似于垂直裂缝引起的各向异性。TI 介质模型主要包括 VTI(Vertical Transverse Isotropic) 介质、HTI(Horizontal Transverse Isotropic) 介质和 TTI(Tilted Transverse Isotropic) 介质 3 种各向异性介质模型,三种模型的简单示意图如图 5.2.1 所示。

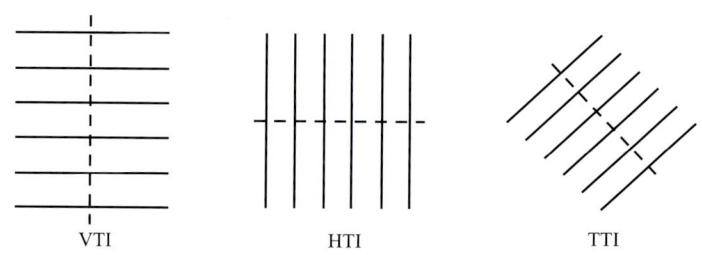

图 5.2.1 用裂隙表示的 3 种 TI 介质
实线表示裂缝,虚线表示各向异性的对称轴

TI 介质根据其各向异性的对称轴方向可分为 3 种。一是 VTI 介质,代表对称轴为垂直的横向各向同性介质;二是 HTI 介质,代表对称轴为水平的纵向各向同性介质;三是 TTI 介质,代表对称轴为倾斜的倾斜各向同性介质。描述地下实际地震波的传播时,一般由简单的均匀介质到 VTI 各向异性介质再到 TTI 各向异性介质,逐步逼近地下实际介质。由于地质构造作用,地层通常会发生倾斜,地下满足 VTI 假设的情形并不广泛。实际上,TTI 介质代表地下介质的一般各向异性,所以对于 TTI 介质的研究更能够精确地描述地下介质的实际地震波传播特征。

在地震波的传播中,弹性介质需至少 21 个物理参量来精确描述它,这对于实际参数建模及地震成像来讲,基本无法实现。因此,在实际研究过程中,需对弹性介质进行简化近似。实际上,从 VTI 介质到 TTI 介质甚至到 ORT 介质,都是对弹性介质的不同近似。具体来讲，VTI 介质可近似为水平层状地层，其对称轴是垂向的；而 TTI 介质可看作对 VTI 介质进行空间旋转，近似为一组倾斜的层状地层组合，其对称轴是倾斜的；ORT 介质是一种正交对称介质，可近似为一组水平地层中发育了一组垂直裂隙，它具有水平和垂直两个对称轴。从平面波传播的角度来看，VTI 介质到 TTI 介质的转变，可通过坐标旋转来实现。其实，这样的坐标变换并没有增加额外的物理参量，所以说 3 种 TI 介质物理含义并没有本质的区别，区别主要是各向异性对称轴的方向不同而已。但是，从数值计算的角度来讲，坐标旋转会带来数值计算的不稳定性问题。同时，旋转后的方程形式会有所变化，需特定的数值求解算法（Liu，2017）。

二、TTI 介质参数层析反演

国内外学者对地震各向异性介质旅行时层析成像的研究相对较多。Cerveny(2001) 是较早从事各向异性旅行时层析成像的学者，他运用各向异性介质"程函方程"的哈密尔顿形式，推导出了各向异性介质旅行时扰动方程；Cerveny(2001) 推导出了各向异性介质旅行时扰动方程的表达式。

1. TTI 各向异性介质参数层析方程

地震纵波在各向异性介质中的相速度是各向异性参数和横波速度的复杂函数 (Thomsen，1986；Tsvankin，2001)。Alkhalifah (1998) 和 Tsvankin (2001) 研究表明，横波速度对各向异性介质纵波速度的影响可以忽略，通过假设横波速度为 0，纵波相速度可简化为：

$$v(v_{p0}, \varepsilon, \delta, \theta) = v_{p0}\sqrt{0.5 + \varepsilon\sin^2\theta + 0.5\sqrt{(1+2\varepsilon\sin^2\theta)^2 - 8(\varepsilon-\delta)\sin^2\theta\cos^2\theta}} \quad (5.2.1)$$

式中，v_{p0} 是对称轴方向相速度；θ 是慢度矢量与对称轴的夹角；ε 和 δ 是 Thomsen 参数。

旅行时是群慢度与传播距离的乘积，又因在地下介质中地震群慢度与相慢度的关系为 $g = s\cos\phi$（Tsavnkin，2001），旅行时可表达如下：

$$t = gl = sl\cos\phi \quad (5.2.2)$$

式中，g 是群慢度；l 是传播距离；s 是相慢度；ϕ 是相慢度矢量与群慢度矢量的夹角。

通过 Taylor 展开，并取一次项，介质参数变化引起的旅行时变化可近似如下：

$$\Delta t = \frac{\partial t}{\partial s_{p0}}\Delta s_{p0} + \frac{\partial t}{\partial \varepsilon}\Delta\varepsilon + \frac{\partial t}{\partial \delta}\Delta\delta$$

$$= \left(\frac{\partial s}{\partial s_{p0}}\Delta s_{p0} + \frac{\partial s}{\partial \varepsilon}\Delta\varepsilon + \frac{\partial s}{\partial \delta}\Delta\delta\right)l\cos\phi \quad (5.2.3)$$

式中，s_{p0} 是对称轴方向慢度 $s_{p0} = 1/v_{p0}$。

为简化计算，在式（5.2.3）中忽略了对称轴方向对旅行时的影响。通常情况下，TTI 介质的对称轴方向可以通过偏移成像数据体的倾角、方位角扫描并进一步计算近似获得。

从方程（5.2.1），可得慢度的导数：

$$\frac{\partial s}{\partial s_{p0}} = r \quad (5.2.4)$$

$$\frac{\partial s}{\partial \varepsilon} = -0.5 s_{p0} r^3 [1 + \rho(1 + 2\varepsilon \sin^2 \theta - 2\cos^2 \theta)] \sin^2 \theta \quad (5.2.5)$$

$$\frac{\partial s}{\partial \delta} = -s_{p0} r^3 \rho \sin^2 \theta \cos^2 \theta \quad (5.2.6)$$

其中

$$r = \left[0.5 + \varepsilon \sin^2 \theta + 0.5 \sqrt{(1 + 2\varepsilon \sin^2 \theta)^2 - 8(\varepsilon - \delta)\sin^2 \theta \cos^2 \theta} \right]^{-1/2} \quad (5.2.7)$$

$$\rho = 1 \Big/ \sqrt{(1 + 2\varepsilon \sin^2 \theta)^2 - 8(\varepsilon - \delta)\sin^2 \theta \cos^2 \theta} \quad (5.2.8)$$

方程（5.2.3）可记为：

$$\Delta t = \left(\frac{\partial s}{\partial s_{p0}} l \cos\phi, \frac{\partial s}{\partial \varepsilon} l \cos\phi, \frac{\partial s}{\partial \delta} l \cos\phi \right) (\Delta s_{p0}, \Delta \varepsilon, \Delta \delta)^{\mathrm{T}} \quad (5.2.9)$$

式中，T 表示矩阵转置。

式（5.2.9）可进一步用矩阵形式表达为：

$$\Delta \tau = \boldsymbol{K} \Delta \boldsymbol{m} \quad (5.2.10)$$

其中

$$\boldsymbol{K} = \left[\frac{\partial t}{\partial s_{p0}} l \cos\phi, \frac{\partial t}{\partial \varepsilon} l \cos\phi, \frac{\partial t}{\partial \delta} l \cos\phi \right]$$

式中，$\Delta \tau$ 是由旅行时差 Δt 构成得列向量；$\Delta \boldsymbol{m} = \left[\Delta s_{p0}, \Delta \varepsilon, \Delta \delta \right]^{\mathrm{T}}$ 是待求的各向异性介质参数列向量。

式（5.2.10）就是 TTI 各向异性介质参数层析方程。

2. TTI 各向异性介质射线追踪

在各向异性介质中，波动方程具有如下形式：

$$\frac{\partial}{\partial \boldsymbol{x}_i} \left(c_{ijkl} \frac{\partial u_k}{\partial x_l} \right) = \rho \frac{\partial^2 \boldsymbol{u}}{\partial t^2} \quad (5.2.11)$$

式中，c_{ijkl} 是弹性系数；ρ 为密度；$\boldsymbol{u}$ 是位移向量；$\boldsymbol{x}_i$ 为位移矢量；u_k 是位移向量的分量。

在式（5.2.11）基础上，通过推导获得 TI 介质运动学射线追踪表达式：

$$\begin{cases} \dfrac{\mathrm{d}\boldsymbol{x}_i}{\mathrm{d}t} = a_{ijkl} p_l \boldsymbol{g}_j \boldsymbol{g}_k \\ \dfrac{\mathrm{d}p_i}{\mathrm{d}t} = -\dfrac{1}{2} \dfrac{\partial a_{njkl}}{\partial x_i} p_n p_l \boldsymbol{g}_j \boldsymbol{g}_k \end{cases} \quad (5.2.12)$$

式中，t 是射线走时；a_{ijkl} 是密度归一化后的弹性参数，即 $a_{ijkl} = \dfrac{c_{ijkl}}{\rho}$；$p_i = \dfrac{\partial t}{\partial x_i}$ 代表射线参数 $\boldsymbol{p}$ 在 i 方向上的分量；$\boldsymbol{g}_i$ 是极化向量，即归一化特征向量。

按照式（5.2.12）表征各向异性射线追踪过程是比较复杂的，易引入计算误差，降低射线追踪精度。有学者就对式（5.2.12）进行改善，特别是 Zhu 等人以相速度的表达形式构建了一个简化的运动学射线追踪方程：

$$\begin{cases} \dfrac{\mathrm{d}\boldsymbol{x}_i}{\mathrm{d}t} = v_g^2 s_i \\ \dfrac{\mathrm{d}p_i}{\mathrm{d}t} = -\dfrac{\partial \ln v_p}{\partial \boldsymbol{x}_i} \end{cases} \quad (5.2.13)$$

式中，v_p 代表相速度；v_g 代表群速度；s_i 表示慢度。

3. 模型测试

选用 BP 二维 TTI 模型（图 5.2.2）进行各向异性层析测试，各向异性层析初始速度模

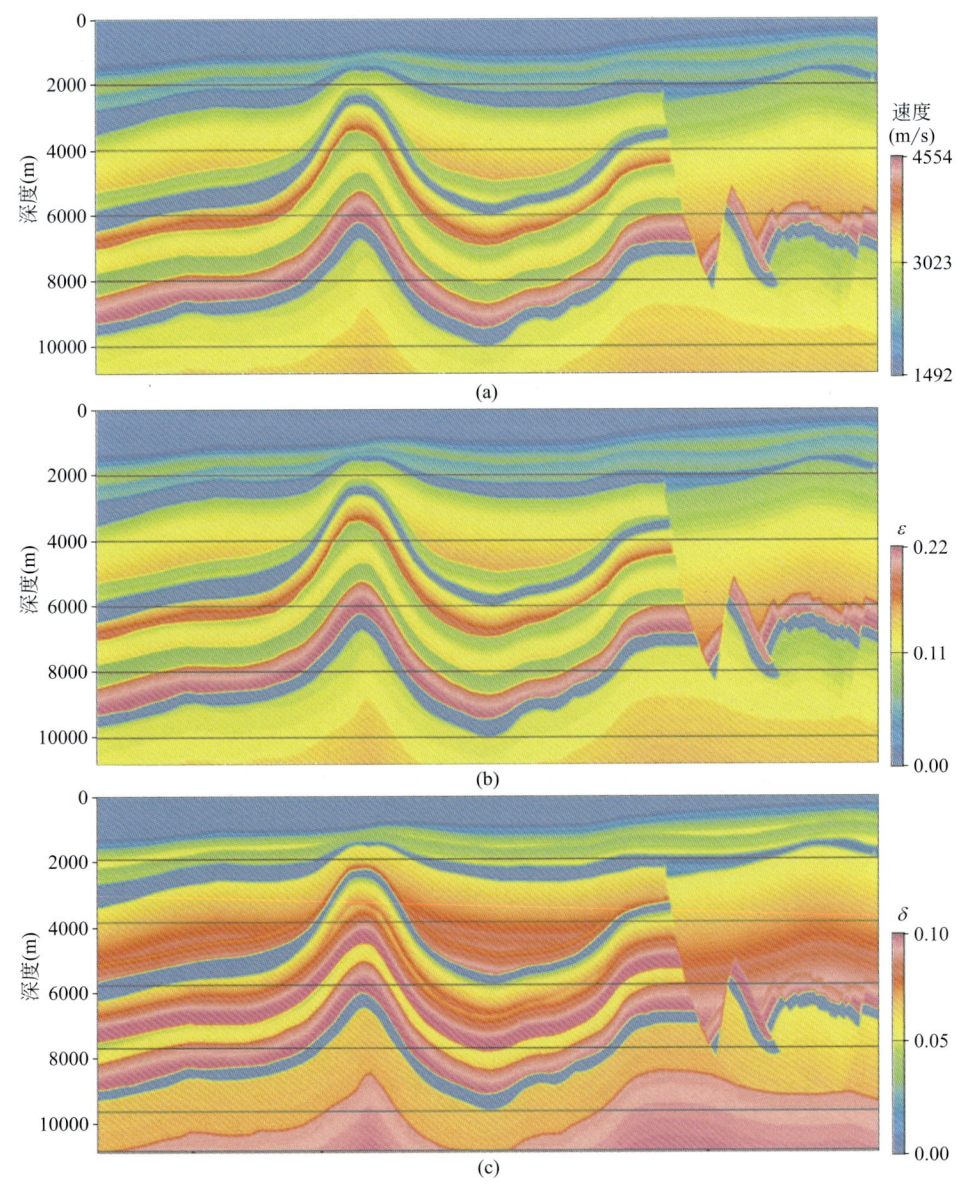

图 5.2.2　BP 二维 TTI 模型（据 Chaoguang Zhou，2011）
（a）速度；（b）ε；（c）δ

型是常速水层+深度梯度为 0.3s^{-1} 的速度模型，初始 ε 模型由各向同性水层+常各向异性（0.1）层构成，初始 δ 模型由各向同性水层+常各向异性（0.05）层构成。图 5.2.3 是各向异性层析多参数更新的最终结果，更新后的速度模型与真实模型（图 5.2.2）有较高相似度，更新后的 ε 和 δ 模型［图 5.2.3（b）(c）］分辨率较低，基于各向异性层析模型的 TTI 成像道集［图 5.2.4（b）］与真实模型的成像道集［图 5.2.4（a）］几乎一样平直，表明各向异性层析正确有效。

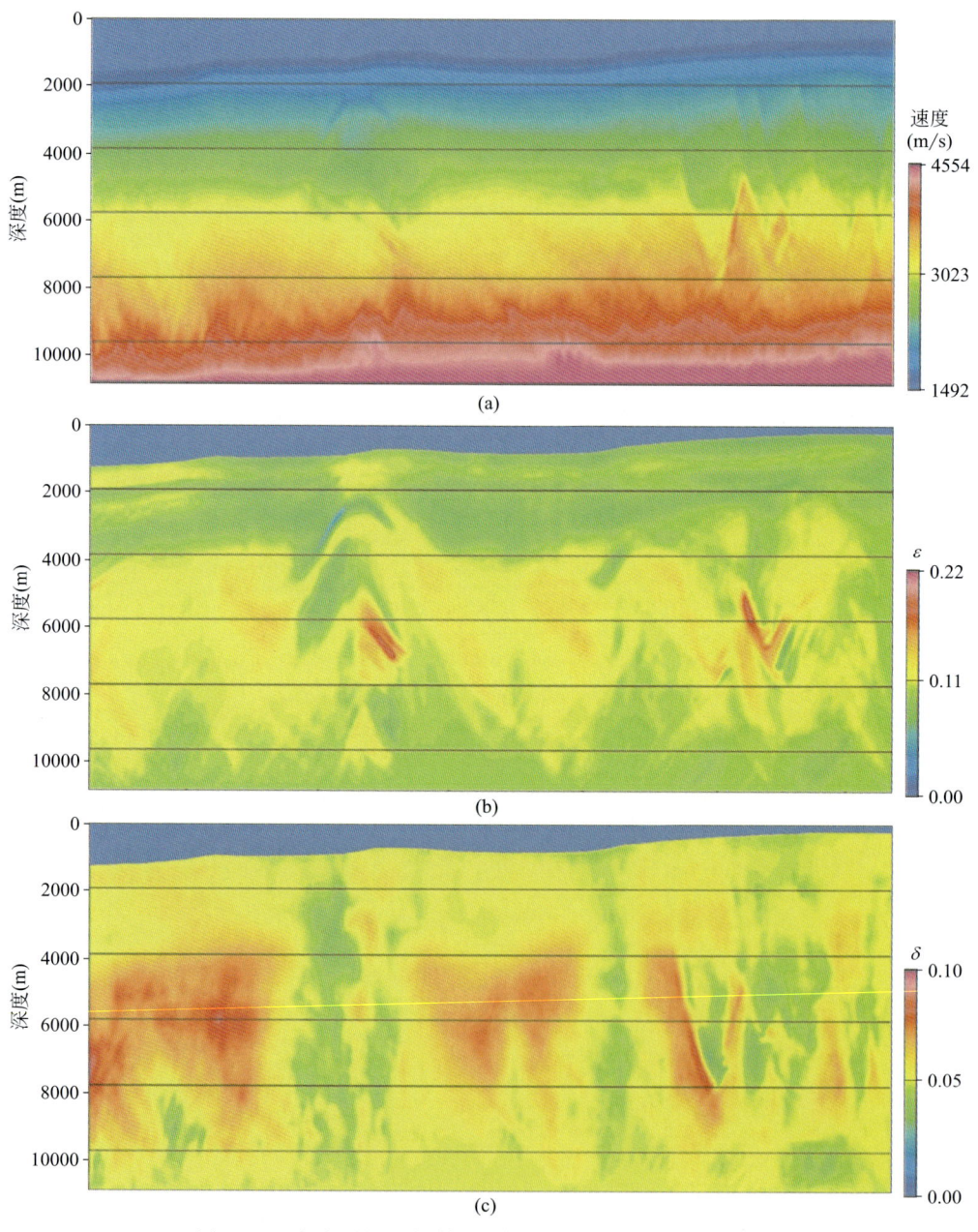

图 5.2.3　各向异性层析结果（据 Chaoguang Zhou，2011）
(a) 更新后的速度模型；(b) 更新后的 ε；(c) 更新后的 δ

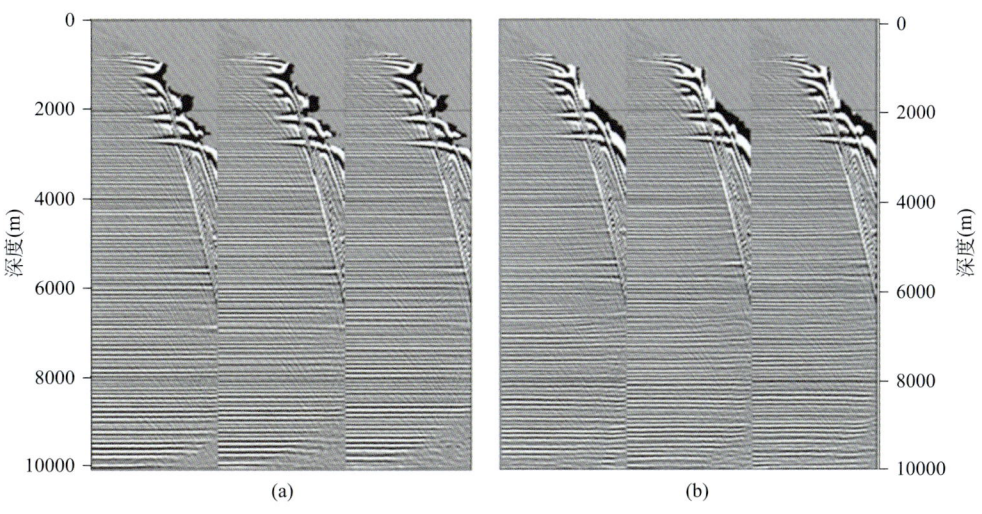

图 5.2.4 TTI 成像道集（据 Chaoguang Zhou，2011）
（a）真实模型；（b）层析模型

三、TTI 介质参数建模流程

如图 5.2.5 所示，TTI 各向异性层析算法参数建模流程可概括为：

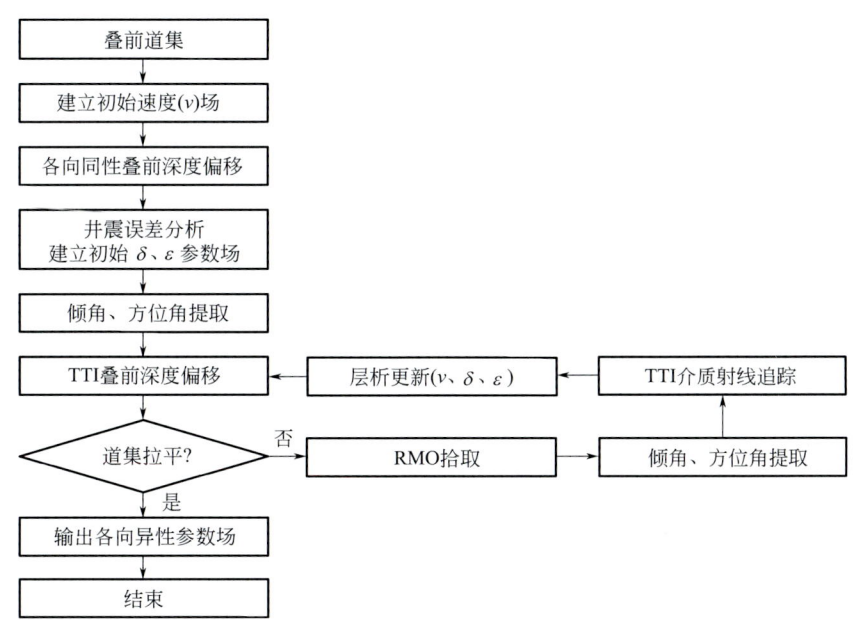

图 5.2.5 TTI 各向异性层析算法参数建模流程

（1）采用本章第一节介绍的起伏地表初始偏移速度模型构建技术建立各向同性初始速度（v）场。

（2）对地震数据进行各向同性叠前深度偏移（如克希霍夫偏移），得到偏移数据体和偏移距（或反射角）CIP 道集。

（3）结合测井数据，井震标定，提取 TTI 介质各向异性参数（δ、ε），建立深度域初始各向异性参数模型。

（4）基于深度域偏移成像数据体提取倾角、方位角属性，获得地层倾角数据体、方位角数据体。

（5）开展 TTI 介质各向异性叠前深度偏移（如 TTI 克希霍夫偏移、TTI 逆时偏移），在成像道集拉平、成像剖面满意情况下输出偏移成果，结束处理，输出各向异性参数场；否则，进入后续各向异性层析速度更新。

（6）基于 CIP 道集拾取零偏移距深度、道集曲率等，计算深度差并转换为时间差（RMO）。

（7）基于 TTI 成像数据体提取倾角、方位角，获得倾角数据体、方位角数据体。

（8）基于各向异性参数场和倾角、方位角数据体进行各向异性射线追踪，得到各成像道集对应的射线路径。

（9）基于时间差和射线路径等构建各向异性层析方程并进行反演，更新 TTI 介质各向异性参数场（v、δ、ε）。在实际资料处理中，通过井震标定结果与构造信息的联合使用可建立较准确的 δ 参数场，通常不再对 δ 进行较大的调整。

（10）基于新的 TTI 介质参数场，再进行 TTI 叠前深度偏移、RMO 拾取、倾角方位角提取、射线追踪、TTI 各向异性层析更新迭代，直至道集拉平为止，输出各向异性参数场（v、δ、ε）。

为建立高精度的起伏地表全深度 TTI 介质各向异性参数模型，可借鉴如图 5.1.1 所示的建模流程，结合第三章介绍的近地表速度各向异性建模技术，建立高精度 TTI 介质参数模型，支撑山地复杂构造高精度偏移成像。

第三节　起伏地表全深度空变 Q 场构建

山地复杂构造区低降速带速度及横向厚度变化大，激发能量衰减快，地下地层进一步加剧了吸收衰减，地震资料常具有频率低、子波形状畸变等特点，严重影响了地下复杂构造的地震成像以及成像的分辨率。地下介质的吸收衰减补偿处理已成为山地复杂构造高精度地震成像的内在要求，其核心是高精度全深度空变 Q 场的构建。

起伏地表全深度空变 Q 场构建，采用与起伏地表全深度速度建模类似的思路与流程。下面分别介绍近地表 Q 建模方法，通过表层 Q 调查，获得控制点上高精度 Q 参数，通过插值或公式转换，获得近地表 Q 参数场；初始 Q 场建立方法，通过近地表 Q 模型、中深层初始 Q 模型的融合，为 Q 偏移和 Q 层析提供全深度初始 Q 场；Q 层析反演方法，基于地震波传播射线路径和振幅信息反演 Q 参数，提高 Q 场精度，实现起伏地表全深度空变 Q 场的建立。

一、近地表 Q 建模

1. 深井激发浅井接收表层 Q 调查

1）采集方法

针对近地表 Q 值调查存在激发能量和子波一致性差，面波等干扰与直达波干涉，严重影响直达波的提取和后续 Q 值的计算的现状和问题，采用双井深部激发、浅井接收的观测方式，避免了常规方法中面波的干扰，能够获得高精度 Q 值。图 5.3.1 是两种观测方式的对比图，可以看出，经过改进后，震源深部激发，检波器在另一口井浅部接收，得到的微测井单炮记录成功将面波／管波限制在深层，面波很明显和直达波分开了，浅层初至波波形非常清晰，同时深层激发的子波比地表激发的子波频带宽，更能测出表层对地震波的吸收大小，深井激发可获得更好的可用于 Q 值计算的表层调查地震资料。

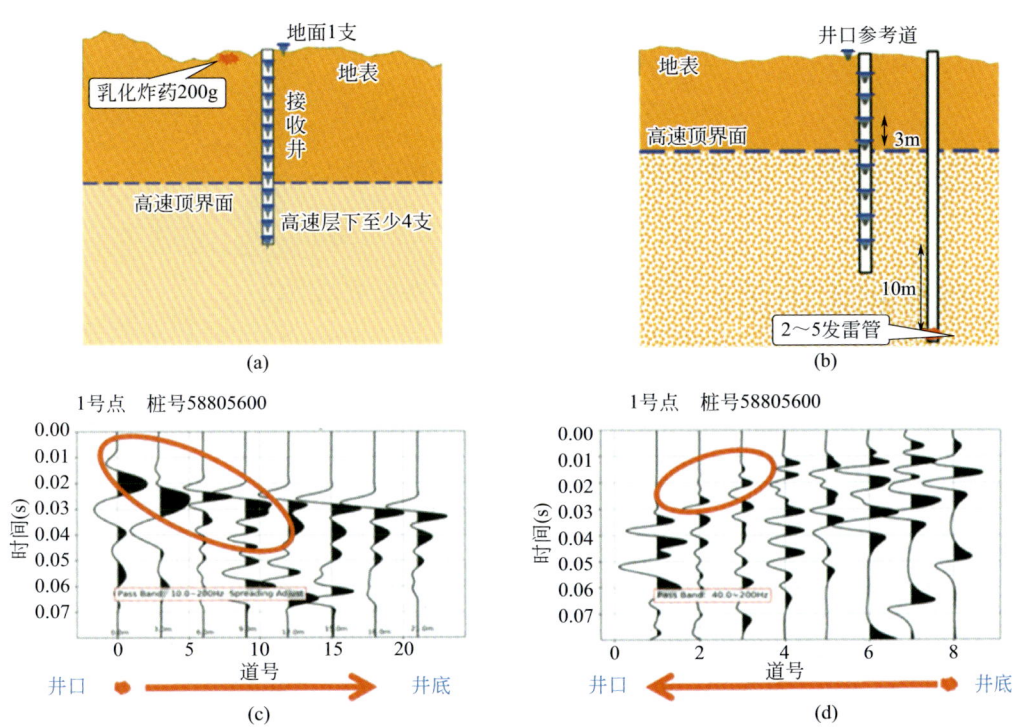

图 5.3.1　表层 Q 调查两种观测方式及初至对比

（a）常规观测方式（井口激发、井中接收）；（b）新观测方式（深井底部激发、浅井接收）；
（c）常规观测的单炮记录；（d）新观测的单炮记录

2）振幅拟合 Q 值计算法

考尔斯基（1953）将波传播一个周期后相对能量的损失称为"损耗比"，即 $2\pi E/\Delta E$，这是应力循环过程中能量衰减最为直观的表达。

品质因子 Q 的定义为：

$$Q = 2\pi \frac{E}{\Delta E} \tag{5.3.1}$$

在实际应用中，用品质因子的倒数（$1/Q$）来表示地层吸收所引起的地震波能量在一个波长距离或者一个时间周期内的衰减，常称为耗散率。由于地层岩石的非完全弹性吸收作用，地震波的振幅一般呈现指数衰减，如：

$$A = A_0 e^{-\alpha\lambda} \tag{5.3.2}$$

式中，A 和 A_0 分别为波传播一个波长 λ 之后和之前的振幅值；α 为吸收系数。

微测井表层调查点 Q 值计算从 Q 值定义出发，首先预处理微测井数据，对微测井初至数据作傅里叶变换，然后挑取合适的频率所对应的振幅，并进行振幅拟合，通过拟合的振幅求取衰减因子，再利用速度、频率计算出波长，从而恢复出地震波传播一个波长后的振幅，由 Q 的定义式估计 Q 值。

微测井表层调查 Q 值计算方法如下：

首先，将微测井数据进行球面扩散补偿、时间漂移校正、带通滤波、初至拾取与初至数据截取 $s(z,t)$，然后进行傅里叶变换：

$$S(z,f) = \int_{-\infty}^{+\infty} s(z,t)\mathrm{e}^{-\mathrm{i}2\pi ft}\mathrm{d}t \tag{5.3.3}$$

在有效频带内，优选一个频率 f_0 所对应的各个地震道的振幅：

$$A(z_i) = |S(z_i, f_0)|, \quad i=1,2,3,\cdots,N \tag{5.3.4}$$

然后对 $A(z_i)$ 进行多项式拟合，可以得到一条平滑的振幅衰减曲线：

$$\overline{A}(z) = \sum_{j=0}^{m} a_j z^j \tag{5.3.5}$$

式中，m 为曲线拟合的多项式的次数。

根据拟合曲线，得到深度点 z_i 的拟合振幅 $\overline{A}(z_i)$，由两个点 z_i、z_{i+1} 的拟合振幅值 $\overline{A}(z_i)$、$\overline{A}(z_{i+1})$，求出从 z_i 传播到 z_{i+1} 的衰减因子 α：

$$\alpha = -\mathrm{d}z \ln \frac{\overline{A}(z_{i+1})}{\overline{A}(z_i)} \tag{5.3.6}$$

其中

$$\mathrm{d}z = |z_{i+1} - z_i|$$

利用初至波旅行时，可以求得 $v(z)$，再根据选择的频率 f_0，利用 $V=\lambda \times f_0$ 关系，求得从 z_i 传播到 z_{i+1} 的波长 λ，最后求得在 z_i 到 z_{i+1} 的介质中传播一个波长之后的振幅：

$$\overline{A}(z_i + \lambda) = \overline{A}(z_i)\mathrm{e}^{-\alpha\lambda} \tag{5.3.7}$$

则 z_i 到 z_{i+1} 之间的 Q 为：

$$Q = 2\pi \frac{\overline{A}^2(z_i)}{\overline{A}^2(z_i) - \overline{A}^2(z_i + \lambda)} \tag{5.3.8}$$

3）实际数据应用

塔西南柯东地区地表被黄土塬覆盖，南高北低，海拔 1778～2920m，地表大部分被第四纪黄土层覆盖。工区南部、中部为黄土山（最厚可达 300 多米），山间为季节性河道、冲沟，冲沟两侧相对高差较大，部分出露西域组砾岩和新近系砂岩；北部为农田和平坦的薄黄土区，局部有高速岩性出露，速度横向变化大。

图 5.3.2（a）是微测井记录，其中红色曲线是 7m 深处的地震道，蓝色曲线是 11m 深处的地震道；图 5.3.2（b）是与图 5.3.2（a）7m 道、11m 道对应的振幅谱，采用振幅拟合

方法计算，得到如图 5.3.3 所示结果，第一层的 Q 为 6.317，第二层的 Q 为 6.379。

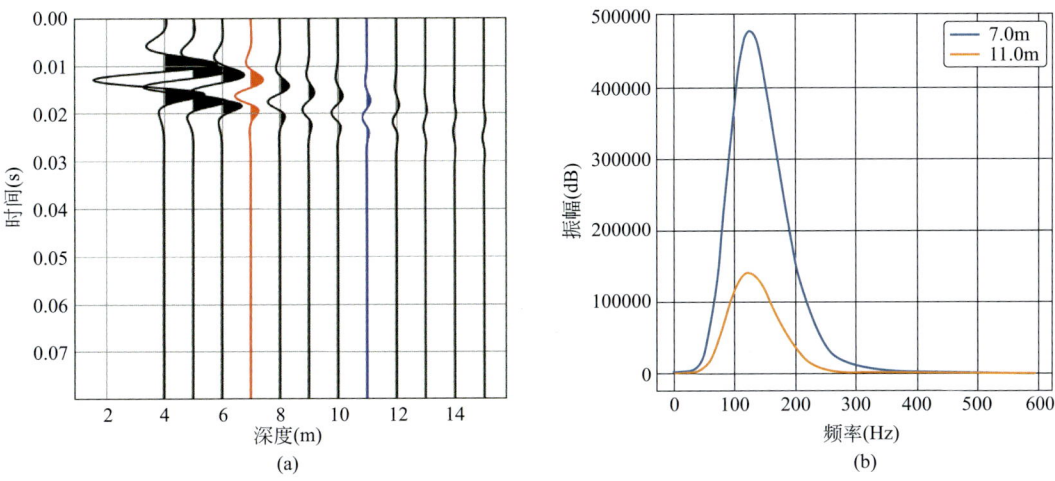

图 5.3.2　微测井记录（a）及其振幅谱（b）

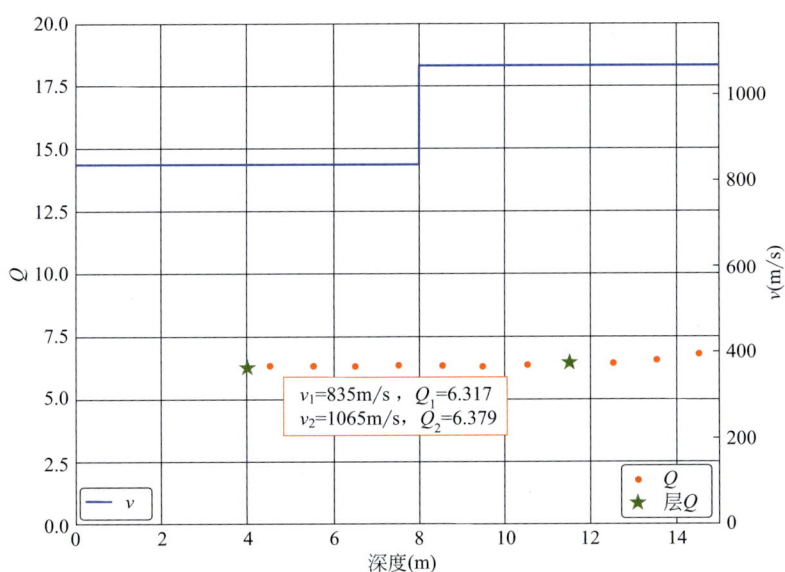

图 5.3.3　振幅拟合方法计算的 Q 值（蓝色线表示对应的层速度）

2. 经验公式法

在品质因子 Q 估算的诸多方法中，基于 Q-v 统计数学模型构建的品质因子和纵波速度之间的经验公式无疑是最简单且有效的方法。在弹性波动理论研究中，速度是最重要的参数，可以间接反映地层致密程度，这和介质的吸收衰减特性存在一定的统计关系。下面介绍几种经验公式，式中速度单位相同，均为 km/s。

Waters 等（1978）通过探讨耗散因数（$1/Q$）与速度的关系，得出公式：

$$Q = 10.76v^2 \tag{5.3.9}$$

Sheriff（1991）提出两者存在的一种线性关系，有：

$$Q = 30v \tag{5.3.10}$$

李庆忠（1994）概括了基于区域性的吸收衰减地震资料，提出经验公式：

$$Q = 14v^{2.2} \tag{5.3.11}$$

3. Q-v 拟合法

不同的地区 Q 和 v 的关系均有不同，可采用本地区 Q 和速度 v 的调查值进行拟合得到本地区的 Q-v 关系，在山地复杂构造区不建议直接使用经验公式。例如依据塔里木盆地某工区表层 Q 调查获得的 Q 值和近地表速度调查获得的速度，拟合得到 Q-v 关系式：

$$Q = 4.1324v^{2.358} \tag{5.3.12}$$

4. 近地表 Q 模型

在获得近地表 Q 曲线（Q 值）和（或）近地表速度模型情况下可多种方式生成近地表 Q 模型：

一是在只获得控制点表层 Q 调查的近地表 Q 曲线（Q 值）情况下，经三维空间（或二维剖面）插值生成近地表 Q 模型，并根据各控制点表层 Q 调查的深度，经曲面（曲线）插值生成近地表与中深层分界面。

二是在只获得近地表速度模型情况，用经验公式或相邻工区 Q-V 拟合公式转换（在山地复杂构造区不建议使用此方式）获得近地表 Q 模型，速度模型的近地表与中深层分界面作为 Q 模型的分界面。

三是在获得控制点表层 Q 调查的近地表 Q 曲线（Q 值）和近地表速度模型情况，先根据控制点调查的 Q 和速度数据拟合 Q-v 关系，再用拟合公式转换获得近地表 Q 模型（图 5.3.4），近地表速度的近地表与中深层分界面作为 Q 模型的分界面。图 5.3.4（a）是塔里木盆地某工区近地表微测井建立的速度模型，图 5.3.4（b）是利用该区各控制点处 Q 调查的 Q 值与 v 值的拟合公式（5.3.12），基于近地表速度模型转换获得的近地表 Q 场。

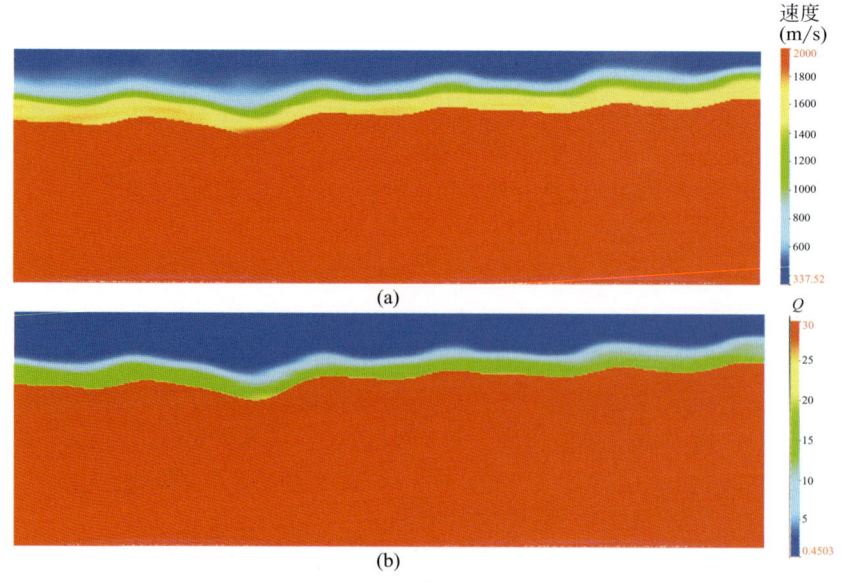

图 5.3.4　塔里木盆地某工区近地表速度模型（a）及近地表 Q 场（b）

二、初始 Q 场的建立

1. 中深层初始 Q 场的建立

中深层初始 Q 场的建立视已掌握资料情况，有以下方式：

一是在只有控制点（零井源距）VSP 资料情况下，首先用 VSP 资料计算各井深度域 Q 曲线，然后进行 Q 曲线的三维空间插值，获得中深层深度域 Q 模型。

二是在有控制点 VSP 资料、中深层速度模型情况下，首先用 VSP 资料计算各井深度域 Q 曲线和速度曲线，然后建立分层 Q-v 关系，再用中深层速度模型分层转换，获得中深层深度域 Q 模型。

三是在只有中深层速度模型情况下，根据经验公式或邻区 Q-v 分层拟合关系，分层转换获得中深层深度域 Q 模型。

四是基于工区各地层岩心的实验室测量 Q 值或对各地层 Q 值的认识，分层 Q 值填充获得中深层深度域 Q 模型。

2. 全层系初始 Q 场的建立

在用前述方法建立近地表 Q 模型、中深层初始 Q 场、近地表与中深层分界面后，使用近地表与中深层速度融合同样的方式，将近地表 Q 模型嵌入到中深层初始 Q 模型中，获得全层系空变初始 Q 场。

然后用类似偏移速度场中深层速度优化的方式，用 Q 层析方法优化更新中深层 Q 场，获得高精度全层系空变 Q 场。下面介绍 Q 层析方法。

三、Q 层析反演

1. 方法原理

常规 Q 值求取方法是利用两个地震记录的差异确定它们之间的 Q 值。这种方法的缺陷是：当有多个地震波穿过某一地层时，不同地震道的组合可能给出不同的估算结果，且这样得到的是层间等效 Q 值，不能处理 Q 值横向变化等情况。Q 层析反演较好地解决了该问题。Q 层析实际上是将常规的 Q 值求取方法与层析反演技术相结合。该理论最早起源于速度层析反演，速度层析反演是通过网格剖分、正演射线路径，建立初至旅行时与速度的关系。与之不同的是，Q 层析则是建立信号衰减量与 Q 的关系。两者计算模式看似一致，实际上具有较大的差别。速度层析利用旅行时信息建立层析反演方程组，而 Q 层析则利用振幅信息反演，相对于旅行时的提取，振幅信息往往不稳定。

目前，Q 层析反演中应用较为广泛的是基于射线的方法。这里以谱比法 Q 层析反演为例进行介绍。类似于速度层析，地震波沿射线路径传播，会经历与路径相关的衰减，其振幅信息可用于反演地下 Q 值分布。

图 5.3.5 为一简单二维模型，首先对其进行网格剖分，每一网格内有

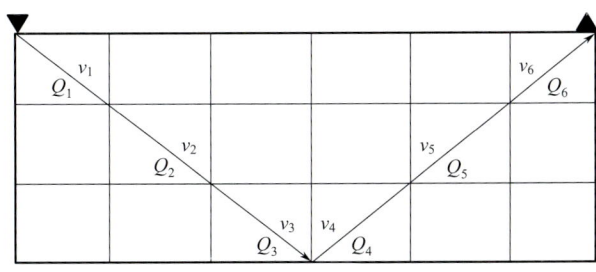

图 5.3.5　二维模型网格剖分示意

独立的速度和 Q 值，且速度和 Q 值均为常量。那么，第 i 条射线路径的衰减旅行时定义为：

$$t_i^* = \int_{pathi} Q^{-1}(l)v^{-1}(l)\mathrm{d}l = \sum_j \frac{l_{ij}}{v_{ij}} Q_{ij}^{-1} \quad (5.3.13)$$

式中，l_{ij} 为 (i, j) 网格中的传播距离；v_{ij} 为 (i, j) 网格中的速度。

记 $t_{ij} = \dfrac{l_{ij}}{v_{ij}}$ 为 (i, j) 网格中的传播时间，将式（5.3.13）改写为矩阵形式：

$$\begin{pmatrix} t_{11} & \cdots & t_{1n} \\ \vdots & & \vdots \\ t_{m1} & \cdots & t_{mn} \end{pmatrix} \times \begin{pmatrix} Q_1^{-1} \\ \vdots \\ Q_n^{-1} \end{pmatrix} = \begin{pmatrix} t_1^* \\ \vdots \\ t_m^* \end{pmatrix} \quad (5.3.14)$$

可简写为：

$$\boldsymbol{Am} = \boldsymbol{T}^* \quad (5.3.15)$$

式中，系数矩阵 $\boldsymbol{A}$ 为射线追踪后每个网格的旅行时；$\boldsymbol{m}$ 是包含有不同网格 Q^{-1} 值的未知量。衰减旅行时矩阵 $\boldsymbol{T}^*$ 要根据射线所对应的地震信号计算，通常采用谱比法。

对传播距离 r_i 的地震信号，振幅谱可表示为：

$$u_i(f) = S_i(f)G_i \exp\left(-\frac{\pi f r_i}{Qv}\right) \quad (5.3.16)$$

式中，v 表示地层速度；$S_i(f)$ 为震源子波的振幅谱；G_i 是包含几何扩散、透射损失等与频率无关系数。

那么，传播距离 r_1 的地震信号，振幅谱可表示为：

$$u_1(f) = S_1(f)G_1 \exp\left(-\frac{\pi f r_1}{Qv}\right) \quad (5.3.17)$$

对传播距离 r_i 和 r_1 处的振幅谱比取对数，可得：

$$\ln\frac{u_i(f)}{u_1(f)} = \ln\frac{S_i(f)}{S_1(f)} + \ln\frac{G_i}{G_1} - \frac{\pi f(r_i - r_1)}{Qv} \quad (5.3.18)$$

假设两个接收点具有相同震源子波，则式（5.3.18）变为：

$$\ln\frac{u_i(f)}{u_1(f)} = \ln\frac{G_i}{G_1} - \pi f\frac{r_i - r_1}{Qv} \quad (5.3.19)$$

结合式（5.3.13），式（5.3.19）可记为：

$$\ln\frac{u_i(f)}{u_1(f)} = \ln\frac{G_i}{G_1} - \pi f t^* \quad (5.3.20)$$

式中，$u_i(f)$ 是矩阵 $\boldsymbol{A}$ 中第 i 条射线对应的信号振幅谱；$u_1(f)$ 为选取的参考地震信号振幅谱。

将 t^* 代入式（5.3.15），就可反演 Q。根据公式（5.3.15）可知，这是一个线性问题，求解方法有多种，可采用求解相对稳定的最小二乘 QR 分解算法（LSQR）。

2. 模型测试

为验证 Q 层析反演，设计一个模型，如图 5.3.6（a）所示。模型为三层层状介质，其 Q 值分别为 50、100、500。其中第二层内嵌入一个强吸收衰减的梯形异常体，其 Q 值为 20。利用黏滞声波方程正演得到地震单炮记录[图 5.3.6（b）]。图 5.3.6（c）为谱比法得到的 Q 值初始模型，可以看出，谱比法模糊了第二层梯形异常体的边界，分辨率较低。另外，对于三层地震记录而言，由于谱比法需要两层地震信号才能估算中间层的 Q 值，因此利用常规方法无法得到第一层和最后一层的 Q 值，通常的做法是填充为一个较大的 Q 值（相当于不补偿），本实验填充值为 $Q=500$。图 5.3.6（d）是利用层析反演得到的结果，相比于图 5.3.6（c），该结果可以反演第一层和最后一层的 Q 值，这是常规谱比法所不具备的，且该算法刻画异常体的能力更强，边界模糊现象得到明显改善。

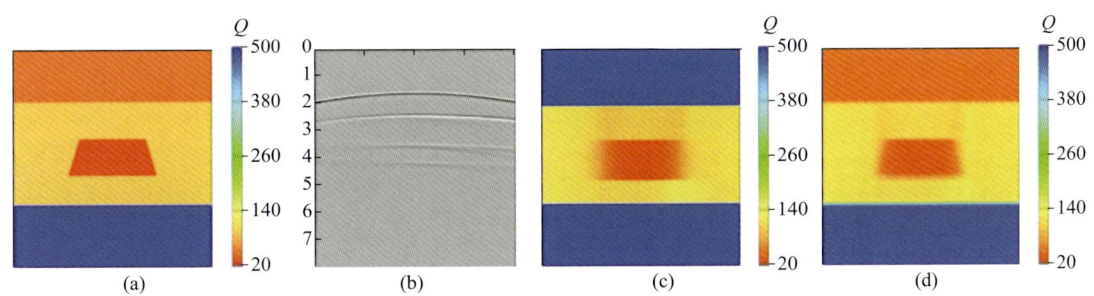

图 5.3.6　模型测试结果对比（据郑浩，2020）
（a）Q 值模型；（b）正演单炮记录（直达波已切除）；（c）谱比法反演结果；（d）Q 层板反演结果

四、应用实例

用塔里木盆地一个工区的地震资料展示全深度空变 Q 场构建技术的应用效果。

1. 近地表 Q 补偿

图 5.3.7 是近地表 Q 补偿在该工区的应用情况（基于图 5.3.4 的 Q 场），近地表 Q 补偿后，地震资料频谱带宽大幅度拓宽，能量和相位得到了补偿，分辨率得到较大提高，浅层原始单炮主频在 18Hz，频带宽度为 90Hz，深层原始单炮主频在 18Hz，频带宽度为 70Hz，补偿后单炮有效反射连续性加强，地表吸收差异得到消除，单炮品质变好。图 5.3.8 是补偿前后的叠加剖面和频谱对比，可以看出，补偿后，地震剖面低频得到保持，地震波频率宽度拓宽了 22Hz，分辨率提高，并且叠加剖面反射特征得到加强，同相轴相位与振幅一致性变好，接触关系更加清晰，近地表吸收衰减问题得到有效解决。

2. Q 深度偏移

图 5.3.9 为常规叠前深度偏移剖面与叠前 Q 深度偏移剖面对比，Q 偏移后剖面反射特征得到加强，同相轴相位与振幅一致性变好，能量和相位得到有效改善，Q 偏移后地震剖面的分辨率明显提高。

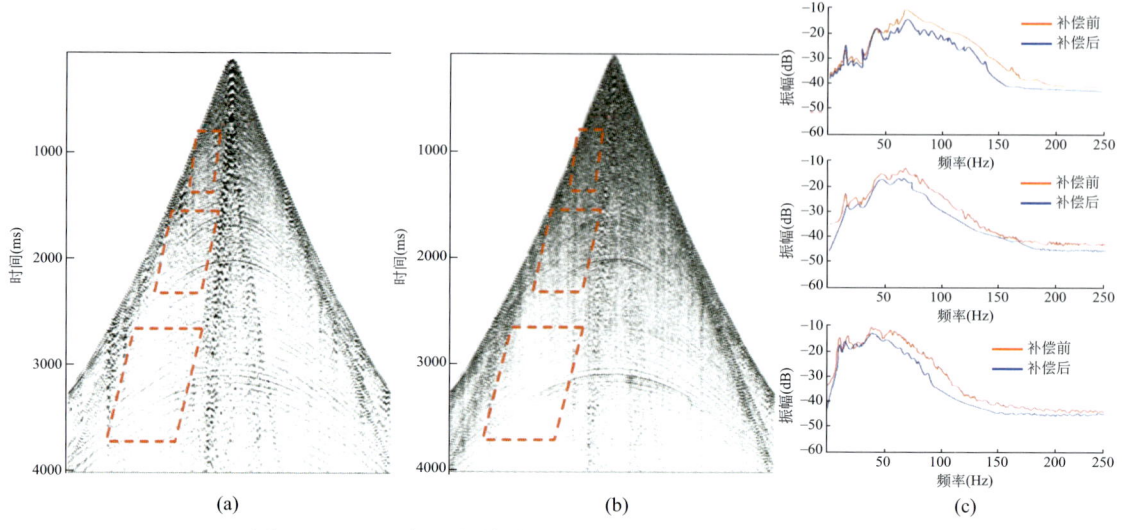

图 5.3.7 近地表 Q 补偿前（a）后（b）单炮及频谱分析（c）

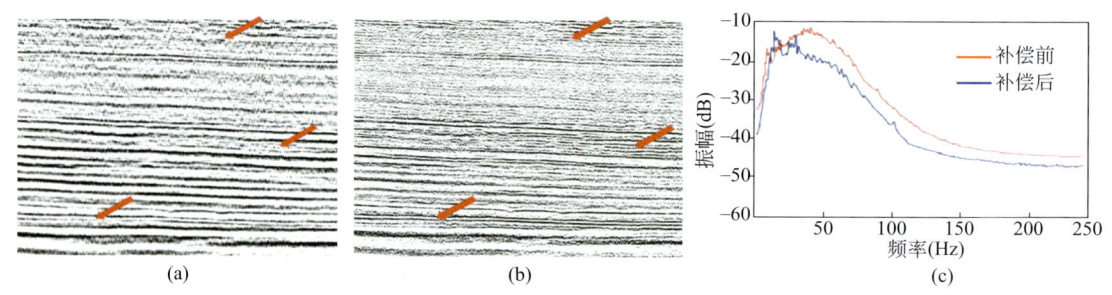

图 5.3.8 近地表 Q 补偿前后叠加剖面及频谱对比

（a）原始叠加剖面；（b）近地表 Q 补偿后叠加剖面；（c）近地表 Q 补偿前后剖面频谱对比

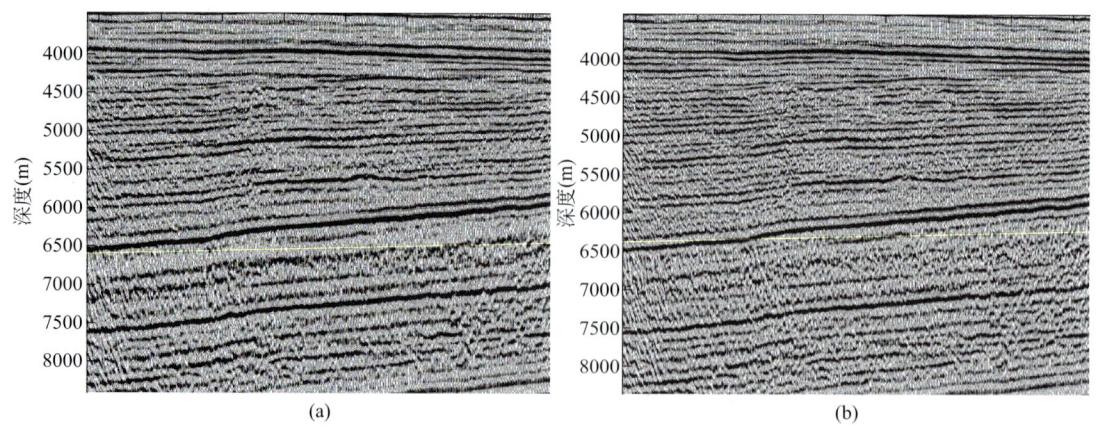

图 5.3.9 常规叠前深度偏移（a）与叠前 Q 深度偏移（b）剖面对比

第四节 山地复杂构造高精度偏移参数场构建应用实例

深度域速度场、各向异性参数场、Q 场等是叠前深度偏移最重要的参数，直接决定了偏移成像的精度。用前文所述的方法技术和流程，通过初至波和反射波信息建立高精度的深度域速度场、各向异性参数场、Q 场，是现阶段主要的技术手段。在四川盆地两个工区，分别进行了各向同性的和 TTI 介质的反射波网格层析。通过多次迭代，形成最终的适合叠前深度偏移的速度模型和各向异性参数模型，获得了高精度地震成像资料。

一、各向同性全深度域速度建模应用实例

工区位置位于四川盆地川东 TSB 构造区。区内地表高差变化较大，变化范围在 300~1500m 之间；工区构造顶部内存在石灰岩出露区，信噪比较低。地腹构造复杂，有效反射较弱，波场复杂，叠前深度偏移初始速度场的可靠建模及有效的迭代难度较大。

利用初至层析，得到浅层速度模型（图 5.4.1）。通过利用叠前时间偏移速度约束速度反演，得到中深层深度域初始速度模型（图 5.4.2）。在圆滑地表面的控制下，沿近地表与中深层分界面（融合线）融合浅层速度与中深层初始速度模型，形成融合后全深度初始速度模型（图 5.4.3）。基于全深度初始速度模型，采用网格层析，对中深层进行速度更新，得到更新后全深度速度模型 [图 5.4.4（a）]。基于全深度速度模型的克希霍夫叠前深度偏移道集 [图 5.4.5（a）] 与常规速度模型 [图 5.4.4（b）] 的克希霍夫叠前深度偏移道集 [图 5.4.5（b）] 相比，从浅到深都校平得更好，表明全深度偏移速度模型更合理。基于全深度速度模型的克希霍夫叠前深度偏移剖面 [图 5.4.6（a）] 同相轴连续，陡倾角成像清晰，与常规速度模型的克希霍夫叠前深度偏移剖面相比 [图 5.4.6（b）]，成像效果更好。

二、各向异性全深度域速度建模应用实例

工区内地形主要以山地为主，地腹构造顶部断裂发育，信噪比较低；构造两翼地层相对平缓，断裂不发育，连续性较好，信噪比较高。区内钻探程度相对较高，多口井钻遇龙马溪组，多数为水平井。区内井分层与各向同性深度偏移成像地层深度误差较大，存在各向异性问题。

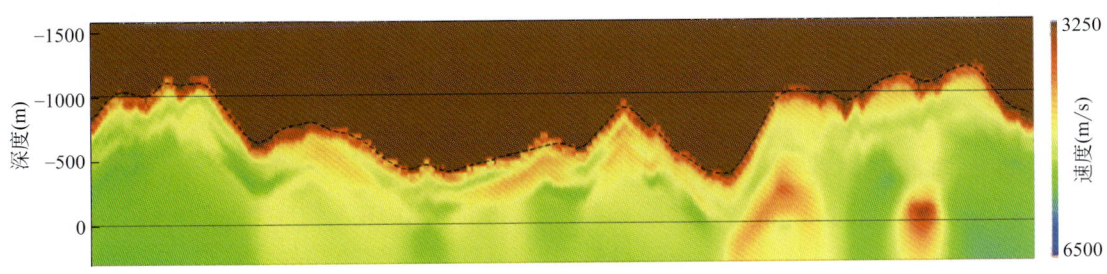

图 5.4.1 初至层析浅层速度模型

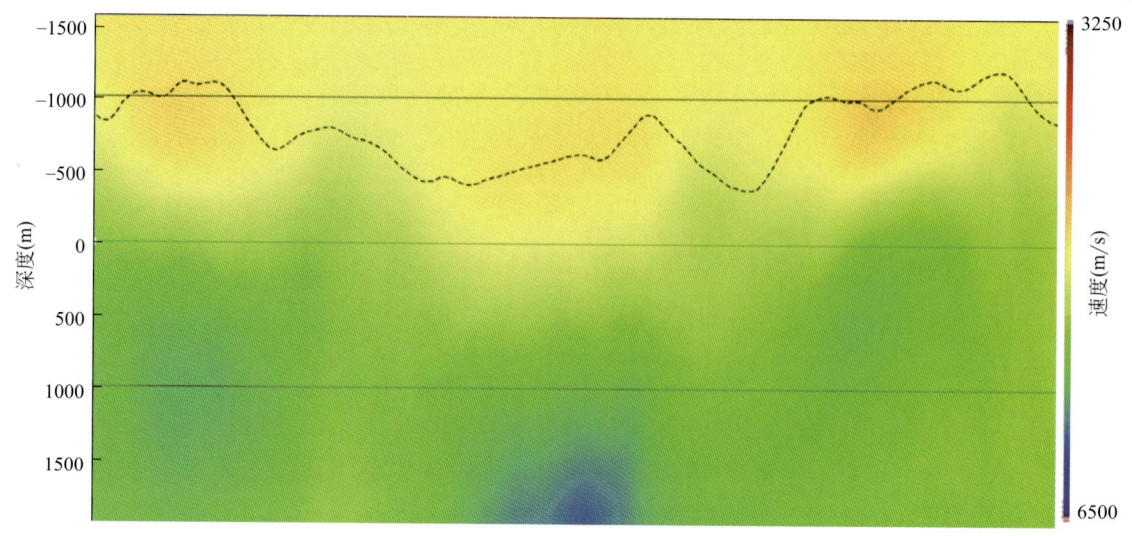

图 5.4.2　中深层初始速度模型（约束速度反演获得）

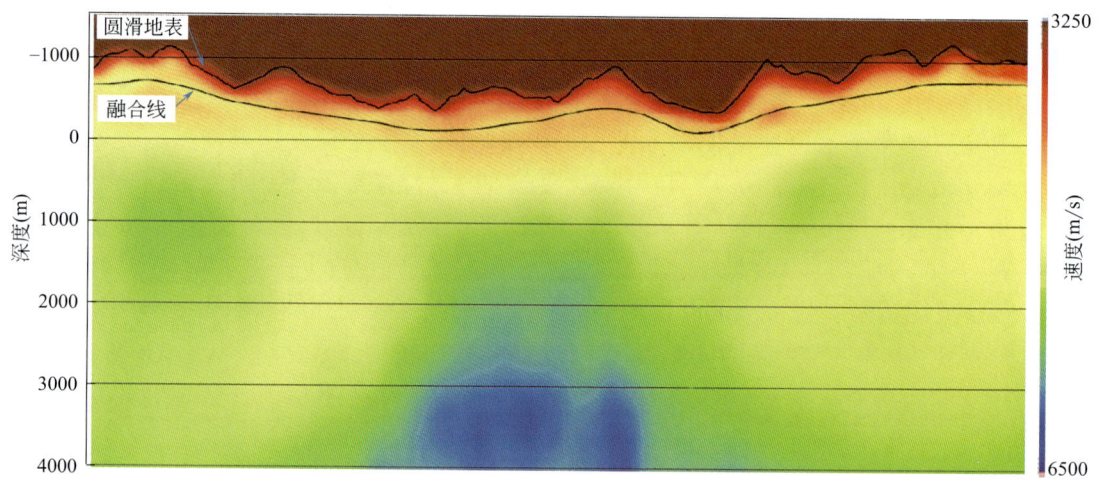

图 5.4.3　浅中深层融合后全深度初始速度模型

图 5.4.7 是工区某测线各向同性速度模型。图 5.4.8 是该测线迭代更新后的 TTI 各向异性参数模型，包括轴向速度模型、ε 模型、δ 模型。图 5.4.9（a）(b) 分别是 TTI 各向异性参数更新前后 TTI 各向异性叠前深度偏移剖面，与参数更新前 TTI 各向异性偏移结果相比较，参数更新后的 TTI 各向异性成像效果得到较大改善。图 5.4.10 和图 5.4.11 分别是过井的各向同性和 TTI 各向异性叠前深度偏移剖面，TTI 各向异性叠前深度偏移结果中 Y101H2-8 井目的层 H06 的成像深度与钻井深度误差 5.3m，相对误差 0.14%；各向同性叠前深度偏移剖面中 H06 的成像深度与钻井深度误差 349m，相对误差 9.3%。TTI 各向异性叠前深度偏移结果与钻井深度更吻合，成像精度更高。

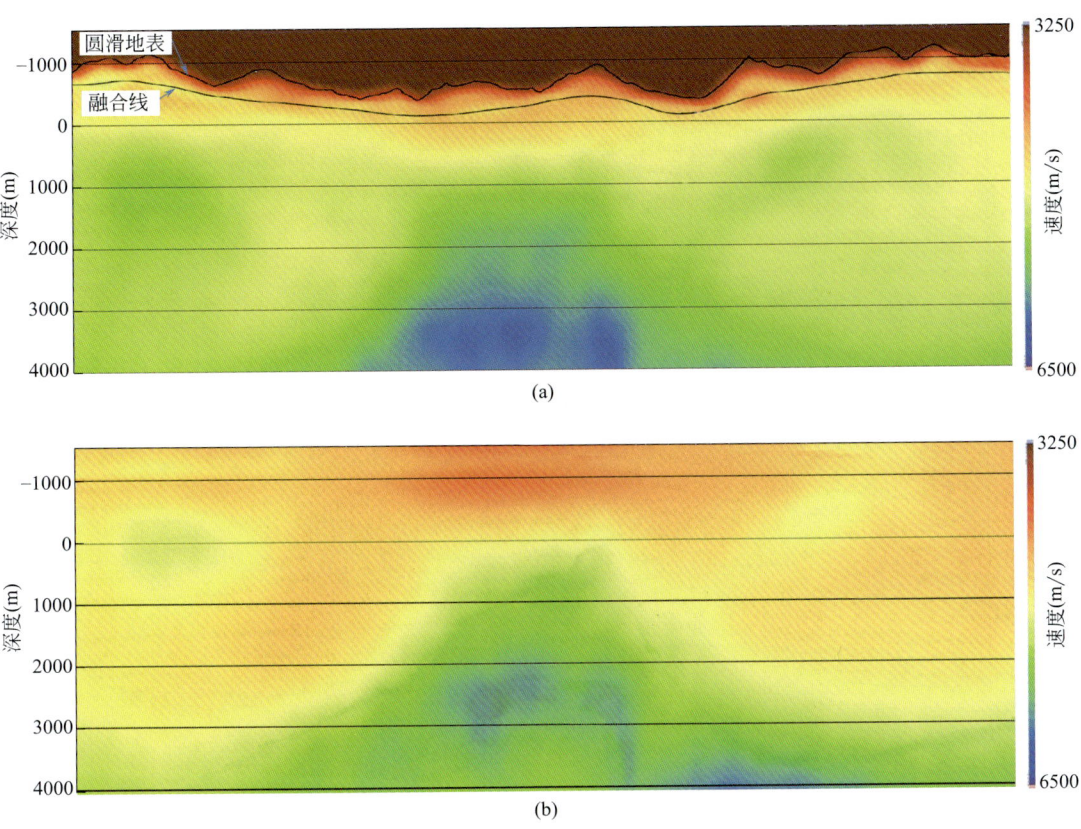

图 5.4.4 网格层析更新后的全深度速度模型（a）与常规速度模型（b）对比

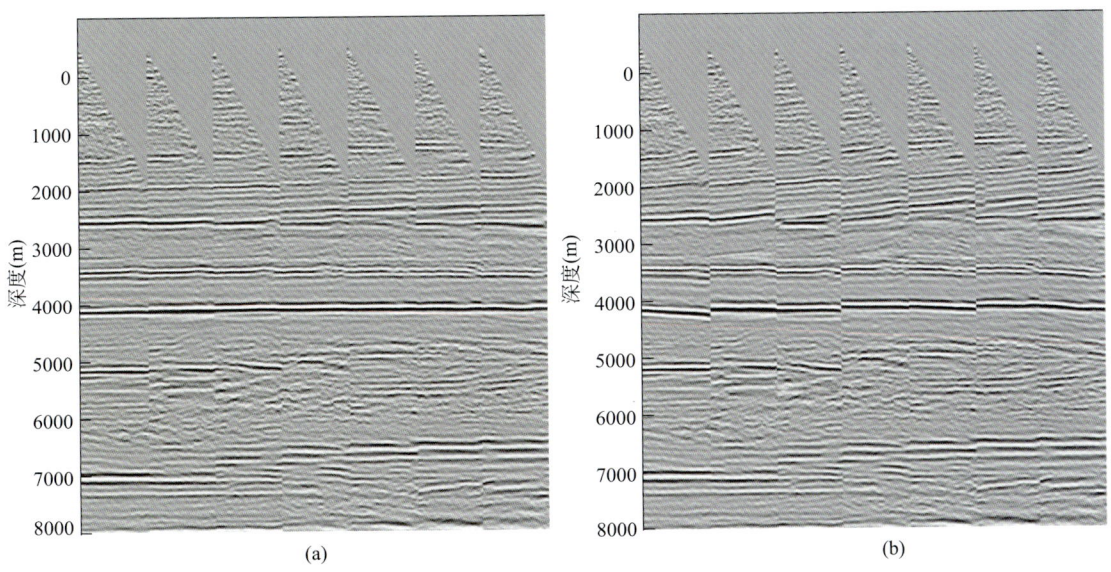

图 5.4.5 基于全深度速度模型（a）与基于常规速度模型（b）的克希霍夫叠前深度偏移道集对比

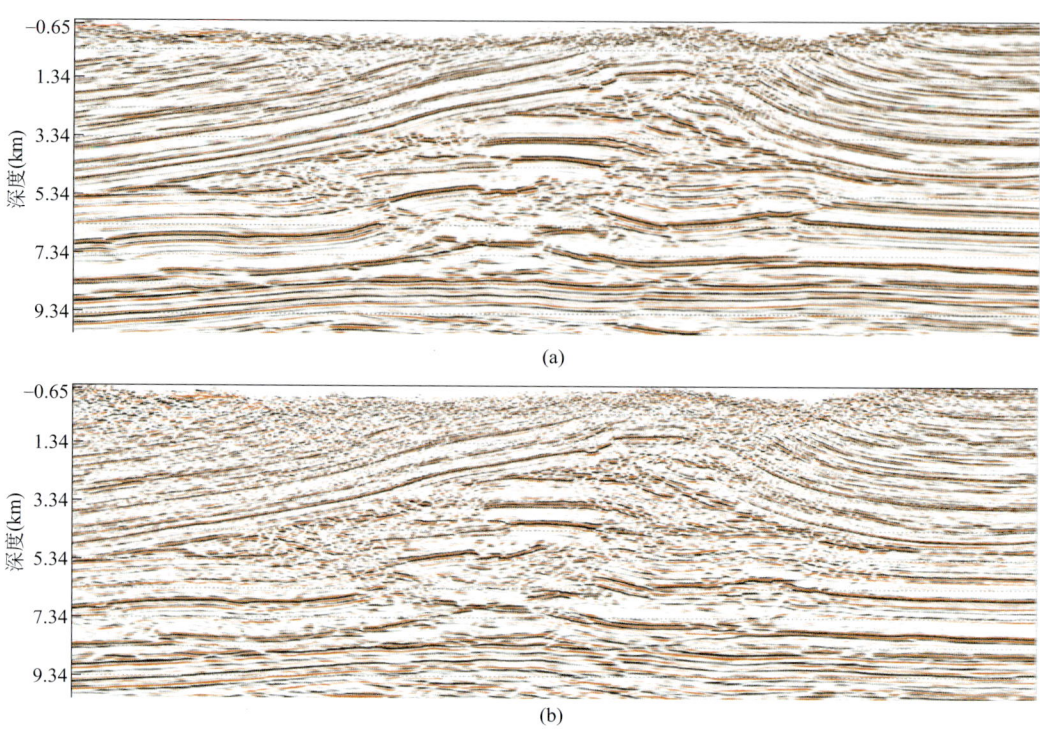

图 5.4.6 基于全深度速度模型（a）与基于常规速度模型（b）的克希霍夫叠前深度偏移剖面对比

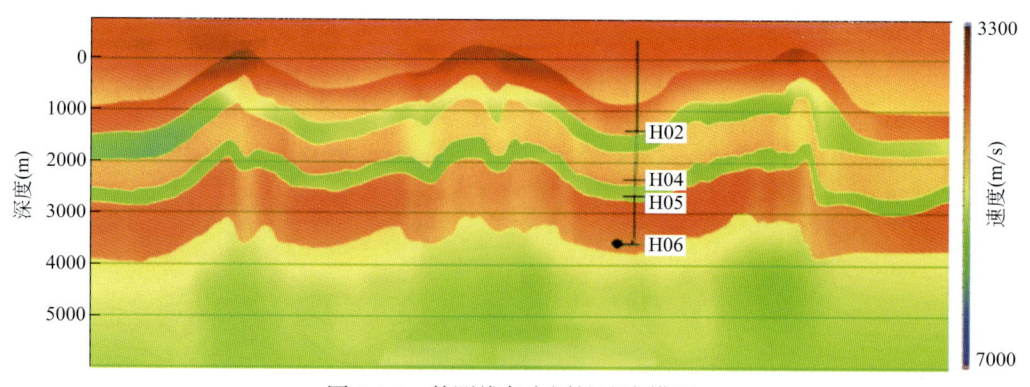

图 5.4.7 某测线各向同性速度模型

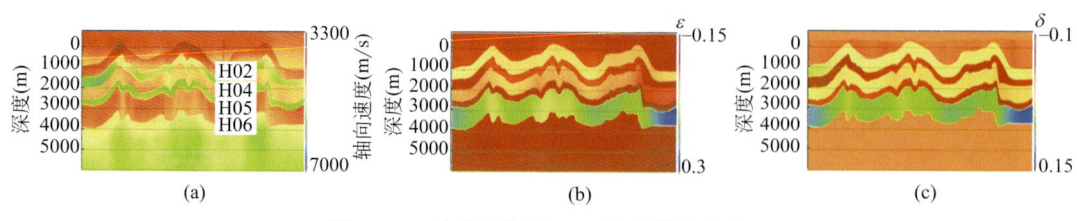

图 5.4.8 迭代更新后 TTI 各向异性参数
（a）轴向速度；（b）ε 模型；（c）δ 模型

(a)

(b)

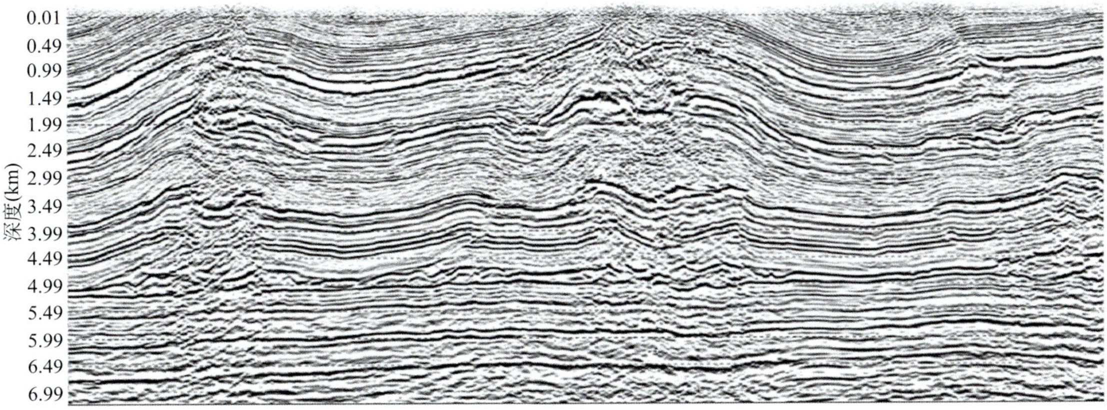

图 5.4.9　基于更新前（a）后（b）TTI 各向异性参数的各向异性叠前深度偏移剖面

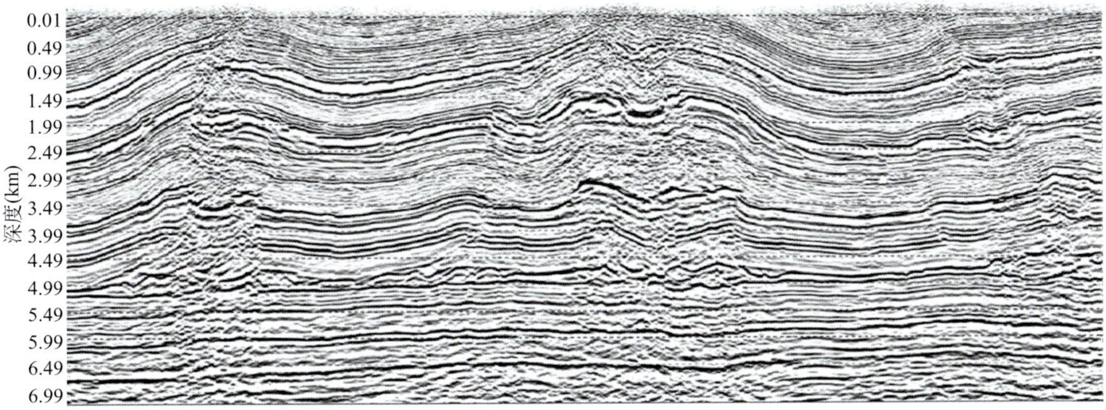

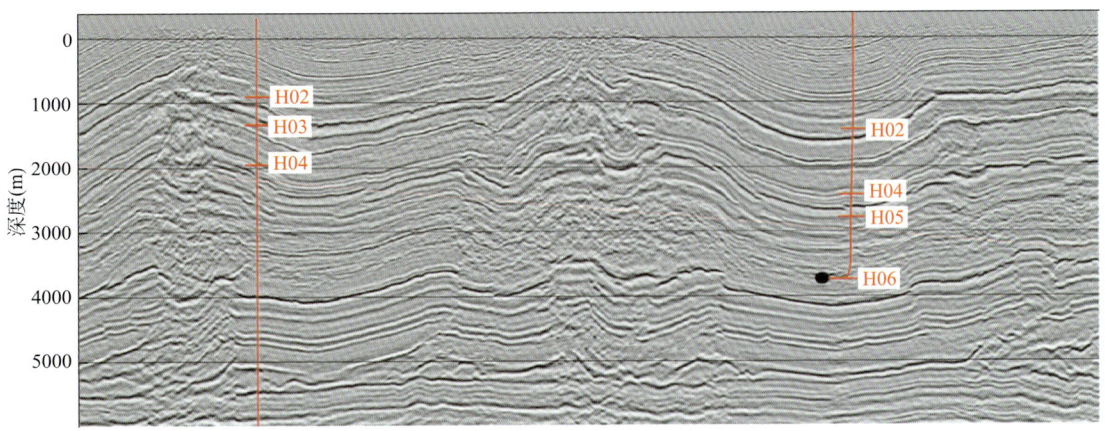

图 5.4.10　过 Y101H2-8 井各向同性叠前深度偏移剖面

图 5.4.11　过 Y101H2-8 井 TTI 各向异性叠前深度偏移剖面

　　目前，起伏地表（山地）叠前深度偏移仍然是"双复杂"探区地震成像的最有效手段，但是，起伏地表（山地）条件下的复杂构造准确成像面临的问题并非只有偏移算法本身，其核心问题是速度模型的准确性问题。叠前深度偏移只有在输入精确的速度模型的前提下才能获得理想的成像结果。

第六章　山地复杂构造高精度叠前偏移成像

在山地复杂构造区，地形起伏剧烈，近地表结构复杂，地下褶皱强烈，断层发育，地层高陡甚至倒转，构造模式复杂，地下介质各向异性强，山地表层和地下条件的复杂性远远超出了地震方法的常规假设条件，山地复杂构造高精度地震成像面临严峻挑战。为应对这些复杂情况，业界发展了多种叠前偏移方法，按偏移起始面可以分为水平地表、浮动面、起伏地表、双基准面叠前偏移方法；按对速度场的适应性可以分为时间偏移和深度偏移方法；按对波动方程的求解方式可分为基于射线理论的克希霍夫偏移方法、以波动方程单程波近似解为基础的单程波偏移方法、以双程波动方程数值解为基础的逆时偏移方法；按对地下介质的适应性可分为各向同性、各向异性、黏弹性等叠前偏移算法。

在山地复杂构造区，尽管已经进行了高精度的采集，但因山地复杂构造区地表条件的复杂性和采集工作的艰巨性，不可避免地存在不同程度的地震数据覆盖次数不均匀、照明不均匀和空间假频问题，需要用地震数据规则化方法为高精度偏移成像提供采样照明均匀充分的偏前道集；在山地起伏地表条件下，需摒弃传统先静校正后偏移的思路，用起伏地表与双基准面偏移成像方法，直接从起伏地表或炮检双基准面开始偏移，避免静校正引起的地震旅行时失真，提高偏移成像精度；利用克希霍夫叠前时间偏移快速获取深度偏移所需的初始速度模型（含速度和构造轮廓），在此基础上，用各向同性的克希霍夫叠前深度偏移、叠前逆时深度偏移方法，快捷实现山地复杂构造叠前深度偏移成像，为各向异性叠前深度偏移提供基础；利用各向异性叠前深度偏移，在成像过程中充分考虑地下介质各向异性对地震波传播路径和振幅的影响，满足山地复杂构造高精度的地震成像；同时运用叠前深度 Q 偏移方法，在成像过程中沿地震波传播路径补偿地层的吸收衰减，提高山地复杂构造地震成像的分辨率；最后讨论叠前深度偏移高性能计算方法，提高山地复杂构造高精度地震成像的计算效率。

第一节　地震数据规则化

尽管在地震采集观测系统设计、激发接收分区设计、方法改进等采集环节尽量确保均匀采样、均匀照明，但在山地复杂构造区，受地表障碍物、起伏地形、采集设备等因素的限制，地震采集数据不可避免还会不同程度地出现激发线、接收线不规则，缺炮缺道，废炮废道，甚至存在激发接收空洞等不规则现象。这种情况，在早期的非高精度地震采集时更为严重。地震数据的这种不规则会导致覆盖次数不均匀、照明不均匀和空间假频，降低地震资料的成像处理质量（图 6.1.1）。

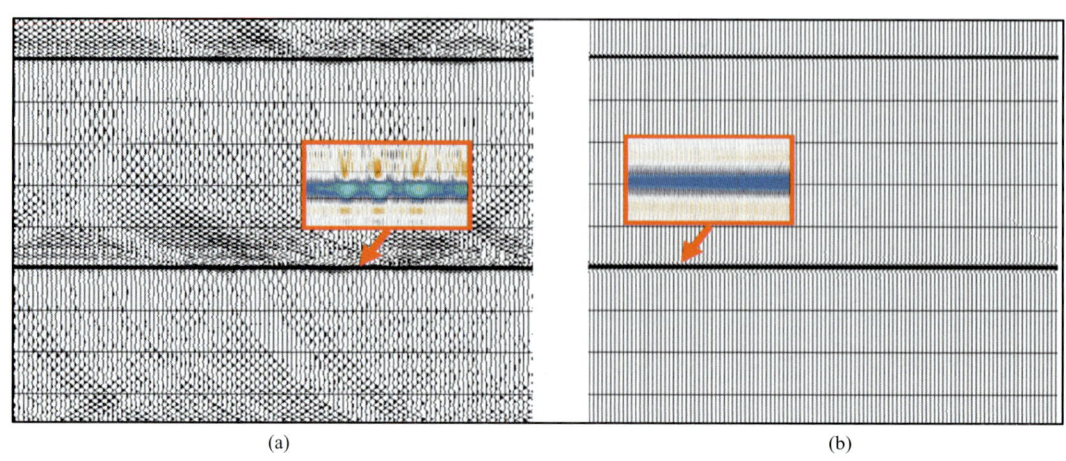

图 6.1.1 采样规则与不规则成像效果对比
(a)不规则数据成像；(b)规则数据成像

通过地震数据规则化，不仅能够有效压制噪声，抑制空间假频，而且能够在一定程度上改善成像面元覆盖次数(照明)、偏移距、方位角分布不均匀造成的振幅失真状况，从而弥补源自野外采集的数据缺陷，提高偏移成像精度。

一、不规则数据与数据规则化

1. 不规则数据

不规则数据有采集道距过大造成的地震数据稀疏、道随机缺失造成的数据非规则缺失和多因素造成的数据不规则等类型。

稀疏地震数据：激发线接收线、炮点接收点空间规则采集，但数据道间距较大，比如20世纪90年代初采集的部分三维 50m×100m 面元数据。

非规则缺失数据：空间上规则采样，但存在地震道随机缺失。

复杂非规则地震数据：空间不规则采样，道间距随机，且存在道缺失现象(图6.1.2)。

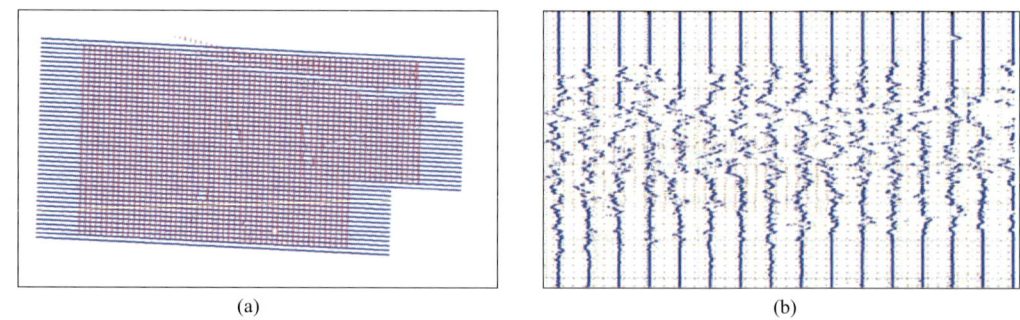

图 6.1.2 塔里木盆地 LN11(a)、DQ8(b) 工区三维采集观测系统对比

2. 规则化方法

(1)基于褶积算子的预测滤波器方法：利用线性同相轴具有可预测性的特点。Spitz

（1991）提出 f-x 域反假频插值重构算法；Claerbout（1991）提出 τ-x 域抗假频预测滤波算法；许多学者发展了 f-k 域道内插值算法。这类方法的优点是能够对地震数据进行抗假频重建；缺点是只能对规则采样的数据进行加密，不能处理非规则采样数据。

（2）基于波动方程的重建方法：Chemingui（1999）提出组合 DMO+ 逆 DMO 法；Fomel（2000）提出炮检距空间的映射类方法；唐亚勋等（2003）提出 PSTM+ 逆 PSTM 方法，是对 Fomel 方法的优化。该类方法依赖于速度模型的精度，在地下构造复杂、横向变化剧烈的情况下，往往会出现构造假象。同时，基于波动方程重建方法的计算量巨大，难以满足工业生产的需求。

（3）基于数学变换将时空域地震数据变换到其他稀疏域或将数学变换与稀疏反演相结合（压缩感知）的重建方法：如 Fourier 变换、Curvelet 变换和 Radon 变换。这些基于数学变换理论的重建方法，对地震数据的要求较少，不需要速度及构造信息。这类方法的缺点是对于含假频数据的重建效果不佳，且对三维不规则地震数据重建效率较低。但近年这些问题基本得到解决。此类方法是当前业界使用的主流方法。

（4）基于机器学习的重建方法：完全基于数据驱动，自动挖掘数据内部特征和相关性，不依赖于各种近似以及地下介质信息的特征。由于受到训练样本多样性及计算效率的限制，该方法目前还没有在工业上得到广泛应用。

二、压缩感知数据规则化

利用压缩感知对地震资料进行规则化，可以表示为以下数学模型：

$$\begin{cases} d_{\text{obs}} = Sd \\ m = Ad \end{cases} \quad (6.1.1)$$

式中，d_{obs} 为采集到的地震数据；S 为测量算子；A 为稀疏算子（Curvelet 变换、Radon 变换等）；m 是稀疏系数；d 为待重建的完整数据。

根据压缩感知原理，上述问题等价于求解最优化问题：

$$\min(\|d_{\text{obs}} - SA^{-1}m\|_2^2 + \lambda \|m\|_1) \quad (6.1.2)$$

上述优化问题的求解，常用收缩阈值迭代法和凸投影法。

（1）收缩阈值迭代法的迭代公式为：

$$m_{k+1} = m_k + T_{\tau,k}[(SA^{-1})^H (d_{\text{obs}} - (SA^{-1})m_k)] \quad (6.1.3)$$

式中，k 是迭代次数；m_k 是第 k 次迭代的稀疏系数；$T_{\tau,k}$ 是阈值截取算子；H 表示取算子的逆算子。

在经过 n 次迭代，稀疏系数 m_n 的变化量小于预定值时，停止迭代。最终插值后数据（恢复了空炮空道）为：

$$d_n = d_{\text{obs}} + (I - S)A^{-1}m_n \quad (6.1.4)$$

式中，I 为规则测量算子。

经过 n 次迭代，插值重建后数据（恢复了空炮空道，并进行了去噪）为：

$$d_n = A^{-1}m_n \tag{6.1.5}$$

（2）凸投影方法的迭代公式为：

$$d_{k+1} = d_{\text{obs}} + (I-S)A^{-1}T_{\tau,k}(Ad_k) \tag{6.1.6}$$

式中，k 是迭代次数；$T_{\tau,k}$ 是阈值截取算子；d_k 是第 k 次迭代插值后的数据。

当迭代达到预定次数且插值结果满意时，停止迭代，最终插值后数据（恢复了空炮空道）为 d_n。

经过 n 次迭代，插值重建后数据（恢复了空炮空道，并进行了去噪）为：

$$d_n = A^{-1}T_{\tau,n-1}(Ad_{n-1}) \tag{6.1.7}$$

三、匹配追踪傅里叶插值

匹配追踪傅里叶插值是近年来十分流行的方法。匹配追踪基于压缩感知和稀疏表示理论，被广泛应用于地震数据去噪、反褶积、时频分析、数据重建等地震信号处理领域。稀疏表示理论的基本思想是：如果待处理数据是稀疏的，配以合适的采样方法，则可以由较少的数据重建满足一定精度要求的原始数据。

1. 信号的稀疏表示

稀疏表示是指通过字典中少量元素的线性组合形式表示信号。给定一个过完备字典矩阵，它的每列表示一个原型信号的原子，一个信号可以被表示成这些原子的稀疏线性组合。字典矩阵中的过完备性指的是原子的个数远远大于信号的长度。常用的过完备字典主要有傅里叶字典、离散余弦字典、小波字典等。建立合理的字典对能否精确匹配地震信号至关重要，它在很大程度上决定了信号特征能否被有效表示。

2. 匹配追踪算法

匹配追踪算法（MP 算法）作为对信号进行稀疏分解的方法之一，将信号在完备字典库上进行分解。假定被表示的信号为 N 维列向量 x，字典矩阵 $\boldsymbol{D}$ 由 M 个（$M \gg N$）N 维单位列向量 d_i 构成，d_i 被称为原子。匹配追踪算法的基本思想：从字典矩阵 $\boldsymbol{D}$（也称为过完备原子库）中，选择一个与信号 x 最匹配的原子（也就是 $\boldsymbol{D}$ 的某一列），构建信号 x 的一个稀疏逼近，并求出信号残差；然后继续在字典矩阵 $\boldsymbol{D}$ 中选择与信号残差最匹配的原子，再求残差。如此反复迭代，信号 x 就被表示为这些原子的线性组合和最后的残差。如果残差小到可以忽略，则信号 x 被近似地表示为这些原子的线性组合。

匹配追踪信号分解步骤如下：

（1）计算信号 x 与字典矩阵中每一列（d_i）的内积，选择绝对值最大的一个原子 d_{i0}，作为本次运算与信号 x 最匹配的原子：

$$d_{i0} = \arg\max\{|\langle x,d_i \rangle|, i=1,2,3,\cdots,M\} \tag{6.1.8}$$

$$a_{i0} = \langle x, d_{i0} \rangle \tag{6.1.9}$$

（2）计算匹配后的残差 $\hat{x}_1$：

$$\hat{x}_1 = x - a_{i0}d_{i0} \qquad (6.1.10)$$

令 $K=1$。

(3) 计算残差信号 $\hat{x}_k$ 与字典矩阵中每一列 (d_i) 的内积,选择绝对值最大的一个原子 d_{ik},作为本次运算与残差信号 $\hat{x}_k$ 最匹配的原子:

$$d_{ik} = \arg\max\{|\langle \hat{x}_k, d_i \rangle|, i=1,2,3,\cdots,M\} \qquad (6.1.11)$$

$$a_{ik} = \langle \hat{x}_k, d_{ik} \rangle \qquad (6.1.12)$$

(4) 计算第 k 次匹配后的残差 $\hat{x}_{k+1}$:

$$\hat{x}_{k+1} = \hat{x}_k - a_{ik}d_{ik} \qquad (6.1.13)$$

(5) 令 $k=k+1$,重复迭代 (3)(4) 步,直到残差 $\hat{x}_k$ 小到可以忽略。假设迭代了 K 次,原始信号 x 被分解为 d_{ik} ($k=0,2,3,\cdots,K-1$),原始信号 x 可用以下线性组合重建:

$$x \approx \sum_{k=0}^{K-1} a_{ik}d_{ik} \qquad (6.1.14)$$

3. 匹配追踪傅里叶插值

匹配追踪傅里叶插值以二维或三维傅里叶变换基函数作为字典。实现匹配追踪傅里叶插值的前提条件是谱是稀疏的。虽然在时空域的地震数据不具备稀疏性,但在频率波数域的地震数据可认为是稀疏的,稀疏采样数据可用一些主要的傅里叶系数即稀疏谱来表示。匹配追踪傅立叶插值首先用匹配追踪算法估算稀疏谱,然后对最终估算的稀疏谱进行反傅里叶变换,并输出到期望位置。这样,从稀疏谱中恢复出的数据近似等于原始规则采样的数据。经过匹配追踪傅里叶插值后的地震资料,不仅使地震原始资料偏移距分布规则、整齐,缺失道得到补充,覆盖次数分布均匀,而且有效地提高了振幅能量的空间变化均匀化,达到保幅、保真处理的目的。

四、应用实例

山地复杂构造区部分工区炮检点分布极不规则,偏移前用数据规则化进行插值处理,规则化炮检点,相对保真地均化覆盖次数,改善成像效果。规则化之后的观测系统覆盖次数更均匀化(图6.1.3),共中心点道集(图6.1.4)和叠加成像剖面(图6.1.5)信噪比得到提高。

早期的三维勘探线距大、覆盖次数低,导致偏移画弧重、采集脚印重。用数据规则化加密炮线检波线,重建三维观测系统(图6.1.6),经过炮检线加密后叠加剖面随机噪声得到了压制,信噪比得到了提高(图6.1.7)。经过炮检线加密后,偏移剖面的偏移画弧效应减弱,信噪比得到了提高(图6.1.8)。同时,在应用数据规则化后,采集脚印也得到了一定的压制(图6.1.9)。

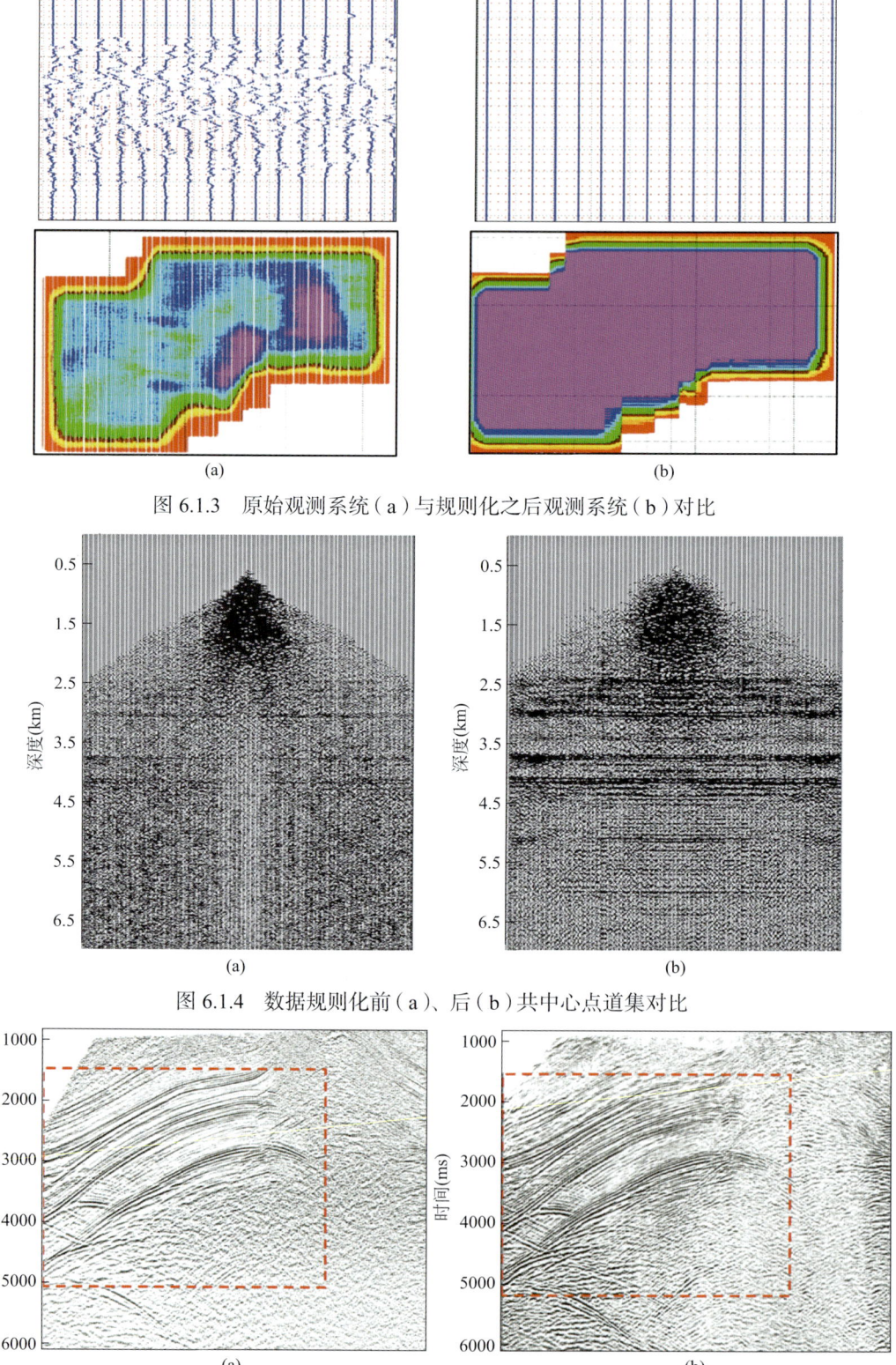

图 6.1.3　原始观测系统（a）与规则化之后观测系统（b）对比

图 6.1.4　数据规则化前（a）、后（b）共中心点道集对比

图 6.1.5　数据规则化前（a）、后（b）叠加成像剖面对比

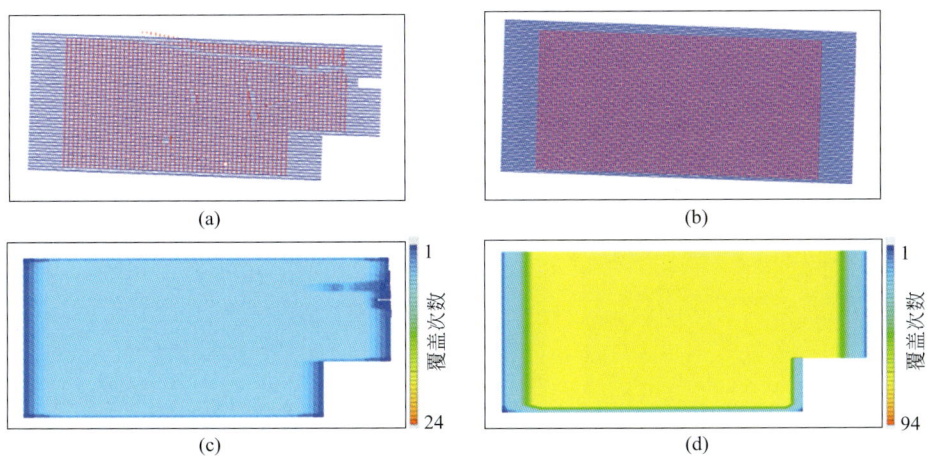

图 6.1.6 塔里木盆地 LGX 工区炮检线加密前后对比
(a) 加密前炮线 (红线) 检波线 (蓝线) 位置; (b) 加密后炮线 (红线) 检波线 (蓝线) 位置;
(c) 加密前覆盖次数 (满覆盖 24 次); (d) 加密后覆盖次数 (满覆盖 94 次)

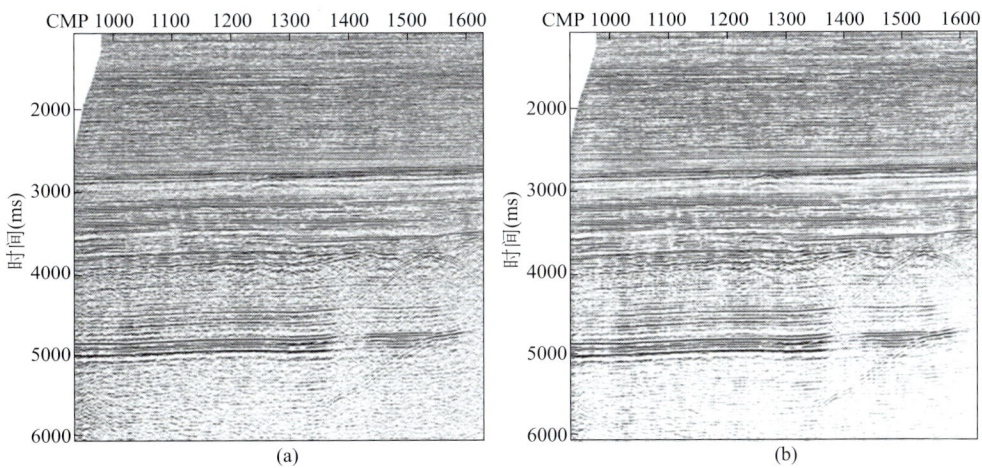

图 6.1.7 炮检线加密前 Inline 线叠加剖面 (a)、炮检线加密后 Inline 线叠加剖面 (b)

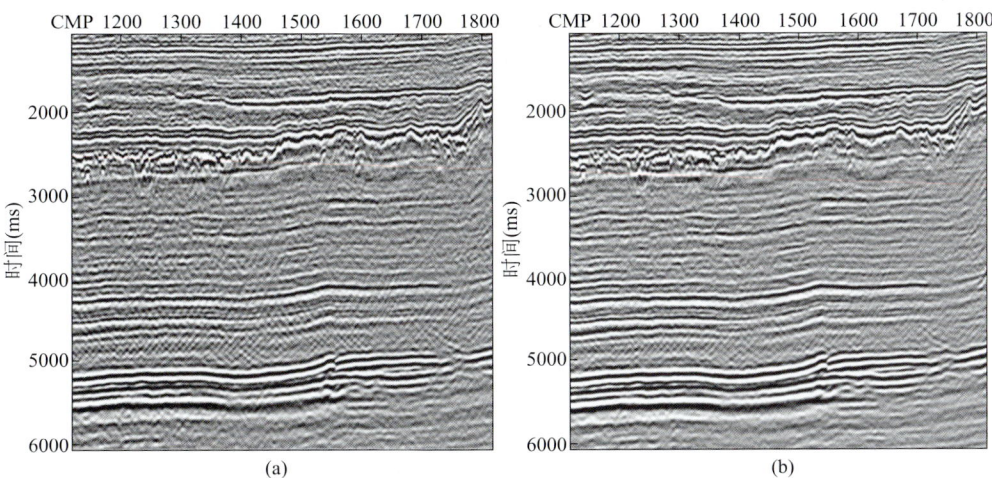

图 6.1.8 炮检线加密前 Inline 线叠前时间偏移剖面 (a)、加密后 Inline 线叠前时间偏移剖面 (b)

253

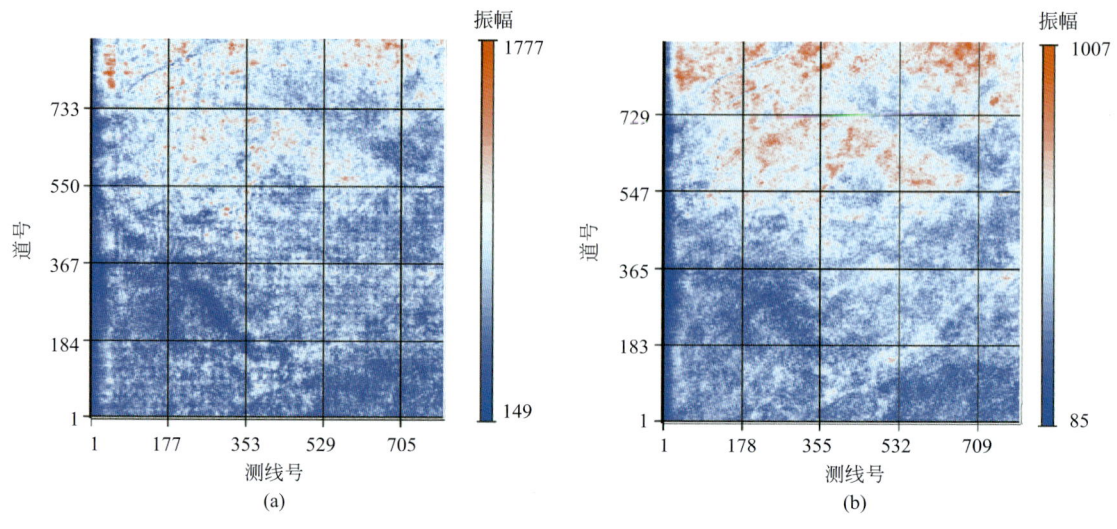

图 6.1.9 炮线加密前后采集脚印压制效果对比
（a）炮检线加密前时间切片；（b）炮检线加密后时间切片

第二节 起伏地表与双基准面偏移成像

在山地复杂构造区，地表及近地表复杂，地下构造复杂，已不满足地震方法的常规假设条件。为解决地形剧烈起伏、高差大、近地表结构复杂的问题，山地复杂构造区地震资料成像常采用先做近地表波场基准面校正再偏移成像两步法技术路线。实际生产中，近地表波场基准面校正普遍采用静校正，将地震数据校正到固定基准面或者浮动基准面，而静校正会引起较大的时间误差，导致地震波旅行时失真，影响地震偏移成像效果。

因此，对山地复杂构造的叠前偏移成像，必须摒弃传统的静校正，直接从起伏地表出发进行偏移成像，减小静校正导致的地震波旅行时失真，并且采用炮点高程面、检波点高程面两个基准面（即双基准面）进行偏移成像，解决因激发井深导致的地震旅行时失真问题，实现山地复杂构造的高精度地震偏移成像。

一、起伏地表偏移成像

山地复杂构造区地震资料成像常采用先做近地表波场基准面校正再偏移成像两步法技术路线。近地表波场基准面校正一直是地震资料处理中一项关键处理技术，其中较理想的是波场延拓类基准面校正技术。但因山地资料信噪比问题，波场延拓类基准面校正在山地复杂构造区没有取得理想的效果。实际生产中，仍然普遍采用静校正将地震数据校正到固定基准面或者浮动基准面的办法解决地形起伏和复杂近地表问题。而静校正是以地表一致性假设为前提的，在复杂地表和复杂地下构造的区域，特别是在高速岩层出露、低降速带厚等近地表速度和厚度都在剧烈变化的山地复杂构造区，并不满足地表一致性假设。在这些地区，静校正会引起波场较大的时间误差。

图 6.2.1 是静校正前后的逆时偏移脉冲响应对比，从图上看出静校正后的脉冲响应与真实脉冲响应发生很大的偏差，这些偏差将严重降低叠前偏移成像质量。

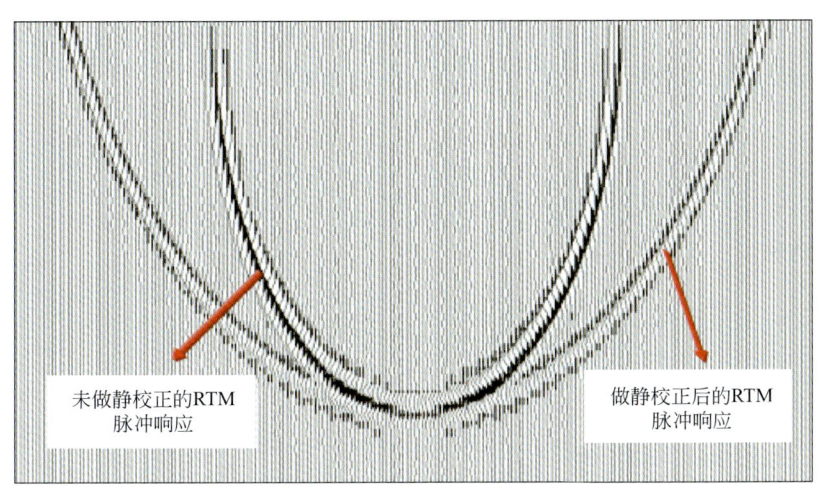

图 6.2.1　静校正前后 RTM 脉冲响应的对比

起伏地表叠前偏移摒弃传统的静校正，直接从起伏地表出发进行偏移成像，地震射线按炮点、检波点在起伏面的实际位置和传播路径进行能量归位，能避免静校正引起的较大误差，改善偏移成像效果，提高偏移成像精度和清晰度。这是改善山地复杂构造区地震偏移成像的关键方法。

起伏地表叠前偏移使用的起伏面是根据地表高程数据平滑得到逼近地面的新的圆滑地表面，也是起伏地表叠前成像的数据起始面。偏移前，需将经预处理后的地震数据的炮点、检波点静校正到圆滑地表面上，静校正量依据近地表速度模型的速度和原始炮点检波点到圆滑地表面的距离通过剥离或填充法计算。因圆滑地表面贴近真地表，在炮井深度不大或可控震源激发时，其静校正量与常用的水平基准面静校正量、浮动面校正量相比量级要小得多，不会引起较大的反射时间失真。与传统两步法相比，起伏地表叠前成像的精度、清晰度能得到大幅度提升。

二、双基准面偏移成像

上述起伏地表偏移成像是基于单个偏移基准面的，对于炸药震源激发资料，需要先通过静校正将炮点校正到起伏地表，再从起伏地表开始偏移。由于激发点有一定深度，这种校正方法仍然与实际的波场传播路径不一致而存在误差，如图 6.2.2 所示，从激发点 S 到成像点 P 再到检波点 G 的真实传播路径为实线型箭头线；而起伏地表的偏移方法将激发点静校正处理放在偏移前引起了波场畸变，导致从激发点 S 到成像点 P 的路径为虚线型箭头线，这样会造成旅行时的计算不准确，进而影响地震资料的成像精度。

针对起伏地表偏移成像方法存在的问题，应采用双基准面偏移成像技术，在高精度近地表速度模型的基础上，采用炮点高程面、检波点高程面两个基准面进行偏移成像，这种偏移面的优化能最大限度地保留波场真实路径和旅行时，精度更高。

针对近地表厚度较大且规律性较强的地区，在高精度近地表速度模型基础上，针对炮点在潜水面或低降速层以下激发的情况，采用炮点高程面、检波点高程面两个基准面进行偏移成像，射线追踪的起点放置于炮点高程面上，射线追踪的终点放置于接收点高程面上。由于设置了双基准面，可以完全摒弃静校正，克服以往静校正引起的波场失真问题，旅行时计算更加准确，地震偏移成像精度更高。

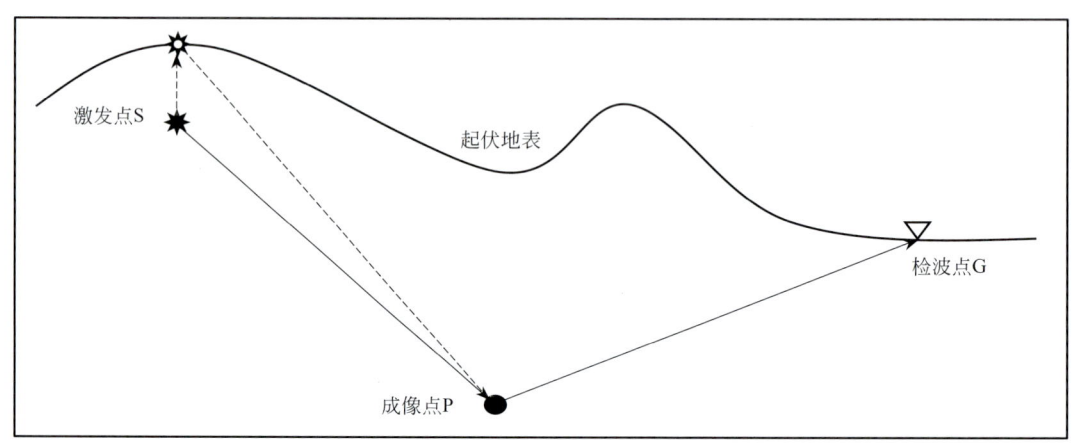

图 6.2.2 起伏地表偏移示意

图 6.2.3 为厚低降速带区双基准面速度模型，可以看出双基准面偏移技术可以很好地结合近地表厚低降速带刻画出来的速度进行针对性的偏移成像处理，检波点偏移面位于地表，炮点偏移面位于低降速带底界上。

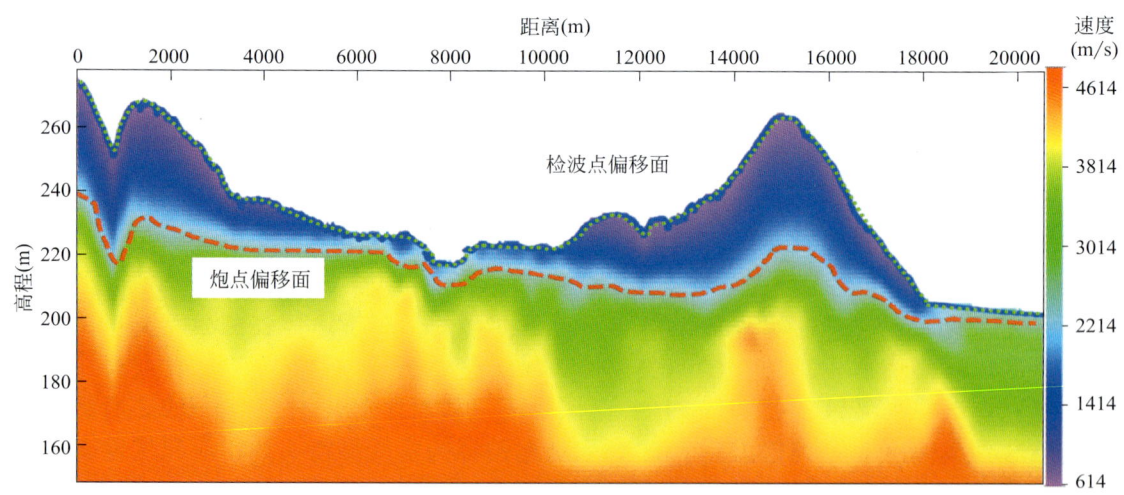

图 6.2.3 双基准面速度模型

图 6.2.4 为常规 CMP 面偏移成像道集与双基准面偏移成像道集对比，可以看到虽然双基准面偏移的输入道集没有做任何静校正，但是从道集上看，浅层的信噪比得到了明显的提高，深层成像也得到了一定的改善。

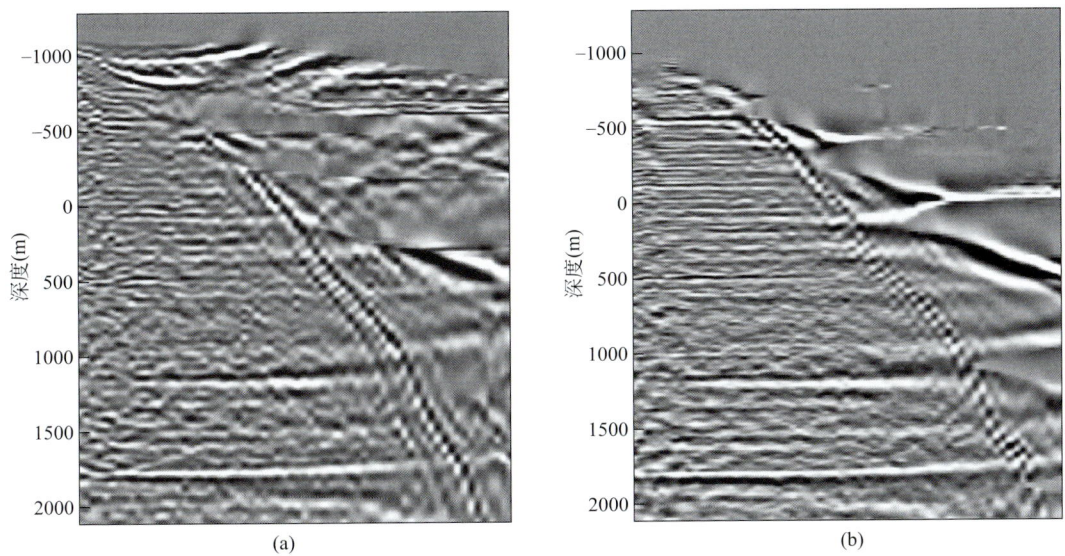

图 6.2.4 CMP 面偏移成像道集（a）与双基准面偏移成像道集（b）对比

从图 6.2.5 可以看出，相对 CMP 面偏移成像剖面，双基准面偏移成像剖面在厚低降速带区成像收敛程度大大提升，构造更加清晰。

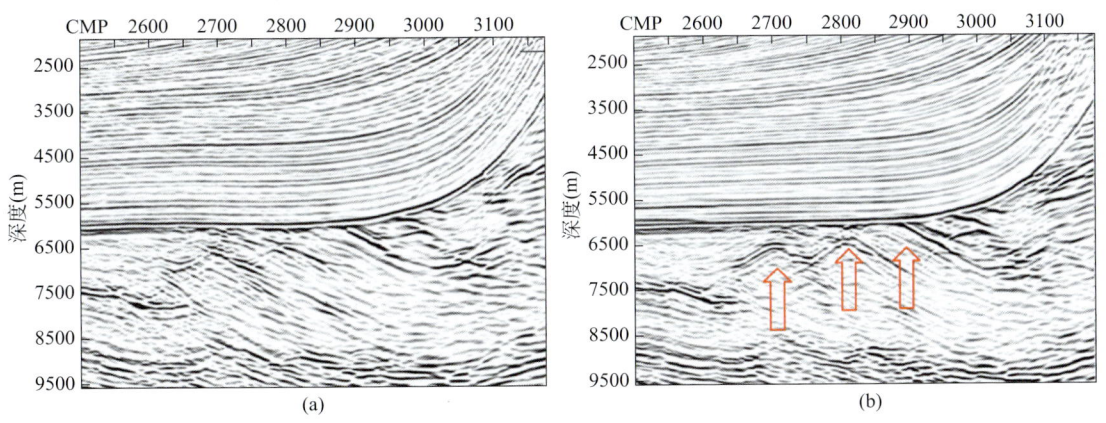

图 6.2.5 CMP 面偏移成像剖面（a）与双基准面偏移成像剖面（b）对比

第三节 各向同性叠前偏移

叠前偏移方法众多，按对地下介质的适应性可分为各向同性、各向异性、黏弹性等叠前偏移算法。各向同性叠前偏移技术，一方面，因其对地下介质参数要求少，只需要地下介质的速度场，且速度场获取技术成熟，而在实际生产中得到广泛应用；另一方面各向同性叠前偏移是后续各向异性建场、Q 建场所需的速度获取的核心支撑。

在各向同性叠前偏移中，起伏地表克希霍夫叠前时间偏移不仅能用于地下平缓构造的高质量成像，而且也可快速勾勒山地复杂构造时间域的轮廓，为山地复杂构造后续深度移速度建模和深度偏移提供支撑；起伏地表克希霍夫叠前深度偏移具有高效、灵活、无成像倾角限制，能适应各种观测系统变化和地形起伏等特点，在实际工业生产中占有非常重要的地位；起伏地表叠前逆时深度偏移技术，克服了克希霍夫深度偏移的非多路径缺陷，适应山地复杂构造速度纵横向剧烈变化和复杂波场的偏移归位和成像。下面重点讨论这三种各向同性叠前偏移方法。

一、起伏地表克希霍夫叠前时间偏移

叠前时间偏移是构造成像和速度分析的重要手段之一，它可以有效地克服常规 NMO、DMO 和叠后偏移的不足，实现叠前数据共反射点归位成像。叠前时间偏移产生的共反射点道集，不仅可以用来进行速度分析，而且也能为 AVO 叠前反演提供基础数据。虽然叠前时间偏移方法要求速度横向变化平缓，但是在生产应用中仍有重要的作用。在地下构造变化缓慢的区域或地表比较复杂但地下构造平缓的条件下，比如川中地区，只要解决了近地表问题，叠前时间偏移仍可较准确解决地下构造的成像问题。更为重要的是，叠前时间偏移计算成本相对较低，对于山地复杂构造地区，如川西地区、塔里木盆地山前带，也可用于了解地下复杂构造轮廓和复杂程度，为后续深度偏移速度建模提供参考依据。

在山地复杂构造区，常规叠前时间偏移由于未考虑起伏地表对地下构造的影响，导致浅层成像效果差，成像精度不高。起伏地表克希霍夫叠前时间偏移算法采用了适应起伏地表的旅行时计算，与地震波传播过程更吻合，同时引入弯曲射线，更符合大偏移距以及以水平沉积为主要特征的地下介质地震波传播规律，使旅行时的计算与实际更加贴近，从而改善山地复杂构造地区的叠前时间偏移成像质量。

1. 方法原理

克希霍夫时间偏移建立在惠更斯原理基础上，利用克希霍夫绕射积分，把分散在地表各地震道上来自同一绕射点的能量收集在一起，置于地下相应的物理绕射点上而实现波场的偏移归位。

起伏地表情况下，克希霍夫叠前时间偏移：

$$I(x,y,t_{\text{mig}}) = \int w(x_g, y_g, \Delta t_{0g}, x, y, t_{\text{mig}}) P(x_s, y_s, x_g, y_g, t) \text{d}s \quad (6.3.1)$$

其中 t 通过直射线或者弯曲射线的解析公式计算：

$$t = \tau(x_s, y_s, x, y, \Delta t_{0s}, t_{\text{mig}}) + \tau(x_g, y_g, x, y, \Delta t_{0g}, t_{\text{mig}}) \quad (6.3.2)$$

式中，$\tau(x_s, y_s, x, y, \Delta t_{0s}, t_{\text{mig}})$ 是起伏地表炮点到成像点的时间；$\tau(x_g, y_g, x, y, \Delta t_{0g}, t_{\text{mig}})$ 为起伏地表检波点到成像点的时间；$w(x_g, y_g, \Delta t_{0g}, x, y, t_{\text{mig}})$ 表示加权系数，与入射角、出射角、反射夹角等因素有关。

公式（6.3.1）的物理意义就是将在孔径范围内的接收数据按照炮、检双程旅行时的等时面将数据进行加权求和。

公式（6.3.2）表示从炮点到成像点的旅行时加上检波点到成像点的旅行时，其中包含炮点坐标（x_s, y_s）、检波点坐标（x_g, y_g）、成像点坐标（x, y）、时间偏移的成像时间（t_{mig}）、起伏地表炮点到成像基准面静校正量（Δt_{0s}）、起伏地表检波点到成像基准面静校正量（Δt_{0s}）。

从上面公式可以看出，克希霍夫叠前时间偏移主要有两步。首先是根据均方根速度或者时间域层速度计算旅行时信息；其次是根据获得旅行时信息对地震数据进行加权叠加，实现归位成像。

2. 旅行时计算

从式（6.3.2）中可以看出，叠前时间偏移需要计算旅行时，这里的旅行时通常是按照解析表达式，以均方根速度和偏移距来进行计算。解析计算的方式主要有3种：直射线、弯曲射线、水平层状介质射线追踪，常见的是直射线、弯曲射线。

直射线的计算公式如下：

$$\tau(x_s, y_s, x, y, \Delta t_{0s}, t_{mig}) = \sqrt{\left(\frac{t_{mig}}{2} - \Delta t_{0s}\right)^2 + \frac{(x_s - x)^2 + (y_s - y)^2}{v_{srms}^2}} \quad (6.3.3)$$

$$\tau(x_g, y_g, x, y, \Delta t_{0g}, t_{mig}) = \sqrt{\left(\frac{t_{mig}}{2} - \Delta t_{0g}\right)^2 + \frac{(x_g - x)^2 + (y_g - y)^2}{v_{grms}^2}} \quad (6.3.4)$$

起伏地表情况下，直射线公式（6.3.2）可以写成双平方根的形式：

$$t = \sqrt{\left(\frac{t_{mig}}{2} - \Delta t_{0s}\right)^2 + \frac{(x_s - x)^2 + (y_s - y)^2}{v_{srms}^2}} + \sqrt{\left(\frac{t_{mig}}{2} - \Delta t_{0g}\right)^2 + \frac{(x_g - x)^2 + (y_g - y)^2}{v_{grms}^2}} \quad (6.3.5)$$

式中，v_{srms}、v_{grms} 表示炮点和检波点在 t_{mig} 时间处的均方根速度。

旅行时计算直射线公式是均匀介质假设直射线，即射线没有发生弯曲，与实际情况不太吻合。旅行时还依赖层状介质的厚度和速度。为了更好地拟合旅行时的时距曲线，通过包含更高的高阶项，改进双平方根公式（Al–Chalabi，1974；Causse，2002），引入弯曲射线的方法进一步对旅行时进行校正。下面是高阶项旅行时曲线的计算公式：

$$t = \sqrt{c_1 + c_2 x^2 + c_3 x^4 + c_4 x^6 + \cdots} \quad (6.3.6)$$

式中，x 是成像点与炮点或者检波点之间的水平距离，系数依赖于层状介质的厚度和速度。

通常使用带有3项的方程（6.3.6）。为了在大偏移距时有更高的精度和稳定性，常使用带有4项的方程（6.3.6），采用 Talyer 展开，取一阶近似，同时修正系数如下（Podvin, Lecomte，1991）：

$$t = t_{4th}\sqrt{1 + \frac{c_4 x^6 + \cdots}{t_{4th}}} \approx t_{4th}\left(1 + c\frac{x^6}{t_{4th}^2}\right) \quad (6.3.7)$$

其中旅行时 t_{4th} 为：

$$t_{4th} = \sqrt{c_1 + c_2 x^2 + c_3 x^4} \quad (6.3.8)$$

式中，c 为常量。

对于克希霍夫叠前时间偏移来说，整个旅行时间为：

$$t = \frac{t_{0s} - t_{mig}}{2} + \frac{t_{0g} - t_{mig}}{2} + t_{4th}^{s}\left\{1 + c\frac{[(x_s - x)^2 + (y_s - y)^2]^3}{t_{4th}^2}\right\} + t_{4th}^{g}\left\{1 + c\frac{[(x_g - x)^2 + (y_g - y)^2]^3}{t_{4th}^2}\right\}$$

（6.3.9）

式中，等号右端前两项是起伏面的影响项；t_{4th}^{s}、t_{4th}^{g} 分别是炮点、检波点与成像点之间的旅行时的 4 阶项。

在公式（6.3.8）中，系数定义如下：

$$c_1 = \left(\frac{t_{mig}}{2}\right)^2$$

（6.3.10）

$$c_2 = \left(\frac{1}{v_{rms}}\right)^2$$

（6.3.11）

$$c_3 = \frac{A_2^2 - A_1 A_3}{4 A_2^6}, A_k = 2\sum_{i=1}^{k} v^{2k-3} d_i$$

（6.3.12）

式中，v 是时间域层速度；d_i 是层厚度。

图 6.3.1 展示了式（6.3.6）不同阶方程旅行时误差与偏移距的关系，阶数越高，误差越小。

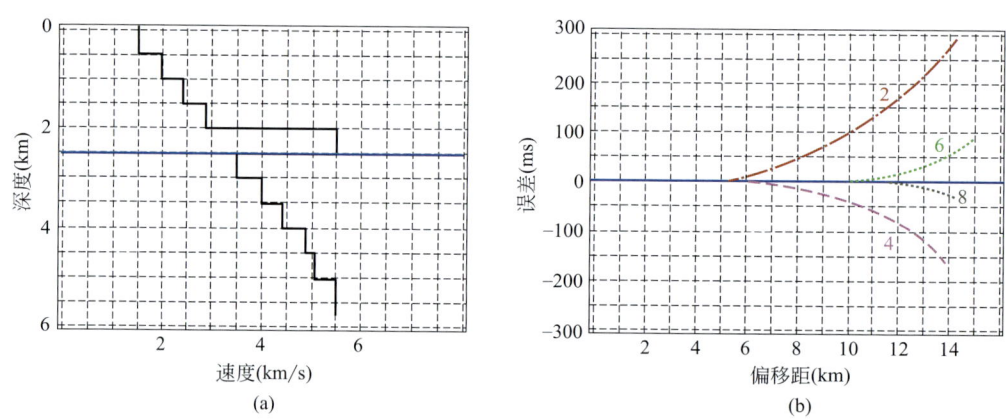

图 6.3.1　旅行时误差与偏移距的关系

（a）模型的层速度和厚度；（b）旅行时误差与偏移距的关系［第五层底（2.5km）的反射，2、4、6、8 是方程（6.3.6）中的项数］

从图 6.3.1 中的旅行时误差分析来看，采用 8 阶近似，旅行时误差在偏移距深度比值达到 6 时，误差不到 10ms；而采用直射线方法（2 阶近似），当在偏移距深度比值达到 4 时，旅行时误差高达 50ms。

3. 应用实例

对川东某复杂构造工区进行了起伏地表克希霍夫时间偏移，分别采用了直射线和弯曲射线成像。该区地形起伏，地表高差达到 1000 多米，静校正量相差 500ms 左右。在同一 CMP 道集内，炮点和检波点物理位置的 CMP 基准面校正量达到 200ms 左右，起伏较为剧烈。图 6.3.2（a）是采用起伏地表直射线方法的偏移成像，图 6.3.2（b）是采用起伏地表弯曲射线的偏移成像。对比可知，起伏地表弯曲射线偏移有以下几点优势：一是浅层成像更加清晰，同向轴更加连续；二是倾斜陡构造的成像更加连续；三是成像能量更加聚焦，构造形态更自然合理。

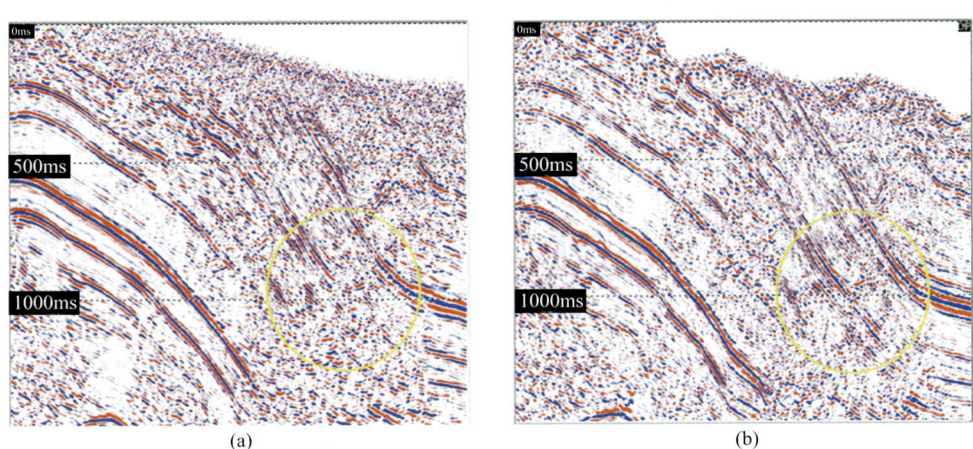

图 6.3.2　直射线（a）与弯曲射线（b）起伏地表叠加时间偏移剖面对比

从偏移成像质量来看，弯曲射线更符合实际旅行时规律，并在实际中得到了进一步的证实。

另一个应用实例是川西北某三维工区不同旅行时计算方法的叠前时间偏移效果对比。图 6.3.3 和图 6.3.4 分别是起伏地表直射线和弯曲射线的克希霍夫叠前时间偏移结果。在本工区的三维成像中，逆冲推覆构造下的成像是难点。通过采用弯曲射线可以看到，成像效果较直射线要好，一方面是起伏地表处理，减少了静校正对波场的畸变，提高了旅行时计算准确性；另一方面是弯曲射线计算方式提高了实际旅行时吻合程度，成像效果非常明显。此外，在左边的断层成像上看，弯曲射线成像更加清晰，断点收敛很好，成像效果突出。在图 6.3.3 局部区域的成像，出现了明显的同向轴交叉、错乱的情况，最主要的原因还是旅行时与实际旅行时差别比较大，从而导致了成像效果不理想，也证实了弯曲射线具有明显优势。

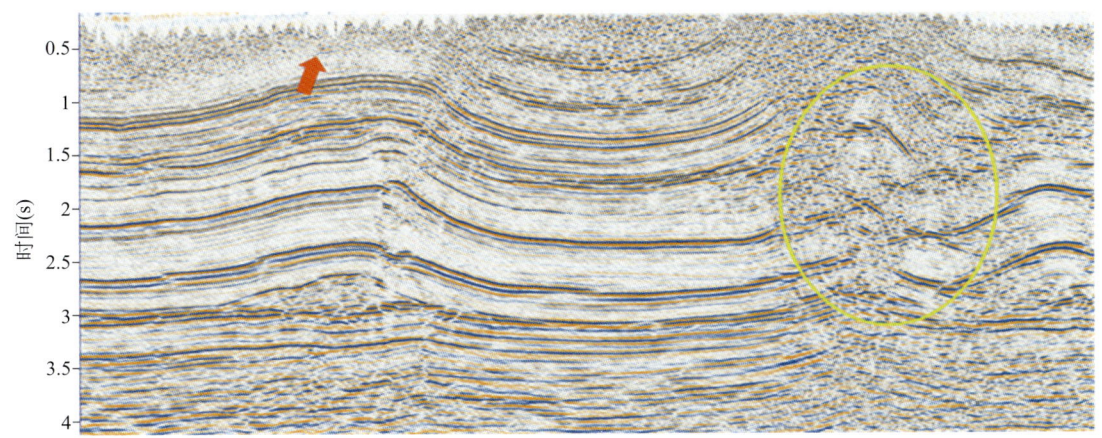

图 6.3.3　三维起伏地表直射线克希霍夫叠前时间偏移

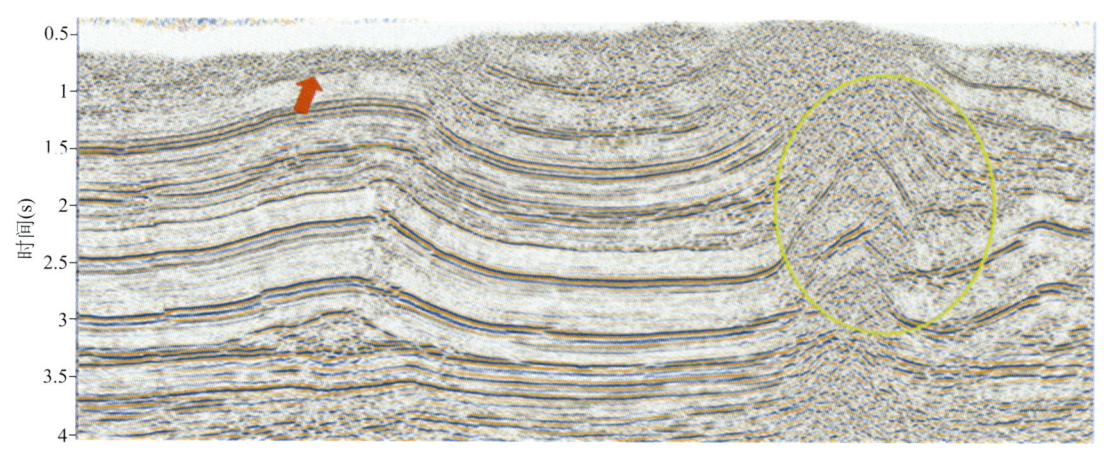

图 6.3.4 三维起伏地表弯曲射线克希霍夫叠前时间偏移

二、起伏地表克希霍夫叠前深度偏移

叠前深度偏移在地震偏移成像中有重要的作用,能解决叠前时间偏移在复杂构造成像中不能解决的问题,如横向变速剧烈而引起的偏移误差。由于克希霍夫叠前深度偏移方法具有高效、灵活、无成像倾角限制、能适应各种观测系统变化和地形起伏的优点,因此在实际工业生产中占有非常重要的地位。

1. 方法原理

基于射线理论的克希霍夫叠前深度偏移是建立在波动方程克希霍夫积分解的基础上,把克希霍夫积分中的格林函数用其高频近似解来代替。克希霍夫叠前深度偏移被认为是一种高效实用的叠前深度偏移方法,它具有高角度成像的优点。

克希霍夫叠前深度偏移的理论公式(Schneider,1992,1995):

$$I(x,y,z) = \int w(x_g, y_g, z_g, x, y, z) P(x_s, y_s, z_s, x_g, y_g, z_g, t) \mathrm{d}s \quad (6.3.13)$$

其中

$$t = \tau(x_s, y_s, z_s, x, y, z) + \tau(x_g, y_g, z_g, x, y, z) \quad (6.3.14)$$

式中,t 是通过射线追踪计算的旅行时;$w(x_g, y_g, z_g, x, y, z)$ 表示加权系数,与入射角、出射角、反射夹角等因素有关。

公式(6.3.13)的物理意义就是将在孔径范围内的接收数据按照炮、检双程旅行时的等时面将数据进行加权求和。

公式(6.3.14)表示从炮点到成像点的旅行时加上检波点到成像点的旅行时,其中包含炮点坐标(x_s, y_s, z_s)、检波点坐标(x_g, y_g, z_g)、成像点坐标(x, y, z)。

克希霍夫深度偏移由两部分组成,一是射线追踪,获取旅行时场、振幅等相关信息;二是根据射线追踪获得的旅行时信息,对地震数据进行加权叠加成像。

2. 旅行时计算

时间偏移采用的是单点速度,将单点速度扩展成为水平层速度,用典型的一维速度代替二维和三维速度，不能横向变速，只能垂向变速。深度偏移采用的是深度域层速度模型，不仅能够在垂向上变速，也能在横向上变速，因此无法用解析的公式来进行旅行时计算，需要从起伏地表开始进行射线追踪计算旅行时。

在射线追踪算法中，有打靶法、试射法、有限差分法、最小路径优先法等（Abma，Sun，1999）。但是对于克希霍夫叠前深度偏移而言，旅行时计算必须满足3个条件：一是计算效率高；二是计算精度和灵活性高；三是能计算振幅等信息。

在实际偏移算法中最常用的是采用属于试射法范畴的Runge-Kutta积分方法的动力学射线追踪。下面主要介绍Runge-Kutta求解运动学和动力学相关的相位、振幅信息。

三维声波波动方程：

$$\nabla^2 p(x,y,z,t) = \frac{1}{v^2}\frac{\partial^2 P(x,y,z,t)}{\partial t^2} \tag{6.3.15}$$

对式（6.3.15）进行高频近似可以得到程函方程：

$$|\nabla T|^2 = \frac{1}{v^2} \tag{6.3.16}$$

式中，∇是梯度算子；$T(x,y,z)$是旅行时；v是地下介质速度。

对程函方程，定义慢度矢量，将公式（6.3.16）进行重写得到公式（6.3.18）。对于公式（6.3.18），采用特征线方法求解，就可以得到特征线方程，即射线方程。

3. 三维运动学射线追踪

采用参数方程来定义射线（Erven，2001；Slawinski，2003）：

$$x = x(\tau), y = y(\tau), z = z(\tau) \tag{6.3.17}$$

式中，τ是沿射线路径上的旅行时，当在震源位置时，$\tau = 0$，τ在射线路径上是单调增加的。

在运动学射线追踪中，对方程组（6.3.17）中的变量τ求导，可得到：

$$\begin{aligned} &\frac{\mathrm{d}x}{\mathrm{d}\tau} = s^2 p_x, \frac{\mathrm{d}y}{\mathrm{d}\tau} = s^2 p_y, \frac{\mathrm{d}z}{\mathrm{d}\tau} = s^2 p_z \\ &\frac{\mathrm{d}p_x}{\mathrm{d}\tau} = \frac{\partial s}{s\partial x}, \frac{\mathrm{d}p_y}{\mathrm{d}\tau} = \frac{\partial s}{s\partial y}, \frac{\mathrm{d}p_z}{\mathrm{d}\tau} = \frac{\partial s}{s\partial z} \end{aligned} \tag{6.3.18}$$

式中，p_x、p_y、p_z是慢度矢量$\boldsymbol{p}$在x、y、z坐标轴上的投影；s是慢度。

方程（6.3.18）是常微分方程组，最常用的求解方法是Runge-Kutta法。为了保证精度，最好采用4阶精度的Runge-Kutta法。

4. 三维动力学射线追踪

动力学射线追踪不仅可以计算出像运动学射线追踪出来的射线路径、旅行时，还可以获得射线附近的振幅、相位等信息。为了能够进行动力学射线追踪，需要在射线中心坐标系和射线参数坐标系下进行。射线中心坐标系由q_1、q_2、q_3构成。在射线中心坐标系中，q_1、q_2是垂直于射线路径所在平面的笛卡儿坐标系中相互垂直的坐标轴，q_3是射线路径的切线，与q_1、q_2组成的平面垂直。

射线参数坐标系由 γ_1、γ_2、γ_3 构成,与射线中心坐标系的关系如下(Hanitzsch,1997):

$$\gamma_1 = \frac{\partial \tau}{\partial q_1}, \quad \gamma_2 = \frac{\partial \tau}{\partial q_2}, \quad \gamma_1 = q_3 \tag{6.3.19}$$

动力学射线追踪可以表示如下:

$$\frac{\mathrm{d}}{\mathrm{d}\tau} \boldsymbol{Q} = s^{-2} \boldsymbol{P}$$
$$\frac{\mathrm{d}}{\mathrm{d}\tau} \boldsymbol{P} = -s \boldsymbol{V} \boldsymbol{Q} \tag{6.3.20}$$

其中 $\boldsymbol{Q}$、$\boldsymbol{P}$、$\boldsymbol{V}$ 是 2×2 的矩阵:

$$\boldsymbol{Q} = \begin{bmatrix} Q_{11} & Q_{12} \\ Q_{21} & Q_{22} \end{bmatrix}, \quad \boldsymbol{P} = \begin{bmatrix} P_{11} & P_{12} \\ P_{21} & P_{22} \end{bmatrix}, \quad \boldsymbol{V} = \begin{bmatrix} V_{11} & V_{12} \\ V_{21} & V_{22} \end{bmatrix} \tag{6.3.21}$$

矩阵中各个分量定义如下:

$$Q_{ij} = \frac{\partial q_i}{\partial \gamma_j}, \quad P_{ij} = \frac{\partial p_i}{\partial \gamma_j}, \quad V_{ij} = \frac{\partial^2 v}{\partial q_i \partial q_j} \tag{6.3.22}$$

式中,$\boldsymbol{Q}$ 是射线中心坐标 q_1、q_2 到射线参数 γ_1、γ_2 的转换矩阵;$\boldsymbol{P}$ 是慢度矢量 p_1、p_2 到射线参数 γ_1、γ_2 的转换矩阵。

$\boldsymbol{Q}$ 表示从中心射线到旁轴射线的几何扩散,$\boldsymbol{P}$ 没有明显的物理意义。定义一个 2×2 的矩阵 $\boldsymbol{M}$,表示旅行时到中心坐标下的二阶导数。矩阵 $\boldsymbol{M}$ 可以表示如下(Schneider,1995):

$$M_{ij} = \frac{\partial^2 \tau}{\partial q_i \partial q_j} \tag{6.3.23}$$

$$\boldsymbol{M}(\tau) = \boldsymbol{P} \boldsymbol{Q}^{-1} \tag{6.3.24}$$

为了采用 Runge-Kutta 法进行动力学射线追踪,可以采用如下的表达公式:

$$\frac{\mathrm{d}}{\mathrm{d}\tau} \begin{bmatrix} Q_{11} & P_{11} \\ Q_{12} & P_{12} \\ Q_{21} & P_{21} \\ Q_{22} & P_{22} \end{bmatrix} = \begin{bmatrix} s^{-2}P_{11} & -s\left(\dfrac{\partial^2 v}{\partial q_1^2} Q_{11} - \dfrac{\partial^2 v}{\partial q_1 q_2} Q_{21}\right) \\ s^{-2}P_{12} & -s\left(\dfrac{\partial^2 v}{\partial q_1^2} Q_{12} - \dfrac{\partial^2 v}{\partial q_1 q_2} Q_{22}\right) \\ s^{-2}P_{21} & -s\left(\dfrac{\partial^2 v}{\partial q_1 q_2} Q_{11} - \dfrac{\partial^2 v}{\partial q_2^2} Q_{21}\right) \\ s^{-2}P_{22} & -s\left(\dfrac{\partial^2 v}{\partial q_1 q_2} Q_{12} - \dfrac{\partial^2 v}{\partial q_1^2} Q_{22}\right) \end{bmatrix} \tag{6.3.25}$$

对式(6.3.25)进行 Runge-Kutta 法求解,可以求得对应射线路径、振幅、旅行时和相位等相关信息。

5. 振幅加权

克希霍夫叠前深度偏移方法不仅涉及旅行时计算方法，还涉及加权函数，公式（6.3.13）中的加权函数只是示意的表示方式，表示反射系数，并未涉及严格的反演过程表示。Beylkin（1985）、S. V. Goldin（1986）提出了弱散射条件下的逆散射成像反演公式，即著名的 Beylkin 行列式。1987年，Bleisten 将该问题扩展到复杂介质条件下的成像振幅反演公式（Bleisten，1987）。徐升等(2006)提出减少真振幅假象的角道集，真振幅加权方法进入有反演基础理论支撑、实际应用合理简化的阶段。加权函数的理论公式如下：

$$w(\xi,R)=\frac{\sqrt{\cos\alpha_s \cos\alpha_g}}{v_s}\times\frac{|\det(\Gamma_S^T N_{SR}+\Gamma_S^T N_{SR})|}{\sqrt{|\det(N_{SR})|}\sqrt{|\det(N_{GR})|}} \quad (6.3.26)$$

实际应用中，必须对方程（6.3.26）简化。首先，假设射线分支是直的，因此有：

$$w(\xi,R)=\frac{\sqrt{\cos\alpha_s \cos\alpha_g}}{v_s}\left[T_r\left(\frac{T_g}{T_s^2}+\frac{T_s}{T_g^2}\right)+\frac{4L^2H^2\sin^2\alpha}{T_s T_g T_r^2 V_r^4}\right] \quad (6.3.27)$$

其中

$$\cos\alpha_s=\sqrt{1-\left(\frac{\partial T_s}{\partial x_s}\right)^2 v_s^2},\quad \cos\alpha_g=\sqrt{1-\left(\frac{\partial T_g}{\partial x_g}\right)^2 v_g^2}$$

对方程（6.3.13）、方程（6.3.18）或方程（6.3.25）和方程（6.3.27）求解，就得到实际应用中的克希霍夫叠前深度偏移的相对保持真振幅偏移。

6. 应用实例

1）理论模型

下面采用三维 SEG-EAGE 盐丘模型进行了试验。SEG-EAGE 盐丘模型速度参数为：250×250×201，对应的采样间隔分别为40m、40m 和20m，记录长度为4s，采样间隔为8ms。为了考察偏移结果的正确性，分别从 Inline、Crossline 两个垂直方向以及深度(z)水平方向做 3 个切片，检验叠前深度偏移效果。通过偏移剖面（图 6.3.5 至图 6.3.7）可以看到，成像效果良好，断层接触关系清晰。中间的高速体边界成像正确，底层的水平界面水平无弯曲。

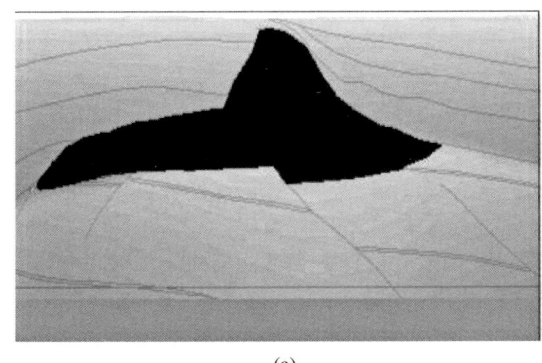
(a)

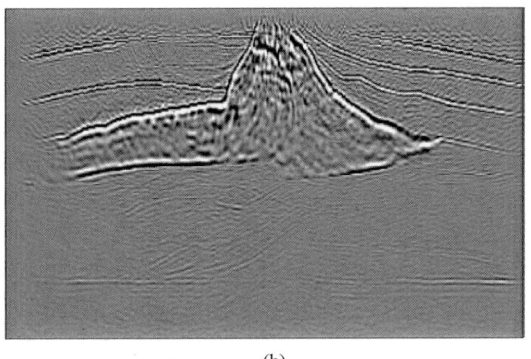
(b)

图 6.3.5　三维盐丘模型（a）及克希霍夫叠前深度偏移成像（b）剖面

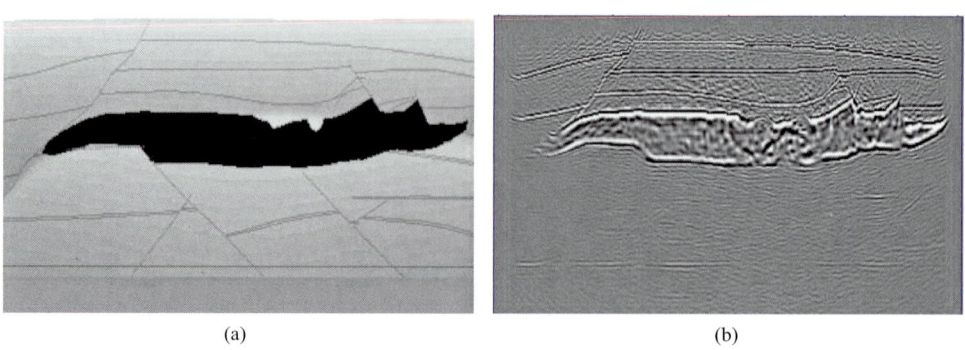

图 6.3.6　三维盐丘模型（a）及克希霍夫叠前深度偏移成像（b）剖面

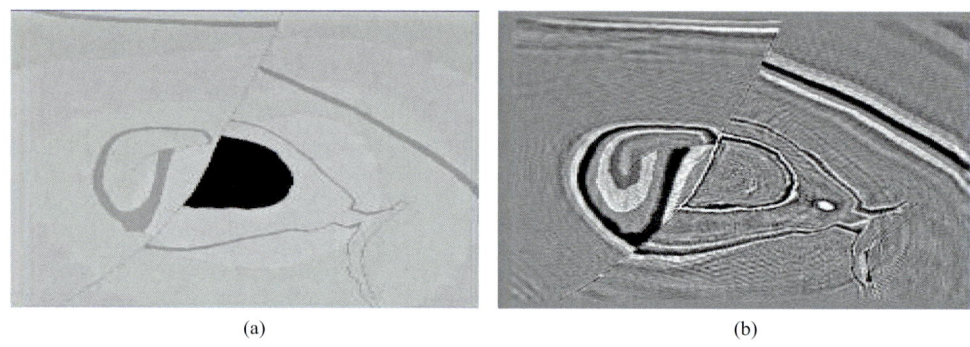

图 6.3.7　三维盐丘模型（a）及克希霍夫叠前深度偏移成像（b）

2）实际资料

实例1：川东某三维工区资料的叠前深度偏移应用分析。

该区域构造位置位于川东，工区内高程在海拔 150~1290m 之间（图 6.3.8），属典型的山地高陡复杂地貌。该区地表地质条件较复杂，三叠系石灰岩、石英砂岩出露面较广，是影响地震资料品质和叠前深度偏移成像的主要因素。

图 6.3.8　川东三维工区高程

从以往资料可以看出，本区构造高陡复杂，特别是构造顶部及潜伏构造同相轴错断、回转波、绕射波交织，速度场纵横向变化大，断层对资料有一定影响，偏移成像难度大（图6.3.9）。

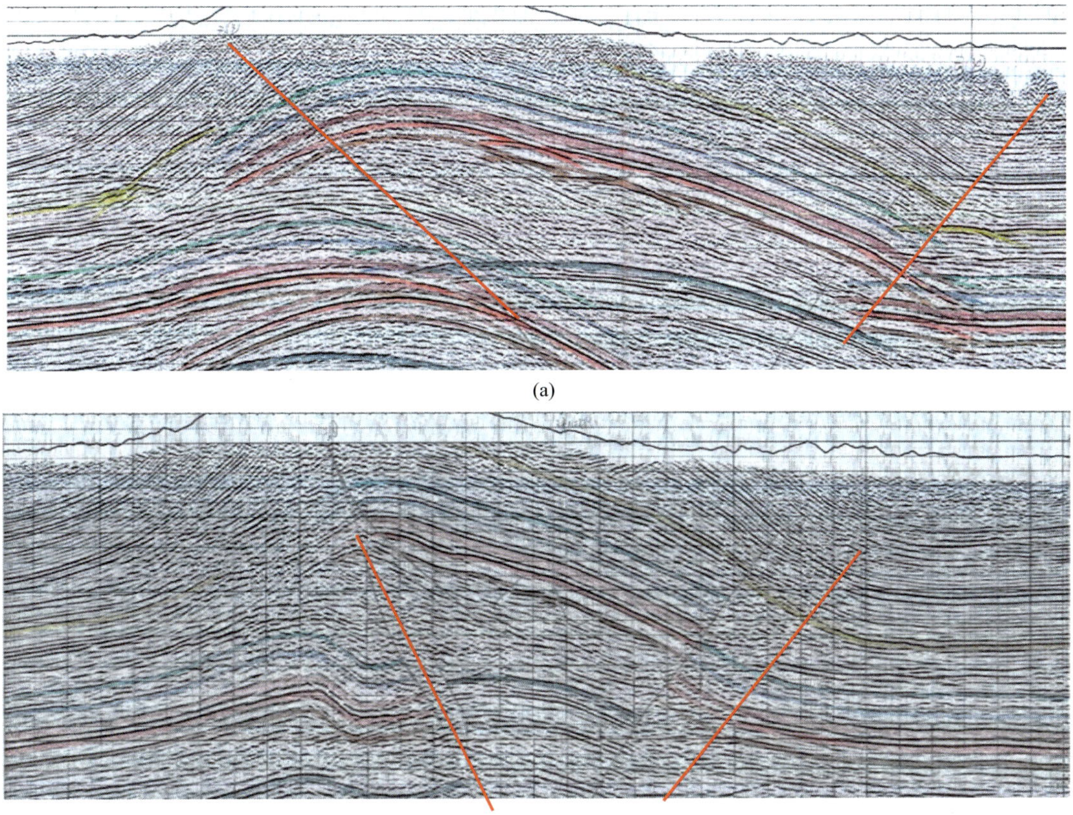

图 6.3.9　前期水平叠加（a）及叠前时间偏移（b）剖面

由于该工区速度场纵横向变化大，回转波、绕射波发育，叠前时间偏移不能满足该工区落实潜伏构造形态的成像需求。

图 6.3.10 为该区叠前深度偏移的深度域层速度模型。

图 6.3.11 至图 6.3.13 为该工区的克希霍夫叠前深度偏移处理剖面。叠前深度偏移处理效果表明：该工区主体构造各组反射层绕射波、回转波得到了合理的归位，构造特征清楚，断面清晰，地层成像刻画准确，能合理地反映出构造特征。主要目的层同相轴的连续性较好，波组特征较清楚明显，地质现象较清楚，为落实该潜伏构造的圈闭规模提供了有力保障。

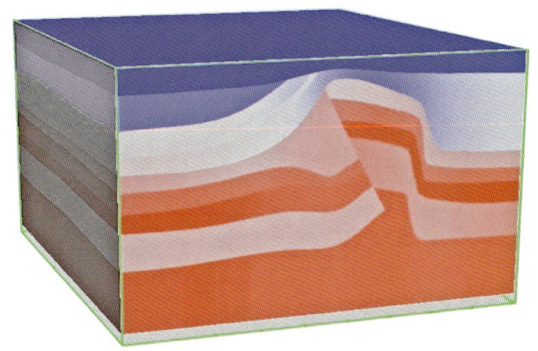

图 6.3.10　工区深度域速度模型

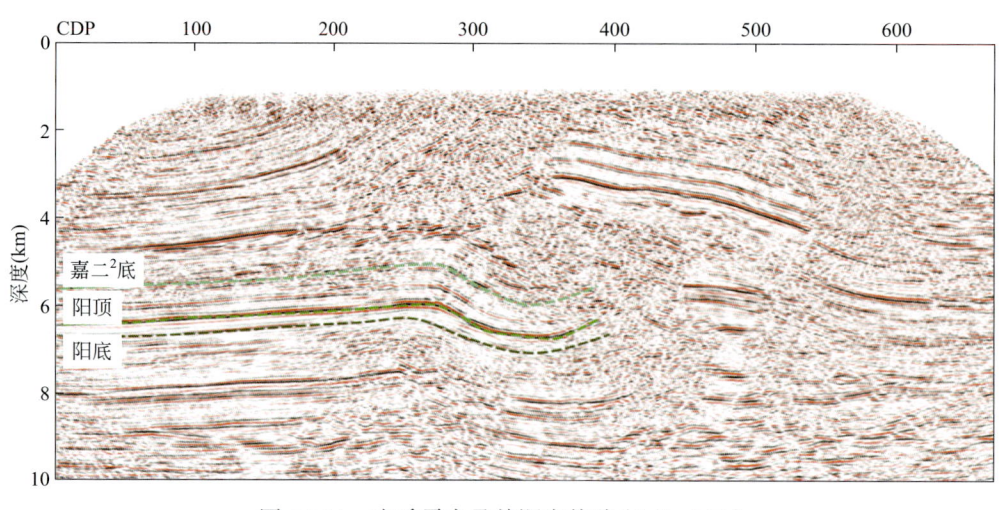

图 6.3.11　克希霍夫叠前深度偏移（Inline300）

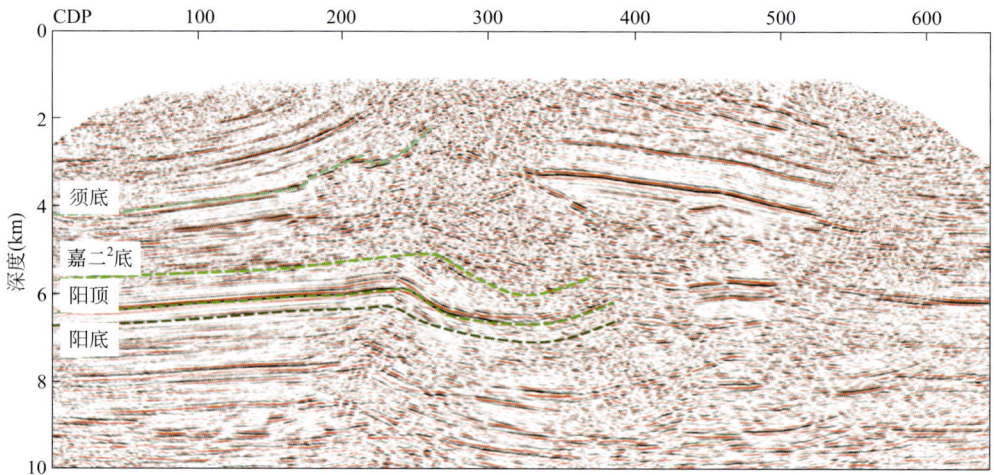

图 6.3.12　克希霍夫叠前深度偏移（Inline500）

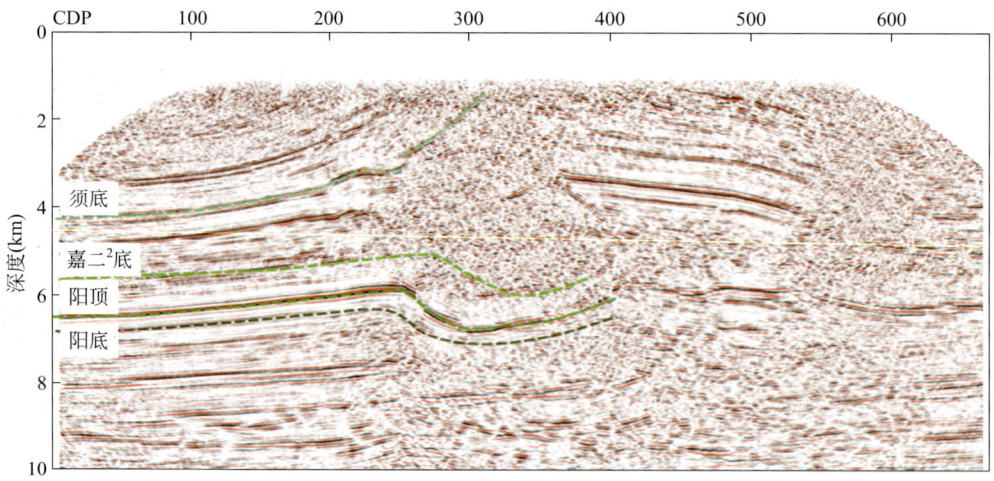

图 6.3.13　克希霍夫叠前深度偏移（Inline700）

图 6.3.14 为叠前深度偏移剖面与叠前时间偏移剖面对比，由图中可看出，叠前深度偏移成像效果明显改善，断面清晰、收敛性强，断点位置准确，更易于正确解释断层；断层归位更准确、形态更清晰，使得地层构造形态清晰可辨。叠前深度偏移剖面该潜伏构造高点位置较叠前时间偏移剖面的位置向左外推了 1.2~1.5km。

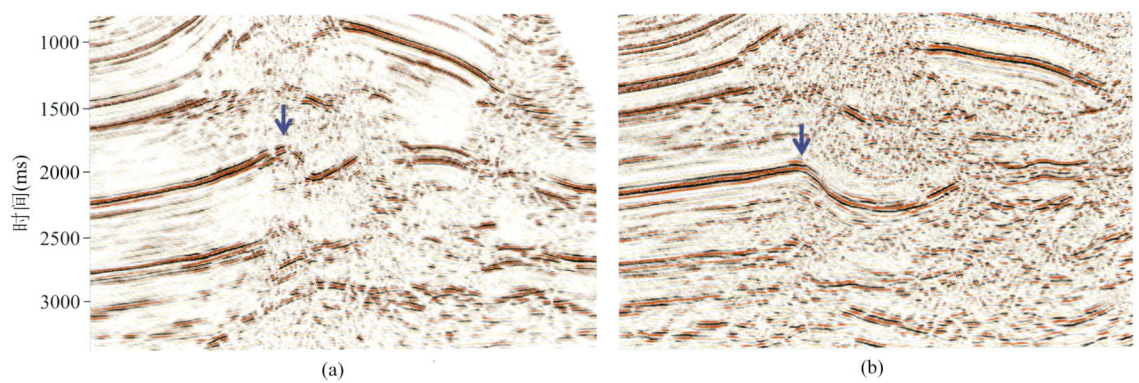

图 6.3.14　叠前时间偏移（a）与叠前深度偏移（b）对比（Inline 460）

另外，消除了由于速度横向变化在时间剖面上引起的构造畸变现象。叠前深度偏移剖面提供了丰富的能量变化关系，较时间偏移有了更加丰富的地质信息；同时，叠前深度偏移剖面构造形态与叠前时间偏移剖面在简单构造区域较为相似，在潜伏构造区域呈现出了明显的变化，这一变化得到钻井资料的证实（图 6.3.15）。叠前深度偏移层位深度误差控制在了 10m 以内，这从另一方面也说明了叠前深度偏移在落实地下构造较叠前时间偏移更有优势。

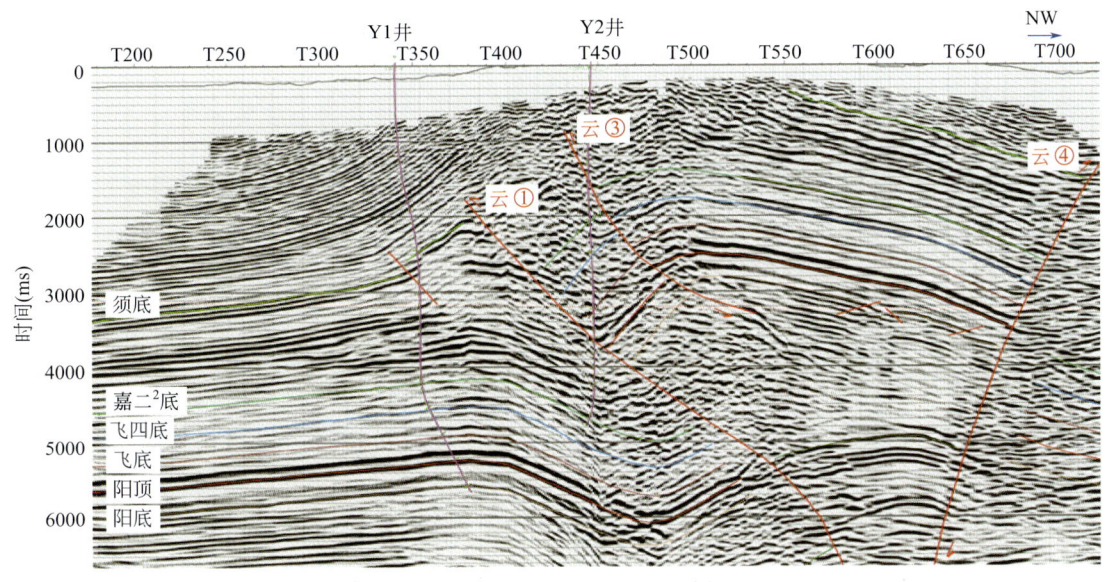

图 6.3.15　叠前深度偏移过井剖面

实例2：川西某三维工区克希霍夫叠前深度偏移应用效果。

该三维工区潜伏构造位于川西盆地，属丘陵—山地地貌，地形起伏大，山区地势陡峭，最高海拔1200m，最低海拔470m，相对高差730m（图6.3.16），构造圈闭规模大。

潜伏构造轴线呈北东向，断层较为发育，多为倾轴逆断层，构造成像受断层影响较大（图6.3.17）。工区地腹构造复杂，断裂发育，地层倾角较大，纵横向速度变化大，断层归位及大断层下盘高精度成像困难。

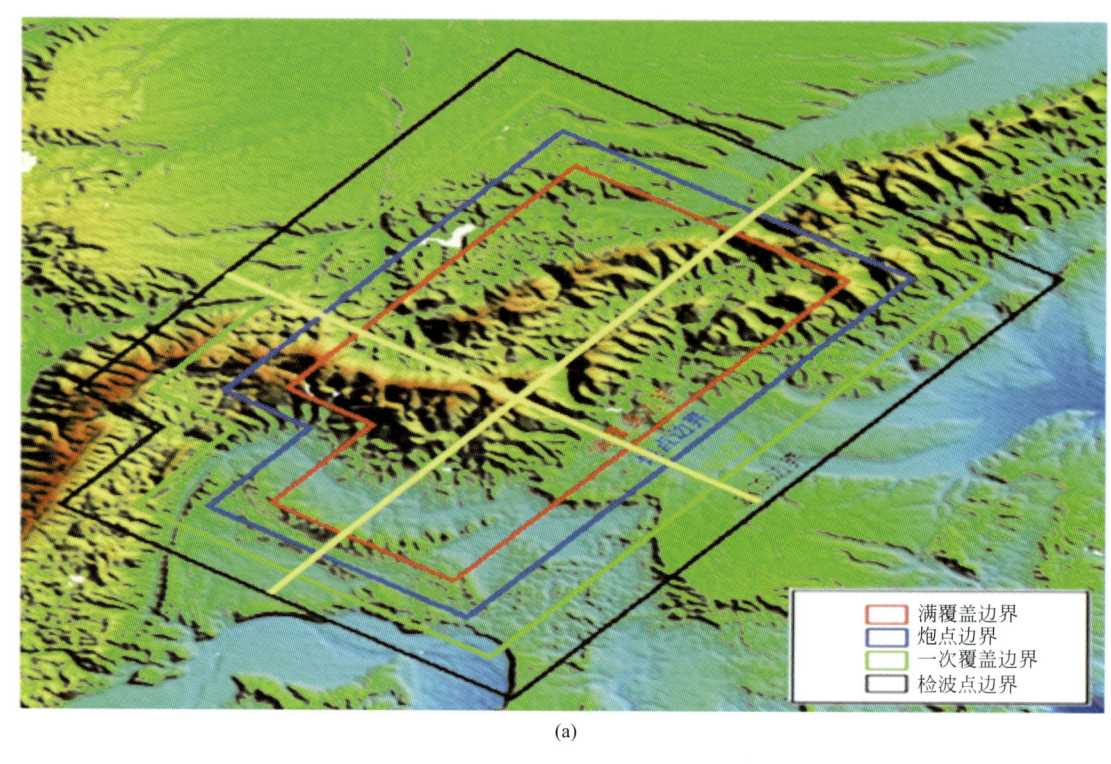

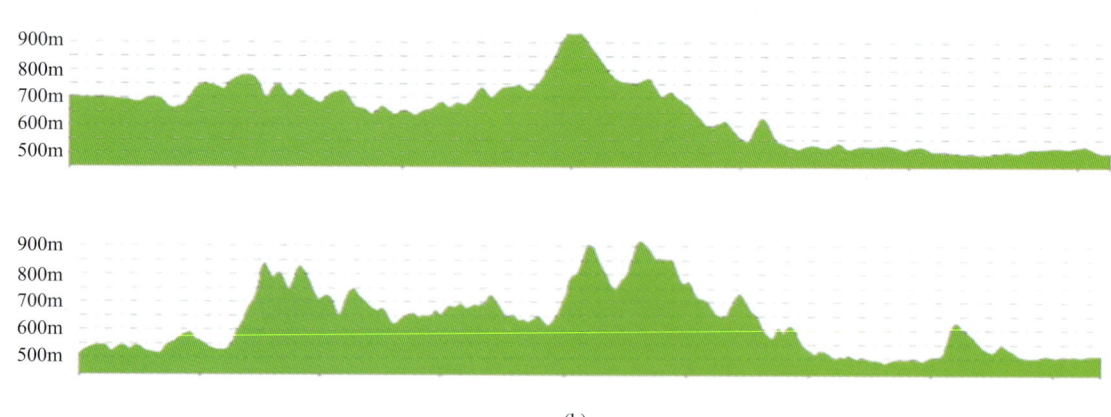

图 6.3.16 川西三维工区高程图
（a）高程平面图；（b）与（a）中黄线对应的高程剖面

叠前深度偏移落实工区的真实构造，能更好地解决复杂绕射、断层下盘构造的偏移成像问题。图6.3.18是该三维工区叠前深度偏移的深度层速度模型。

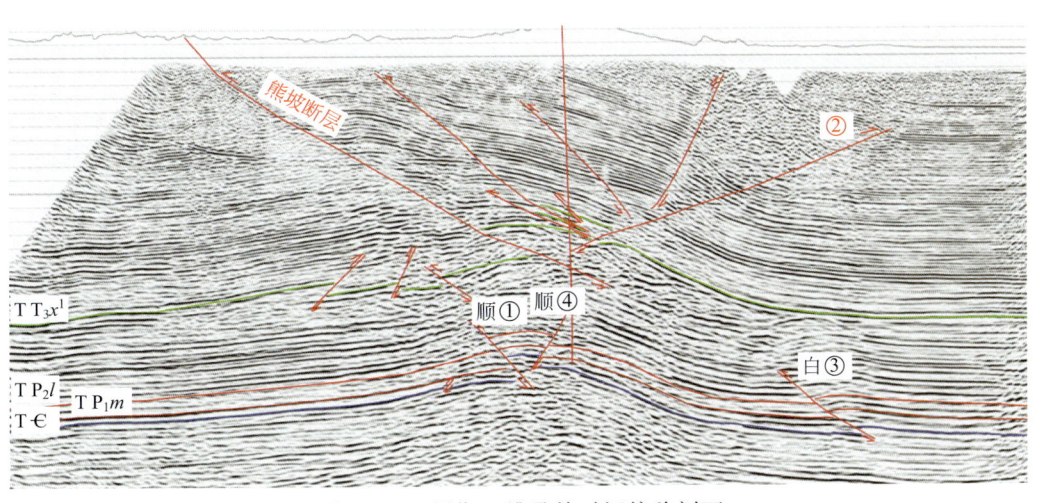

图 6.3.17　早期二维叠前时间偏移剖面

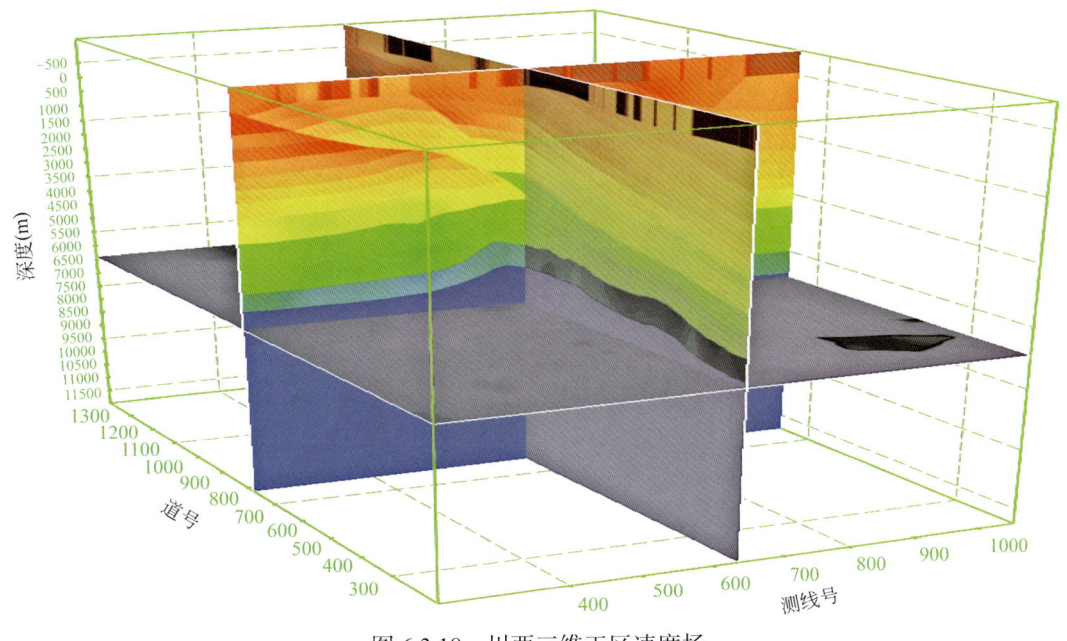

图 6.3.18　川西三维工区速度场

图 6.3.19、图 6.3.20 展示了该三维工区起伏地表克希霍夫叠前深度偏移剖面，偏移剖面成像好，信噪比高，断层变化清晰，构造细节变化清楚、形态可靠，地层尖灭的地质现象清晰，为查清构造细节，落实圈闭规模、高点位置、断层展布格局和钻井布设奠定了资料基础。

图 6.3.21 展示了该工区 Inline700 的起伏地表克希霍夫叠前时间偏移与叠前深度偏移剖面对比。从剖面上可以看出，受速度横向变化的影响，在时间偏移剖面上，构造出现了畸形，构造的空间展布显示不合理；叠前深度偏移成像效果明显改善，断面清晰、收敛性强，断点位置准确，更易于正确解释断层；断层归位更准确、形态更清晰，断层下盘内幕成像更清晰，消除了假象，使得潜伏构造形态更加清晰可辨。

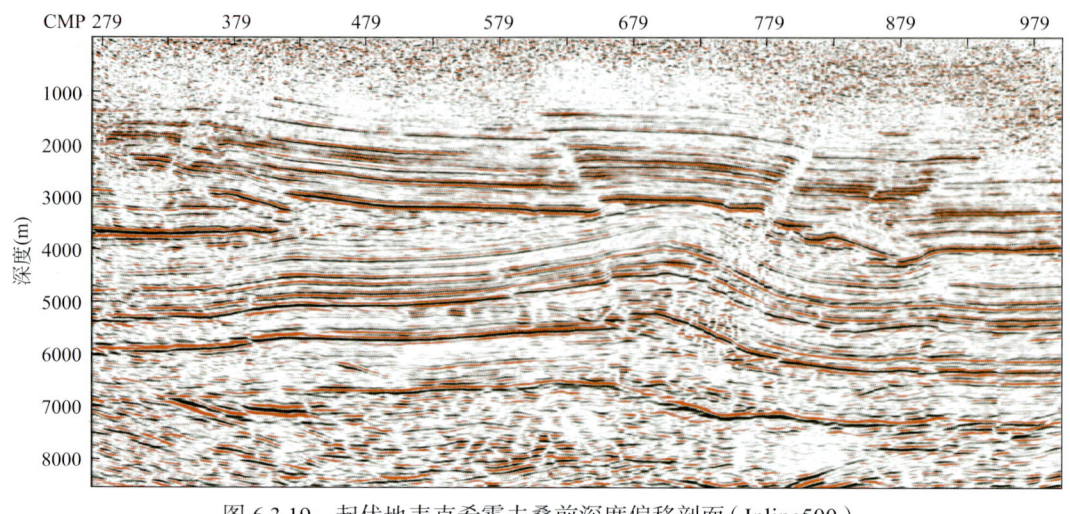

图6.3.19　起伏地表克希霍夫叠前深度偏移剖面（Inline500）

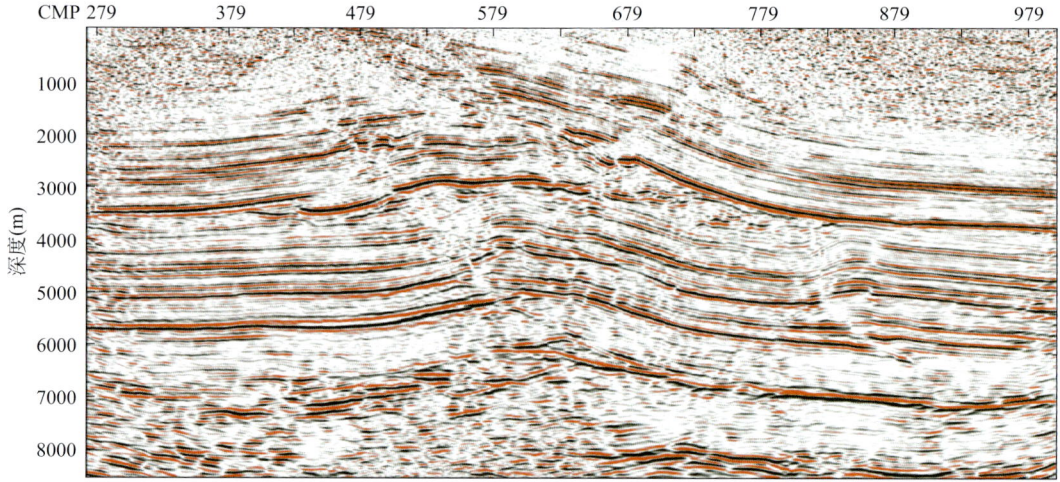

图6.3.20　起伏地表克希霍夫叠前深度偏移剖面（Inline700）

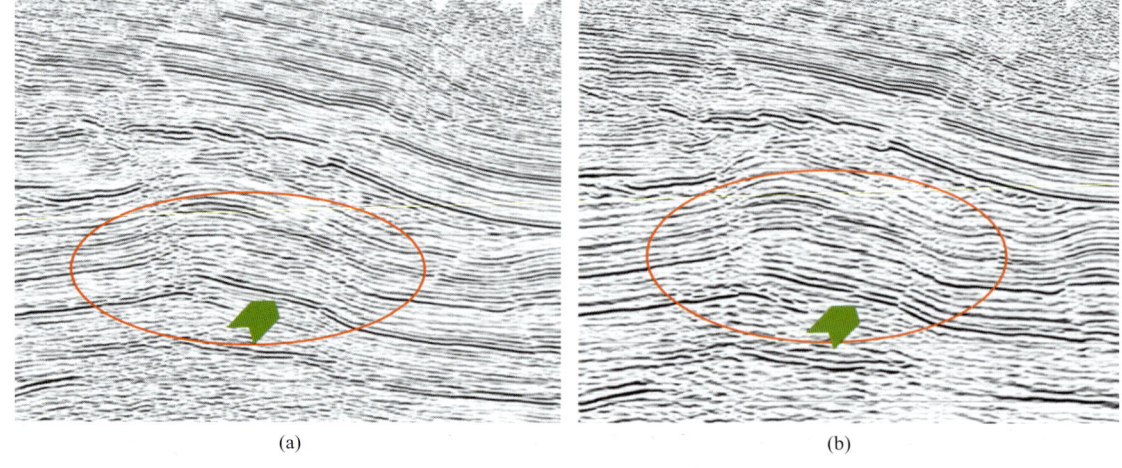

图6.3.21　起伏地表克希霍夫叠前时间偏移（a）与深度偏移（b）剖面对比

过井剖面层位深度与完钻深度进行比较，层位深度误差较小，通过井位验证，证实了起伏地表克希霍夫叠前深度偏移成像的可靠性，如图 6.3.22 所示。通过把深度偏移结果与井资料对比分析，发现其与地质分层吻合较好；地震反射同相轴与测井的合成道吻合率较高。对测井数据合成地震道与井旁偏移地震道进行对比，各主要控制层位与过井的地震数据中相应的同相轴对应。

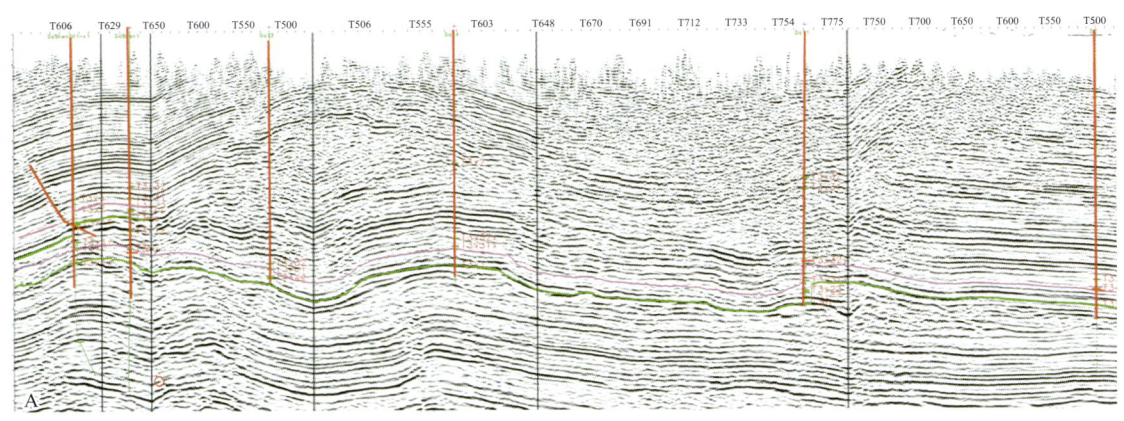

图 6.3.22　潜伏构造连井剖面

三、起伏地表叠前逆时深度偏移

基于波动理论的偏移方法通常是通过求解波动方程计算波场，进而利用时间一致性原理进行成像。由于计算效率的限制，一直以来，以单程波偏移（Claerbout，1971；马在田，1982，1983；张关泉，1986）为主。单程波传播算子在倾角不大时与双程波波动方程有很好的近似，但是对于复杂构造（地层陡倾）的成像误差较大。基于双程波的逆时偏移（McMechan，1983；Whitmore，1983；Baysal，1983）物理概念清晰、算法稳健、成像精确。逆时偏移能自然地处理多路径问题及由速度横向变化引起的聚焦或焦散效应，并具有很好的振幅保持特性，能够解决单程波偏移无法完成的陡倾界面成像及克希霍夫偏移单路径对复杂构造成像精度低的问题。

近年来，在计算机技术的推动下，逆时偏移的计算成本逐渐降低，并得以在工业界应用。鉴于此，针对山地复杂构造成像问题，起伏地表逆时深度偏移的应用是非常必要的。下面介绍逆时偏移的原理和在实际资料处理中的应用。

1. 逆时偏移基本原理

对于波动方程，Courant 和 Hilbert 在 1953 年指出，线性问题 $L(u)=0$，在边界值 $u=f$ 下，通过变量替换 $v=u-f$ 可以将原问题转化为 $L(v)=-L(f)$ 在边界条件 $v=0$ 下的问题，其中 f 可以扩展到解的内部区域。这样实现了源项与边界值项的相互转化。在地震方法中，地震记录就是逆时外推的边界条件。逆时外推就是通过将地震记录像震源一样沿着逆时方向进行传播，恢复实际波传播的过程。

而地震正演，就是通过激发震源，在地面记录波场的过程。这个过程可以通过数学物理方程进行表述，见式（6.3.28）和式（6.3.29）。

波动方程正演——波的正向传播过程：

$$\frac{1}{v^2}\frac{\partial^2 p_f(x,y,z,t)}{\partial t^2} = \left(\frac{\partial^2}{\partial x^2}+\frac{\partial^2}{\partial y^2}+\frac{\partial^2}{\partial z^2}\right)p_f(x,y,z,t)+s(x,y,z,t) \quad (6.3.28)$$

式中，s 表示激发的地震子波。

波动方程逆时外推——波的逆时传播过程：

$$\frac{1}{v^2}\frac{\partial^2 p_b(x,y,z,t)}{\partial t^2} = \left(\frac{\partial^2}{\partial x^2}+\frac{\partial^2}{\partial y^2}+\frac{\partial^2}{\partial z^2}\right)p_b(x,y,z=0,t) \quad (6.3.29)$$

$$p_b(x,y,z=0,t) = R(x,y,z=0,t)$$

式中，R 表示接收到的地震记录。

利用式（6.3.28）和式（6.3.29）计算出正向传播的波场 p_f 和逆向传播的波场 p_b，便可以应用成像条件进行成像，获得偏移成像剖面。

叠前逆时偏移成像条件与叠前单程波偏移成像条件原理相同，即时间一致性原理，反射波在发生反射的时间，即波从震源到反射点的传播时间，与地表接收到该点反射波的时间减去该波回传到反射点的时间一致。上述公式中的 p_f 和 p_b 就是计算出有时间概念的波场快照，运用时间一致性原理，基本成像公式如下：

$$I(x,y,z) = \int_0^{t_{max}} p_f(x,y,z,t) p_b(x,y,z,t) \mathrm{d}t \quad (6.3.30)$$

该成像公式是最基本的成像公式，其成像结果不保幅，而且相位也不正确，在实际偏移中常采用如下的成像公式，即反褶积成像公式，保证振幅的正确性：

$$I(x,y,z) = \frac{\int_0^{t_{max}} p_f(x,y,z,t) p_b(x,y,z,t) \mathrm{d}t}{\int_0^{t_{max}} p_f(x,y,z,t) p_f(x,y,z,t) \mathrm{d}t} \quad (6.3.31)$$

上述成像条件可以进行修改，加入计算角度信息等内容，可以根据传播角度衰减逆时偏移成像过程中的噪声。上面只是讨论了逆时偏移的基本数学方法，由基本的数学方法到实际的数值计算还包括高阶有限差分数值计算、吸收边界条件和逆时偏移噪声消除等方面内容。下面一一进行介绍。

2. 高阶有限差分数值计算

在正演模拟及逆时偏移中，当利用截断误差为 $O(\Delta x^2, \Delta y^2, \Delta z^2, \Delta t^2)$ 的差分格式时，为保证频散较小及递推过程稳定，差分网格要求取得非常小，这样计算需要的计算机内存及运算时间会大大增加。Dablain（1986）和 Mufti（1990，1996）提出利用高阶差分方程来进行上述数值计算。利用高阶差分方程时，网格值可以取得大些，而计算精度并不降低。在此，称截断误差高于四阶的差分方程为高阶差分方程，三维声波方程的高阶差分方程可以用统一的方式推导出来。

三维声波方程为：

$$\frac{\partial^2 p}{\partial x^2}+\frac{\partial^2 p}{\partial y^2}+\frac{\partial^2 p}{\partial z^2} = \frac{1}{v^2(x,y,z)}\frac{\partial^2 p}{\partial t^2} \quad (6.3.32)$$

式中，$p(x,y,z,t)$ 为地表记录的压力波场；$v(x,y,z)$ 为纵横向可变的介质速度。

为推导出方程（6.3.32）的离散差分格式，需把观测对应的地下介质分布区域或要进行地震波模拟的模型区域离散化，即把它们剖分成一个个的块（如小矩形块）。同时，波场以离散网格点 (i,j,k) 为中心进行 Taylor 展开，最终得到统一的 M 阶精度的公式，如式（6.3.33）。

$$p_{i,j,k}^{n-1} = 2p_{i,j,k}^n - p_{i,j,k}^{n+1} + \frac{1}{2}\left(\frac{v\Delta t}{\Delta x}\right)^2 \left[C_{M0}^2 p_{i,j,k}^n + \sum_{m=1}^{\frac{M}{2}} C_{Mm}^2 \left(p_{i+m,j,k}^n + p_{i-m,j,k}^n\right)\right]$$

$$+ \frac{1}{2}\left(\frac{v\Delta t}{\Delta y}\right)^2 \left[C_{M0}^2 p_{i,j,k}^n + \sum_{m=1}^{\frac{M}{2}} C_{Mm}^2 \left(p_{i,j+m,k}^n + p_{i,j-m,k}^n\right)\right]$$

$$+ \frac{1}{2}\left(\frac{v\Delta t}{\Delta z}\right)^2 \left[C_{M0}^2 p_{i,j,k}^n + \sum_{m=1}^{\frac{M}{2}} C_{Mm}^2 \left(p_{i,j,k+m}^n + p_{i,j,k-m}^n\right)\right] \quad (6.3.33)$$

差分系数是根据 Taylor 展开，并进行线性方程组的计算求解得到的。下面给出计算差分系数的公式。

公式（6.3.34）是一阶导数离散的差分系数公式，j 代表从 0 到 M 不同位置的标识。

$$\begin{cases} C_{M,j}^1 = \dfrac{(-1)^{j+1}(M/2)!^2}{j(M/2+j)!(M/2-j)!}, & j = \pm1, \pm2, \cdots, \pm M/2 \\ C_{M,j}^1 = 0, & j=0 \end{cases} \quad (6.3.34)$$

通过公式（6.3.34）计算出一阶导数的差分系数，可以计算出二阶导数差分系数当 j 不等于 0 的系数：

$$C_{M,j}^2 = 2C_{M,j}^1 / j, \; j = \pm1, \pm2, \cdots, \pm M/2 \quad (6.3.35)$$

当 $j=0$ 时，用式（6.3.36）计算差分系数：

$$C_{M,0}^2 = -2\sum_{i=1}^{M/2} 1/i^2 \quad (6.3.36)$$

3. 声波方程吸收边界条件

数值模拟的边界问题处理，通常采用吸收边界。吸收边界可以分为几大类。第一类为吸收衰减方法；第二类为单程波方法；第三类为双程波阻尼方法。吸收衰减方法主要用于伪谱法，也用于有限差分方法，在有限差分方法中，需要对正演的范围扩大，并且扩大的网格数目较多，故在有限差分中很少用。单程波方法主要利用波在边界上进行单一方向传播，从而达到吸收衰减的目的，但是由于单程波方法吸收效果的好坏在于波传播的方向，如果波传播的方向与边界方向一致，吸收效果最好；如果不一致，就会产生少量的反射，吸收效果不好。双程波阻尼方法利用了双程波的方程类别中的阻尼方法，其阻尼因子变化就好像波遇到渐变的吸收层一样，这个渐变的吸收层可以用双程波阻尼方程进行描述。这类方法只需要在模型周围加很少的网格数,就可以实现吸收衰减。这类方法是目前吸收效果最好、效率适中的方法。

最佳匹配层(PML)吸收边界条件(Berenger,1994)有多年研究历史,最早是一阶偏微分方程组的形式,后来研究演变出一种近似的最佳匹配层(NPML)吸收边界条件(Cummer,2003)。该方法的最大优点是具有二阶偏微分方程的形式,实现简单,且吸收效果与 PML 一致,能实现逆时偏移节约存储和降低计算量的目的。

下面是三维最佳匹配层吸收边界条件公式。公式中有两组辅助公式计算吸收边界的波场和二阶偏微分方程。其中的 σ_x、σ_y、σ_z 是 3 个方向上的吸收系数。

$$\frac{1}{v^2}\frac{\partial^2 p}{\partial t^2} = \frac{\partial^2 q}{\partial x^2} + \frac{\partial^2 q}{\partial y^2} + \frac{\partial^2 q}{\partial z^2} + \frac{\partial(\sigma_x v_x)}{\partial x} + \frac{\partial(\sigma_y v_y)}{\partial y} + \frac{\partial(\sigma_z v_z)}{\partial z} \quad (6.3.37)$$

$$\begin{cases} \dfrac{\partial q_x}{\partial t} + \sigma_x q_x = \dfrac{\partial p}{\partial t} \\ \dfrac{\partial q_y}{\partial t} + \sigma_y q_y = \dfrac{\partial p}{\partial t} \\ \dfrac{\partial q_z}{\partial t} + \sigma_z q_z = \dfrac{\partial p}{\partial t} \end{cases} \quad (6.3.38)$$

$$\begin{cases} \dfrac{\partial v_x}{\partial t} + \sigma_x v_x = \dfrac{\partial q_x}{\partial x} \\ \dfrac{\partial v_y}{\partial t} + \sigma_y v_y = \dfrac{\partial q_y}{\partial y} \\ \dfrac{\partial v_z}{\partial t} + \sigma_z v_z = \dfrac{\partial q_z}{\partial z} \end{cases} \quad (6.3.39)$$

从正演的波场快照可以看出,NPML 吸收边界具有良好的吸收效果,如图 6.3.23 所示。

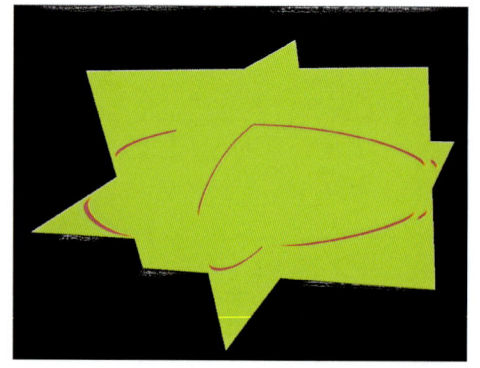

图 6.3.23　NPML 吸收边界条件下的波场快照

此外,通过计算上述方程,得到吸收边界条件下的地震记录。图 6.3.24 展示了施加 NPML 吸收边界条件后的地震正演记录,其边界反射被吸收得非常好,没有出现边界反射。

4. 叠前逆时偏移低频噪声衰减

逆时偏移的低波数强振幅的假象(噪声)问题是其实际应用中的另一个问题。针对这一问题,首先分析逆时偏移假象产生的原因,按照滤波和方向分解成像条件两种思路讨论噪声衰减:假象和构造信息在波数域内没有明确的界限,滤波法有其局限性,不能完全去除假象,保留构造信息,但滤波法几乎不增加计算成本,是一种快速、经济的去噪方法。波场方向分解成像即成像时加以方向限制,当震源波场与检波点波场方向相反时进行互相关。

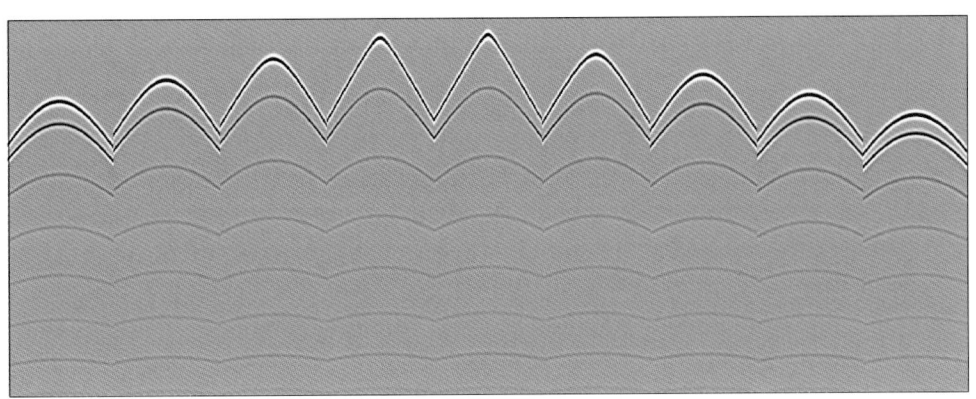

图 6.3.24　NPML 吸收边界条件下地震正演记录

1）逆时偏移假象产生的原因

互相关成像条件是基于 Claerbout（1971）上下行波之比的思想推导得出。当应用在逆时偏移中，以震源波场 $S(x,z,t)$ 代替上行波场 $U(x,z,t)$，以检波点波场 $R(x,z,t)$ 代替下行波场 $D(x,z,t)$。因此，逆时偏移求解全波动方程正向延拓得到震源波场，反向延拓得到检波点波场，再进行互相关。然而，求解全波动方程意味着震源波场和检波点波场中同时包含上行波和下行波，而希望得到的是入射波与反射波之比（方向相反的互相关）。传统的互相关成像条件是不加方向区分的互相关，成像结果中包含了相反方向互相关（S_u*R_d、S_d*R_u）得到的构造信息，同样也包含了相同方向互相关（S_d*R_d、S_u*R_u）得到的假象（Liu，2007）。

$$\begin{cases} S(x,z,t) = S_u(x,z,t) + S_d(x,z,t) \\ R(x,z,t) = R_u(x,z,t) + R_d(x,z,t) \end{cases} \quad (6.3.40)$$

$$I(x,z) = \int S(x,z,t)R(x,z,t)\mathrm{d}t = \int S_u R_u \mathrm{d}t + \int S_d R_d \mathrm{d}t + \int S_u R_d \mathrm{d}t + \int S_d R_u \mathrm{d}t \quad (6.3.41)$$

目前去除假象的方法主要有两种思路：滤波和区分方向成像。下面就这两种思路中的典型方法进行比较。

2）滤波法

滤波法的思路主要基于假象和构造信息在波数域内的差异。相同方向互相关带来的假象在波的传播路径上变化不大，相对于构造信息波数较低。对成像结果进行滤波，一定程度上可以去除假象。滤波法简单直接，几乎不增加计算成本。但由于假象和构造在波数域内往往没有严格的区分，因此滤波法不能从根本上解决问题，得到的结果一方面不能将低频假象完全滤除，另一方面会影响部分的构造信息。因此滤波法是一种快速、直接但不精细的去噪方法。

a. 导数滤波

导数滤波是最为直接的方法，通常是对成像结果在 z 方向求一阶或二阶导数，相当于突出了 z 方向上的高频信息，压制了低波数的假象。图 6.3.25（a）为理论模型滤波前偏移结果，图 6.3.25（b）为 z 方向上求取二阶导数后的结果。图中假象基本滤除，但从图中标识的地方可以看出，对 z 方向上求导会滤除倾角较大的高陡界面。

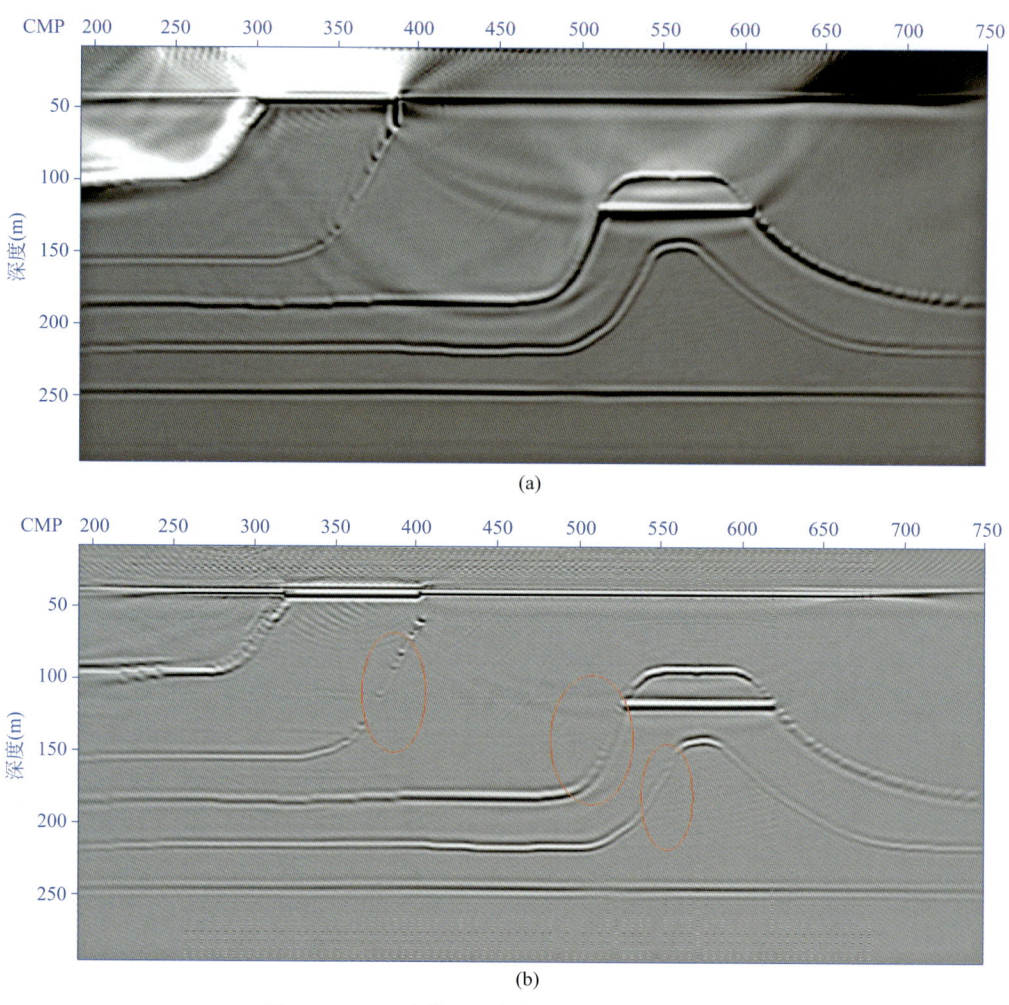

图 6.3.25　理论模型 z 方向二阶导数滤波去噪
（a）滤波前；（b）滤波后

b. Laplace 滤波

针对上述导数滤波的缺点，Youn 和 Zhou（2001）将 Laplace 滤波引入逆时偏移假象去除之中。对成像结果施加 Laplace 算子克服导数滤波滤除陡倾构造的缺陷，可以较高质量地滤除假象，保留构造信息。

$$I_\mathrm{L}(x,y,z)=\left(\frac{\partial^2}{\partial^2 x}+\frac{\partial^2}{\partial^2 y}+\frac{\partial^2}{\partial^2 z}\right)I(x,y,z) \qquad (6.3.42)$$

式中，$I(x,y,z)$ 为去噪前成像剖面，$I_\mathrm{L}(x,y,z)$ 为 Laplace 滤波后的结果。

图 6.3.26 展示了 Laplace 去除假象的效果，与图 6.3.25（b）对比可以看出，Laplace 滤波较好地滤除了假象，达到了去噪的目的。

3）波场方向分解法

从上面分析假象的产生原因可知，如果在传统的互相关成像条件基础上，成像时区分波场的方向，将是抑制假象产生的根本途径。

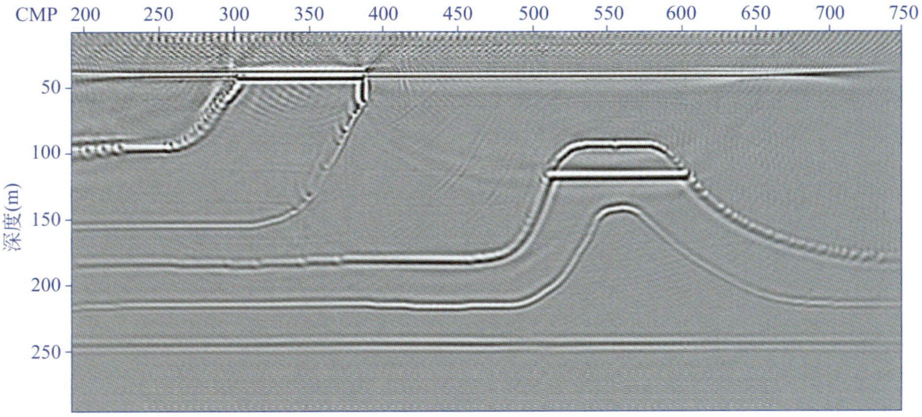

图 6.3.26　理论模型 Laplace 滤波去噪

a. 坡印廷矢量成像条件

Yoon（2006）提出使用坡印廷矢量计算能量的传播方向，其定义式为：

$$\boldsymbol{p} = -\frac{1}{2}\text{Re}(\boldsymbol{v} \cdot \sigma) \tag{6.3.43}$$

式中，$\boldsymbol{p}$ 表示坡印廷矢量；$\boldsymbol{v}$ 为质点速度；σ 为应力。

对于声波，应力与声压量纲一致，且声压为标量，因此有：

$$\boldsymbol{p} \propto \boldsymbol{v} \cdot p \tag{6.3.44}$$

其中 p 为声压。

由于

$$\boldsymbol{v} = \frac{\partial \boldsymbol{u}}{\partial t} \propto \frac{\partial}{\partial t}\nabla p \tag{6.3.45}$$

因此

$$\boldsymbol{p} \propto p\frac{\partial}{\partial t}\nabla p \tag{6.3.46}$$

坡印廷矢量代表了波场能量的传播方向，因此，可以通过求取坡印廷矢量得到源波场与外推波场的传播方向，进而求得两者的夹角，对成像角度进行限制，抑制假象。设计两层模型，上层速度为1600m/s，下层速度为2000m/s，水平距离为8000m，垂直深度为2000m。地表4000m处设置震源，速度模型采用10m×10m网格剖分，时间采样间隔1ms。图 6.3.27（a）（b）为互相关成像条件和施加 120°方向限制的坡印廷矢量成像条件后的偏移结果。由图可见，对于简单模型，坡印廷矢量成像条件去除了大部分假象；当模型较为复杂时，空间上某点的波场是很多方向波场的叠加，坡印廷矢量代表了能量的平均的传播方向，不能精确描述每个方向的波场，因此该成像条件在复杂构造中将不再适用。

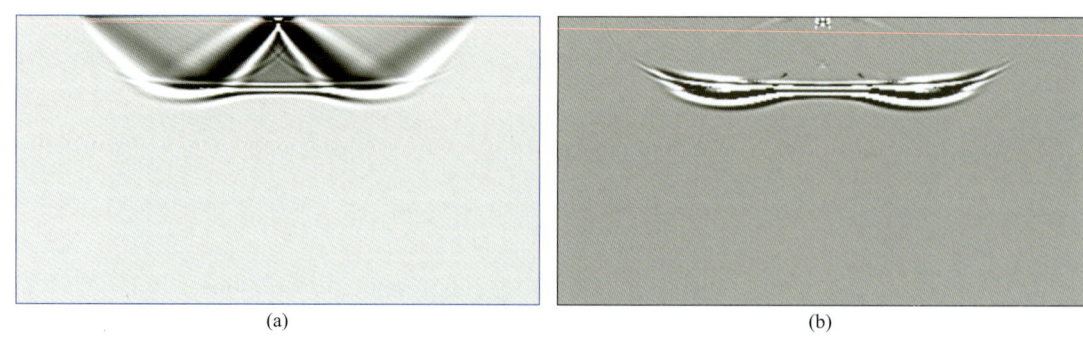

图 6.3.27 两层模型逆时偏移
(a) 互相关成像；(b) 坡印廷矢量成像

b. 倾斜叠加方向分解

当波场传播复杂时，计算波场的传播方向不能够实现区分方向的互相关。Yan 和 Xie（2009）提出使用倾斜叠加方法实现全方位局部角度域成像：

$$G(\theta, \boldsymbol{x}, \tau) = \frac{C(\tau, \theta)}{N} \sum_{i=1}^{N} W(\boldsymbol{x}'_i - \boldsymbol{x}) G(\boldsymbol{x}'_i, t = \tau + \boldsymbol{p} \cdot (\boldsymbol{x}'_i - \boldsymbol{x})) \quad (6.3.47)$$

式中，$G(\boldsymbol{x}, \tau)$ 为源波场 $S(\boldsymbol{x}, \tau)$ 或检波点波场 $R(\boldsymbol{x}, \tau)$；W 为窗函数；N 为窗函数长度；θ 为波场传播方向；$\boldsymbol{p} = (\sin\theta/v, \cos\theta/v)$ 为慢度向量；$C(\tau, \theta)$ 为改善分辨率的函数（Bradshaw，Ng，1987）；$\boldsymbol{x}'$ 表示第 i 道的坐标矢量；$\boldsymbol{x}$ 表示成像点的坐标矢量。

采用高斯窗，对如图 6.3.25 所示的理论模型第 40 炮源波场进行波场分解。图 6.3.28 为方向分解结果，表明倾斜叠加方法可以对延拓波场进行 360° 方向分解，施加限制方向的成像条件因计算成本太高，降低了在逆时偏移去噪中的实用性。

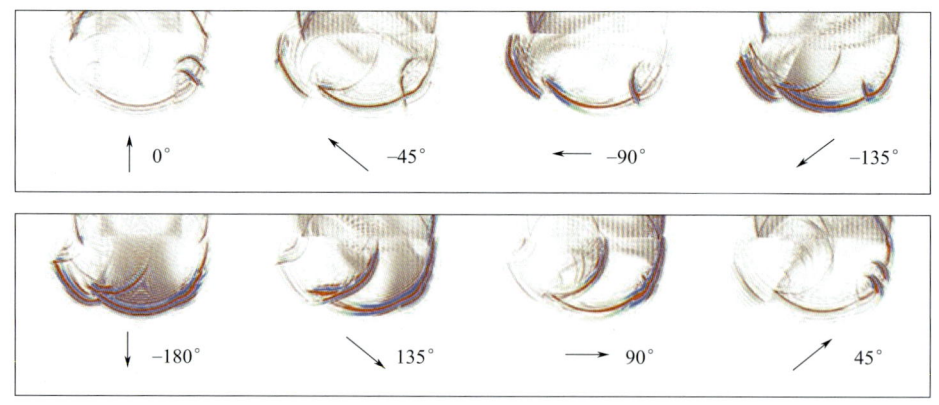

图 6.3.28 倾斜叠加波场方向分解

c. 上下、左右行波分解成像

将波场进行 360° 方向分解计算量巨大，因此，高效地将波场分为上下、左右行波，分别进行成像是一种切实可行的策略（Liu，2007）。Liu（2010）基于这种思想，推导出高效的上下、左右行波成像条件：

以震源波场上下行成像为例，在频率波数域内，有：

$$S_d(\omega,k_z) = \begin{cases} S(\omega,k_z), & \omega k_z \geqslant 0 \\ 0, & \omega k_z < 0 \end{cases} \quad (6.3.48)$$

$$S_u(\omega,k_z) = \begin{cases} S(\omega,k_z), & \omega k_z < 0 \\ 0, & \omega k_z \geqslant 0 \end{cases} \quad (6.3.49)$$

由于不存储全部的源波场和检波点波场，因此无法在频率域内完成式（6.3.48）、式（6.3.49）。但注意到对于某个单一的频率，k_z 的正负即代表了不同的方向。

由频率域内成像条件：

$$I(x,y,z) = \int [s_d^*(\omega,z)r_u(\omega,z) + s_u^*(\omega,z)r_d(\omega,z)]\mathrm{d}\omega \quad (6.3.50)$$

可以定义 S_+、S_- 如下：

$$S_+(\omega,k_z) = \begin{cases} S(\omega,k_z), & k_z \geqslant 0 \\ 0, & k_z < 0 \end{cases} \quad (6.3.51)$$

$$S_-(\omega,k_z) = \begin{cases} 0, & k_z \geqslant 0 \\ S(\omega,k_z), & k_z < 0 \end{cases} \quad (6.3.52)$$

因此有：

$$S_u(\omega,k_z) = \begin{cases} S_+(\omega,k_z), & \omega \geqslant 0 \\ S_-(\omega,k_z), & \omega < 0 \end{cases} \quad (6.3.53)$$

$$S_d(\omega,k_z) = \begin{cases} S_-(\omega,k_z), & \omega \geqslant 0 \\ S_+(\omega,k_z), & \omega < 0 \end{cases} \quad (6.3.54)$$

将式（6.3.53）、式（6.3.54）代入式（6.3.50）中，并转换到时间域得到新的成像条件（Liu，2010）：

$$I(\boldsymbol{x}) = \int [S_+^*(\boldsymbol{x},t)R_-(\boldsymbol{x},t) + S_-^*(\boldsymbol{x},t)R_+(\boldsymbol{x},t)]\mathrm{d}t \quad (6.3.55)$$

式中，S_+、R_+、S_-、R_- 为复数；* 表示共轭。

图 6.3.29（a）为使用波场分解成像条件的成像结果，新的成像条件可以较好地抑制噪声的产生，尤其对于强速度分界面更为明显。图 6.3.29（b）为波场分解成像条件加 Laplace 滤波的结果。因此，综合考虑计算成本和去噪效果，波场分解成像条件和滤波结合使用是不错的去除假象策略。

5. 应用实例

1）潜伏构造逆时偏移

工区为典型的丘陵山地地貌，相对高差大，具有地表复杂、地下复杂特点，逆掩断层发育，速度纵横向变化大。成像难点在于：断层下盘成像不清晰，断层面模糊，浅层成像信噪比不高。下面是逆时偏移与克希霍夫偏移的比较。

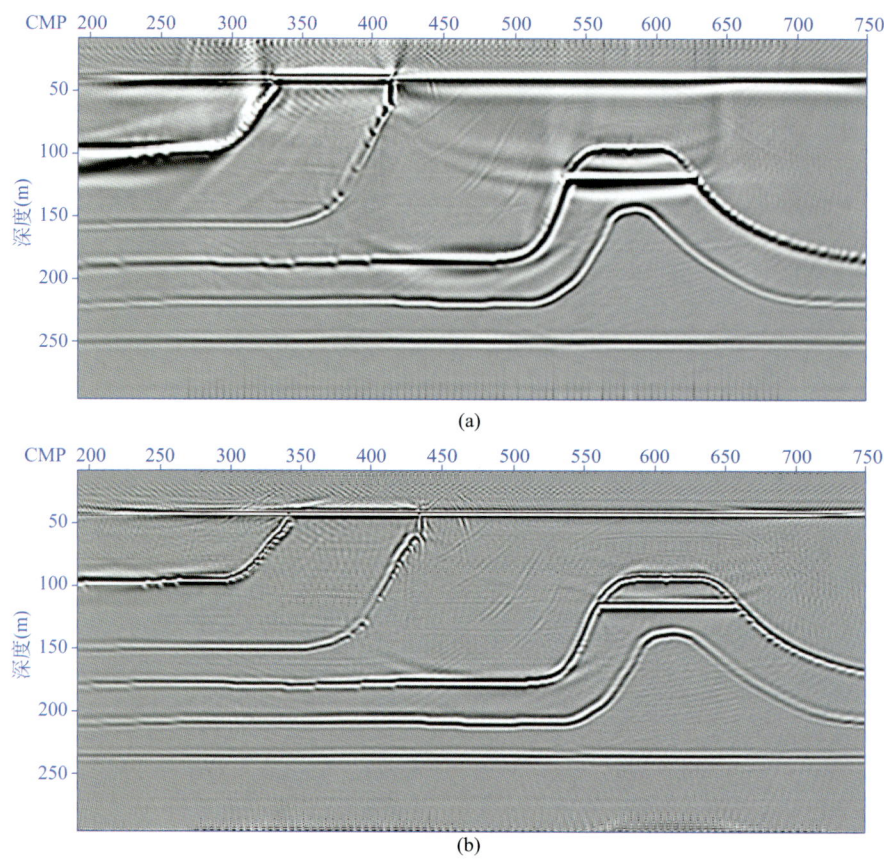

图 6.3.29 波场分解成像条件的成像结果
(a) 波场分解成像条件；(b) 波场分解成像条件加 Laplace 滤波

图 6.3.30 是 Inline1000 的克希霍夫叠前深度偏移，图 6.3.31 是 Inline1000 的叠前逆时深度偏移。通过对比可见，逆时偏移在断层成像、断层面成像、小断层成像、断点成像上明显优于克希霍夫叠前深度偏移。

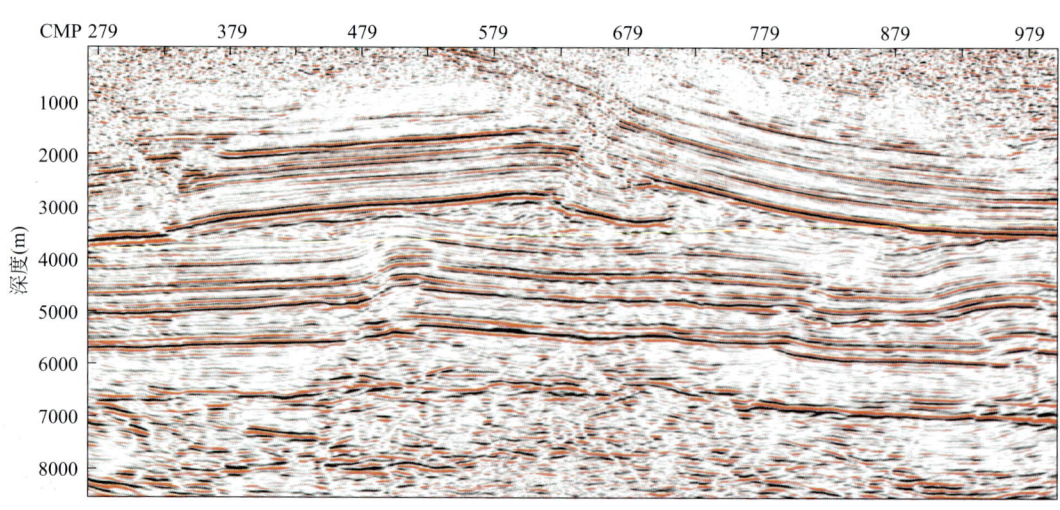

图 6.3.30 克希霍夫叠前深度偏移（Inline1000）

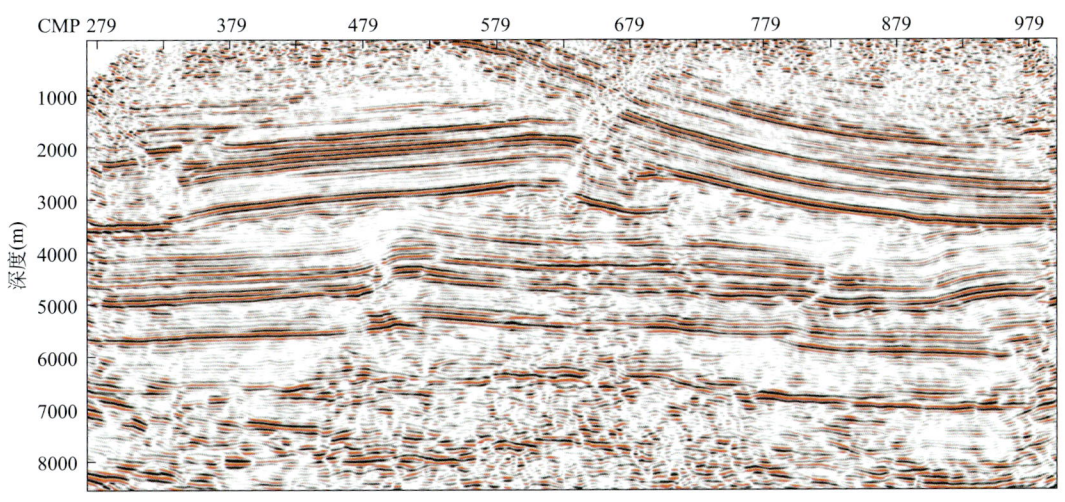

图 6.3.31 叠前逆时深度偏移（Inline1000）

2）碳酸盐岩缝洞逆时偏移成像

奥陶系碳酸盐岩缝洞型储层是我国西部地区重要的勘探目标类型，具有埋藏深、波场复杂、非均质性强的特点，地震精确成像难度非常大。逆时偏移能够处理多路径问题以及由速度变化引起的聚焦或焦散效应，另一方面，逆时偏移还可以利用多次反射波进行成像，可以更准确地将缝洞型储层在纵横向上定位，因此是最适合缝洞型储层成像的偏移方法。图 6.3.32 与图 6.3.33 为我国西部某区地震资料三维逆时偏移与克希霍夫偏移成像的对比图，可以看到逆时偏移成像效果良好，尤其是在奥陶系碳酸盐岩目的储层成像中取得良好效果，对描述缝洞型储层的"串珠"成像清晰，聚焦好，"串珠"与周围构造振幅差异明显。从图 6.3.32 可见，"串珠"清晰、特征明显。

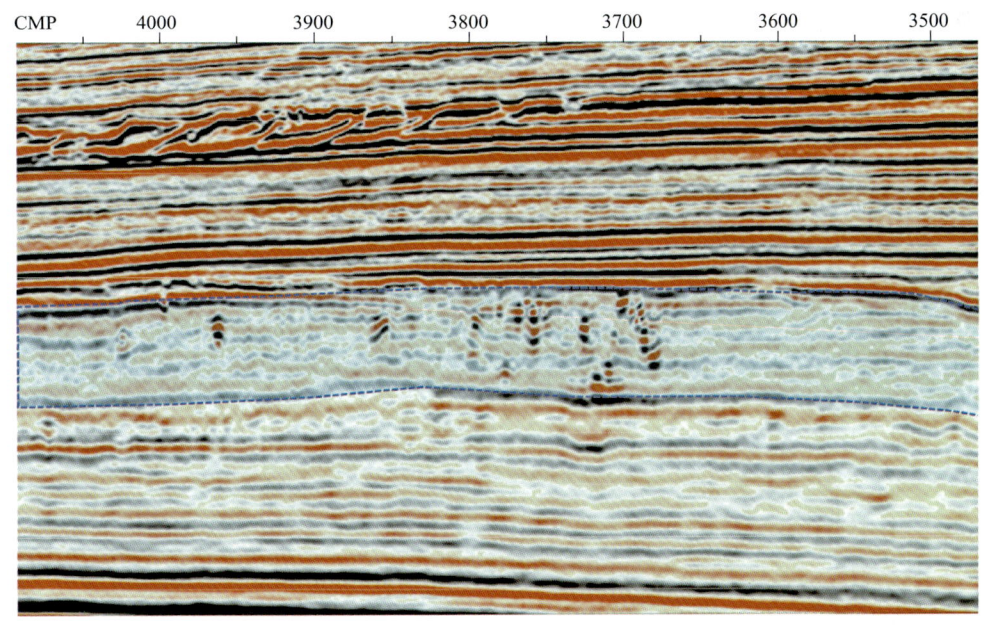

图 6.3.32 碳酸盐岩缝洞逆时偏移成像

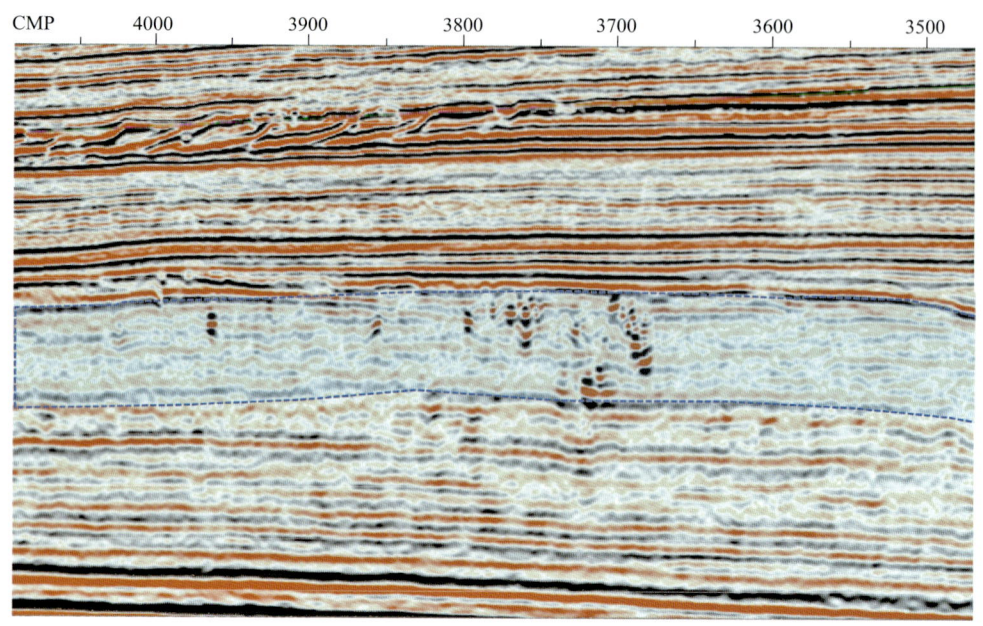

图 6.3.32 碳酸盐岩缝洞克希霍夫偏移成像

逆时偏移汇集了克希霍夫偏移和单程波偏移方法的诸多优点，具有成像精度高，对复杂介质和高陡倾角适应性强，甚至可以利用回转波、多次波进行成像等优点。虽然计算机技术的发展极大地改善了逆时偏移的计算成本，但是相比其他偏移方法，成本仍然较高。但是逆时偏移对复杂构造成像上的优势明显，是解决山地复杂构造精确成像的良好偏移算法。在资料条件、经济条件允许的情况下，采用逆时偏移方法对复杂山地资料进行偏移成像是较佳的选择。

第四节 各向异性叠前深度偏移

地层中大多数沉积岩石都具有各向异性特征。沉积岩石引起的地震各向异性多表现为速度各向异性，即速度随方向变化，这是由地层的沉积作用形成的薄层旋回沉积和成岩矿物裂缝的定向排列产生。加之山地复杂构造褶皱和断层发育，断裂带与裂缝发育带也会造成较强的速度各向异性。速度各向异性给叠前深度偏移会带来新的问题和难度，与各向同性深度偏移有很大的不同，山地复杂构造的地震成像更需要用各向异性的叠前深度偏移来提高成像精度。

下面介绍各向异性克希霍夫叠前深度偏移、各向异性叠前逆时深度偏移等起伏地表各向异性叠前深度偏移技术。

一、各向异性克希霍夫叠前深度偏移

1. 积分法各向异性偏移成像

与各向同性地震偏移方法一样，各向异性地震偏移方法由积分方程和波动方程构成。各向异性克希霍夫叠前深度偏移是一种积分法，并在业界广泛应用。

各向异性克希霍夫叠前深度偏移算法的基本思路,就是将地下的每一位置作为一个绕射点,将介质网格剖分,然后计算从地面每一个炮点到绕射点再到接收点的旅行时以及相应的几何扩散因子,在偏移孔径范围内对地震数据进行扫描,沿着计算的时距曲面对地震数据进行叠加,放在输出点的位置上。对地下每个绕射点进行上述循环,就可以对地下构造进行地震成像。上述过程中最为重要的一个环节就是用射线追踪算法计算地震波在地下介质的旅行时间表。在射线追踪中,最主要的是计算地震波旅行时和地震波射线传播所经过的空间坐标,各向异性与各向同性克希霍夫叠前深度偏移主要区别在于射线方程不同。

2. 声学近似下的射线方程

常用的各向异性介质在声学近似条件下的射线方程是 Alkalifah 推导出的 VTI 介质射线追踪方程。Alkhalifah 根据 VTI 介质 qP 波的频散关系,得到声学近似 qP 波波动方程:

$$\frac{\partial^4 F}{\partial t^4} - (1+2\eta)v_{nmo}^2\left(\frac{\partial^4 F}{\partial x^2 \partial t^2} + \frac{\partial^4 F}{\partial y^2 \partial t^2}\right) = v_{p0}^2 \frac{\partial^4 F}{\partial z^2 \partial t^2} - 2\eta v_{nmo}^2 v_{p0}^2\left(\frac{\partial^4 F}{\partial x^2 \partial z^2} + \frac{\partial^4 F}{\partial y^2 \partial z^2}\right) \quad (6.4.1)$$

式中,v_{p0} 为 qP 波垂直速度;v_{nmo} 为动校正速度;η 为与各向异性参数有关的参数。

这些参数与 Thomsen 参数 ε 与 δ 的函数关系如下:

$$\begin{cases} v_{nmo} = v_{p0}\sqrt{1+2\delta} \\ \eta = \dfrac{\varepsilon - \delta}{1+2\delta} \end{cases} \quad (6.4.2)$$

将平面波解代入方程(6.4.1)中,可推导出 VTI 介质的程函方程:

$$(1+2\eta)v_{nmo}^2\left[\left(\frac{\partial \tau}{\partial x}\right)^2 + \left(\frac{\partial \tau}{\partial y}\right)^2\right] + v_{p0}^2\left\{1 - 2\eta v_{nmo}\left[\left(\frac{\partial \tau}{\partial x}\right)^2 + \left(\frac{\partial \tau}{\partial y}\right)^2\right]\right\} = 1 \quad (6.4.3)$$

假设 $\eta=0$ 与 $v_{nmo}=v_{p0}$,式(6.4.3)便可以看作各向同性介质的程函方程。

由于 TTI 介质与 VTI 介质可以用变换矩阵进行转换,如果在 TTI 介质对称轴为垂向轴的坐标系中,VTI 介质便可以看作是 TTI 介质的一种特例,因此为了推导 TTI 介质的程函方程,可以将 VTI 介质程函方程进行坐标变换。假设 x 为标准坐标系,按对称轴的倾角 θ 与方位角 α 旋转后的倾斜坐标系记为 x',则坐标变换对应的雅可比矩阵 $\boldsymbol{B}$ 为:

$$\boldsymbol{B} = \begin{bmatrix} \cos\theta\cos\alpha & \cos\theta\sin\alpha & \sin\theta \\ -\sin\alpha & \cos\alpha & 0 \\ -\sin\theta\cos\alpha & -\sin\theta\sin\alpha & \cos\theta \end{bmatrix} \quad (6.4.4)$$

经过坐标转换,得到 TTI 介质声学近似意义下的程函方程,假设方位角 $\alpha=0$,则得到 TTI 介质程函方程:

$$(1+2\eta)v_{\text{nmo}}^2\left(\cos\theta\frac{\partial\tau}{\partial x}+\sin\theta\frac{\partial\tau}{\partial z}\right)^2+v_{\text{p0}}^2\left(\cos\theta\frac{\partial\tau}{\partial z}-\sin\theta\frac{\partial\tau}{\partial x}\right)^2$$
$$\times\left[1-2\eta v_{\text{nmo}}^2\left(\cos\theta\frac{\partial\tau}{\partial x}+\sin\theta\frac{\partial\tau}{\partial z}\right)^2\right]=1 \qquad(6.4.5)$$

通过龙格库塔方法便可以求得射线路径和旅行时信息。

3. 应用实例

1）理论模型偏移效果

HESS 模型水平距离 18000m，深度 7500m，其轴向速度模型、ε 模型、δ 模型如图 6.4.1 所示。整条测线共 720 炮，炮间距 25m，采用中间激发两边接收，每炮 1000 道，道间距 10m。该模型左侧存在一个各向同性盐丘高速体（4.57km/s），包围在横向各向同性地层中，盐丘边界为陡倾界面；右侧有一个大倾角的断层。图 6.4.2（a）（b）分别为各向同性、各向异性克希霍夫叠前深度偏移成像结果，对比两张成像剖面，各向同性剖面上陡峭构造边界成像较差；从叠合剖面上可以看到，各向同性偏移剖面与速度模型的吻合度低，而各向异性偏移与速度模型几乎完全吻合。

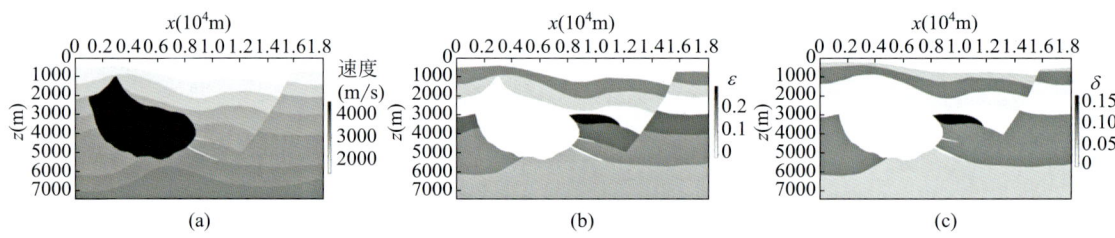

图 6.4.1　HESS 理论模型
（a）轴向速度模型；（b）ε 模型；（c）δ 模型

图 6.4.2　HESS 理论模型克希霍夫叠前深度偏移成像
（a）各向同性偏移；（b）各向异性偏移

2）川南山地复杂断裂区偏移效果

工区位于四川盆地与云贵高原结合部，北受川东褶皱冲断带西延影响，南受娄山褶皱带演化控制，断裂发育，地层倾角较大，纵横向速度变化大。图 6.4.3（a）(b)（c）分别是轴向速度模型、ε模型、δ模型。

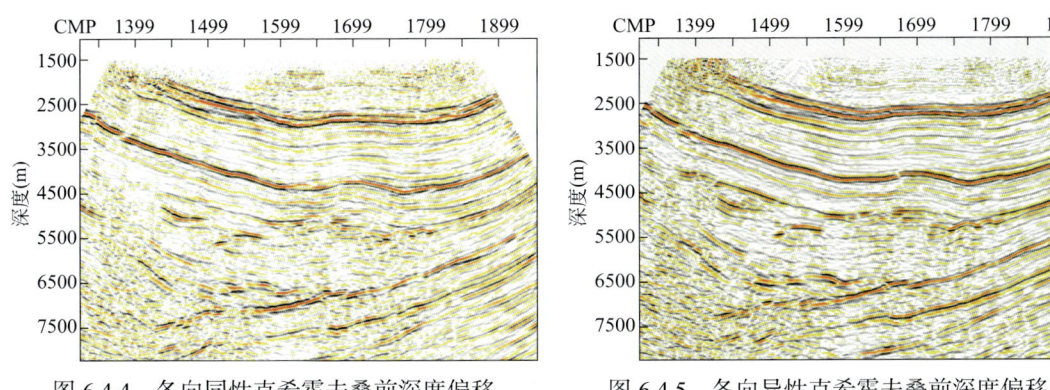

图 6.4.3　川南工区模型
（a）轴向速度模型；（b）ε模型；（c）δ模型

对工区分别进行了各向同性和各向异性克希霍夫叠前深度偏移处理。图 6.4.4 为向同性克希霍夫叠前深度偏移结果，图 6.4.5 为各向异性克希霍夫叠前深度偏移处理结果。

由图可见，各向异性叠前深度偏移成像归位合理断层刻画清晰、断点清楚，目标地层刻画清楚，波组特征明显，接触关系清楚。各向异性叠前深度偏移成像处理得到的资料剖面特征清楚，易于连续对比解释追踪。

图 6.4.4　各向同性克希霍夫叠前深度偏移　　图 6.4.5　各向异性克希霍夫叠前深度偏移

3）川西山地复杂构造偏移效果

工区位于川西盆地，属丘陵—山地地貌，地形起伏大，山区地势陡峭，最高海拔 1200m，最低海拔 470m，相对高差 730m。该构造圈闭规模大，地腹构造复杂，断裂发育，地层倾角较大，纵横向速度变化大，断层归位及大断层下盘精确成像困难。用叠前深度偏移成像落实工区的真实构造，更好地解决复杂绕射、断层下盘构造的偏移成像问题。图 6.4.6（a）（b）（c）（d）（e）分别是该工区的轴向速度模型、ε模型、δ模型、倾角场、倾向场。

图 6.4.7 是克希霍夫各向同性与 TTI 叠前深度偏移成像的成果对比，各向异性叠前深度偏移成像归位合理断层刻画清晰、断点清楚，成像深度与测井深度吻合更好。

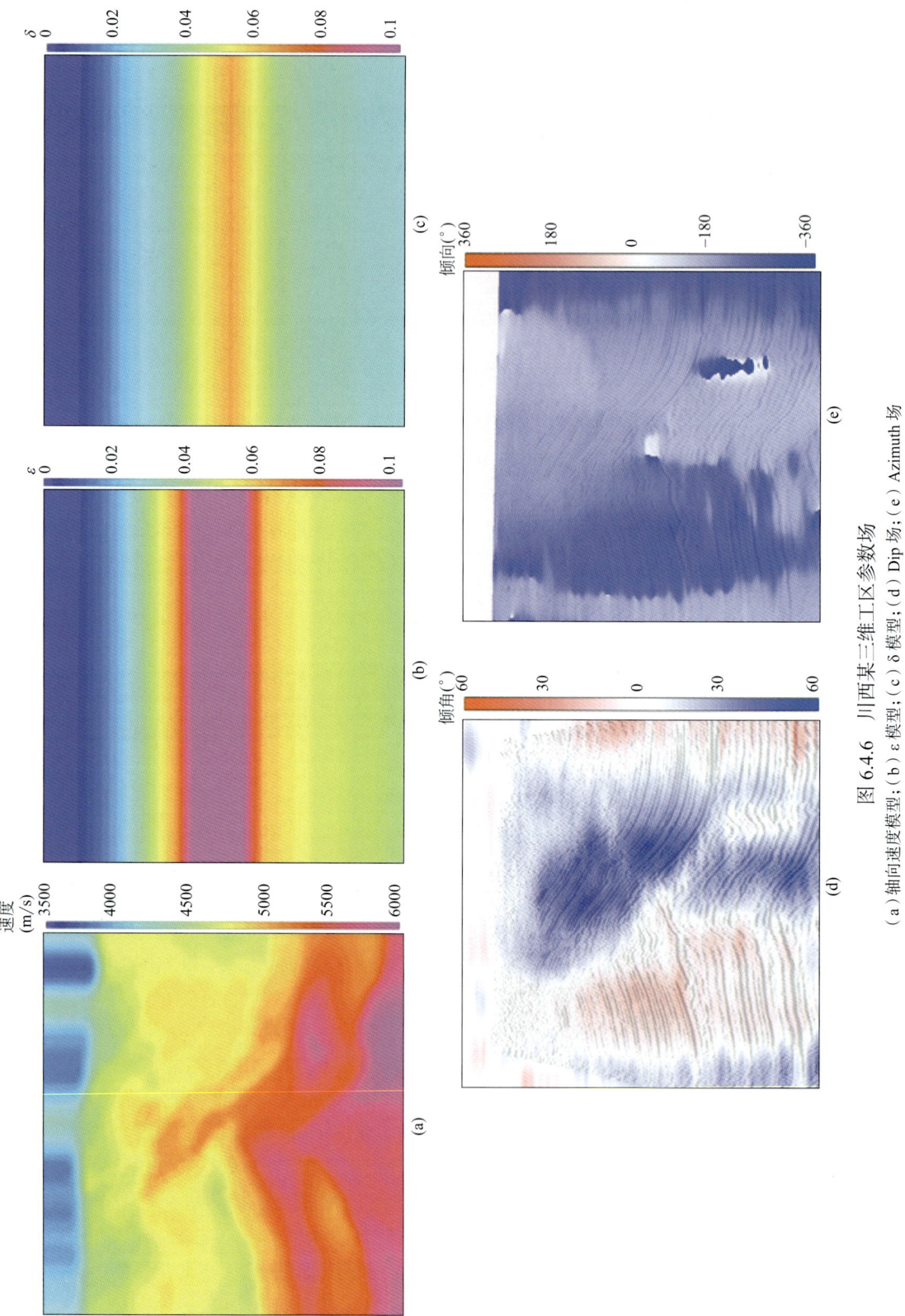

图 6.4.6 川西某三维工区参数场

(a) 轴向速度模型;(b) ε 模型;(c) δ 模型;(d) Dip 场;(e) Azimuth 场

第六章 山地复杂构造高精度叠前偏移成像

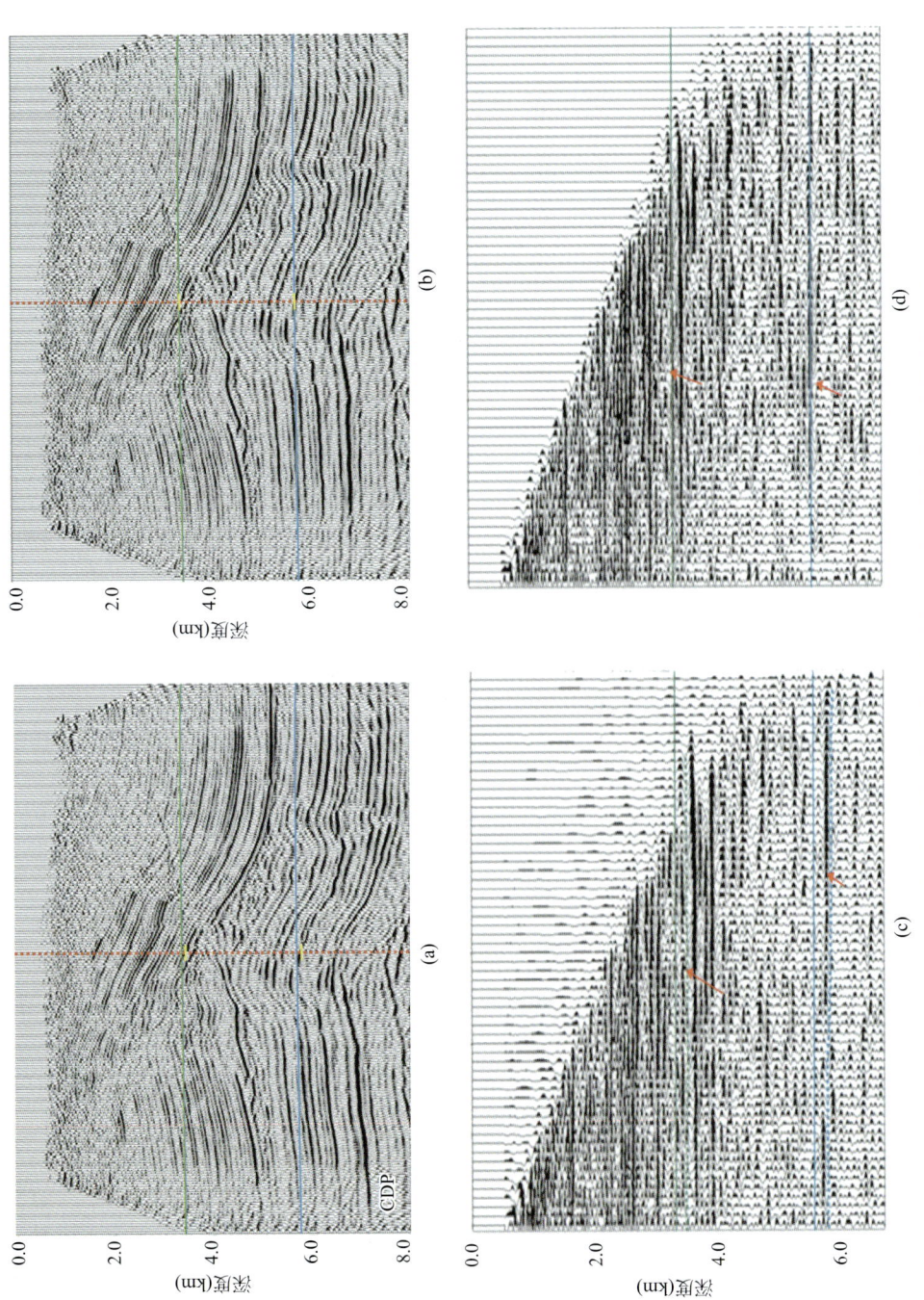

图 6.4.7 克希霍夫各向同性叠前深度偏移与 TTI 叠前深度偏移成像效果对比
(a) 各向同性叠前深度偏移；(b) TTI 叠前深度偏移；(c) 各向同性叠前深度
偏移共成像道集；(d) TTI 叠前深度偏移共成像道集

289

二、各向异性叠前逆时深度偏移

1. 各向异性地震波的传播与逆时偏移

前已述及，波动方程偏移是解决复杂构造成像的重要工具。在各向同性介质中，可以将弹性波方程解耦为纵波方程和横波方程。进一步假设地震波是在声学流体介质中传播的压力波场，可以通过求解声波方程，进行纵波或横波的偏移。但是，各向异性本身就是一种弹性现象，P 波与 S 波通常都是耦合在一起的，S 波还分裂成快慢 S 波。各向异性介质不是声介质，因此不能使用声波方程来描述各向异性弹性波传播。但是目前大多数地震采集记录的是纵波，因此需要考虑各向异性介质中的拟声波方程。理论上讲，可以通过求解各向异性弹性波方程并通过波型分离来提取 qP 波，但是这种方法会带来两个问题：（1）精确求解各向异性弹性波方程相比声波方程增加了巨大的计算成本，应用到实际数据处理仍存在一定的困难（Yan，Sava，2009）；（2）直接对弹性波场进行处理（比如偏移成像）会引起几种波型的交叉干扰，而分别对不同波型进行处理就需要施加波型分离，非均匀的各向异性介质波型分离仍然面临诸多挑战，如高昂的计算成本、对介质参数的依赖性以及对称性较低的各向异性介质两种 S 波的分离困难等（Dellinger，1990；Zhang et al.，2010）。因此，寻找能保持 qP 波运动学和动力学特征的拟声波方程成为利用各向异性双程波动方程进行成像与参数反演的研究重点。在这方面，目前主要的研究思路都是基于横向各向同性介质纵横波耦合的四阶频散关系。

Alkhalifah（1998，2000）将该频散关系中的垂向横波速度 v_{s0} 设为零，这样可以大大简化方程的形式，压制横波的产生，并且纵波的运动学特征几乎不受影响。另外，许多研究将四阶声波近似的频散关系分裂为两个二阶的耦合方程组（Alkhalifah，2000；Zhou et al.，2006；Zhang，Zhang，2008；Fowler et al.，2010；Duveneck，Bakker，2011 等），如：

$$\begin{cases} \dfrac{\partial^2 q}{\partial t^2} = v_{px}^2 \left(\dfrac{\partial^2 q}{\partial x^2} + \dfrac{\partial^2 q}{\partial y^2} \right) + v_{pz}^2 \dfrac{\partial^2 r}{\partial z^2} \\ \dfrac{\partial^2 r}{\partial t^2} = v_{pn}^2 \left(\dfrac{\partial^2 q}{\partial x^2} + \dfrac{\partial^2 q}{\partial y^2} \right) + v_{pz}^2 \dfrac{\partial^2 r}{\partial z^2} \end{cases} \quad (\text{Zhang，Zhang，2008}) \qquad (6.4.6)$$

$$\begin{cases} \dfrac{\partial^2 q}{\partial t^2} = v_{px}^2 \left(\dfrac{\partial^2 q}{\partial x^2} + \dfrac{\partial^2 q}{\partial y^2} \right) + v_{pz} v_{pn} \dfrac{\partial^2 r}{\partial z^2} \\ \dfrac{\partial^2 r}{\partial t^2} = v_{pz} v_{pn} \left(\dfrac{\partial^2 q}{\partial x^2} + \dfrac{\partial^2 q}{\partial y^2} \right) + v_{pz}^2 \dfrac{\partial^2 r}{\partial z^2} \end{cases} \quad (\text{Duveneck et al.，2008}) \qquad (6.4.7)$$

其中，$v_{px} = v_{p0}\sqrt{1+2\varepsilon}$，$v_{pn} = v_{p0}\sqrt{1+2\delta}$。

这种数学上四阶频散关系的分裂并没有明确的物理意义，往往使用其中一个分量近似作为 qP 波。但实际上，不同的分裂方法，解出的分量动力学上都有差异。除此以外，Grechka（2004）、Fletcher（2009）指出，上述拟声波近似在介质参数变化剧烈的区域会产生不稳定性，而加入较小的横波速度可以一定程度上克服该问题，但同时也会带来一定的横波假象。因此，对于这种思路，去除横波假象与保证稳定性成为方法的两个重点。

Liu 等（2010）和 Du 等（2010）提出将耦合的 qP-qSV 频散关系分裂为 qP 和 qSV 独立的频散关系，即使用 P 波或 SV 波的频散关系，但问题在于这种分裂后独立的 qP 和 qSV 波频散关系都带有根号项，变换到时空域满足：

$$\frac{1}{v_p^2}\frac{\partial^2}{\partial t^2}P(x,y,z=0,t)$$
$$=\frac{1}{2}\left\{\left[m\left(\frac{\partial^2}{\partial x^2}+\frac{\partial^2}{\partial y^2}\right)+\frac{\partial^2}{\partial z^2}\right]+\sqrt{\left[m\left(\frac{\partial^2}{\partial x^2}+\frac{\partial^2}{\partial y^2}\right)+\frac{\partial^2}{\partial z^2}\right]^2-8\gamma\left(\frac{\partial^2}{\partial x^2}+\frac{\partial^2}{\partial y^2}\right)\frac{\partial^2}{\partial z^2}}\right\}P(x,y,z,t)$$

（6.4.8）

$$\frac{1}{v_s^2}\frac{\partial^2}{\partial t^2}SV(x,y,z=0,t)$$
$$=\frac{1}{2}\left\{\left[m\left(\frac{\partial^2}{\partial x^2}+\frac{\partial^2}{\partial y^2}\right)+\frac{\partial^2}{\partial z^2}\right]-\sqrt{\left[m\left(\frac{\partial^2}{\partial x^2}+\frac{\partial^2}{\partial y^2}\right)+\frac{\partial^2}{\partial z^2}\right]^2-8\gamma\left(\frac{\partial^2}{\partial x^2}+\frac{\partial^2}{\partial y^2}\right)\frac{\partial^2}{\partial z^2}}\right\}SV(x,y,z,t)$$

（6.4.9）

其中，$m(\boldsymbol{x})=1+2\varepsilon(\boldsymbol{x})$，$\gamma(\boldsymbol{x})=\varepsilon(\boldsymbol{x})-\delta(\boldsymbol{x})$，$\boldsymbol{x}=(x,y,z)$。

这种时空域的拟微分方程很难进行数值求解，除非对根号项引入进一步的近似（Chu 等，2010），或者采用谱方法（Etgen，Brandsberg-Dahl，2009 等）。在介质参数变化剧烈的时候，介质局部均匀的假设就难以满足。

叠前逆时偏移（RTM）求解全波动方程进行波场延拓，可以精确描述地震波的传播，在陡倾界面和复杂构造成像方面具有显著优势。各向异性介质双程波方程则是各向异性 RTM 算法的核心。具体来讲，从震源点将波场自初始时刻 $t=0$ 正向延拓至最大时刻 $t=t_{\max}$，得到顺时波场 $S(\boldsymbol{x},t)$；然后从检波点将地震炮记录作为边值条件自 $t=t_{\max}$ 反向延拓至 $t=0$，得到逆时波场 $R(\boldsymbol{x},t)$，进而对两个波场施加成像条件。由于稳定性的原因，互相关成像条件是最常使用的成像条件。顺时延拓、逆时延拓及成像条件方程如下：

$$GS(\boldsymbol{x},t)=\delta(\boldsymbol{x}-\boldsymbol{x}_s)f(\boldsymbol{x},t) \quad (6.4.10)$$

$$\begin{cases}GR(\boldsymbol{x},t)=0\\ R(x,y,z=0,t)=d(\boldsymbol{x}_s,\boldsymbol{x}_r,t)\end{cases} \quad (6.4.11)$$

$$I(\boldsymbol{x})=\int S(\boldsymbol{x},t)R(\boldsymbol{x},t)\mathrm{d}t \quad (6.4.12)$$

式中，G 表示双程波延拓算子；$f(\boldsymbol{x},t)$ 与 $d(\boldsymbol{x}_s,\boldsymbol{x}_r,t)$ 分别为震源子波和地震炮记录；$I(\boldsymbol{x})$ 为成像结果。

具体到各向异性介质逆时偏移，需要用描述该介质地震波传播的算子替换式（6.4.10）、式（6.4.11）中的算子 G。

2. 各向异性介质逆时偏移基本原理

本章第三节简要回顾了各向异性介质中地震波的传播，下面将讨论横向各向同性介质

（TI）中逆时偏移的实现方法，即从拟声波近似入手，讨论 TI 介质的拟声波传播算子及其高阶有限差分解法，进一步推导了其稳定性条件和最佳匹配层（PML）吸收边界条件，实现 TI 介质 qP 波波场延拓。

1）TI 介质弹性波动方程

各向异性介质中，通常通过求解弹性波方程，得到 x、y、z 三个方向的分量来描述地震波的传播。虽然各向异性介质不可能只传递纵波，但数值试验表明，将介质近似为声波介质对 qP 波的运动学特征带来的影响很小（Alkhalifah，1995）。基于这种思想，可以将 Thomsen 参数 v_{s0}（Thomsen，1986）近似为零，将各向异性弹性介质近似为声波介质。

以 VTI 介质为例，其胡克定律中刚度矩阵为：

$$\begin{bmatrix} c_{11} & c_{11}-2c_{66} & c_{13} & 0 & 0 & 0 \\ c_{11}-2c_{66} & c_{11} & c_{13} & 0 & 0 & 0 \\ c_{13} & c_{13} & c_{33} & 0 & 0 & 0 \\ 0 & 0 & 0 & c_{55} & 0 & 0 \\ 0 & 0 & 0 & 0 & c_{55} & 0 \\ 0 & 0 & 0 & 0 & 0 & c_{66} \end{bmatrix} \tag{6.4.13}$$

由 Thomsen 表征，将刚度矩阵系数 c_{ij} 使用 Thomsen 参数表示，

$$\begin{cases} v_{p0} = \sqrt{\dfrac{c_{33}}{\rho}} \\ v_{s0} = \sqrt{\dfrac{c_{55}}{\rho}} \\ \varepsilon = \dfrac{c_{11}-c_{33}}{2c_{33}} \\ \delta = \dfrac{(c_{13}+c_{55})^2-(c_{33}-c_{55})^2}{2c_{33}(c_{33}-c_{55})} \\ \gamma = \dfrac{c_{66}-c_{55}}{2c_{55}} \end{cases} \tag{6.4.14}$$

并设 $v_{s0}=0(c_{55}=0)$，得到声波近似意义下刚度矩阵：

$$\begin{bmatrix} v_{p0}^2(1+2\varepsilon) & v_{p0}^2(1+2\varepsilon) & v_{p0}^2\sqrt{1+2\delta} & 0 & 0 & 0 \\ v_{p0}^2(1+2\varepsilon) & v_{p0}^2(1+2\varepsilon) & v_{p0}^2\sqrt{1+2\delta} & 0 & 0 & 0 \\ v_{p0}^2\sqrt{1+2\delta} & v_{p0}^2\sqrt{1+2\delta} & v_{p0}^2 & 0 & 0 & 0 \\ 0 & 0 & 0 & 0 & 0 & 0 \\ 0 & 0 & 0 & 0 & 0 & 0 \\ 0 & 0 & 0 & 0 & 0 & 0 \end{bmatrix} \tag{6.4.15}$$

将该刚度矩阵表达的应力应变关系代入应力—速度方程中，得到 VTI 介质声波近似意义下

的应力、速度的关系（Duveneck et al., 2008）：

$$\begin{cases} \dfrac{\partial^2 \sigma_H}{\partial t^2} = v_{p0}^2 \left[(1+2\varepsilon)\left(\dfrac{\partial^2 \sigma_H}{\partial x^2} + \dfrac{\partial^2 \sigma_H}{\partial y^2}\right) + \sqrt{1+2\delta}\,\dfrac{\partial^2 \sigma_V}{\partial z^2} \right] \\ \dfrac{\partial^2 \sigma_V}{\partial t^2} = v_{p0}^2 \left[\sqrt{1+2\delta}\left(\dfrac{\partial^2 \sigma_H}{\partial x^2} + \dfrac{\partial^2 \sigma_H}{\partial y^2}\right) + \dfrac{\partial^2 \sigma_V}{\partial z^2} \right] \end{cases} \quad (6.4.16)$$

式中，H 代表水平方向；V 代表垂直方向。

2）声波近似各向异性波动方程

Alkhalifah（2000）从相速度出发，得到 VTI 介质声波近似意义下的频散关系，进而得到 VTI 介质拟声波方程。

由 VTI 介质 qP 波相速度表达式：

$$\frac{v_{qP}^2(\theta)}{v_{p0}^2} = 1 + \varepsilon \sin^2\theta - \frac{f}{2} + \frac{f}{2}\sqrt{1 + \frac{4\sin^2\theta}{f}(2\delta\cos^2\theta - \varepsilon\cos2\theta) + \frac{4\varepsilon^2\sin^4\theta}{f^2}} \quad (6.4.17)$$

其中 $f = 1 - \dfrac{v_{s0}^2}{v_{p0}^2}$，由 $v_{qP}^2(\theta) = \dfrac{1}{p_x^2 + p_z^2}$，$p_x = \dfrac{\sin\theta}{v_{qP}(\theta)}$，$p_z = \dfrac{\cos\theta}{v_{qP}(\theta)}$，代入式（6.4.17）中，可以得到：

$$a p_z^4 + b p_z^2 + c = 0 \quad (6.4.18)$$

其中：

$$\begin{cases} a = 1 - f = \dfrac{v_{s0}^2}{v_{p0}^2} \\ b = \left[2f(\varepsilon - \delta) - \dfrac{f^2}{2}\left(1 + \dfrac{2\varepsilon}{f} + \delta\right)\left(1 - \dfrac{f}{2} + \varepsilon\right)\left(1 - \dfrac{f}{2}\right)\right] p_x^2 - \dfrac{2\left(1 - \dfrac{f}{2}\right)}{v_{p0}^2} \\ c = \dfrac{1}{v_{p0}^4} - \dfrac{2\left(1 - \dfrac{f}{2} + \varepsilon\right)}{v_{p0}^2} p_x^2 + \left[\left(1 - \dfrac{f}{2} + \varepsilon\right)^2 - \dfrac{f^2}{4}\left(1 + \dfrac{2\varepsilon}{f}\right)^2\right] p_x^4 \end{cases} \quad (6.4.19)$$

由声波近似条件 $v_{s0} = 0$，因此 $a = 0$，则式（6.4.18）的解为：

$$p_z^2 = -\frac{c}{b} \quad (6.4.20)$$

代入 NMO 速度 $v_{nmo} = v_{p0}\sqrt{1+2\delta}$ 和 $\eta = \dfrac{\varepsilon - \delta}{1 + 2\delta}$，则得到 VTI 介质声波近似意义下水平慢度和垂直慢度的关系：

$$v_{p0}^2 p_z^2 = \frac{v_{nmo}^2(1+2\eta)p_x^2 - 1}{2v_{nmo}^2 \eta p_x^2 - 1} \quad (6.4.21)$$

代入频散关系式：

$$k_x = \omega \cdot p_x, \quad k_z = \omega \cdot p_z \quad (6.4.22)$$

得到：

$$k_z^2 = \frac{v_{nmo}^2}{v_{p0}^2}\left(\frac{\omega^2}{v_{p0}^2} - \frac{\omega^2 k_x^2}{\omega^2 - 2v_{p0}^2 \eta k_x^2}\right) \quad (6.4.23)$$

将其变换到时间域，由关系：

$$\begin{cases} ik_x \xrightarrow{FT^{-1}} \frac{\partial}{\partial x} \\ ik_z \xrightarrow{FT^{-1}} \frac{\partial}{\partial z} \\ i\omega \xrightarrow{FT^{-1}} -\frac{\partial}{\partial t} \end{cases} \quad (6.4.24)$$

得到二维情况下 VTI 介质拟声波近似方程：

$$\frac{\partial^4 F}{\partial t^4} - (1+2\eta)v_{nmo}^2 \frac{\partial^4 F}{\partial x^2 \partial t^2} = v_{p0}^2 \frac{\partial^4 F}{\partial z^2 \partial t^2} - 2\eta v_{p0}^2 v_{nmo}^2 \frac{\partial^4 F}{\partial x^2 \partial z^2} \quad (6.4.25)$$

$$\eta = \frac{\varepsilon - \delta}{1 + 2\delta}$$

式中，v_{p0} 为 qP 波垂直传播速度；ε、δ 为 Thomsen 参数（Thomsen，1986）。

由于式（6.4.25）为时间上的四阶方程，求解较为困难，将式（6.4.25）写为：

$$\frac{\partial^2 p}{\partial t^2} = (1+2\eta)v^2\left(\frac{\partial^2 p}{\partial x^2} + \frac{\partial^2 p}{\partial y^2}\right) + v_{p0}^2 \frac{\partial^2 p}{\partial z^2} - 2\eta v^2 v_{p0}^2\left(\frac{\partial^4 F}{\partial x^2 \partial z^2} + \frac{\partial^4 F}{\partial y^2 \partial z^2}\right) \quad (6.4.26)$$

式中，$v = v_{p0}\sqrt{(1+2\delta)}$ 为 NMO 速度。

由于式（6.4.26）是四阶偏微分方程，数值求解复杂，因此，许多学者通过引进不同的辅助变量将四阶方程分裂为两个二阶方程（Zhang et al，2003；Zhou et al.，2006）。Fletcher（2008）比较了几种不同的分裂方法，并提出更易于实现的二阶方程组：

$$\begin{cases} \frac{\partial^2 p}{\partial t^2} = v_{p0}^2(1+2\delta)H_2(p+q) + v_{p0}^2 H_1 p \\ \frac{\partial^2 q}{\partial t^2} = v_{p0}^2(\varepsilon - \delta)H_2(p+q) \end{cases} \quad \text{（Zhou，2006）} \quad (6.4.27)$$

$$\begin{cases} \frac{\partial^2 p}{\partial t^2} = v_{p0}^2(1+2\varepsilon)H_2 p + v_{p0}^2 H_1 q \\ \frac{\partial^2 q}{\partial t^2} = v_{p0}^2(1+2\delta)H_2 p + v_{p0}^2 H_1 q \end{cases} \quad \text{（Flecher，2008）} \quad (6.4.28)$$

式中，p 是震源波场或检波点波场；q 是辅助变量；v_{p0}、ε、δ 是 Thomsen 参数；H_1、H_2

为偏微分算子。

H_1、H_2 在二维情况下满足：

$$\begin{cases} H_1 = \sin^2\theta \dfrac{\partial^2}{\partial x^2} + \cos^2\theta \dfrac{\partial^2}{\partial z^2} + \sin 2\theta \dfrac{\partial^2}{\partial x \partial z} \\ H_2 = \cos^2\theta \dfrac{\partial^2}{\partial x^2} + \sin^2\theta \dfrac{\partial^2}{\partial z^2} - \sin 2\theta \dfrac{\partial^2}{\partial x \partial z} \end{cases} \qquad (6.4.29)$$

式中，θ 是 TI 介质对称轴倾角。

与 Zhou（2006）提出的二阶方程组相比，方程（6.4.28）中两个方程结构相似，节省了重复的计算量，也不需要额外存储中间变量 $p+q$，并且在横向各向同性（VTI）介质情况下无需计算混合偏导数。

对方程（6.4.28）进行数值求解，可完成 TI 介质逆时偏移的波场延拓。对式（6.4.28）的求解有 3 个方面需要考虑：

第一，注意到式（6.4.28）为无震源波动方程，当实际模拟地震波传播时，需要在震源处和检波点处加入震源子波或检波点记录，因此，假设波场 $p(x,y,z)$ 附加了震源项后为 $p^*(x,y,z)$，相应地，也要修正辅助变量 $q(x,y,z)$，由 p、q 在频率域内的关系（Fletcher，2008）：

$$\hat{q}(\omega, k_x, k_z) = \frac{\omega^2 + 2v_{p0}^2(\delta-\varepsilon)(k_x^2\cos^2\theta + k_z^2\sin^2\theta - k_xk_z\sin 2\theta)}{\omega^2}\hat{p}(\omega, k_x, k_z) \qquad (6.4.30)$$

如果忽略震源或检波点处因各向异性带来的水平方向和垂直方向的差异（即认为是椭圆各向异性），并将其变换到时间域，则有：

$$q^*(t,x,z) \approx q(t,x,z) + [p^*(t,x,z) - p(t,x,z)] \qquad (6.4.31)$$

式（6.4.31）表明，当对波场附加震源项后，对辅助变量 q 的修正项应为波场 p 附加震源前后的差。

第二，声波近似条件（$v_{s0}=0$）并不能使得 qSV 波为零，这一点可以从 VTI 介质 qP、qSV、qSH 波的相速度表达式（Tsvankin，1996）中看出：

$$\frac{v_{pP}^2(\theta)}{v_{p0}^2} = 1 + \varepsilon\sin^2\theta - \frac{f}{2} + \frac{f}{2}\sqrt{1 + \frac{4\sin^2\theta}{f}(2\delta\cos^2\theta - \varepsilon\cos 2\theta) + \frac{4\varepsilon^2\sin^4\theta}{f^2}} \qquad (6.4.32)$$

$$\frac{v_{pSV}^2(\theta)}{v_{p0}^2} = 1 + \varepsilon\sin^2\theta - \frac{f}{2} - \frac{f}{2}\sqrt{1 + \frac{4\sin^2\theta}{f}(2\delta\cos^2\theta - \varepsilon\cos 2\theta) + \frac{4\varepsilon^2\sin^4\theta}{f^2}} \qquad (6.4.33)$$

$$v_{qSH}(\theta) = v_{s0}\sqrt{1 + 2\gamma\sin^2\theta} \qquad (6.4.34)$$

许多学者就压制 qSV 波的策略进行了研究。可从球面扩散的角度考虑 qSV 波的压制，即忽略震源附近几个剖分网格内的各向异性，则式（6.4.28）退化为各向同性声波方程，不会产生 SV 波。当波前遇到各向同性与各向异性分界面时，由于几何扩散，每个点上入射波能量很小，在一定程度上压制了 qSV 的能量，并且数值试验表明，忽略震源处各向异性对波场的传播影响很小。而实际应用中，近地表往往为各向同性或各向异性不强，因此

qSV 波带来的假象并不明显。

第三，求解式（6.4.28）要求 $\varepsilon > \delta$（Grechka et al.，2004）。

3）声波近似各向异性波动方程的数值解法

可采用八阶有限差分法求解方程（6.4.28）。图 6.4.8 是一各向异性介质（v_{p0}=3000m/s，ε=0.24，δ=0.1，t=150ms）用方程（6.4.28）数值解法得到的波场快照，其中图 6.4.8（a）为 VTI 介质的波场快照，图 6.4.8（b）为倾角 45° 的 TTI 介质的波场快照。图中能量较弱的菱形波前即为 qSV 波假象。注意到在 TI 介质下，qP 波前不再是标准的圆，由于各向异性的影响沿对称轴方向地震波传播速度略小于垂直于对称轴方向。

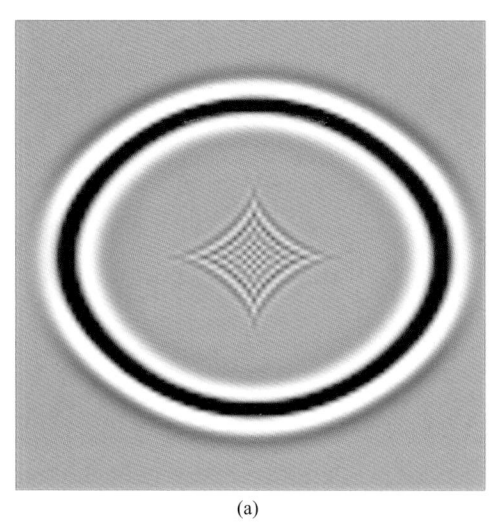 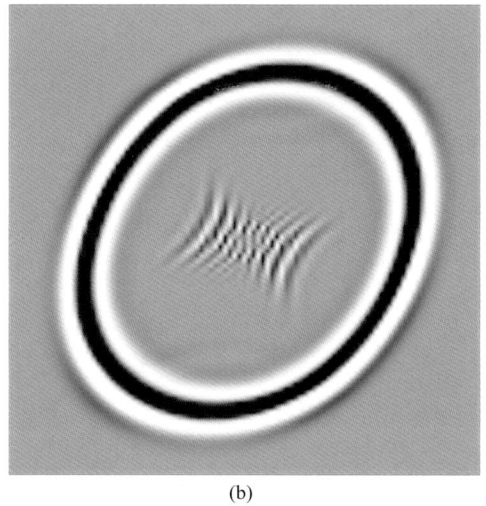

(a)　　　　　　　　　　　　　　(b)

图 6.4.8　向异性介质地震波模拟波前快照（v_{p0}=3000m/s，ε=0.24，δ=0.1，t=150ms）

(a) 各向异性 VTI 介质；(b) TTI 介质（对称轴倾角为 45°）

4）声波近似各向异性波动方程的最佳匹配层（PML）吸收边界

Berenger（1994）首先在电磁波传播模拟中应用最佳匹配层（PML）吸收边界。基于这种思路，推导出 TI 介质声波近似方程最佳匹配层（PML）吸收边界条件，以 x 方向吸收边界条件为例：

$$\begin{cases} \dfrac{\partial^2 p_a}{\partial t^2} + 2d(x)\dfrac{\partial p_a}{\partial t} + d^2(x)p_a = v_{p0}^2(1+2\varepsilon)\cos^2\theta\dfrac{\partial^2 p}{\partial x^2} + v_{p0}^2\sin^2\theta\dfrac{\partial^2 q}{\partial x^2} \\ \dfrac{\partial^2 A}{\partial t^2} + 2d(x)\dfrac{\partial A}{\partial t} + d^2(x)A = -\left[v_{p0}^2(1+2\varepsilon)\cos^2\theta\dfrac{\partial p}{\partial x} + v_{p0}^2\sin^2\theta\dfrac{\partial q}{\partial x}\right]d'(x) \\ A = \dfrac{\partial p_b}{\partial t} + d(x)p_b \\ \dfrac{\partial^2 p_c}{\partial t^2} = v_{p0}^2(1+2\varepsilon)\sin^2\theta\dfrac{\partial^2 p}{\partial z^2} + v_{p0}^2\cos^2\theta\dfrac{\partial^2 q}{\partial z^2} \\ \dfrac{\partial^2 p_d}{\partial t^2} + d(x)\dfrac{\partial p_d}{\partial t} = -v_{p0}^2(1+2\varepsilon)\sin 2\theta\dfrac{\partial^2 p}{\partial x\partial z} + v_{p0}^2\sin 2\theta\dfrac{\partial^2 q}{\partial x\partial z} \\ p = p_a + p_b + p_c + p_d \end{cases} \quad (6.4.35)$$

$$\begin{cases} \dfrac{\partial^2 q_a}{\partial t^2} + 2d(x)\dfrac{\partial q_a}{\partial t} + d^2(x)q_a = v_{p0}^2(1+2\delta)\cos^2\theta\dfrac{\partial^2 p}{\partial x^2} + v_{p0}^2\sin^2\theta\dfrac{\partial^2 q}{\partial x^2} \\ \dfrac{\partial^2 B}{\partial t^2} + 2d(x)\dfrac{\partial B}{\partial t} + d^2(x)B = -\left[v_{p0}^2(1+2\delta)\cos^2\theta\dfrac{\partial p}{\partial x} + v_{p0}^2\sin^2\theta\dfrac{\partial q}{\partial x}\right]d'(x) \\ B = \dfrac{\partial q_b}{\partial t} + d(x)q_b \\ \dfrac{\partial^2 q_c}{\partial t^2} = v_{p0}^2(1+2\delta)\sin^2\theta\dfrac{\partial^2 p}{\partial z^2} + v_{p0}^2\cos^2\theta\dfrac{\partial^2 q}{\partial z^2} \\ \dfrac{\partial^2 q_d}{\partial t^2} + d(x)\dfrac{\partial q_d}{\partial t} = -v_{p0}^2(1+2\delta)\sin 2\theta\dfrac{\partial^2 p}{\partial x\partial z} + v_{p0}^2\sin 2\theta\dfrac{\partial^2 q}{\partial x\partial z} \\ q = q_a + q_b + q_c + q_d \end{cases} \quad (6.4.36)$$

式中，p 为震源波场或检波点波场；q 为辅助变量；v_{p0}、ε、δ 为 Thomsen 参数；θ 为 TTI 对称轴倾角；$d(x)$ 为吸收边界函数，离计算区域越远值越大，为一个经验参数。

求解式（6.4.35）、式（6.4.36）得到 VTI、TTI 吸收边界效果，如图 6.4.9 所示。从图中可看出，边界吸收效果很好。

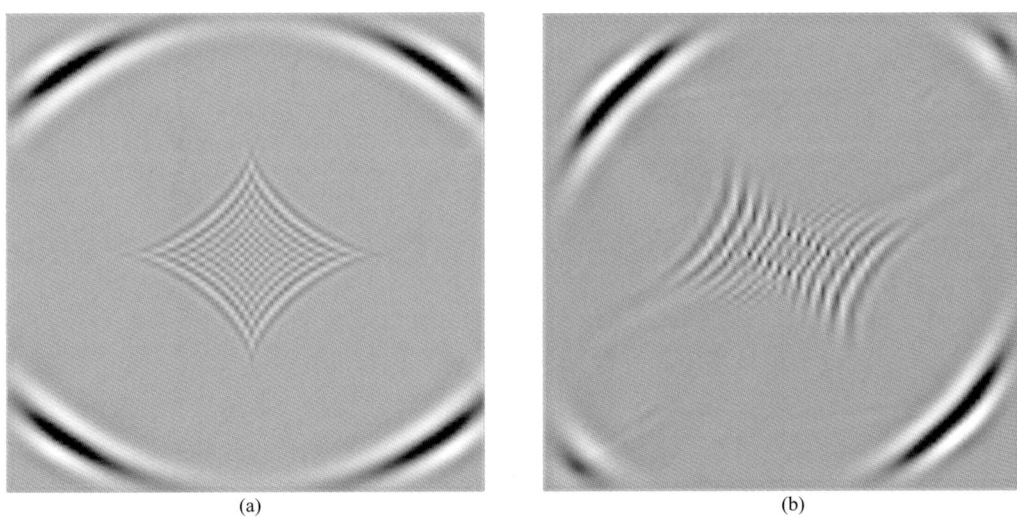

图 6.4.9　TI 介质声波近似方程 PML 吸收边界波前快照
（a）VTI；（b）TTI

3. 应用实例

1）理论模型测试

（1）SEG/HESS VTI 模型数值算例。基于 HESS 模型（图 6.4.1）开展各向异性叠前逆时深度偏移测试。图 6.4.10 显示出了主要的构造，对陡倾的断层面和盐丘边界都能够很好地聚焦。剖面左侧盐丘下方构造能量较弱是由于高速体（盐丘）反射了较多能量，影响了该地层界面的照明。而对应的各向同性声波方程对该模型偏移结果（图 6.4.11）表现出归位错误以及严重的不聚焦。

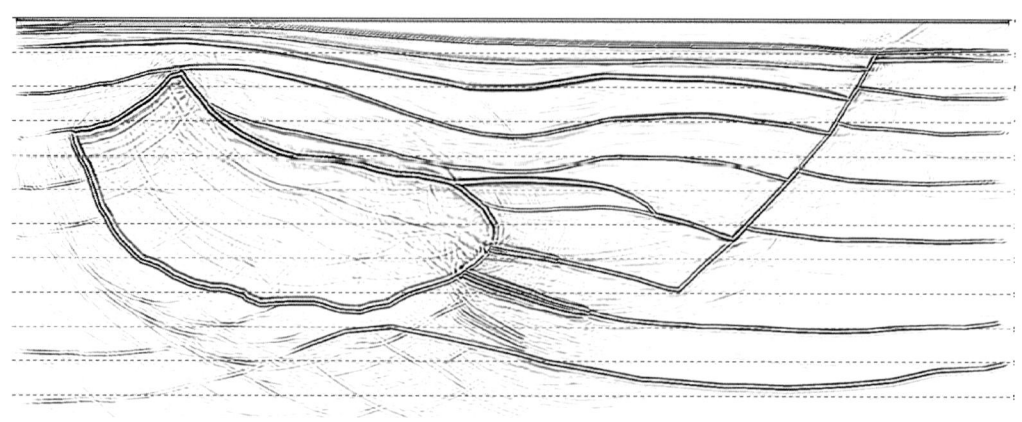

图 6.4.10 各向异性 RTM 成像

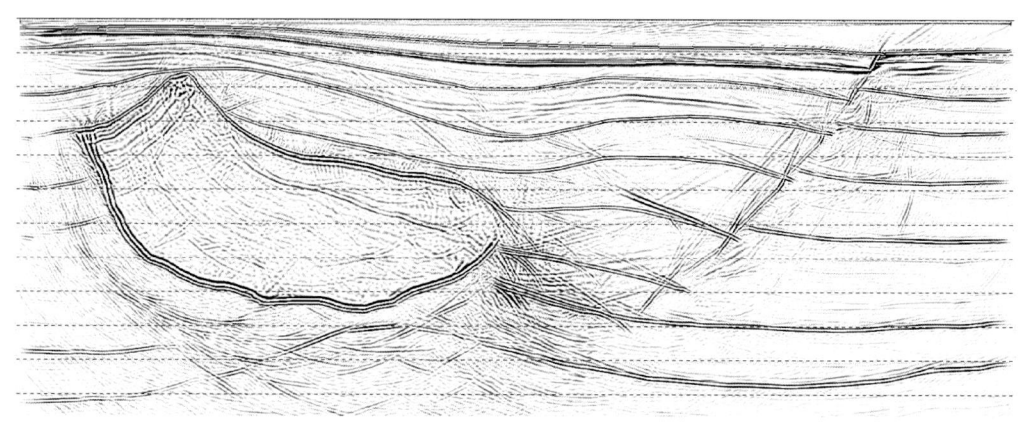

图 6.4.11 各向同性 RTM 成像

（2）BP TTI 模型数值算例。以 BP 公司在 2007 年发布的 TTI 理论模型为例来验证 TTI 逆时偏移。该模型模拟一个海洋复杂模型，图 6.4.12（a）(b)(c)(d) 分别是其轴向速度模型，各向异性参数 ε 模型、δ 模型，倾角模型。该模型成像的难点在于左边和中间直耸的盐丘以及右侧的高陡构造。图 6.4.13 为 TTI 逆时偏移成果，可以看到不论是盐丘还是高陡构造，均能够准确成像归位。盐丘的边界陡倾接近垂直的部分也能够成像。左侧盐丘下半部分没有成像是由数据覆盖次数不够引起的，并不是成像方法引起的。而各向同性逆时偏移结果（图 6.4.14）在盐丘及高陡构造成像不佳，并且细节不如 TTI 逆时偏移。

2）实际资料成像

实际资料为四川盆地山地高陡复杂构造区三维地震资料。该区内地表由新至老出露侏罗系遂宁组泥岩、沙溪庙组砂泥岩、雷口坡组石灰岩及嘉陵江组石灰岩等，地腹构造高陡，褶皱强烈，断层发育，构造主体及陡翼地层倾角大，各向异性严重，地震波场复杂。

图 6.4.15、图 6.4.16 分别展示了该工区各向同性与各向异性逆时偏移剖面。不论从高陡复杂构造的成像上，还是整个剖面的信噪比上比较，各向异性逆时偏移都提供了一个更好的剖面，在同向轴的连续性、成像细节以及信噪比方面，各向异性逆时偏移效果更好。

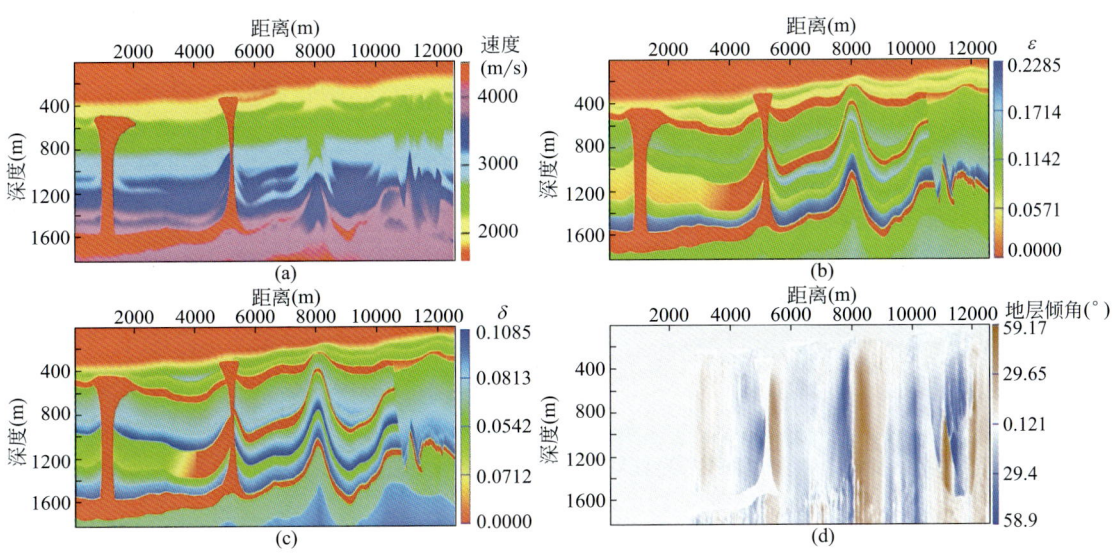

图 6.4.12　BP TTI 理论模型
（a）轴向速度模型；（b）ε 模型；（c）δ 模型；（d）地层倾角模型

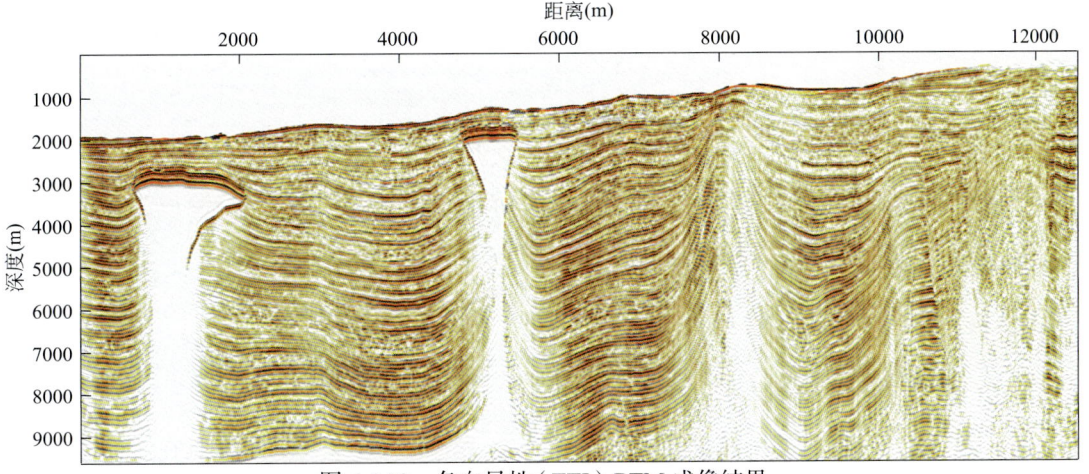

图 6.4.13　各向异性（TTI）RTM 成像结果

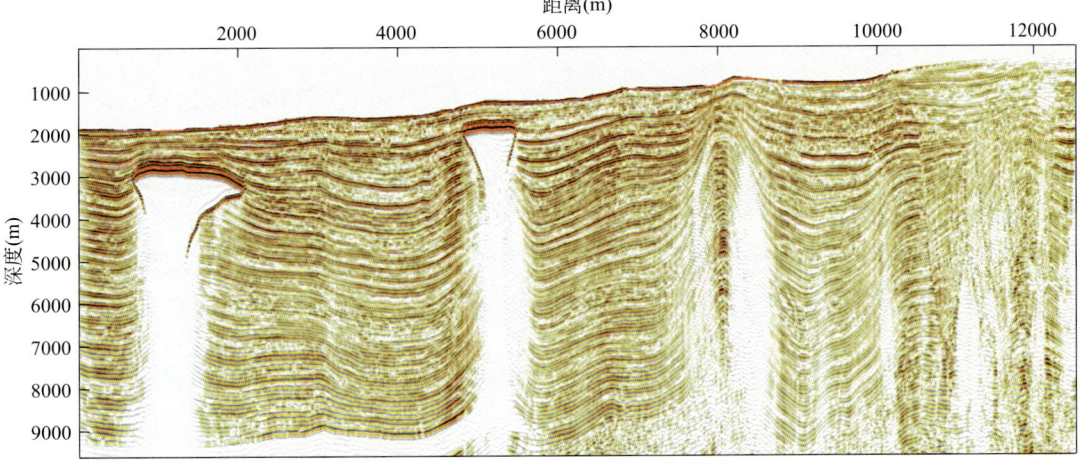

图 6.4.14　各向同性 RTM 成像结果

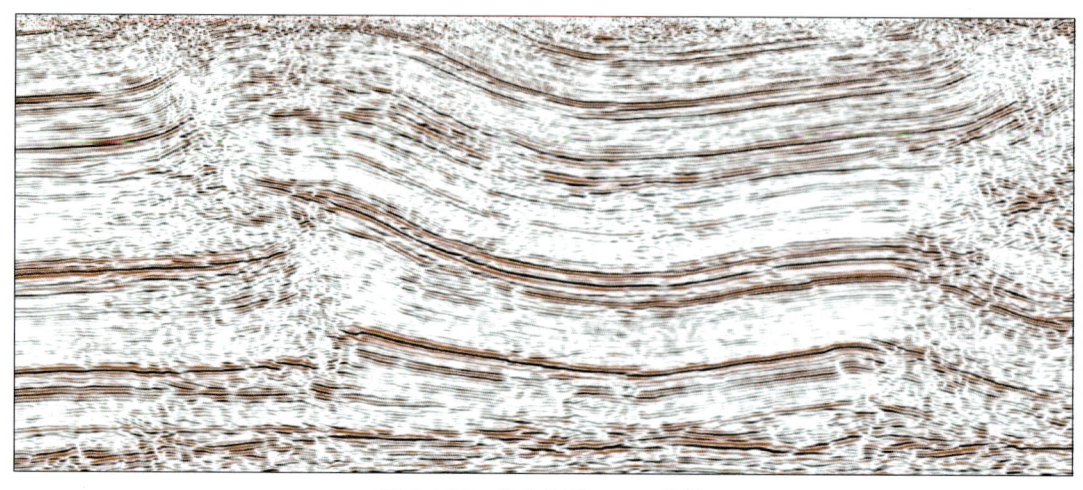

图 6.4.15　各向同性 RTM 成像

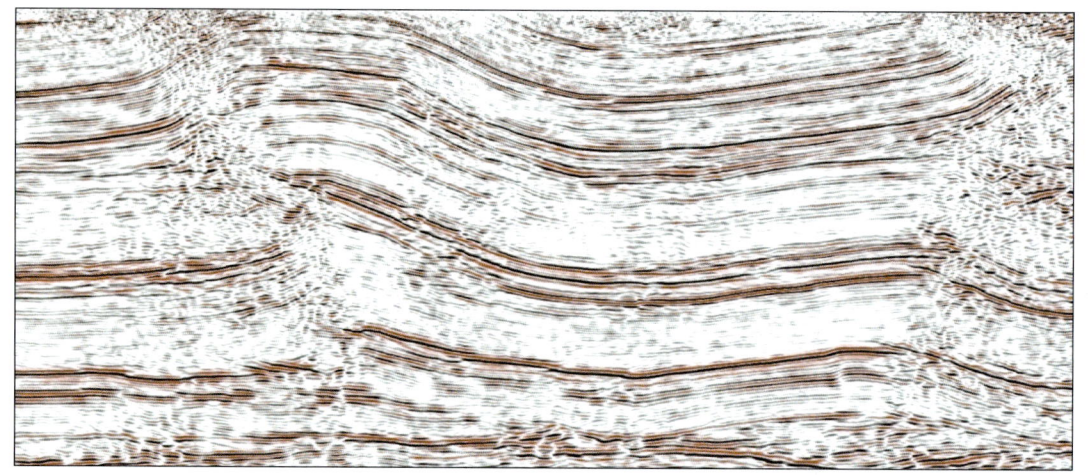

图 6.4.16　各向异性 RTM 成像

第五节　积分法叠前深度 Q 偏移

在山前戈壁、沙漠区，疏松的近表层结构，巨厚且厚度变化大的低速带、低降速带，地震激发能量主要集中在地表附近的低速层中，下传能量弱，有效波的吸收衰减强烈；在山地复杂构造区，地震波不仅经历近地表的严重吸收衰减，更由于在山地复杂构造中深层长距离的传播过程中，地震波吸收衰减进一步加剧，地下反射信号弱，需要在偏移过程中有效弥补地震波的吸收衰减，提高山地复杂构造的偏移成像分辨率。在偏移成像过程中，可采取沿地震波传播路径补偿地层吸收衰减的积分法叠前深度 Q 偏移。

一、积分法叠前 Q 偏移算法

常规积分法叠前深度偏移的公式可表示为：

$$u(x_s, x_r, x) = \iint w(x_s, x_r, x) \int e^{i\omega\tau(x_s, x_r, x)} D(x_s, x_r, \omega) F(\omega) d\omega dx \quad (6.5.1)$$

式中，x_s 是炮点坐标；x_r 是检波点坐标；$D(x_s, x_r, \omega)$ 是地面记录数据；$F(\omega)$ 是频率域的相移因子；$\tau(x_s, x_r, x)$ 是从炮点 x_s 到地下反射点 x 再到检波点 x_r 的总旅行时；$w(x_s, x_r, x)$ 是振幅加权因子。

Q 偏移成像方法是对积分法叠前深度偏移方法进行改进，其核心是求取地震波传播旅行时和振幅。根据频散关系，在黏弹性介质中，吸收品质因子 Q 与声波速度 c 的关系为：

$$c(x, \omega) = c_0(x) \left[1 - \frac{1}{2} i Q^{-1}(x) + \frac{1}{\pi} Q^{-1}(x) \ln \frac{\omega}{\omega_0} \right] \quad (6.5.2)$$

式中，$c_0(x)$ 是声波速度场；$Q(x)$ 是品质因子场；ω_0 是参考频率。

此时复旅行时可描述为：

$$T_c(x, \omega) = T(x) - \frac{1}{2} i T^*(x) - \frac{1}{\pi} T^*(x) \ln \frac{\omega}{\omega_0} \quad (6.5.3)$$

其中

$$T^*(x) = \int_L \frac{1}{c_0 Q} dr \quad (6.5.4)$$

式中，$T(x)$ 是在声波介质中以速度 c_0 传播的旅行时；$T^*(x)$ 为吸收振幅的补偿项；L 为射线路径。

在公式（6.5.3）中，第一项描述的是偏移的运动学信息，可以通过常规的声波介质旅行时计算方法求取；第二项是对吸收衰减振幅损失的补偿；第三项是为了校正由吸收衰减（频散）造成的相位变化。从后两项可以看到：吸收衰减补偿项依赖于 $T^*(x)$，包含 Q^{-1} 沿着射线路径的积分。在吸收衰减不强烈的情况下（即 $Q^{-1} \ll 1$），射线路径与吸收衰减无关。因此，沿着原来计算 T 时的射线路径计算 $T^*(x)$，这样在黏弹性介质中的射线追踪又恢复到了弹性介质中的射线追踪，只需要额外计算一个关于 Q^{-1} 的积分即可。这时，公式（6.5.1）可以变换为：

$$u(X_s, X_r, X) = \iint W(X_s, X_r, X) \int e^{i\omega T(X_s, X_r, X)} e^{\frac{1}{2}\omega T^*(X_s, X_r, X)} e^{-i\frac{1}{\pi}\omega T^*(X_s, X_r, X) \ln \frac{\omega}{\omega_0}}$$
$$\times D(X_s, X_r, \omega) F(\omega) d\omega dx \quad (6.5.5)$$

式中，$e^{\frac{1}{2}\omega T^*(X_s, X_r, X)}$ 代表振幅补偿项；$e^{-i\frac{1}{\pi}\omega T^*(X_s, X_r, X) \ln \frac{\omega}{\omega_0}}$ 代表相位补偿项。

由此可知，在黏弹性介质中，Q 偏移成像的过程是严格按波场的传播路径，对介质的非弹性吸收频散效应予以补偿与校正，从而达到振幅补偿和相位校正的目的，与传统的一维反 Q 滤波相比，补偿更为准确。这种偏移方法具有实现简单、计算量小、可有效提高地震信号的分辨率和保真度、满足叠前反演和储层预测的要求。

另外，由式（6.5.5）可知，振幅补偿因子是一个 e 指数表达式，其补偿能量随频率的升高而急剧增大。为了解决振幅补偿的不稳定性问题，需要对指数项的高频段进行限制和截断。

二、应用实例

图 6.5.1 为常规叠前深度偏移剖面与 Q 深度偏移剖面对比，可见 Q 偏移后，成像剖面反射特征得到加强，同相轴相位与振幅一致性变好，能量和相位得到有效改善，成像剖面的分辨率明显提高，目标缝洞体的成像和识别更加清晰。

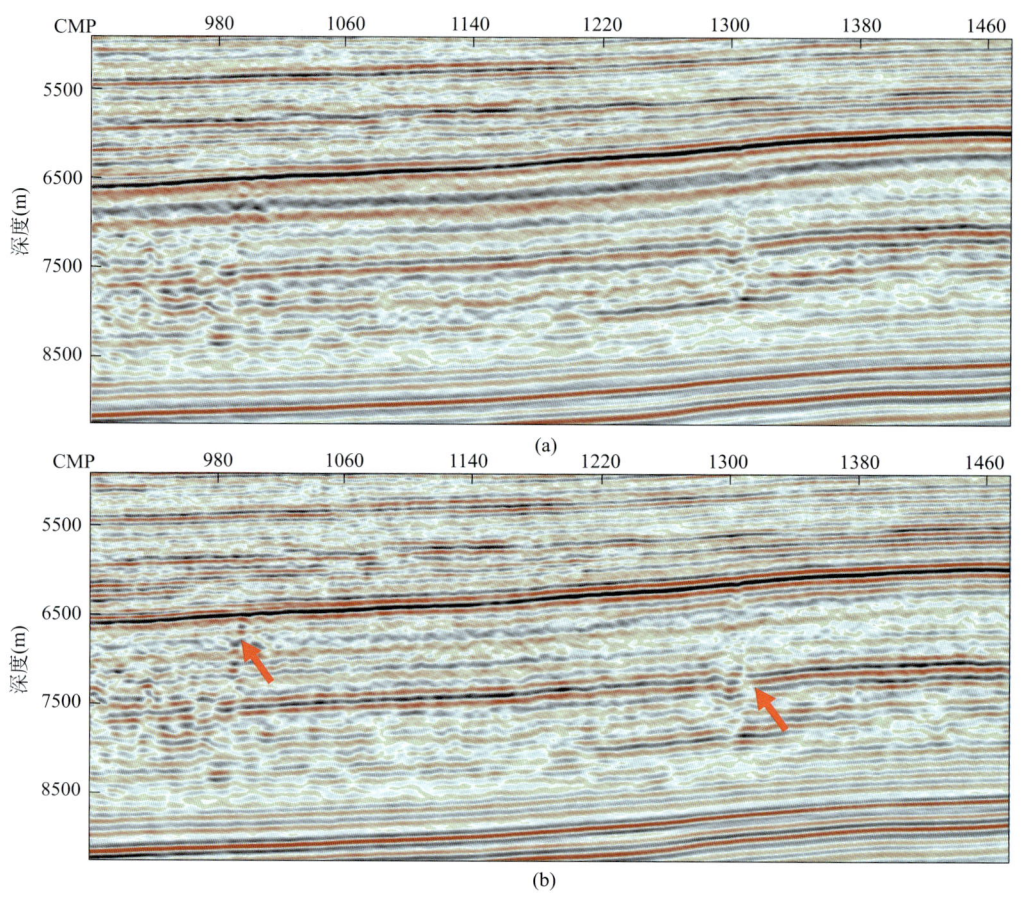

图 6.5.1　常规叠前深度偏移（a）与叠前深度 Q 偏移（b）剖面对比

第六节　叠前深度偏移高性能计算

山地复杂构造区地震勘探项目面积越来越大，采集炮道密度越来越高，区带连片叠前偏移成像越来越多，导致地震数据呈几何级数增长，数据量从 TB 级增加到 PB 级。而地震资料成像处理周期要求越来越短，给资料处理设备和计算性能带来巨大挑战。叠前深度偏移是整个处理流程中占用机时最多的环节，大幅度提升叠前深度偏移计算效率，是山地复杂构造高精度地震成像效率提升的重中之重。

下面分别介绍克希霍夫叠前深度偏移的高性能计算方法和叠前逆时深度偏移快速计算策略。

一、克希霍夫叠前深度偏移高性能计算方法

克希霍夫叠前深度偏移计算流程主要分以下步骤：计算每个激发点和接收点的射线路径，获得每个激发点和接收点到成像空间的旅行时场；存储旅行时场数据文件；遍历地震道数据，读取道数据对应的激发点和接收点在偏移孔径内的旅行时场，完成该道数据的偏移；重复该过程，直到完成所有地震道数据的偏移归位。

一个中等规模的三维工区，激发点和接收点的数量通常达到几十万。三维克希霍夫叠前深度偏移过程中，需要计算这几十万个激发点和接收点的三维旅行时场并存储，这将是一个非常庞大的数据体。以一个长 10km、宽 10km、深 10km、网格为 10m×10m×10m，激发点和接收点数量为 200000 个的工区为例，即使在经过各种优化后，其旅行时场的总规模也将达到 80TB。而每一次偏移过程，就需要读、写一次旅行时场，再加上叠前地震数据的读取、旅行时追踪计算、偏移计算，耗费的存储容量、存储 I/O 和计算资源都非常大。

如何更好、更高效地完成克希霍夫叠前深度偏移的旅行时场计算、旅行时场数据存储和偏移计算，是克希霍夫叠前深度偏移效率提升的关键。为突破计算瓶颈和 I/O 瓶颈，可采用无需保存旅行时文件的克希霍夫叠前偏移高性能计算策略，主要包括 5 个核心方法：

（1）基于 MAP/REDUSE 计算架构的并行计算方法：充分综合利用计算集群各节点的计算核心、内存空间、存储空间、通信带宽等资源，提高海量数据大规模偏移成像的整体效率。

（2）滚动式体偏移成像方法：通过划小成像空间滚动式偏移，充分利用计算节点内存资源，避免存储 I/O，提高单个成像单元的处理效率。

（3）多级并行偏移计算方法：充分利用计算集群的计算资源和计算能力，提高偏移成像过程中的计算效率。

（4）基于差分格式的旅行时混合编码压缩方法：充分利用计算集群各计算节点内存资源，避免旅行时文件存储，提高偏移计算时旅行时场的引用效率。

（5）旅行时场 P2P 数据交换方法：充分利用计算集群各计算节点的数据传输的带宽资源，提高偏移计算节点间的数据实时交换效率。

通过 5 个核心方法，大幅度减少每个计算节点偏移的旅行时场规模，实现旅行时场在内存中的缓存，避免偏移过程中的存储读、写过程，提升克希霍夫叠前深度偏移计算效率。

1. 基于 MAP/REDUSE 计算架构的并行计算方法

基于 MAP/REDUSE 计算架构的并行计算方法，将偏前道集数据通过 MAP 切分并存储到计算集群的各计算节点上，在各节点偏移计算完成后，通过 REDUCE 进行数据归并，高效完成海量数据的大规模偏移成像。这可充分综合利用计算集群各节点的计算核心、内存空间、存储空间、通信带宽等资源，提高海量数据大规模偏移成像的整体效率。

克希霍夫叠前深度偏移需要输入偏前道集数据，这个过程涉及大量的存储 I/O 和计算。常规的方法（图 6.6.1）是将偏前道集数据集中存储在一个中心存储设备上，再利用集群系

统中主节点负责统一访问存储，将读取的道集数据分发给计算节点，实现并行偏移计算。这种方法优点是逻辑简单，对 I/O 的压力小，易于软件实现；缺点是受限于 I/O 带宽和计算节点的同步，计算效率较低。

针对常规克希霍夫偏移方法存在的瓶颈，采用基于 MAP/REDUSE 的偏移并行计算方法（图 6.6.2）。采用分而治之的策略，将偏前道集数据通过 MAP 进行数据分割，分布到所有的计算节点上，在偏移完成后，产生的偏移中间数据（各节点上部分数据的成像结果或 CIP 道集）通过 REDUCE 进行数据归并，形成最终的偏移结果，从而实现将海量偏前道集数据大规模自动部署到超大集群上进行并行处理。

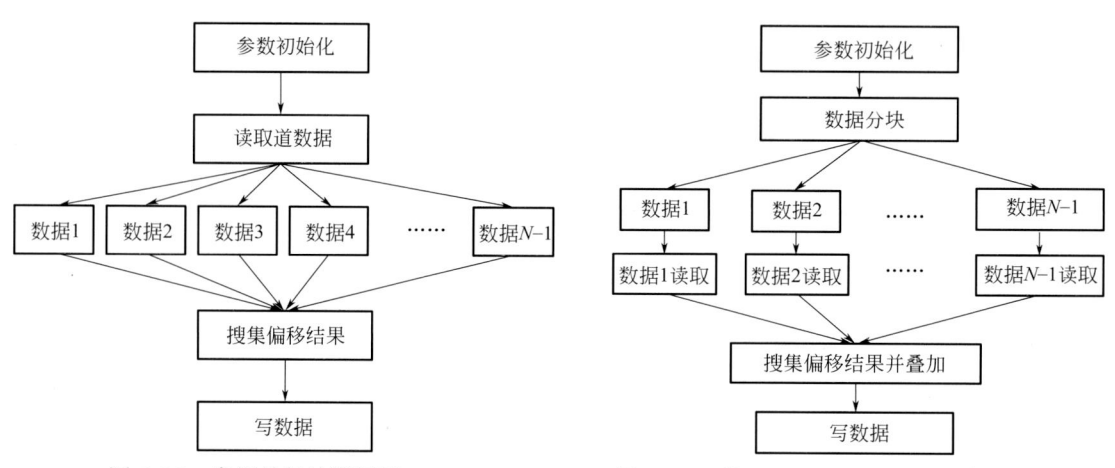

图 6.6.1　常规并行计算框架　　　　图 6.6.2　基于 MAP/REDUSE 的并行计算架构

在偏移过程中，每个计算节点只负责分割到本地机器上的数据的偏移，将原计算过程中每道一次的节点间同步减少为每条线一次同步，增强节点间的计算异步性，减少节点间同步等待的时间；将总的成像空间化小为若干个小的成像单元，采用滚动式偏移成像，每个小的成像单元偏移所需要的计算资源减小；采用多级并行偏移计算，充分利用计算集群的计算资源和计算能力，提高旅行时场和偏移成像的计算效率；通过混合编码压缩技术，压缩旅行时场数据规模，偏移过程需要的旅行时场就可缓存在内存中，减少保存旅行时场和读取旅行时场的时间；使用旅行时场 P2P 交换方法，充分利用各节点的数据传输的带宽资源，偏移过程中总的 I/O 带宽是所有节点的访存带宽的总和，远高于常规方式由主节点读取分发数据的带宽，突破 I/O 带来的瓶颈。

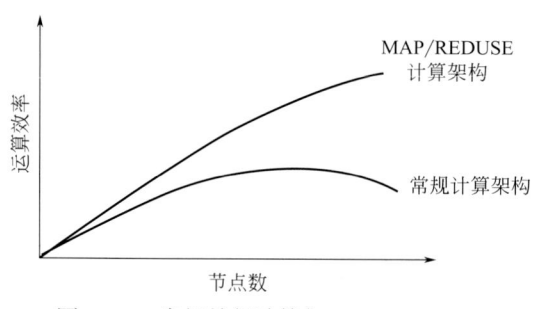

图 6.6.3　常规并行计算与 MAP/REDUSE 计算架构的效率对比示意

常规克希霍夫偏移方法受限于 I/O 瓶颈和计算过程的同步机制，其计算的扩展性也受到限制，当计算节点数量规模达到一定程度后，通常会出现性能拐点，限制了通过扩大集群规模提升偏移效率。

基于 MAP/REDUSE 计算架构的性能提升具有较好的线性特性，随着集群规模的增加，性能可以呈线性增长（图 6.6.3），具有良好的规模可扩展性，能够很好地处理

TB 级的数据。

2. 滚动式体偏移成像方法

在偏前道集数据切分的基础上，滚动式体偏移成像方法通过划小成像空间，形成系列成像单元，减少每次成像范围、旅行时场计算规模和偏移计算所需旅行时场的数据规模，充分利用计算节点内存资源，避免存储 I/O，提高单个成像单元的处理效率。

常规叠前克希霍夫深度偏移多采用整体成像，也就是每输入一个地震道，同时对整个成像空间进行成像。这造成在偏移过程中需要的数据规模巨大，需要首先计算整个速度场范围的旅行时场数据并进行磁盘存储，通常达到数百 TB 的规模，而在偏移成像过程中，节点又会耗费大量时间重新读入这些存储在磁盘上的旅行时场数据。这不仅会占用大量的存储空间，同时造成巨量的旅行时场的重复读写，而计算机集群每个节点内存又没有被充分利用，造成偏移效率低下。

针对常规整体偏移成像技术存在的问题，采用滚动式体偏移成像方法（图 6.6.4）。在偏移过程中，将整体偏移成像空间划分为一条线或多条线为单位的小成像单元，每次偏移一个小的单元，完成后滚动偏移下一个单元。每一次偏移，仅需要当前偏移单元成像孔径范围内的旅行时场数据，这样就将一个大规模偏移问题划分为若干小规模偏移问题。随着偏移每个小规模局部单元所需要的旅行时场规模大幅度降低，可以直接将旅行时场放在各个计算节点的内存中，避开旅行时场的磁盘读写环节，节省大量 I/O 时间，成像单元的偏移计算效率极

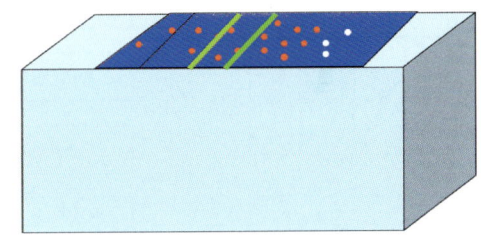

图 6.6.4　滚动式体偏移示意图

大提高。而在进行滚动计算后续测线成像时，仅增加一条线的旅行时计算，并且可即算即用。如此循环，完成整个工区的体偏移，整个过程中无旅行时磁盘存储，实现了内存、本地磁盘最大化利用，偏移计算效率极大提高。

3. 多级并行偏移计算方法

多级并行偏移计算方法将偏前道集数据切分到各计算节点，实现粗粒度的集群节点并行；再在各计算节点上将成像单元切分到计算核心，实现中等粒度的节点多核并行；最后在各计算核心上使用 SIMD 指令，实现细粒度的指令级并行计算。多级并行偏移计算方法充分利用计算集群的计算资源和计算能力，提高旅行时场和偏移成像的计算效率。

为了充分调动计算集群的计算资源和计算能力，提升偏移计算效率，采用多级（三级）并行偏移计算方法（图 6.6.5）。它通过 MAP/REDUSE 计算架构，将偏前道集数据划分到集群的不同计算节点上，在节点间按偏前道集数据实现计算任务的切分，实施最粗粒度的节点级并行，有效减少节点间通信量和计算同步的等待时间，有效发挥各个节点的计算能力。在每一个计算节点中，再次对本节点负责的成像单元按多线程（或计算核心）进行切分，实现中等粒度的并行计算，每一个计算节点（或进程）中的多个线程可以共享速度场、叠前地震数据和旅行时表等内存空间，从而节省大量内存，提高计算效率。在每一个线程中，充分利用现代中央处理器 CPU 提供的 SIMD 指令，通过指令级的并行，实现细

粒度的并行化计算。

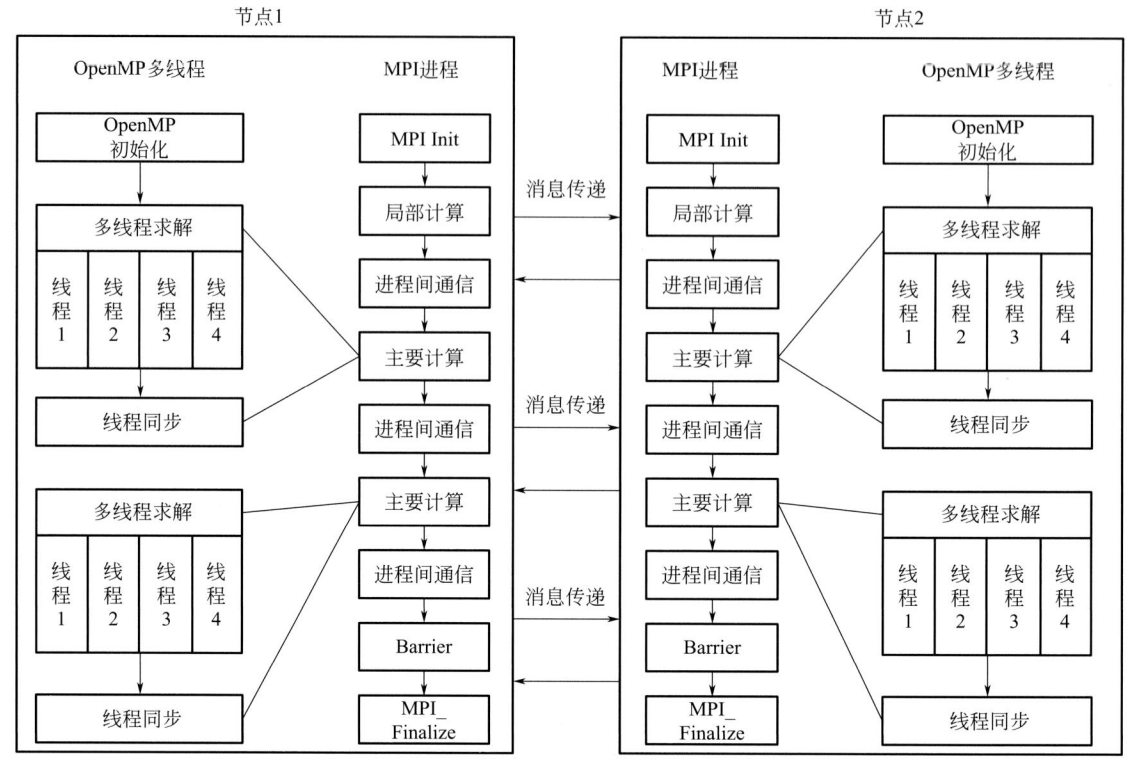

图 6.6.5 多级（三级）并行偏移计算技术

采用多级（三级）并行偏移计算方法，可综合提高旅行时场和偏移成像的计算效率。

4. 基于差分格式的旅行时混合编码压缩方法

为提高偏移计算时旅行时场的引用效率，避免耗时的存储 I/O，充分利用节点的高速内存，将成像单元所需的旅行时场保存在计算节点的内存中是最佳选择。基于差分格式的旅行时混合编码压缩方法，通过三阶差分缩小旅行时数据动态范围，压缩旅行时场数据，缩小数据规模，确保旅行时场能保存在节点内存中，而无需旅行时文件存储，使用时即时解压，提高偏移计算时旅行时场的引用效率。另外，缩小了规模的旅行时数据也减少了计算节点数据交换的规模，助力数据交换效率的提升。

克希霍夫叠前深度偏移的旅行时场在局部通常具有平滑且单调递增的特性，可采用基于差分格式的旅行时混合编码压缩方法。图 6.6.6 是一条旅行时曲线的实例，其值范围在 5000~35000 之间，值的动态范围较大，数据具有较大的熵，不利于进行直接压缩保存（因压缩比不高，压缩效果不明显）。通过一阶差分后，差分值主要集中在 200~500 之间，值的动态范围大幅度缩小。二阶差分后，值的动态范围进一步减小到 -7~2 之间；三级差分后，值的动态范围主要集中在 -2~2 之间，此时将数据的熵减小到较低的范围，进行数据压缩，将获得较大的压缩比（图 6.6.6）。旅行时差分采用三阶差分压缩与积分解压技术，可减小旅行时场的存储，极大提升数据存取效率。存储空间可以减小 90% 左右，存储效率可以提高 10~20 倍。

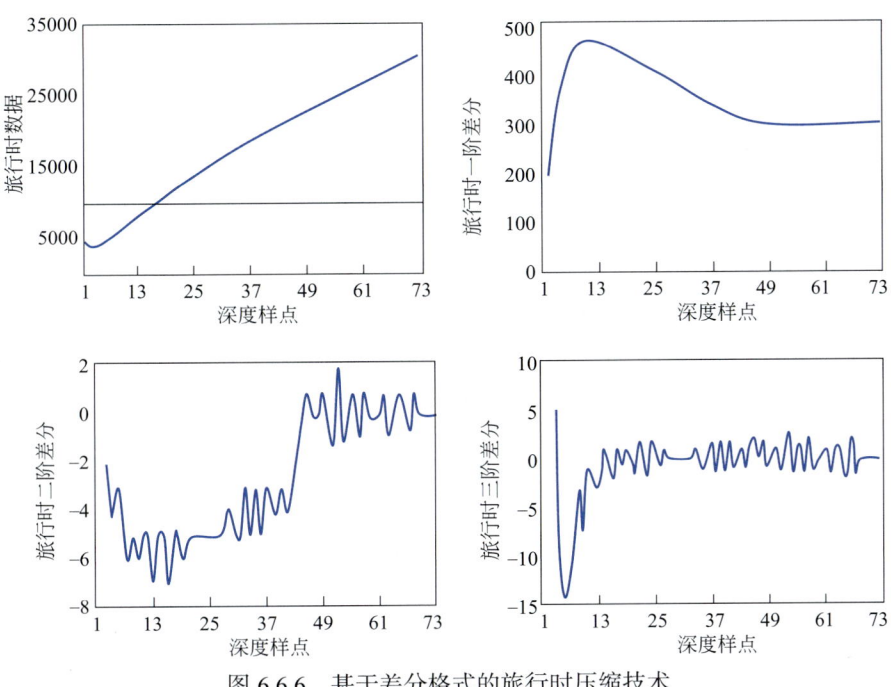

图 6.6.6 基于差分格式的旅行时压缩技术

表 6.6.1 是 4 个实际工区一个偏移单元旅行时场数据规模的统计，这 4 个工区基本都获得了 16 倍左右的压缩比。通过数据压缩技术，进一步减少了旅行时场数据量，已经完全可以放在内存中而无需再进行旅行时文件存储。同时，压缩后旅行时数据规模的减少也提升了计算节点间数据交换效率，助力偏移计算效率的大幅度提高。

表 6.6.1 旅行时表压缩比测试结果

工区名	旅行时压缩前数据量（GB）	旅行时压缩后数据量（GB）	压缩比
Fjw	106.2	6.5	16.33
Dxc	163.7	9.7	16.88
db1	89.0	5.96	15
ym	176.5	10.8	16.35

5. 旅行时场 P2P 交换方法

旅行时场由分布式并行计算高效生成，并由各计算节点分别部分持有。为确保各计算节点高效获取成像所需的完整旅行时场数据，旅行时场 P2P 交换方法充分利用各节点的数据传输的带宽资源，成倍扩大集群数据的传输带宽，提高偏移计算节点间的数据实时交换效率。

常规克希霍夫偏移技术需事先计算好旅行时场数据，保存在存储设备上，在后续的偏移过程重新读取。这增加了 I/O 负担，并降低了偏移效率。采用无旅行时文件的偏移策略，在偏移的同时进行旅行时场分布式计算，即算即用，无需进行旅行时场数据保存和读取，极大节省存储空间,提升偏移效率。

旅行时场采用分布式方式并行计算,由各计算节点分别承担部分旅行时场计算任务并持有部分旅行时场。计算完成后,需在计算节点之间交换各节点持有和需要的旅行时场数据,这将是一个网状的数据传输链路,为了更高效传输旅行时场数据,采用了旅行时场P2P交换方法。

在现有的网络结构上,形成一个去中心化的数据传输结构,将每个计算节点都变成数据接收和发送的端点,给其他节点发送本节点计算并持有的旅行时场数据的同时,又从其他节点接收自己需要的旅行时场数据。由于没有传输中心,也就没有传输瓶颈,使整体的数据传输带宽扩大了 N 倍(N 为计算节点的数量)。如图 6.6.7 所示,图中每个小格代表一个计算节点,小格的右边上红下绿颜色块分别代表该节点发送数据和接收数据的快慢(颜色块越高,代表数据交换越快)。图 6.6.7(a)是常规旅行时传输方法的效果,图 6.6.7(b)是 P2P 旅行时传输方法的效果。对比可以看到,常规传输方法没有充分利用每个节点的带宽,大量带宽资源被闲置,而数据发送集中在部分节点上,造成拥堵,传输效率较低。而 P2P 旅行时传输方法使每个计算节点同时进行输入与输出,负载平衡,传输速率较高,较好地解决了旅行时场实时传输问题。

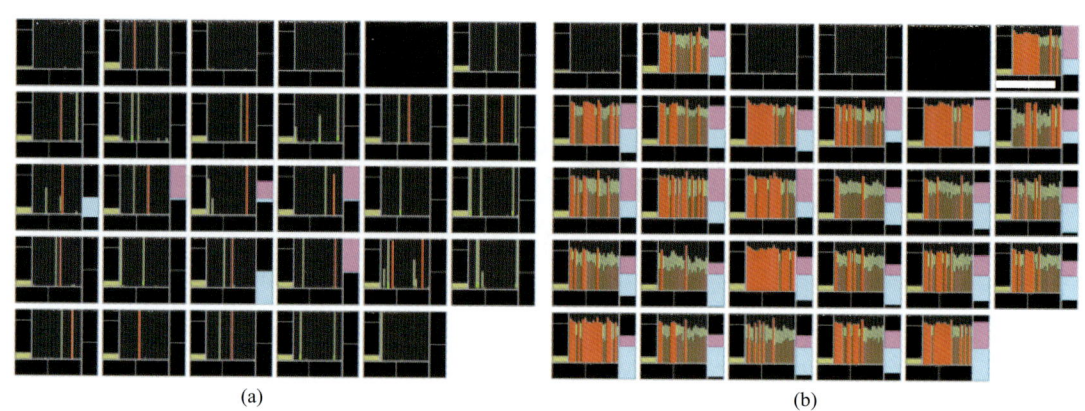

(a)   (b)

图 6.6.7 常规旅行时传输(a)与 P2P 旅行时传输(b)方法效果对比
图中每个小格代表一个计算节点;小格的右边上红下绿颜色块分别代表该节点发送
数据和接收数据的快慢,颜色块越高,代表数据交换越快

二、叠前逆时偏移快速计算策略

在叠前逆时偏移计算策略方面,由于震源波场和检波点波场在时间轴上延拓方向不一致,使用传统的吸收边界条件算法必然要存储其中一个波场,读写震源波场或检波点波场成为高效逆时偏移的瓶颈。

Symes(2007)和 Dussaud 等(2008)讨论了用于解决不同时间延拓方向问题的 Checkpoint 技术,即在延拓过程中并不存储每个时间点上的波场,而是相隔几个时间点(检查点)存储一次;当需要使用两个检查点之间的波场时,通过检查点上的波场重新计算。这种做法相当于用检查点之间的计算来避免其读写,是一种折中的做法。

Dussaud 等(2008)和 Clapp(2008)提出另一种解决方案,即把吸收边界中损失的能量记录下来，那么可以将震源波场计算到最大时刻。然后将最大时刻的震源波场和检波点波场同时传播到零时刻。由于边界损失的能量已经被记录下来，震源波场是可以完全重建的，这样逆时偏移算法就不需要对计算区域内的震源波场进行读写，但是对边界区域内波场的读写同样使得逆时偏移算法效率大大降低。

Clapp（2009）提出随机边界算法，人为地将刚性边界随机化，虽然震源波场和检波点波场本身由于随机边界的影响会产生畸变，但是合理选择边界的随机函数可以使得将两个波场畸变的互相关达到最小，对逆时偏移成像结果并没有影响。但是，随机边界与吸收边界成像质量的对比差异仍然是一个突出问题。

为克服读写震源波场或检波点波场的瓶颈，也可采取压缩存储方式，减小数据量，缩短读写时间，提高成像效率。

第七章　山地复杂构造区带整体高精度地震成像

第二章到第六章论述了山地复杂构造高精度地震成像的主要技术环节及技术方法，从一个地震勘探项目（或称为单块地震）的角度说明了如何实现山地复杂构造高精度地震成像。但由于山地复杂构造的复杂性，要全面了解地下的复杂构造，找到有利油气勘探目标，必然需要盆地区带级的大面积整体地震高精度成像。但由于油气勘探的复杂性和风险性、地质认识的渐进性、需求的阶段性、地震技术的迭代升级、地震工程的高成本等因素，通常是在山地复杂构造区油气勘探需要一块地震资料时，才采集一块、处理成像一块，这种"贴邮票式"分期实施的地震工作通常不太可能做到超前整体设计。同时，多期、分块独立设计、采集的地震资料存在地震采集观测系统不一致、激发接收参数差异大、原始资料品质差异大，分块处理的速度模型块间一致性差、难闭合，块间成像资料的深度、振幅、频率、相位不一致，常规连片处理存在"降优补劣"（不保真）、"翻烧饼"（做重复工作）、"积涓成海"（连片处理工作量积少成多，工作量只增不减）等问题，造成区带大面积整体高精度成像难且效率低，直接制约了区带的整体研究和油气高效勘探。所以，在山地复杂构造区，区带级的整体高精度地震成像十分重要。

区带级的整体高精度地震成像需要解决两个关键问题：一是区带级的整体地震工程技术设计，从设计的源头奠定区带级整体高精度地震成像的基础；二是区带级分期、多块地震资料的整体高精度地震成像，解决区带上分期、多块地震资料一致性差、连片成像不保真的问题。

通过面向区带整体地震成像的"三兼顾、一统一"区带整体地震采集工程设计、"一整体、三统一"区带连片成像处理、区带连片全深度速度建模、单块偏移模块化组装等方法，在区带高精度地震整体成像中实现"分块成像、组装连片、连片保真"。

下面介绍区带整体地震采集工程设计、区带地震连片成像处理、区带连片全深度速度建模、区带三维地震成像成果组装连片等技术方法。

第一节　区带整体地震采集工程设计

地震采集是获取地震成像资料的第一环节。尽管地震采集的通常做法是需要一块资料，才采集一块资料，在区带上采集不太可能做到整体地震采集工程设计，但对于山地复杂构造区带的油气勘探，不仅存在部分重复采集区域，增加不必要的采集成本，而且区块间地震采集观测系统多变、激发接收参数差异大，造成地震资料的一致性（振幅、频率、相位等）差，所以，区带的整体地震采集工程设计仍是高效勘探的必然选择和目标追求。

针对上述问题，可以采用兼顾勘探开发、新老资料、深浅层，同一区带统一设计为核心的"三兼顾、一统一"区带整体地震采集工程设计方法，改变即使地震技术未升级换代也常用的"勘探开发分别采集、新老资料独立设计、深浅层不兼顾"模式，解决同一区带不同期次采集资料数据特征（时间、频率、振幅等）差异大和重复采集成本增加的问题，从设计源头上奠定区带高精度地震成像的基础。

一、兼顾勘探开发的地震采集工程设计

尽管在山地复杂构造区部署一块三维地震可能是源于勘探的需求，也可能是源于开发的需求，但由于多目的层勘探开发的渐进性和迭代性、地震工程的高成本，有必要在地震采集工程设计上兼顾勘探开发的需求。

在勘探阶段，三维地震的目标是勘探发现和目标评价，地震采集参数的重点在有利于圈闭的发现和落实，采集参数可能要弱化一些，如面元可大一些，炮道密度可小一些。而在开发阶段，三维地震的目标是油气藏的精细描述（如储层的空间分布），地震采集参数的重点是提高地震的纵横向分辨率，地震采集参数可能要突出小面元、小线距、高炮道密度。地震采集工程设计总的原则是要找到同时适应勘探开发需求的地震采集参数（观测系统、激发接收参数），降低地震工程的整体投入。

二、兼顾新老资料的地震采集工程设计

在山地复杂构造区，由于目标的复杂性和多目的层勘探开发的阶段性，"贴邮票式"分期采集、多轮次重复采集在所难免。在地震采集工程设计时必然带来两个不可避免的工作：一是评价老地震资料的采集参数哪些是合适的，应该采用；二是考虑与邻区已有地震资料的整体连片成像，应该优化选择什么样的采集参数，达到新采集地震资料的高技术性、高经济性。

如在塔里木盆地 ZQX 山地三维北部相接的是 2008 年 KS 山地三维，见图 7.1.1。通过技术论证，认为 KS 山地三维基本能够满足该区地质目标落实需要，ZQX 山地三维设计观测系统与 KS 山地三维的观测系统方案面元相同，接收线距相同，激发线距相同，由于目的层深度更深、资料信噪比更低，应适当增大横纵比和炮道密度，在满足地质任务需求的基础上，可借用 KS 三维地震炮资料。因此，为更好实现 ZQX 三维与 KS 三维的整体连片成像，在 ZQX 三维北部区域，完全或部分借用了 KS 三维炮记录，达到了兼顾新老资料的目的，同时有效减少地震工程量，降低采集成本。

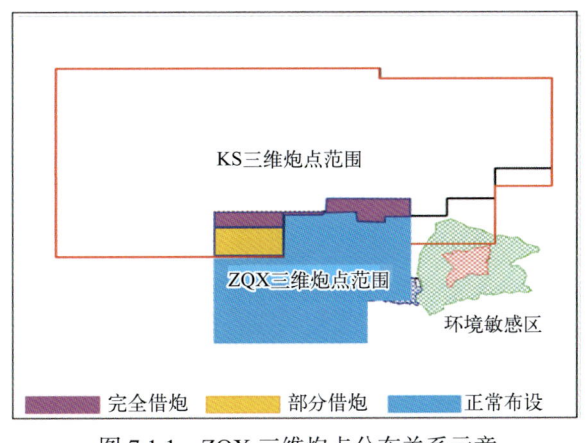

图 7.1.1　ZQX 三维炮点分布关系示意

三、兼顾浅层和中深层的地震采集工程设计

在浅层断裂及浅层陡倾角地层出露的山地复杂构造区,浅层成像与深层目的层成像密切相关,浅层不成像或成像差一般对应的深层成像效果也差。通过一个复杂构造区的二维模型正演分析,可认识到浅层速度场精度对深层地震深度成像质量影响巨大,如图 7.1.2 所示。从图中可看出,当浅层速度场精度误差达到 5% 时,就足以严重影响深部目的层的成像质量,波阻特征、成像质量明显变差,叠瓦状构造轮廓不清,构造形态变异,断裂更难以刻画,从一个侧面说明了要搞好深层地震成像首先要搞好浅层地震成像。所以,在山地复杂构造区,从地震成像的角度讲,在地震采集工程设计时,即使目标层是深层,也要兼顾浅层才行。更何况,很多勘探区的目标层既有浅层,也有中深层,更需要系统兼顾深浅层地震高精度成像的地震采集工程设计。

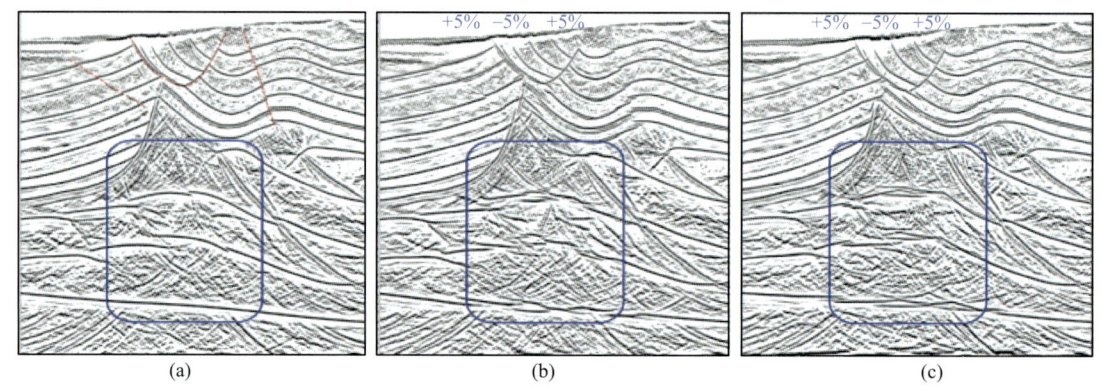

图 7.1.2　二维模型浅层速度场误差对深层的影响
(a)准确速度模型的叠前深度偏移剖面;(b)浅层 3 个断块速度分别 +5%、−5%、+5% 的叠前
深度偏移剖面;(c)浅层 3 个断块速度分别 −5%、+5%、−5% 的叠前深度偏移剖面

深浅层的地震采集工程设计应先用第二章论述的方法分别对中深层和浅层地震成像进行论证设计,再进行优化,找到既能保证浅层高精度成像,又能保证中深层高精度成像的采集参数,同时从整体上兼顾设计的经济性。如为了保证浅层陡倾角地层成像,需要小面元、高炮道密度和宽方位的三维采集参数;为了保证中深层高陡地层的高精度地震成像,需要比浅层陡倾角地层成像更大的偏移距。

所以,在山地复杂构造区,要兼顾深浅层的高精度地震成像,三维地震观测系统的设计方向应为小面元、高密度、宽方位、大偏移距等。

四、区带统一的地震采集工程设计

对山地复杂构造区带,地震地质条件具有相似性和渐变性,复杂构造带的油气勘探也需要区带的整体地震成像,加之山地复杂构造区地震采集工程的高成本,特别需要区带的统一采集工程技术设计,减少采集参数变化带来的区块间资料差异性和采集的工程量,提高质量,降低成本。

通过"三兼顾、一统一"的地震采集工程设计,将区带整体规划和阶段计划相结合,

确保整个区带设计整体统一，实现"单块设计"向"整体设计"的转变、从单一目的层向多目的层设计的转变、从单一考虑勘探或开发设计向兼顾勘探开发设计转变。这不仅可为区带高精度的地震成像奠定地震原始资料基础，而且能够无缝借用相邻已实施工区的地震数据，大幅降低新采集项目工作量，从而降低采集成本。"三兼顾、一统一"地震采集工程设计方法是山地复杂构造区高精度地震成像资料采集的重要策略和必要手段。

第二节　区带地震连片成像处理

在区带地震连片成像处理方面，针对常规连片成像处理中存在（前已述及）的"降优补劣""翻烧饼""积涓成海"等问题，为实现区带上分期、多块地震资料的"分块成像、组装连片、连片保真"目标，可使用"一整体、三统一"区带连片成像处理方法，即区带地震成像处理整体设计、统一区带地震成像处理的流程工序、统一区带成像处理工序技术标准、统一区带成像处理工序质量标准。

下面分别介绍区带地震成像处理整体设计、统一区带地震成像处理的流程工序、统一区带成像处理工序技术标准、统一区带成像处理工序质量标准等区带地震连片成像处理方法。

一、区带地震成像处理整体设计

区带地震成像处理整体设计不仅决定地震资料成像处理结果的质量，而且是区带整体高精度地震成像的重要前提。区带地震成像的整体设计包括区带整体成像的技术指标、工艺质量标准、分块多期成像实施计划，也包括分块成像处理设计的统分结合，即需遵守区带统一的技术指标、工艺质量标准等；在分区块设计中，根据地质任务要求，通过详实的资料分析，明确成像处理目标、思路、技术标准，优选技术、流程，形成分块地震成像处理技术设计方案，达到区带整体设计、分块成像处理设计"量身定制"。

二、统一区带地震成像处理的流程工序

常规的地震资料成像处理都是把从表层建模、噪声衰减、偏移速度建模到叠前深度偏移成像等全处理链条作为一个整体的管理与实施单元。这种成像处理的组织与实施模式无论新老资料处理都需要从头开始，造成一些不必要的低水平重复，周期、成本都会增加。另一方面，对山地复杂构造区的地震资料来讲，有些技术已经相对成熟，但一些技术还需要持续迭代研究，必然造成地震资料有些处理环节的处理工作需要反复进行，有时候就是为了其中一个环节的重新处理而必须从头到尾重新全部再做一遍，造成不必要的重复和浪费。基于此，应该将区带的地震成像处理组织和实施模式由流程工序一体化组织和实施模式变为分专业工序组织的组织和实施模式。为此，将完整的地震处理过程划分为既相对独立又便于操作的4道专业工序，即表层建模与静校正、信号处理与叠加、叠前时间偏移、速度建模与偏移成像。采用这种分工序的组织和实施模式，常规的区块地震成像处理项目被细分为4个最小处理单元，每道工序独立进行组织和实施，通过4道专业工序的串联组织和实施，最终实现高质量的地震成像处理，如图7.2.1所示。由图可知，任何一个环节的资料需要改进而重新处理均可快速进行工序组织和实施，进行最小工作量的处理，具有

很强的工序扩展性，可灵活高效实现区带整体成像的组织和实施。

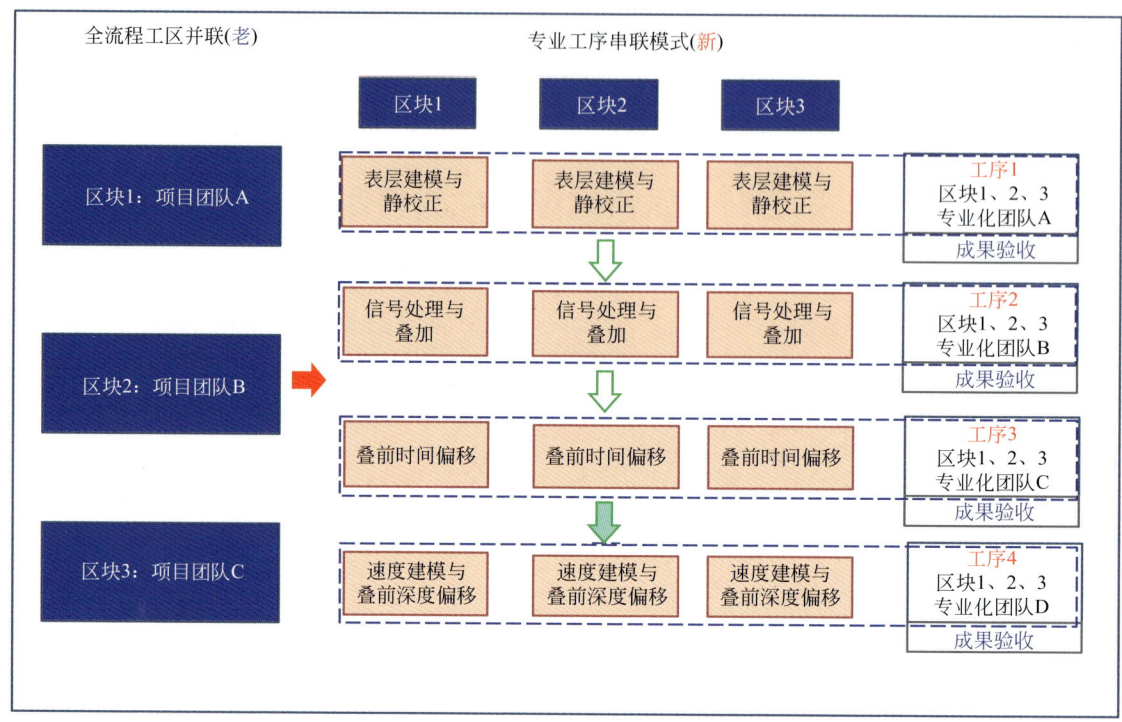

图 7.2.1　地震资料成像处理工序内并联、工序间串联组织实施模式图

三、统一区带地震成像处理的工序技术标准

为提高区带地震资料处理各区块成像数据的一致性，确保"分块成像、组装连片、连片保真"，必须使用区带统一的成像处理工序技术标准。可使用下述成像处理 4 道工序 25 个统一的技术要求。

工序 1——表层建模与静校正技术标准：
（1）统一拾取初至起跳点；
（2）统一初至拾取的偏移距范围；
（3）统一表层建模方法，如各区块均使用微测井约束初至网格层析反演方法；
（4）统一反演面元大小，如 25m×25m×10m 的反演网格；
（5）统一基准面和替换速度；
（6）统一高速层顶；
（7）统一计算时间浮动面；
（8）统一计算地表平滑面，如统一平滑半径为 500m；
（9）统一拾取有效速度底界，如统一根据有效射线密度拾取。

工序 2——信号处理及叠加技术标准：
（1）统一使用工序 1 的静校正量、时间浮动面、地表平滑面；
（2）统一振幅级别，如统一地表一致性振幅补偿参考振幅为 2000；

（3）统一反褶积参数，如使用统一预测步长；
（4）统一速度分析点密度，如叠加速度分析点密度为初始1000m×1000m、最终500mm×500mm；
（5）统一成果输出，如可统一输出叠加成果增益时窗为1024ms。

工序3——叠前时间偏移技术标准：
（1）统一使用工序1的时间浮动面；
（2）统一偏移速度分析点密度，如偏移速度分析点密度不大于500m×500m；
（3）统一偏移方法，如统一使用弯曲射线克希霍夫各向异性叠前时间偏移方法；
（4）统一偏移参数，如偏移孔径；
（5）统一偏移成果输出，如输出偏移成果无明显画弧或波形畸变。

工序4——速度建模与叠前深度偏移技术标准：
（1）统一应用工序1的地表平滑面成果；
（2）统一速度充填，如在初始速度建模中，采用工序1初至层析反演有效速度充填浅层，采用VSP速度、声波速度、叠加转换速度、分层速度充填中深层；
（3）统一模型地质分层，如使用相同的关键控制层位；
（4）统一速度建模方法，如速度更新统一使用网格层析方法，网格不大于200m×200m；
（5）统一偏移方法和参数，如根据工区的表层地下特征，选择偏移方法和偏移参数；
（6）统一偏移成果输出，如道集无切除、增益时窗1024ms（反算到时间域）、输出振幅2000。

四、统一区带地震成像处理的工序质量标准

由上可知，山地复杂构造区带地震成像处理需要分区处理、分工序组织（实施）、整体组装、连片保真。这种新的区带连片整体地震成像处理模式，必须有新的质控方式和质控标准，才能确保经4道工序处理的地震成像质量。

成像处理质控方式可采用"工序负责、自证合格、全面校核"的地震成像处理质量管控模式。

工序负责是指工序任务承担者要负责本道工序的质量、提交给下道工序的成果质量，并对上道工序提供的成果质量进行验收。

自证合格是指工序承担者必须通过技术手段证明自己完成的成果质量符合工艺精度指标和考核指标要求，自证自己的成果是合格的。

全面校核是指所有的自证合格成果要分别通过下道工序和区块（区带）成像处理项目承担者（或专家组）的验收、校核。

自证合格和全面校核的技术手段可采用量化质控技术。量化质控技术主要包括初至拾取精度量化质控技术、反演精度量化质控技术、面元均匀性量化质控技术、地表一致性量化质控技术、叠前去噪量化质控技术、偏移参数量化质控技术、剩余延迟量化质控技术、偏移成果量化质控技术等。

以地表一致性量化质控为例，质控包括两个部分：能量的一致性和频带、子波的一致性。对能量一致性的量化评价，要在质控点、线、面上，采用道集记录、叠加剖面、时

间切片等属性图，检查叠前一致性补偿处理效果，如处理后叠加剖面的时间、空间能量均衡、连片后各区块之间的地震能量无明显差异，如图 7.2.2（b）左、（c）右所示。对频带、子波一致性的量化评价，要在质控线/面上，采用地震剖面频率扫描、标志层段频谱分析，检查反褶积后频宽的合理性、一致性；采用自相关剖面和自相关零延迟振幅切片等图件，评价子波的一致性，如处理后自相关剖面应该在零值聚焦、零延迟振幅切片的横向能量一致性好、单炮自相关的峰值横向变化小、自相关旁瓣能量大幅低于峰值能量等，如图 7.2.2（d）所示。

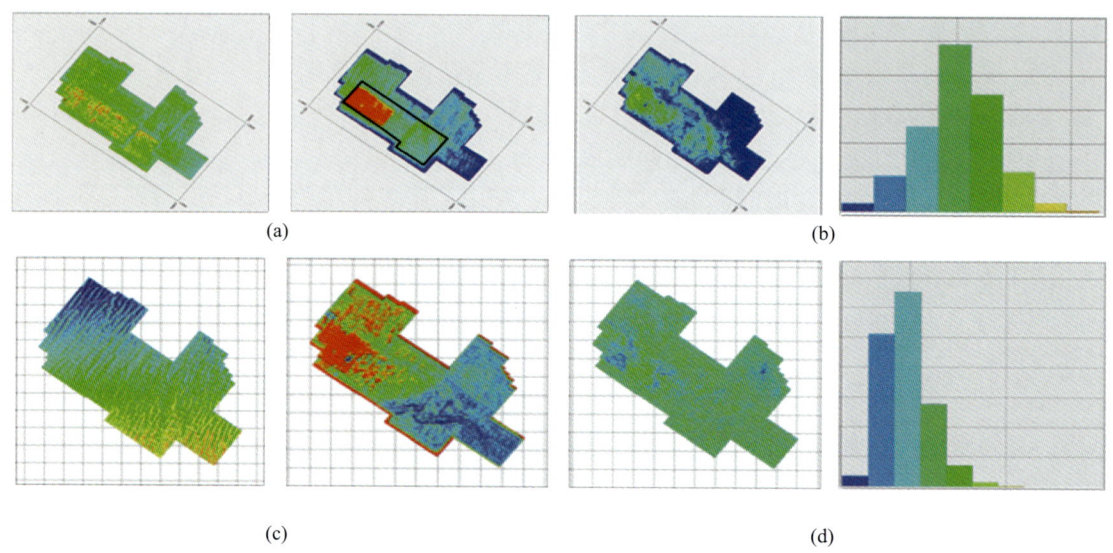

图 7.2.2　信号处理量化质控
（a）原始叠加（左）与最终叠加（右）目的层信噪比对比；（b）叠加均方根振幅属性平面图（左）及直方图（右）；
（c）检波点高程（左）与单炮自相关主瓣能量（右）；（d）自相关峰值能量与
旁瓣能量比平面图（左）及分布直方图（右）

有了量化质控技术，可以用量化分析图件代替过去常用的目视化经验判断，实现了地震处理质控由定性到定量的转变。图 7.2.3 是采用自相关技术量化分析目的层主瓣能量得到的主瓣能量分布图，通过主瓣能量的空间变化，可以清楚地了解地震振幅补偿后能量空间的一致性。

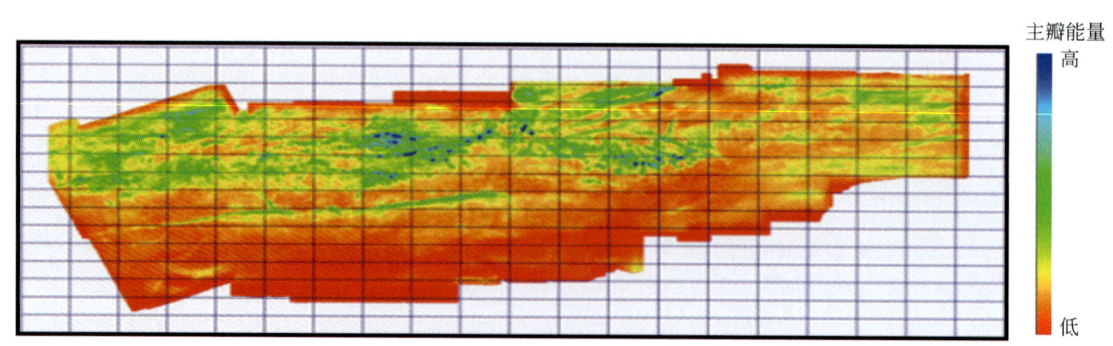

图 7.2.3　某工区自相关主瓣能量空间分布图

有了量化质控技术，还需要分区带建立与4道工序量化质控技术相匹配的工艺精度指标。这既是自证合格的工艺精度指标，也是下道工序对上道工序验收评价、全面校核的工艺精度指标，确保工序处理的资料质量符合整体成像的工艺精度要求。

山地复杂构造区成像处理可使用如下"四道工序"的工艺精度指标。

工序1——表层建模与静校正工艺精度指标：

（1）观测系统、网格定义正确；

（2）初至有效拾取率≥90%，准确率≥98%；

（3）反演结果预测初至与实际初至误差统计的均方值≤25ms；

（4）应用静校正量后单炮初至光滑、共炮检距域初至光滑连续；

（5）静校正精度满足信号处理及叠加、叠前时间偏移工序要求，反演模型精度满足速度建模与叠前深度偏移工序要求。

工序2——信号处理及叠加工艺精度指标：

（1）满覆盖范围内叠加纯波剖面目的层信噪比≥1.5；

（2）振幅补偿要求纵向振幅补偿合理，振幅平面属性动态范围12dB以内；

（3）一致性处理要求单炮统计自相关峰值动态范围10dB以内，自相关旁瓣能量比峰值能量低10dB以上；

（4）剩余静校正要求山地区炮点、检波点剩余静校正量90%以上收敛到一个样点内；

（5）叠加剖面能量均衡，波组特征清楚，子波一致性好，保持动力学特征，CMP道集质量满足叠前时间偏移、速度建模与叠前深度偏移工序要求。

工序3——叠前时间偏移工艺精度指标：

（1）成果道集拉平误差值伽马≤5%；

（2）成果道集无明显剩余噪声，信噪比高；

（3）成果道集保持AVO特征，满足叠前储层预测、叠前反演要求；

（4）成果剖面波组特征清楚，目的层信噪比≥2.5；

工序4——速度建模与叠前深度偏移工艺精度指标。

（1）CIP道集拉平误差伽马值≤5%；

（2）成果道集无明显剩余噪声；

（3）成果剖面波组特征清楚，目的层信噪比≥2.5；

（4）深度移速度模型与VSP井速度吻合率≥90%；

（5）主要目的层深度与已钻井主要标志层深度误差≤2%；

（6）主要目的层倾向与已钻井倾向一致；

（7）主要目的层地震成像的地层倾角与已钻井的地层倾角误差≤15%。

地震成像处理分工序全流程量化质控，可实现地震成像处理质控由定性评价为主向定量评价为主、由结果导向为主向过程与结果导向并重的转变，可解决大面积区带级地震成像处理以往质控无统一定量标准、问题不能及时发现并及时整改的难题，可大幅提高地震成像处理的质量和效率。

第三节 区带连片全深度速度建模

通过山地复杂构造区带"一整体、三统一"的地震连片成像处理，区带上分期采集的多块地震资料即使分块、分期进行偏前处理，也可确保区带上不同区块间偏前地震数据特征有很好的一致性，为区带灵活的整体成像提供了很好的偏前资料基础。但要实现区带上分块地震资料叠前深度偏移成像、再分块组装连片，达到"分块处理、连片保真"的区带整体深度域高精度地震成像，还需要有区带统一的全深度低频速度模型。有了统一的区带全深度低频速度模型，分块处理时再用本块的地震资料，通过反射波层析更新速度的高频部分，既实现区带多块三维偏移速度低频模型的统一，又实现单块三维速度的高精度建模，从而保证单块三维能单独实现高精度深度偏移成像（偏移成像方法见第六章），单块深度偏移成像成果可称为区带深度偏移成像成果的分块标准件。偏移成像成果分块标准件能在深度域无缝拼接、组装，逐步分期、分块完成区带的高精度整体地震深度偏移成像。

下面分别介绍区带级的超大面积工区表层速度模型和中深层分层初始低频速度模型的滚动建立方法。

一、超大面积工区表层速度模型的滚动建立

区带内存在不同时期采集的多块三维，区带超大面积表层模型的建立必须要进行块间的滚动融合反演方能实现。由于块间采集参数的差异和块间的滚动融合反演的需要，三维块间滚动融合反演需要稳定的、快速的反演算法和策略。

1. 三维块间滚动融合反演的稳定算法

区带连片地震成像处理中一般涉及多块三维资料，不同年代采集，参数差异大，覆盖次数不均匀，对表层层析反演算法的稳定性提出了挑战。层析反演方法有代数重建技术（ART）、联合迭代重建技术（SIRT）、最小二乘QR分解法（LSQR）等方法。前两种方法，不形成矩阵方程组，而是逐条计算每道射线涉及网格处的速度，网格穿过的网格单元射线条数多，修改次数多，否则修改的次数少，反演结果受覆盖次数的影响。LSQR方法将每个地震道形成的方程组成矩阵方程组，求解最优解，可以避免射线密度不均匀对反演结果的影响，而且该算法占用内存少、速度适中、收敛快且结果稳定。LSQR方法是三维块间滚动融合反演的稳定方法。

图7.3.1是塔里木盆地克拉苏构造带某两块三维覆盖次数图，由于观测系统不同，黄色虚线处覆盖次数存在突变。图7.3.2（a）是该区带两块地震资料采用联合迭代重建算法（SIRT）反演得到的速度结果，图中A处标注的黑线，正好与块间射线密度突变的位置相对应；图7.3.2（b）是采用LSQR反演得到的近地表模型，在A处没有速度突变，速度变化与地质情况变化相关，所以，

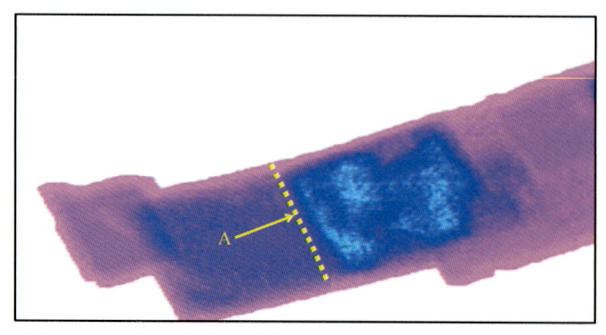

图7.3.1 塔里木盆地克拉苏构造带三维连片覆盖次数

LSQR 方法更加适合三维连片时，块间观测系统和射线密度分布不均匀的三维块间滚动融合反演。

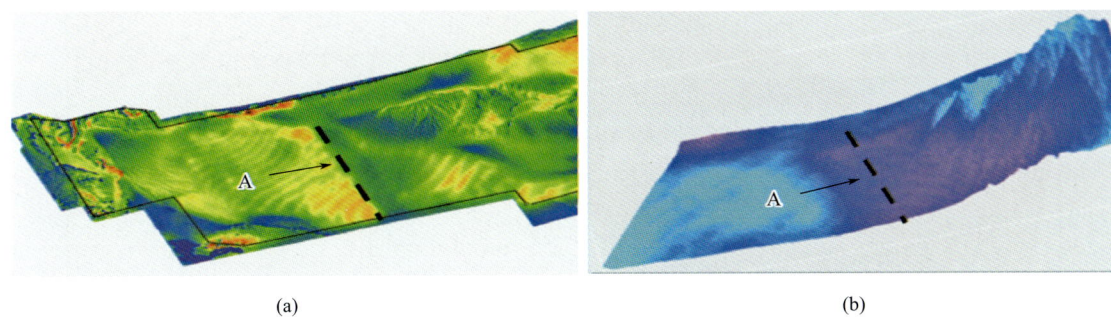

(a) (b)

图 7.3.2 不同反演方法反演结果
(a) SIRT 方法反演；(b) LSQR 方法反演

2. 三维块间滚动融合反演的快速策略

对于层析反演，每个网格单元的速度就是一个未知数，每道（每个炮检对）的射线路径形成一个方程，其中的未知数就是射线穿过的网格单元的速度。目前的三维地震数据，道距小，特别是进行全炮检距反演更是极大增加了方程个数，需要占用大量的内存；另外，如果两道的炮检点对相隔较远，射线路径完全没有重叠，那么，相互之间就没有影响和贡献。为提高连片反演效率，可采用"双向分块—逐块反演—无缝融合"反演策略，能提高超大面积三维连片反演效率；同时基于射线密度进行块间速度的加权平均，可解决块间闭合问题。"双向分块—逐块反演—无缝融合"是三维块间滚动融合反演的快速策略。

图 7.3.3 为"双向分块—逐块反演—无缝融合"快速反演策略的示意图，在图中，把一个区块（带）在 X 方向分了 10 块，在 Y 方向分了 2 块，一共分了 20 块，每块与其相邻块都有重叠。分别反演，再基于射线密度的加权融合，得到整个反演区块（带）的近地表模型。因为每块的面积较小，且可以利用多节点同时进行反演，极大地提高效率。

选取其中两块三维数据，分别进行整体反演和"双向分块—逐块反演—无缝融合"快速反演，反演的近地表模型如图 7.3.4 所示，从图中进行对比不难发现，两者几乎没有差别，误差可以忽略。

3. 应用实例

在塔里木盆地库车坳陷克拉苏构造带，有 16 个三维区块（面积超 8700km²）地震数据（75 亿道地震数据）。通过三维块间滚动融合反演方法即"双向分块—逐块反演—无缝融合"的快速反演策略和最小二乘 QR 分解法（LSQR）反演，解决了观测系统差异和超大面积、超大数据量反演的难题，实现了该区超大面积（8700km²）的表层模型初至层析反演建模，如图 7.3.5 所示。反演结果与区内 22 口 VSP 井速度曲线叠合对比，速度准确率达到 90%~95%。

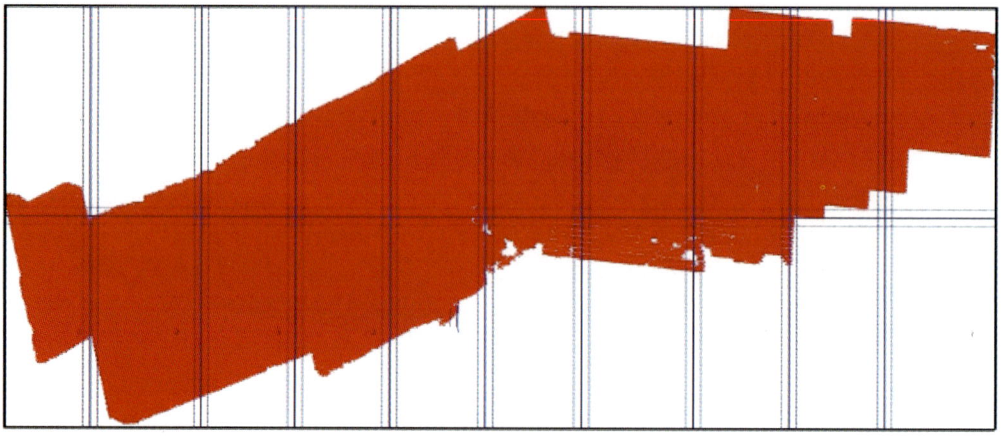

(a)

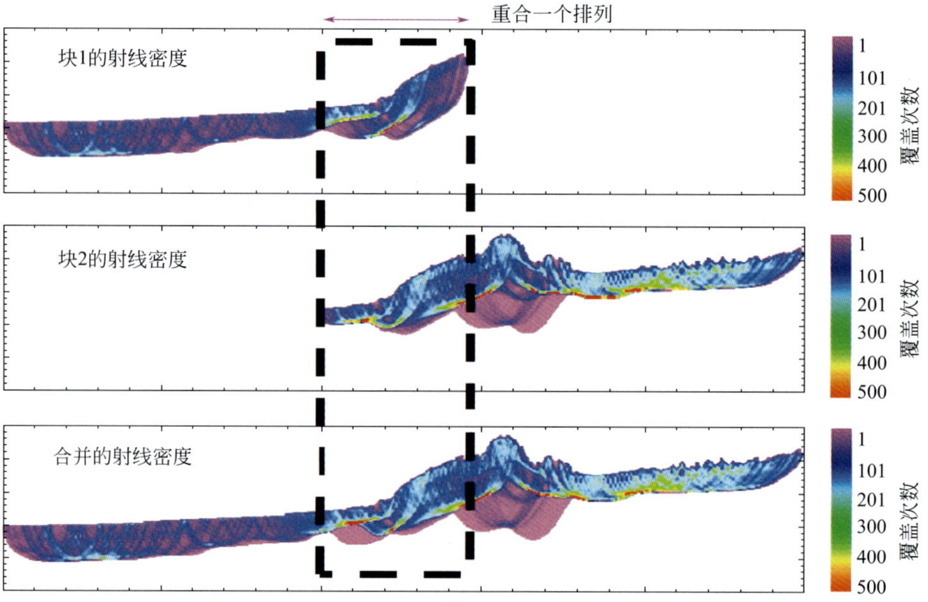

(b)

图 7.3.3　分块示意图（a）及射线密度展示（b）

(a)

(b)

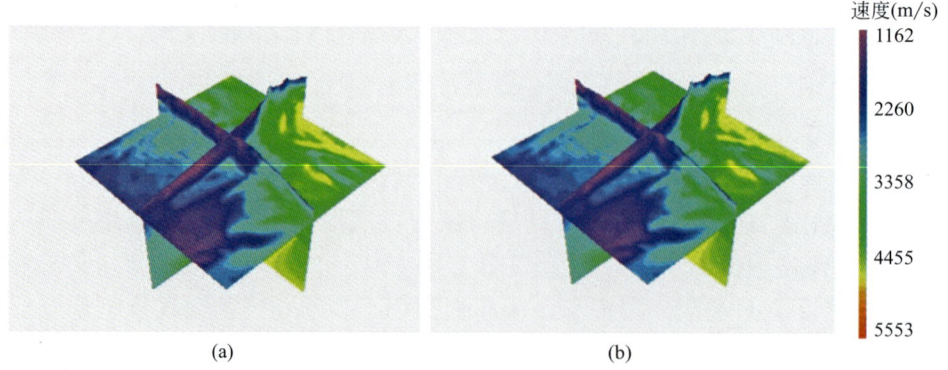

图 7.3.4　整体反演与双向分块—逐块反演—无缝融合快速反演的结果对比示例

（a）整体反演；（b）双向分块—逐块反演—无缝融合快速反演

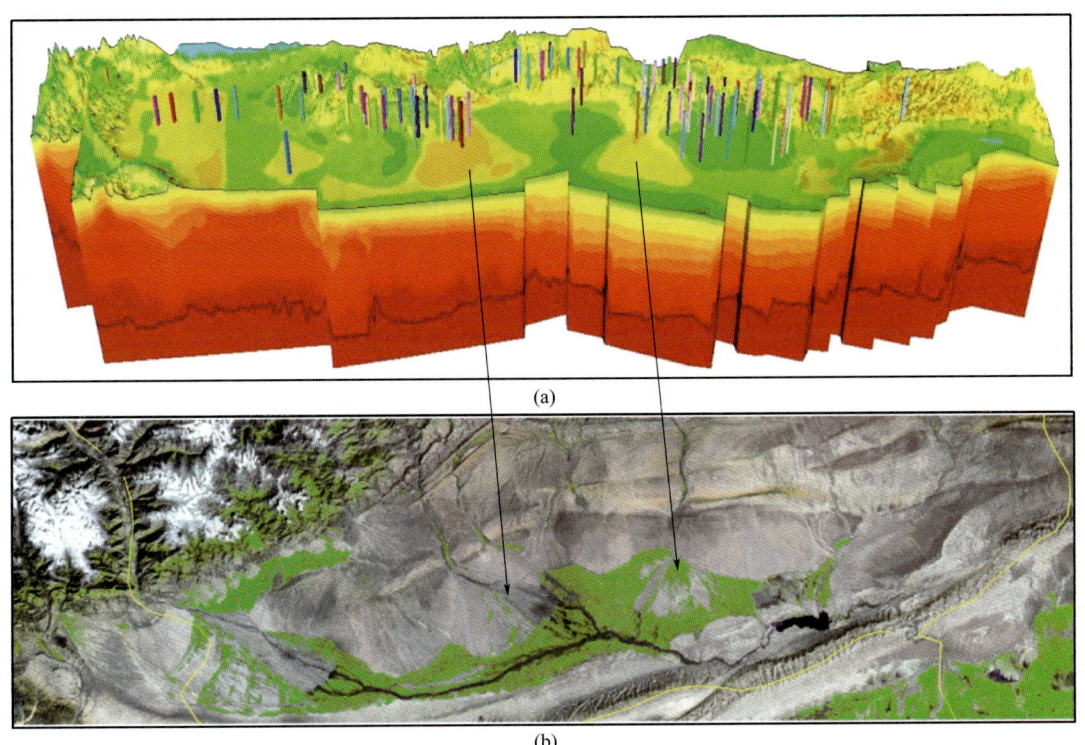

图 7.3.5 克拉苏连片近地表反演速度模型（a）与地形卫片图（b）对比图

二、超大面积工区中深层分层初始低频速度模型的滚动建立

超大面积工区中深层分层初始低频速度建模既是为山地复杂构造高精度速度建模提供速度更新的初始速度，更是山地复杂构造区超大面积地震资料"分块成像、组装连片、连片保真"整体高精度地震成像的重要基础。超大面积工区中深层分层初始低频速度建模主要包括以下两个步骤。

1. 山地复杂构造区地震反射层位时间空间模型的分期分块整体建立

可用工区连片但不同时期采集的分块三维叠前时间偏移资料（如已经做了叠前深度偏移的区块，可用该区块的深度偏移资料深时转换为时间域资料）进行层位对比、迭代追踪（有一块新的三维，就在时间域统一解释追踪一块），逐步扩展建立区带的统一地震层位界面框架，得到区带地震反射层位的三维空间时间整体模型。

由于山地复杂构造区断裂发育、构造逆冲推覆（图 7.3.6），山地复杂构造三维时间空间模型的建立需要进行带复杂断层（面）的复杂构造三维建模。

带复杂断层（面）的复杂构造三维空间时间模型建立可用以下方法：

（1）对每个时间解释层位进行带逆掩断层的层面网格化。特别是在断层附近，地层破碎厉害，不能简单采用传统的平面网格化插值算法，必须用空间曲面网格化方法，可运用矩形网和三角网相结合的方式，通过迭代空间曲面建模，解决带逆掩断层的层面网格插值问题。

（2）在对每个时间解释层位进行带逆掩断层的层面网格化后，建立断面的空间模型。

断面可以通过两种方式获得。一是通过剖面解释获得,同一条断层给同一个断层名,然后输出带时间值的断层,对同一条断层进行空间曲面网格化,获得这条断层的断面。二是通过断层的平面坐标在T0平面图上插值,插值出每条断层的上下盘的T0时间,然后将同一个断面的T0时间数据进行网格化,获得断面的空间展布。

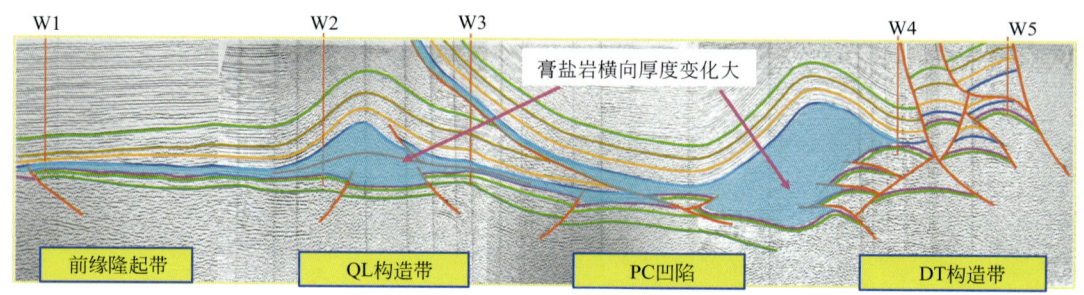

图 7.3.6　山地复杂构造的典型地震剖面

把地层反射层位三维空间时间模型与断面三维空间时间模型进行空间叠置,即可建立山地复杂构造含断裂的地层层位时间空间模型,如图7.3.7所示。

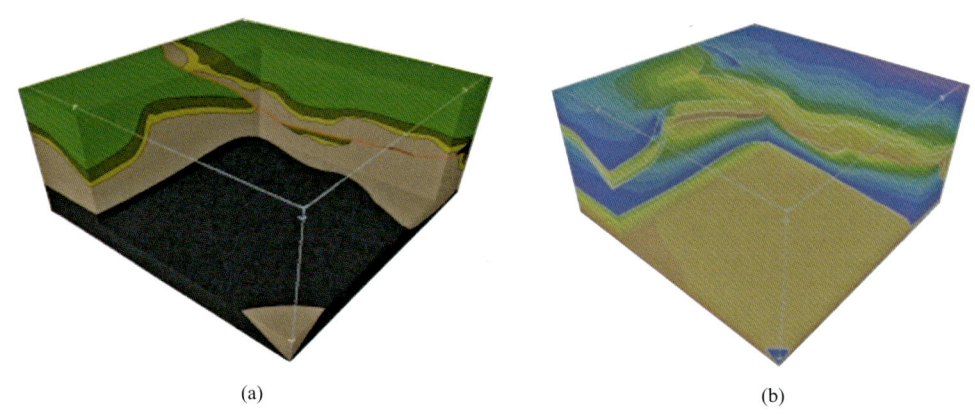

图 7.3.7　复杂逆掩断块三维时间模型(a)及速度模型(b)

2. 山地复杂构造区带时间空间模型中每个层位初始低频速度的获取

山地复杂构造区含断裂的地层反射层位时间空间模型中,每个层的初始低频速度求取可用第五章第一节所述的均方根速度转换方法。但在山地复杂构造区带,由于构造复杂、地层倾角大、速度场变化剧烈,即使在信噪比高的地方,利用均方根速度转换得到的也是一个不稳定的没有地质意义的层速度,更何况在低信噪比的地方得到的速度精度更低。所以在区带上,不同块三维由均方根速度转换法得到的初始层速度,至少需要进行两方面的约束,才能在区带上有统一靠谱的低频速度模型。

(1)用测井资料约束均方根速度转换方法得到的速度。利用钻井得到的速度信息如声波测井和VSP,对叠前时间偏移成像速度用均方根速度转换方法转换得到的初始层速度进行约束,使初始层速度模型更加符合实际地质规律。

(2)用分层(伪)井控法约束均方根速度转换方法得到的速度。一是利用工区内实钻井深度、层厚度和地震层间双程反射时间，得到每口井每层的地层速度，利用地层反射层序时间空间模型和井速度点空间坐标，采用分层空间插值得到每层层速度空间分布。二是在不同三维工区建立一些空间离散的伪井（虚拟井），对伪井数据进行标定和融合处理，利用伪井数据，采用基于模式相关性的多点地质统计学方法，进行三维空间建模（图 7.3.8），建立区带连片的整体中深层初始低频速度模型。

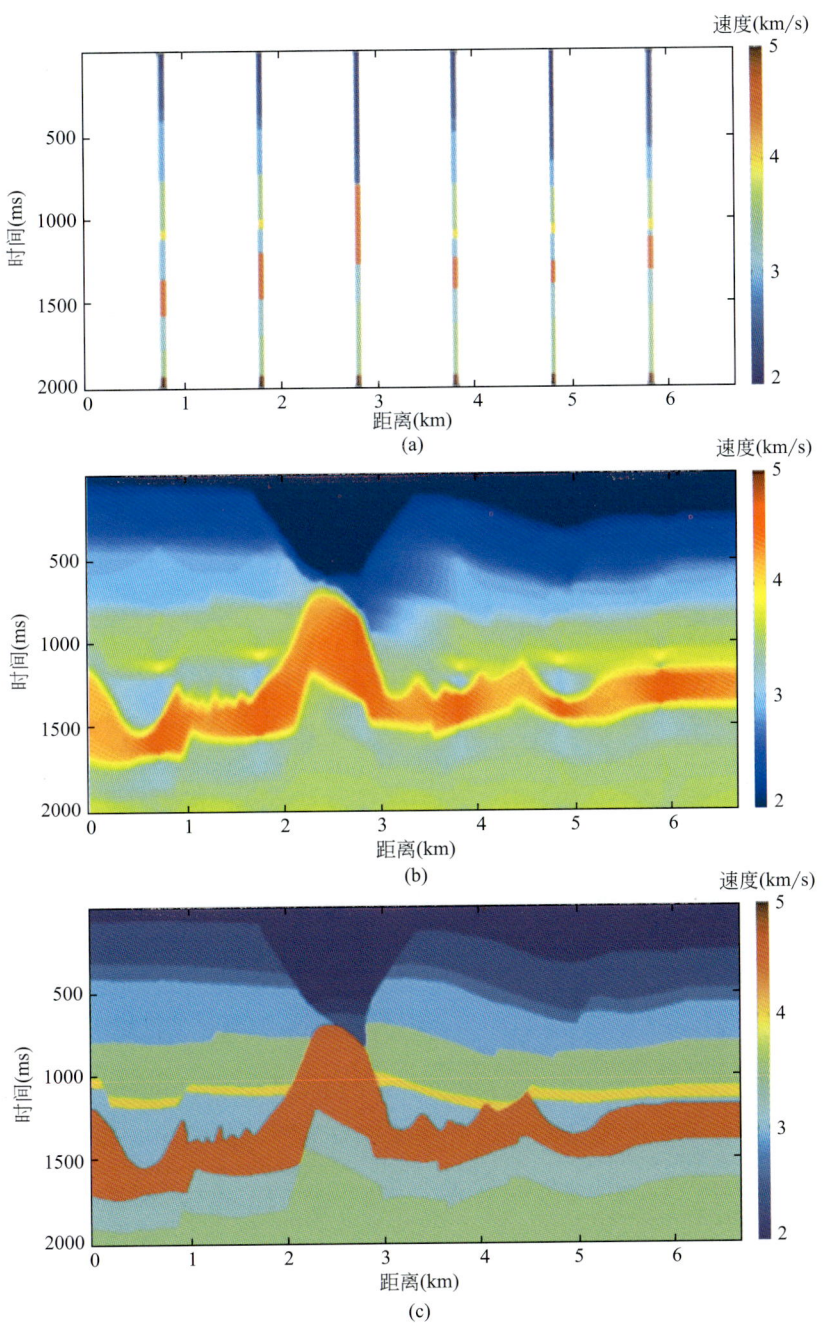

图 7.3.8　三维分层伪井法空间初始低频速度求取
（a）伪井数据；（b）建模结果；（c）准确模型

使用上述方法可获得中深层时间域的分层低频速度模型，再进行时深转换即可获得深度域的中深层初始低频速度模型。

用第五章介绍的全深度分层初始低频速度融合方法，可将浅中深层速度模型融合为全深度初始低频速度模型，从而可分期分块滚动建立山地复杂构造区带级的整体三维全深度低频速度模型。

第四节　区带三维地震成像成果组装连片

前面已系统论述了用于山地复杂构造区带整体地震成像的"三兼顾、一统一"区带整体地震采集工程设计、"一整体、三统一"区带地震连片成像处理、区带统一的全深度低频速度模型分块滚动建立等技术方法。这为区带上分期、多块三维地震资料通过分块独立叠前深度偏移成像处理，再进行区带"积木化"组装，分期逐步形成高精度区带整体叠前深度偏移成像数据体奠定了基础。

这些技术方法可确保区带内分期分块采集、处理的三维地震资料能保持关键参数的统一，区带各区块间在地震资料的时差、振幅、频率、子波等特征差异小，每一块独立处理的深度偏移成果数据在区带上就像一个成像数据体的标准件，可实现"分块成像、组装连片、连片保真"。

此外，不同区带上有很多老地震资料不是"三兼顾、一统一"采集得到的，而是"贴邮票式"分期分块采集得到的。这需要通过"一整体、三统一"区带地震连片成像处理和区带统一的全深度低频速度模型分块滚动建立方法实现老资料的分块成像处理，形成成像数据体的标准件，也可实现"分块成像、组装连片、连片保真"。

同时，也有大量以前处理形成的非标准件成像（时间域或深度域）数据体，因紧迫性和经济性而不能及时全部重新按"一整体、三统一"区带地震连片成像处理方法分块成像处理，而造成区带内三维地震成像资料呈碎片化，且非标准件成像数据在面元大小、基准面、能量、频率、子波、时间（深度）等方面存在很大差异，多块数据不能直接组装连片，不能满足区带油气勘探和整体研究工作的迫切需求。这需要使用区带三维成像非标准件成果的组装连片技术方法。

本节重点介绍标准件成果集成、非标准件成果集成等区带连片三维成果集成技术，实现区带新老成果、多域成果、多类流程处理成果的总装，实现区带高精度地震连片整体成像。

一、深度成像标准件成果组装连片

基于区带三维整体深度成像的分区块成像成果数据，其网格方位角、面元大小、采样率、记录长度（成像深度）等基础参数一致，区块间深度差很小或趋近于零，区块间数据能量、频率（波数）特征一致性好。特别是区带连片统一的全深度低频速度模型的建立和使用，消除了区块间叠前深度偏移速度的差异，极大地缩小甚至消除了区块间成果数据的深度差。每个单块叠前深度偏移数据都是标准件成果，可以直接"积木化"组装连片。

下面展示塔里木盆地某区带一个叠前深度成像成果标准件组装连片的例子。该区带有两块三维地震老资料，其采集参数一致，但是在不同时期采集、处理。用两次处理的深度成像老成果直接组装连片，由于相邻两区块的处理流程、参数、速度等存在较大的差异［图7.4.1（a）］，其成像剖面直接拼接痕迹明显，地震层位不对应［图7.4.1（b）］，无法用于区带油气勘探和研究。

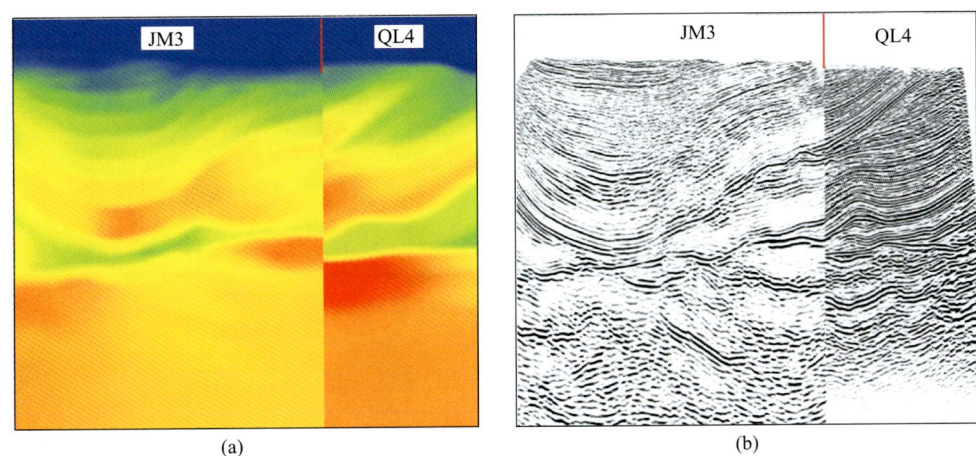

图7.4.1　塔里木盆地某山地区带老深度成像成果直接组装结果
（a）速度模型；（b）叠前深度偏移成像剖面

按区带的"一整体、三统一"区带地震连片成像处理方法，分块进行叠前深度成像处理，形成分块深度成像数据体的标准件后直接组装连片，如图7.4.2所示。从图中可看出，不仅速度模型无拼接痕迹，而且成像成果组装连片无拼接痕迹，地震层位平顺跨区，达到分块处理、连片保真的效果。图7.4.3是该区带超大面积分期多块三维整体高精度成像标准件组装技术应用前后的剖面对比，从图中可看出，应用分期4块三维整体高精度成像技术后，连片保真效果好。

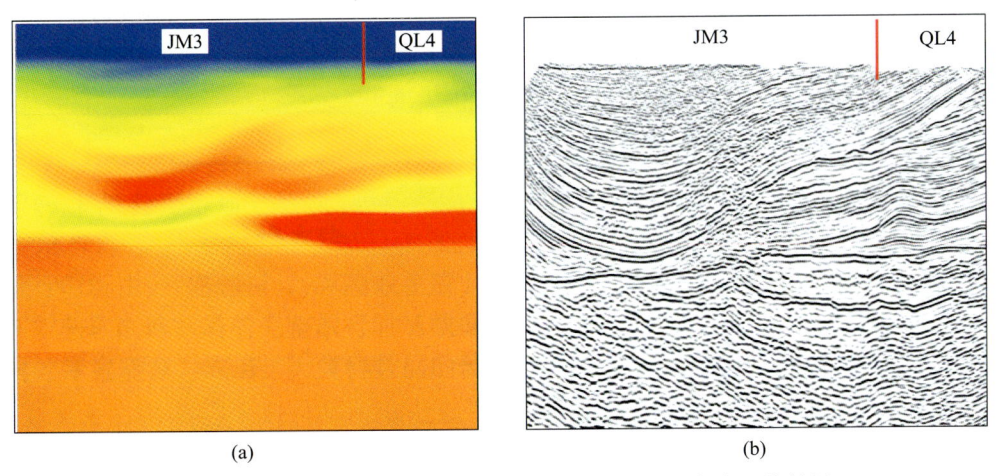

图7.4.2　塔里木盆地某山地区带新深度成像成果直接组装结果
（a）速度模型；（b）叠前深度偏移剖面

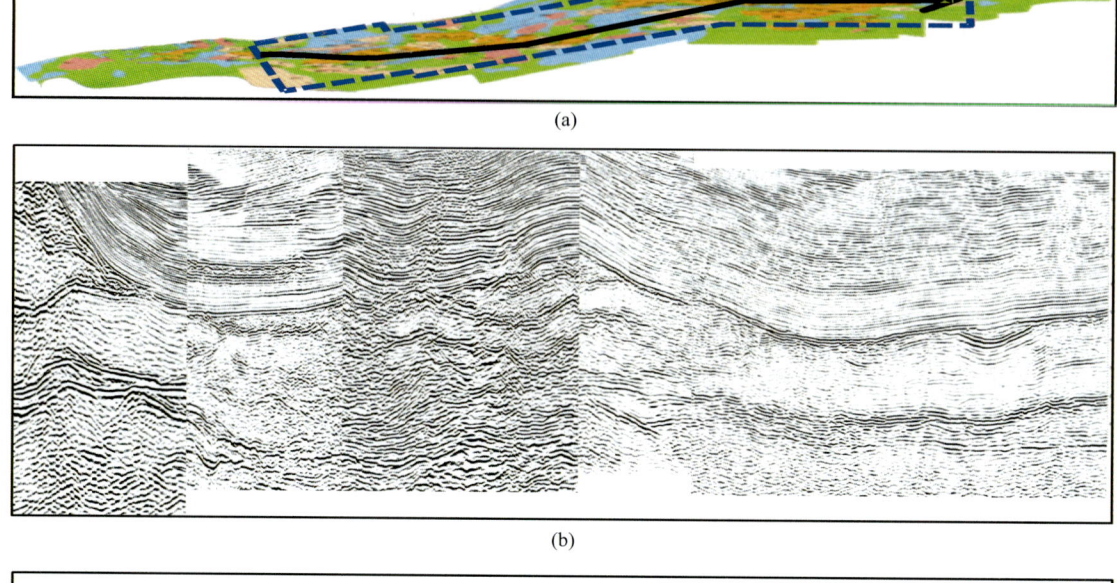

图7.4.3 塔里木盆地某山地区带超大面积分期多块三维整体高精度成像标准件组装技术应用前后的剖面对比
(a) 剖面位置图；(b) 应用前；(c) 应用后

二、成像非标准件成果组装连片

在山地复杂构造区，由于早期区带三维地震资料特别少，地震资料的采集只面向目标区块，且地震成像处理也面向当时区块的地质目标，缺乏面向区带的整体深度地震成像考虑，分阶段逐步形成了大量的处理成像非标准件成果数据。同一区带的非标准件成果数据在网格方位、面元大小等基础参数方面差异大，还由于处理流程、技术、参数差异，相邻区块地震层位时间（深度）及数据的振幅、频率、相位特征不一致。非标准件成像成果不能直接组装连片，需要使用成像非标准件成果数据的组装连片方法。基于过去的老三维处理成果数据大多数是时间域成果这一现状，加之深度域非标准件成像成果在深度域也不能直接组装连片，所以，非标准件成像成果在时间域的组装连片十分重要。如区带内有部分深度域成像数据需要一起组装连片，则可基于其深度偏移速度经深时转换成时间域数据,纳入时间域成像成果的组装连片。当然,如果需要深度域的连片成果,可以将时间域的连片成果作时深转换。需要特别提示和注意的是,这些成果不是深度域高精度成像,只能用于区带宏观研究或作为勘探目标(如圈闭、井位)确定的参考。

1. 技术难点

区带内多块三维时间域处理成果由于采集年代、处理技术等差异造成数据区块间差异大,难以直接连片形成统一的成果数据体。要实现区带成果的组装连片,存在以下主要难题。

(1)体大块多基础差,数据预处理难。

区带内成果数据一般具有"三大一差一跨带"的特点。"三大"就是区块数量大,可达数十甚至上百块三维数据;区带面积大,可达几千甚至上万平方千米;数据量大,叠前偏移成果数据可近亿道。"一差"就是各三维区块间一致性基础差,各三维区块网格方位角、面元大小、采样率、记录长度、基准面、替换速度等方面均存在巨大差异。"一跨带"就是各区块采用了不同的坐标系统,有的用CGCS2000,有的则是BJ1954,并且区带范围可跨越多个6度带。"三大一差一跨带"特点表明,区块间拼接关系错综复杂,普遍存在多对多的拼接关系和区块基础参数的统一问题,数据预处理面临技术要求高、海量数据处理工作量大等挑战。

(2)区块间时差差别大且普遍存在空变与时变时差,时间拼接的时差处理难。

由于基准面、替换速度不一致,区块间存在几毫秒甚至几百毫秒的大时差;各区块处理方法和参数不一致,也存在小时差;各区块叠前偏移速度不一致,导致块间存在时变时差。三维数据拼接处,有的从浅层到深层都有时差;有的浅层没有时差,深层有时差;有的浅层有时差,深层没有时差;有的浅层正时差而深层负时差,并且时差大小随时间变化,使块间拼接变得异常复杂。另外,拼接线长、拼接点多,更增加了拼接难度。拼接处深浅层同一时差的调整容易,但区块总装面临的时空变时差调整极为困难。

(3)区块间数据能量差异大,剩余能量一致性处理困难。

由于各区块地震资料采集方法差异,叠前偏移成像处理时间跨度大,使用的处理方法(含软件系统)不同,振幅处理流程参数不同,各区块间能量差异大,浅层深层能量相对关系不同。块间能量级别整体调整相对简单,但因波组特征、信噪比差异产生的能量差异不易解决。

(4)数据块间频率特征差异大且时间域振幅和相位耦合,频带匹配困难。

由于各区块地震资料采集、资料处理时间跨度大,采集处理方法各异,反褶积、Q补偿等处理流程参数不同,因此各区块间频率、相位差异大,数据主频、频宽跨度大,浅层深层主频、频宽相对关系不同。区块间频带匹配困难。

2. 技术对策与流程

针对上述时间域区带组装连片存在的问题,可采取以下技术对策:

一是使用区带统一网格定义、CGCS2000坐标转换等数据"五统一"预处理技术,统一各区块方位角、面元大小、采样率、记录长度、基准面、替换速度等基础参数。

二是使用高精度三维插值技术,将各区块的成果数据插值到区带统一的面元网格上。

三是使用三维闭合差递减校正技术，校正区块间的复杂时差，包括用互均衡闭合差校正技术校正大的系统时差校正（超过±20ms），用空变闭合差校正技术校正±10ms以上空变时差，用逐样点时变闭合差校正技术校正±10ms以内的时变时差，用微小闭合差缝合线拼接技术校正±4ms以内的时差，用三维边界搜索融接技术校正时变时差和解决无痕快速融合问题。

四是使用逐级剩余振幅补偿技术补偿能量差异，包括用互均衡能量匹配技术均衡区块间能量的整体差异，用剩余振幅分析补偿技术补偿空变且时变的振幅差异，用空间剩余振幅补偿技术补偿区块间能量的小差异。

五是使用频率一致性处理技术解决频率差异问题，包括用互均衡子波（频谱）匹配技术匹配解决区块间频率的差异问题，用解耦频带一致性处理技术，解决区块间数据的频率差别问题。

非标准件成像成果组装连片技术流程如图7.4.4所示。

3. 技术方法

1）数据"五统一"预处理

该法主要用于统一区带内早期多块三维处理成果数据区块间的基准面、替换速度、采样间隔、面元大小、记录长度等5个参数。

（1）区带网格（含面元大小）的统一。成果组装连片处理是面向区带甚至全盆地的。为便于后续连片处理、连片解释，需要创建区带甚至全盆地范围（可能跨多个6度带）同一坐标系统（如CGCS2000）的地震资料处理统一网格，包括统一原点、东坐标、北坐标、面元大小，并进行线道的统一编号。在面元大小方面，已有的三维成果数据面元是多样的，可能有25m×25m、12.5m×25m、20m×20m、15m×30m、10m×30m、7.5m×15m等多个面元大小，不能直接用于成果组装连片，必须统一区带的基础面元。基础面元大小选择的标准是既有利于高精度插值，又有利于尽量保留数据的横向分辨率。选择三维成像成果数据中所占面积最多的面元作为基础面元是一个不错的选择。

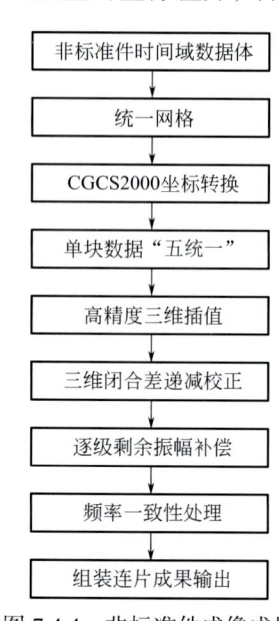

图7.4.4 非标准件成像成果组装连片技术流程

（2）基准面与替换速度的统一。区带内多块三维时间域早期处理成果，区块基准面、替换速度各异，区块间地震层位时间差异大，存在从几毫秒到几百毫秒的差异，不能直接用于成果总装。另一方面，总装是基于区块偏移成像成果的再开发再利用，而非全区带重新从加载观测系统开始的处理，需要快速解决或部分解决基准面、替换速度不一致的问题。可使用基于偏移成像成果的基准面替换技术，即用平滑后地表高程作为CMP面，实现基准面和替换速度的替换，实现区块数据基准面、替换速度的统一。时移量计算公式为：

$$\Delta t = \frac{(E_{\text{new}} - E_{\text{cmp}}) \times 2}{v_{\text{new}}} - \frac{(E_{\text{old}} - E_{\text{cmp}}) \times 2}{v_{\text{old}}} \quad (7.4.1)$$

式中，E_{new}表示区带新的统一基准面高程，m；E_{cmp}表示区带内平滑后的地表高程，m；

v_{new}表示区带新的统一替换速度，m/s；E_{old}表示单块数据原基准面高程，m；v_{old}表示单块数据原替换速度，m/s。

（3）采样率和记录长度的统一。区带内分期多块三维时间域早期处理成果，区块间可能存在记录长度和采样率的差异。记录长度可以原样保持，也可以根据需要统一到一个长度，不影响资料的使用；而采样率需要统一才能用于成果组装连片，必须统一区带的基础采样率。基础采样率大小选择的标准是既有利于尽量保留数据的纵向高采样，又有利于少进行大采样率向小采样率的插值（避免假频产生）。选择三维成像成果数据中所占面积最多的成果数据采样率作为基础采样率是一个比较好的做法。

2）三维闭合差递减校正

三维闭合差递减校正技术是针对区块间不同的时差尺度，分别采用不同的时差校正方法，从大到小、逐级递减，最终实现区块间时间的无缝拼接，主要包括互均衡闭合差校正、空变闭合差校正、逐样点时变闭合差校正和微小闭合差缝合线拼接等方法。

（1）互均衡闭合差校正。针对大的系统时差校正（超过±20ms），采用互均衡闭合差校正技术，方法是通过对待组装区块和目标区块重叠区域互相关，进行时差分析，求取各重叠道平均时差作为最终时移量，用该时移量对待组装区块的单块数据进行整体时移，解决组装区块间数据的系统时差问题。

（2）空变闭合差校正。做完互均衡闭合差校正之后，需要解决时差空变问题，也就是在应用了单一时移量后还存在的部分重叠道对齐了，而另一部分重叠道没对齐的问题。采用空变闭合差校正可解决此问题，方法是通过单道时移解决空变时差问题（超过±10ms），包括通过重叠区互相关分析求取待组装区块数据的单道时移量，再进行重叠区的单道时移，实现重叠区待组装区块数据的逐道时移校正。为防止相邻道时移量的突变异常，要求相邻道的时移量不能相差太大，一般小于2ms，特别是在边界区域，更要做好时移量的控制。另外，为了尽量减少对数据的改造，可在拼接线附近设置时移过渡带，过渡带边界时移量为0，使数据时移量从拼接线处渐变到过渡带边界线，超过过渡带边界的数据没有时移。

（3）逐样点时变闭合差校正。区块间系统时差和空变时差校正后，可能仍然存在时变时差问题，也就是同一道浅、中、深层时差不一致的问题。可采用逐样点时变闭合差校正解决此问题，方法是通过逐样点时移，解决±10ms以内时空变时差问题。该方法根据区带标志性地层情况，在时间方向划分多个时窗，对待组装区块重叠区的地震道数据与目标数据的对应道进行互相关，求取待组装区块数据道在各时窗的时移量，并作为当前道各时窗中点位置样点的时移量，再通过内插、外推获得待组装区块重叠区数据道各样点的时移量，在此基础上，对待组装区块重叠区数据道动态时移，消除浅、中、深层时变时差问题。为防止纵向数据伸缩异常、横向时移量突变，在纵向上要保持上下时窗时移量平滑过渡，在横向上对同一时窗的时移量平滑滤波，消除突变。另外，也可在拼接线附近设置时移过渡带，防止出现新的拼接痕迹。

（4）微小闭合差缝合线拼接。通过逐样点时变闭合差校正后，区块数据间的时差问题已基本解决。为了更好地实现区块间的无痕拼接，最后开展微小闭合差缝合线拼接，解决±4ms以内时差的无缝拼接问题，主要是对拼接线附近6道内数据的处理，通常在拼接线处向两边（目标区块和待组装区块）各抽掉3道，然后依次在两个方向对拼接处去掉的道进行插值，消除缝合线处的微小闭合差，确保数据平滑过渡。该技术须在频率一致性处理、能量一致性处理、空变时变时差校正之后应用。

（5）三维边界自动搜索融接。三维边界自动搜索融接是逐样点时变闭合差校正的一种补充，可在整个拼接数据上多条拼接线同时完成，解决多对多数据的时差校正问题，并大幅提高工作效率，主要包含两部分，一是根据不同数据对应不同编码实现拼接边界的自动搜索；二是建立三维权重系数场，通过待组装区块数据与目标区数据在拼接线附近的加权叠加实现数据融接，快速消除缝合线处的微小闭合差，确保数据平滑过渡。图7.4.5为塔里木盆地某地区两块数据应用该技术前后效果对比，可见应用后时变时差基本得到了解决。

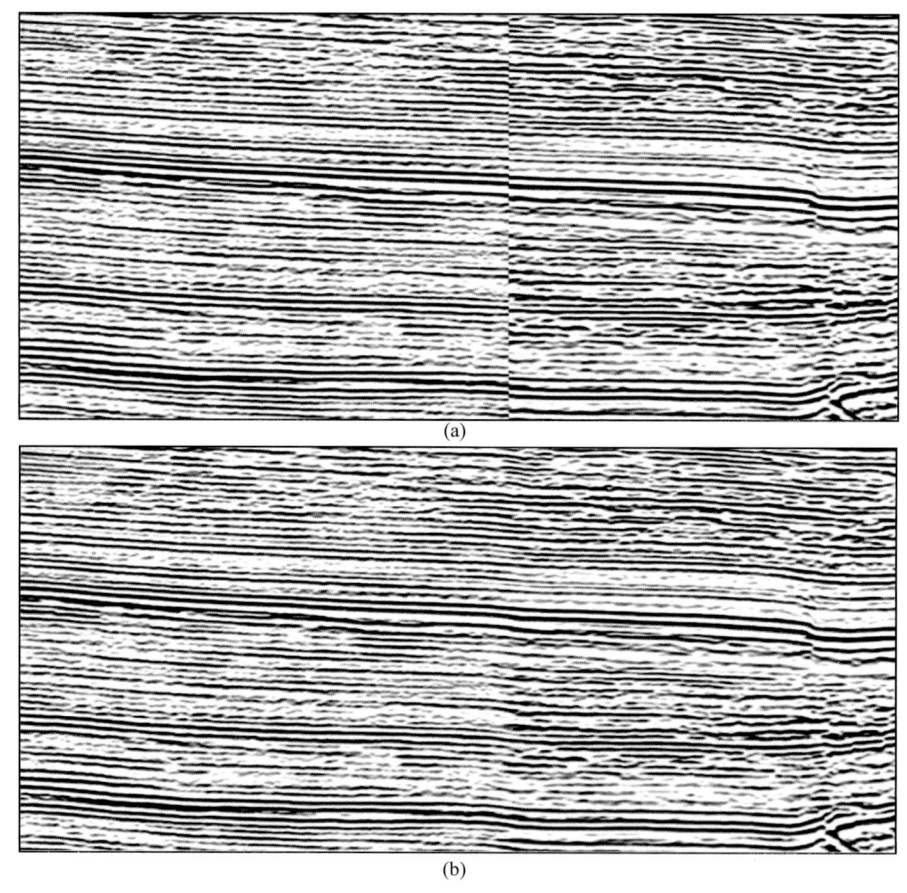

图7.4.5　三维边界自动搜索融接前后效果对比
（a）融接前；（b）融接后

三维闭合差递减校正，可以有效解决以往组装拼接处理中区块间空变和时变时差问题，可以有效地实现数据间无缝拼接，效果如图7.4.6所示。图7.4.6（a）是空变闭合差校正后拼接效果，图7.4.6（b）是时变闭合差校正后拼接效果，图7.4.6（c）是缝合线拼接后拼接效果，时差问题从大到小得到逐步解决，实现了无缝拼接。

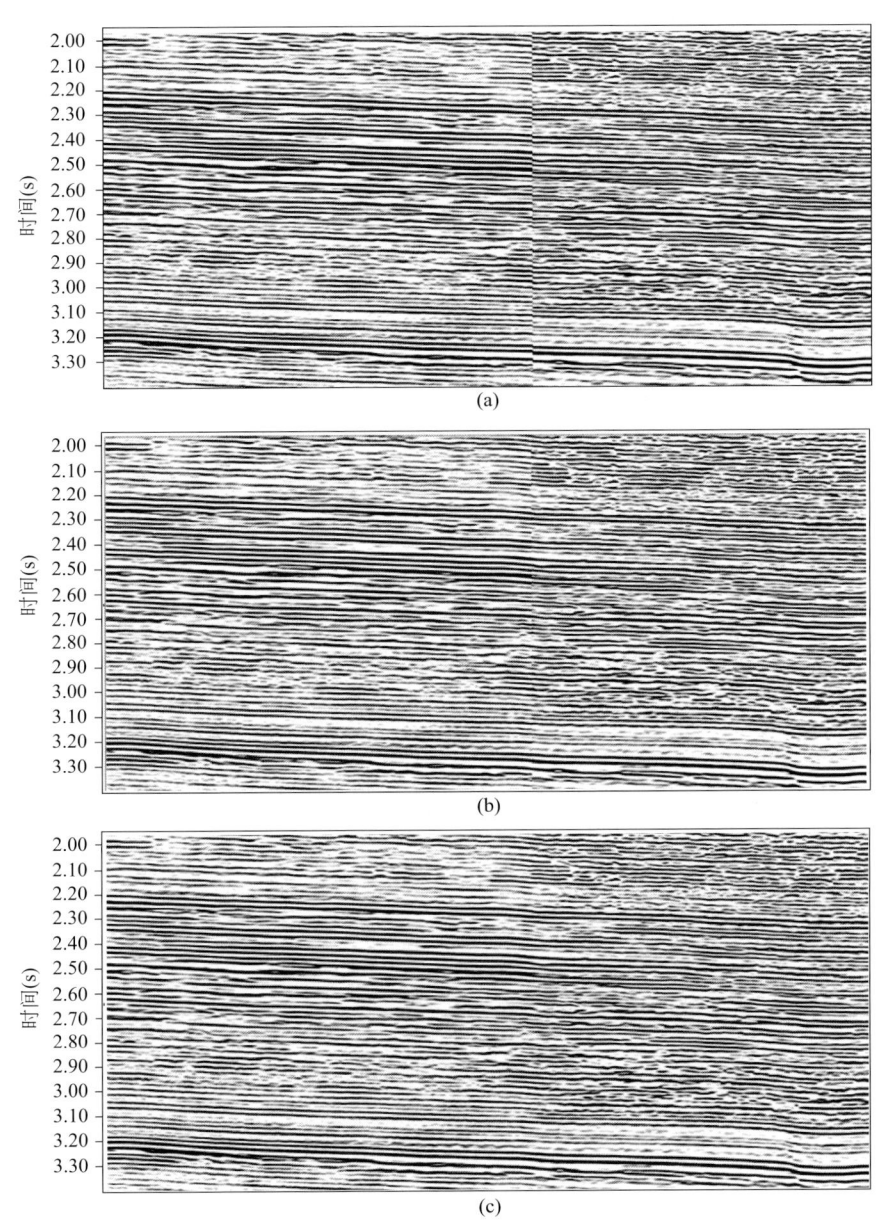

图 7.4.6　三维闭合差递减校正拼接效果对比

（a）空变闭合差校正后；（b）时变闭合差校正后；（c）缝合线拼接后

3）逐级剩余振幅补偿

在互均衡能量匹配、统一各区块振幅级别后，依然存在区块内及区块间的局部能量不均匀问题。逐级剩余振幅补偿可以解决区块内区块间的局部能量不均匀问题，下面主要介绍剩余振幅补偿和空间剩余振幅补偿。

（1）剩余振幅补偿。剩余振幅补偿是一种统计方法，校正地震记录振幅差异，能够有效保护原成像数据体上的地质体地震响应特征不受影响。首先，分析区块数据时窗内输入道的振幅属性；然后，与期望（目标）振幅相比较，获得地震道的时间—剩余振幅补偿因子对，在区块内逐道逐时窗处理，即可获得空变和时变剩余振幅补偿因子；最后，将因子应用于区块数据体，解决区块内振幅局部不均的问题。

（2）空间剩余振幅补偿。为解决区块间存在的小能量差异问题，需在主测线和联络测线两个方向分别进行空间剩余振幅补偿处理。在主测线方向，鉴于区块数据内部的能量一致性经剩余振幅补偿后已经基本解决，为消除区块间小的能量差异，首先将数据跨区块的地震道进行顺序随机重排，突出块间能量差异；然后进行自动增益补偿，同时获得时变增益因子数据体，并在空间方向和时间方向大尺度地平滑增益因子；再基于平滑后的增益因子对重排后的数据体反增益；最后道重排恢复道序号。在联络测线方向，也进行同样的处理，即可消除区块间能量差异。其中，基于平滑增益因子的反增益既保证了在振幅一致性好的区域的地震数据可以基本保持不变，又能够使存在剩余振幅差异的区域的地震数据得到能量补偿。

图 7.4.7 是塔里木盆地某地区三块数据逐级剩余振幅补偿技术应用的效果展示。

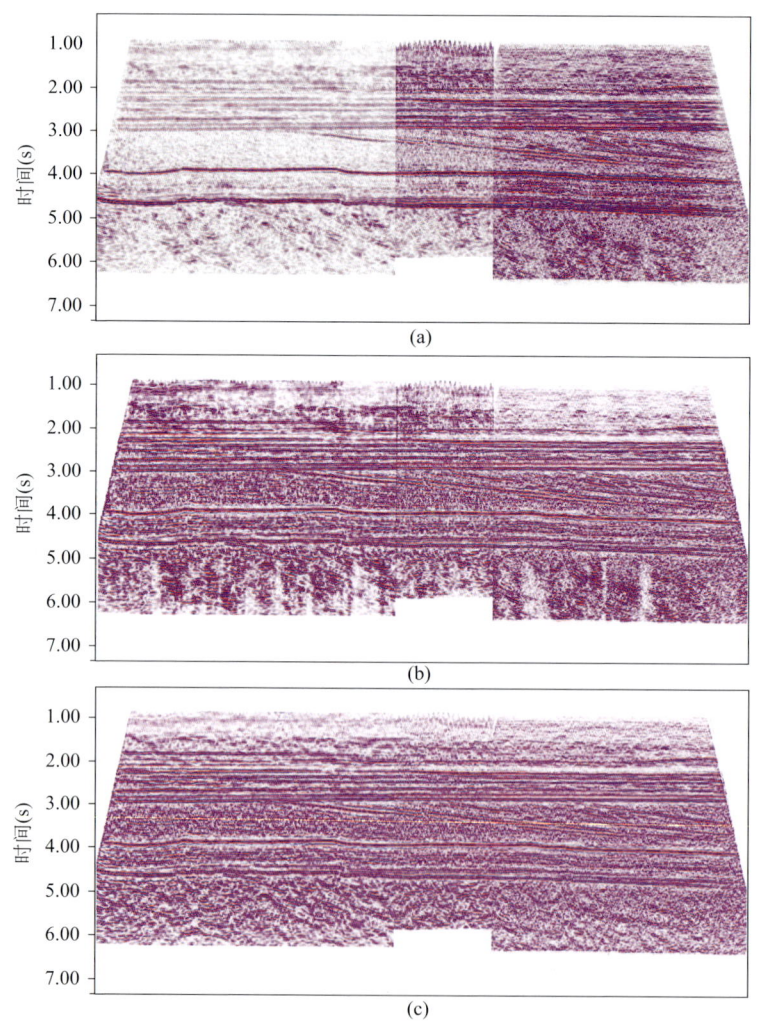

图 7.4.7　塔里木盆地某地区三块数据逐级剩余振幅补偿应用效果
（a）区块振幅级别统一后；（b）剩余振幅分析补偿后；（c）空间剩余振幅补偿后

4)频率一致性处理

(1)互均衡频率匹配。互均衡频率匹配技术是通过对待组装区块和目标区块重叠区域地震数据的自相关和互相关进行频谱属性分析,计算互均衡频率匹配算子,将待组装区块频谱向目标区块靠拢,实现区块间频率一致性。图7.4.8为塔里木盆地某地区两块数据应用互均衡频率匹配技术后的效果图,从图中可看出,应用后数据间频率一致性得到明显改善。

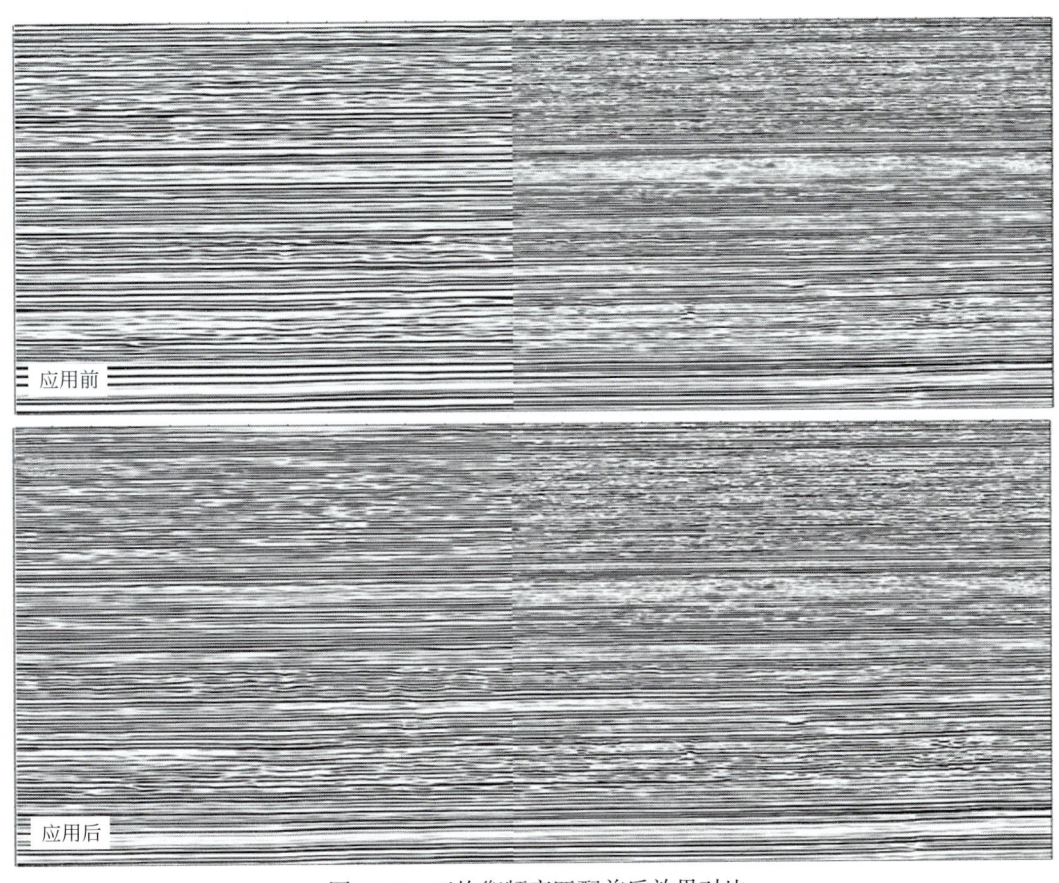

图 7.4.8 互均衡频率匹配前后效果对比

(2)解耦频率一致性处理。解耦频率一致性处理是针对区块数据间频率差别较大时使用的一种频率匹配方法,由于在时间域振幅和相位耦合在一起无法区分,不能实现保持相位的频率一致性处理。该技术首先对两块数据(待组装区块数据和目标数据)重叠区各单道作傅里叶变换,并计算待组装区块数据的相位谱 $\phi_0(\omega)$;在频率域计算匹配算子,并应用到待组装区块数据上;然后计算待组装区块数据的新的振幅谱 $A'(\omega)$,并基于新的振幅谱 $A'(\omega)$ 和原相位谱 $\phi_0(\omega)$ 作傅里叶反变换,得到频率一致性处理后待组装区块的地震数据。该方法在解决频率一致性问题的同时,保持了待组装区块数据的相位不变。图7.4.9是塔里木盆地某地区地震连片数据应用该技术前后的剖面效果及频谱对比,从图中可以看出,经过处理后两数据的频谱特征基本实现一致。

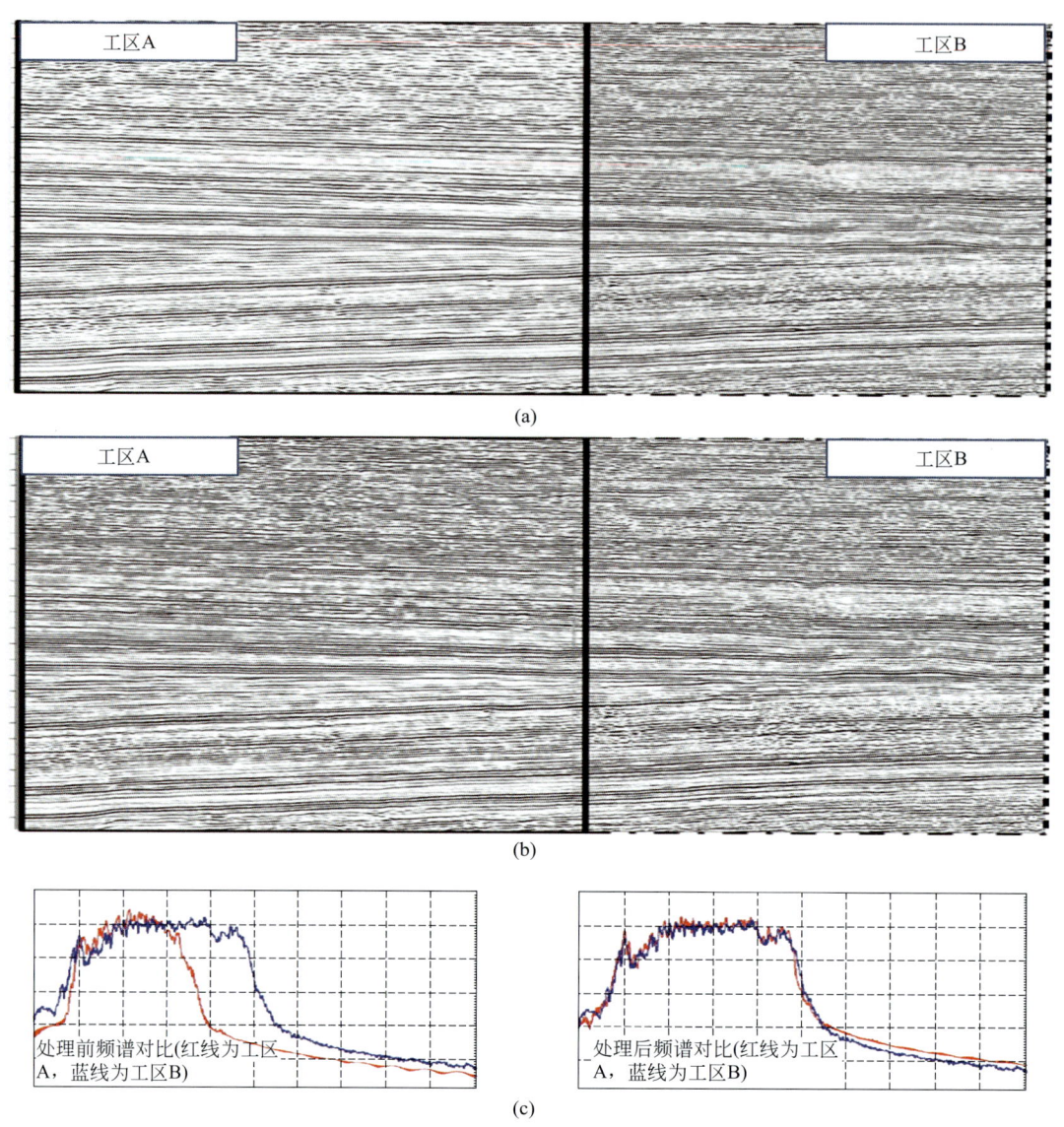

图 7.4.9 解耦频率一致性处理技术应用前后效果对比
（a）处理前两工区拼接数据；（b）处理后两工区拼接数据；（c）处理前后频谱对比

三、应用实例

在塔里木盆地 TB-TZ 区带，三维地震成像（含叠前时间和深度偏移）成果众多，但这些成果数据跨 10 年以上，跨 4 个 6 度带，成果数据网格方位、面元差异大，基准面、替换速度差异大，块间地震层位时间、振幅、频率存在较大差异。经区带三维地震成像非标准件成果组装连片方法，实现了超 53000km² 42 块三维处理成果的大连片（图 7.4.10）。图 7.4.11 是组装连片成果中横跨 13 个区块的抽线剖面展示，抽线位置见图 7.4.10 中的虚线，尽管横跨了 13 个区块，但在抽线剖面上，区块间层位衔接平顺，振幅频率相位过渡自然，没有拼接痕迹。图 7.4.12 是组装连片成果的时间切片，振幅、相位特征自然，无块间拼接痕迹，可用于区带断裂整体研究、储层整体发育规律研究、烃源岩沉积背景研究等。

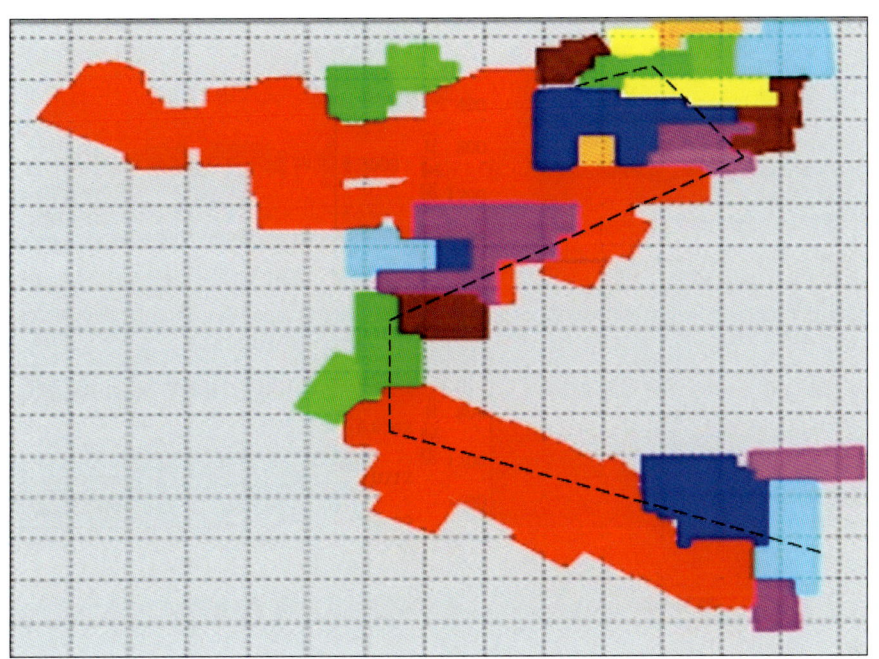

图 7.4.10　塔里木盆地 TB-TZ 地区组装连片成果平面位置

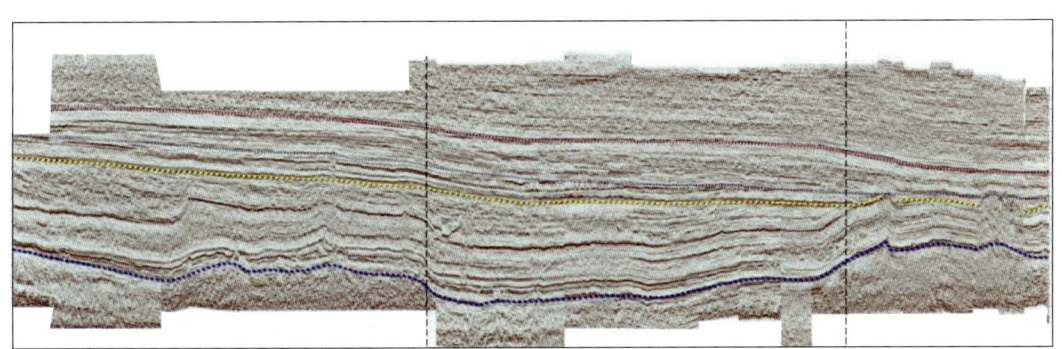

图 7.4.11　塔里木盆地 TB-TZ 地区组装连片成果抽线剖面

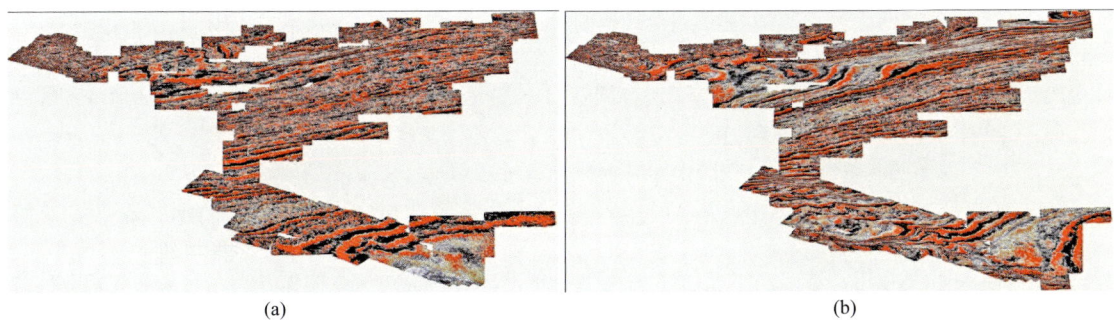

(a)　　　　　　　　　　　　　　　(b)

图 7.4.12　塔里木盆地 TB-TZ 地区组装连片成果的振幅时间切片

（a）2000ms 切片；（b）3000ms 切片

参 考 文 献

白英哲，孙赞东，周新源，2011.Q偏移在塔里木盆地碳酸盐岩储层成像中的应用[J].石油地球物理勘探，46（增刊1）：7-10.

蔡涵鹏，贺振华，李亚林，等，2014a.基于多窗口相干性的倾角导向主分量滤波[J].石油地球物理勘探，49（3）：486-494.

蔡涵鹏，贺振华，李亚林，等，2014b.完备经验模态分解压制采集脚印[C].2014年中国地球科学联合学术年会论文集：1000-1001.

蔡涵鹏，贺振华，王梦，等，2015.一种层段非弹性吸收因子估算方法[J].石油地球物理勘探，50（4）：672-677.

曹中林，周强，吕文彪，等，2014.改进的郭涛算法在剩余静校正中的应用[J].石油天然气学报，36(2)：62-67.

曹中林，李振，陈爱萍，等，2015.基于Cadzow滤波法压制线性干扰[J].物探与化探，39（4）：842-847.

曹中林，陈浩凡，何光明，等，2017.基于复数域混合SVD滤波方法及在随机噪声压制中的应用[J].地球物理学进展，32（6）：2424-2429.

曹中林，曹俊兴，巫芙蓉，等，2018.基于分数阶傅里叶变换的混合Cadzow滤波法[J].Applied Geophysics，15（2）：271-279.

曹中林，2021.山地地震数据去噪与规则化方法研究与应用[D].成都：成都理工大学.

陈爱萍，梁波，邹文，等，2006.初至波地震层析技术及其在四川近地表复杂地区的应用[J].世界地质，25（4）：440-444.

陈爱萍，李亚林，何光明，等，2007.起伏地表波动方程叠前深度偏移方法在川东高陡构造的应用[J].天然气工业，27（增刊A）：231-234.

陈爱萍，邹文，李亚林，等，2008.起伏地表波动方程叠前深度偏移技术：以川东复杂地区应用为例[J].石油物探，47（5）：470-475.

陈爱萍，邹文，何光明，等，2009.基于分维和相关性的自动初至拾取技术及应用[J].物探化探计算技术，32（2）：100-107.

陈爱萍，李亚林，何光明，2010.起伏地表炮域波动方程叠前深度偏移技术及应用[J].天然气工业，29（增刊B）：101-103.

陈爱萍，邹文，何光明，等，2014.初至波地震层析成像中自动生成初始速度模型的方法研究[J].物探化探计算技术，36（5）：583-586.

陈爱萍，邹文，何光明，等，2016.基于初至残差的最小二乘法高频静校正技术及应用[J].物探化探计算技术，38（5）：643-645.

陈德武，杨午阳，魏新建，等，2020.基于混合网络U-SegNet的地震初至自动拾取[J].石油地球物理勘探，2020，55（6）：1188-1201.

陈高祥，2012.地形起伏条件下的直接叠前深度偏移方法研究[D].长沙：中南大学.

陈海峰，钱忠平，刘迪，等，2021."黑三角"强能量干扰分频检测与压制[C].中国石油学会2021年物探技术研讨会论文集：347-350.

程玖兵，刘玉柱，马在田，等，2007.山前带地震数据的波动方程叠前深度偏移方法[J].天然气工业，27（2）：38-39.

党鹏飞，2017.叠前地震波吸收衰减品质因子Q估算方法研究[D].焦作：河南理工大学.

董良国，吴晓丰，唐海忠，等，2006.逆掩推覆构造的地震波照明和观测系统优化[J].石油物探，10（6）：40-47.

董新桐，2021.基于深度学习的复杂陆地地震数据噪声压制方法研究[D].长春：吉林大学.

杜启振，朱钇同，张明强，等，2013.前逆时深度偏移低频噪声压制策略研究[J].球物理学报，56（7）：2391-2401.

杜增利，李亚林，尹成，等，2009.虚谱法一阶应力—速度方程地震数值模拟[J].石油地球物理勘探，44（5）：637-641.

段文胜，裴家定，李飞，等，2016.OVT域内插炮检线压制采集脚印[J].石油地球物理勘探，51（1）：40-48.

范明祥，戴勇，肖富森，等，2003.四川油气地震勘探典型范例[M].北京：石油工业出版社.

范铁江，齐永飞，黄艳林，等，2019.浅析地震采集仪器的选择[J].非常规油气，6（3）：114-118.

冯许魁，2015.山前复杂高陡构造地震成像关键技术[D].成都：成都理工大学.

甘其刚，彭大钧，2004.叠前时空域线性干扰的衰减及应用[J].石油物探，43（2）：123-129.

高少波，赵波，2003.自适应相干噪声衰减技术[J].石油地球物理勘探，38（3）：242-246.

耿春，敬龙江，陈江力，等，2018.真地表观测系统设计技术在复杂山地的研究及应用[C].2018年全国天然气学术年会论文集：1-5.

苟量，贺振华，2005.西部复杂山地勘探走势分析[J].石油地球物理勘探，40（2）：248-251.

郭立鹏，2016.TTI介质初至层析建模方法研究[D].青岛：中国石油大学(华东).

韩利，戴海涛，杨兰锁，等，2021.基于构造模型约束的变网格Q层析建模方法研究及应用[C].中国石油学会2021年物探技术研讨会论文集：443-446.

韩小俊，施泽进，李亚林，2002.利用分形维拾取地震波初至的一种改进算法[J].石油地球物理勘探，37（1）：60-63.

何光明，2006.复杂地区表层建模技术研究与应用[D].成都：成都理工大学.

何光明，贺振华，黄德济，等，2006a.非线性层析静校及其在川西地区资料处理中的应用[J].石油物探，45（1）：88-92.

何光明，贺振华，黄德济，等，2006b.几种静校正方法的比较研究[J].物探化探计算技术，28（5）：46-48.

何光明，贺振华，黄德济，等，2006c.叠前时间偏移技术在复杂地区三维资料处理中的应用[J].天然气工业，26（5）：46-48.

蒋先艺，2003.基于二维与三维复杂结构模型的地震数据采集设计方法研究[D].成都：成都理工大学.

敬龙江，李亚林，何光明，2011.复杂山地地震采集技术研究与应用[C].2011年SPG/SEG国际地球物理会议论文集：115-119.

康玮，2013.各向异性介质地震波传播与角度域非线性走时层析[D].上海：同济大学.

李德珍，李亚林，王肃，等，2005.混合偏移技术在克深1号构造带成像研究中的应用[J].天然气工业，25（9）：39-41.

李飞，段文胜，赵锐锐，等，2015.应用OVT域体$\tau-p$变换提高地震资料信噪比[J].石油地球物理勘探，50（3）：418-423.

李辉峰，2006.非线性全局最优化方法在剩余静校正问题中的应用研究[D].成都：成都理工大学.

李辉峰，邹强，金文星，2006.基于边缘检测的初至波自动拾取方法[J].石油地球物理勘探，41（2）：150-159.

李军，2011.复杂地表模型菲涅尔体层析反演静校正方法研究[D].成都：成都理工大学.

李庆忠，1987.地震信号内插与噪音剔除（一）[J].地球物理学报，30（5）：514-530.

李庆忠，田树人，1989.提高地震资料信噪比的噪音剔除法[J]，物探科技通报，1（2）：1-13.

李庆忠，1994.走向精确勘探的道路：高分辨率地震勘探系统工程剖析[M].北京：石油工业出版社.

李涛，张进，卢苗，2008.准噶尔盆地南缘东段、东北缘盆山耦合研究[J].新疆石油地质，29（6）：

680-688.

李文花，2020. 三维十字交叉排列去噪技术的应用实践［J］. 工程地球物理学报，17（4）：414-420.

李亚林，伍志明，戴勇，等，2004. 川东南门场高陡复杂构造的地震成像技术试验研究［J］. 天然气工业，24（4）：19-21.

李亚林，彭更新，杜禹，等，2021a. 山前带高密度线束地震成像技术［C］. 中国地球科学联合学术年会论文集：1677-1680.

李亚林，徐峰，彭更新，等，2021b. 基于地质模型的定向组合激发—接收技术［J］. 地球物理学报，64（10）：3742-3755.

李源，刘伟，刘微，等，2015. 各向异性全速度建模技术在山地地震成像中的应用［J］. 石油物探，54(2)：157-164.

梁硕博，2014. 基于Hankel矩阵的去噪方法研究［D］. 青岛：中国石油大学（华东）.

凌越，王小卫，李斐，等，2016.OVT处理技术在中国西部地区的应用［C］.SPG/SEG北京2016国际地球物理会议论文集：364-366.

刘光鼎，2007. 中国大陆构造格架的动力学演化［J］. 地学前缘，14（3）：39-46.

刘红伟，刘洪，邹振，2010. 地震叠前逆时偏移中的去噪与存储［J］. 地球物理学报，53（9）：2171-2180.

刘鸿，巫骏，敬龙江，等，2009.GeoMountain三维测系统设计软件的开发及应用［J］. 天然气工业，29（7）：32-34.

刘怀山，刘兵，童思友，2004. 山地地球物理勘探难点和对策［J］. 西北地质，37（4）：65-70.

刘瑞合，赵金玉，印兴耀，等，2017.VTI介质各向异性参数层析反演策略与应用［J］. 石油地球物理勘探，52（3）：484-490.

刘少勇，王华忠，2010. 起伏地表Kirchhoff积分法叠前深度偏移方法研究与应用［J］. 岩性油气藏，22(7)：48-54.

刘文卿，2017.TTI-ORT介质各向异性参数建模及逆时偏移方法研究［D］. 成都：成都理工大学.

刘伊克，常旭，2000. 地震层析成像反演中解的定量评价及其应用［J］. 地球物理学报，43（2）：251-256.

刘玉柱，董良国，王毓玮，等，2009. 初至波菲涅尔体地震层析成像［J］. 地球物理学报，52（9）：2310-2320.

刘玉柱，谢春，杨积忠，2014a. 基于Born波路径的高斯束初至波波形反演［J］. 地球物理学报，57（9）：2900-2909.

刘玉柱，王光银，董良国，等，2014b.VTI介质多参数联合走时层析成像方法［J］. 地球物理学报，57（10）：3402-3410.

刘玉柱，王光银，杨积忠，等，2015. 基于Born敏感核函数的VTI介质多参数全波形反演［J］. 地球物理学报，58（4）：1305-1316.

马朋善，何辉，杜宜静，2018. 用匹配追踪傅里叶插值法进行地震资料规则化处理［C］.CPS/SEG北京2018国际地球物理会议暨展览论文集：1477-1480.

马永生，张建宁，赵培荣，等，2016. 物探技术需求分析及攻关方向：以中国石化油气勘探为例［J］. 石油物探，55（1）：1-9.

马在田，1982. 高阶有限差分偏移［J］. 石油地球物理勘探，17：6-15.

马在田，1983. 高阶方程偏移的分裂算法［J］. 地球物理学报，26：377-388.

宁宏晓，何永清，唐海忠，等，2017. 山前带近地表速度各向异性成因分析与调查［C］.2017年物探技术研讨会论文集：108-110.

欧阳敏，王大为，李志娜，等，2019. 基于压缩感知的小波阈值和CEEMD联合去噪方法［J］. 地球物理学进展，34（2）：615-621.

潘英杰，许银坡，倪宇东，等，2021. 一种基于地震图像深度语义分割的初至拾取方法［J/OL］. 地球物理学进展，11（4）：1-15.

彭建亮，彭真明，张杰，等，2012. 基于分数域自适应滤波的地震信号去噪方法 [J]. 地球物理学进展，27（4）：1730-1737.

彭真明，李亚林，李健，等，2006. 用提升法小波分析进行地震信号的噪声衰减 [J]. 天然气工业，26(7)：40-42.

钱荣钧，1997. 复杂地区地震勘探所面临的主要技术问题及对策 [J]. 勘探家，2（4）：51-54.

孙苗苗，2019. 基于压缩感知的深层地震数据重构及弱信号增强技术研究 [D]. 青岛：中国石油大学（华东）.

孙苗苗，李振春，曲英铭，等，2019. 基于曲波域稀疏约束的OVT域地震数据去噪方法研究 [J]. 石油物探，58（2）：208-216.

唐亚勋，王华忠，王成礼，2003. 最佳速度叠加与地震道插值 [C]. 中国地球物理学会第十九届年会论文集：458.

万学娟，李道善，吕永昌，等，2022. 正交晶系建模技术在近地表复杂区的应用 [C].2022油气田勘探与开发国际会议论文集Ⅲ：571-575.

王保利，高静怀，陈文超，等，2012. 地震叠前逆时偏移的有效边界存储策略 [J]. 地球物理学报，55(7)：2412-2421.

王保利，高静怀，陈文超，等，2013. 逆时偏移中用Poynting矢量高效地提取角道集 [J]. 地球物理学报，56（1）：262-268.

王翠华，2000. 折射静校应用研究 [J]. 石油物探，39（4）：107-113.

王栋，李亚林，李忠，2012.Geomountain处理系统中十字交叉排列面波衰减方法及应用效果 [J]，石油地球物理勘探（物探技术研讨会专刊）：595-598.

王光银，2014.VTI介质的射线层析与全波形反演方法研究 [D]. 上海：同济大学.

王金龙，胡治权，2012. 三维锥形滤波方法研究及应用 [J]. 石油地球物理勘探，47（5）：705-711.

王克斌，曹孟起，等，2008. 连片叠前偏移处理技术与应用实践 [M]. 北京：石油工业出版社.

王兆旗，杨存，王童奎，2019.Q偏移技术在深海地震资料处理中的应用研究 [J]. 地球物理学进展，34（1）：395-400.

魏继东，李建军，2011. 野外采集阶段噪音的归类与衰减方法 [J]. 地球物理学进展，26（5）：1632-1641.

吴希光，李亚林，张孟，等，2012. 复杂地区地震资料低信噪比的原因及对策：表层散射波是导致地震资料低信噪比的根本 [J]，地质勘探，32（1）：27-32.

伍志明，李亚林，贺振华，等，2004. 高陡复杂构造的地震成像技术进展 [J]. 天然气工业，24（2）：40-43.

夏洪瑞，周开明，2003. 地震资料处理中相干干扰消除方法分析 [J]. 石油物探，42（4）：526-528.

徐礼贵，严峰，施海峰，2004. 塔里木盆地盐丘构造地震采集攻关实例 [C].CPS/SEG北京2004国际地球物理会议暨展览论文集：51.

徐升，Gilles Lambaré，2006. 复杂介质下保真振幅Kirchhoff深度偏移 [J]. 地球物理学报，49（5）：1421-1444.

徐兴荣，苏勤，王劲松，等，2019. 加权MPFI方法及其在三维连片处理中的应用 [J]. 岩性油气藏，31（1）：122-129.

杨帆，高培丞，曾健，2012. 锥形滤波压制面波在川东北资料处理中的应用 [J]. 天然气技术与经济，6（2）：26-28.

杨海军，刘连升，李健，等，2024.TTI介质各向异性初至波层析反演及其在西秋三维的应用 [C].2024 SEG第一届塔里木超深油气物探技术研讨会.

杨积忠，刘玉柱，董良国，2014. 变密度声波方程多参数全波形反演策略 [J]. 地球物理学报，57（2）：

628-643.

杨勤勇，方伍宝，2008. 复杂地表复杂地下地区地震成像技术研究［J］. 石油与天然气地质，29（5）：676-682.

杨哲，苏勤，胡自多，等，2019.Q 层析建模在超深层薄层成像中的应用［C］. 中国石油学会 2019 年物探技术研讨会论文集：721-724.

叶勇，雷迎春，张友焱，等，2008. 基于遥感信息的地震测线优选方法［J］. 石油勘探与开发，35（6）：704-709.

俞寿朋，1996. 宽带 Ricker 子波［J］. 石油地球物理勘探，31（5）：605-615.

张关泉，1986. 利用低阶偏微分方程组的大倾角差分偏移［J］. 地球物理学报，29（3）：273-282.

张华，2018. 页岩气藏地震资料高分辨率处理新方法研究与应用［D］. 成都：成都理工大学.

张建明，董良国，王建华，等，2022.VTI 介质初至波多参数走时反演敏感核分析及反演策略［J］. 地球物理学报，65（10）：4028-4046.

张军华，吕宁，田连玉，等，2006. 地震资料去噪方法技术综合评述［J］. 地球物理学进展，21（2）：546-553.

张力起，刘亚辉，王华忠，2020."黑三角"噪声特征分析及压制［J］. 石油物探，59（5）：736-743.

张孟，李亚林，李大军，等，2007. 川东高陡构造石灰岩出露区的地震采集技术及其应用效果［J］. 天然气工业，27（增刊 A）：82-85.

张卫强，陶然，2005. 分数阶傅里叶变换域上带通信号的采样定理［J］. 电子学报，33（7）：1196-1199.

张晓斌，罗卫东，唐涛，等，2007. 西部地区复杂山地地震采集技术［J］. 天然气工业，27（增刊 A）：76-78.

赵邦六，董世泰，曾忠，等，2021a. 单点地震采集优势与应用［J］. 中国石油勘探，26（2）：55-68.

赵邦六，雍学善，高建虎，等，2021b. 中国石油智能地震处理解释技术进展与发展方向思考［J］. 中国石油勘探，26（5）：12-23.

赵玲芝，张建磊，张巍毅，2017. 积分法 Q 成像技术的应用研究［J］. 石油地球物理勘探，52（增刊 2）：86-90.

赵越，2020. 基于全卷积神经网络的初至拾取应用研究［D］. 北京：中国石油大学（北京）.

郑浩，2020. 基于层析反演的 Q 值建模技术研究［C］.SPG/SEG 南京 2020 年国际地球物理会议论文集：236-239.

周彬，杨柳，谢滔滔，等，2009. 遥感数据和地理信息系统在地震数据采集中的应用［J］. 天然气工业，29（10）：31-33.

周创，居兴国，李子昂，等，2020. 基于深度卷积生成对抗网络的地震初至拾取［J］. 石油物探，59（5）：795-803.

周晓冀，巫骏，杨智超，等，2020. 基于实际资料处理的三维地震观测系统关键参数测试与评价［C］. 第 32 届全国天然气学术年会论文集：1-10.

周晓冀，杨智超，王晓阳，等，2021. 川西龙门山断褶带地震采集攻关进展及认识［C］.2021 油气田勘探与开发国际会议论文集：1-7.

周星合，乔琳，2008. 地震勘探中的常见地震干扰波及压制方法［J］. 西部探矿工程，11：138-141.

朱兵兵，2015. 有限频菲涅尔体层析成像及应用［D］. 青岛：中国海洋大学.

邹传皎，1988. 地震二维归位问题和三维地震勘探［J］. 石油物探，27（4）：79-88.

邹梦，冯民富，张华，等，2013. 三维正交多项式拟合去噪在叠后地震资料中的应用［J］. 石油物探，52（5）：537-644.

邹梦，冯民富，张华，等，2014. 三维叠前相干干扰的正交多项式拟合压制方法［J］. 石油地球物理勘探，49（3）：475-479.

参考文献

Abma R, Sun J, Bernitsas N, 1999. Antialiasing methods in Kirchhoff migration[J]. Geophysics, 64: 1783-1792.

Aiping Chen, Yalin Li, Guangming He, 2009.Undulating Surface-based Wave Equation Prestack Depth Migration Technology and Applications[C]. CPS/SEG 北京 2009 国际地球物理会议论文集: 1-8.

Al Yahya K, 1989.Velocity analysis by iterative profile migration[J].Geophysics, 54: 718-729.

Al-Chalabi M, 1974.An analysis of stacking, rms, average, and interval velocities of horizontally layered ground[J].Geophys Prosp, 22: 458-475.

Alkhalifah T, Tsvankin I, 1995a.Velocity analysis for transversely isotropic media[J].Geophysics, 60 (5): 150-156.

Alkhalifah T, Tsvankin I, 1995b.Velocity analysis using no hyperbolic move out in transversely isotropic media [J].Geophysics, 62 (6): 1839-1854.

Alkhalifah T, 1998.Acoustic approximations for processing in transversely isotropic media[J].Geophysics, 63: 623-631.

Alkhalifah T, 2000.An acoustic wave equation for anisotropic media[J].Geophysics, 65 (4): 1239-1250.

Barnes C, Charara M, Tsuchiya T, 2010.Feasibility study for an anisotropic full waveform inversion of crosswell seismic data[J].Geophysical Prospecting, 56 (6): 897-906.

Baysal E, Dan D K, Sherwood J W C, 1983.Reverse time migration[J].Geophysics, 48 (11): 1514-1524.

Berenger J A, 1994.Perfectly matched layer for the absorption of electromagnetic waves[J]. Journal of Computational Physics, 114 (2): 185-200.

Berkhout A J, Ongkiehong L, Volker A W F, et al, 2001.Comprehensive assessment of seismic acquisition geometries by focal beams Part I: Theoretical considerations[J].Geophysics, 66 (3): 911-917.

Beylkin G, 1985.Imaging of discontinuities in the inverse scattering problem by inversion of a causal generalized Radon transform[J]. J Math Phys, 26: 99-108.

Bleistein N, Cohen J K, Hagin F G, 1987.Two and one-half dimensional Born inversion with an arbitrary reference[J].Geophysics, 52: 26-36.

Cadzow J A, 1988.Signal enhancement a composite property mapping algorithm[J].IEEE Transactions on Acoustics, Speech and Signal Processing, 36 (1): 49-62.

Cai Hanpeng, He Zhenhua, Li Yalin, et al, 2013.Improving the quality of seismic data using multi-scale dip orientation adaptive filtering[C]. 美国 2013 年 SEG 第 83 届年会会论文集: 4320-4324.

Cai Hanpeng, He Zhenhua, Li Yalin, et al, 2014.An adaptive noise attenuation method for edge and amplitude preservation[J].Applied Geophysics, 11 (3): 289-300.

Causse E, Ursin B, 2000.Viscoacoustic reverse-time migration[J].Journal of Seismic Exploration, 9: 165-184.

Causse E, 2002.Seismic traveltime approximations with high accuracy at all offsets[J].SEG Technical Program Expanded Abstracts, 21: 2325-2328.

Červený V, Soares J E P, 1992. Fresnel volume ray tracing[J].Geophysics, 57 (7): 902-915.

Chaoguang Zhou, Junru Jiao1, Sonny Lin, et al, 2011.Multiparameter joint tomography for TTI model building[J].Geophysics, 76 (5): 183-190.

Chemingui N, Biondi B, 1999.Data regularization by inversion to common offset (ICO) [J].SEG Technical Program Expanded Abstracts, 18: 1398-1401.

Chopp D L, 1993.Computing minimal surfaces via level set curvature flow[J].Journal of Computational Physics, 106 (1): 77-91.

Chu C, Stoffa P L, 2010.Acoustic anisotropic wave modeling using normalized pseudo-Laplacian[C].SEG

Technical Program Expanded Abstracts, 2972-2976.

Claerbout J F, 1971.Toward a unified theory of reflector mapping[J].Geophysics, 36 (3): 467-481.

Claerbout J F, Nichols D, 1991.Interpolation beyond aliasing by (t, x)-domain PEFs[C].Proceedings of the 53rd EAGE Meeting Expanded Abstracts: 1-10.

Clapp R G, 2008.Reverse time migration: Saving the boundaries[J].Stanford Exploration Project, 137: 144.

Clapp R G, 2009.Reverse time migration with random boundaries[C].SEG 79th Annual International Meeting Expanded Abstracts: 2809-2813.

Coppens F, 1985.First arrival picking on common-offset trace collections for automatic estimation of static corrections[J].Geophysical Prospecting, 33: 1212-1231.

Cummer S A, 2003.A simple, nearly perfectly matched layer for general electromagnetic media[J], IEEE microwave and wireless components letters, 13 (3): 128-130.

Dablain M A, 1986.The application of high-order differencing to the scalar wave equation[J].Geophysics, 51 (1): 54-66.

Dahlen F A, Hung S H, Nolet G, 2000.Frechet kernels for finite-frequency traveltimes -I[J].Theory, Geophysical Journal International, 141 (1): 157-174.

Degang Jin, Fang Yang, Jiang Zeng, et al, 2009.A Simplified Method for 1.5D Interbed Multiples Prediction Based on Inverse Scattering Series[C]. 美国2009年SEG第79届年会论文集: 3064-3067.

Dellinger J, Etgen J, 1990.Wave-field separation in two-dimensional anisotropic media[J].Geophysics, 55(7): 914-919.

Du J, Tittmann B R, Ju H S, 2010.Evaluation of film adhesion to substrates by means of surface acoustic wave dispersion[J].Thin Solid Films, 518 (20): 5786-5795.

Duveneck E, Bakker P M, 2008.Stable P-wave modeling for reverse-time migration in tilted TI media[J]. Geophysics, 76 (2): S65-S75.

Eric Dussaud, 2008.Computational strategies for reverse-time migration[J].SEG Expanded Abstracts, 27: 2267-2271.

Eric Duveneck, Paul Milcik, Peter M. Bakker, et al, 2008.Acoustic VTI wave equations and their application for anisotropic reverse-time migration [C].SEG 78th Annual International Meeting Expanded Abstracts: 2186-2190.

Erven V, 2001.Seismic Ray Theory[M]. Cambridge: Cambridge University Press.

Etgen J T, Brandsberg-Dahl S, 2009.The pseudo-analytical method: application of pseudo-Laplacians to acoustic and acoustic anisotropic wave propagation[C].SEG 79th Annual International Meeting Expanded Abstracts: 2552-2556.

Fischer R, Lees J M, 1993.Shortest path ray tracing with sparse graphs[J].Geophysics, 58 (7): 987-996.

Fletcher R, Du X, Fowler P J, 2008.A new pseudo-acoustic wave equation for TI media[C]. SEG Technical Program Expanded Abstracts: 2082-2086.

Fletcher R P, Du X, Fowler P J, 2009.Reverse time migration in tilted transversely isotropic (TTI) media[J]. Geophysics, 74 (6): WCA179-WCA187.

Fletcher R, Du Xiang, Fowler P J, 2009.Stabilizing acoustic reverse-time migration in TTI media[J], SEG Technical Program Expanded Abstracts, 28: 2985-2989.

Fomel S, 2000.Seismic data interpolation with the offset continuation equation[R].Stanford Exploration Project Report: 125-141.

Fomel S, 2001.Seismic reflection data interpolation with differential offset and shot continuation[J].SEG Technical Program Expanded Abstracts, 20 (1): 733-744.

Fowler P J, Du X, Fletcher R P, 2010.Coupled equations for reverse time migration in transversely isotropic media[J].Geophysics, 75（1）.

Goldin S V, 1986.Seismic traveltime inversion[M]. Tulsa: SEG.

Grechka V, Zhang L, Rector J W, 2004. Shear waves in acoustic anisotropic media[J]. Geophysics, 69: 576-582.

Guiting Chen, Zhenming Peng, Yalin Li, 2022.A framework for automatically choosing the optimal parameters of finite-difference scheme in the acoustic wave modelling[J].Computers & Geosciences(159): 104948-104948.

Guiting Chen, Zhenming Peng, Yalin Li, 2023.An Efficient Finite-Difference Stencil with High-Order Temporal Accuracy for Scalar Wave Modeling[J].Applied Sciences, 13: 1140-1140.

Haldum M Ozaktas, Orhan Arikan, Alper Kutay M, et al, 1996.Digital computation of the fractional Fourier Transform[J].IEEE Transactions on Signal Processing, 44（9）: 2141-2150.

Huawei Zhou, 2003.Multiscale traveltime tomography[J]. Geophysics, 68（5）: 1639-1649.

Jie Zhang, Nafi Toksoz M, 1998.Nonlinear refraction traveltime tomography[J].Geophysics, 63（5）: 1726-1737.

Kreyszig E, 1993.Advanced engineering mathematics[M].New York: John Wiley & Sons Inc.

Liu F, Zhang G, Morton S A, et al, 2007.Reverse-time migration using one-way wavefield imaging condition[C].SEG 77th Annual International Meeting Expanded Abstracts: 2170-2174.

Liu F, Morton S A, Jiang S, 2009.Decoupled wave equations for P and SV waves in an acoustic VTI media[C].SEG 79th Annual International Meeting Expanded Abstracts: 2844-2848.

Liu Ruihe, ZhaoJinyu, Yin Xingyao, et al, 2017.Strategy of anisotropic parameter tomography inversion in VTI medium[J].Oil Geophysical Prospecting, 52（3）: 484-490.

Liu Y, Sen M K, 2010a.A hybrid scheme for absorbing edge reflections in numerical modeling of wave propagation[J]. Geophysics, 75（2）: A1-A6.

Liu Y, Sen M K, 2010b.Acoustic VTI modeling with a time-space domain dispersion-relation-based finite-difference scheme[J].Geophysics, 75（3）: A11-A17.

Liu Yuzhu, Dong Liangguo, Wang Yuwei, et al, 2009.Sensitivity kernels for seismic Fresnel volume tomography[J].Geophysics, 74（5）: 35-46.

Marquering H, Dahlen F A, Nolet G, 1999.Three-dimensional sensitivity kernels for finite-frequency traveltimes: the banana-doughnut paradox[J].Geophys J Int, 137: 805-815.

McMechan G A, 1983.Migration by extrapolation of time-dependent boundary values[J]. Geophysical Prospecting, 31: 413-420.

Moser T J, 1991.Shortest path calculation of seismic rays[J].Geophysics, 56: 59-67.

Mufti I R, 1990.Large-scale three-dimensional seismic models and their interpretive significance[J]. Geophysics, 55（9）: 1166-1182.

Mufti I R, Pita J A, Huntley R W, 1996.Finite-difference depth migration of exploration-scale 3-D seismic data[J].Geophysics, 61（3）: 776-794.

Paige C C, Saunders M A, 1982.LSQR: Sparse linear equations and least square problems[J].ACM Trans Math, 8: 195-209.

Podvin P, Lecomte I, 1991.Finite difference computation of traveltimes in very contrasted velocity model: A massively parallel approach and its associated tools[J].Geophys J Internat, 105: 271-284.

Robert G, Clapp, et al, 2010.Select Hardware the right for reverse time migration[J]. The Leading Edge, 29（1）: 48-57.

Schneider Jr W A, Ranzinger K A, Balch A H, et al, 1992.A dynamic programming approach to first arrival travel-time computation in media with arbitrarily distributed velocities[J].Geophysics, 57（1）: 39-50.

Schneider Jr W A, 1995.Robust and efficient upwind finite-difference traveltime calculations in three dimensions[J].Geophysics, 60（4）: 1108-1117.

Sheriff R E, 1991.Encyclopedic dictionary of exploration geophysics[M].Soc Expl Geophys.

Sieminski A, Liu Q Y, Trampert J, et al, 2007a.Finite-frequency sensitivity of body waves to anisotropy based upon adjoint methods[J].Geophysical Journal International, 171（1）: 368-389.

Sieminski A, Liu Q Y, Trampert J, et al, 2007b.Finite-frequency sensitivity of surface waves to anisotropy based upon adjoint methods[J].Geophysical Journal International, 168（3）: 1153-1174.

Slawinski M A, 2003.Seismic waves and Rays in Elastic Media[M]. 2nd Ed.Berlin: Pergamon.

Spetzler G, Snieder R, 2001.The effect of small-scale heterogeneity on the arrival time of waves[J].Geophysical Journal International, 145（3）: 786-796.

Spitz S, 1991.Seismic trace interpolation in the F-X domain[J].Geophysics, 56（6）: 785-794.

Stork C, Clayton R W, 1992.Using constraints to address the instabilities of automated prestack velocity analysis[J].Geophysics, 57（3）: 404-419.

Symes W W, 2007.Reverse time migration with optimal checkpointing[J].Geophyscs, 72（5）: SM213-SM221.

Thomsen L, 1986.Weak elastic anisotropy[J].Geophysics, 51（10）: 1954-1966.

Tikhonov A N, Arsenin V Y, 1977.Solutions of ill-posed problems[M].New York: Wiley.

Trickett Stewart, 2002.F-x eigenimage noise suppression[J].SEG Annual International Meeting: 2166-2169.

Trickett Stewart, 2003a.F-xy eigenimage noise suppression[J].Geophysics, 68（2）: 751-759.

Trickett Stewart, 2003b.Prestack F-xy Eigenimage Noise Suppression[J].SEG Annual Meeting: 1901-1903.

Trickett Stewart, 2008.F-xy Cadzow Noise Suppression[J].SEG Annual Meeting: 2586-2589.

Tsvankin I, 1996.P-wave signatures and notation for transversely isotropic media[J].Geophysics, 61（1）: 467-483.

van Trier J, Symes W W, 1991.Upwind finite-difference calculation of traveltimes[J].Geophysics, 56（6）: 812-821.

Volker A W F, Blacquiere G, Berkhout A J, 2001. Comprehensive assessment of seismic acquisition geometries by focal beams Part II: Practical aspects and examples[J].Geophysics, 66（3）: 918-931.

Wang X Y, He Z H, Li Y, et al, 2019.Application effects of swath 3D geometry in the foothill regions of western China[J].Journal of seismic exploration, 28: 347-361.

Whitmore N D, 1983.Iterative depth migration by backward time propagation[C].SEG Expanded Abstracts: 827-830.

Wielandt E, 1987.On the validity of the ray approximation for interpreting delay times//Nolet.Seismic Tomography[M]. Boston: Reidel Publishing Company.

Xu Chang, Yike Liu, Hui Wang, et al, 2002.3-D tomographic static correction[J].Geophysics, 67（4）: 1275-1285.

Yalin Li, Xianhuai Zhu, Gengxin Peng, et al, 2020.Novel strategies for complex foothills seismic imaging Part-1: Mega-near-surface velocity estimation[J].Interpretation: T651-T665.

Yalin Li, 2021.Improving image quality by suppressing the secondary source noise and seismic interference noise in mountainous regions[C].SEG/AAPG/SEPM First International Meeting for Applied Geoscience & Energy: 2989-2993.

Yalin Li, Jianping Huang, Ganglin Lei, et al, 2023a.Plane-wave least-squares diffraction imaging using short-time singular spectrum analysis[J].Journal of Geophysics and Engineering, 20: 453-473.

Yalin Li, Lianshen Liu, Ganglin Lei, et al, 2023b.Application of Yu's wavelet and supervirtual seismic refractioninterferometry to enhance first arrivals: A case study from Kuche Mountain[J]. Interpretation: T503-T510.

Yalin Li, Wensheng Duan, Long Qin, et al, 2023c.Adjacent channel attenuation difference estimation and its application in near-surface Q inversion[J].Journal of Applied Geophysics, 13（2）: 1140.

Yan J, Sava P, 2009.Elastic wave-mode separation for VTI media[J]. Geophysics, 74（5）: WB19-WB32.

Yan J, Sava P, 2008.Isotropic angle-domain elastic reverse-time migration[J].Geophysics, 73（6）: S229-S239.

Yi Luo, Yuchun Eugene Wang, Nasher M, et al, 2006.Computation of dips and azimuths with weighted structural tensor approach[J].Geophysics, 51（5）: 119-121.

Yoon, Marfurt, 2006.Reverse-time migration using the Poynting vector[J]. Exploration Geophysics, 37: 102-107.

Youn O, Zhou H W, 2001.Depth imaging with multiples[J].Geophysics, 66（1）: 246-255.

Zhang H, Zhang Y, 2008.Reverse time migration in 3D heterogeneous TTI media[C].SEG Technical Program Expanded Abstracts: 2196-2200.

Zhang Y, Sun J C, Gray S H, 2003.Aliasing in wavefield extrapolation prestack migration[J]. Geophysics, 68（2）: 629-633.

Zhang Y, Zhang P, Zhang H, 2010.Compensating for visco-acoustic effects in reverse-time migration[C]. SEG Technical Program Expanded Abstracts: 3160-3164.

Zhou B, Greenhalgh S, Green A, 2008.Nonlinear traveltime inversion scheme for crosshole seismic tomography in tilted transversely isotropic media[J].Geophysics, 73（4）: D17-D33.

Zhou C G, Jiao J R, Lin S, et al, 2011.Multiparameter Joint tomography for TTI model building[J]. Geophysics, 76（5）: 183-190.

Zhou H, Zhang G, Bloor R, 2006. An anisotropic acoustic wave equation for modeling and migration in 2D TTI media[C].SEG 76th Annual International Meeting Expanded Abstracts: 194-198.

Zvi Koren, Igor Ravve, 2006.Constrained Dix inversion[J].Geophysics, 71(6): R113-R130.